Schneider, Wahrscheinlichkeitstheorie

Die Entwicklung der Wahrscheinlichkeitstheorie von den Anfängen bis 1933

Einführungen und Texte

Herausgegeben von Ivo Schneider

Akademie-Verlag Berlin 1989

Verfasser:
Prof. Dr. Ivo Schneider
Institut für Geschichte der Naturwissenschaften
der Universität München

ISBN 3-05-500403-5 Akademie-Verlag Berlin
ISBN 3-534-08759-3 Wissenschaftliche Buchgesellschaft, Darmstadt

Erschienen im Akademie-Verlag Berlin, DDR-1086 Berlin, Leipziger Str. 3-4
Lizenzausgabe mit Genehmigung der Wissenschaftlichen Buchgesellschaft, Darmstadt

Lizenznummer: 202 · 100/419/88
Printed in the German Democratic Republic
Gesamtherstellung: VEB Druckhaus Köthen
LSV 1006
Bestellnummer: 763 739 1 (9063)
07900

Vorwort

Kaum ein Teilgebiet der Mathematik konnte in den letzten beiden Jahrzehnten einen solchen Zuwachs an historischem Interesse verzeichnen wie die Stochastik, also die Wahrscheinlichkeitstheorie und die mathematische Statistik. Eine Reihe von Monographien, die in den letzten Jahren in verschiedenen Sprachen und Ländern erschienen, bestätigt dies ebenso wie die weit größere Anzahl von Zeitschriftenartikeln, die weitgehend die Forschungsbasis für die Buchveröffentlichungen lieferten. Mit dem Interesse an der Geschichte der Stochastik wuchs gleichzeitig das Bedürfnis nach einer repräsentativen Sammlung der oft schwer zugänglichen Quellenschriften zu diesem Gebiet.

Der vorliegende Band versucht, dieses Bedürfnis für den Teilbereich der klassischen Wahrscheinlichkeitstheorie zu befriedigen. Er enthält in elf Kapiteln, denen jeweils eine historische Einführung vorausgeht, 72 Texte. Mit Ausnahme von sieben englischsprachigen Beiträgen wurden die Texte, soweit nicht schon ursprünglich deutsch verfaßt, ins Deutsche übersetzt. Mehr als 40 % dieser Arbeiten werden so erstmals in deutscher Sprache zugänglich. Die Einführungen sind als kurze Skizzen der Entwicklung zu einer Wahrscheinlichkeitsrechnung sowie wichtiger Problembereiche und Anwendungsgebiete gedacht. Sie dienen der historischen Einbettung und Bewertung im Vergleich zu Texten, die in dieser Auswahl nicht berücksichtigt wurden. Darüber hinaus enthalten sie weitere 15 Kurztexte, die im Inhaltsverzeichnis nicht aufgeführt sind.

Anordnung und Inhalt der elf Kapitel entsprechen dem folgenden historischen Konzept: Da die Wahrscheinlichkeitsrechnung durch die Vereinigung von zwei bis zu etwa Jakob Bernoulli vollkommen getrennten Entwicklungslinien, der Glücksspielrechnung und der philosophischen Diskussion des Wahrscheinlichkeitsbegriffs, entstand, enthält das erste Kapitel die Entwicklung der Glücksspielrechnung vor Jakob Bernoulli. Das zweite Kapitel behandelt die für eine Mathematisierung des Wahrscheinlichen unerläßliche Quantifizierung und die Diskussion des Wahrscheinlichkeitsbegriffs durch Mathematiker und Physiker bis zur Aufgabe eines deterministischen Weltbildes.

Die von Jakob Bernoulli eingeleitete erste Phase der Wahrscheinlichkeitsrechnung zeichnet sich gegenüber der Glücksspielrechnung durch das Bemühen aus, über eine Verallgemeinerung der konkreten Glücksspielprobleme zu ersten Formen einer Wahrscheinlichkeitstheorie zu kommen (Kapitel 3).

Entscheidend zunächst für die Bereitschaft der Mathematiker des 18. Jahrhunderts, zur Verwirklichung des Bernoullischen Anwendungsprogramms der

Wahrscheinlichkeitsrechnung beizutragen, war das Gesetz der großen Zahlen und der daraus entwickelte zentrale Grenzwertsatz, der im 19. Jahrhundert u. a. die Anwendung der Wahrscheinlichkeitstheorie auf die Fehlerrechnung und die Physik rechtfertigte (Kapitel 4).

Die Kapitel 5 bis 7 behandeln in dieser Reihenfolge die Anwendungen der Wahrscheinlichkeitsrechnung auf die für das entstehende Versicherungswesen grundlegenden Sterblichkeitsprobleme, die Fehlerrechnung und die Physik. Die Fehlerrechnung wird im 19. Jahrhundert zum Retter der Wahrscheinlichkeitstheorie, die durch den Anspruch, den gesamten Bereich menschlicher Entscheidungsprozesse und insbesondere den von Gerichtsurteilen mathematisieren zu können, in eine Krise geraten war. Die erfolgreichen Anwendungen der Wahrscheinlichkeitstheorie in der statistischen Mechanik lösten schließlich das Axiomatisierungsprogramm aus, dessen Verwirklichung in der von KOLMOGOROW gewählten Form die Wahrscheinlichkeitstheorie zu einem Teilgebiet der Maß- und Integrationstheorie machte (Kapitel 8).

Nach den kombinatorischen und den für die Lösung spezieller Probleme übernommenen analytischen Methoden wurden die erzeugenden und die charakteristischen Funktionen zum wichtigsten mathematischen Instrument der Wahrscheinlichkeitsrechnung seit LAPLACE (Kapitel 9). Der Versuch, die Voraussetzung der Unabhängigkeit der Zufallsvariablen abzuschwächen, führte in unserem Jahrhundert zur Entstehung der Theorie Markowscher Ketten und Prozesse, deren Anfänge Kapitel 10 illustriert.

Das anschließende 11. Kapitel stellt ergänzend einige berühmte Probleme der Wahrscheinlichkeitstheorie aus verschiedenen Epochen vor.

Natürlich kann dieser Aufbau ebenso wie die Einführungen keinen Anspruch auf Vollständigkeit erheben. In den Einführungen fehlt jede Diskussion der in den Texten enthaltenen mathematischen Argumentation und auch jeder Hinweis auf die in der Sekundärliteratur angebotenen Interpretationen. Alles dies ist einer von mir geplanten zusammenhängenden Darstellung der Geschichte der klassischen Wahrscheinlichkeitsrechnung vorbehalten, in der auch hier nicht berücksichtigte Sekundärliteratur ihren Platz finden wird.

Bei den „Hinweisen für den Leser“ wurden zwei wichtige Punkte nicht erwähnt. Der erste betrifft die zahlreichen Erst- und Neuübersetzungen. Jeder, der einmal ältere Quellen übersetzt hat, – bei jüngeren mathematischen Texten unterscheiden sich verschiedene Übersetzungen desselben Textes nur wenig – weiß, auf welch schwieriges Geschäft er sich eingelassen hat, weil der Originaltext gelegentlich sowohl sprachlich wie inhaltlich einen erstaunlich großen Interpretationsspielraum eröffnet. Ohne das Fachwissen und den Rat einer ganzen Reihe von Helfern hätte ich für manche Texte keine oder keine gute Übersetzung anbieten können. Ich habe das Ausmaß der jeweiligen Hilfe in den Texten selbst zu würdigen versucht; Genaueres enthalten die nachfolgenden „Hinweise für den Leser“.

Bei der Auswahl der Texte wächst die Bewegungsfreiheit des Herausgebers und damit die Gefahr eines Fehlgriffs etwa exponentiell im umgekehrten Verhältnis zum zeitlichen Abstand. Ein Blick auf die zeitliche Verteilung zeigt einen Schwerpunkt von 23 Texten im 19. Jahrhundert, denen jeweils 17 im 18. Jahrhundert und 15 für das erste Drittel des 20. Jahrhunderts gegenüberstehen. Die gesamte Entwicklung vom 13. bis zum 18. Jahrhundert kommt auf 17 Texte (jeweils einer im 13., 14. und 15. Jahrhundert, vier im 16. und zehn im 17. Jahrhundert). Dabei entsprechen diese Zahlen in etwa einer exponentiellen Entwicklung bis zur Mitte des 19. Jahrhunderts, als die Wahrscheinlichkeitsrechnung einen Rückschlag erlitt. Auch für das erste Drittel unseres Jahrhunderts wird das angedeutete exponentielle Wachstum spürbar. Allerdings nimmt der relative Anteil an den tatsächlich verfügbaren Arbeiten sehr schnell mit der Näherung an die Jetztzeit ab. Das heißt, daß hier für das 13. bis 15. Jahrhundert ein Großteil des Verfügbaren erscheint, im 16. und 17. Jahrhundert zumindest alle wichtigen Texte in Auszügen erfaßt sind, wobei etwa vom Briefwechsel zwischen PASCAL und FERMAT fast der vollständige erhaltene Text wiedergegeben ist, während 15 Arbeiten von 1900 bis 1933 für ein Material von wenigstens 6000 Arbeiten stehen – die Bibliographie von KENDALL und DOIG weist für den Zeitraum von 1900 bis 1939 z.B. mehr als 7600 Arbeiten auf.

Ein gewisser Ausgleich für die mit der Zeit rasch abnehmende Möglichkeit, mit wenigen wichtigen Texten Spektrum und Intensität der Forschung zu repräsentieren, ist durch die Länge der ausgewählten Texte gegeben, die im Durchschnitt für das 20. Jahrhundert am größten ist. Aber auch hier mußte gelegentlich die Bedeutung einer Arbeit gegenüber ihrem Umfang abgewogen werden. So wurde z.B. auf die Wiedergabe der beiden Arbeiten von LJAPUNOW zum zentralen Grenzwertsatz verzichtet, die aufgrund der dort benutzten „elementaren" Methoden einen Umfang von 52 Folioseiten aufweisen, um statt dessen den wesentlich kürzeren Beitrag von LINDEBERG, der das Theorem von LJAPUNOW verschärfte, zu berücksichtigen. Diese Entscheidung hatte zudem den Vorteil, sich unmittelbar auf ein deutsches Original stützen zu können.

Ich hoffe, trotz all dieser Probleme mit dem nun vorliegenden Buch eine attraktive Auswahl von Arbeiten zur klassischen Wahrscheinlichkeitstheorie anbieten zu können. Wenn dies gelingt, ist es auch ein Verdienst des Verlags und seines Lektorats, das sich um die Lösung von Problemen des Copyrights und um die vielen Details der großzügigen Ausstattung gekümmert hat. Lange vorher hatten sich, wie diese Zeilen zeigen sollen, Frau LISA APFFELSTAEDT und Fräulein PAULA SEEGERER in die nicht nur undankbare Arbeit geteilt, aus meinen Aufzeichnungen lesbare, druckreife Vorlagen zu machen. Die kritischen Fähigkeiten der Herren GEORG ANTRETTER, HANS FISCHER, BERND HEINZMANN und KARL MÄRKER halfen, vor allem viele Druckfehler auszumerzen.

München, im Dezember 1987 IVO SCHNEIDER

Hinweise für den Leser

Übersetzungen des Herausgebers sind mit einem (S) gekennzeichnet. Soweit Übersetzungen von anderen oder in Zusammenarbeit mit anderen Personen erstellt wurden, werden diese benannt, und die Beteiligung des Herausgebers wird wieder durch ein (S) gekennzeichnet. Diese und die zugehörigen bibliographischen Angaben finden sich in den gesternten Fußnoten am Anfang der einzelnen Texte.

Die übrigen Fußnoten werden durchgezählt. Nicht mit einem (S) oder einem anderen Namen gekennzeichnete numerierte Fußnoten stammen von den Autoren der Texte bzw. vom Autor der Einführungen, dem Herausgeber des Bandes.

Eigennamen werden in den Einführungen, den Kurzbiographien und dem Namenverzeichnis nach der heute üblichen Schreibweise bzw. der heutigen deutschen Transkription insbesondere russischer Namen wiedergegeben. Abweichungen davon betreffen Texte und bibliographische Angaben, in denen die Namen in der jeweils originalen Schreibweise erscheinen.

Sind nur Abschnitte aus einem zusammenhängenden Originaltext ausgewählt worden, so wurden die Auslassungen jeweils durch ... gekennzeichnet.

Abweichungen von Originaltexten oder von bereits veröffentlichten Übersetzungen betreffen hauptsächlich die Numerierung von Fußnoten bzw. Anmerkungen, die Korrektur offensichtlicher Druckfehler sowie von Seitenverweisen innerhalb der zitierten Texte.

Inhalt

Kapitel 1.
Die Entwicklung der Glücksspielrechnung bis ins 17. Jahrhundert

Die Glücksspielrechnung ist eine der beiden Säulen, die die durch Jakob Bernoulli geschaffene Wahrscheinlichkeitsrechnung tragen. Sie betrifft den Versuch, Probleme aus dem Bereich der Glücksspiele mit mathematischen Mitteln zu lösen, ohne sich dabei des Begriffs der Wahrscheinlichkeit zu bedienen. Wie weit diese Versuche zurückgehen, ist unbekannt. Stellen aus der klassischen indischen Literatur, wie die Geschichte von Nala und Damayanti in dem gewaltigen Epos ›Mahābhārata‹ (entstanden zwischen dem 7. Jh. v. Chr. und dem 4. Jh. n. Chr.), machen eher wahrscheinlich, daß es in Indien Versuche dieser Art noch nicht gegeben hat. Mehr als erstaunlich wäre es, wenn solche Versuche in der islamischen Welt des Mittelalters, die die Glücksspielterminologie des Spanischen sprachlich stark beeinflußte, unterblieben wären. Allerdings sind dafür bis heute keine Quellen gefunden worden; es erscheint sehr fraglich, ob schriftliche Quellen, falls sie jemals bestanden, noch irgendwo ausfindig gemacht werden können, denn weit harmloser erscheinende Werke als mögliche Versuche einer Glücksspielrechnung, die gegen das strikte Glücksspielverbot des Korans verstoßen haben würden, fielen immer wieder durchgeführten Reinigungskampagnen zum Opfer. Immerhin ist nicht auszuschließen, daß die ersten beiden Dokumente dieses Kapitels in einem Zusammenhang mit einer hypothetischen islamischen Tradition stehen. Dafür sprechen beim ersten Text, der aus der Mitte des 13. Jh. stammt[1]), die zeitliche Nähe zu den Kreuzzügen, die christliches Abendland und Islam ja nicht nur in Form kriegerischer Auseinandersetzung miteinander in Kontakt brachten, sowie die literarisch und mathematisch völlig unvermittelte Darstellung. Dies besagt, daß hier ein mathematischer Text in der ganz „unmathematischen" Umgebung eines mittelalterlichen Epos angesiedelt ist, und daß die Lösung, d.h. die Antwort auf die Frage, mit welchen Erfolgsaussichten auf Augenzahlen zwischen 3 und 18 beim Wurf mit drei Würfeln gesetzt werden kann, anders als bei manchen späteren Versuchen direkt und richtig gefunden wurde (Text 1.1.). Für einen zumindest mittelbaren Einfluß des Islam auf ›De Vetula‹ sprechen u.a. einige arabische Fachtermini.

[1]) Als termini post und ante quem für diesen pseudoovidischen Text sind die Jahre 1222 und 1266/68 anzusehen.

Für den eventuell arabischen Ursprung des zweiten Textes (Text 1.2.) fehlen direkte Hinweise. Es handelt sich um die Lösung eines Spezialfalles des Teilungsproblems mit algebraischen Mitteln in einer ziemlich genau um 1400 entstandenen Handschrift. Die richtige Lösung stützt sich auf das Prinzip, daß der mögliche Zugewinn für jeden der beiden beteiligten Spieler im Falle eines Einzelspielgewinns gleich sein muß. Sei also der Spielstand $m : n$, so ist er nach einem weiteren Spiel entweder $(m + 1) : n$ oder $m : (n + 1)$; der Gewinn des ersten Spielers beim Übergang zu $(m + 1) : n$ muß dabei ebensogroß sein wie der des zweiten Spielers beim Übergang zu $m : (n + 1)$. Erstaunlich ist nun, daß beim abgebrochenen Versuch der Lösung eines weiteren Spezialfalls des Teilungsproblems ein völlig willkürlich gewähltes anderes Argument benutzt wurde, das mit diesem richtigen Prinzip im Widerspruch steht. Gewisse Formulierungen bei der Lösung des ersten Problems deuten an, daß der Schreiber dieses Prinzip nicht (mehr) richtig verstanden hat. Dieser Umstand sowie die Tatsache, daß in der Folgezeit in Italien bis ins 17. Jh. das Teilungsproblem analog zu wirtschaftlichen Modellen behandelt wurde, legen nahe, daß die richtige algebraische Lösung dieses Spezialfalls einem anderen Umkreis entstammt. Dabei ist eine eigenständige Lösung durch einen italienischen Rechenmeister des 13. oder wahrscheinlicher des 14. Jh. denkbar; denkbar ist aber auch die Übernahme aus einem anderen Kulturkreis, für den eigentlich nur der islamische in Frage kommt.

Im 15. und 16. Jh. wurde das Teilungsproblem entsprechend der Auffassung, daß im Glücksspiel in zeitlich verkürzter Form die Tätigkeit des Kaufmanns nachvollzogen wird, nach gängigen Regeln zur Aufteilung von Gewinn und Verlust unter Handelspartnern gelöst. Dies gilt für Luca Pacioli (Text 1.3.) und für seine Kritiker im 16. Jh., Cardano (Text 1.4.), Tartaglia (Text 1.5.) und Peverone[2]), sowie zu Beginn des 17. Jh. für Forestani[3]). Während Pacioli im Verhältnis der von den Spielern bei Abbruch gewonnenen Spiele aufteilte, fand Cardano, daß nur die Anzahl der noch erforderlichen Gewinnspiele von Interesse ist. Der stark subjektive Charakter dieser italienischen Lösungsversuche des 16. Jh. gipfelt bei Tartaglia im Aufgeben jedes Anspruchs auf Richtigkeit der angebotenen Lösung.

Auffallend ist nicht nur, daß die Nachfolger von Pacioli, wie Tartaglia und Forestani, die von diesem abgelehnten älteren Lösungsvorschläge aufgriffen, sondern daß die für die Einführung des Teilungsproblems gewählten Spiele keine Glücksspiele waren. Die aus der umfangreichen Verbotsliteratur er-

[2]) Francesco Peverone, Due brevi e facili trattati, il primo d'Arithmetica: l'altro di Geometria, Lyon 1558, S. 40, die ohne irgendeinen Hinweis die Lösung Cardanos von 1539 wiederholt. Ausgaben dieser Arithmetik sind bis 1595 nachweisbar.

[3]) Lorenzo Forestani, Pratica d'Arithmetica, e Geometria, Siena 1603, 2. Auflage Siena 1682, S. 365–367.

sichtlichen Gründe für diese Abstinenz scheinen in der zweiten Hälfte des 16. Jh. nicht mehr zuzutreffen. Zumindest hat CARDANO ein um 1564 abgefaßtes, allerdings erst 1663 gedrucktes Manuskript über Glücksspiele, ›De ludo aleae‹, hinterlassen, das den Gesamtbereich der Glücksspielpraxis abdecken sollte (Text 1.6.). In diesem Traktat sind neben der meist näherungsweisen Lösung konkreter Würfelspielsituationen das Prinzip des fairen Spiels bzw. der fairen Wette sowie Andeutungen formuliert, die zumindest im 17. Jh. von Lesern wie JAKOB BERNOULLI als intuitives Erfassen des schwachen Gesetzes der großen Zahlen verstanden werden konnten.

Trotz der, wie im Fall von CARDANO und FORESTANI, bis in die zweite Hälfte des 17. Jh. reichenden Veröffentlichungen dieser italienischen Tradition haben die drei eigentlichen Begründer der Glücksspielrechnung und Wegbereiter der Bernoullischen Wahrscheinlichkeitsrechnung, PASCAL, FERMAT und CHRISTIAAN HUYGENS, diese ihnen in irgendeiner Form bekannten Leistungen der Italiener niemals erwähnt und sich selbst als die ersten angesehen, die die Verbindung zwischen Mathematik und dem Bereich des Zufalls herzustellen vermochten. Der Hauptgrund dafür ist sicherlich, daß der mit VIÈTE und DESCARTES wieder in den Vordergrund gerückte Anspruch auf absolute Richtigkeit und Beweisbarkeit von mathematischen Aussagen die Lösungsvorschläge der Italiener für das Teilungsproblem, die nur als Meinungen angeboten worden waren, auf das Niveau einer mathematischen Folklore sinken ließen. Diese Folklore wird in dem Briefwechsel zwischen PASCAL und FERMAT (Text 1.7.) von 1654 von dem CHEVALIER DE MÉRÉ vertreten. Zentrales Thema dieses Briefwechsels ist das Teilungsproblem, das zwar noch unter der Voraussetzung gleicher Gewinnchancen für die beteiligten Spieler, aber nun in größerer Allgemeinheit diskutiert wird. Mit kombinatorischen Methoden bestimmt PASCAL, wie sich der Anspruch eines Spielers auf den Einsatz mit jedem gewonnenen Spiel ändert; er legte seine später im ›Triangle arithmétique‹ veröffentlichten Ergebnisse[4]) FERMAT zur Beurteilung vor, der auf anderem Weg zu denselben Resultaten gelangt war.

Die elegante Darstellung der Lösung des Teilungsproblems in seinem ›Triangle arithmétique‹ läßt PASCAL in einem sehr viel vorteilhafteren Licht erscheinen als im Briefwechsel mit FERMAT, den mutmaßlich PASCAL begann. Gelegentliche Anklänge von Herablassung seitens PASCALS vor allem bei der Behandlung des Teilungsproblems für drei Spieler erscheinen dem mathematisch überlegenen FERMAT gegenüber als Selbstüberschätzung.

CHRISTIAAN HUYGENS hörte zwar 1656 anläßlich seines ersten Parisaufent-

[4]) BLAISE PASCAL, Traité du triangle arithmétique, avec quelques autres petits traités sur la même matière, Paris 1665 (gedruckt bereits 1654); dieses Werk enthält einen Teil mit dem Titel ›Usage du Triangle arithmétique pour déterminer les partis qu'on doit faire entre deux joueurs qui jouent en plusieurs parties‹.

halts von dem Briefwechsel zwischen PASCAL und FERMAT, konnte aber über die von den beiden benutzten Methoden nichts in Erfahrung bringen. So erarbeitete er sich über den von ihm mit Hilfe des Prinzips der fairen Wette, das schon CARDANO geläufig war, begründeten Begriff des Erwartungswerts einen Zugang zu dem Bereich zufälliger Ereignisse (Text 1.8.1.). Der aus diesen Arbeiten entstandene kleine Traktat ›De ratiociniis in ludo aleae‹ wurde 1657 als Anhang zu den ›Exercitationes mathematicae‹ von FRANS VAN SCHOOTEN veröffentlicht, der auch für die lateinische Fassung des ursprünglich holländischen Manuskripts[5]) verantwortlich war. Wirkungsgeschichtlich gesehen ist der HUYGENSsche Traktat wesentlich bedeutender als die Arbeit PASCALS im ›Triangle arithmétique‹ oder der Briefwechsel zwischen PASCAL und FERMAT. Dafür sind neben der größeren Verbreitung des VAN SCHOOTENschen Werkes auch die fünf Probleme[6]) verantwortlich, die HUYGENS am Ende seines Traktats seinen Lesern zur Lösung überließ (Text 1.8.2.).

Die erst 1665 in einem Manuskript gegebene Lösung des vierten Problems durch HUYGENS (Text 1.8.3.) zeigt die Überlegenheit der kombinatorischen Methode, die HUYGENS lebenslang nicht anwandte. Ausnahmslos stützten sich alle, die sich in dem der Publikation folgenden halben Jahrhundert mit der Glücksspielrechnung bzw. der dann entstehenden Wahrscheinlichkeitsrechnung beschäftigten, auf den kleinen Traktat von HUYGENS. Am deutlichsten wird dies bei JAKOB BERNOULLI; das erste Buch der ›Ars conjectandi‹ wiederholt den HUYGENSschen Text, der um BERNOULLIS Anmerkungen erweitert ist. Auch der Nachfolger von JAKOB BERNOULLI in der Weitergestaltung der Wahrscheinlichkeitsrechnung, ABRAHAM DE MOIVRE, war über eine gegenüber der HUYGENSschen Originalarbeit stark erweiterte englische Ausgabe[7]) zum ersten Mal mit der Glücksspielrechnung vertraut gemacht worden.

Diese englische Ausgabe von 1692 enthielt nicht nur den HUYGENSschen Traktat, sondern auch Hinweise auf die von PASCAL benutzten kombinatorischen Methoden und darüber hinaus im Vorwort den hier noch umgangssprachlich gebrauchten Ausdruck *quantity of probability*. Erst JAKOB BERNOULLI entwickelte aus dem HUYGENSschen Erwartungswertbegriff über den Grad der Sicherheit den Begriff einer meßbaren Wahrscheinlichkeit (Texte 5.3., 4.1.1.), deren bis Ende des 19. Jh. gültiges Maß von DE MOIVRE explizit festgelegt wurde (Text 3.2.).

[5]) Dieses erschien 1660 in Amsterdam als Anhang zu FRANS VAN SCHOOTEN, Mathematische Oeffeningen, unter dem Titel ›Van Reeckening in Speelen van Geluck‹.

[6]) Von diesen Problemen stammen das erste und das dritte von FERMAT, das fünfte von PASCAL und das zweite wie das vierte von HUYGENS selbst.

[7]) Anonym (wahrscheinlich JOHN ARBUTHNOT), Of the laws of chance or, a method of calculation of the hazards of game, London 1692.

Text 1.1. Pseudo-Ovidius, De Vetula*)

(398) Ein kluger Kaufmann verkauft und kauft nicht immer und überall irgendwelche Waren, sondern er verkauft sie dann und da, wenn und wo sie teuer sind, und wenn und wo sie billig sind, dann und da kauft er sie und findet die guten heraus, und dies ist mit viel Fleiß verbunden. Bei den Würfelspielern aber, da gibt es weder Ort noch Zeit und auch keine Sache, die bald billig, bald teuer sein könnte.

(405) Du wirst aber vielleicht sagen, daß einige Zahlen von denjenigen, die bei den Würfelspielern in Gebrauch sind, ein größeres Gewicht haben als andere, und zwar deshalb, weil ein Würfel sechs Seiten und sechs einfache Zahlen hat, und es daher bei drei Würfeln 18 sind, von denen bei den ⟨drei⟩ Würfeln 3 übrigbleiben müssen.[8])

(410) Diese werden auf verschiedene Art variiert, und es entstehen so zweimal acht zusammengesetzte Zahlen, freilich nicht von gleichem Wert, denn die höheren und niederen Zahlen treten selten auf, die mittleren häufig, und die übrigen in um so größerer Zahl und um so häufiger, je näher sie gerade den mittleren Werten liegen.

(416) Bei ihrem Auftreten kommt diesen nur eine Augenzahlkombination[9]) zu, jenen 6, und bei den anderen liegen sie im Bereich dazwischen, so daß es zwei größere und ebensoviele kleinere gibt, die eine Augenzahlkombination aufweisen, und zwei darauffolgende, der eine Wert größer, der andere kleiner, die beide je 2 haben; wiederum folgen diesen je 3, dann je 4 und je 5, so wie diesen vier durch Annäherung an die Mittelwerte folgen, die jeweils 6 Augenzahlkombinationen aufweisen; dies wird dir leichter die folgende Tabelle erklären:

*) entstanden zwischen 1222 und 1268; Pseudo-Ovidius, De Vetula (hrsg. v. Paul Klopsch) = Mittellateinische Studien und Texte Bd. II, Leiden-Köln 1967, S. 209–212 (= liber primus, Vers 398–478).

(S) mit Korrekturen von Menso Folkerts.

[8]) (S): Das heißt, die Augensumme muß zwischen 3 und 18 liegen.

[9]) (S): Der Begriff *punctatura* ist hier entsprechend der Bedeutung von *punctum* = *Auge*, *puncta* = *Augen* eines Würfels mit *Augenzahlkombination* wiedergegeben, wobei sich der Autor hier nur für die verschiedenen, absteigend geordneten Kombinationen interessiert, die eine bestimmte Augensumme ergeben. So gibt es je eine Kombination für die Augensummen 3 bzw. 18 sowie 4 bzw. 17, je zwei für die Augensummen 5 bzw. 16, je drei für 6 bzw. 15, je vier für 7 bzw. 14, je fünf für 8 bzw. 13 und schließlich je sechs Kombinationen für die vier mittleren Augensummen 9, 10, 11 und 12.

18	666		631	622	541	532	442	433	10
17	665		621	531	522	441	432	333	9
16	664	655		611	521	431	422	332	8
15	663	654	555		511	421	331	322	7
14	662	653	644	554		411	321	222	6
13	661	652	643	553	544		311	221	5
12	651	642	633	552	543	444		211	4
11	641	632	551	542	533	443		111	3

Das sind 56 vorkommende Fälle, und diese Zahl kann weder größer noch kleiner sein: wenn nämlich die drei Zahlen gleich sind, die den Wurf ausmachen, weil man sechs zusammensetzen kann und es sechs Augenzahlkombinationen sind, für jede ⟨Augenzahl⟩ eine.[10])

Wenn aber eine der Zahlen anders ist als die übrigen und zwei gleich sind, dann kann die Augenzahlkombination auf dreißig Arten abgewandelt werden; wenn du nämlich eine von den sechsen verdoppelst und dann noch eine von den übrigen hinzufügst, dann bekommst du dreißig, sozusagen aus sechs verfünffachten.[11])

Wenn aber überhaupt alle drei ungleich sind, dann wirst du zwanzig Augenzahlkombinationen zählen, und zwar deshalb, weil drei Zahlen auf vier Arten aufeinanderfolgen und auf ebenso viele Arten nicht zusammenhängend sein können, wenn aber zwei Zahlen unmittelbar aufeinanderfolgen und die dritte nicht, dann wirst du in einem Fall zweimal drei und im anderen Fall dreimal zwei bekommen, was dir die folgende Tabelle vor Augen führt:[12])

666	555	444	333	222	111	665
664	663	662	661	556	554	553

[10]) (S): Gemeint sind die sechs Kombinationen, bei denen alle drei Augenzahlen gleich sind, also 111, 222, ..., 666.

[11]) (S): Jede der sechs in der Kombination doppelt auftretenden Augenzahlen $k = 1, 2, \ldots, 6$ muß mit den übrigen fünf $i \neq k$ kombiniert werden; für $k = 4$ ergeben sich z.B. die Kombinationen 644, 544, 443, 442, 441.

[12]) (S): Von den Kombinationen ijk mit $i > j$ und $j > k$ werden zunächst die vier aufeinanderfolgenden für $i = 6, 5, 4, 3$ mit $j = i - 1$ und $k = j - 1 = i - 2$, dann die vier Kombinationen mit $i - j \geqq 2$ und gleichzeitig $j - k \geqq 2$, also 642, 641, 631 und 531, und schließlich die Kombinationen mit $j = i - 1$ und gleichzeitig $j - k \geqq 2$ bzw. mit $k = j - 1$ und gleichzeitig $i - j \geqq 2$ behandelt. Im letzten Fall erhält man, ausgehend von den Paaren 65 bzw. 21, zunächst zweimal drei Möglichkeiten: 653, 652, 651 bzw. 621, 521, 421. Für die verbleibenden drei mittleren Paare 54, 43 und 32 gibt es jeweils noch zwei Möglichkeiten für eine Kombination: 542, 541; 643, 431; 632, 532.

552	551	446	445	443	442	441
336	335	334	332	331	226	225
224	223	221	116	115	114	113
112	654	543	432	321	642	641
631	531	653	652	651	621	521
421	542	541	643	431	632	532

(443) Wiederum gibt es, wenn man sich die Augenzahlkombinationen genauer ansieht, solche, die nur eine, und solche, die drei oder sechs Permutationen[13]) aufweisen, weil das Vorkommensschema dann einheitlich sein muß, wenn die drei vorgenannten Zahlen untereinander gleich sind, wenn aber eine abweicht und zwei gleich sind, dann treten drei Permutationen auf, weil die abweichende Augenzahl an jede mögliche Stelle gesetzt wird.

(449) Wenn aber alle ungleich sind, dann wirst du feststellen, daß sie auf sechs Arten wechseln können, denn, wenn du einer von den dreien irgendeine Stelle zuweist, dann vertauschen die beiden anderen ihre Stellen; wie die Veränderung der Augenzahlkombinationen lehrt, so werden sie bei den Augenzahlkombinationen auf 56 Arten abgewandelt und die Augenzahlkombinationen in zweihundert und sechzehn Permutationen. Wenn man diese ⟨Permutationen⟩ auf die Zahlenkombinationen, die bei den Würfelspielern in Gebrauch sind, aufteilt, je nachdem, wie sie unter ihnen verteilt sind, dann wirst du vollständig erkennen, welcher Vorteil oder Nachteil einer jeden von ihnen innewohnen kann, was dir die folgende Tabelle veranschaulichen mag:

Wie viele Augenzahlkombinationen und wie viele Permutationen jede der Augenzahlsummen aufweist:

3 18	– 1 Augenzahlkombination	–	1 Permutation
4 17	– 1 Augenzahlkombination	–	3 Permutationen
5 16	– 2 Augenzahlkombinationen	–	6 Permutationen
6 15	– 3 Augenzahlkombinationen	–	10 Permutationen
7 14	– 4 Augenzahlkombinationen	–	15 Permutationen
8 13	– 5 Augenzahlkombinationen	–	21 Permutationen
9 12	– 6 Augenzahlkombinationen	–	25 Permutationen
10 11	– 6 Augenzahlkombinationen	–	27 Permutationen

(461) Es gibt da also nicht allein den Zufall; ich sage dir aber in wenigen Worten, daß darin der Zufall stecken muß, wenn das Glück dir oder deinem Kameraden den besseren Wurf zugesteht.

(464) Du antwortest, daß es in dem Spiel eine Art Begabung des Würfelns gibt, die den Zufall ausschließt, ich aber sage dir darauf: wenn du recht

[13]) (S): Das *Permutation* entsprechende Wort ist *cadentia* bzw. *scema cadendi.*

würfelst, wird er einen gewissen Einfluß haben, wenn du aber anders als recht würfelst, dann begehst du darum einen Betrug, weshalb seitens deines Mitspielers, wenn er es gemerkt hat, Beschimpfungen folgen; man flucht drauflos, die Schmähungen mehren sich, nach den Beschimpfungen prügelt man sich mit Fäusten, rauft einander die Haare, und dann folgt des kleinen Messers verwegner Stich. Es steckt allein der Zufall drin – dem nur der Dumme folgt!

(473) Wenn du nun das Glück nennst, wird das blinde Glück sich nicht gegen alle ohne Unterschied gleich verhalten; denn wenn du vom Glück begünstigt bist, wird es ein anderer noch mehr als du sein. Weder kannst du vor allen der Glücklichste sein, noch kennst du die Geschicke der Menschen; es folgt also, daß es auf den Zufall hinausläuft – dem nur der Dumme folgt.

Text 1.2. Handschrift Magl. Cl. XI, 120*)

Zwei Männer spielen Schach[14]) und setzen ⟨je⟩ einen Dukaten ein auf drei Gewinnspiele. Es trifft sich, daß der erste zwei Spiele gegen den zweiten gewinnt. Ich frage, welchen Anspruch auf Gewinn von diesem Dukaten der erste gegenüber dem zweiten haben wird, wenn sie nicht weiterspielen. Nimm an, daß der erste gegen den zweiten 1c.[15]) beim ersten Spiel gewinnt; du mußt in Betracht ziehen, daß er beim zweiten Spiel vernünftigerweise ebensoviel wie beim ersten gewinnen muß. Er wird also eine weitere c. gewonnen haben, und so hat er jetzt aufgrund des Gewinns bei zwei Spielen einen Gewinnanspruch auf 2c.; der zweite, der verloren hat, wird jetzt bezüglich seines Einsatzes einen Anspruch auf 1 duc. minus 2c. haben. Es versteht sich, daß, wenn der Verlierer von zwei Spielen gegen seinen Partner zwei weitere Spiele gewinnen würde, keiner von beiden irgendeinen Betrag vom anderen gewonnen hätte. Nehmen wir jetzt an, daß der zweite gegen den ersten zunächst ein Spiel gewinnt.

Ich behaupte, daß er in diesem Spiel 1 duc. minus 2c. gewinnt, die der erste gewonnen hätte, und der Grund dafür ist folgender: Wenn der Gewinner der ersten beiden Spiele auch das dritte Spiel gewonnen hätte, hätte er gegen den ersten[16]) den gesamten Rest von dessen Dukaten gewonnen, nämlich von 1 duc. minus 2c., wie umgekehrt der zweite nach dem Gewinn gegen den ersten; jetzt nimmt er 1 duc. minus 2c. von dem Anteil, den der erste gegen den zweiten gewonnen hat, nämlich 2c.; dem ersten verbleiben von ⟨seinem⟩ Gewinn noch 4c. minus 1 duc..

Dem zweiten werden, wenn er einzufordern anfängt, in diesem Spiel 2 duc. minus 4c. zustehen. Beachte jetzt für den ersten, den Gewinner von zwei Spielen, daß, wenn der zweite diese zwei Spiele gewonnen hätte und das dritte Spiel gewinnen würde, er zwangsläufig den gesamten verbleibenden Anteil des ersten von dessen Dukaten gewinnen würde, und, wenn der erste dieses dritte Spiel gewänne, er 2 duc. minus 4c. gewinnen würde. So muß es auch der zweite gegenüber dem ersten machen. Wir nehmen jetzt an, daß der zweite das zweite Spiel

*) geschrieben um 1400; Handschrift Magl. Cl. XI, 120, f. 29 r, Nationalbibliothek Florenz.

(S)

[14]) (S): Das entsprechende Wort im Text lautet *schacchi*; es ist ziemlich sicher, daß zur Zeit der Niederschrift dieses Manuskripts, also um 1400, dieses Wort in der Toskana zur Bezeichnung des Schachspiels verwendet wurde.

[15]) (S): c. ist die Abkürzung für *cosa*, das Fachwort für die Unbekannte.

[16]) (S): Der mutmaßlich nicht mit dem Verfasser identische Schreiber dieses Textes hat hier offenbar die Spieler verwechselt; denn der Gewinner der ersten beiden Spiele ist ja der erste Spieler; richtig müßte es also heißen „hätte er gegen den zweiten ...“.

gewinnt. Also stehen ihm aufgrund seines Gewinns gegen den ersten 2 duc. minus 4c. zu, und er muß von dem ersten das fordern, was dieser von ihm gewonnen hätte, weil nun so einer wie der andere zwei Spiele gewonnen hat. Beachte nun, wenn der zweite gegen den ersten das zweite Spiel gewinnt, gewinnt er 2 duc. minus 4c. Wir müssen nun auf beiden Seiten 1 Dukaten hinzufügen, und wir werden auf der einen Seite 4c. und auf der anderen 3 duc. minus 4c. haben. Füge noch 4c. auf beiden Seiten hinzu und du wirst erhalten 8c. gleich 3 duc. Jetzt teile die Zahl durch die ⟨Zahl der⟩ c., d.h., 3 duc. durch 8, was $\frac{3}{8}$ ergibt, und soviel ist die c. wert; nämlich den Betrag, den der erste im ersten Spiel gewinnt; und im zweiten Spiel gewinnt er nochmals $\frac{3}{8}$ Dukaten, was $\frac{6}{8}$ ausmacht, also $\frac{3}{4}$. Soviel muß der erste nach dem Gewinn erhalten, da er nicht mehr als zwei Spiele spielt. So gehe auch vor bei ähnlichen Rechnungen.

Text 1.3. Luca Pacioli, Summa de Arithmetica Geometria Proportioni et Proportionalita *)

Eine Gesellschaft spielt Ball auf 60 ⟨Punkte⟩, ⟨wobei⟩ 10 Punkte für das Einzelspiel ⟨vergeben werden⟩.[17])

Sie setzen ⟨insgesamt⟩ 10 Dukaten ein. Aufgrund gewisser Umstände können sie nicht zu Ende spielen; dabei hat eine Partei 50 und die andere 20 ⟨Punkte⟩. Man fragt, welcher Anteil des Einsatzes jeder Partei zusteht. Für dieses Problem habe ich verschiedene Lösungsvorschläge, ⟨die⟩ in die eine oder andere Richtung ⟨gehen⟩, vorgefunden; alle kommen mir ungereimt vor in bezug auf einige ihrer Argumente. Aber die Wahrheit ist das, was ich sagen werde, zusammen mit dem richtigen Weg.

Ich sage, daß Du diesen in drei Weisen verfolgen kannst.

Erstens: Du sollst herausfinden, wie viele Einzelspiele insgesamt von den beiden Parteien höchstens gemacht werden können; dies sind 11, nämlich dann, wenn beide vorher je 50 ⟨Punkte⟩ aufweisen. Nun siehst Du, welchen Anteil an allen diesen Einzelspielen die mit 50 ⟨Punkten⟩ haben; sie haben nämlich $\frac{5}{11}$; und diejenigen mit 20 ⟨Punkten⟩ haben $\frac{2}{11}$. Deshalb kann die eine Partei für ⟨den Anteil⟩ $\frac{5}{11}$ und die andere Partei für $\frac{2}{11}$ ⟨vom Einsatz⟩ nehmen. Summiert macht das $\frac{7}{11}$. Dann entsprechen $\frac{7}{11}$ den 10 ⟨Dukaten⟩; was steht ⟨einer Partei

*) Luca Pacioli, Summa de Arithmetica Geometria Proportioni et Proportionalita, Venedig 1494, f. 197 r. und v.

Übersetzt von Ettore Casari und (S) unter Mithilfe von Rudolf Haller.

[17]) (Casari und (S)): Das bedeutet, daß die Partei gewinnt, die zuerst 6 Einzelspiele für sich entscheidet.

Im Italienischen steht hier für Einzelspiel das Wort *Caccia*. Dieses Wort bedeutet ursprünglich *Jagdbeute* und ist auch heute noch im sogenannten *Calcio Fiorentino*, einer Art Fußball, der Terminus für den Torerfolg. Pacioli gibt allerdings nicht an, um welche Art von Ballspiel es sich handelt, auch nicht, warum für den Einzelerfolg 10 Punkte und nicht nur 1 Punkt vergeben werden. Dies deutet möglicherweise darauf hin, daß es auch andere Erfolge in diesem Ballspiel gibt, die, wie etwa im American Football, mit einer anderen Punktzahl bewertet werden. Dies interessiert Pacioli ebensowenig wie der Einfluß eventuell unterschiedlicher Spielstärken der beteiligten Parteien. Im Lichte der Chancenverhältnisrechnung des 17. Jahrhunderts mußte Paciolis Vorgehen im Sinn gleicher Gewinnchancen gedeutet werden. Dem Wirtschaftsmodell, das Paciolis Denken bestimmt, ist eine solche Deutung fremd.

mit einem Anteil von⟩ $\frac{5}{11}$ und was ⟨einer Partei mit einem Anteil von⟩ $\frac{2}{11}$ zu? Also derjenigen mit 50 ⟨Punkten⟩ wird $7\frac{1}{7}$ ⟨Dukaten⟩ und derjenigen mit 20 ⟨Punkten⟩ werden $2\frac{6}{7}$ ⟨Dukaten⟩ zukommen. Fertig.

Eine andere Weise ist ähnlich: d.h., sie können insgesamt 110 ⟨Punkte⟩ machen. Schau, welcher Teil davon 50 ist; Du wirst, wie oben, $\frac{5}{11}$ und für 20 entsprechend $\frac{2}{11}$ finden; mach' weiter wie oben!

Die dritte, sehr kurze Weise ist, daß Du summierst, was die beiden Parteien zusammen haben: d.h. 50 und 20, macht 70. Und dieses ist der Divisor, wobei 70 den 10 ⟨Dukaten⟩ entsprechen. Was steht ⟨der Partei mit⟩ 50 ⟨Punkten⟩ und was ⟨der Partei mit⟩ 20 ⟨Punkten⟩ zu? Usw. Und so wirst Du vorgehen bei einem Rennen zu Fuß oder zu Pferd, wenn Du weißt, wie viele Meilen jeder gemacht hat. Und ähnlich ⟨ist es⟩ beim Morraspiel[18]) mit 10 oder mit 5 Fingern, wenn die eine Partei 9 und die andere 7 ⟨Punkte⟩ hat.

⟨Dies gilt⟩, auch, wenn sie Bogen schießen; wer als erster soundsoviele Treffer erzielt, erhält den Preis.

Und paß' auf in dem obigen Beispiel vom Ballspiel, daß Du nicht sagst, daß die Partei mit dem Anteil von $\frac{5}{11}$ an der maximalen Anzahl von Spielen nur $\frac{5}{11}$ vom Einsatz nehmen darf; das wäre nicht gut, weil Gelder vom Einsatz übrig blieben, die weder der einen noch der anderen gehören würden. Es würden dem mit 50 ⟨Punkten⟩ $4\frac{6}{11}$ zukommen und dem mit 20 ⟨Punkten⟩ $2\frac{9}{11}$ [19]), was zusammen $7\frac{4}{11}$ macht, und die ⟨verbleibenden⟩ $2\frac{7}{11}$ würden für den sein,

[18]) (CASARI): Morra ist ein sehr altes Glücksspiel, das heute noch vor allem in Neapel mit 5 Fingern gespielt wird. Nach den heute üblichen Regeln strecken die beiden beteiligten Spieler gleichzeitig beliebig viele Finger einer Hand auf einem Tisch aus und rufen ebenso gleichzeitig eine Zahl zwischen 2 und 10 aus. Dabei gilt ein Finger oder die geschlossene Faust dasselbe, nämlich 1. Wer die richtige Fingersumme erraten hat, gewinnt einen Punkt. Wenn beide dieselbe Zahl angegeben haben oder sich beide irren, bekommt keiner einen Punkt.

[19]) (S): Es müßte $1\frac{9}{11}$ heißen, da $\frac{2}{11}$ von 10 Dukaten $1\frac{9}{11}$ Dukaten ergibt. Der nachfolgende Text setzt den Fehler fort.

der auf die Kleider aufpaßt. Mach' es auch nicht wie einige, die sich auf das Morraspiel berufen und sagen, wenn bei einem Spiel mit 5 Fingern der eine 4, der andere 3 hat, „gehen wir um 1 zurück", so daß dann der eine 2 und der andere 3 hat[20]); denn das ist nicht fair, weil der eine auf $\frac{1}{3}$ und der andere auf $\frac{1}{4}$ seines Anspruchs verzichtet, so daß sie nicht im selben Maß Verzicht leisten. So sagen einige, beide Seiten sollen auf 20 ⟨Punkte⟩ verzichten; die eine wird dann keinen, die andere 30 ⟨Punkte⟩ haben; und dann sagen sie, daß die mit 30 ⟨Punkten⟩ die Hälfte des Einsatzes, was 5 ist, erhalten wird, weil sie die Hälfte ⟨der Punkte für den Gewinn⟩ des Gesamtspiels hat, und von den restlichen 5 wird jede die Hälfte nehmen; so daß die mit 50 ⟨Punkten⟩ $7\frac{1}{2}$ ⟨Dukaten⟩ hätte und die andere $2\frac{1}{2}$, was aus dem schon vorher genannten Grund nicht gerecht wäre.[21])

Drei messen sich im Armbrustschießen; wer als erster 6mal am besten trifft, gewinnt; sie setzen insgesamt 10 Dukaten ein. Bei einem Stand von 4 Treffern für den ersten, 3 für den zweiten und 2 für den dritten wollen sie nicht mehr weitermachen und kommen überein, den Einsatz zu teilen. Ich frage, wieviel einem jeden zusteht.

Mach' es so: Zunächst schau', wie viele ⟨beste⟩ Treffer alle drei zusammen höchstens erzielen können. Du wirst finden, daß sie nicht mehr als 16 erzielen können; denn es kann sein, daß alle drei je 5 Treffer aufweisen und danach einer sich einen weiteren verschafft, um die für den Gewinn des Einsatzes notwendigen 6 zu haben. Also erzielen sie höchstens 16 ⟨Treffer⟩; von diesen 16 hat der erste 4, was $\frac{1}{4}$ macht, also soll er $\frac{1}{4}$ des Einsatzes, d.h. von 10 Denari[22]), haben, was $2\frac{1}{2}$ ist. Der zweite hat 3 Treffer, was $\frac{3}{16}$ von dem, was sie machen können, ausmacht. Deshalb wird er $\frac{3}{16}$ des Einsatzes, was $1\frac{7}{8}$ ⟨Dukaten⟩ ist, erhalten.

[20]) (S): Eigentlich müßte die Reihenfolge: „... der eine 3, der andere 2 hat" lauten.

[21]) (S): Diese Lösung ist aus verschiedenen Gründen sehr interessant. Einmal handelt es sich offenbar um einen Lösungsvorschlag der von PACIOLI erwähnten Vorgänger, und zum anderen wird hier als Lösungstechnik die Reduktion des Problems auf ein einfacheres benutzt, allerdings in einer Weise, die von Mathematikern des 17. Jahrhunderts, die sich ebenfalls einer Reduktion bedienten, als falsch abgelehnt worden wäre.

[22]) (S): Die im Text von PACIOLI benutzte Abkürzung steht für *Denari*, obwohl vorher der Einsatz auf 10 Dukaten festgelegt wurde.

Der dritte hat zwei, was $\frac{2}{16}$ ausmacht. Deshalb stehen ihm $\frac{2}{16}$, d.h. $\frac{1}{8}$ des Einsatzes zu, was $1\frac{1}{4}$ ist. Alle diese ⟨Anteile⟩ summierst Du: d.h. $2\frac{1}{2}$, $1\frac{7}{8}$, $1\frac{1}{4}$. Das macht $5\frac{5}{8}$, und dies ziehst Du jetzt von 10 ab, d.h. von dem ganzen Einsatz. Es bleiben $4\frac{3}{8}$. Dies muß man jetzt teilen wie ⟨in⟩ eine⟨r⟩ Handelsgesellschaft[23]) und sagen: einer weist 4 Treffer und ein anderer 3 Treffer und ein weiterer 2 Treffer auf, d.h. ⟨Anteile von⟩ $\frac{1}{4}$, $\frac{3}{16}$ und $\frac{1}{8}$, und sie haben $4\frac{3}{8}$ zu teilen. Wieviel steht jedem zu? Rechne[24])! Du wirst finden, daß dem ersten $1\frac{17}{18}$, dem zweiten $1\frac{11}{24}$ und dem dritten $\frac{35}{36}$ zukommen wird. Fertig. Der Beweis: Addiere den Betrag, der ihnen zuerst zukommt, zu dem, der ihnen später zukam. Es muß 10 machen. Somit wirst Du sagen, daß der erste insgesamt $2\frac{1}{2}$ und $1\frac{17}{18}$, was $4\frac{4}{9}$ ist, davon erhielt; der zweite $1\frac{7}{8}$ und $1\frac{11}{24}$, was $3\frac{1}{3}$ ausmacht; der dritte $1\frac{1}{4}$ und $\frac{35}{36}$, was $2\frac{2}{9}$ ausmacht; was in Ordnung ist.

Aber dasselbe Ergebnis wirst Du auf einmal nach der Vorgehensweise einer Handelsgesellschaft erzielen, wie wir es ⟨oben⟩ beim Ballspiel vorschlagen. So daß, was Du hier in zwei Schritten, dort nur in einem erreichst. Es ist doch nur zu sagen: 3 bilden eine Handelsgesellschaft; der eine setzt 4 ⟨Anteile⟩, der zweite 3 ⟨Anteile⟩ und der dritte 2 ⟨Anteile⟩ ein, und sie haben ⟨einen Betrag von⟩ 10 zu teilen. Was steht jedem zu? Rechne! Du wirst ⟨es⟩ finden, wie es ⟨schon⟩ gesagt worden ist.

[23]) (Casari): Schon in den spätmittelalterlichen italienischen Städten gab es die Handelsform der sogenannten *Compagnia*, wobei Gewinne oder Verluste, die diese Gesellschaften machten, im Verhältnis der Anteile der Beteiligten geteilt wurden. Offenbar spielt hier Pacioli auf diese Gewohnheiten des spätmittelalterlichen Handelsrechts an, die in der Vertragsform der *Compagnia* kodifiziert waren.

[24]) (Casari): Wörtlich eigentlich: „Arbeite!"

Text 1.4. Geronimo (Girolamo) Cardano, Practica arithmetice et mensurandi singularis*)

Kapitel LXI, Abschnitte 13, 14, f. T III r. (= f. 143 r.)–f. T III v. (= f. 143 v.)

13. Was nun die Theorie der Spiele betrifft, muß man wissen, daß man bei den Spielen nur die jeweilige Restspielanzahl in Betracht ziehen muß, indem man den Gesamteinsatz in der Progression[25]) auf die entsprechenden Teile verteilt. Zum Beispiel spielen zwei auf zehn ⟨Gewinnspiele⟩. Einer hat 7, der andere hat 9 ⟨Spiele gewonnen⟩. Man fragt nun im Fall der Teilung bei Spielabbruch, wieviel jeder haben soll. Ziehe 7 von 10 ab; es bleiben 3. Ziehe 9 von 10 ab; es bleibt 1. Die Progression von 3 ist 6. Die Progression von 1 ist 1. Du wirst also den Gesamteinsatz in 7 Teile teilen und dem, der 9 ⟨Gewinnspiele⟩ hat, 6 Teile, sowie dem, der 7 ⟨Gewinnspiele⟩ hat, 1 Teil geben. Nehmen wir also an, daß jeder 7 Goldstücke gesetzt hat, dann wäre der Gesamteinsatz 14, von denen 12 dem, der 9 ⟨Gewinnspiele⟩ hat, zufallen und 2 dem, der 7 hat, weshalb der, der 7 hat, $\frac{5}{7}$ des Kapitals verliert.

Ein weiteres Beispiel: Nehmen wir an, daß auf 10 ⟨Gewinnspiele⟩ gespielt werde und einer 3, der andere 6 hätte. Subtrahiere und es bleiben die Reste 7 und 4. Die Progression von 7 ist 28. Die Progression von 4 ist 10. Deshalb werde ich dem, der 6 Gewinnspiele hat, von der Gesamtsumme 28 Teile geben, und dem, der 3 hat, werde ich 10 Teile geben; so teile ich den Gesamteinsatz in 38 Teile, und der, der 3 hat, verliert $\frac{9}{19}$ seines Kapitals.

14. Der Beweisgedanke dafür ist folgender: Wenn nach erfolgter Teilung wiederum ein Spiel angefangen werden müßte, hätten die Parteien dasselbe einzusetzen, was sie unter der vorliegenden Bedingung erhielten. Diese sei im ersten Beispiel, daß einer sagt, ich will spielen unter der Bedingung, daß du ⟨das Gesamtspiel⟩ nicht gewinnen kannst, es sei denn, du gewinnst 3 mal ohne Unterbrechung, und, wenn ich ein Spiel gewinne, will ich ⟨das Gesamtspiel⟩ gewinnen.

*) Hieronymus Cardanus, Practica arithmetice et mensurandi singularis, Mailand 1539.
(S) mit Korrekturen von Menso Folkerts.

[25]) (S): *progressio* bedeutet bei Cardano, ähnlich wie etwa schon bei Sacro Bosco im 13. Jh., eine Rechenoperation, nämlich *Summierung der natürlichen Zahlen bis* –. Die *progressio* von n ist also $\binom{n+1}{2}$.

Derjenige, der 3 Spiele gewinnen will, setzt 2 Goldmünzen. Wieviel muß der andere einsetzen? Ich behaupte, daß er 12 einsetzen wird. Begründung: Wenn sie nur ein Gewinnspiel benötigten, genügte es, 2 einzusetzen, und bei zwei ⟨Gewinnspielen⟩ hätte er das Dreifache einzusetzen.

Der Grund dafür ist, daß, wenn er einfach die ⟨nächsten⟩ 2 Spiele gewänne, er 4 ⟨Goldstücke⟩ gewinnen würde, während er nach dem Gewinn des ersten Gefahr läuft, das zweite ⟨Spiel⟩ zu verlieren; deswegen muß er das Dreifache gewinnen; und wenn er auf 3 ⟨Gewinnspiele spielte⟩, das Sechsfache, weil sich das Risiko verdoppelt; deswegen hätte er 12 einzusetzen. Nun hat er schon 12 erhalten und jener 2; deswegen ist die Teilung angemessen durchgeführt unter der Voraussetzung, daß der Spielabbruch im Einverständnis der Parteien erfolgte; sonst, wenn ⟨der Abbruch⟩ durch den, der mehr hat, verursacht wurde, wird zu gleichen ⟨Teilen⟩ geteilt, wenn ⟨er⟩ durch den, der weniger hat, verursacht wurde, verliert er den ganzen ⟨Einsatz⟩.

f. T III v. (= f. 143 v.)–f. T IV r. (= f. 144 r.)

16. Jemand will zunächst für sich spielen und will 12 gegen 1 einsetzen. Man fragt, auf wie viele ⟨Gewinnspiele⟩ ein Partner spielen müßte.

Du suchst die Progression der Unbekannten, die 12 als Summe ergibt. Ich nehme die Unbekannte und teile sie in gleiche Teile, was $\frac{1}{2}x$ ergibt. Addiere dazu nach der Regel $\frac{1}{2}$, es ergibt $\frac{1}{2}x + \frac{1}{2}$; multipliziere dies mit $1x$, es ergibt $\frac{1}{2}x^2 + \frac{1}{2}x = 12$; deswegen ist $x^2 + x = 24$.

Die Unbekannte hat also den Wert $\sqrt{24\frac{1}{4}} - \frac{1}{2}$, und dies ist das größere Glied.

Weil nun $\sqrt{24\frac{1}{4}} - \frac{1}{2}$ größer als 4 und kleiner als 5 ist, wirst du feststellen, daß einer, der auf 4 ⟨Gewinnspiele⟩ spielt, unter einer günstigeren Voraussetzung spielt als der, der auf 1 ⟨Gewinnspiel⟩ spielt, und daß einer, der auf 5 spielt, unter einer ungünstigeren Voraussetzung spielt als der Partner.

Letztes Kapitel „Über die Fehler von Fra Luca“, Abschnitt 5
f. QQ V v. (= f. 289 v.)–f. QQ VI r. (= f. 290 r.)

Bei der Berechnung der Spiele schoß er einen gewaltigen, sogar von einem Knaben erkennbaren Bock, wobei er andere kritisiert und seine Meinung als ausgezeichnet lobt. Dabei gibt er, wenn ⟨zwei⟩ auf 6 ⟨Gewinnspiele⟩ spielen, dem, der 5 hat, ⟨und⟩ dem anderen ⟨mit⟩ 2 nach vielen überflüssigen Überlegungen 5 bzw. 2 Teile, so daß er die Gesamtsumme in 7 ⟨Teile⟩ teilt.

Nehmen wir deshalb an, daß zwei auf 19 ⟨Gewinnspiele⟩ spielten und einer 18, der andere nur 9 hätte. Er wird dann dem ersten $\frac{2}{3}$ der Gesamtsumme und dem zweiten $\frac{1}{3}$ geben. Sei also der Einsatz 12 Goldstücke; die Summe von beiden wird 24 sein, von denen 16 dem ersten und 8 dem zweiten zustehen: Jener, der 18 Gewinnspiele aufweist, hat nur 4 Goldstücke von seinem Gegner gewonnen, was ein Drittel des Einsatzes ausmacht, und doch fehlt ⟨ihm⟩ zum vollständigen Gewinn nur ein Spiel, während dem zweiten 10 fehlen. Das aber ist völlig absurd.

Außerdem darf jeder jenen Teil nehmen, den er nach einer billigen Überlegung unter dieser Voraussetzung einsetzen könnte; aber der, der 18 hat, kann mit dem, der 9 hat, 10 zu 1, ja sogar 20 zu 1 bei einem Spiel auf 19 setzen:

Deswegen hat er bei der Teilung einen Anspruch auf 20 Teile und der andere nur auf einen.

Drittens, wenn man auf 19 spielt und einer 2, der andere kein Spiel hat, kann nach seiner Überlegung der, der 2 hat, den Gesamteinsatz beanspruchen; das wird aus seiner Berechnung klar. Daß dies, so wie es ist, unangemessen ist, ist aber nicht zu bestreiten, da er bei einem so bescheidenen Vorsprung und einer solchen Entfernung vom Ziel genausoviel beanspruchen könnte, wie wenn er 19 Spiele gewonnen hätte, und weil weiterhin derjenige, der den Einsatz verliert, in keine schlechtere Lage kommen kann; angenommen, daß der erste 18 und der zweite kein Gewinnspiel aufwiese, stünde ⟨dem Führenden⟩ noch nicht alles zu, weil ja sonst das letzte ⟨Gewinnspiel⟩ überflüssig wäre; um wieviel weniger kann der das Ganze beanspruchen, der nur zwei ⟨Gewinnspiele⟩ aufweist.

Viertens zum Hauptpunkt: Wenn einer 3, der andere 1 ⟨Gewinnspiel⟩ bei einem Spiel auf 13 aufwiese, stünden dem ersten 3 Teile zu, dem zweiten stünde einer zu.

Wenn nun der erste 12, der zweite 9 hätte, würden dem ersten $\frac{4}{7}$ und dem zweiten $\frac{3}{7}$ gegeben werden, und so wäre die Voraussetzung des ersten im zweiten Fall wesentlich ungünstiger als im ersten, was vollkommen absurd ist, weil der erste im zweiten Fall bei sechs Malen nicht einmal verliert und im ersten ⟨Fall⟩ keine große Ungleichheit herrscht. Dies habe ich schon im Kapitel 61 erklärt.

Text 1.5. Nicolò Tartaglia, La Prima Parte del General Trattato di Numeri, et Misure*)

(206) Bruder LUCA aus Borgo legt folgendes Problem vor:

Eine Gesellschaft spielt Ball auf 60 ⟨Punkte⟩ für das Gesamtspiel, ⟨wobei⟩ 10 Punkte für das Einzelspiel ⟨vergeben werden⟩. Sie setzen ⟨insgesamt⟩ 22 Dukaten ein. Aufgrund gewisser Umstände können sie das Gesamtspiel nicht zu Ende führen; dabei hat eine Partei 50 und die andere 30 ⟨Punkte⟩. Man fragt, welcher Anteil des Einsatzes jeder Partei zusteht. In diesem Problem sagt der genannte Bruder LUCA, der für die eine wie die andere Richtung verschiedene Lösungsvorschläge vorfand, daß ihm aber all ihre Argumente ungereimt erscheinen und daß die richtige Methode und die Wahrheit diejenige sei, daß man die Rechnung in dreifacher Weise durchführen kann.

Die erste besagt, daß man erwägen muß, wie viele Einzelspiele von der einen und der anderen Partei höchstens gemacht werden können. Dabei findet man 11, wenn nämlich beide je 50 ⟨Punkte⟩ aufweisen, und man sieht, so sagt er, daß diejenige mit 50 ⟨einen Anteil⟩ von $\frac{5}{11}$ der erforderlichen Einzelspiele hat und die mit 30 ⟨einen Anteil⟩ von $\frac{3}{11}$.

Er sagt aber weiter, daß eine Partei $\frac{5}{11}$ von den erwähnten 22 Dukaten nehmen und die andere $\frac{3}{11}$ nehmen darf; dies macht zusammen $\frac{8}{11}$; weiterhin sagt er, daß man wie in einer Handelsgesellschaft vorgehen muß, indem man sagt, wenn 22 ⟨Dukaten⟩ $\frac{8}{11}$ entsprechen, was entspricht $\frac{5}{11}$ und $\frac{3}{11}$. Wenn man auf diese Weise vorgeht, findet man, daß derjenigen ⟨Partei⟩ mit 50 ⟨Punkten⟩ $13\frac{3}{4}$ Dukaten und der mit 30 ⟨Punkten⟩ $8\frac{1}{4}$ Dukaten zukommen werden.

Diese seine Regel scheint mir weder schön noch gut zu sein. Denn

*) NICOLÒ TARTAGLIA, La Prima Parte del General Trattato di Numeri, et Misure, Venedig 1556, f. 265f. (= Buch 16, Abschnitt 206).

(S) unter Mithilfe von ANNA MARIA PASTORI-NOBIS.

wenn zufällig eine der Parteien 10 ⟨Punkte⟩ und die andere nichts hätte und man nach seiner Regel vorgehen würde, würde sich ergeben, daß die Partei mit den besagten 10 ⟨Punkten⟩ alles nehmen und die andere überhaupt nichts nehmen dürfte, was vollkommen sinnlos wäre, daß man mit 10 das Ganze nehmen dürfte.

Und deshalb sage ich, daß ein solches Problem eher juristisch als durch die Vernunft gelöst wird; denn egal, auf welche Art und Weise man es löst, es gibt immer einen Grund zu streiten. Nichtsdestotrotz erscheint mir als am wenigsten anfechtbare Lösung die folgende: man stelle zunächst fest, welchen Anteil jeder vom Gesamtspiel hat, d.h., wenn einer zufällig 10 und der andere 0 hätte, hätte also derjenige, der 10 hat, ein Sechstel des Gesamtspiels; und deshalb sage ich, daß er in diesem Falle ein Sechstel der Dukaten bekommen müßte, die sie pro Mann eingesetzt haben; d.h., wenn man 22 Dukaten pro Partei einsetzt, müßte er ein Sechstel besagter 22 Dukaten, nämlich $3\frac{2}{3}$ Dukaten erhalten, die zusammen mit seinen 22 Dukaten $25\frac{2}{3}$ Dukaten ausmachen, und die andere Partei darf den Rest nehmen, und dieser Rest ist $18\frac{1}{3}$ Dukaten. Wenn nun eine Partei 50 und die andere 30 hätte, müßte man 30 von 50 abziehen. Es bleiben 20, und diese 20 sind ein Drittel des Gesamtspiels. Deshalb dürfte man (außer seinem eigenen Anteil) auch ein Drittel des Geldes der anderen Partei nehmen, und dieses Drittel sind $7\frac{1}{3}$ Dukaten, die zusammen mit seinen eigenen $29\frac{1}{3}$ Dukaten ausmachen. Die andere Partei dürfte den Rest, nämlich $14\frac{2}{3}$ Dukaten, nehmen. Wenn man so verfährt, ergibt sich als Folge nichts Unangemessenes wie bei der Lösung von Bruder LUCA.

Eine der anderen beiden von dem vorgenannten Bruder LUCA vorgeschlagenen Vorgehensweisen ist der oben beschriebenen Lösung ähnlich, wenn auch in den Worten etwas verschieden, und ähnlich ist auch die dritte. Denn in der dritten Lösung will er, daß man 50 und 30 addiert, was 80 ergibt. Dann sagt er, wenn 80 ⟨Punkte⟩ 22 Dukaten ergeben, was ergibt 50 und was ergibt 30. Und er setzt voraus, daß die 22 Dukaten die Summe der Einsätze beider Parteien sind, d.h., daß jede Partei 11 Dukaten eingesetzt hat. Bei dieser Lösung ergeben sich dieselben Einwände, die ich gegen die erste erhoben habe, und da diese Probleme nur Streit hervorrufen und zu nichts führen, soll man ihnen keine große Bedeutung beimessen.

Text 1.6. Geronimo (Girolamo) Cardano, De ludo aleae*)

Kapitel VIII: Über die Voraussetzungen für einen Spieler

Es ist dumm, auch nur wenig Geld zu riskieren, wenn du nicht darauf achtest, daß du nicht verlierst, oder dich ganz dem Spiel hinzugeben, damit du gewinnst; denn wer seltener spielt, kann auch nur weniger wissen.

Ob du deshalb das Studium der ⟨freien⟩ Künste vernachlässigen solltest, damit du beim Spiel gewinnst, wenn auch nur ein wenig? Oder damit du verlierst, dich ärgerst und dazu noch verlacht wirst? Aber wenn du als Unterlegener viel verlierst, ist der Nutzen für den Gewinner nicht genauso groß wie der Verlust für den Verlierer, denn man gibt gewöhnlich viel. Der Mensch ist verschwenderisch, und die Zeit geht vorbei.

Wenn der Würfel danach einmal unglücklich gefallen sein wird, wird der Verlust höher, als der Gewinn bei mehreren Malen war.

Außerdem mußt du entweder erfahrener und geübter als jener ⟨Gegner⟩ sein oder so spielen, daß es nichts ausmacht, wie auch immer der Würfel fällt; dies trifft zu, wenn du um wenig spielst und ein wenig nach dem Essen mit deinen Liebsten zu Hause. Darum solltest du, wenn es dir nur um große Einsätze geht, beständig spielen, aber nicht mit einem, der erfahrener ist als du oder mehr Glück hat, und auch nicht unter ungleichen Bedingungen; denn auch das Glück spielt in diesen ⟨Dingen⟩ eine sehr große Rolle.

Kapitel IX: Über den Wurf mit einem Würfel

Der Talus[26]) hat vier Seiten und so auch vier Augenzahlen. Der Würfel hat sechs ⟨Seiten⟩; bei sechs Würfen[27]) müßte je eine der ⟨sechs⟩ Augenzahlen auftreten; weil sich aber einige ⟨Augenzahlen⟩ wiederholen, können andere

*) Geronimo (Girolamo) Cardano, De ludo aleae, *in*: Opera Omnia Bd. I, Lyon 1663, S. 262–276, speziell S. 264f. u. S. 266f.

(S) mit Korrekturen von Menso Folkerts.

[26]) (S): Der Talus ist ein Fußknöchelchen von Paarhufern, bekannter noch unter der griechischen Bezeichnung *astragalos*, das aufgrund seiner Form beim Wurf nur auf vier einigermaßen deutlich unterscheidbare Seiten zu liegen kommen kann. Diese Seiten wurden mit den Augenzahlen 1, 3, 4 und 6 i. allg. so bewertet, daß gegenüberliegende Seiten jeweils eine Augenzahlsumme von 7 aufwiesen.

[27]) (S): Eigentlich steht hier Umwälzungen (*revolutiones*), was möglicherweise auf den für den Zufallscharakter wichtigen Rotationsanteil an der Bewegung des Würfels hinweist.

nicht auftreten. Er[28]) wird in der Ebene so dargestellt, daß jede Seite auf dem Rücken zu liegen kommt; man kann ⟨dies⟩ sehen und so aufzeichnen; aber so wird er nicht benützt, sondern die Knaben spielen nach Art einer Spindel ⟨damit⟩; auch hat er nicht die Form eines Würfels. Dann ist die Hälfte der Anzahl immer die „Gleichheit“[29]), so daß bei drei Würfen eine ⟨bestimmte⟩ Augenzahl auftritt – denn in sechs ⟨Würfen⟩ wird der Kreislauf vollendet – oder bei einem Wurf drei ⟨bestimmte⟩ Augenzahlen; z. B. kann ich Eins, Drei, Fünf genauso werfen wie Zwei, Vier, Sechs. Gemäß dieser „Gleichheit“ nämlich haben Wettvereinbarungen Gültigkeit, wenn der Würfel in Ordnung ist, und um so mehr oder weniger, je weiter ⟨der Würfel⟩ von der wahren „Gleichheit“ abweicht. Aber wie ich schon sagte, nützt dies zum Verständnis sehr viel, für die Praxis fast nichts.

Kapitel XI: Über den Wurf von zwei Würfeln

Beim Wurf mit zwei Würfeln gibt es sechs ⟨Würfe⟩ mit je zwei gleichen und 15 mit ungleichen Augenzahlen, verdoppelt 30, also insgesamt 36; die Hälfte aller ⟨möglichen⟩ Würfe ist aber 18. Unter den 18 der ⟨aus der⟩ Gesamtheit ⟨der möglichen Würfe⟩[30]) zur „Gleichheit“ ⟨erforderlichen Würfe⟩ befinden sich nun Paare; deshalb ⟨muß man⟩ zur ⟨Erlangung der⟩ „Gleichheit“ bei den ungleichen ⟨Augenzahlen⟩ neunmal werfen; deshalb gilt für die zweifache Eins[31]), daß sie bei 18 Würfen eintreten oder nicht eintreten kann; und so ⟨ist⟩ es ⟨auch⟩ bei zweimal Zwei oder je Drei[32]).

Aber Eins und Zwei können auf zwei Weisen auftreten; deswegen besteht „Gleichheit“ bei neun Würfen, wobei es ⟨eine Frage⟩ des Glücks ist, ob ⟨dieser Wurf⟩ häufiger oder seltener ⟨auftritt⟩. Der Wurf mit einer ⟨vorgegebenen⟩ Augenzahl tritt in der Gesamtheit der möglichen Würfe elfmal auf, weshalb zur „Gleichheit“ ein kleinerer ⟨Teil⟩ fehlt und bei zwei Würfen die „Gleichheit“ um mehr als ein Sechstel und um weniger als ein Viertel ⟨übertroffen wird⟩.

28) (S): Hier könnte wieder der Talus gemeint sein.

29) (S): *aequalitas = Gleichheit* wird von CARDANO immer wieder als ein Fachterminus dafür verwendet, daß die Möglichkeit für das Eintreten eines Ereignisses, wie hier das mindestens einmalige Auftreten einer bestimmten Augenzahl bei drei Würfen, genauso hoch bewertet wird wie die Möglichkeit für das komplementäre Ereignis.

30) (S): Der hierfür verwendete Terminus *circuitus* ist ein fester, immer wiederkehrender Begriff in dieser Abhandlung, der die Gesamtheit der möglichen Ergebnisse, hier Würfe mit zwei Würfeln, und in moderner Bezeichnungsweise den Ergebnisraum bedeutet.

31) (S): Gemeint ist der Wurf (1, 1).

32) (S): Hier ist an die Würfe (2, 2) und (3, 3) gedacht.

Bei drei Malen fehlt etwas von der Gesamtheit aller möglichen Würfe, und so ⟨fehlt⟩ von der „Gleichheit“ dafür, daß dies zweimal eintritt, beinahe der zwölfte Teil.

Der Grund dafür ist, daß jene Aufeinanderfolge ⟨der Augenzahlen⟩ der Reihe nach eintritt, was aber nicht zuträfe, wenn die Reihenfolge nicht eingehalten würde. Eine wiederholte, etwa zweifache Aufeinanderfolge der günstigen Augenzahlen erwächst aus den nacheinander aufgeführten Gesamtheiten aller möglichen Würfe. Bei 3600 Würfen nämlich ist die „Gleichheit“ die Hälfte, also 1800 Würfe.

Bei so vielen ⟨Würfen⟩ kann ⟨die Aufeinanderfolge⟩ eintreten oder nicht eintreten. Die ⟨Betrachtung der⟩ Gesamtheit aller möglichen Würfe versagt auch nicht, wenn man außer Betracht läßt, daß sie sich in einer ⟨Augenzahl⟩ wiederholen kann und dies zwei- und dreimal.

Diese Vorstellung basiert deshalb auf Vermutung und Näherung; es gibt dabei auch keine exakte Berechnung. Dennoch trifft zu, daß ein Ereignis bei ⟨einer⟩ einem Vielfachen der Gesamtheit aller möglichen ⟨entsprechenden Anzahl von Versuchen⟩ nahezu wie vermutet eintritt.

Kapitel XIV: Über das mehrfache Auftreten von Augenzahlen

Man muß nun bei zwei Würfeln in folgender Weise zu überlegen anfangen, daß auf die Augenzahl Eins[33]) elf Würfe treffen, auf zwei Augen in gleicher Weise und auf drei, und so bei den einzelnen ⟨Augenzahlen⟩; dennoch treffen auf die Augenzahlen Eins und Zwei nicht zweiundzwanzig Würfe, sondern zwanzig. Auf die Eins treffen nämlich elf und auf die Zwei neun.

Wenn die Drei hinzugefügt wird, so werden es nicht neunundzwanzig, auch nicht einunddreißig, sondern siebenundzwanzig ⟨Würfe⟩ sein, und dies trifft zu, da sich ja die Anzahlen der Würfe so verhalten, wie man es an der Seite sieht.

So erhält man, wenn alle Würfe	20	11
zusammengefaßt werden, sechs-	27	9
unddreißig; denn, da sie die	32	7
vollständige Menge aller mög-	35	5
lichen Würfe ist, muß notwen-	36	3

dig in jedem Wurf irgendeine Augenzahl enthalten sein, weil sie ja die Anzahl der Gesamtheit aller möglichen Würfe vollmachen. Wenn also jemand sagt, ich möchte ⟨auf das Eintreffen der⟩ Augenzahlen Eins oder Zwei oder Drei ⟨setzen⟩, weißt du, daß es hier siebenundzwanzig ⟨Würfe⟩ gibt, und, da die Gesamtheit aller möglichen Würfe sechsunddreißig ist, werden ⟨es⟩ neun übrige

[33]) (S): Hier steht der Singular *punctum*, also wörtlich *ein* oder *der Punkt*.

Würfe sein, bei denen diese Augenzahlen nicht auftreten, es ergibt sich demnach ein Verhältnis von drei zu eins.[34]) Deshalb wird unter vier Würfen bei Gleichverteilung des Glücks dreimal die Augenzahl Eins, Zwei oder Drei herauskommen und nur einmal keine jener ⟨Augenzahlen⟩; wenn deshalb derjenige, der eine von den drei Augenzahlen erwartet, drei Asse setzte, der andere einen, siegte der erstere dreimal und gewänne drei Asse, der andere einmal und gewänne drei Asse, weshalb sie bei einer Gesamtheit von vier Würfen immer gleichauf liegen. Dies nämlich ist der Grundgedanke einer Wette unter gleicher Bedingung; wenn also einer von ihnen mehr setzte, wird er unter ungleicher Bedingung wetten und mit Verlust, wenn weniger, mit Gewinn.

...

Es gibt daher ein einziges allgemeines Prinzip, daß wir die Gesamtzahl aller möglichen Würfe in Betracht ziehen und auf wie viele Weisen und in welcher Anzahl jene ⟨günstigen⟩ Würfe eintreten können; dann vergleicht man diese Anzahl mit dem Rest der Gesamtheit aller möglichen Würfe und wird, damit sie unter gleicher Bedingung wetten, die Einsätze entsprechend diesem Verhältnis wechselweise tätigen.

Wenn aber zwei Würfe nötig sein werden, werden wir jene ⟨günstigen⟩ miteinander und die Komplemente zu jenen ⟨günstigen⟩ Anzahlen miteinander multiplizieren; wenn es drei oder vier sein werden, werden wir dasselbe machen und entsprechend den sich ergebenden Anzahlen vergleichen müssen. Zum Beispiel muß jemand zweimal die Augenzahl Eins werfen: Nun weißt du, daß eine Anzahl von einundneunzig für ihn günstig ist[35]) und der Rest einhundertfünfundzwanzig. Multiplizieren wir deshalb die einzelnen ⟨Anzahlen⟩ mit sich, so erhält man[36]) 8281 und 15625, und das Verhältnis ist beinahe eins zu zwei. Wenn er also das Doppelte setzen wird, wird er unter ungleicher Bedingung wetten, obgleich die Bedingung des Wettenden mit dem doppelten Einsatz nach einer gewissen Meinung[37]) günstiger zu sein scheint. Wenn man nun die Augenzahl Eins in drei aufeinanderfolgenden Würfen erzielen muß, ergibt das ein Verhältnis der Anzahlen 753571 und 1953125; deren Verhältnis ist annähernd gleich fünf zu zwei, tatsächlich etwas größer.

[34]) (S): Eigentlich: *ein dreifaches Verhältnis.*

[35]) (S): Das heißt, beim Wurf mit drei Würfeln, der in dem ausgelassenen Abschnitt behandelt wurde, gibt es von den insgesamt 216 Möglichkeiten 91 Würfe, die mindestens einmal eine Eins aufweisen.

[36]) (S): Die folgenden Zahlen sind mit römischen Ziffern geschrieben.

[37]) (S): Diese Meinung müßte nach CARDANOS Ausführungen seine eigene sein.

Kapitel XV: Über einen gewissen Irrtum, der sich hier ergibt

...

Diese Überlegung läßt sich aber vollständig beweisen aus der Anzahl der Stellen in jeder einzelnen der genannten Gesamtzahlen aller möglichen Fälle, auch wenn sie bei den Vervielfachten falsch erscheint. Wenn z. B. jemand zwanzig ⟨in einer Reihe⟩ annimmt, werden es achttausend weniger eins zu eins sein. Man kann kaum glauben, daß ein Mensch bei achttausend weniger eins ⟨Würfen⟩ zwanzigmal ununterbrochen eine gerade Anzahl werfen kann. Aber ich habe dies bewiesen, weil es, wenn auch die Überlegung bei nur einmaliger Durchführung von achttausend ⟨Würfen⟩ täuschen kann, bei einer unendlichen Anzahl von Würfen doch nahezu notwendig eintreten muß; der Umfang der Gesamtheit aller möglichen Fälle ist die Dauer der Zeit, welche alle Anordnungen aufweist. ...

Text 1.7. Der Briefwechsel zwischen Pascal und Fermat von 1654*)

LXIX
FERMAT an PASCAL[38]), 1654

Mein Herr,

wenn ich versuche, eine bestimmte Augenzahl mit einem einzigen Würfel in acht Würfen zu erreichen, und wenn wir, nachdem das Geld eingesetzt ist, übereinkommen, daß ich den ersten Wurf nicht ausführen werde, dann steht mir nach meinem Prinzip 1/6 des Gesamteinsatzes als Entschädigung zu aufgrund des besagten ersten Wurfes.

Wenn wir nun danach noch übereinkommen, daß ich den zweiten Wurf nicht ausführen werde, muß ich zu meiner Entschädigung ein Sechstel des Restes nehmen, das sind 5/36 des Gesamteinsatzes.

Und wenn wir danach übereinkommen, daß ich den dritten Wurf nicht ausführen werde, muß ich zu meiner Entschädigung ein Sechstel des Restes nehmen, das sind 25/216 des Gesamteinsatzes.

Und wenn wir danach noch übereinkommen, daß ich den vierten Wurf nicht ausführen werde, muß ich ein Sechstel des Restes, das sind 125/1296 des Gesamteinsatzes, nehmen, und ich bin mit Ihnen einig, daß das der Wert des vierten Wurfes ist, vorausgesetzt, daß man die vorhergehenden ⟨Würfe⟩ bereits abgegolten hat.

Aber Sie schlagen mir im letzten Beispiel Ihres Briefes vor – ich bediene mich Ihrer eigenen Worte –, daß, wenn ich versuche, die Sechs in acht Würfen zu erhalten und daß, wenn mir mein Mitspieler nach drei erfolglosen Würfen meinerseits vorschlägt, meinen vierten Wurf nicht auszuführen und mich entschädigen will, weil ich sie erzielen könnte, er mir 125/1296 des Gesamteinsatzes zugestehen möge.

*) Der Briefwechsel zwischen PASCAL und FERMAT von 1654, *in*: Oeuvres de Fermat (hrsg. v. PAUL TANNERY und CHARLES HENRY) Band II, Paris 1894, S. 288–314.

(S) unter Mithilfe von BERND ARNOLD und HELMUT BÄUMEL; mit Korrekturen von RUDOLF HALLER.

[38]) (Hrsg. TANNERY): „Das erste Mal gedruckt. Dieser Brief trägt in der Kopie, die ich davon habe, kein Datum; er scheint einen Brief von PASCAL zu beantworten, den ich nicht auffinden konnte.“ (Anmerkung von BOSSUT.) Der Herausgeber der ›Oeuvres de Pascal‹ hat diesen Brief übrigens zwischen die unten mit den Nummern LXXIV ‹FERMAT an PASCAL, 25. 9. 1654› und LXXV ‹PASCAL an FERMAT, 27. 10. 1654› bezeichneten gesetzt.

Das ist jedoch nach meinem Prinzip nicht richtig. Denn in diesem Fall kann, da die ersten drei Würfe dem, der den Würfel hat, nichts gebracht haben und die Gesamtsumme im Spiel bleibt, derjenige, der den Würfel hat und auf seinen vierten Wurf verzichtet, als Entschädigung 1/6 des Ganzen nehmen.

Wenn er nun vier Würfe ausgeführt hätte, ohne die angestrebte Augenzahl zu erzielen, und man übereinkäme, daß er den fünften nicht ausführte, hätte er genauso Anspruch auf 1/6 des Gesamteinsatzes als Entschädigung. Denn, da die ganze Summe im Spiel bleibt, folgt nicht nur aus dem Prinzip, sondern entspricht auch dem gesunden Menschenverstand, daß jeder Wurf gleichen Vorteil bringen muß.

Ich bitte Sie daher, mich wissen zu lassen, ob wir im Prinzip übereinstimmen, wie ich annehme, oder ob wir uns nur in der Anwendung unterscheiden.

Ich bin, von ganzem Herzen ...

FERMAT.

LXX

PASCAL an FERMAT. Mittwoch, den 29. Juli 1654

Mein Herr,

1. Die Ungeduld erfaßt mich ebenso wie Sie und, obgleich ich noch im Bett liege, muß ich Ihnen unbedingt mitteilen, daß ich gestern abend von Herrn DE CARCAVI Ihren Brief über das Teilungsproblem erhielt, den ich so sehr bewundere, daß ich es nicht in Worte fassen kann. Ich habe nicht die Zeit, mich weitläufig auszulassen, aber Sie haben – mit einem Wort – die beiden Teilungen beim Würfeln und beim Spielabbruch vollständig richtig gefunden: ich bin damit gänzlich befriedigt; denn ich zweifle nun nicht mehr daran, daß ich auf dem richtigen Weg bin nach der erstaunlichen Übereinstimmung, in der ich mich mit Ihnen finde.

Ich bewundere die Lösungsmethode beim Spielabbruch mehr als die für die Würfel; ich habe einige Personen die für die Würfel finden sehen, wie Herrn Chevalier DE MÉRÉ, der mir übrigens diese Probleme vorgelegt hat, und auch Herrn DE ROBERVAL; aber Herr DE MÉRÉ hat niemals den richtigen Wert beim Spielabbruch und auch keinen Ansatz, um dahin zu gelangen, finden können, so daß ich mich für den einzigen hielt, dem dieses Verhältnis bekannt war.

2. Ihre Methode ist sehr sicher und ist diejenige, die mir als erste bei dieser Untersuchung einfiel; weil aber der Aufwand mit den Kombinationen[39]) zu groß ist, habe ich dafür eine Vereinfachung, eigentlich eine andere, viel kürzere

[39]) (S): Hier spricht PASCAL die von FERMAT verwendeten Anordnungen mit Wiederholung bzw. Variationen k-ter Ordnung von n Elementen mit Wiederholung oder k-Tupel aus einer n-Menge (Anzahl $= n^k$) an.

und klarere Methode gefunden, die ich Ihnen hier in wenigen Worten darstellen möchte: Denn ich möchte Ihnen von nun an, wenn möglich, mein Herz öffnen, so sehr freut es mich, uns in Übereinstimmung zu sehen. Ich sehe wohl, daß die Wahrheit in Toulouse und in Paris dieselbe ist.

Hier nun in etwa, wie ich den Wert jedes einzelnen Spiels bestimme, wenn zwei Spieler beispielsweise auf *drei* Gewinnspiele spielen und jeder 32 Pistoles[40]) eingesetzt hat:

Nehmen wir an, daß der erste *zwei* und der andere *eine* Partie gewonnen hat; sie spielen nun eine Partie, deren Ausgang folgendes festlegt: Wenn der erste sie gewinnt, gewinnt er den gesamten Spieleinsatz, nämlich 64 Pistoles; wenn der andere sie gewinnt, steht es *zwei* Partien zu *zwei* Partien, und folglich muß jeder seinen Einsatz, nämlich 32 Pistoles, zurücknehmen, falls sie sich trennen wollen.

Beachten Sie nun, mein Herr, daß dem ersten 64 zustehen, wenn er gewinnt; wenn er verliert, stehen ihm 32 zu. Wenn sie also diese Partie nicht wagen und sich, ohne zu spielen, trennen wollen, muß der erste sagen: „32 Pistoles sind mir sicher, denn die erhalte ich selbst bei Verlust; aber was die 32 anderen betrifft, vielleicht werde ich sie erhalten, vielleicht werden Sie sie erhalten, die Aussichten sind gleich. Teilen wir also diese 32 Pistoles zu gleichen Teilen und geben Sie mir außerdem meine 32, die mir sicher sind.“ Er wird also 48 Pistoles erhalten und der andere 16.

Nehmen wir jetzt an, daß der erste *zwei* Partien gewonnen hat und der andere *keine* und daß sie eine weitere Partie beginnen. Der Ausgang dieser Partie legt fest, daß der erste, wenn er sie gewinnt, das ganze Geld, 64 Pistoles, nimmt; gewinnt sie der andere, dann sind sie wieder beim vorhergehenden Fall angelangt, bei dem der erste *zwei* Partien und der andere *eine* gewonnen hat.

Nun haben wir schon gezeigt, daß in diesem Fall dem, der die *zwei* Partien gewonnen hat, 48 Pistoles zustehen. Deshalb muß er, falls sie diese Partie nicht spielen wollen, sagen: „Wenn ich sie gewinne, gewinne ich alles, das sind 64; wenn ich sie verliere, stehen mir rechtmäßig 48 zu: Geben Sie mir also die 48, die mir selbst für den Fall, daß ich verliere, gewiß sind, und teilen wir die anderen 16 zu gleichen Teilen, weil die Chance, diese zu gewinnen, für Sie genauso groß ist wie für mich.“ Er wird also 48 und 8, das sind 56 Pistoles, erhalten.

Nehmen wir endlich an, daß der erste nur *eine* Partie gewonnen hat und der andere *keine*. Sie sehen, mein Herr: wenn sie eine neue Partie beginnen, legt deren Ausgang fest, daß, wenn der erste sie gewinnt, es *zwei zu null* steht und ihm mithin nach dem vorhergehenden Fall 56 Pistoles zustehen; verliert er sie, steht es eins zu eins: ihm stehen also 32 Pistoles zu. Er muß also sagen: „Wenn Sie die Partie nicht spielen wollen, geben Sie mir 32 Pistoles, die mir sicher sind,

[40]) (S): Zunächst Ausdruck für die von PHILIPP II. 1566 geprägte Goldmünze, der dann in Frankreich für den Wert von zehn Livres stand; diesen Wert wies auch der 1640 geschaffene Louisdor im 17. Jh. auf.

und teilen wir den von 56 verbleibenden Rest zu gleichen Teilen. Nehmen Sie 32 von 56 weg, es bleiben 24; teilen Sie also 24 zu gleichen Teilen; nehmen Sie davon 12 und ich 12, was mit 32 zusammen 44 macht."

Auf diese Weise sehen Sie nur aufgrund einfacher Subtraktionen, daß ihm für die erste Partie 12 Pistoles, für die zweite Partie weitere 12 und für die letzte 8 vom Geld des anderen zustehen.

Nun, um kein Geheimnis mehr daraus zu machen, da Sie ja im Grunde genommen alles durchschauen und ich das nur gemacht habe, um zu sehen, ob ich mich nicht irre: der Wert der letzten Partie (ich meine damit nur deren Anteil am Geld des anderen) von *zweien* ist das Doppelte der ⟨letzten⟩ Partie von *dreien* und das Vierfache der letzten Partie von *vieren* und das Achtfache der letzten Partie von *fünfen*, usw.

3. Aber der Wert der ersten Partien ist nicht so leicht zu finden. Er ist wie folgt, denn ich will nichts verbergen; und hier das Problem, um das ich soviel Aufhebens mache, da es mir in der Tat besonders gefällt:

Gegeben eine beliebige Anzahl von Partien, finde den Wert der ersten.

Sei die Zahl der Partien gegeben, etwa 8. Nehmen Sie die *acht* ersten geraden Zahlen und die *acht* ersten ungeraden Zahlen, nämlich:

$$2, 4, 6, 8, 10, 12, 14, 16$$

und

$$1, 3, 5, 7, 9, 11, 13, 15.$$

Multiplizieren Sie die geraden Zahlen folgendermaßen: die erste mit der zweiten, das Produkt mit der dritten, das Produkt mit der vierten, das Produkt mit der fünften, usw.; multiplizieren Sie die ungeraden Zahlen in der gleichen Weise: die erste mit der zweiten, das Produkt mit der dritten, usw.

Das letzte Produkt der Geraden ist der *Nenner* und das letzte Produkt der Ungeraden ist der *Zähler* des Bruchs, der den Wert der ersten Partie von *achten* ausdrückt: d.h., daß, wenn jeder die durch das Produkt der Geraden gegebene Anzahl von Pistoles einsetzt, ihm vom Geld des anderen die Anzahl zusteht, die durch das Produkt der Ungeraden ausgedrückt wird.

Das läßt sich aber, mit viel Mühe, durch die Kombinationen, so wie Sie sie erdacht haben, zeigen, und ich habe es auf dem anderen Weg, den ich Ihnen gerade mitgeteilt habe, nicht geschafft, sondern nur auf dem der Kombinationen. Und hier sind die Sätze, die dahin führen; es sind dies rein arithmetische Sätze, die die Kombinationen[41]) betreffen, von denen ich ziemlich schöne Eigenschaften habe:

[41]) (S): Hier versteht PASCAL im Unterschied zu FERMAT Kombinationen im Sinn von heute als Kombinationen k-ter Ordnung von n Elementen, d.h. als k-Teilmenge aus einer n-Menge $\left(\text{Anzahl} = \binom{n}{k}\right)$.

4. Wenn Sie von einer beliebigen Anzahl Buchstaben, zum Beispiel von 8:

$$A, B, C, D, E, F, G, H,$$

alle möglichen Kombinationen mit 4 Buchstaben und dann alle möglichen Kombinationen mit 5 Buchstaben und dann mit 6, mit 7 und mit 8 usw. nehmen, so daß Sie alle möglichen Kombinationen von der Hälfte der Gesamtanzahl bis zur Gesamtanzahl nehmen, sage ich, daß, wenn Sie zur Hälfte der Kombinationen mit 4 jede der höheren Kombinationen addieren, die Summe das Glied der geometrischen Folge mit dem Quotienten 4 und dem Anfangsglied 2 ist, dessen Stelle der halben Gesamtanzahl entspricht.

Zum Beispiel, und ich werde es Ihnen auf lateinisch sagen, denn das Französische taugt hier nichts:

Wenn von beliebig vielen Buchstaben, z.B. acht:

$$A, B, C, D, E, F, G, H,$$

alle Kombinationen mit je vier, je fünf, je sechs usw. bis je acht addiert werden, sage ich, daß, wenn Du die Hälfte der Kombinationen mit je vier, nämlich 35 (die Hälfte von 70), mit allen Kombinationen mit je fünfen, nämlich 56, und mit allen Kombinationen mit je sechs, nämlich 28, und mit allen Kombinationen mit je sieben, nämlich 8, und mit allen Kombinationen mit je acht, nämlich 1, zusammennimmst, ergibt sich das vierte Glied der geometrischen Folge mit dem Quotienten 4 und dem Anfangsglied 2: ich sage die vierte Zahl, weil 4 die Hälfte von 8 ist.

Die Glieder der geometrischen Folge mit dem Quotienten 4 und dem Anfangsglied 2 sind nämlich folgende:

2, 8, 32, 128, 512, usw.,

von jenen ist 2 das erste, 8 das zweite, 32 das dritte und 128 das vierte. Diese 128 sind gleich

+35, der Hälfte ⟨der Anzahl⟩ der Kombinationen mit 4 Buchstaben,
+56, ⟨der Anzahl⟩ der Kombinationen mit 5 Buchstaben,
+28, ⟨der Anzahl⟩ der Kombinationen mit 6 Buchstaben,
+ 8, ⟨der Anzahl⟩ der Kombinationen mit 7 Buchstaben,
+ 1, ⟨der Anzahl⟩ der Kombinationen mit 8 Buchstaben.

5. Dies ist der erste Satz, der rein arithmetisch ist; der andere betrifft die Theorie beim Spielabbruch und lautet so:

Zuerst muß man festlegen: Wenn man zum Beispiel *eine* Partie von 5 gewonnen hat, so daß noch 4 fehlen, wird das Spiel in 8, das ist das Doppelte von 4, unweigerlich entschieden sein.

Der Wert der ersten Partie von 5, ⟨verstanden als Anspruch⟩ auf das Geld des anderen, ist der Bruch, der als Zähler die Hälfte der Kombinationen zu 4 aus 8 (ich nehme 4, weil das gleich der Anzahl der fehlenden ⟨Gewinn⟩spiele ist, und 8, weil es das Doppelte von 4 ist) und als Nenner eben diesen Zähler plus alle höheren Kombinationen hat.

Wenn ich also *eine* Partie von 5 gewonnen habe, stehen mir vom Geld meines Mitspielers 35/128 zu: das heißt, daß ich, wenn er 128 Pistoles gesetzt hat, 35 davon nehme und ihm den Rest, nämlich 93, lasse.

Nun ist aber dieser Bruch 35/128 gleich dem folgenden: 105/384, der aus dem Produkt der Geraden für den Nenner und der Ungeraden für den Zähler gebildet ist.

Sie werden all dies zweifellos gut verstehen, wenn Sie sich damit ein klein wenig Mühe geben: darum finde ich es unnötig, das für Sie noch weiter auszuführen.

6. Ich sende Ihnen dessenungeachtet eine meiner alten Tafeln; ich habe nicht die Muße, sie abzuschreiben, ich werde sie neu machen.

Sie ersehen daraus, daß der Wert der ersten Partie immer gleich dem der zweiten ist, was man leicht mit Hilfe der Kombinationen findet.

Sie sehen ebenfalls, daß die Zahlen der ersten Zeile stets anwachsen; die der zweiten ebenso; die der dritten genauso.

Aber dann werden die der vierten wie die der fünften usw. kleiner. Das ist merkwürdig.

7. Ich habe nicht die Zeit, Ihnen eine Schwierigkeit zu erläutern, die M... ⟨DE MÉRÉ⟩ sehr befremdete, denn er ist ein sehr tüchtiger Kopf, aber er ist kein Mathematiker (das ist, wie Sie wissen, ein großer Mangel), und er begreift nicht einmal, daß eine mathematische Linie bis ins Unendliche teilbar ist, und ist zutiefst davon überzeugt, daß sie sich aus einer endlichen Zahl von Punkten zusammensetzt; ich habe ihn niemals davon abbringen können. Wenn Sie das zustande brächten, würden Sie ihn vollkommen machen.

Er sagte mir also, daß er aus folgendem Grund einen Fehler in den Zahlen gefunden habe:

Wenn man versucht, mit einem Würfel eine *Sechs* zu werfen, dann ist es von Vorteil, dies mit 4 ⟨Würfen⟩ zu tun, ⟨und zwar⟩ wie 671 zu 625.

Wenn man versucht, mit zwei Würfeln eine *Doppelsechs* zu werfen, ist es von Nachteil, dies mit 24 ⟨Würfen⟩ zu tun.

Dennoch verhält sich 24 zu 36 (was die Anzahl ⟨der Kombinationsmöglichkeiten⟩ der Seiten von zwei Würfeln ist) wie 4 zu 6 (was die Anzahl der Seiten eines Würfels ist).

Das ist es, woran er so großen Anstoß nahm und was ihn dazu veranlaßte, öffentlich zu behaupten, daß die Aussagen ⟨der Mathematik⟩ unsicher seien und daß die Arithmetik sich widerspreche: Aber Sie werden den Grund dafür sehr leicht verstehen mit Hilfe der Prinzipien, auf denen Sie aufbauen.

stehen mir von den 256 Pistoles meines Mitspielers zu für die	Wenn jeder 256 einsetzt bei 6 Partien	5 Partien	4 Partien	3 Partien	2 Partien	1 Partie
1. Partie	63	70	80	96	128	256
2. Partie	63	70	80	96	128	
3. Partie	56	60	64	64		
4. Partie	42	40	32			
5. Partie	24	16				
6. Partie	8					

stehen mir von den 256 Pistoles meines Mitspielers zu für die	Wenn jeder 256 einsetzt bei 6 Partien	5 Partien	4 Partien	3 Partien	2 Partien	1 Partie
erste Partie	63	70	80	96	128	256
ersten 2 Partien	126	140	160	192	256	
ersten 3 Partien	182	200	224	256		
ersten 4 Partien	224	240	256			
ersten 5 Partien	248	256				
ersten 6 Partien	256					

Ich werde alles der Reihe nach darlegen, was ich darüber gemacht habe, sobald ich die ›Traités géométriques‹ vollendet habe, an denen ich schon seit einiger Zeit arbeite.[42])

[42]) (S): Der abschließende, hier fehlende achte Abschnitt des Briefes behandelt ein zahlentheoretisches Problem. Zeitlich schließt sich an diesen Brief ein weiterer von Fermat an Carcavi an, der vom 9. August 1654 datiert ist (Oeuvres de Fermat, Band II, Nr. LXXI, S. 299f.). Der Brief enthält außer dem Ausdruck der hohen Wertschätzung, die Fermat für Pascal empfindet, nichts, was sich auf das Teilungsproblem bezieht.

LXXII

Pascal an Fermat, Montag, den 24. August 1654

Mein Herr,

1. Ich konnte Ihnen mit der letzten Postsendung nicht alle meine Gedanken bezüglich des Spielabbruchproblems bei mehreren Spielern darlegen, und ich habe sogar einigen Widerwillen, dies zu tun, aus Furcht, daß dabei diese wunderbare Übereinstimmung, die zwischen uns war und die mir so teuer war, sich aufzuheben beginnt; denn ich befürchte, daß wir über diesen Gegenstand verschiedener Ansicht sind. Ich will Ihnen alle meine Argumente darlegen, und tun Sie mir den Gefallen, mich zu verbessern, wenn ich irre, oder mich zu bestärken, wenn ich recht habe. Ich bitte Sie darum inständig und aufrichtig, denn ich werde mich nur im Recht fühlen, wenn Sie meiner Ansicht sind.

Wenn nur *zwei* Spieler beteiligt sind, ist Ihre Methode, die auf den Kombinationen beruht, sehr sicher; wenn es aber *drei* sind, glaube ich, deren Unzulänglichkeit zeigen zu können, es sei denn, Sie handhaben sie auf eine andere, mir noch unbegreifliche Art. Die Methode aber, die ich Ihnen mitgeteilt habe und deren ich mich immer bediene, ist auf alle erdenklichen Bedingungen aller Arten von Teilungsproblemen anwendbar, während die der Kombinationen (deren ich mich nur bei den Spezialfällen bediene, wo sie kürzer ist als die allgemeine) allein für diese Fälle taugt und für die anderen nicht.

Ich bin sicher, daß ich mich verständlich machen kann, aber ich werde ein wenig ausholen müssen, und Sie werden ein wenig der Geduld bedürfen.

2. Dies ist Ihr Vorgehen, wenn es *zwei* Spieler sind:

Wenn zwei Spieler, die auf mehrere Gewinnspiele spielen, sich in der Lage befinden, daß dem ersten *zwei* und dem zweiten *drei* Gewinnspiele fehlen, so muß man, sagen Sie, für die gerechte Aufteilung des Einsatzes schauen, nach wie vielen Partien das Spiel in jedem Fall entschieden sein wird.

Es ist leicht zu überlegen, daß das nach *vier* Partien der Fall sein wird. Daraus schließen Sie, daß man feststellen müsse, wie viele Anordnungen ⟨von Spielausgängen⟩ es bei vier Partien und zwei Spielern gibt, und weiterhin, wie viele Anordnungen den ersten ⟨Spieler⟩ und wie viele den zweiten zum Gewinner machen, und daß man den Einsatz diesem Verhältnis entsprechend teilen müsse. Ich hätte gerade diese Überlegung nur schwerlich verstanden, wenn ich sie mir nicht schon vorher selbst klargemacht hätte; Sie haben sie wohl auch in diesem Sinn niedergeschrieben. Um nun zu sehen, wie viele Anordnungen bei vier Partien und zwei Spielern existieren, muß man sich vorstellen, daß sie mit einem Würfel[43]) mit zwei Seiten spielen (weil es nur zwei Spieler gibt), wie bei Wappen oder Zahl, und daß sie vier dieser Würfel werfen (weil sie vier Partien spielen); und jetzt muß man überlegen, wie viele verschiedene Lagen diese Würfel ein-

[43]) (S): Idee des „allgemeinen“ Würfels von n Seiten, in diesem Fall von zwei Seiten.

nehmen können. Das ist leicht zu berechnen: sie können *sechzehn* haben, das ist die zweite Potenz von *vier*, d.h. das Quadrat. Denn stellen wir uns vor, daß eine der Seiten, mit *a* gekennzeichnet, für den ersten Spieler günstig ist und die andere, mit *b*, für den zweiten, dann können diese vier Würfel eine dieser sechzehn Lagen einnehmen:

a a a a	*a a a a*	*b b b b*	*b b b b*
a a a a	*b b b b*	*a a a a*	*b b b b*
a a b b	*a a b b*	*a a b b*	*a a b b*
a b a b	*a b a b*	*a b a b*	*a b a b*
1 1 1 1	1 1 1 2	1 1 1 2	1 2 2 2

Und weil dem ersten Spieler zwei Partien fehlen, lassen ihn alle Lagen mit ⟨mindestens⟩ zwei *a* gewinnen: davon gibt es 11 für ihn; und weil dem zweiten hier drei Partien fehlen, lassen ihn alle Lagen, in denen ⟨mindestens⟩ drei *b* vorhanden sind, gewinnen: davon gibt es also 5. Somit müssen sie den Einsatz im Verhältnis von 11 zu 5 teilen.

Das ist Ihre Methode, wenn es *zwei* Spieler sind; dazu behaupten Sie, daß es falls es mehrere sind, nicht schwer sei, das Teilungsproblem nach der gleichen Methode zu lösen.

3. Dazu habe ich Ihnen zu sagen, mein Herr, daß diese Teilung auf der Basis der Kombinationen für zwei Spieler durchaus richtig und sehr gut ist; aber bei mehr als zwei Spielern ist sie nicht immer richtig, und ich werde Ihnen den Grund für diesen Unterschied nennen.

Ich teilte Ihre Methode unseren Herren mit, gegen die Herr DE ROBERVAL mir gegenüber den folgenden Einwand erhob:

Es sei irrig, sich des Kunstgriffs zu bedienen, die Teilung unter der Voraussetzung vorzunehmen, man spiele *vier* Partien, weil man ja nicht notwendig *vier* Partien spielen müsse, wenn dem ersten *zwei* und dem anderen *drei* fehlten, da man möglicherweise nur *zwei* oder *drei* oder vielleicht wirklich *vier* ⟨Partien⟩ spielte.

Er sehe auch nicht ein, warum man vorgebe, eine gerechte Teilung unter der erkünstelten Voraussetzung vorzunehmen, man spiele *vier* Partien, weil es ja eine natürliche Spielregel sei, nicht weiterzuspielen, sobald einer der Spieler gewonnen habe, und daß zumindest, wenn dies nicht falsch sei, es nicht bewiesen worden sei, so daß er irgendwie den Verdacht hegte, wir seien einem Trugschluß erlegen.

Ich antwortete ihm, daß ich mich nicht so sehr auf diese Methode der Kombinationen stütze, die in der Tat für diesen Fall nicht angebracht ist, als auf meine andere, allgemeine Methode, der nichts entgeht, die in sich schlüssig ist und die genau zur selben Teilung wie die der Kombinationen führt; und darüber hinaus bewies ich ihm die Richtigkeit der Teilung für zwei Spieler mit Hilfe der Kombinationen so:

Ist es nicht wahr, daß, falls zwei Spieler, die sich in der oben angenommenen Situation befinden, daß dem einen *zwei* und dem anderen *drei* Partien fehlen, sich gütlich einigen, alle *vier* Partien zu spielen, d. h., alle vier zweiseitigen Würfel auf einmal zu werfen, ist es dann nicht wahr, sage ich, daß, wenn sie beschlossen haben, alle vier Partien zu spielen, die Teilung so erfolgen muß, wie wir gesagt haben, nämlich entsprechend der Anzahl der für jeden günstigen Lagen?

Er stimmte dem zu, und dies ist ja in der Tat überzeugend; aber er leugnete, daß dasselbe noch gelte, wenn man sich nicht verpflichtete, alle *vier* Partien zu spielen. Ich sagte ihm aber darauf:

Ist es nicht klar, daß dieselben Spieler, nicht verpflichtet, ⟨alle⟩ vier Partien zu spielen, sondern willens, mit dem Spiel aufzuhören, sobald einer seine Anzahl ⟨von Gewinnspielen⟩ erreicht hat, sich ohne Schaden und Nutzen verpflichten können, alle vier Partien zu spielen, ohne daß diese Übereinkunft in irgendeiner Weise ihren Anspruch ändert? Denn wird sich der erste, wenn er die ersten beiden von *vier* Partien gewinnt und damit ⟨insgesamt⟩ gewonnen hat, weigern, noch zwei Partien zu spielen, da er ja nicht in höherem Maß gewonnen hat, wenn er sie gewinnt, und nicht minder gewonnen hat, wenn er sie verliert? Denn diese beiden, die der andere gewonnen hat, genügen diesem nicht, weil er ja drei braucht, und also vier Partien nicht ausreichen, um alle beide die erforderliche Anzahl ⟨von Gewinnspielen⟩ erreichen zu lassen.

Es ist gewiß leicht einzusehen, daß es für den einen wie für den anderen völlig einerlei und gleichgültig ist, ob sie ihr Spiel nach der natürlichen Regel spielen, d.h. dann aufzuhören, sobald einer seine Anzahl erreicht hat, oder ob sie alle vier Partien durchführen. Da also diese beiden Regeln auf dasselbe hinauslaufen, muß die Teilung nach der einen und nach der anderen völlig gleich ausfallen. Sie ist also richtig, wenn sie verpflichtet sind, ⟨alle⟩ vier Partien zu spielen, wie ich gezeigt habe; also ist sie auch im anderen Fall richtig.

Sehen Sie, wie ich das bewiesen habe; achten Sie bitte darauf, daß dieser Beweis auf der Gleichwertigkeit der zwei Regeln, der wirklichen und der fingierten, beruht bezüglich zweier Spieler, und daß nach der einen und nach der anderen immer derselbe gewinnt, und, wenn der eine nach der einen gewinnt oder verliert, er auch nach der anderen gewinnen oder verlieren wird, sowie daß niemals beide ⟨gleichzeitig⟩ ihre Anzahl ⟨von Gewinnspielen⟩ erreichen.

4. Benutzen wir dasselbe Verfahren bei *drei* Spielern unter der Voraussetzung, daß dem ersten *eine*, dem zweiten *zwei* und dem dritten *zwei* Partien fehlen. Um die Teilung nach der obigen Methode der Kombinationen vorzunehmen, muß man zunächst herausfinden, nach wie vielen Partien das Spiel entschieden sein wird, so wie wir es im Fall von zwei Spielern gemacht haben. Das wird bei *drei* ⟨Spielen⟩ der Fall sein, denn ⟨spätestens⟩ nach *drei* Partien muß die Entscheidung notwendigerweise gefallen sein.

Man muß jetzt feststellen, wie viele Anordnungen ⟨von Spielausgängen⟩ es bei drei Partien und drei Spielern gibt und wie viele für den einen, wie viele für den anderen und wie viele für den letzten günstig sind, und man muß diesem Verhältnis entsprechend das Geld verteilen, ebenso wie man es im Fall von zwei Spielern gemacht hat.

Es ist leicht zu erkennen, wie viele Kombinationen es insgesamt gibt: Es ist die dritte Potenz von 3, also ihre Kubikzahl 27. Denn wenn man *drei* Würfel auf einmal wirft (weil man drei Partien spielen muß), von denen jeder *drei* Flächen aufweist (weil es drei Spieler sind), die eine gekennzeichnet mit *a*, günstig für den ersten, eine andere mit *b* für den zweiten und eine weitere mit *c* für den dritten, so können offensichtlich diese drei gleichzeitig geworfenen Würfel 27 verschiedene Lagen einnehmen, nämlich:

a	*a*	*a*	*a*	*a*	*a*	*a*	*a*	*a*	*b*	*b*	*b*	*b*	*b*	*b*	*b*	*b*	*b*	*c*	*c*	*c*	*c*	*c*	*c*	*c*	*c*	*c*
a	*a*	*a*	*b*	*b*	*b*	*c*	*c*	*c*	*a*	*a*	*a*	*b*	*b*	*b*	*c*	*c*	*c*	*a*	*a*	*a*	*b*	*b*	*b*	*c*	*c*	*c*
a	*b*	*c*	*a*	*b*	*c*	*a*	*b*	*c*	*a*	*b*	*c*	*a*	*b*	*c*	*a*	*b*	*c*	*a*	*b*	*c*	*a*	*b*	*c*	*a*	*b*	*c*
1	1	1	1	1	1	1	1	1	1	1	1	1			1			1	1	1	1			1		
				2						2		2	2	2		2						2				
								3									3			3			3	3	3	3

Nun fehlt aber dem ersten nur *eine* Partie: also sind alle Lagen mit ⟨mindestens⟩ einem *a* für ihn; das sind also 19.

Zwei Partien fehlen dem zweiten: also sind alle Lagen mit ⟨mindestens⟩ zwei *b* für ihn; das sind also 7.

Zwei Partien fehlen dem dritten: also sind alle Lagen mit ⟨mindestens⟩ zwei *c* für ihn; das sind also 7.

Wenn man daraus schlösse, daß man jedem ⟨einen Anteil⟩ im Verhältnis von 19, 7, 7 geben müßte, täuschte man sich gewaltig, und ich kann nicht glauben, daß Sie das so machen würden, denn es gibt einige Würfe wie z.B. *abb*, die gleichzeitig für den ersten und den zweiten günstig sind, weil der erste hier das von ihm benötigte *a* findet und der zweite die ihm noch fehlenden zwei *b*; desgleichen zählt *acc* für den ersten und den dritten.

Also darf man diese gleichzeitig für zwei ⟨Spieler⟩ günstigen Würfe nicht zählen, als ob sie für jeden den Gesamteinsatz wert wären, sondern nur die Hälfte. Denn beim Wurf *acc* hätten der erste und der dritte gleiches Anrecht auf den Einsatz, weil jeder die ⟨erforderliche⟩ Anzahl aufweist, würden also das Geld zu gleichen Teilen teilen; beim Wurf *aab* jedoch gewinnt der erste allein. Man muß deshalb die Berechnung folgendermaßen vornehmen:

Es gibt 13 Lagen, die dem ersten den Gesamteinsatz, 6, die ihm den halben Einsatz sichern, und 8, die für ihn nichts wert sind; wenn also der Gesamteinsatz eine Pistole ist, gibt es 13 Würfe, deren jeder für ihn eine Pistole wert ist, 6 Würfe, deren jeder ihm $\frac{1}{2}$ Pistole sichern, und 8, die nichts wert sind.

Man muß also im Fall der Teilung bei Spielabbruch multiplizieren

	13 mit einer Pistole, macht	13
	6 mit einer halben, macht	3
	8 mit null, macht	0
Summe 27	Summe	16

und die Summe der Werte, 16, durch die Summe der Lagen, 27, dividieren, was den Bruch 16/27 ergibt; das gehört dem ersten im Fall der Teilung bei Spielabbruch, nämlich 16 Pistoles von 27.

Die Anteile des zweiten und des dritten Spielers bei Spielabbruch findet man ebenso:

Es gibt	4 Lagen, die für ihn 1 Pistole wert sind: multiplizieren Sie ..	4
Es gibt	3 Lagen, die für ihn $\frac{1}{2}$ Pistole wert sind: multiplizieren Sie ..	$1\frac{1}{2}$
Und	20 Lagen, die für ihn nichts wert sind	0
Summe .. 27	Summe	$5\frac{1}{2}$

Also gehören dem zweiten Spieler 5 Pistoles und eine halbe von 27 und dem dritten ebenso viele, und diese drei Anteile, nämlich $5\frac{1}{2}$, $5\frac{1}{2}$ und 16, ergeben zusammen 27.

5. So, scheint mir, muß das Teilungsproblem mit Hilfe der Kombinationen nach Ihrer Methode gelöst werden, es sei denn, Sie haben etwas anderes für dieses Problem, was ich nicht wissen kann. Wenn ich mich nicht irre, ist aber diese Lösung des Teilungsproblems nicht richtig.

Der Grund dafür ist die falsche Annahme, nämlich, daß man auf jeden Fall *drei* Partien spielt, während es die natürliche Regel dieses Spiels ist, daß man nur so lange spielt, bis einer der Spieler die Anzahl der ihm noch fehlenden Gewinnspiele erreicht hat, in welchem Fall das Spiel aufhört.

Es ist nicht so, daß es nicht vorkommen könnte, daß man drei Partien spielt, aber es kann auch vorkommen, daß man nur eine oder zwei spielt und zwangsläufig keine weitere.

Aber woher kommt es, fragt man, daß man bei dieser Konstellation nicht dieselbe erkünstelte Voraussetzung zugrundelegen darf wie im Fall von zwei Spielern? Hier ist der Grund:

In der tatsächlichen Spielsituation kann nur einer dieser drei Spieler gewinnen; denn die Regel besagt, daß das Spiel aufhört, sobald einer gewonnen hat. Bei der fingierten Regel aber können zwei die ⟨erforderliche⟩ Anzahl von Gewinnspielen erreichen, dann nämlich, wenn der erste das eine ihm fehlende und einer der beiden anderen die zwei ihm fehlenden gewinnt; denn sie werden nicht eher drei Partien gespielt haben; wohingegen bei zwei Spielern die fingierte und die wahre Regel bezüglich der Gewinnsituation der Spieler gänzlich übereinstimmen. Das macht aber den ungeheuren Unterschied zwischen der fingierten und der wahren Regel aus.

Wenn die Spieler in der angenommenen Situation, d.h. wenn dem ersten *eine* Partie, dem zweiten *zwei* und dem dritten *zwei* fehlen, sich gütlich darauf einigen, alle *drei* Partien zu spielen, und daß jeder, der die ihm fehlende Anzahl erreicht hat, den gesamten Einsatz nimmt, falls er sie als einziger erreicht hat, oder daß sie zu gleichen Teilen teilen, wenn zwei sie erreicht haben, dann muß *in diesem Fall* die Teilung so vorgenommen werden, wie ich es eben gemacht habe, daß der erste 16, der zweite 5 1/2 und der dritte 5 1/2 von 27 Pistoles erhält, und das ist nach obiger Voraussetzung in sich beweiskräftig.

Wenn sie aber einfach nach der Regel spielen, daß man nicht notwendig drei Partien spielt, sondern nur, bis einer von ihnen seine Gewinnspiele gemacht hat, und daß dann das Spiel ohne die Möglichkeit für einen anderen, dahin zu gelangen, aufhört, dann stehen dem ersten 17 Pistoles, dem zweiten 5 und dem dritten 5 von 27 zu.

Das findet man mit meiner allgemeinen Methode, durch die auch festgelegt wird, daß nach obiger Voraussetzung dem ersten 16, dem zweiten 5 1/2 und dem dritten 5 1/2 zustehen, ohne sich der Kombinationen zu bedienen, denn sie funktioniert überall automatisch und problemlos.

6. Dies, mein Herr, sind meine Vorstellungen über diesen Gegenstand, bezüglich dessen ich Ihnen gegenüber keinen anderen Vorteil habe als den, viel mehr darüber nachgedacht zu haben; aber das bedeutet für Sie nur wenig, da ja Ihre ersten Einsichten viel tiefer gehen als meine andauernden Anstrengungen.

Ich möchte nicht versäumen, Ihnen meine Gründe dafür darzulegen, warum ich auf Ihr Urteil warte. Ich glaube Ihnen mit Obigem klargemacht zu haben, daß die Methode der Kombinationen bei zwei Spielern ⟨nur⟩ zufällig gültig ist genauso, wie sie es manchmal auch bei drei Spielern ist, etwa dann, wenn einem *eine* Partie fehlt, einem anderen *eine* und einem dritten *zwei*, weil in diesem Fall die für die Beendigung des Spieles erforderliche Anzahl von Partien nicht ausreicht, um zwei gewinnen zu lassen;[44]) aber sie ist nicht allgemein und auch nicht

[44]) (ARNOLD): Zwar ist das Ergebnis beider Methoden eine Teilung im Verhältnis 4:4:1, aber PASCALS Argument ist falsch: Nach der fingierten Regel müssen *zwei* Partien gespielt werden, und dabei können die Fälle *ab* und *ba* mit Gewinn für den ersten und für den zweiten Spieler eintreten.

immer richtig, außer für den Fall, daß man genau eine bestimmte Anzahl von Partien spielen muß.

So fürchte ich, da Sie nicht über meine Methode, sondern nur über die der Kombinationen verfügten, als Sie mir das Teilungsproblem bei mehreren Spielern vorlegten, daß wir über diesen Gegenstand verschiedener Meinung sind.

Ich bitte Sie inständig, mir mitzuteilen, wie Sie bei der Lösung dieses Teilungsproblems vorgehen. Ihre Antwort werde ich mit Respekt und Freude aufnehmen, selbst wenn Ihre Meinung meiner widerspricht.

Ich bin etc. ...[45])

LXXIV

Fermat an Pascal, Freitag, den 25. September 1654[46])

Mein Herr,

1. Fürchten Sie nicht, daß unsere Übereinstimmung verloren geht, Sie haben sie ja selbst im Glauben, sie zu zerstören, bestätigt, und mir scheint, daß Sie mit Ihrer Antwort an Herrn de Roberval auch für mich geantwortet haben.

Ich nehme das Beispiel mit den drei Spielern, von denen dem ersten eine und jedem der beiden anderen zwei Partien fehlen; das ist der Fall, den Sie mir entgegenhalten.

Ich finde hier nur 17 für den ersten ⟨günstige⟩ Kombinationen und 5 für jeden der beiden anderen; denn, wenn Sie vorbringen, daß die Kombination *acc* für den ersten und für den dritten gut ist, so denken Sie anscheinend nicht mehr daran, daß, sobald einer der Spieler gewonnen hat, alles, was sich danach ereignet, nichts mehr nützt. Da nun diese Kombination den ersten gleich mit der ersten Partie zum Gewinner gemacht hat, was liegt daran, daß der dritte darauf zwei gewinnt, da es ja nichts nützte, selbst wenn er dreißig gewönne?

Das kommt daher, daß, wie Sie so treffend bemerkt haben, die Annahme einer durch eine bestimmte Anzahl von Partien gegebenen Spieldauer nur dazu dient, die Regel zu vereinfachen und (meiner Meinung nach) alle Möglichkeiten

[45]) (S): Dieser Brief überkreuzt sich mit einem Brief von Fermat an Pascal, datiert vom 29. August 1654 (Oeuvres de Fermat Bd. II, Nr. LXXIII, S. 307–310). Jener Brief enthält die Feststellung, daß Fermat unabhängig von Pascal zu denselben oder ähnlichen Ergebnissen gelangt ist wie dieser in seinem ›Traité du triangle arithmétique‹ (gedruckt 1654, veröffentlicht Paris 1665). Außerdem gibt Fermat die richtige Lösung für das Teilungsproblem im Fall von drei Spielern, wenn dem ersten noch ein und den beiden anderen noch jeweils zwei Spiele zum Gesamtgewinn fehlen, nämlich 17:5:5, allerdings noch ohne Beweis. Der Rest des Briefes enthält zahlentheoretische Probleme.

[46]) (Hrsg. Tannery): Antwort auf den Brief vom 24. August 1654 mit der Nummer LXXII.

gleich zu machen, oder noch verständlicher, um alle Brüche auf den gleichen Nenner zu bringen.

Schließlich, um weitere Zweifel Ihrerseits auszuschließen, wird es, wenn Sie im vorliegenden Fall eine Spieldauer von *vier* statt von *drei* Partien annehmen, nicht nur 27 Kombinationen, sondern 81 geben, und man wird prüfen müssen, wie viele Kombinationen den ersten zum Gewinner einer Partie machen, bevor einer der anderen zwei gewonnen hat, und wie viele einen der beiden anderen zum Gewinner von zwei Partien machen, bevor der erste eine gewonnen hat. Sie werden finden, daß es für den Gewinn des ersten 51 Kombinationen und für den Gewinn jedes der beiden anderen 15 sind, was auf dasselbe Verhältnis hinausläuft.

So werden Sie, wenn Sie nun fünf oder eine beliebige andere Anzahl von Partien annehmen, immer drei Zahlen im Verhältnis von 17, 5, 5 finden.

Daher bin ich auch berechtigt zu sagen, daß die Kombination *acc* nur für den ersten und nicht für den dritten und *cca* nur für den dritten und nicht für den ersten günstig ist, und daß somit meine Methode der Kombinationen bei drei Spielern genauso gilt wie bei zweien und allgemein bei allen Anzahlen ⟨von Spielern⟩.

2. Sie konnten bereits aus meinem vorhergehenden Brief[47]) ersehen, daß ich keinen Zweifel an der richtigen Lösung des Problems bei drei Spielern hatte, von der ich Ihnen die drei entscheidenden Zahlen 17, 5 und 5 mitgeteilt hatte. Aber weil Herr ⟨DE⟩ ROBERVAL sich vielleicht freut, eine Lösung ohne eine zusätzliche Annahme zu sehen, die außerdem in vielen Fällen die Lösungswege abzukürzen vermag, sei sie hier für das vorliegende Beispiel angeführt:

Der erste kann entweder mit einer einzigen oder mit zwei oder mit drei Partien gewinnen.

Wenn er mit einer einzigen Partie gewinnt, muß er mit einem Würfel, der drei Seiten hat, die ⟨für ihn⟩ günstige beim ersten Wurf werfen. Ein einziger Würfel weist drei Möglichkeiten auf: dieser Spieler besitzt also 1/3 der Gewinnmöglichkeiten, wenn man nur eine Partie spielt.

Wenn man deren zwei spielt, kann er auf zwei Arten gewinnen, entweder wenn der zweite Spieler die erste und er die zweite oder wenn der dritte die erste und er die zweite ⟨Partie⟩ gewinnt. Nun weisen aber zwei Würfel 9 Möglichkeiten auf; dieser Spieler besitzt also 2/9 der Gewinnmöglichkeiten, wenn man zwei Partien spielt.

Wenn man deren drei spielt, kann er nur auf zwei Arten gewinnen, entweder wenn der zweite die erste, der dritte die zweite und er die dritte oder wenn der dritte die erste, der zweite die zweite und er die dritte ⟨Partie⟩ gewinnt; denn

[47]) (S): In diesem Brief an PASCAL vom 29. August 1654 hatte FERMAT, wie schon früher bemerkt, lediglich die richtige Lösung in dem diskutierten Fall von drei Spielern ohne Beweis angegeben.

wenn der zweite oder der dritte Spieler die beiden ersten gewönne, gewönne dieser und nicht der erste Spieler das Spiel. Nun weisen aber drei Würfel 27 Möglichkeiten auf; also besitzt der erste Spieler 2/27 der Gewinnmöglichkeiten, wenn man drei Partien spielt.

Die Summe der Gewinnmöglichkeiten für den ersten Spieler ist folglich 1/3, 2/9, 2/27, das macht zusammen 17/27.

Die Methode ist also richtig und allgemeingültig in allen Fällen, so daß, ohne Zuhilfenahme einer zusätzlichen Annahme, die für jede Anzahl von Partien vorliegenden Kombinationen die Lösung enthalten und das einsichtig machen, was ich am Anfang gesagt habe, daß nämlich die Ausdehnung auf eine bestimmte Anzahl von Partien nichts anderes bedeutet, als die verschiedenen Brüche auf den gleichen Nenner zu bringen. Das war in wenigen Worten das ganze Geheimnis, das uns zweifellos wieder in gutes Einvernehmen setzen wird, weil wir beide nur die logisch begründete Wahrheit suchen.[48]) ....

[48]) (S): In einem dritten und abschließenden Abschnitt beschäftigt sich FERMAT mit zahlentheoretischen Problemen, die, wie der diese Diskussion abschließende Antwortbrief PASCALS vom 27. Oktober 1654 (Nr. LXXV; Oeuvres de Fermat Bd. II, S. 314) bestätigt, außerhalb PASCALS Interessen lagen.

FERMAT hat in einem Brief an PASCAL vom 25. Juli 1660 (Nr. CVII; Oeuvres de Fermat Bd. II, S. 450) nochmals versucht, mit PASCAL persönlich in Kontakt zu kommen; PASCAL hat diesen Versuch in seinem Antwortbrief vom 10. August 1660 (Nr. CVIII; Oeuvres de Fermat Bd. II, S. 450–452) endgültig abgewürgt mit der Bemerkung, daß die Mathematik für ihn nur noch ein Handwerk darstelle, für das er keine zwei Schritte mehr gehen würde.

Text 1.8.1. Christiaan Huygens, De ratiociniis in ludo aleae*)

Satz III. *Wenn die Anzahl der Fälle, in welchen mir a zufällt, gleich p und die Anzahl der Fälle, in welchen mir b zufällt, gleich q ist, wird meine Erwartung unter der Annahme, daß alle Fälle gleich leicht eintreten können,* $\frac{pa + qb}{p + q}$ *wert sein.*

Um diese Regel zu ermitteln, setzt man wiederum x als meinen Erwartungswert. Demnach soll ich, wenn ich x besitze, zu derselben Erwartung gelangen können wie vorher bei einem gerechten Spiel. Dazu nehme ich nun so viele Mitspieler, daß sie mit mir zusammen eine Anzahl von eben $p + q$ ergeben; von diesen setzt jeder x ein, so daß der Gesamteinsatz $px + qx$ ist und jeder für sich mit gleicher Gewinnerwartung spielt. Ferner treffe ich mit jedem einzelnen einer Anzahl von genau q dieser Mitspieler folgende Vereinbarung, nämlich daß der jeweilige Gewinner unter ihnen mir b geben wird und umgekehrt ich ihm dasselbe b, wenn ich gewinne. In ähnlicher Weise lasse ich mich mit jedem einzelnen der übrigen $p - 1$ Mitspieler auf die folgende Bedingung ein, daß mir jeder von ihnen im Falle eines Gewinns a geben wird und ich ihm dasselbe, nämlich a, im Falle meines Sieges. Es leuchtet auch ein, daß dieses Spiel unter dieser Bedingung gerecht ist, da offenbar niemand einen Nachteil erleidet. Schließlich ist klar, daß ich nun q ⟨Fälle⟩ der Erwartung auf b, $p - 1$ Erwartungen auf a und 1 Erwartung auf $px + qx - bq - ap + a$ habe, nämlich wenn ich gewinne; dann nämlich erhalte ich den Gesamteinsatz $px + qx$, wovon ich jedem der q Spieler b und jedem der $p - 1$ Spieler a geben muß, was zusammen $qb + pa - a$ ergibt.

Wenn deshalb $px + qx - bq - ap + a$ gleich a wäre, hätte ich p Erwartungen auf a, da ich ja schon $p - 1$ Erwartungen darauf hatte, und q Erwartungen auf b, und so wäre ich wieder zu meiner ursprünglichen Erwartung gelangt. Weswegen nun

$$px + qx - bq - ap + a = a$$

*) CHRISTIAAN HUYGENS, De ratiociniis in ludo aleae, *in*: FRANS VAN SCHOOTEN, Exercitationum mathematicarum libri quinque, Leiden 1657, S. 517–534, speziell Satz III, S. 523f.

(S)

ist und erhalte

$$x = \frac{ap + bq}{p + q}$$

als meinen Erwartungswert, genauso, wie es eingangs behauptet worden ist.[49])

[49]) (S): Die zentrale Bedeutung dieses Satzes in dem Huygensschen Traktat wird auch aus den Anmerkungen und Zusätzen deutlich, die JAKOB BERNOULLI im ersten Buch seiner ›Ars conjectandi‹, S. 8–10, zu diesem Satz gemacht hat. Von diesen sei die Erweiterung des Satzes auf den Erwartungswert $\frac{pa + qb + rc}{p + q + r}$ erwähnt, wenn zu den Voraussetzungen für Satz III noch r Fälle auf c kommen. Von den sechs Zusätzen von JAKOB BERNOULLI sei nur der Inhalt des ersten wiedergegeben, in dem die Möglichkeit erörtert wird, daß z. B. der Betrag b gleich Null sein kann, was unmittelbar zu dem Erwartungswert $\frac{pa}{p + b}$, dem Produkt aus der Wahrscheinlichkeit für den Erhalt von a und a, führt, ohne daß BERNOULLI, der den Begriff der Wahrscheinlichkeit ja erst in die Glücksspielrechnung einführte, hier auf diesen Zusammenhang hingewiesen hätte.

Text 1.8.2. Christiaan Huygens, De ratiociniis in ludo aleae*)

Problem 1. *A* und *B* spielen zusammen mit zwei Würfeln unter der Bedingung, daß *A* gewinnt, wenn er eine Augensumme von 6 wirft, und *B*, wenn er eine Augensumme von 7 wirft. *A* führt zuerst einen Wurf aus, dann *B* zwei Würfe hintereinander, dann wiederum *A* zwei Würfe u.s.w., bis einer von beiden als Gewinner feststeht.

Gesucht ist das Verhältnis der Erwartung des *A* zu der Erwartung des *B*. Antwort: 10355 zu 12276.

Problem 2. Drei Spieler *A*, *B* und *C* nehmen sich 12 Steine, von denen 4 weiß und 8 schwarz sind, und spielen unter folgender Bedingung, daß, wer zuerst mit verbundenen Augen einen weißen Stein zieht, gewinnt. Da nun die erste Ziehung *A*, die zweite *B* und die dritte *C* zusteht, und dann wiederum *A* u.s.w. wechselweise, wird das Verhältnis der Erwartungen von jenen ⟨drei Spielern⟩ gesucht.

Problem 3. *A* wettet mit *B* darauf, daß er aus 40 Spielkarten, d.h. 10 von jeder Farbe, vier Karten herausziehen wird, so daß er von jeder Farbe eine erhält. Man findet das Verhältnis der Erwartung des *A* zu der des *B* als 1000 zu 8139.

Problem 4. Seien wie vorher 12 Steine, 4 weiße und 8 schwarze, im Spiel; *A* wettet mit *B* darauf, daß er mit verbundenen Augen 7 Steine davon wegnehmen wird, unter denen 3 weiße sein werden. Gesucht ist das Verhältnis der Erwartung des *A* zu der Erwartung des *B*.

Problem 5. *A* und *B* nehmen sich jeder 12 Münzen und spielen mit drei Würfeln unter der Bedingung, daß *A*, wenn 11 Augen geworfen werden, dem *B* eine Münze gibt, und *B*, wenn 14 Augen geworfen werden, dem *A* eine Münze gibt, und daß das Spiel gewinnt, wer zuerst alle Münzen hat. Man findet das Verhältnis der Erwartung des *A* zur Erwartung des *B* als 244140625 zu 282429536481.

*) Christiaan Huygens, De ratiociniis in ludo aleae, *in*: Frans van Schooten, Exercitationum mathematicarum libri quinque, Leiden 1657, S. 533f.
(S)

Text 1.8.3. Manuskript von Christiaan Huygens aus dem Jahr 1665*)

A wettet gegen *B*, daß er aus 12 Steinen, von denen 4 weiß und 8 schwarz sind, 7 Steine, von denen genau 3 weiß sein sollen, ziehen soll.

Frage, welches Verhältnis die Erwartung von *A* gegenüber der von *B* hat[50]); es ergibt sich als 35 zu 64 . ...

Die besagte Erwartung des *A* ist zwangsläufig ebensoviel wert ⟨wie die Erwartung des *A*⟩, wenn er aus den vorher erwähnten 12 Steinen 5, von denen einer weiß ⟨ist⟩, ziehen müßte.

$$\text{4 Steine 1 weiß 3 schwarz } \frac{3\cdot 0+5\cdot a}{8}\,[\infty]\,\frac{5}{8}\,a$$

$$\text{4 Steine 0 weiß 4 schwarz } \frac{4\cdot a+4\cdot 0}{8}\,[\infty]\,\frac{1}{2}\,a$$

$$\text{3 Steine 1 weiß 2 schwarz } \frac{3\cdot 0+6\cdot\frac{5}{8}\,[a]}{9}\,[\infty]\,\frac{5}{12}\,[a]$$

$$\text{3 Steine 0 weiß 3 schwarz } \frac{4\cdot\frac{5}{8}\,[a]+5\cdot\frac{1}{2}\,[a]}{9}\,[\infty]\,\frac{5}{9}\,[a]$$

$$\text{2 Steine 1 weiß 1 schwarz } \frac{3\cdot 0+7\cdot\frac{5}{12}\,[a]}{10}\,[\infty]\,\frac{7}{24}\,[a]$$

$$\text{2 Steine 0 weiß 2 schwarz } \frac{4\cdot\frac{5}{12}\,[a]+6\cdot\frac{5}{9}\,[a]}{10}\,[\infty]\,\frac{1}{2}\,[a]$$

*) Manuskript von CHRISTIAAN HUYGENS aus dem Jahr 1665 mit der Lösung des vierten der fünf in Text 1.8.2. enthaltenen Probleme, *in*: Oeuvres complètes de Christiaan Huygens Bd. XIV, La Haye 1920, S. 97–99.

(S)

50) (S): HUYGENS löst das Problem, indem er das blinde Ziehen von 7 Steinen als das siebenmalige Ziehen von einem Stein ohne Zurücklegen auffaßt. Zunächst geht er aus von den Erwartungen des *A* nach dem Zug von 6 Steinen, von denen einmal 3 weiß und 3 schwarz und einmal 2 weiß und 4 schwarz sind. Beide Erwartungen kann er aus den bekannten Erwartungen, bei 7 Steinen genau 2, 3 oder 4 weiße gezogen zu haben, ermitteln. Rekursiv kann er so in 19 Schritten die gesuchte Erwartung für den Fall, daß noch kein Stein gezogen ist, berechnen.

1 Stein 1 weiß 0 schwarz $\dfrac{3 \cdot 0 + 8 \cdot \frac{7}{24}\,[a]}{11}\ [\infty]\ \dfrac{7}{33}\,[a]$

1 Stein 0 weiß 1 schwarz $\dfrac{4 \cdot \frac{7}{24}\,[a] + 7 \cdot \frac{1}{2}\,[a]}{11}\ [\infty]\ \dfrac{14}{33}\,[a]$

0 Steine 0 weiß 0 schwarz $\dfrac{4 \cdot \frac{7}{33}\,[a] + 8 \cdot \frac{14}{33}\,[a]}{12}\ [\infty]\ \dfrac{35}{99}\,[a]$. Gut.

Kapitel 2. Der Begriff des Wahrscheinlichen. Seine Quantifizierung und seine Einbettung in ein naturwissenschaftliches Weltbild

Erst mit der Ablösung von Chancenverhältnissen und Erwartungswert als zentralen Begriffen in der Glücksspielrechnung durch den Begriff der Wahrscheinlichkeit entstand eine Wahrscheinlichkeitsrechnung, deren Grundlagen durch JAKOB BERNOULLI gelegt wurden. Die Entwicklung des Wahrscheinlichkeitsbegriffs vor JAKOB BERNOULLI liefert die zweite der beiden Säulen, auf denen die von ihm geschaffene Wahrscheinlichkeitsrechnung ruht. In diesem Kapitel sollen Texte vorgestellt werden, die nach dem Traktat von HUYGENS entstanden sind; denn erst mit dem durch PASCAL, FERMAT und HUYGENS erreichten Niveau in der Glücksspielrechnung waren auch in der bis dahin als gänzlich unabhängig begriffenen, ja sogar in der aristotelisch-scholastischen Tradition als komplementär zum Bereich des Zufälligen angesehenen Diskussion des Wahrscheinlichen Hoffnungen aufgetaucht, über die Glücksspielrechnung zu einer Quantifizierung des Wahrscheinlichen gelangen zu können.

Hoffnungen dieser Art konnten auch erst mit der Demontage des Aristotelischen Systems aufkommen, da der Bereich des Zufälligen für ARISTOTELES und die Scholastik grundsätzlich verschieden ist vom Bereich des der menschlichen Erkenntnis Zugänglichen. Das bedeutete konkret, daß es sinnlos erschien, mit wissenschaftlichen, also auch mathematischen Mitteln dem Bereich des Zufälligen angehörende Glücksspielprobleme lösen zu wollen. Wenig untersucht ist allerdings, welche Wandlungen der Zufallsbegriff durchmachen mußte, um, was in der Mitte des 17. Jh. offenbar schon selbstverständlich war, mit dem umgangssprachlich benutzten Wahrscheinlichkeitsbegriff verknüpft werden zu können.

Hintergründe für die erwähnten Hoffnungen, ja sogar ein dringliches Bedürfnis nach Quantifizierung des Wahrscheinlichen sind z.B. im Probabilismusstreit zwischen Jansenisten und vor allem Jesuiten zu sehen; ebenso wichtig dafür war die im Gefolge der Renaissance und der Entwicklung des Handels im 16. Jh. beobachtbare Zukunftsorientierung, die durch den frühkapitalistischen Markt mit seinen Methoden der Spekulation und Manipulation ein wesentlich höheres Gewicht erhielt. Hinzu kam der von den Pionieren der neuen Buchstabenalgebra, VIÈTE und DESCARTES, verbreitete Optimismus, in den Worten VIÈTES, „jedes mathematische Problem lösen zu können“[51]).

In diesem Zusammenhang entstand das letzte Kapitel der außerordentlich einflußreichen ›Logik von Port-Royal‹, benannt nach dem geistigen Zentrum des Jansenismus, das sich mit der Bewertung zukünftiger Ereignisse beschäftigt (Text 2.1.). Als Autoren dieser 1662 anonym erschienenen ›L'Art de Penser‹[52]), zu deutsch *Kunst des Denkens*, gelten ANTOINE ARNAULD und PIERRE NICOLE; doch zweifellos haben dazu noch andere, z.B. BLAISE PASCAL, beigetragen. Schon in den drei dem letzten vorangehenden Kapiteln der ›Logik von Port Royal‹, die sich mit der Annehmbarkeit menschlicher Autorität, dem Glauben an Wunder sowie der Vertrauenswürdigkeit historischer Ereignisse beschäftigen, waren verschiedene Aspekte der zumindest bis ARISTOTELES zurückreichenden Diskussion des Wahrscheinlichen angesprochen worden. In dem hier vorliegenden Text wird bei Entscheidungen des täglichen Lebens empfohlen, nicht nur die Wünschbarkeit des Eintretens oder Nichteintretens eines Ereignisses, sondern vor allem seine Wahrscheinlichkeit zu beachten. Die quantitative Bewertung dieser Wahrscheinlichkeit aufgrund bekannter Umstände wird, nahegelegt durch das Lotteriemodell, als i.allg. möglich unterstellt. Als Abschluß wird auf die Situation bei der Wette von PASCAL verwiesen, in der es um ein unendlich hoch zu bewertendes Gut geht, das deswegen, auch wenn die nicht verschwindende Wahrscheinlichkeit, es zu erlangen, noch so klein ist, in jedem Fall angestrebt werden sollte.

Schärfer noch als die Autoren der ›Logik von Port-Royal‹ reflektierte LEIBNIZ über die verschiedenen Aspekte des Wahrscheinlichkeitsbegriffs. Lebenslang hegte er, vor allem begründet durch Bedürfnisse der Jurisprudenz, die Idee, all diese Aspekte in einer eigenen ›Doctrina de gradibus probabilitatis‹, wie er sie auch nannte[53]), zusammenzufassen.

Seine Vorstellungen davon hat er in zahlreichen Manuskripten mit z.T. immer wiederkehrenden Formulierungen ausgedrückt. Eine verhältnismäßig gute Zusammenfassung seiner Gedanken über das Wahrscheinliche findet sich in den 1704 im Manuskript vollendeten ›Neuen Abhandlungen über den menschlichen Verstand‹ (Text 2.2.1.), die LEIBNIZ' Reaktion auf JOHN LOCKES ›Essay Concerning Human Understanding‹ von 1690 enthalten. In den Kapiteln ›Über die Grade unserer Erkenntnis‹, ›Über die Wahrscheinlichkeit‹ und, JOHN LOCKE folgend, ›Von den Graden der Zustimmung‹ behandelte LEIBNIZ Möglichkeiten zur Schätzung von Wahrscheinlichkeiten, wobei er auf die Konzepte

[51]) FRANÇOIS VIÈTE, In artem analyticen isagoge, Tours 1591 und Francisci Vietae opera mathematica (ed. FRANS VAN SCHOOTEN), Leiden 1646, S. 12.

[52]) Die lateinische Version des Titels ›Ars cogitandi‹ hat mutmaßlich JAKOB BERNOULLI bei der Wahl des Titels seines Hauptwerks, der ›Ars conjectandi‹, inspiriert.

[53]) Siehe den Brief von LEIBNIZ an GABRIEL WAGNER von 1698, *in*: GOTTFRIED WILHELM LEIBNIZ, Die philosophischen Schriften (ed. C. I. GERHARDT) Bd. VII, Berlin 1890, S. 521.

von ARISTOTELES und den Skeptikern kritisch einging. Als Beispiel für solche Schätzungen von in einem Kontinuum bis zur vollkommenen Sicherheit reichenden Wahrscheinlichkeiten verwies LEIBNIZ etwa auf die Indizien bei den Rechtsgelehrten und die Krankheitssymptome bei den Medizinern. In nicht sinnlich erfaßbaren Bereichen lassen sich seiner Meinung nach Wahrscheinlichkeiten nur aufgrund von Analogien schätzen.

Wenn überhaupt, so nahm LEIBNIZ direkten Einfluß auf die Wahrscheinlichkeitsrechnung im Briefwechsel mit JAKOB BERNOULLI zwischen 1703 und 1705. Hier ging es vor allem um die Einwände gegen die mit BERNOULLIS Hauptsatz (Texte 4.1.) verbundene Überzeugung, daß mit endlich vielen, aber großen Anzahlen von Beobachtungen unbekannte Wahrscheinlichkeiten beliebig gut geschätzt werden können. Die Einwände von LEIBNIZ (Text 2.2.2.) fanden einen gewissen Niederschlag im vierten Buch der ›Ars conjectandi‹; darin hat JAKOB BERNOULLI nicht nur seinen Hauptsatz und das mit ihm begründete Programm, den gesamten Bereich der Anwendungen des Wahrscheinlichkeitsbegriffs zum Gegenstand der von ihm geschaffenen „Mutmaßungskunst" zu machen, als Höhepunkt und Abschluß untergebracht, sondern auch seine Ansichten über subjektive und objektive Gewißheit, Wahrscheinlichkeit und Zufall in einen noch etwas halbherzigen Determinismus eingebettet (Text 2.3.).

Die Erfolge einer in der Tradition von KEPLER und NEWTON stehenden und als Himmelsmechanik bezeichneten theoretischen Astronomie im 18. Jh. machten die Astronomie zu einer Leitwissenschaft unter den Naturwissenschaften. Dieser Status der Astronomie war durch das fast ausnahmslos pünktliche Eintreten der von der Theorie vorhergesagten astronomischen Ereignisse erreicht worden. LAPLACE hatte sich mit seiner monumentalen ›Mécanique céleste‹[54]) über die Astronomie hinaus qualifiziert als Wortführer eines Fortschrittsglaubens, wonach der Mensch sich schrittweise den astronomischen vergleichbare Kenntnisse in anderen Bereichen des Naturgeschehens erwerben würde. Dieser Fortschrittsoptimismus setzte voraus, daß jedwede Bewegung anorganischer wie organischer Stoffe ebenso wie die Bewegung der Himmelskörper bestimmt, determiniert ist. Der Determinismus Laplacescher Prägung, der zum Modell aller Forschungsprojekte in den exakten Naturwissenschaften des 19. Jh. wurde, schließt Zufall als etwas objektiv Gegebenes aus. Zufall ist Ausdruck eines (vorläufigen) Informationsmangels über die wirkenden Ursachen, und Wahrscheinlichkeit ist demgemäß ein Maß für den subjektiven Informationsstand. Die Wahrscheinlichkeitsrechnung ist nach LAPLACE also gerade jene Disziplin, die überall dort, wo man vollständige kausale Erklärungen der Zusammenhänge noch nicht kennt, die beste Orientierungshilfe liefert. Dies sollte der Wahr-

[54]) PIERRE SIMON LAPLACE, Traité de mécanique céleste, 5 Bände, Paris 1799 bis 1825; dazu kommt eine „populäre" Fassung: ›Exposition du système du monde‹, 2 Bände, Paris 1796 u. öfter.

scheinlichkeitsrechnung im Rahmen des von LAPLACE vertretenen Anwendungsimperialismus der Mathematik ihre besondere Rolle sichern. Die drei sich inhaltlich überlappenden Texte aus der Zeit von 1776 bis 1814 (Texte 2.4.), dem Editionsjahr des ›Essai philosophique sur les probabilités‹, dokumentieren diesen Entwicklungsweg bei LAPLACE.

Allerdings gibt es in den Veröffentlichungen von LAPLACE zur Wahrscheinlichkeitsrechnung eine Reihe von Hinweisen darauf, daß die Konstruktion einer allein vom Informationsstand des menschlichen Subjekts abhängigen subjektiven Wahrscheinlichkeit nicht ausreicht.

Schon vor LAPLACE benutzte Begriffe, wie zufällige Ursachen (*causes accidentelles*) oder Ursachen zweiter Art, veranlaßten POISSON[55]), auch unter dem Eindruck der Schriften von DAVID HUME, den Kausalitätsbegriff zu einer stochastischen Kausalität abzuschwächen und zwischen subjektiven und objektiven Aspekten des Wahrscheinlichen zu unterscheiden.

Diese Entwicklung wurde von COURNOT fortgesetzt, dessen LAPLACE nachgebildete, für das Maximum des erreichbaren Wissens stehende fiktive Intelligenz nicht mehr ein vollkommen deterministisches, sondern ein nur noch teilweise determiniertes Weltgeschehen repräsentiert und der deutlich zwischen einer vom Subjekt abhängigen und einer von ihm unabhängigen Wahrscheinlichkeit unterscheidet (Text 2.5.).

Mit COURNOT ist ein gewisser Abschluß in der Diskussion des Wahrscheinlichkeitsverständnisses und seiner Einbettung in ein Weltbild zumindest seitens der Mathematiker gegeben, die sich im wesentlichen, wie etwa das Beispiel von EMANUEL CZUBER zeigt[56]), erst wieder in unserem Jahrhundert mit diesem Fragenkomplex beschäftigten. Daß es zu einer solchen Unterbrechung kam, hat verschiedene Gründe: Ganz entscheidend war die innermathematische Reaktion in Frankreich auf den im Rahmen des Anwendungsimperialismus von POISSON in seinen ›Recherches‹ von 1837 erneut vorgetragenen Anspruch, die Wahrscheinlichkeitsrechnung mit Erfolg auf den Bereich menschlicher Entscheidungen anzuwenden, insbesondere auf die Bewertung von Zeugenaussagen und Gerichtsurteilen (siehe Text 11.5.). Diese negative Reaktion eines Teils der Mathematiker bedeutete einen Schock für die Wahrscheinlichkeitsrechnung, deren Weiterentwicklung daraufhin bis zum letzten Viertel des 19. Jh. stagnierte; dies führte dazu, daß überwiegend Philosophen, die schon im 18. Jh. zu CONDORCETS Zeiten gegen den universellen Anwendungsanspruch der Wahrscheinlichkeitsrechnung protestiert hatten, die Diskussion über die Grundlagen dieses Fachs übernahmen, vor allem über das Wahrscheinlichkeitsverständnis, mit

[55]) SIMÉON-DENIS POISSON, Recherches sur la probabilité des jugements en matière criminelle et en matière civile, Paris 1837.

[56]) EMANUEL CZUBER, Die philosophischen Grundlagen der Wahrscheinlichkeitsrechnung, Leipzig-Berlin 1923.

dem die Mathematiker von CONDORCET bis POISSON ihre Ansprüche zu rechtfertigen gesucht hatten. Diese philosophischen Arbeiten in der Tradition von REICHENBACH, CARNAP, POPPER u.a. dauern bis heute fort. Seit den dreißiger Jahren unseres Jahrhunderts ging es dabei hauptsächlich um den Wandel zu einem indeterministisch erscheinenden Weltbild der Physik, das auch durch die Anwendungen der Wahrscheinlichkeitsrechnung in der Physik (7. Kapitel) vorbereitet wurde.

Dieses neue Weltbild erhielt schon in dem Artikel des sich noch als Vertreter eines Determinismus verstehenden Physikers SMOLUCHOWSKI von 1918 Konturen (Text 2.6.), die allerdings erst mit der Heisenbergschen Unschärferelation[57]) von 1927 feste Formen annahmen, als die Gültigkeit des für ein deterministisches Weltbild unabdingbaren Kausalgesetzes grundsätzlich verneint wurde.

[57]) WERNER HEISENBERG, Über den anschaulichen Inhalt der quantentheoretischen Kinematik und Mechanik, *in*: Zeitschrift für Physik **43** (1927), S. 172–198.

Text 2.1. [Antoine Arnauld], La logique ou l'art de penser*)

Kapitel XV. (XVI.) Wie man künftige Ereignisse beurteilen muß.

Die Regeln, die zur Beurteilung vergangener Geschehnisse dienen, lassen sich leicht auf künftige Geschehnisse anwenden; denn wie man als wahrscheinlich ansehen muß, daß etwas eingetreten ist, wenn gewisse bekannte Umstände gewöhnlich mit diesem Ereignis verbunden sind, muß man als ebenso wahrscheinlich ansehen, daß es eintreten wird, wenn die gegenwärtigen Umstände genau die sind, denen gewöhnlich ein solches Ereignis folgt. Daran liegt es also, daß die Mediziner über den guten oder schlechten Ausgang von Krankheiten urteilen können, Generäle über den zukünftigen Ausgang eines Krieges und die Allgemeinheit über den Großteil vom Zufall abhängiger Angelegenheiten.

Allerdings fallen die meisten Leute in Hinblick auf Ereignisse, an denen sie selbst beteiligt sind und für deren Eintreten sie irgendwie aufgrund eigener Bemühungen sorgen oder die sie verhindern können, indem sie sich den Ereignissen stellen oder ihnen ausweichen, einer Illusion zum Opfer, die sich als um so irreführender erweist, je vernünftiger sie ihnen erscheint; d.h., sie achten nur auf die Größe und die Auswirkung des ersehnten Vorteils oder befürchteten Nachteils, ohne im geringsten die Wahrscheinlichkeit[58]) dafür zu berücksichtigen, daß dieser Vorteil oder dieser Nachteil eintritt oder nicht eintritt. Wenn sie also ein großes Übel, wie den Verlust ihres Lebens oder ihrer gesamten Habe, befürchten, halten sie es für ein Zeichen von Klugheit, keine Vorsichtsmaßnahme auszulassen, um sich davor zu schützen. Wenn es sich aber um einen großen Vorteil, wie den Gewinn von 100000 Silbermünzen, handelt, glauben sie mit dem Versuch, ihn zu erhalten, weise zu handeln, falls sie die Chance dafür wenig kostet, auch wenn die Wahrscheinlichkeit, den Vorteil zu erlangen, noch geringer ist.

Auf einen Bericht hin, daß einige Leute durch den Einsturz einer Decke er-

*) [Antoine Arnauld], La logique ou l'art de penser, Paris 1662, S. 382–385 u. S. 387f. (= letztes Kapitel der ›Logik von Port Royal‹, d.h. 15. Kapitel des vierten Teils in der Erstausgabe und 16. Kapitel des vierten Teils der späteren Ausgaben).

(S) (auf der Basis der deutschen Übersetzung von Christos Axelos, erschienen unter dem Titel ›Die Logik oder die Kunst des Denkens‹ in der Wissenschaftlichen Buchgesellschaft Darmstadt 1972, S. 345–347 u. 348f.).

[58]) (S): Im Original steht *l'apparence et la probabilité*, was, wenn es sich nicht um das Stilmittel des Hendiadyoin handelt, möglicherweise auf die Unterscheidung verschiedener Aspekte des Wahrscheinlichen hinweist.

drückt worden waren, wollte eine Prinzessin aufgrund einer solchen Überlegung niemals ein Haus betreten, ohne es vorher überprüft haben zu lassen; sie war so überzeugt davon, recht zu haben, daß ihr alle, die anders handelten, als unvorsichtig erschienen.

Der Eindruck einer solchen Begründung veranlaßt auch verschiedene Leute, unbequeme und übertriebene Vorsichtsmaßnahmen zur Erhaltung ihrer Gesundheit zu treffen. Genau das macht auch wieder andere bei den unbedeutendsten Dingen maßlos mißtrauisch, weil sie, einige Male getäuscht, sich einbilden, es in gleicher Weise bei allen anderen Gelegenheiten zu werden. Genau das ist es auch, was so viele Leute zu den Lotterien zieht: 20000 Silbermünzen für eine zu gewinnen, sagen sie, ist das nicht eine vorteilhafte Sache? Jeder glaubt, der Glückliche zu sein, den das große Los treffen wird, und keiner macht sich Gedanken darüber, daß es, wenn es z.B. um 20000 Silbermünzen geht, vielleicht 30000 mal wahrscheinlicher für jeden ist, sie nicht zu erhalten, als das Gegenteil, daß er sie erhalten wird.

Der Fehler bei diesen Überlegungen ist, daß man, um über geeignete Maßnahmen, sich einen Vorteil zu verschaffen oder einen Nachteil zu vermeiden, zu entscheiden, nicht nur den Vor- und den Nachteil für sich, sondern auch die Wahrscheinlichkeit für sein Eintreten oder Nichteintreten in Erwägung ziehen und das mathematisch ermittelte Verhältnis all dieser Dinge zueinander berücksichtigen muß, was durch das folgende Beispiel verdeutlicht werden kann.

Es gibt Spiele, bei denen jeder von zehn Personen eine Silbermünze einsetzt; dabei gibt es nur einen Gewinner des Gesamteinsatzes, während alle anderen verlieren. So riskiert jeder nur eine Silbermünze und kann neun gewinnen. Würde man nur Gewinn und Verlust für sich betrachten, hätte es den Anschein, daß dabei alle einen Vorteil haben. Aber man muß darüber hinaus in Erwägung ziehen, daß es auch, wenn jeder neun Silbermünzen gewinnen kann und nur den Verlust einer riskiert, für jeden neunmal wahrscheinlicher ist, seine Münze zu verlieren und die neun nicht zu gewinnen. So hat jeder für sich Aussichten auf neun Silbermünzen und den Verlust von einer, neun Grade der Wahrscheinlichkeit für den Verlust einer Münze und nur einen einzigen für den Gewinn von neun Münzen, was die Situation vollkommen ausgeglichen macht.

Alle Spiele dieser Art sind fair, soweit Spiele es überhaupt sein können; und die, die dieses Verhältnis ⟨der Gleichheit⟩ nicht aufweisen, sind offenbar unfair. Hieran läßt sich auch eine augenscheinliche Unausgewogenheit im Bereich der als Lotterien bezeichneten Spiele erkennen, weil, da der Betreiber einer Lotterie i.allg. ein Zehntel des Ganzen im voraus einstreicht, die Gemeinschaft der Spieler in derselben Weise geprellt wird, wie wenn jemand bei einem Spiel mit gleichen Chancen, d.h. gleicher Wahrscheinlichkeit für Gewinn und Verlust, zehn Pistoles[59]) gegen neun setzen würde. Wenn dies nun für die Gemeinschaft

[59]) (S): Alte Goldmünzen; vergleiche Fußnote 40, S. 27.

im ganzen von Nachteil ist, ist es dies auch für jedes ihrer Mitglieder, weil sich ja daraus ergibt, daß die Verlustwahrscheinlichkeit die Gewinnwahrscheinlichkeit in höherem Maß übersteigt als der erhoffte Vorteil den Nachteil übertrifft, den man riskiert und der im Verlust des Einsatzes besteht.

Die Wahrscheinlichkeit für den Erfolg einer Sache ist gelegentlich so gering, daß, wie vorteilhaft sie auch sei und wie klein auch der für ihren Erhalt riskierte Einsatz sei, es tunlich ist, nicht darauf zu setzen. ...

Ihrem Wesen nach können endliche Dinge, wie groß auch immer sie sein mögen, von den kleinsten, wenn diese ⟨genügend⟩ oft vervielfacht werden, übertroffen werden, oder ⟨es ist möglich⟩, daß diese kleinen Dinge die großen bezüglich der Wahrscheinlichkeit des Eintretens in höherem Maße übersteigen, als sie größenmäßig übertroffen werden. So kann auch der kleinste Gewinn den größten, den man sich vorstellen kann, übertreffen, entweder wenn der kleine oftmals wiederholt wird, oder wenn das große Gut so schwer zu erlangen ist, daß diese Schwierigkeit die, das kleine zu erhalten, in höherem Maße übersteigt, als die Größe die Kleinheit übertrifft. Das gleiche gilt bei den Übeln, die man befürchtet, d.h., daß das kleinste Übel beträchtlicher sein kann als das größte endliche Übel, wenn es dieses in diesem Verhältnis übertrifft.

Nur unendliche Dinge, wie die Ewigkeit und das Heil, lassen sich durch keinen zeitlichen Vorteil aufwiegen, und deshalb darf man sie niemals mit irgendeiner Sache dieser Welt vergleichen. Aus diesem Grund wiegt die geringste Aussicht auf die Möglichkeit, das Heil zu erlangen, schwerer als alle Güter dieser Welt zusammen, und die kleinste Gefahr für den Verlust ist bedenklicher als alle zeitlichen Übel, diese nur als solche betrachtet.

Dies genügt, um jede vernünftige Person das folgern zu lassen, womit wir diese Logik abschließen, daß es nämlich die größte aller Dummheiten ist, seine Zeit und sein Leben mit anderen Dingen zu verbringen als denjenigen, die uns zur Erlangung eines nie endenden Lebens dienlich sind, da ja alle Güter und alle Übel dieses Lebens nichts sind im Vergleich mit denjenigen des anderen Lebens, und da die Gefahr, diesen Übeln zum Opfer zu fallen, ebenso wie die Schwierigkeit, diese Güter zu erlangen, sehr groß ist.[60])

[60]) (S): Dieser letzte Abschnitt spiegelt den Hauptgedanken der berühmten Wette "Infini-rien" Pascals wieder, die dieser ausführlich in seinen seit 1660 aufgrund von diversen Vorarbeiten niedergeschriebenen ›Pensées‹ erörtert hat. Eine erste Veröffentlichung der ›Pensées‹, die sogenannte ›Port-Royal Edition‹, erschien 1669/70.

Text 2.2.1. Gottfried Wilhelm Leibniz, Nouveaux essais sur l'entendement humain*)

Kapitel II
Von den Graden der Erkenntnis

TH. *Die Meinung*, die auf das Wahrscheinliche gegründet ist, verdient vielleicht auch den Namen Erkenntnis. Andernfalls würden fast alle historischen und viele andere Erkenntnisse hinfällig. Ohne aber über die Namen zu streiten, behaupte ich, *daß die Untersuchung des Wahrscheinlichkeitsgrades* sehr wichtig ist und uns noch fehlt, was ein großer Mangel unserer Logik ist. Denn wenn man eine Frage nicht absolut entscheiden kann, so könnte man doch immer den Wahrscheinlichkeitsgrad aus den Beobachtungsdaten bestimmen und folglich auf vernünftige Weise urteilen, welche Seite den größten Anschein für sich hat. Wenn unsere Moralisten (ich denke dabei an die klügsten, wie den gegenwärtigen Jesuitengeneral) das Sicherste mit dem Wahrscheinlichsten verbinden und sogar das Sichere dem Wahrscheinlichen vorziehen, so entfernen sie sich in der Tat nicht von dem Wahrscheinlicheren; denn die Frage der *Sicherheit* ist hier die der geringen Wahrscheinlichkeit eines zu befürchtenden Übels. Der Fehler der Moralisten, die in diesem Punkte nachlässig gewesen sind, war es zum großen Teil, daß sie einen zu begrenzten und zu ungenügenden Begriff vom *Wahrscheinlichen* hatten, das sie mit dem *Endoxon* oder dem *der bloßen Meinung Gemäßen* bei ARISTOTELES verwechselten. Denn ARISTOTELES wollte sich in seiner Topik nur den Meinungen anderer anpassen, wie es die Rhetoren und die Sophisten taten. *Endoxon* nennt er das, was von der größten Zahl oder den Sachkundigsten angenommen ist; er hat Unrecht, seine Topik darauf beschränkt zu haben, und dieser Gesichtspunkt hat bewirkt, daß er sich dabei nur an angenommene, meist unbestimmte Maximen gehalten hat, als ob er nur auf Grund von Redensarten oder Sprichwörtern denken wollte. Aber die Wahrscheinlichkeit oder das Wahrscheinlichsein[61]) ist noch ausgedehnter: man

*) GOTTFRIED WILHELM LEIBNIZ, Nouveaux essais sur l'entendement humain, im Manuskript vollendet um 1704/5, veröffentlicht *in*: GOTTFRIED WILHELM LEIBNIZ, Die philosophischen Schriften (hrsg. v. C. I. GERHARDT) Bd. V, Berlin 1882 und Reprint Hildesheim 1960; deutsche Übersetzung von WOLF V. ENGELHARDT und HANS HEINZ HOLZ unter dem Titel ›Neue Abhandlungen über den menschlichen Verstand‹ in Frankfurt/Main 1961 in zwei Bänden, speziell Bd. 2, S. 265, 267, 269, 491, 493, 497, 509, 511, 513, 515, 529, 531 (Abschnitte aus dem vierten Buch ›Von der Erkenntnis‹). Abdruck mit Genehmigung der Übersetzer und Herausgeber sowie des Insel Verlages Frankfurt/Main.

[61]) (ENGELHARDT und HOLZ): LEIBNIZ unterscheidet Wahrscheinlichkeit (probabi-

muß es aus der Natur der Dinge ableiten; auch die Meinung von Personen, deren Ansehen von Gewicht ist, gehört zu den Dingen, die dazu beitragen können, eine Meinung wahrscheinlich zu machen, dadurch wird aber nicht die ganze Wahrscheinlichkeit[62]) erreicht. Und wenn KOPERNIKUS mit seiner Meinung fast allein stand, so war diese doch immer unvergleichlich viel *wahrscheinlicher* als jene des ganzen übrigen Menschengeschlechts. Ich weiß nun nicht, ob die Ausarbeitung der Technik, *die Wahrscheinlichkeiten abzuschätzen*, nicht nützlicher wäre als ein großer Teil unserer demonstrativen Wissenschaften, und ich habe mehr als einmal daran gedacht....

... So glaube ich, daß wir drei Arten der Erkenntnis aufzählen können: *die intuitive, die demonstrative und die sinnliche.*

TH. Ich glaube, daß Sie recht haben, mein Herr, und ich denke sogar, daß Sie diesen Arten der *Sicherheit* oder der *gewissen Erkenntnis* noch die *Erkenntnis des Wahrscheinlichen* hinzufügen könnten. So gibt es zwei Arten von Erkenntnis, wie es zwei Arten von Beweisen gibt, von denen die einen *Gewißheit* erzeugen, die anderen sich nur auf *Wahrscheinlichkeit* beschränken. ...

Kapitel XV
Über die Wahrscheinlichkeit

§ 1. PHILALETHES. Wenn der *Beweis* die Verknüpfung der Ideen einsichtig macht, so ist die Wahrscheinlichkeit nichts anderes als der Anschein dieser Verknüpfung, die auf Beweise gegründet ist, bei denen man keinen unveränderlichen Zusammenhang sieht. § 2. Es gibt mehrere Grade der *Zustimmung*, von der *Sicherheit* bis zur *Vermutung*, zum *Zweifel*, zum *Mißtrauen*. § 3. Wenn man *Gewißheit* hat, so besteht eine intuitive Einsicht in alle Teile der Überlegung, die deren Verknüpfung darstellt; was in mir aber *Glauben* erweckt, ist etwas *Fremdes*.

§ 4. Die Wahrscheinlichkeit ist begründet auf Übereinstimmungen mit dem, was wir wissen, oder auf das Zeugnis derer, die es wissen.

THEOPHILUS. Ich würde vorziehen zu behaupten, daß sie im Wahrscheinlichsein oder der in Übereinstimmung mit der Wahrheit begründet ist. ...

lité) und Wahrscheinlichsein (vraisemblance), wobei erstere mehr die abzählbare Menge der Fälle, die wahrscheinlich zutreffen oder eintreten, im Auge hat, letztere mehr die im Sein dafür angelegten Gründe.

[62]) (ENGELHARDT und HOLZ): Hier taucht nun ein dritter Begriff der Wahrscheinlichkeit, die *verisimilitude*, auf, der allerdings von dem Begriff der *vraisemblance* nicht deutlich zu unterscheiden ist.

Kapitel XVI
Von den Graden der Zustimmung

Was die *Grade der Zustimmung* angeht, so muß man darauf achten, daß die Grundlagen der Wahrscheinlichkeit, die wir haben, darin nicht über den Grad des *Anscheins* hinaus wirken, den man in ihnen findet oder den man in ihnen gefunden hat, als man sie untersuchte. ...

Um zur Grundlage und den Graden der Zustimmung zurückzukommen, ist es angebracht zu bemerken, daß es zwei Arten von Sätzen gibt: die einen sind Tatsachensätze, die von der Beobachtung abhängen und auf ein menschliches Zeugnis gegründet werden können; das andere sind spekulative Sätze, die die Dinge betreffen, welche unsere Sinne uns nicht entdecken können und die eines gleichen Zeugnisses nicht fähig sind. ...

Wenn sich aber herausstellt, daß die Zeugnisse gegen den gewöhnlichen Lauf der Natur stehen oder sich untereinander widersprechen, so können die Wahrscheinlichkeitsgrade sich unendlich abstufen, woraus jene Grade entstehen, die wir *Glauben*, *Vermutung*, *Zweifel*, *Ungewißheit*, *Mißtrauen* nennen. Dabei braucht man Genauigkeit, um sich ein rechtes Urteil zu bilden und unsere Zustimmung dem Wahrscheinlichkeitsgrad anzumessen.

TH. Bei der Behandlung von Beweisen, Annahmen, Vermutungen und Indizien haben die Rechtsgelehrten viel Gutes über diesen Gegenstand gesagt und sind zu bemerkenswerten Einzelheiten vorgedrungen. ...

Auch die Mediziner haben für ihre *Symptome* und *Indikationen* viele Grade und Unterschiede, wie man bei ihnen sehen kann. Die Mathematiker unserer Zeit haben damit begonnen, aus Anlaß des Glücksspiels die Zufallschancen abzuschätzen. ...

Ich habe schon mehr als einmal gesagt, daß man *eine neue Art Logik* braucht, die die Grade der Wahrscheinlichkeit behandelt, weil ARISTOTELES in seiner Topik nichts weniger getan hat als das und sich damit begnügte, eine Ordnung in gewisse volkstümliche Regeln zu bringen, die er gemäß den *loci communes* einteilte, die in einigen Fällen dienlich sein können, wo es sich darum handelt, den Vortrag zu erweitern und ihm eine gewisse Wahrscheinlichkeit zu geben – ohne daß er sich Mühe gegeben hätte, uns eine Waage zu geben, die notwendig ist, um die Wahrscheinlichkeiten gegeneinander abzuwägen und darauf gegründet ein stichfestes Urteil zu bilden. Es wäre gut, wenn derjenige, der diesen Gegenstand behandeln will, die *Untersuchung der Glücksspiele* weiter verfolgte. Und im allgemeinen würde ich wünschen, daß ein gelehrter Mathematiker ein umfängliches Werk über alle Arten von Spielen mit genauer Beschreibung und guter Begründung schreiben wollte, was von großem Nutzen wäre, um die Erfindungskunst zu vervollkommnen, da der menschliche Geist besser bei den Spielen als bei den ernsteren Gegenständen in Erscheinung tritt. ...

Kommen wir nun aber von den Wahrscheinlichkeiten der Tatsachen zu denen der Meinungen über die Dinge, die nicht unter die Sinneserkenntnis fallen. Über sie kann es kein Zeugnis geben, wie zum Beispiel nicht über die Existenz des Wesens der Geister, der Engel, der Dämonen usw., über die körperlichen Substanzen, die auf den Planeten und an anderen Orten des weiten Weltalls vorkommen und schließlich über die Wirkensweise der meisten Werke der Natur. Von allen jenen Dingen können wir nur Vermutungen haben, bei denen die *Analogie* die große Regel der Wahrscheinlichkeit ist. Denn da sie nicht beglaubigt werden können, können sie nur insoweit wahrscheinlich erscheinen, als sie mehr oder weniger mit den festgestellten Wahrheiten übereinstimmen. ...

Wenn wir so eine derartige unerkennbare Gradabstufung zwischen den Teilen der Schöpfung vom Menschen bis zu den niedrigsten Teilen, die unter ihm stehen, beobachten, so läßt es uns die Regel der Analogie als wahrscheinlich ansehen, daß es eine gleiche Gradabstufung in den Dingen gibt, die über uns und außerhalb des Bereichs unserer Beobachtungen sind, und diese Art Wahrscheinlichkeit ist die größte Grundlage vernünftiger Hypothesen. ...

Text 2.2.2. Aus dem Briefwechsel zwischen Leibniz und Jakob Bernoulli*)

Aus dem Brief vom 3. 12. 1703[63])

Die Schätzung von Wahrscheinlichkeiten ist für die Praxis von außerordentlicher Bedeutung, obwohl bei juristischen und politischen Fällen häufig eher eine lückenlose Aufzählung aller Umstände als eine genaue Rechnung erforderlich ist. Ich erinnere mich, daß ich über diesen von Dir behandelten Gegenstand zunächst nicht von Deinem Bruder[64]), sondern anderswoher erfahren habe. Du fragst an, wenn man Wahrscheinlichkeiten empirisch schätzt aufgrund von Versuchen für das erfolgreiche Eintreten, ob man auf diese Weise schließlich eine vollkommen richtige Schätzung erhalten kann. Du schreibst auch, daß Du die Lösung gefunden hast. Das Hauptproblem scheint mir darin zu bestehen, daß *zufällige Ereignisse* bzw. das, was von unendlich vielen Umständen abhängt, nicht durch endlich viele Versuche bestimmt werden kann. Zwar hat die Natur ihre Gewohnheiten, die aus der Wiederkehr der Ursachen erwachsen, aber nur im Regelfall. Wer sagt deshalb, ob nicht der nächste Versuch gerade wegen der Veränderlichkeit der Dinge beträchtlich von der Regel aller vorhergehenden abweicht? Es treten immer wieder neue Krankheiten bei den Menschen auf; wenn man also auch beliebig viele Untersuchungen über die Sterblichkeit gemacht hat, hat man die Grenzen für die natürlichen Dinge keineswegs so festgelegt, daß sich in Zukunft nichts ändern könnte. Wenn man aus irgendeiner Anzahl von Beobachtungen die Bahn eines Kometen zu bestimmen versucht, setzen wir voraus, sie sei ein Kegelschnitt oder eine einfachere Kurve einer anderen Art. Es lassen sich bei beliebig vielen gegebenen Punkten unendlich viele Kurven finden, die gerade durch diese Punkte gehen. Dies beweise

*) Aus dem Briefwechsel zwischen LEIBNIZ und JAKOB BERNOULLI; Stücke aus den Briefen von LEIBNIZ an JAKOB BERNOULLI vom 3. 12. 1703 und vom 28. 11. 1704 (veröffentlicht *in*: G. W. LEIBNIZ, Mathematische Schriften (hrsg. v. C. I. GERHARDT) Bd. III/1, Halle 1855 bzw. Reprint Hildesheim – N. Y. 1971, S. 83f. und S. 94). (S)

63) (S): Dem hier zitierten Abschnitt über die Schätzung von Wahrscheinlichkeiten war der in einem P.S. zu seinem Brief an JAKOB BERNOULLI vom April 1703 enthaltene Wunsch von LEIBNIZ, etwas von JAKOB BERNOULLIS Forschungen zur Wahrscheinlichkeitstheorie zu erfahren, und JAKOB BERNOULLIS Antwort vom 3. 10. 1703, die vor allem auf die Bedeutung seines Hauptsatzes (Text 4.1.2.) hinwies, vorausgegangen.

64) (S): JAKOB BERNOULLI hatte – übrigens zu Recht – in seinem Brief vom 3. 10. 1703 seinen Bruder JOHANN I als Informanten von LEIBNIZ über seine Untersuchungen zur Wahrscheinlichkeitsrechnung vermutet.

ich so: Ich fordere, was sich beweisen läßt, daß sich eine irgendwie regelmäßige Kurve finden läßt, die gerade durch eine beliebige Anzahl gegebener Punkte läuft. Angenommen, sie sei gefunden und sei mit *A* bezeichnet. Man nehme nun einen anderen, zwischen den gegebenen, aber außerhalb dieser Kurve liegenden Punkt. Durch die anfangs gegebenen Punkte und den neuen Punkt wird eine Kurve gehen, was nach derselben Forderung eingerichtet werden kann. Diese wird notwendig von der ersten verschieden sein und doch durch alle gegebenen Punkte gehen, durch die auch die erste geht. Da nun die Lage des Punktes unendlichfach verändert werden kann, sind auch bis ins Unendliche immer andere Kurven möglich. Die beobachteten Fälle können aber mit diesen Punkten verglichen werden wie die Regelmäßigkeiten bzw. aus diesen Fällen abzuleitenden Schätzungen mit den regelmäßigen Kurven. Wenn sich aber auch empirisch keine vollkommen richtige Schätzung erzielen läßt, wird die empirische Schätzung nichtsdestotrotz in der Praxis brauchbar und ausreichend sein. ...

Aus dem Brief vom 28. 11. 1704[65])

Bei gewissen zumindest für unser Einsichtsvermögen nicht ausreichend erfaßten Dingen ist es nicht sicher, ob man sich überhaupt durch eine Vermehrung der Beobachtungsdaten, etwa indem man weitere Jahre zur Beobachtung von Krankheiten hinzunimmt, der Wahrheit direkt nähert, auch wenn uns der gesunde Menschenverstand nahelegt, dies so anzunehmen; bei Folgen allerdings wie der für die Ludolphinische Zahl[66]), nähert man sich ⟨ihr⟩ ständig, wenn man sie fortsetzt. Bei den Spielen, ob sie nun nur vom Verstand abhängen, wie beim Schach oder bei Dame[67]), oder z.T. vom Zufall, wie bei dem Kartenspiel, das die Spanier „hombre"[68]) nennen, oder bei dem Glücksspiel, das bei uns „Verkehren"[69]) heißt, wird man, auch wenn es nicht leicht ist, durch Rechnung zu bestimmen, *wieviel* größer die Aussichten auf den Gewinn bei einer der zur

[65]) (S): Diesem Brief waren weitere Erörterungen über das Problem der Bestimmung von Wahrscheinlichkeiten vorausgegangen, die sich in den Briefen Jakob Bernoullis an Leibniz vom 20. 4. 1704 und vom 2. 8. 1704 finden.

[66]) (S): Gemeint ist die Folge der Dezimalbrüche, mit der man die hier als *Ludolphinische Zahl* bezeichnete Kreiszahl π annähert.

[67]) (S): Dieses Spiel wird von Leibniz mit *aggeres* bezeichnet; die deutsche Form der Zeit war *Dammspiel*, aus der sich mutmaßlich der heutige Name des Spiels ableitet.

[68]) (S): Es handelt sich um ein meist von drei Personen gespieltes Kartenspiel. Anfangs wird der Einzelspieler, *hombre*, der gegen die beiden anderen spielt, durch Reizen ermittelt. Aus dem ursprünglichen *juego del hombre* entstand vermittelt durch das Französische die deutsche Bezeichnung *Lomberspiel*.

[69]) (S): *Verkehren* ist ein heute vergessenes Brettspiel für fünf Parteien mit fünf Spielsteinen.

Auswahl stehenden Möglichkeiten gegenüber einer anderen sind, dennoch meistens ermitteln können, *welche* aussichtsreicher ist; die Beurteilung des Wieviel freilich ist aus den Beobachtungsdaten möglich. In diesem Sinn sehe ich gewitzte Spieler beinahe wie im militärischen oder medizinischen Bereich entscheiden, was besser ist, gestützt auf eher zahlreiche als tiefsinnige Überlegungen, was auch gerade die Fertigkeit ausmacht.

Text 2.3. Jakob Bernoulli, Ars conjectandi *)

Kapitel I.
Einige einführende Bemerkungen über Sicherheit, Wahrscheinlichkeit, Notwendigkeit und das zufällige Eintreten von Dingen.

Die *Sicherheit* des Eintretens irgendeiner Sache hat einmal einen *objektiven*, für sich bestehenden Aspekt und bedeutet nichts anderes als die unverbrüchliche Tatsache der gegenwärtigen oder zukünftigen Existenz dieser Sache. Sie hat zum anderen einen *subjektiven*, auf uns bezogenen Aspekt und besteht nach Maßgabe unserer Kenntnis über diese Tatsache. Alles, was unter der Sonne be- und entsteht, Vergangenes, Gegenwärtiges und Zukünftiges, beansprucht an sich und objektiv immer den höchsten Grad der Sicherheit. Für gegenwärtige und vergangene Ereignisse steht dies fest, da sie ja gerade durch den Umstand, daß sie sind oder gewesen sind, nicht nicht sein oder nicht gewesen sein können. Auch für zukünftige Ereignisse steht zweifelsfrei fest, daß sie in gleicher Weise, wenn auch nicht mit der unausweichlichen Notwendigkeit des Fatums, so doch

*) JAKOB BERNOULLI, Ars conjectandi, Basel 1713, S. 210–214 und 223–228 (Auszüge aus den Kapiteln I, II und IV des vierten und letzten Teils der ›Ars conjectandi‹, „der die nützliche Anwendung der vorhergehenden Theorie auf Fragen des Gemeinwohls[70]), des Allgemeinverhaltens[70]) und der Wirtschaft behandelt").
(S)[71])

[70]) (S): Die hier im lateinischen Original verwendeten Begriffe *civilia* bzw. *moralia* könnten vor dem Hintergrund eines inzwischen erfolgten Bedeutungswandels in der üblichen Übersetzung mit *Bürgerlichem* bzw. *Moralischem* oder *Sittlichem* mißverstanden werden. BERNOULLI ging es nicht um Probleme einer sozialen Schichtung oder einer wie immer gearteten Moral, sondern, wie seine Beispiele zeigen, vor allem um politische und juristische Entscheidungsprozesse und, damit zusammenhängend, um auf Erfahrungen beruhende Verhaltensweisen, die, weil von einer Allgemeinheit akzeptiert, als „moralisch" anzusehen waren.

[71]) (S): Die ›Ars conjectandi‹ ist 1899, von R. HAUSSNER ins Deutsche übersetzt, unter dem Titel ›Wahrscheinlichkeitsrechnung von Jakob Bernoulli‹ in der Reihe Ostwald's Klassiker der exakten Wissenschaften (Nr. 107 und 108) erschienen. Diese für diese Zeit sicher sehr angemessene Übersetzung wurde vor allem wegen ihrer stellenweise sehr antiquierten Ausdrucksweise und vor dem Hintergrund unseres heutigen Wissensstandes über die Entwicklung der Wahrscheinlichkeitsrechnung, aber auch wegen einiger von HAUSSNER bewußt in Kauf genommener Abweichungen vom Originaltext nicht übernommen. Die vorliegende Textauswahl wurde von mir ebenso wie die Texte 3.1. und 4.1.2. neu übersetzt, wobei ich mich, soweit möglich, auf die Vorleistungen HAUSSNERS gestützt habe.

wegen der göttlichen Voraussicht und Vorherbestimmung eintreten werden müssen. Wenn nämlich die wie auch immer gearteten zukünftigen Ereignisse nicht sicher eintreten werden, so bleibt unklar, wie dem höchsten Schöpfer der uneingeschränkte Ruhm der Allwissenheit und Allmacht zugebilligt werden kann. Wie sich allerdings diese Sicherheit für das Eintreten des Zukünftigen mit der Zufälligkeit bzw. dem Spielraum der sekundären Ursachen vertragen kann, mögen andere erörtern, da ich mich mit meinen Absichten Fernliegendem nicht befassen möchte.

Sicherheit, betrachtet in bezug auf uns, ist nicht für alle Dinge gleich, sondern schwankt vielfach zwischen größeren und kleineren Werten. Was für uns durch Offenbarung, Vernunft, sinnliche Wahrnehmung, Erfahrung, Autopsie oder anderswie so feststeht, daß wir an seiner gegenwärtigen oder zukünftigen Existenz nicht im geringsten zweifeln können, erfreut sich der höchsten oder der absoluten Sicherheit. Alles übrige beansprucht einen geringeren Grad der Sicherheit in unserem Verstand, der größer oder kleiner ist je nachdem, ob es eine größere oder kleinere Anzahl von Wahrscheinlichkeiten gibt, die für die gegenwärtige, vergangene oder zukünftige Existenz irgendeiner Sache sprechen.

Die *Wahrscheinlichkeit* ist nämlich ein Grad der Sicherheit und unterscheidet sich von ihr wie der Teil vom Ganzen. Sei z.B. angenommen, die gesamte und absolute Sicherheit, die ich mit dem Buchstaben a oder mit der Einheit 1 bezeichne, bestehe aus fünf Wahrscheinlichkeiten oder Teilen, von denen drei für die gegenwärtige oder zukünftige Existenz irgendeines Ereignisses stehen, die restlichen dagegen, so soll dieses Ereignis $\frac{3}{5}a$ oder $\frac{3}{5}$ der Sicherheit besitzen.

Deswegen wird das *wahrscheinlicher* als etwas anderes genannt, was einen größeren Anteil an Sicherheit beansprucht, wenn auch umgangssprachlich nur das wirklich als *wahrscheinlich* bezeichnet wird, dessen Wahrscheinlichkeit die Hälfte der Sicherheit beträchtlich übertrifft. Ich betone, *beträchtlich*; denn was der Hälfte der Sicherheit annähernd gleichkommt, wird als *zweifelhaft* oder unsicher bezeichnet. So ist das, was $\frac{1}{5}$ der Sicherheit besitzt, wahrscheinlicher als das, was $\frac{1}{10}$ ⟨der Sicherheit⟩ besitzt, wenn auch keines von beiden wirklich wahrscheinlich ist. ...

Moralisch sicher ist das, dessen Wahrscheinlichkeit die gesamte Sicherheit in einer Weise annähert, daß der Unterschied unmerklich wird. ...

Zufällig sowohl im Sinn von *frei*, d.h. von der Willensentscheidung eines rationalen Geschöpfes abhängig, als auch im Sinn des *aufs Geratewohl*, d.h. des von Nebenumständen Bestimmten, ist das, was nicht sein, nicht werden oder nicht gewesen sein könnte, wohlgemerkt aufgrund einer fernliegenden, nicht der nächstliegenden Verwirklichungsmöglichkeit; das Zufällige schließt nämlich nicht immer jede Notwendigkeit hinsichtlich der sekundären Ursachen aus, was ich an Beispielen erklären werde. Ein Würfel kann mit absoluter Sicherheit zu dem Zeitpunkt, zu dem er die Hand des Werfenden verläßt, bei gegebener Lage, Geschwindigkeit und Abstand vom Spielbrett nicht anders fallen, als er tatsächlich fällt. Ebenso wird, wenn der heutige Zustand der Luft, die Masse, Lage, Richtung und Geschwindigkeit der Winde, Dämpfe und Wolken sowie die Gesetze des mechanischen Zusammenhangs[72]) gegeben sind, nach denen dies alles miteinander in Wechselwirkung tritt, das Wetter von morgen nicht anders werden können als es wirklich sein wird; diese Wirkungen folgen also aus ihren unmittelbaren Ursachen nicht weniger notwendig als die Verfinsterungserscheinungen aus dem Lauf der Gestirne. Dennoch hat man daran festgehalten, daß man nur Verfinsterungen zu dem Bereich des sich notwendig Ereignenden, das Auftreffen des Würfels oder das künftige Wetter aber zu dem Bereich des sich zufällig Ereignenden zählt. Der Grund dafür ist gerade, daß das, was man zur Bestimmung späterer Wirkungen als gegeben ansieht und was auch in der Natur gegeben ist, uns dennoch nicht hinreichend bekannt ist. Wenn dies der Fall wäre, wäre die mathematische und physikalische Forschung genügend weit entwickelt, um diese Wirkungen aus den gegebenen Daten berechnen zu können, genauso wie man aus den klar erkannten Grundgesetzen der Astronomie Verfinsterungen berechnen und voraussagen kann, die, bevor die Astronomie zu solcher Vollkommenheit gediehen war, deshalb selbst nicht weniger als die beiden anderen zu den zukünftigen zufälligen Ereignissen gerechnet werden mußten. Daraus folgt, daß einer Person zu einem Zeitpunkt etwas zufällig erscheinen kann, was für eine andere Person – ja sogar für dieselbe – zu einem anderen Zeitpunkt, nach dem Bekanntwerden seiner Ursachen notwendig eintritt. Zufälligkeit betrifft also auch vor allem unseren Kenntnisstand, nämlich inwieweit wir im Objekt keinen Widerspruch gegen das gegenwärtige oder zukünftige Nichtsein sehen, obwohl es hier und jetzt kraft der unmittelbaren, uns aber unbekannten Ursache notwendig ist oder wird. ...

Kapitel II.
Über Wissen und Vermuten, Technik des Vermutens, Gründe für Vermutungen und einige allgemeine diesbezügliche Grundsätze.

Wir sprechen davon, das, was sicher und unzweifelhaft ist, zu *wissen* oder zu *verstehen*, alles übrige nur zu *vermuten* oder zu *meinen*.

[72]) (S): Eigentlich steht hier *mechanismus* = *Mechanismus* oder *mechanische Maschine* im Sinne des mechanistischen Weltbildes, wonach die Vorgänge im gesamten Kosmos und hier speziell in der Atmosphäre in einer wenn auch komplizierten mechanischen Maschine nachgebildet werden können.

Irgendeine Sache zu *vermuten* bedeutet, ihre Wahrscheinlichkeit zu messen. Deshalb definiere ich als die *Technik des Vermutens* oder als *Stochastik* die Technik der möglichst genauen Bestimmung von Wahrscheinlichkeiten mit dem Ziel, uns bei unseren Beurteilungen und Handlungen immer für das entscheiden zu können, was uns besser, befriedigender, sicherer oder ratsamer erscheinen wird; darin allein besteht die ganze Weisheit der Philosophen und die ganze Klugheit der Politiker.

Man schätzt Wahrscheinlichkeiten gleichzeitig nach der *Zahl* und dem *Gewicht* der *Gründe*, die irgendwie erweisen oder anzeigen, daß irgendeine Sache ist, sein wird oder gewesen ist. Unter *Gewicht* verstehe ich die Aussagefähigkeit. ...

Kapitel IV.
Über die beiden Verfahren, die Anzahlen der Fälle zu ermitteln. Was von dem, das sich auf die Erfahrung stützt, zu halten ist. Das hierbei auftretende außerordentliche Problem und anderes.

Im vorhergehenden Kapitel wurde gezeigt, wie man aus den Anzahlen der Fälle, in welchen Gründe für irgendwelche Dinge existieren oder nicht existieren, sie anzeigen oder nicht anzeigen oder auch das Gegenteil anzeigen können, deren Aussagefähigkeit und die ihr proportionalen Wahrscheinlichkeiten der Dinge berechnen und schätzen kann. Man ist also dahin gelangt, daß man zur richtigen Bildung von Vermutungen über irgendeine Sache nur zum einen die Anzahl dieser Fälle genau bestimmen und dann eingrenzen muß, in welchem Maß die einen leichter als die anderen eintreten können. Aber hier scheint mir gerade die Schwierigkeit zu liegen, da dies nur in den wenigsten Fällen zu erreichen ist und man eigentlich nur bei den Glücksspielen damit Erfolg hat; diese richteten die ursprünglichen Erfinder mühevoll mit dem Ziel gleicher Gewinnaussichten so ein, daß die Anzahlen der Fälle, in denen sich Gewinn und Verlust ergibt, mit Sicherheit bekannt sind, und daß man alle diese Fälle mit gleichen Aussichten erzielen kann. In der überwiegenden Mehrzahl der übrigen, vom Wirken der Natur oder von menschlichen Entscheidungen abhängigen Ereignisse trifft dies nicht zu. ...

Tatsächlich steht uns aber eine andere Möglichkeit zur Verfügung, mit der wir das Beabsichtigte erreichen können; was sich der Bestimmung a priori entzieht, läßt sich schließlich *a posteriori*, d.h. aus der oftmaligen Beobachtung des Ereignisses unter ähnlichen Umständen, ermitteln, weil man annehmen muß, daß jedes ⟨Ereignis⟩ künftig in so vielen Fällen eintreten oder nicht eintreten kann, wie vorher bei einem ähnlichen Stand der Dinge festgestellt wurde, daß es eingetreten oder nicht eingetreten war; denn wenn man z.B. irgendwann im Rahmen einer Untersuchung beobachtet hätte, daß von 300 Menschen desselben Alters und desselben Gesundheitszustandes wie Titius 200 vor Ablauf der nächsten zehn Jahre gestorben sind und die übrigen mehr ⟨als zehn Jahre⟩ weitergelebt haben, könnte man mit ausreichender Sicherheit folgern, daß es doppelt so viele Fälle gibt, in welchen auch Titius innerhalb der nächsten zehn Jahre den Weg alles Irdischen gehen müßte, wie solche, bei denen er dieses Intervall überleben könnte. ...

Dieses empirische Verfahren, die Anzahl der Fälle aufgrund von statistischen Untersuchungen zu bestimmen, ist weder neu noch ungewöhnlich; so beschreibt der berühmte Verfasser der ›L'art de penser‹[73]), ein scharfsinniger und geistreicher Mann im 12. und in den nachfolgenden Kapiteln des letzten Teils ⟨seines Werkes⟩ ein ganz ähnliches Verfahren, nach dem sich jedermann im täglichen Leben beständig richtet. ...

Obwohl dies aber jedermann instinktiv klar ist, ist der aus fachlichen Grundlagen gewonnene Beweis dafür alles andere als trivial, weswegen ich mich verpflichtet fühle, ihn hier zu bringen. Dennoch würde ich zu wenig zu leisten glauben, wenn ich mich mit dem Beweis dieser einen, niemandem unbekannten Sache begnügen würde. Es gibt darüber hinaus etwas zu bedenken, was vielleicht bis heute niemandem als bedenkenswert aufgefallen ist. Es bleibt nämlich zu untersuchen, ob im selben Maß wie die Anzahl der Beobachtungen auch beständig die Wahrscheinlichkeit dafür wächst, dem richtigen Verhältnis zwischen den Anzahlen der Fälle für das Eintreten und für das Nichteintreten eines bestimmten Ereignisses näherzukommen, so daß diese Wahrscheinlichkeit schließlich jeden beliebig vorgegebenen Grad der Sicherheit übertrifft, oder ob das Problem sozusagen eine Asymptote aufweist, d.h., ob es einen gewissen Grad der Sicherheit gibt, den es auch bei beliebiger Vervielfachung der Beobachtungen niemals zu überschreiten gestattet; angenommen also, daß man sich niemals über $\frac{1}{2}$, $\frac{2}{3}$ oder $\frac{3}{4}$ der Sicherheit hinaus sicher werden könnte, das richtige Verhältnis der Fälle gefunden zu haben. Zur Verdeutlichung durch ein Beispiel seien, ohne daß man dies weiß, in einer Urne 3000 weiße und 2000 schwarze Steinchen enthalten; man müßte deren Anzahl durch Versuche herausfinden, indem man ein Steinchen nach dem anderen herausnimmt – mit jeweiligem Zurücklegen des Herausgenommenen vor der Ziehung des nächsten, damit die Anzahl der Steinchen in der Urne nicht kleiner wird – und feststellen, wie oft sich ein weißes und wie oft sich ein schwarzes zeigt. Es fragt sich nun, ob man dies so oft machen kann, daß es 10mal, 100mal, 1000mal u.s.w. wahrscheinlicher, d.h. schließlich moralisch sicher wird, daß die Anzahlen der gezogenen weißen und schwarzen Steinchen genau das $1\frac{1}{2}$ fache Verhältnis der Anzahlen

[73]) (S): BERNOULLI gibt den Titel mit ›ars cogitandi‹ wieder. Siehe Text 2.1. und Fußnote 52, S. 48.

der Steinchen bzw. Fälle als ein beliebig anderes, davon abweichendes Verhältnis haben werden.

Wenn dies aber nicht zutrifft, gestehe ich das Scheitern meiner Bemühungen ein, die Anzahlen der Fälle durch Versuche zu ermitteln. Aber wenn es sich ermitteln läßt und man auf diesem Weg schließlich moralische Sicherheit erreicht – im folgenden Kapitel werde ich zeigen, wie dies auch wirklich geschieht –, wird man die Anzahlen der Fälle *a posteriori* fast ebenso genau bestimmen, wie wenn sie uns a priori bekannt gewesen wären. Dies ist nun für die allgemeine Lebenspraxis, in der man das moralisch Sichere für absolut sicher hält, nach Axiom 9 von Kapitel II[74]) mehr als ausreichend, um unsere ⟨auf⟩ Vermutungen ⟨beruhenden Entscheidungen⟩ in irgendeiner zufallsabhängigen Angelegenheit ebenso wissenschaftlich fundiert zu bestimmen wie bei Glücksspielen. Wenn man nämlich die Urne z. B. durch die Atmosphäre oder auch den menschlichen Körper ersetzt, welche so wie die Urne die Steinchen eine Unmenge mannigfacher Veränderungen bzw. Krankheiten enthalten, wird man jedenfalls genauso ⟨wie im Fall der Urne⟩ durch Beobachtungen bestimmen können, um wieviel leichter in diesen Bereichen dieses oder jenes Ereignis eintreten könnte. ...

Das ist nun jenes Problem, das ich mir an dieser Stelle bekanntzumachen vorgenommen habe, nachdem ich es schon zwanzig Jahre lang zurückgehalten habe; seine Neuheit einerseits sowie andererseits seine unüberbietbare Brauchbarkeit gepaart mit einer ebensogroßen Unzugänglichkeit vermögen Gewicht und Bedeutung aller übrigen Kapitel dieses Lehrgegenstandes zu erhöhen. Bevor ich aber seine Lösung preisgebe, werde ich kurz die Einwände erledigen, die einige Gelehrte[75]) gegen diese Auffassung erhoben haben.

1. Zunächst wenden sie ein, das Verhältnis der Steinchen sei eine Sache, das der Krankheiten oder der Veränderungen in der Atmosphäre eine andere; die Anzahl jener sei bestimmt, ⟨die Anzahl⟩ dieser unbestimmt und schwankend. Darauf erwidere ich, daß beide hinsichtlich unserer Kenntnis als gleich unsicher und unbestimmt anzusehen sind. Daß aber irgendetwas an sich und seinem Wesen nach so beschaffen ist, kann man nicht leichter verstehen als man verstehen kann, daß der Schöpfer der Natur etwas gleichzeitig geschaffen und nicht geschaffen hat; denn was immer Gott geschaffen hat, hat er gerade durch den Umstand des Erschaffens auch bestimmt.

2. Dann wenden sie ein, die Anzahl der Steinchen sei endlich, die der Krankheiten unendlich. Ich antworte darauf, sie sei eher erschreckend groß als unendlich. Aber angenommen, sie sei tatsächlich unendlich, so ist doch bekannt, daß

74) (S): Axiom 9 dieses Kapitels lautet (›Ars conjectandi‹, S. 217): „Weil sich aber volle Sicherheit nur höchst selten erreichen läßt, erfordern die Bedürfnisse der Praxis, daß man das, was nur moralisch sicher ist, für absolut sicher hält."

75) (S): Dieser Plural sollte wahrscheinlich von Leibniz, von dem diese Einwände stammen – siehe Text 2.2.2. –, ablenken.

auch zwischen zwei unendlich großen Zahlen ein bestimmtes Verhältnis eintreten kann, das sich entweder genau oder doch wenigstens beliebig genau durch endliche Zahlen ausdrücken läßt. So hat jedenfalls der Kreisumfang zum Kreisdurchmesser ein bestimmtes Verhältnis, das freilich nur durch die ins Unendliche fortgesetzten Ludolphinischen Kreiszahlen[76]) ausdrückbar ist, aber von ARCHIMEDES, METIUS und LUDOLPH[77]) selbst in für die Praxis mehr als ausreichend engen Grenzen eingeschlossen wurde. Daher hindert nichts daran, das Verhältnis zwischen zwei unendlichen Zahlen, das allerdings durch endliche Zahlen sehr gut angenähert ist, auch durch endlich viele Versuche zu bestimmen.

3. Sie behaupten drittens, daß die Anzahl der Krankheiten nicht beständig gleich bleibt, sondern täglich neue Krankheiten entstehen. Meine Erwiderung lautet, ich kann nicht leugnen, daß sich im Verlauf der Zeit die Krankheiten vervielfachen können, und sicherlich wird der, der aus heutigen Beobachtungen auf die Zeiten der Patriarchen vor der Sintflut schließen will, von der Wahrheit gewaltig abweichen. Daraus folgt aber nur, daß gelegentlich neue Beobachtungen angestellt werden müssen, genauso wie sie bei den Steinchen angestellt werden müßten unter der Annahme, daß sich ihre Anzahl in der Urne verändert.

[76]) (S): Gemeint sind die von LUDOLPH VAN CEULEN bestimmten dezimalen Näherungswerte für π.

[77]) (S): ARCHIMEDES hat π in seiner Schrift über die Kreismessung zwischen den Grenzen $3\frac{10}{71}$ und $3\frac{1}{7}$ eingeschlossen; ADRIAEN ANTHONISZ METIUS gab, nach Auskunft seines Sohnes, in einem unpublizierten Manuskript die Grenzen $\frac{333}{106}$ und $\frac{377}{120}$ an, aus denen er durch Mittelung den auf 6 Dezimalstellen genauen Näherungswert $\frac{355}{113}$ fand. LUDOLPH VAN CEULEN bestimmte π durch Polygonapproximationen und die daraus resultierenden Grenzen schrittweise auf 20 (1596), dann auf 33 und schließlich auf 35 Dezimalstellen genau.

Text 2.4.1. Pierre Simon Laplace, Recherches sur l'intégration des équations différentielles aux différences finies et sur leur usage dans la théorie des hasards*)

XXV. Anwendung der vorhergehenden Untersuchungen auf die Analysis des Zufalls.

Der gegenwärtige Zustand des Gesamtsystems des Kosmos ist offenbar eine Folge desjenigen, den er im vorhergehenden Augenblick innehatte, und, wenn wir uns eine Intelligenz vorstellen, die für einen gegebenen Zeitpunkt alle Beziehungen zwischen den dieses Universum konstituierenden Elementen erfaßt, kann sie für einen beliebigen Zeitpunkt der Vergangenheit oder der Zukunft die Lage bzw. die Bewegungen und allgemein die Intentionen all dieser Elemente bestimmen.

Die physikalische Astronomie (Himmelsmechanik), die unter allen unseren Wissensbereichen dem menschlichen Geist am meisten Ehre macht, bietet uns eine, wenn auch unvollkommene Idee dessen, was eine derartige Intelligenz ausmachen würde.

Die Einfachheit des Gesetzes, nach dem sich die Himmelskörper bewegen, die Beziehungen zwischen ihren Massen und ihren Abständen erlauben der Analysis bis zu einem gewissen Punkt, deren Bewegungen nachzuvollziehen; zur Bestimmung des Zustands dieser großen Körper in den vergangenen oder zukünftigen Jahrhunderten genügt dem Mathematiker, daß ihm deren Lage und deren Geschwindigkeit durch die Beobachtung gegeben sind. Der Mensch verdankt also diesen Vorzug der Wirksamkeit des Instruments, dessen er sich bedient, sowie der kleinen Anzahl der Beziehungen, die er in seinen Berechnungen erfaßt; aber das Unwissen über die verschiedenen Ursachen, die bei der Hervorbringung eines Ereignisses zusammenwirken, und deren Wirrnis, verbunden mit der Unvollkommenheit der Analysis hindern ihn daran, mit derselben Sicherheit etwas über die Mehrzahl der Erscheinungen auszusagen; es gibt also für ihn unsichere Dinge, unter denen es mehr oder weniger wahrscheinliche gibt. Für die Unmöglichkeit, diese zu erkennen, hat er sich zu entschädigen versucht durch die Bestimmung ihrer verschiedenen Grade der Wahrscheinlichkeit, so

*) Pierre Simon Laplace, Recherches sur l'intégration des équations différentielles aux différences finies et sur leur usage dans la théorie des hasards, *in*: Mémoires de l'Académie Royale des sciences de Paris (Savants étrangers) 7 (1773) 1776, und *in*: Oeuvres complètes de Laplace Bd. VIII, Paris 1891, S. 69–197, speziell S. 144–146.

(S)

daß wir der Schwäche des menschlichen Geistes eine der feinsten und scharfsinnigsten Disziplinen der Mathematik verdanken, nämlich die Wissenschaft des Zufalls oder der Wahrscheinlichkeiten.

Vor der weiteren Ausführung ist es wichtig, die Bedeutung dieser Worte *Zufall* und *Wahrscheinlichkeit* festzulegen. Wir betrachten eine Sache als Wirkung des Zufalls, wenn sie unseren Augen keinerlei Regelmäßigkeit oder Anzeichen einer Bestimmung bietet und wir außerdem die Ursachen, die sie hervorgebracht haben, nicht kennen. Der Zufall trägt also in sich keinerlei Wirklichkeitsanspruch; er ist nichts anderes als ein Begriff zur Beschreibung unserer Unwissenheit über die Art und Weise, in der sich die verschiedenen Teile einer Erscheinung miteinander und mit dem Rest des Kosmos verbinden. Der Begriff der Wahrscheinlichkeit bezieht sich auf diese Unwissenheit. Wenn wir davon überzeugt sind, daß von zwei Ereignissen, die nicht gleichzeitig existieren können, das eine oder das andere notwendig eintreten muß, und wir keinen Grund dafür sehen, daß das eine leichter einträte als das andere, ist die Existenz oder Nichtexistenz von beiden gleich wahrscheinlich.

Analog ist, wenn von drei sich wechselseitig ausschließenden Ereignissen eines notwendig eintreten muß und wir keinen Grund dafür sehen, daß das eine leichter als das andere einträte, ihre Existenz gleich wahrscheinlich; aber die Nichtexistenz von jedem von ihnen ist wahrscheinlicher als seine Existenz und dies im Verhältnis 2 zu 1, weil es unter drei gleichermaßen wahrscheinlichen Fällen zwei dafür günstige gibt und nur einen dafür nachteiligen.

Bleibt die Anzahl der möglichen Fälle gleich, wächst die Wahrscheinlichkeit eines Ereignisses mit der Anzahl der günstigen Fälle; im Gegensatz dazu vermindert sie sich, wenn die Anzahl der günstigen Fälle gleichbleibt in dem Maß, wie sich die Anzahl der möglichen Fälle erhöht, so daß sie direkt proportional zur Anzahl der günstigen Fälle und umgekehrt proportional zur Anzahl aller möglichen Fälle ist.

Die Wahrscheinlichkeit für die Existenz eines Ereignisses ist also nichts anderes als das Verhältnis der Anzahl der günstigen Fälle zu der aller möglichen Fälle, wenn wir außerdem keinen Grund sehen, weswegen einer dieser Fälle leichter einträte als ein anderer. Sie kann folglich dargestellt werden durch einen Bruch, dessen Zähler die Anzahl der günstigen Fälle ist und dessen Nenner die aller möglichen Fälle.

Text 2.4.2. Pierre Simon Laplace, Suite du Mémoire sur les approximations des formules qui sont fonctions de très grands nombres*)

Artikel IV. Anwendung der vorhergehenden analytischen Untersuchungen auf die Theorie des Zufalls.

XXXII

Alle Ereignisse, selbst die, die wegen ihrer Kleinheit und ihrer Unregelmäßigkeit nicht in das allgemeine System des Kosmos zu passen scheinen, sind davon eine ebenso notwendige Folge wie die Umläufe der Sonne. Wir schreiben sie dem Zufall zu, weil wir die Ursachen nicht kennen, die sie hervorbringen, und die Gesetze, die sie mit den großen Erscheinungen des Universums verketten; so wurden das Auftauchen und die Bewegung der Kometen, die wir heute als abhängig von demselben Gesetz verstehen, das die Wiederholung der Jahreszeiten sichert, einst von denjenigen, die diese Sterne zu den Meteoren rechneten, als Wirkung des Zufalls angesehen. Das Wort *Zufall* drückt also nichts anderes als unser Unwissen über die Ursachen der Erscheinungen aus, die wir ohne irgendeine sichtbare Ordnung eintreten und einander folgen sehen.

Die Wahrscheinlichkeit steht in Beziehung teils mit diesem Unwissen und teils mit unseren Kenntnissen. Wir wissen z.B., daß von drei oder mehr Ereignissen nur eines existieren kann; nichts aber veranlaßt zu glauben, daß eines von ihnen leichter als die anderen eintreten wird.

In diesem Zustand der Unentschiedenheit ist es unmöglich, über deren Existenz mit Sicherheit auszusagen. Es kommt uns jedoch wahrscheinlicher vor, daß ein beliebig genommenes dieser Ereignisse nicht existieren wird, weil wir mehrere gleichermaßen mögliche Fälle, die seine Existenz ausschließen, sehen, während nur einer sie begünstigt.

Die Theorie des Zufalls besteht also darin, alle Ereignisse, die in bezug auf ein Objekt stattfinden können, auf eine bestimmte Anzahl gleichermaßen möglicher Fälle zurückzuführen, d.h. auf diejenigen, über deren Existenz wir gleichermaßen unentschieden sind, und die Anzahl der für das Ereignis, dessen Wahrscheinlichkeit man sucht, günstigen Fälle zu bestimmen. Das Verhältnis dieser Anzahl zu der aller möglichen Fälle ist das Maß dieser Wahrscheinlichkeit.

*) Pierre Simon Laplace, Suite du Mémoire sur les approximations des formules qui sont fonctions de très grands nombres, *in*: Mémoires de l'Académie Royale des sciences de Paris (1783) 1786, S. 423–467, und *in*: Oeuvres complètes de Laplace Bd. X, Paris 1894, S. 295–338, speziell S. 295f.
(S)

Text 2.4.3. Pierre Simon Laplace, Théorie analytique des probabilités – Introduction*)

Über die Wahrscheinlichkeit

Alle Ereignisse, selbst jene, welche wegen ihrer Geringfügigkeit scheinbar nichts mit den großen Naturgesetzen zu tun haben, folgen aus diesen mit derselben Notwendigkeit wie die Umläufe der Sonne. In Unkenntnis ihres Zusammenhangs mit dem Weltganzen ließ man sie je nachdem, ob sie mit Regelmäßigkeit oder ohne sichtbare Ordnung eintraten und aufeinanderfolgten, entweder von Endzwecken oder vom Zufall abhängen; aber diese vermeintlichen Ursachen wurden in dem Maße zurückgedrängt, wie die Schranken unserer Kenntnis sich erweiterten, und sie verschwinden völlig vor der gesunden Philosophie, welche in ihnen nichts als den Ausdruck unserer Unkenntnis der wahren Ursachen sieht.

Die gegenwärtigen Ereignisse sind mit den vorangehenden durch das evidente Prinzip verknüpft, daß kein Ding ohne erzeugende Ursache entstehen kann. Dieses Axiom, bekannt unter dem Namen des *Prinzips vom zureichenden Grunde*, erstreckt sich auch auf die Handlungen, die man für gleichgültig hält. Der freieste Wille kann sie nicht ohne ein bestimmendes Motiv hervorbringen; denn wenn er unter vollkommen ähnlichen Umständen das eine Mal handelte und das andere Mal sich der Handlung enthielte, dann wäre seine Wahl eine Wirkung ohne Ursache: sie wäre dann, wie LEIBNIZ sagt, der blinde Zufall der Epikureer. Die gegenteilige Meinung ist eine Täuschung des Geistes, der die flüchtigen Gründe, welche die Wahl des Willens bei gleichgültigen Dingen bestimmen, aus dem Auge verliert und sich einredet, daß der Wille sich durch sich selbst und ohne Motive bestimmt hat.

Wir müssen also den gegenwärtigen Zustand des Universums als die Wirkung seines früheren und als die Ursache des folgenden Zustands ansehen. Eine Intelligenz, die für einen gegebenen Zeitpunkt alle in der Natur wirkenden Kräfte sowie die gegenseitige Lage der sie zusammensetzenden Elemente kennen würde und außerdem umfassend genug wäre, um diese gegebenen Größen der Analysis zugänglich zu machen, würde in derselben Formel die Bewegungen der größten Körper des Universums wie die des leichtesten Atoms umfassen; nichts würde für sie ungewiß sein, und die Zukunft wie die Vergangenheit würden ihr offen

*) PIERRE SIMON LAPLACE, Théorie analytique des probabilités – Introduction (= Essai philosophique sur les probabilités), Paris 1814 und öfter, *in*: Oeuvres complètes de Laplace Bd. VII, Paris 1886, speziell S. VIf.
(S)

vor Augen liegen. Der menschliche Geist bietet in der Vollendung, die er der Astronomie zu geben verstand, einen matten Entwurf für diese Intelligenz. Seine Entdeckungen in der Mechanik und in der Mathematik, verbunden mit denen der allgemeinen Gravitation, haben ihn in den Stand gesetzt, in denselben analytischen Ausdrücken die vergangenen und die zukünftigen Zustände des Gesamtsystems des Kosmos zu erfassen. Durch Anwendung derselben Methode auf einige andere Gegenstände seines Wissens ist er dahin gelangt, die beobachteten Erscheinungen auf allgemeine Gesetze zurückzuführen und diejenigen vorauszusehen, die von gegebenen Umständen hervorgerufen werden müssen. Alle seine Bemühungen bei der Suche nach der Wahrheit zielen darauf ab, ihn unablässig jener Intelligenz näherzubringen, die wir eben ersonnen haben, von der er aber immer unendlich weit entfernt bleiben wird. Dieses dem menschlichen Geschlecht eigentümliche Streben erhebt es über die Tiere, und seine Fortschritte auf diesem Gebiete unterscheiden die Nationen und die Jahrhunderte und machen ihren wahren Ruhm aus.

Text 2.5. Antoine Augustin Cournot, Die Grundlehren der Wahrscheinlichkeitsrechnung *)

§. 39. Jede Erscheinung oder jedes Ereigniß hat seine *Ursache*, und dieses ist das oberste leitende Princip des menschlichen Verstandes bei der Erforschung der Erscheinungen der wirklichen Welt. Oft bleibt uns die Ursache einer Erscheinung unbekannt und wir nehmen etwas für diese Ursache, was sie nicht ist; aber weder unsere Unfähigkeit in der Anwendung des Principes der *Kausalität*, noch die häufigen Mißgriffe, welche wir bei dieser Anwendung machen, können unser Festhalten an diesem Principe als eine absolute und nothwendige Regel erschüttern.

Wir gehen von einer Erscheinung oder Wirkung zu ihrer nächsten Ursache zurück, welche ihrerseits wieder die Wirkung einer anderen Ursache ist, u. s. f. bis in's Unendliche. Die gerade betrachtete Erscheinung oder Wirkung kann ihrerseits die Ursache einer folgenden Erscheinung oder Wirkung werden, u. s. f. bis in's Unendliche, so daß diese Aufeinanderfolge von Ursache und Wirkung eine *lineare* Reihe bildet (§. 4.), wovon die gerade betrachtete Erscheinung ein Glied ist. Es können aber unendlich viele solcher Reihen gleichzeitig statt finden und sich gegenseitig durchkreuzen, so daß dieselbe Erscheinung zu deren Hervorbringung zugleich mehrere andere Erscheinungen konkurriren, gleichsam die Wirkung mehrerer verschiedener Reihen allgemeiner Ursachen ist, und ihrerseits mehrere Reihen von Erscheinungen hervorbringen kann, welche von dem gemeinschaftlichen Anfangspunkte aus völlig von einander geschieden und getrennt bleiben. Man kann sich von dieser Durchkreuzung und Trennung der verschiedenen Reihen von Erscheinungen durch die Vergleichung mit dem Fortschreiten des Menschengeschlechtes einen einfachen und klaren Begriff verschaffen; denn jeder Mensch hängt durch seine Aeltern mit zwei verschiedenen aufsteigenden Reihen zusammen, indem sich die väterliche und mütterliche Reihe gewissermaßen bei seiner Erzeugung durchkreuzen, und er selbst kann seinerseits der gemeinschaftliche Anfang und Urheber mehrerer absteigender Linien oder Reihen werden, welche, nachdem sie einmal aus dem gemeinschaftlichen Urheber hervorgegangen sind, sich im Allgemeinen nicht mehr, oder nur zufällig, durch Verbindungen aus derselben Familie, durchkreuzen. ...

*) Antoine Augustin Cournot, Die Grundlehren der Wahrscheinlichkeitsrechnung, leichtfaßlich dargestellt für Philosophen, Staatsmänner, Juristen, Kameralisten und Gebildete überhaupt (Deutsch herausgegeben von Dr. C. H. Schnuse nach dem französischen Original ›Exposition de la théorie des chances et des probabilités‹, Paris 1843), Braunschweig 1849, Auswahl von S. 60–74, 4. Kapitel ›Vom Zufall, der physischen Möglichkeit und Unmöglichkeit‹.

Bei dem eben angeführten Beispiele durchkreuzen sich in der aufsteigenden Ordnung immer nur *zwei* Reihen; aber man sieht leicht ein, daß sich bei *beliebigen* Ursachen und Wirkungen sowohl in der regressiven, wie in der progressiven Ordnung auch eine *weit größere* Anzahl verschiedener Reihen von Ursachen und Wirkungen bei der Hervorbringung eines Ereignisses durchkreuzen können. Jede Erscheinung kann nämlich als von einer Menge verschiedener Ursachen herrührend betrachtet werden, und es scheint sogar dem allgemeinen Plane der Natur gemäß zu sein, wenn man in den meisten Fällen von der Diskontinuität zu der Kontinuität übergeht, indem man die Anzahl der bei einer Erscheinung zusammenwirkenden Ursachen *als unendlich groß* annimmt (§. 15). Alsdann werden die Systeme der sich durchkreuzenden Linien oder Reihen, welcher wir uns vorhin als einer bildlichen Darstellung des Zusammenhanges zwischen Ursache und Wirkung bedient haben, gleichsam *Massen*, welche sich wie Lichtstrahlenbüschel gegenseitig durchdringen, erweitern und zusammenziehen, ohne daß eine Unterbrechung der Stetigkeit statt findet. ...

Die Erscheinungen aber, welche durch ein *Zusammentreffen* oder durch eine *Vereinigung* mehrerer hinsichtlich der Kausalität von einander *unabhängiger* Erscheinungen hervorgebracht werden, nennt man *zufällige* Erscheinungen oder *Wirkungen des Zufalles*. ...

Man betrachtet es als *physisch unmöglich*, einen schweren Kegel auf seiner Spitze auf einer horizontalen Ebene in seine Gleichgewichtslage zu stellen. Ebenso betrachtet man es als *physisch unmöglich*, eine auf einer horizontalen Ebene liegende Kugel so zu stoßen, daß die Richtung des Stoßes genau durch den Mittelpunkt der Kugel geht, und dieser folglich keine Rotationsbewegung ertheilt wird. Ferner ist es *physisch unmöglich*, daß der Mittelpunkt einer kreisförmigen Scheibe, welche auf einen aus quadratischen Tafeln zusammengesetzten Fußboden geworfen wird, genau in den Durchschnittspunkt der Diagonalen fällt; daß ein Winkelmeßinstrument vollkommen genau centrirt, eine Wage vollkommen richtig ist, u. s. f. Alle diese physischen Unmöglichkeiten sind von derselben Natur und stehen mit dem Begriffe, welchen wir von dem Zufalle aufgestellt haben, im offenbaren Zusammenhange. ...

Ein physisch unmögliches Ereigniß ist also dasjenige, dessen mathematische Wahrscheinlichkeit unendlich klein ist, und hierdurch allein bekommt die Theorie der mathematischen Wahrscheinlichkeit eine *objektive* Bedeutung in der wirklichen Welt. ...

Ohne Zweifel ist der Begriff der physischen Unmöglichkeit wesentlich von dem Begriffe der *mathematischen* oder *metaphysischen* (*logischen*) Unmöglichkeit verschieden, und es gibt kein Mittel, den Uebergang von dem einen zu dem anderen dieser Begriffe zu bewerkstelligen. Das physisch unmögliche Ereigniß wird als mathematisch oder logisch möglich gedacht; allein in der Wirklichkeit findet es nicht statt, weil kein Grund vorhanden ist, warum die zufällige Verbindung von einander unabhängiger Erscheinungen oder Ursachen, wodurch das physisch unmögliche Ereigniß allein hervorgebracht würde, eher statt finden sollte, als unendlich viele andere mögliche Verbindungen. Da dieser allgemeine und abstrakte Begriff der *Unabhängigkeit* der Ursachen und der *unendlichen Menge* möglicher Kombinationen den Grund der physischen Unmöglichkeit bildet, ohne daß man auf empirische Begriffe über die Materie, wie sie die Sinne liefern, zu rekurriren braucht; so wäre es vielleicht besser, statt des Ausdruckes physische Unmöglichkeit den Ausdruck *wirkliche* oder *faktische Unmöglichkeit* im Gegensatze zu der mathematischen, metaphysischen oder logischen Unmöglichkeit, welche man passender die *absolute Unmöglichkeit* nennen könnte, anzuwenden.

§. 44. Das wirklich oder physisch unmögliche Ereigniß ist also dasjenige, dessen mathematische Wahrscheinlichkeit *unendlich klein* ist, und welches man daher mit dem zufälligen Zuge einer *weißen* Kugel aus einer Urne mit *einer* weißen Kugel und mit *unendlich vielen* schwarzen Kugeln vergleichen kann. Aber wie klein das *endliche* Verhältniß der Anzahl der weißen Kugeln zu der der schwarzen auch sein mag, so kann man nach dem BERNOULLIschen Lehrsatze bei hinreichend lange fortgesetzten Ziehungen doch eine immer zunehmende Wahrscheinlichkeit erhalten, daß sich das Verhältniß der Anzahlen der gezogenen weißen und schwarzen Kugeln immer weniger von dem Verhältnisse der mathematischen Wahrscheinlichkeit des Zuges einer weißen Kugel zu der entgegengesetzten Wahrscheinlichkeit entfernt. Bei *unendlich vielen* Ziehungen hat man eine *unendlich kleine* Wahrscheinkeit, oder es wird *physisch unmöglich*, daß diese beiden Verhältnisse um einen gegebenen, wenn auch noch so kleinen Bruch von einander verschieden sind. Wenn man also eine hinreichende Anzahl von Versuchen und die Grenzen des Unterschiedes dieser beiden Verhältnisse gehörig bestimmt; so schließt sich die ganze Lehre von der mathematischen Wahrscheinlichkeit an den Begriff der physischen Unmöglichkeit an, und die mathematische Wahrscheinlichkeit ist nicht mehr ein abstraktes Verhältniß, welches von unserer Ansicht abhängt, sondern der Ausdruck eines Verhältnisses, welches durch die Natur der Sache selbst bestimmt und durch die Beobachtung erhalten wird, wenn sich dieselben ungewissen Ereignisse unter dem Einflusse von einander unabhängiger und sich zufällig mit einander verbindender Ursachen beliebig oft wiederholen können, wie solches bei den Erscheinungen der Natur und denen der socialen Welt immer statt findet. ...

Aber wenn in der wirklichen physischen Welt zwei entgegengesetzte Ereignisse in Folge der zufälligen Verbindung gewisser *veränderlicher* Ursachen mit andern *konstanten* Ursachen statt finden können und auch wirklich statt finden, so ist es ganz natürlich, wenn man annimmt, daß ein Ereigniß um so leichter statt finden kann, oder physisch um so ehrer möglich ist, je öfterer dasselbe bei einer großen Anzahl von Versuchen wirklich eintritt. Die *mathematische Wahrscheinlichkeit* wird alsdann das Maß der *physischen Möglichkeit*, und der eine dieser Ausdrücke kann für den anderen genommen werden. Der Vorzug des

Ausdruckes *Möglichkeit* besteht darin, daß dadurch die Existenz eines zwischen den Dingen selbst stattfindenden Verhältnisses deutlich angezeigt wird, welches nicht von unserem Urtheile oder unserem Gefühle abhängt, das mit dem Individuum, nach den Umständen, worin es sich befindet und dem Maße seiner Kenntnisse veränderlich ist, so daß der Ausdruck *Möglichkeit* eine *objektive Bedeutung hat*, während der Ausdruck *Wahrscheinlichkeit* in seinen gewöhnlichen Bedeutungen mehr einen *subjektiven* Sinn hat. Durch Nichtbeachtung dieses Unterschiedes sind eine Menge von Zweideutigkeiten und irrigen Vorstellungen in der Theorie der mathematischen Wahrscheinlichkeiten entstanden.

§. 45. So hat man z.B. nach Hume oft den Ausspruch wiederholt: *daß es im eigentlichen Sinn des Wortes keinen Zufall gebe; aber wohl sein Aequivalent, nämlich unsere Unwissenheit hinsichtlich der wahren Ursachen der Erscheinungen;* und selbst Laplace nimmt in seinem Werke über Wahrscheinlichkeitsrechnung grundsätzlich an: *daß sich die Wahrscheinlichkeit zum Theil auf unsere Kenntnisse, unser Wissen und zum Theil auf unsere Unwissenheit, Unkenntniß beziehe*, woraus folgt: daß für eine höhere Intelligenz, welche alle Ursachen gehörig unterscheiden und ihre Wirkungen verfolgen könnte, die Wissenschaft der Wahrscheinlichkeit von selbst wegfallen würde. Allein alle diese Auffassungsweisen sind unrichtig. Das Wort *Zufall* deutet ohne Zweifel keine substanzielle Ursache, sondern eine Idee an, nämlich die Idee der Verbindung mehrerer Systeme von Ursachen oder Erscheinungen, welche unabhängig von einander statt finden. Eine höhere als die menschliche Intelligenz würde sich von letzterer nur dadurch unterscheiden, daß sie sich hinsichtlich des Zusammenhanges zwischen Ursache und Wirkung weniger, oder auch wohl gar nicht irrte, so daß sie z.B. Reihen von Ursachen oder Erscheinungen, welche einen gegenseitigen Einfluß auf einander ausüben, nicht für unabhängig von einander hielte, und umgekehrt keine gegenseitige Abhängigkeit zwischen Ursachen annähme, welche wirklich unabhängig von einander sind. Eine solche höhere Intelligenz würde den Antheil des Zufalles bei dem Stattfinden successiver Erscheinungen sicherer, oder sogar mit völliger Zuverlässigkeit bestimmen, und die Resultate des Zusammenwirkens von einander unabhängiger Ursachen zum *Voraus* angeben können, was wir Menschen in den meisten Fällen nicht im Stande sind. Wenn z.B. ein Würfel von unregelmäßiger Struktur durch Kräfte, deren Intensität, Richtung und Angriffspunkt bei jedem Wurfe durch Ursachen bestimmt werden, welche von den bei den folgenden Würfen wirkenden Ursachen unabhängig sind, auf eine horizontale Tafel geworfen würde; so würde diese höhere Intelligenz zum Voraus genau, oder nahezu bestimmen können, wie groß das Verhältniß der Anzahl von Malen, worin eine bestimmte Fläche des Würfels oben liegt, zu der Gesammtanzahl aller Würfe sein muß, was wir nicht können, indem sie entweder die wirkenden Kräfte genau kennt und bei jedem einzelnen Wurfe ihre Wirkungen berechnen könnte, oder nicht. Kurz diese höhere Intelligenz würde die mathematischen Verhältnisse, welche alle mit dem Begriffe des

Zufalles verbunden sind und in der wirklichen Welt Gesetze der Natur werden, weiter verfolgen können, als wir. In diesem Sinne kann man daher mit Recht sagen (wie es auch häufig geschehen ist): *daß der Zufall die Welt regiere, oder vielmehr einen merklichen Antheil an dieser Weltregierung habe*, was durchaus nicht mit der Idee, welche man sich von einer höheren Leitung oder Vorsehung machen muß, im Widerspruche steht; denn diese Vorsehung erstreckt sich entweder nur auf die *mittleren* und *allgemeinen* Resultate, welche durch die Gesetze des Zufalles selbst bestimmt werden, oder die Vorsehung ordnet und bestimmt die einzelnen Erscheinungen nach Zwecken und Einsichten, welche weit über unsere Wissenschaften und Theorien hinausliegen. ...

Denn nichts berechtigt uns zu der Annahme, daß der Grund aller Erscheinungen in den Begriffen der *Ausdehnung*, der *Zeit* und der *Bewegung*, kurz, in den Begriffen der *stetigen* und *meßbaren* Größen liegt, welche den Gegenstand der *Geometrie* und *Mechanik* bilden. Die Erscheinungen, welche uns die lebenden Wesen in intellektueller und moralischer Beziehung darbieten, lassen sich bei dem gegenwärtigen Zustande unserer Kenntnisse auf keine Weise durch die Principien der Mechanik und Geometrie erklären; und wir behaupten dreist, daß dieses auch zu keiner Zeit der Fall sein wird. Diese Erscheinungen fallen also nicht in geometrischer, oder mechanischer Beziehung in das Gebiet der Zahlenwissenschaft, sondern nur in so fern, als die Begriffe der *Kombination*, der *Wahrscheinlichkeit*, der *Ursache*, und des *Zufalles* in Beziehung auf Abstraktion von einer höheren Ordnung sind, als die der Geometrie und Mechanik, und sowohl auf die Erscheinungen der lebenden Natur, der intellektuellen und moralischen Welt, wie auf die Erscheinungen anwendbar sind, welche durch die Bewegungen der leblosen Materie hervorgebracht werden. ...

§. 48. Dem Ausdrucke *Wahrscheinlichkeit*, in seiner *subjektiven* Bedeutung genommen, entspricht der Ausdruck *Gewißheit*, und man sagt oft: daß, indem die Wahrscheinlichkeiten durch *Brüche* ausgedrückt werden, *die Einheit das Maß der Gewißheit sei*. Wenn *alle* möglichen zufälligen Kombinationen einem Ereignisse *günstig* sind, so findet dasselbe *gewiß* statt, und die Wahrscheinlichkeit des entgegengesetzten Ereignisses ist in aller Strenge = 0. Aber auf der anderen Seite sieht man auch leicht ein, daß zwischen der *Wahrscheinlichkeit* und der *absoluten Gewißheit* nicht blos ein *Größen*- sondern ein *Wesen*unterschied statt findet, so daß es ungereimt sein würde, wenn man sagen wollte, daß die absolute Gewißheit aus der Summe Zweier oder mehrerer Wahrscheinlichkeiten bestehe; denn in der ganzen Lehre der mathematischen Wahrscheinlichkeiten oder Möglichkeiten ist nicht das im absoluten oder metaphysischen Sinne gewisse Ereigniß, sondern das *physisch gewisse* Ereigniß, dessen Wahrscheinlichkeit von der Einheit nur um eine *unendlich kleine* Größe verschieden ist, oder dessen Gegentheil physisch unmöglich ist, das Vergleichungsglied, wie wir weiter oben, sowohl durch allgemeine Betrachtungen, als an speciellen Beispielen näher gezeigt haben.

Text 2.6. Marian von Smoluchowski, Über den Begriff des Zufalls und den Ursprung der Wahrscheinlichkeitsgesetze in der Physik *)

I.

Die Wahrscheinlichkeitsrechnung, welche seit Beginn ihrer Entwicklung mit größtem Erfolg hauptsächlich in dem sonst der mathematischen Behandlung wenig zugänglichen Bereich sozialer und biologischer Vorgänge angewendet wurde, hat sich in den letzten Zeiten ein überaus wichtiges Anwendungsgebiet erobert: die Physik. Und zwar ist damit nicht etwa die seit GAUSS' Zeiten als eigene Hilfsdisziplin ausgebildete Theorie der Fehlerausgleichung bei physikalischen Messungen gemeint, sondern gerade das eigentliche Gerüst dieser Wissenschaft, das System der theoretischen Physik.

Zum ersten Male in den Jahren 1857–1860 von CLAUSIUS und MAXWELL als eigenartiges mathematisches Hilfsmittel in die kinetische Gastheorie eingeführt, hat die Wahrscheinlichkeitsrechnung, nach einer vorübergehenden Periode der Stagnation, infolge des schließlichen Sieges der atomistischen Anschauungsweise eine für die Physik ganz grundlegende Bedeutung gewonnen und bildet heute das wichtigste Werkzeug bei Forschungen auf dem Gebiete der modernen Theorien der Materie, der Elektronik, Radioaktivität und Strahlungstheorie. Entspricht doch ihr Wesen durchaus der heute zur Herrschaft gelangten Tendenz, sämtliche Gesetze der Physik[78]) – nach dem Vorbild der kinetischen Gastheorie – auf Statistik verborgener Elementarereignisse zurückzuführen, wobei die „Einfachheit" derselben als sekundäre Folge des Wahrscheinlichkeitsgesetzes „der großen Zahlen" aufgefaßt wird.

Trotz dieser enormen Ausdehnung des Anwendungsbereiches der *Wahrscheinlichkeitsrechnung* hat *die exakte Analyse der ihr zugrunde liegenden Begriffe* nur geringe Fortschritte gemacht; es gilt wohl noch heute der Satz, daß keine zweite mathematische Disziplin auf so unklaren und schwankenden Grundlagen aufgebaut ist. So werden die Grundfragen nach der Subjektivität oder Objektivität des Wahrscheinlichkeitsbegriffes, nach der Definition der Zufällig-

*) MARIAN VON SMOLUCHOWSKI, Über den Begriff des Zufalls und den Ursprung der Wahrscheinlichkeitsgesetze in der Physik, *in*: Die Naturwissenschaften **6** (1918), Heft 17, S. 253–263.

[78]) Von dieser Tendenz sind bisher nur die Lorentzschen Gleichungen der Elektronentheorie, das Energiegesetz und Relativitätsprinzip unberührt geblieben, aber es ist wohl möglich, daß im Laufe der Zeit auch hier exakte Gesetzesformen durch statistische Regelmäßigkeit ersetzt werden dürften.

keit usw. von verschiedenen Autoren in diametral entgegengesetzter Weise beantwortet. Insbesondere ist auch eine allgemeine und mathematisch exakte Präzisierung der für die Anwendbarkeit dieser Rechnungsmethode charakteristischen Bedingungen noch immer ausständig, und man pflegt sich in dieser Hinsicht meist auf ein intuitives Wahrscheinlichkeitsgefühl zu verlassen.

Als kleiner Beitrag zu derartigen Untersuchungen mögen die nachfolgenden Bemerkungen aufgefaßt sein, welche von der Anwendung der Wahrscheinlichkeitsrechnung in der Physik ausgehen, in der gewisse grundsätzliche Schwierigkeiten in besonders krasser Form auftreten. Ich will eingestehen, daß gerade das Unbefriedigende der diesbezüglichen Ausführungen in gewissen, sonst höchst beachtenswerten neueren Werken die Entstehung dieser Studie veranlaßt hat. Im übrigen bezweckt dieselbe selbstverständlich keineswegs eine allseitige und endgültige Aufklärung des ganzen damit zusammenhängenden Komplexes philosophischer Fragen, sondern will nur eine Anregung zu weiteren Untersuchungen in einer bestimmten Richtung geben, indem einige *Leitgedanken* hervorgehoben werden, welche die bisher allzusehr vernachlässigte *objektive Seite des Wahrscheinlichkeitsbegriffes ins rechte Licht setzen* sollen.

II.

Die Frage, welche Ereignisse in den Geltungsbereich der Wahrscheinlichkeitsrechnung fallen, wird wohl allgemein dahin beantwortet: diejenigen, *deren Eintritt vom Zufall abhängt*. Die Untersuchung dieses letzteren Begriffes ist also jedenfalls das Primäre, und wir werden uns vor allem klar zu machen suchen, *wodurch das Wesen des Zufalls gekennzeichnet ist*. Damit hängen zwei vielumstrittene Probleme zusammen, deren Schwierigkeit angesichts der exakten mathematischen Spekulationen der theoretischen Physik sich besonders fühlbar macht, nämlich:

1. Wie ist es möglich, daß sich der Effekt des Zufalls berechnen lasse, daß also *zufällige Ursachen gesetzmäßige Wirkungen* haben?

2. Wie kann der Zufall entstehen, wenn alles Geschehen nur auf regelmäßige Naturgesetze zurückzuführen ist? oder mit anderen Worten: Wie können *gesetzmäßige Ursachen* eine *zufällige Wirkung* haben?

Betrachtet man in populärer Weise den Zufall als die Negation des Gesetzmäßigen, so sind diese Widersprüche gewiß vollständig unüberbrückbar. Ein solcher Zufallsbegriff ist jedoch mit dem in der heutigen Wissenschaft herrschenden Determinismus unvereinbar. Meist pflegt man sich also die Sache durch die Annahme zu erklären, daß zwar zwischen der betreffenden Ursache und Wirkung ein gesetzmäßiger, kausaler Zusammenhang besteht, daß aber die Art des Zusammenhanges für uns wegen der Komplikation der Erscheinung nicht erkennbar ist, wodurch der Schein der Gesetzlosigkeit entsteht. In diesem Sinne wäre der Zufall als eine uns „*unbekannte Teilursache*" zu bezeichnen. Damit dürfte wohl auch MEINONGS[79]) Auffassungsweise näher verwandt sein, als es den Anschein hat, welcher zufolge Zufälligkeit die „Tatsächlichkeit" von etwas „Nichtnotwendigem" bedeuten würde; dabei soll nämlich die negierte Notwendigkeit entweder eine innere oder äußere (relativ zu einem gewissen Komplex von Objektiven) sein. Wenn man nun vom deterministischen Standpunkt aus Ursache und Wirkung als stets durch die inneren Notwendigkeitsbeziehungen der Teilereignisse verkettet ansieht, kann von Nichtnotwendigkeit nur in relativem Sinne die Rede sein: insofern die Notwendigkeit äußerlich nicht erkennbar ist, also insofern ein Teil der wirkenden Ursachen unbestimmt ist.

Diese herkömmliche Darstellungsweise, welche das Wesen des Zufalls auf unsere Unkenntnis der wirkenden Gesetze oder Ursachen zurückführt, könnte man allenfalls noch als Beantwortung der zweiten der oben angeführten Fragen gelten lassen, aber es bleibt die erste Frage ungelöst, wieso eine Berechnung der Wirkung unerkennbarer Teilursachen möglich ist.

Die mannigfaltigen philosophischen Analysen des Wahrscheinlichkeitsbegriffes geben hierüber keinen Aufschluß. Überhaupt handelt es sich dem Philosophen dabei meist um etwas ganz anderes als dem Physiker. Er richtet seine Aufmerksamkeit vor allem auf die subjektiven, psychologischen Momente des Wahrscheinlichkeitsgedankens, analysiert die erkenntnistheoretische Bedeutung desselben, untersucht, in welcher Weise sich wahrscheinliche Aussagen, neben wahren und falschen Aussagen, in das System der formalen Logik einordnen lassen, pflegt aber die Frage nach der Art der denselben zugrunde liegenden objektiven Tatsachen nicht näher zu berühren.

Im Gegensatz hierzu interessiert sich die exakte Naturwissenschaft nicht für Aussagen und nicht für subjektive – berechtigte oder unberechtigte – Vermutungen[80]), sondern für die objektive oder „mathematische" Wahrscheinlichkeit, d.i. für die relative Häufigkeit des Eintretens bestimmter zufälliger Ereignisse. Sie gebraucht also den – wie MEINONG treffend bemerkt – so vieldeutigen Begriff der Wahrscheinlichkeit in einem sehr eingeschränkten Sinne, welchem jener Autor und andere Philosophen allerdings lieber die Bezeichnung Möglichkeitsgrad beilegen dürften, welcher aber eben erst in diesem engeren Sinne einer exakt mathematischen Behandlung zugänglich wird. Es verhält sich damit ähnlich wie mit vielen anderen Ausdrücken, wie z.B. Kraft, Arbeit, Energie, Wärme, welche der Physiker in wesentlich anderem Sinne versteht, als dies im gewöhnlichen Leben üblich ist.

Offenbar sind also, soweit die Anwendung in der theoretischen Physik in Betracht kommt, *alle Wahrscheinlichkeitstheorien* von vornherein als *ungenü-*

[79]) A. MEINONG, Über Möglichkeit und Wahrscheinlichkeit, Leipzig 1915.

[80]) MEINONG (loc. cit.) führt den Wahrscheinlichkeitsgrad auf die Stärke „berechtigter Vermutungen" zurück.

gend zu betrachten, *welche den Zufall als „unbekannte Teilursache" auffassen. Die physikalische Wahrscheinlichkeit eines Ereignisses kann nur von den Bedingungen abhängen, welche sein Zustandekommen beeinflussen, aber nicht von dem Grade unseres Wissens!*

Ich bin mir wohl bewußt, daß dies im Gegensatz zu der allgemein üblichen Auffassung steht, welche eine teilweise Unkenntnis der Ursachen als das wesentliche hier in Betracht kommende Moment ansieht, darum sei als Beleg für unsere Behauptung bemerkt: Die Wahrscheinlichkeitsrechnungen der kinetischen Gastheorie würden ihre Berechtigung auch dann behalten, wenn wir die Beschaffenheit der Moleküle, deren Anfangslagen usw. absolut genau kennen würden und imstande wären, deren Bewegungen mathematisch exakt für alle Zeiten zu verfolgen. Sie wäre dann noch immer zum wenigsten ein ebenso rationelles mathematisches Hilfsmittel wie die abgekürzte Multiplikation oder die Benutzung der Logarithmentafeln (oder des Rechenschiebers) neben der üblichen exakten Multiplikation.

Wie pflegen nun die Vertreter der herkömmlichen Auffassung die Tatsache zu erklären, daß eine Berechnung der Wirkung unbekannter Teilursachen möglich ist? Sie berufen sich auf das „Gesetz der großen Zahlen" als ein zwar nicht beweisbares, aber empirisch unumstößlich erwiesenes Prinzip. So sagt z.B. TIMERDING[81]: „... die unverbrüchliche Kausalität in allem Naturgeschehen mag wohl aufrecht erhalten werden, sie reicht aber nicht hin, um die Regelmäßigkeit des Weltgeschehens vollständig zu erklären. Es gehört vielmehr die Tatsache hinzu, die wir als Gesetz der großen Zahlen bezeichnen, und die bewirkt, daß die Unregelmäßigkeiten, die sonst durch die zufälligen Ereignisse in die Welt hineingetragen werden, in dem Gesamtergebnis wieder verschwinden ..... Unser Verstand sträubt sich allerdings dagegen, ein solches Prinzip nur deshalb anzunehmen, weil hier und dort eine Richtigkeit bezeugt wird, vielmehr drängt er dahin, auch einen inneren Grund für einen solchen Ausgleich zu finden. Ein solcher innerer Grund läßt sich aber nicht ermitteln ....."

Das ist wohl eine wenig erfreuliche Lösung, und man wird trachten, einen anderen Ausweg aus dem Dilemma zu finden. Übrigens bemerkt beispielsweise POINCARÉ, daß auch in der abstrakten Mathematik von Wahrscheinlichkeitsgesetzen geredet werden kann, daß z.B. die Häufigkeit der Zahlen 1, 2, 3, ... an der letzten Stelle der Zahlenkolonnen einer Logarithmentafel dem gewöhnlichen Wahrscheinlichkeitsgesetz gleichmöglicher Fälle folgt. Wird sich der Mathematiker damit begnügen, hierin das Walten eines unbegreiflichen, rein empirisches Gesetzes der großen Zahlen anzuerkennen?

[81]) H. E. TIMERDING, Die Analyse des Zufalls, S. 162 (Vieweg 1915).

III.

Ein Fingerzeig zur Lösung der Frage scheint mir darin zu liegen, daß die oben erwähnten Definitionen des Zufalls als unbekannter Teilursache[82]) und dergl. zweifellos *viel zu weit sind.* Als LEVERRIER bemerkte, daß die Bewegung des Uranus nicht genau mit der Vorausberechnung übereinstimme, sagte er nicht: das ist Zufall! – Wir haben keine Ahnung, wann eine magnetische Störung stattfinden wird, halten aber das Eintreten derselben doch durchaus nicht für eine Sache des Zufalls.

Es fehlt in diesen Beispielen ein ganz wesentliches *Merkmal desjenigen, was man* im gewöhnlichen Leben oder in unserer Wissenschaft *als Zufall bezeichnet,* und zwar läßt sich dieses kurz in die Worte fassen: *Kleine Ursache – große Wirkung!* Ein minimaler Unterschied im Ingangsetzen der Roulette – Gewinn oder Verlust einer Unsumme Geldes. POINCARÉ, welcher hierauf nachdrücklich hingewiesen hat, gibt zwar noch zwei Alternativmerkmale des Zufalls an[83]): Kompliziertheit vieler mitwirkender Ursachen oder gegenseitige Einwirkung zweier für gewöhnlich zu unabhängigen Gebieten gehöriger Vorgänge, doch glaube ich, daß sämtliche dazu gehörigen Fälle sich bei genauer Analyse ebenfalls unter jenen Gesichtspunkt einordnen lassen.

Besonders charakteristisch tritt jenes Merkmal in allen Fällen auf, wo es sich um einen Zustand labilen Gleichgewichts handelt. Denken wir uns einen „idealen" Würfel auf eine Ecke gestellt, so ist die kleinste Verschiebung des Schwerpunktes aus der Vertikalen schon dafür entscheidend, auf welche der drei unten zusammenstoßenden Flächen der Würfel zu liegen kommen wird. Welche Zahl also obenauf erscheinen wird, das, so sagt man, hängt vom Zufall ab. Mathematisch ausgedrückt: die Wirkung y (obenauf erscheinende Zahl) hängt von der Ursache x (Lage des Schwerpunktes) derart ab, daß die Funktion $y = f(x)$ in dem betreffenden Gleichgewichtswerte x_0 eine Unstetigkeit aufweist.

Nebstbei bemerkt, setzt sich die Ursache in diesem Falle eigentlich aus zwei Variabeln zusammen: wenn man sich den Schwerpunkt O und die drei in der unteren Ecke E zusammenstoßenden Kanten auf die Horizontalebene projiziert, sieht man, daß die Entfernung $r = \overline{OE}$ in der so erhaltenen Projektion für die Geschwindigkeit maßgebend ist, mit welcher das Umfallen erfolgt; die durch einen Winkel θ definierbare Richtung des Vektors OE in bezug auf die drei Kantenlinien für die Zahl, welche obenauf erscheinen wird.

Nun entzieht sich aber ein derartiger Zufall jeder apriorischen Berechnung

[82]) CZUBER (Wahrscheinlichkeitsrechnung, S. 8) sagt „unbekannte und wechselnde Umstände". Es ist wohl nicht recht klar, was mit „wechselnd" gemeint ist und wie der Wechsel zu erkennen ist, wenn der Umstand selber unbekannt ist. Vielleicht ist das aber ein intensives Herausfühlen der Kriterien, die wir später besprechen werden.

[83]) H. POINCARÉ, Calcul des probabilités, Paris 1912, Introduction.

und kann auch niemals die Grundlage zur Anwendung der Wahrscheinlichkeitsrechnung bilden. Denn solange man die bestimmenden Ursachen (Richtung und Größe des Vektors *OE*) nicht mit genügender Genauigkeit kennt, läßt sich bezüglich des Effektes überhaupt gar nichts voraussagen. Kennt man sie aber, so ist die Wirkung mit Gewißheit vorauszusehen, und es bleibt kein Raum für Wahrscheinlichkeit übrig.

Als Beispiel eines unberechenbaren Zufalls sei noch ein anderer Fall angeführt: wenn ein Artillerist mit einem mathematisch exakt schießenden Geschütz nach einem Ziel schießt, dessen Entfernung ihm unbekannt ist. Es fehlt ihm die Kenntnis einer der Variablen, von denen die richtige Elevation abhängt, und es wäre ein blinder Zufall, wenn er einen Treffer erzielen würde. Von irgend einer Vorausberechnung, von einer Wahrscheinlichkeit in unserem Sinne, kann da gar nicht die Rede sein, solange uns die Psychologie jenes Artilleristen nicht näher bekannt ist.

Sobald wir aber wissen, daß derselbe eine gewisse Methode systematischen Einschießens anwendet, oder sobald gewisse mechanische Hilfsmittel von später zu besprechender Art (z. B. Rotation des Geschützrohres um die Lagerachse) mitspielen, wird die Aufgabe eine ganz definierte, und läßt sich (mit Rücksicht auf die Größe des Zieles und seine Entfernung usw.) eine bestimmte Treffwahrscheinlichkeit angeben.

Der einer Wahrscheinlichkeitsberechnung entsprechende – vielleicht darf man sagen: der „geregelte" Zufall zeichnet sich also vor dem Zufall in weiterem Sinne durch ein wesentliches Charakteristikum aus: *eine gewisse Regelmäßigkeit der Wirkung* bei oftmaliger Wiederholung des Vorganges, *unabhängig von der speziellen Art der Ursache.*

Läßt man den vorher besprochenen Würfel aus der Höhe eines Meters auf eine ideal ebene (unvollkommen elastische) Unterlage fallen, so ändert sich jener Vorgang in wesentlicher Weise. Der Würfel prallt ab, steigt empor und wiederholt diese Bewegungen mehrmals mit abnehmender Amplitude und unter Annahme scheinbar unregelmäßiger Rotationsbewegungen, bis er auf irgend einer seiner sechs Seiten liegen bleibt. Auf welche er schließlich zu liegen kommt, muß natürlich von der Art der anfänglichen Abweichung aus der axial-lotrechten Stellung abhängen, aber die Funktion $y = f(r, \theta)$, welche diese Abhängigkeit ausdrückt, wird so beschaffen sein, daß bei kontinuierlicher Variation der zwei die Anfangslage definierenden Variabeln r, θ in äußerst raschem Wechsel Gebiete durchschritten werden, welche allen möglichen Endlagen entsprechen, derart, daß bereits innerhalb eines äußerst kleinen Variabilitätsbereiches V der Achsenstellung (in bezug auf die Lotrechte) die den Zahlen 1–6 zugehörigen Bereiche ungefähr flächengleich werden. Die Größe V könnte man vielleicht mit dem Namen Ausgleichsgebiet belegen.

Würde man nun versuchen, den Würfel vor dem Fallenlassen durch menschliche Hilfsmittel in irgendeiner Weise zu orientieren, so ist klar, daß dabei gewisse Einstellungsfehler trotz größter Sorgfalt unvermeidlich sind. Den Bereich dieser unvermeidlichen Fehler wollen wir als Schwankungsbereich Ω bezeichnen, und man darf wohl annehmen, daß die Verteilungsfunktion $\varphi(r, \theta)$, welche die relative Häufigkeit jener Fehler bei unzähliger Wiederholung der Versuche darstellt, einen regelmäßigen „analytischen" Charakter besitze. Ist daher das durch die Art der zwangsläufigen Funktion $f(r, \theta)$ bestimmte Ausgleichsgebiet V klein im Vergleich zum individuellen Schwankungsbereich Ω, so ist leicht einzusehen, daß schließlich für alle Zahlen 1–6 eine gleiche Wahrscheinlichkeit resultieren muß, *unabhängig von der speziellen Art der beabsichtigten Einstellung und von der individuellen Variationsfunktion* $\varphi(r, \theta)$. Das *Einzelereignis* ist also nicht vorauszusehen, wohl aber die *Gesamtverteilung* der Ereignisse bei fortgesetzter Wiederholung. In einem solchen Falle *waltet der Zufall in gesetzmäßiger Weise.*

Einfacher als der obige Fall ist das Beispiel der Roulette, an welchem POINCARÉ[84]) analoge Betrachtungen anstellt, oder das Beispiel der einem Schützen als Ziel dienenden rotierenden Sektorenscheibe. Ob derselbe einen schwarzen oder weißen Sektor treffen wird, hängt vom Zeitpunkt ab, wann das (feststehende) Gewehr abgedrückt wird. Man kann aber immer die Scheibe in so rasche Rotation versetzen, daß die Treffsicherheit des Schützen ausgeschaltet wird. Mag er sich in einem beliebigen Moment entschließen, loszudrücken, jedenfalls vergeht vom Entschluß bis zur Tat noch eine unbestimmte, in gewissen Grenzen variable Zeit, so daß die Wahrscheinlichkeit, daß der Schuß gerade zur Zeit t losgeht, durch eine (im Schwankungsbereich von t bis $t + \tau$ von Null merklich verschiedene) Funktion $\varphi(t)$ dargestellt wird, von der anzunehmen ist, daß sie keine singulären Eigenschaften, wie Unstetigkeiten, außerordentlich viele Maxima und Minima und dergl., aufweist, deren Form aber sonst gleichgültig ist.

Entfallen also auf den Schwankungsbereich τ der Zeit genügend viele Rotationen der Scheibe, so *verschwindet der Einfluß der individuellen Form der Verteilungsfunktion* $\varphi(t)$, die Wahrscheinlichkeit, einen weißen oder schwarzen Sektor zu treffen, hängt dann nur vom relativen Flächeninhalt derselben ab. Man pflegt dann von jener Wahrscheinlichkeit schlechthin zu reden, ohne Rücksicht auf die Funktion φ, aber stillschweigend macht man doch betreffs φ die vorher erwähnten Annahmen. Jene Wahrscheinlichkeitsüberlegung würde beispielsweise ganz gegenstandslos werden, falls das Gewehr mit der Sektorenscheibe mittels eines elektrischen Kontaktes in passender Weise verbunden wäre.

In letzter Linie basiert die ganze Argumentation offenbar auf der Tatsache, daß jede (differenzierbare) Funktion sich im Bereich genügend kleiner Veränderungen der unabhängigen Variabeln angenähert proportional mit denselben ändert, und sie läßt sich durch eine einfache geometrische Analogie illustrieren:

[84]) POINCARÉ, loc. cit.

wenn man auf Papier, das in schmale, gleichbreite, alternierend weiße und schwarze Flächenstreifen zerlegt ist, aus freier Hand eine beliebige (aber nicht zu kleine und nicht zu unregelmäßige!) geschlossene Kurve zieht, so wird der von derselben ausgeschnittene „weiße" und „schwarze" Flächeninhalt sehr nahe gleich groß sein, ohne Rücksicht auf die Art jener Kurve. Letztere entspricht dem, was wir individuellen Schwankungsbereich genannt haben, während die Zerlegung des Papiers in Flächenstreifen durch die Art der zwangsläufigen Kausalrelation $y = f(x)$ bestimmt ist.

Somit sehen wir, wie für die *Wirkung* des Zufalls ein bestimmtes Gesetz resultieren kann, ohne Rücksicht auf die spezielle Form jener unbekannten, primären Verteilungsfunktion φ, womit *der erste der im II. Abschnitte hervorgehobenen Widersprüche seine Aufklärung findet.* Allerdings muß man zugestehen, daß unsere Überlegungen das eigentliche *Wesen* des Zufalls noch nicht erschöpfend darstellen, denn sie beruhen ja auf der Annahme einer Verteilungsfunktion φ für die zufälligen Schwankungen der Ursache, von der überdies eine gewisse Eigenschaft (ein „regelmäßiger Verlauf") vorausgesetzt wird. Dieser Umstand findet seinen Ausdruck in einer – übrigens ganz zutreffenden Aussage, mit welcher sich Mathematiker[85]) über diese Fragen hinwegzusetzen lieben: Aufgabe der Wahrscheinlichkeitsrechnung ist nicht *Erklärung* der Wahrscheinlichkeit eines Ereignisses, sondern die *Ermittelung* derselben auf Grundlage einer anderen Wahrscheinlichkeit, nämlich der als bekannt angenommenen Wahrscheinlichkeit eines einfacheren, dasselbe verursachenden (oder dadurch bewirkten) Vorganges.

IV.

Fassen wir das bisher Gesagte in verallgemeinerter Form zusammen:

Man nennt *Zufall* eine spezielle Art von Kausalrelationen. Man sagt nämlich gewöhnlich, daß ein Ereignis y vom Zufall abhängt, wenn es eine solche Funktion einer veränderlichen (eventl. auch ihrem Werte nach unbekannten oder absichtlich ignorierten) Ursache oder Teilbedingung x ist, daß *sein Eintreten oder Nichteintreten von einer sehr kleinen Änderung des x abhängt* („klein" im Verhältnis zum Schwankungsbereich des x).

Dieser populäre *Zufalls*begriff eignet sich jedoch nicht als Grundlage eines exakt definierbaren *Wahrscheinlichkeits*begriffes. Von einem die Größe y betreffenden mathematischen Wahrscheinlichkeitsgesetz $W(y)$ kann man erst dann sprechen, wenn die Kausalrelation $y = f(x)$ außer der erwähnten Eigenschaft noch eine spezielle besitzt: nämlich wenn die Verteilung der y, wenigstens innerhalb gewisser Grenzen, *unabhängig ist von der Art der Verteilungsfunktion*

[85]) Siehe z.B. E. Borel, Le Hasard, Paris, Alcan, 1914, S. 15.

$\varphi(x)$, welche die relative Häufigkeit der x bestimmt (vorausgesetzt, daß die Funktion $\varphi(x)$ einen „regelmäßigen" Verlauf habe).

Eine hierzu hinreichende mathematische Bedingung läßt sich für den Fall einer einzigen unabhängigen Variabeln leicht aufstellen, wenn man die früher dargelegten Beispiele ins Auge faßt. Es genügt nämlich, daß die Funktion $y = f(x)$ einen derartigen „oszillierenden" Charakter habe, daß:

1. für jeden x_0-Wert in dem Schwankungsbereich Ω ein solches, im Verhältnis zu Ω äußerst kleines Δx angebbar ist, daß die Funktion $y = f(x) = f(x_0 + \varepsilon \Delta x)$ *sämtliche y-Werte* (innerhalb gewisser Grenzen) *durchläuft, sobald die Variable* ε *die Werte von* 0 *bis* 1 *durchläuft;*

2. daß der *Bruchteil des* ε*-Gebietes, welcher einem gewissen Gebiet von y-Werten entspricht,* für alle innerhalb Ω gelegenen x_0-Punkte (annähernd) *gleich groß ist.*

Für jedes x gibt es also einen kleinsten Bereich Δx, welchem eine Variation über alle Werte y entspricht, und die Größe desselben definiert gewissermaßen die Struktur der Kausalfunktion $f(x)$; je „feinkörniger" dieselbe ist, d.h. je kleiner jene Δx sind, desto geringer sind die Anforderungen, welche man betreffs der „Regelmäßigkeit" der primären Verteilungsfunktion $\varphi(x)$ stellen muß, um ein von der Art derselben unabhängiges Resultat für die Verteilung $W(y)$ zu erhalten.

Natürlich ist dabei umgekehrt ein jeder y-Wert durch eine Menge verschiedener x realisierbar, d.h. die inverse Funktion ist in hohem Grade *vieldeutig*: die gleiche Wirkung kann durch sehr verschiedene ursächliche Konstellationen hervorgebracht werden – ebenfalls ein sehr charakteristischer Zug jener Kausalrelationen, welche die Entstehung von Wahrscheinlichkeitsgesetzen veranlassen.

Spezielle Beispiele derartiger funktionaler Zusammenhänge sind leicht zu geben, z.B.: $y = \sin\left(\frac{x}{\alpha}\right)$. Setzen wir voraus, daß α äußerst klein ist im Vergleich zum Schwankungsbereich der „Ursache" x, so wird auch $\Delta x = \frac{2\pi}{\alpha}$ sehr klein[85]), und es resultiert für die „Wirkung" y eine von der Wahrscheinlichkeit der x weitgehend unabhängige Häufigkeitsverteilung:

$$W(y)\,dy = \frac{1}{\pi} \cdot \frac{1}{\sqrt{1-y^2}}\,dy.$$

Noch einfacher ist der früher betrachtete Fall der rotierenden Scheibe. Hierbei nehmen wir als x die Zeit t an, zu welcher der Schuß losgeht, als y die Win-

[85]) (S): Eine Möglichkeit, die offenbare Inkonsistenz dieses Satzes zu beseitigen, ist, $\Delta x = 2\pi\alpha$ zu setzen.

keldistanz θ des Treffpunktes in der Scheibenebene (von einem bestimmten Radius derselben ab gerechnet). Es ist also: $\theta = ct - 2n\pi$, wobei die Winkelgeschwindigkeit c eine sehr große Zahl sein soll und n immer so gewählt wird, daß θ zwischen 0 und 2π gelegen sei. Der Bereich Δx ist offenbar auch in diesem Falle gleich $\Delta x = \frac{2\pi}{c}$, und es werden alle Winkel θ gleich wahrscheinlich sein, wenn diese Größe klein ist im Vergleich mit dem Schwankungsbereich der Ursache.

Es gibt jedoch außerdem noch zahlreiche der mathematischen Analyse nicht so leicht zugängliche Fälle, in denen rein physikalische Vorrichtungen die Unabhängigkeit des resultierenden Wahrscheinlichkeitsgesetzes von der Art und Ursache der primären Schwankungen mit beliebiger Annäherung hervorbringen. Als typische derartige Fälle seien nachstehende Beispiele etwas eingehender besprochen:

I. *Das Galtonsche Brett.* Es besteht aus einem geneigt aufgestellten Brett, in welches eine große Anzahl von Stiften, in regelmäßigen Horizontalreihen angeordnet, eingeschlagen wurden, und zwar ist die Anordnung derselben eine alternierende, so daß die Stifte jeder Reihe den Öffnungen der beiden benachbarten Reihen entsprechen. Werden nun von einem gegebenen Punkt aus Kugeln von passender Größe (so daß ihr Durchmesser wenig kleiner sei als der freie Abstand zwischen zwei benachbarten Stiften) über das Brett rollen gelassen, so werden sie infolge der Zusammenstöße mit jenen Stiften aus ihrer Bahn in unregelmäßiger Weise abgelenkt und sammeln sich schließlich nach Passierung sämtlicher Stiftreihen in den am unteren Brettrande angebrachten Behältern an, so daß die Höhe, zu der sie in denselben reichen, direkt als Maß der Wahrscheinlichkeit der betreffenden Lage dienen kann.

Es zeigt sich, daß sie sich daselbst gemäß dem Gaußschen Fehlergesetz: $y = Ae^{-\alpha x^2}$ anordnen, so daß die meisten sich in der Fallinie des Ausgangspunktes ansammeln, während ihre Zahl nach beiden Seiten zu nach Maßgabe der bekannten Glockenkurve abnimmt. Dieses Resultat ist mathematisch leicht erklärlich, sobald man annimmt, daß eine jede Kugel nach dem Austritt aus der Öffnung zwischen zwei Stiften gleiche Wahrscheinlichkeit dafür bietet, daß sie die nächste Stiftreihe zur Rechten oder zur Linken des darunterstehenden Stiftes passieren werde.

Erfolgt nämlich dieser Vorgang ganz zufällig, mit gleicher Wahrscheinlichkeit für rechts und links, so läßt sich die Wahrscheinlichkeit, daß die Kugel beim Passieren der $m$ten Stiftreihe eine dem n-fachen Nagelabstand gleiche seitliche Entfernung aus der Mittellinie besitze, nach dem bekannten Bernoullischen Satze zu

$$W(n) = \left(\frac{1}{2}\right)^m \frac{m!}{\left(\frac{m}{2} - n\right)! \left(\frac{m}{2} + n\right)!}$$

bestimmen, was für große Werte der Zahl m angenähert in die vorerwähnte Formel übergeht. Es wird also die komplizierte Gesamterscheinung auf einfache Elementarvorgänge zurückgeführt, aber es bleibt noch aufzuklären, wieso letztere als ganz zufällig angesehen werden können, obwohl eigentlich die Anfangslage und Anfangsgeschwindigkeit der Kugel die weitere Bewegung derselben eindeutig bestimmen sollte.

Um unkontrollierbare Nebenumstände möglichst auszuschalten, idealisieren wir das Beispiel durch Voraussetzung vollständiger Glattheit der schiefen Ebene, exakter Anordnung der Stifte, exakter Kugelgestalt der Kügelchen und nehmen wir ferner an, der Kugeldurchmesser sei fast genau gleich dem freien Abstand der Stifte, und die Stöße der Kugeln an letzteren mögen unelastisch verlaufen. Offenbar ist dann die nach Austritt der Kugel zwischen zwei Stiften spurenweise übrig bleibende Horizontalkomponente der Geschwindigkeit allein maßgebend dafür, ob der nächste Stift auf der rechten oder linken Seite getroffen wird, ob also die Kugel denselben auf der einen oder anderen Seite passieren wird. Jene Horizontalkomponente ist aber das Resultat vielfacher Reflexionen der Kugel zwischen jenen zwei Stiften und ist durch die Lage der Zentrilinie beim ersten Stoß zu der betreffenden Stiftreihe eindeutig bestimmt. Eine ganz minimale Lagenänderung dieser Zentrilinie genügt, um zu bewirken, daß die Richtung jener Horizontalkomponente umgekehrt wird; bei weiterer äußerst geringer Lagenänderung wird dieselbe wieder umgekehrt usw.

Wir erkennen im Obigen *die wesentlichen Züge des „geregelten" Zufalls*: 1. „Kleine Ursache – große Wirkung"; 2. den oszillierenden Charakter der Kausalrelation, welcher sich ungenau, aber bezeichnend auch durch die Worte ausdrücken läßt „Verschiedene Ursachen – gleiche Wirkungen"; 3. die annähernd gleichmäßige Verteilung der Chancen der Elementarereignisse. Im Grenzfalle, wenn der Kugeldurchmesser genau gleich dem freien Abstand der Stifte ist, verliert die Funktion, welche den Zusammenhang zwischen Anfangskonstellation und Endlage der Kugel darstellt, den analytischen Charakter. Die Chancen für eine positive und negative Verschiebung werden bei jedem Stoß genau gleich groß, und es wird sich die Gaußsche Glockenkurve herstellen, ganz unabhängig davon, wie klein auch die Schwankung der Anfangskonstellation der Kugeln sei (vorausgesetzt, sie ist nicht genau gleich Null). Wir erhalten *ein Modell eines sozusagen ideal zufälligen Vorganges.*

Dieser Vorgang bildet, nebstbei bemerkt, eine treffliche Illustration einer ganzen Klasse physikalischer Erscheinungen, welche wir im allgemeinen als Diffusion und Wärmeleitung zu bezeichnen pflegen. Ohne an dieser Stelle in Einzelheiten einzugehen, erwähnen wir beispielsweise, daß die seitlichen Verschiebungen, welche die Kugel beim Hindurchrollen durch die aufeinanderfolgenden Stiftreihen erfährt, genau mit den der sogen. Brownschen Molekularbewegung entsprechenden Verschiebungen übereinstimmen. Und würden wir diese Versuche dadurch modifizieren, daß wir ein „begrenztes Galtonsches

Brett" verwenden, dessen Seitenausdehnung durch zwei in der Fallinie verlaufende Leisten begrenzt ist, und daß wir aus allen Öffnungen der obersten Stiftreihe auf der rechten Hälfte des Brettes schwarze, auf der linken Hälfte weiße Kugeln austreten lassen, so würde deren allmähliche Vermischung beim Passieren der Stiftreihen genau der Diffusion zweier Gase in den bekannten Versuchen LOSCHMIDTS entsprechen. Besitzt das „begrenzte Galtonsche Brett" eine hinreichende Länge, so muß eine homogene Endverteilung resultieren.

II. Ein in mathematischer Hinsicht komplizierteres, aber physikalisch noch einfacheres Beispiel ist das folgende: Denken wir uns ein unregelmäßig, aber im übrigen *beliebig geformtes Gefäß mit vollkommen reflektierenden Wänden*, in welches wir durch ein sehr kleines, in einer Wand angebrachtes Loch ein elastisches Kügelchen (am besten ein Gasmolekül) hineinschleudern, und überlegen wir, wann das Kügelchen wieder durch jenes Loch aus dem Gefäß austreten dürfte. Sofern die Öffnung im Verhältnis zur ganzen Wandfläche genügend klein ist, wird die Kugel im allgemeinen infolge der vielfachen Reflexionen einen äußerst komplizierten Zickzackweg zurücklegen müssen, bis sie die Austrittsstelle erreicht, und es ist klar, daß eine ganz minimale Änderung der Anfangsrichtung nach längerer Zeit eine sehr erhebliche Änderung der Bahn und damit auch eine bedeutende Änderung der Austrittszeit hervorrufen muß. Ebenso begreift man, daß dieselbe Austrittszeit mittels sehr verschiedener Anfangskonstellationen zu erreichen ist – man braucht hierzu nur verschiedene Austrittsbahnen rückwärts zu verfolgen. Es scheint also die Möglichkeit einer Wahrscheinlichkeitsberechnung gegeben zu sein.

Allerdings ist eine exakte mathematische Analyse wohl noch nicht durchgeführt worden, aber physikalische Überlegungen aus dem Gebiete der kinetischen Gastheorie, wie auch der Strahlungstheorie, wo dasselbe Problem in anderer Form zur Sprache kommt, machen es plausibel, daß bei ganz beliebiger Verteilung der Anfangsrichtungen im Laufe der Zeit eine Ausgleichung der Wahrscheinlichkeit stattfindet, so zwar, daß dann jedes Volumelement jenes Hohlraumes für die Kugel einen gleich wahrscheinlichen Aufenthaltsort bildet, daß sie sich in irgend einer Richtung gleich wahrscheinlich bewegt und daß sie durchschnittlich auf jedes Flächenelement der Gefäßwand gleich häufig auftrifft.

Wird die Geschwindigkeit der Kugel mit c, das Volumen des Gefäßes mit V, und der Querschnitt der freien Öffnung mit ω bezeichnet, so läßt sich nach Analogie mit gastheoretischen Rechnungen leicht nachweisen, daß die Wahrscheinlichkeit dafür, daß der Austritt der Kugel während des Zeitraumes τ erfolge, beträgt:

$$W = \frac{\omega c \tau}{4V};$$

also ist die durchschnittlich bis zum Austritt der Kugel aus dem Gefäß verfließende Zeit:

$$T = \frac{4V}{\omega c}.$$

In noch weit höherem Grad kommen übrigens *die charakteristischen Züge des (geregelten) Zufalls* zur Geltung, wenn es sich um die Bewegung einer Schar von Kugeln handelt, welche in ein geschlossenes Gefäß eingesetzt werden, da dann die gegenseitigen Zusammenstöße derselben vor allem die Wirkung haben, den ursprünglich vorhandenen Bewegungszustand in unregelmäßiger Weise zu stören.

Es ist das ein Spezialfall der von BOLTZMANN als allgemeine Eigenschaft molekularer Systeme erkannten Tendenz zur molekularen Unordnung, auf welcher die kinetische Erklärung des Entropiesatzes beruht.

V.

Die Überlegungen, durch die wir im Abschnitt III und IV *das Wesen des Zufalls* zu charakterisieren und die Gesetzmäßigkeit seiner Wirkungen zu erklären suchten, scheinen mir, wie bereits vorher angedeutet wurde, in zweifacher Hinsicht nicht ganz befriedigend zu sein:

1. Es wurde angenommen, daß die „Ursache" x ein *Wahrscheinlichkeitsgesetz* $\varphi(x)$ befolgt, also wurde dieser Begriff als etwas Primäres vorausgesetzt. Gegenstand der Erklärung war nur die *Unveränderlichkeit* des Wahrscheinlichkeitsgesetzes für die resultierende Wirkung.

2. Es wurden gewisse *Eigenschaften* der Funktion $\varphi(x)$ vorausgesetzt, welche wir als „Regelmäßigkeit" bezeichnet haben.

Diese zwei Bemerkungen machen uns vor allem auf einen mehr formalen Mangel unserer Darstellung aufmerksam. Was bedeutet es nämlich, wenn wir sagen, daß die Wahrscheinlichkeit des Eintretens des x (Handbewegung beim Ingangsetzen der Roulette, Orientierung des fallengelassenen Würfels, der Kugel auf dem Galtonschen Brett) durch eine regelmäßige Verteilungsfunktion $\varphi(x)$ bestimmt ist? Handelt es sich um ein x, welches wir nicht auf noch frühere Ursachen zurückführen können, so wäre das Gesetz $\varphi(x)$ nur empirisch erkennbar. Unmittelbar gegeben sind aber nur diskrete Einzelfälle, und erst durch Abstraktion auf Grund unzählig vieler Spezialfälle kommt man dazu, auf deren Grund die Häufigkeitsfunktion $\varphi(x)$ zu formulieren, von welcher die Eigenschaft (2) vorausgesetzt wird.

Es wäre also weit rationeller, den Umweg über die abstrakte Verteilungsfunktion $\varphi(x)$ zu vermeiden und direkt nur eine gewisse Menge von Einzelfällen in Betracht zu ziehen. Versuchen wir also anstatt der hervorgehobenen Stelle des IV. Abschnittes folgenden Satz zu setzen: Von einer mathematischen Wahrscheinlichkeit kann nur dann die Rede sein, falls die den kausalen Zusammenhang zwischen zufälliger[87]) Ursache x und Wirkung y darstellende Funktion $y = f(x)$ derart beschaffen ist, daß einer *beliebig verteilten Menge von x-Werten* immer *annähernd eine und dieselbe Verteilung der zugehörigen y-Werte entspricht.* Dabei soll das Wörtchen „annähernd" ausdrücken, daß exakte Identität der y-Verteilungen nur bei unendlich zahlreichen Einzelfällen (Mengen) zu erwarten ist.

Am klarsten übersieht man diese Verhältnisse bei der rotierenden Scheibe: im allgemeinen wird dieselbe von den Treffpunkten ungefähr gleichförmig überdeckt sein, falls eine genügende Anzahl von Schüssen in *beliebigen Zeitintervallen* abgegeben wird, und die Verteilung der Trefferdichte auf der Scheibe wird verhältnismäßig desto gleichförmiger sein, je größer die Anzahl der Schüsse. Nun sind aber offenbar auch ganz abweichende Ergebnisse möglich. Wären z.B. alle *Zeitintervalle gleich und mit der Umlaufszeit der Scheibe kommensurabel,* so würden sich alle Treffpunkte auf gewisse Stellen konzentrieren, während der Rest der Scheibe leer bleiben würde. Das wäre ein entscheidender Einwand gegen die Anwendbarkeit der in Rede stehenden Formulierung unseres Satzes, wenn uns nicht die Erwägung zu Hilfe käme, daß derlei abweichende Anordnungen nur gewisse „singuläre" Ausnahmefälle bilden, deren Häufigkeit im Verhältnis zu allen möglichen Anordnungen offenbar verschwindend klein ist. In der Mengenlehre beweist man bekanntlich, daß es – populär ausgedrückt – unendlichmal so viele irrationale Zahlen gibt als ganze Zahlen, und in analoger Weise sieht man ein, daß unter allen möglichen Intervallängen diejenigen, welche mit der vorgegebenen Umlaufszeit kommensurabel sind, nur einen unendlich kleinen Bruchteil bilden. Werden also aufs Geratewohl verschiedene Intervallängen gewählt, so ist es unendlich wenig wahrscheinlich, daß man gerade solche treffen werde, welche mit der vorgegebenen exakt kommensurabel sind. Somit wird „im allgemeinen" eine annähernd *gleichförmige* Überdeckung der Scheibe resultieren.

Analoges gilt auch in anderen Fällen. Hat z.B. das im Abschnitt IV (2) erwähnte Gefäß die Gestalt eines „mathematischen Würfels", so ist leicht einzusehen, daß die hineingeschleuderte Kugel sich trotz beliebig vieler Reflexionen nur in einer von acht bestimmten Richtungen bewegen kann. Es genügt aber eine beliebig kleine Abweichung der Neigungswinkel der Wände, um diese Anordnung nach entsprechend langer Zeit zum Verschwinden zu bringen und sämtliche Richtungen des Raumes für die Bewegung der Kugel gleich wahrscheinlich zu machen. Falls also nicht ein speziell „ad hoc" mathematisch genau konstruiertes Gefäß ausgesucht wird, so müssen innerhalb einer Schar derartiger Kugeln die Reflexionen derselben an den Gefäßwänden (außerdem auch die gegen-

[87]) „Zufällig" in dem vorher definierten Sinne.

seitigen Zusammenstöße!) eine *Gleich*verteilung der Bewegungsrichtungen im Raume hervorbringen.

Bis in alle Einzelheiten lassen sich diese Verhältnisse in einem ähnlichen, aber zweidimensionalen Beispiele übersehen, in welchem die mit den Reflexionen an den Wänden verbundenen Diskontinuitäten vermieden werden sollen. Stellen wir uns einen Punkt vor, welchen wir unter Einfluß willkürlich gewählter, voneinander unabhängiger elastischer Kräfte X, Y eine zusammengesetzte Schwingungsbewegung: $x = a \sin \alpha t$, $y = b \sin \beta t$, ausführen lassen, wie dies beispielsweise bei der Darstellung der Lissajouschen Figuren in der Akustik geschieht.

Würde es uns gelingen, die betreffenden elastischen Systeme (Stimmgabeln) derart abzugleichen, daß die beiden Schwingungszahlen miteinander kommensurabel werden, so würde der betreffende Punkt nur eine geschlossene Kurve in periodischer Weise zurücklegen, ohne die übrigen Teile der Fläche des Rechteckes ab zu durchstreichen. Kommt aber hierbei mathematische Genauigkeit in Betracht, so würde dies offenbar einen ganz ausnahmsweisen Spezialfall bilden, welchen wir mit menschlichen Hilfsmitteln nie zu erreichen hoffen können, da es unendlich wahrscheinlicher ist, daß sich ein irrationales Verhältnis der Schwingungszahlen einstellt. Im allgemeinen entsteht also eine ungeschlossene Kurve, welche jedem innerhalb des Rechteckes ab gelegenen Punkte beliebig nahe kommt, und zwar findet man leicht, daß die relative Häufigkeit (gleich der relativen Zeitdauer), mit welcher der schwingende Punkt in einem gewissen, an der Stelle x, y gelegenen Flächenelement angetroffen wird, gegeben ist durch:

$$W(x, y)\, dx\, dy = \frac{1}{\pi^2} \cdot \frac{1}{\sqrt{a^2 - x^2}\sqrt{b^2 - y^2}}\, dx\, dy,$$

und zwar ist dieses Wahrscheinlichkeitsgesetz, wie wir sehen, von der Art der Festsetzung der Schwingungszahlen (bzw. der Kräfte X, Y) im allgemeinen ganz unabhängig. – Bemerkt sei dazu noch, daß durch die obigen Schwingungsgleichungen zu jedem Punkt der durchlaufenen Fläche eine (bzw. zwei) Fortschreitungsrichtung und eine gewisse Bewegungsgeschwindigkeit zugeordnet ist. Falls nun anstatt eines einzigen, vom Nullpunkt ausgehenden Punktes eine ganze Schar derartiger, aber anfangs willkürlich über jene Fläche verteilter Punkte gemäß jenen Formeln in Bewegung gesetzt wird, so ergeben ganz analoge Überlegungen wie vorher, daß im allgemeinen nach entsprechend langer Zeit die Spuren der ursprünglichen Anordnung der Punkte verschwinden, und eine von der Art derselben unabhängige Verteilung nach Maßgabe des eben angeführten Wahrscheinlichkeitsgesetzes resultiert.

In ähnlicher Weise ist leicht einzusehen, daß andauerndes Durchrühren zweier in einem Gefäß anfänglich gesonderter Farbstofflösungen im allgemeinen eine homogene Mischung bewirkt, daß eine Schar von Gasmolekülen, welche in einem geschlossenen Raume ursprünglich beliebig angeordnet wurden, sich im allgemeinen im Laufe der Zeit über denselben ohne Rücksicht auf die anfängliche Anordnung so verteilt, als ob ihre Lagen ganz zufällig (mit gleicher Wahrscheinlichkeit für alle Volumelemente) wären. Dies rechtfertigt eben die Benützung der üblichen Methoden der kinetischen Gastheorie zur Berechnung solcher Größen, in denen die Durchschnittswirkung einer großen Molekülzahl zum Vorschein kommt.

In allen derartigen Fällen sind singuläre Ausnahmefälle theoretisch möglich, kommen aber wegen ihrer verschwindend geringen Wahrscheinlichkeit praktisch nicht in Betracht. Wenn wir aber, um diesbezüglichen Einwänden zu begegnen, deren Möglichkeit in der Formulierung unseres vorherigen Satzes (S. 92) berücksichtigen, so müssen wir in demselben das Wörtchen „immer" durch den Ausdruck „im allgemeinen" – d.h. mit Ausnahme prozentuell verschwindend wenig zahlreicher Ausnahmefälle – ersetzen.

Vielleicht ist aber folgende, etwas präzisere Form vorzuziehen: Für eine Wirkung y, welche von der unvollständig bestimmten Ursache x abhängt, besteht ein Wahrscheinlichkeitsgesetz, wenn die den betreffenden kausalen Zusammenhang darstellende Funktion $y = f(x)$ gewisse Eigentümlichkeiten besitzt, nämlich wenn: 1. *kleine Änderungen von x* im allgemeinen *große Änderungen von y hervorrufen;* 2. die Menge solcher *Gruppierungen von x-Werten, welchen annähernd eine und dieselbe Gruppierung von y-Werten entspricht, unermeßlich zahlreicher ist als die Menge der x-Gruppierungen, welchen merklich abweichende y-Verteilungen entsprechen.*

Vom mathematischen Standpunkt aus wäre dieser Satz gewiß noch schärfer zu fassen, aber die obige Formulierung dürfte den Grundgedanken, auf welchen es hier ankommt, in genügend verständlicher Weise hervorheben. Wir machen auf einen Umstand noch ausdrücklich aufmerksam, welcher in dem eben Gesagten wie auch in fast allen unseren Beispielen klar zutage tritt: vollständige Zufälligkeit und dementsprechende Reinheit der Wahrscheinlichkeitsrelation bildet offenbar einen *Idealfall*, welcher in Wirklichkeit mit größerer oder geringerer *Annäherung* erreicht wird. In den praktischen Anwendungen der Wahrscheinlichkeitsrechnung ist man meist durch eine sehr rohe Annäherung vollkommen befriedigt.

VI.

Noch wichtiger als die mehr formale Frage, die uns im vorigen Abschnitt hauptsächlich beschäftigte, scheint mir die Frage nach der *eigentlichen Genese des Zufalls* zu sein, welche durch den ersten der beiden daselbst erwähnten Einwände nahegelegt wird, teilweise allerdings auch schon in den betreffenden Beispielen ihre Beantwortung findet. Die zufällige Variabilität der Ursachen, auf welche sich unsere ursprüngliche Erklärung des Gesetzes der großen Zahlen stützte, ist ohne weiteres verständlich, wenn es sich um Experimente handelt, welche von menschlicher Hand ausgeführt werden; es wird da der Zufall in letzter Linie auf psychologisch-physiologische primäre Ursachen zurückgeführt. Wenn aber der Mensch, samt seinen unberechenbaren launischen Einfällen, ganz ausgeschaltet wird, wenn man annimmt, daß die einen physikalischen Vorgang bestimmenden Umstände ganz exakt definiert sind, kann da der Begriff der Wahrscheinlichkeit keine Anwendung finden?

Meist wird dies behauptet, während uns die Beispiele der beiden vorhergehenden Abschnitte eines Besseren belehren. Wird eine einzige Kugel in ganz bestimmter Weise auf ein „begrenztes" Galtonsches Brett gesetzt, dessen Stiftreihen außerordentlich zahlreich sind, und entwirft man eine Statistik der Stellen, wo sie die nacheinanderfolgenden Reihen passiert, so wird man finden, daß alle Werte der Abszissen *annähernd* gleich häufig vorkommen; sie sind gleich wahrscheinlich, und diese Behauptung bezeichnet hier eine objektive, vom Menschen unabhängige Tatsache. Im Beispiele (2) läßt sich der Ort, welchen die in bestimmter Richtung hineingeschleuderte Kugel in einem bestimmten Zeitpunkt einnehmen wird, theoretisch voraus berechnen, falls die Gestalt des Gefäßes mathematisch exakt gegeben ist, aber ohne weiteres ist ersichtlich, daß alle Bewegungsrichtungen im Laufe der Zeit *gleich häufig* vorkommen, und daß die Kugel alle Teile des Gefäßes annähernd gleich häufig passieren wird.

Ebenso ist im Beispiele der zusammengesetzten Schwingung (V. Abschnitt) die Wahrscheinlichkeit ganz klar definiert als *relative Häufigkeit*, mit welcher der bewegliche Punkt (innerhalb langer Zeiträume) in einem gewissen Flächengebiete anzutreffen ist, obwohl dabei von einer Variation der die Bewegung bestimmenden Anfangsbedingungen gar nicht die Rede ist.

Es läßt sich nämlich der Begriff der objektiven Wahrscheinlichkeit in ganz analoger Weise auf alle solche unvollständig determinierten („zufälligen" im früher dargelegten Sinne) Erscheinungen anwenden, bei welchen *dieselbe Art Elementarvorgang sich* (eventuell mit variablem „Parameter") *im Laufe der Zeit immer wieder wiederholt*. Bekanntlich beweist die statistische Mechanik, daß derlei Bewegungsvorgänge durchaus nicht selten sind; im Gegenteil, es gehören dazu, laut einem Satze von POINCARÉ, die Bewegungen aller „endlichen" mechanischen Systeme konservativer Art. Sie sind sämtlich „quasiperiodisch" (in speziellen Fällen exakt periodisch), d.h. daß sich der (beliebige) Anfangszustand im Laufe der Zeit mit beliebiger Annäherung wiederholt. Handelt es sich übrigens um Bewegungen molekularer Systeme, so wird die Häufigkeit gleichartiger Fälle noch durch den Zustand ganz außerordentlich vermehrt, daß die Individualität chemisch identischer Moleküle für physikalische Erscheinungen gleichgültig ist.

Um die Gesetze des physikalischen Zufalls und den Begriff der objektiven, vom Menschen vollständig unabhängigen Wahrscheinlichkeit noch klarer zu verstehen, wollen wir schließlich noch einen Vorgang näher betrachten, den man geradezu als den vollkommensten Typus dessen betrachten kann, was „zufällig" genannt wird, d.i. den radioaktiven Atomzerfall. Bekanntlich erleiden die Atome des Radiums im Laufe der Zeit eine Umwandlung, indem sie sich durch explosive Abscheidung je eines α-Teilchens in Atome der Emanation transformieren. Dabei läßt sich aber an den Radiumatomen keinerlei progressive Evolution (nach Art des Alterns der Organismen) wahrnehmen. Wann ein beliebiges, gerade ins Auge gefaßtes Atom eine Umwandlung erleidet, das ist absolut zufällig, und es läßt sich das in keiner Weise weder beeinflussen noch voraussehen. Die Wahrscheinlichkeit dafür, daß ein solcher Prozeß gerade im Zeitraum dt stattfindet, ist ebenso groß für „junge" wie für „alte" Atome und läßt sich somit mathematisch durch die einfache Beziehung: $W\,dt = \lambda\,dt$ ausdrücken, wo λ eine absolute Konstante ist, welche durch keine uns bekannten Agentien verändert werden kann.

Auf Grund des vorher Gesagten kann man nun ohne weiteres ein Modell des in dieser Erscheinung zum Vorschein kommenden Zufalls geben: das öfters erwähnte Gefäß des IV. Abschnittes mit der hineingeschleuderten Kugel. Wir bemerkten schon a.a.O., daß für die Kugel eine unveränderliche Austrittswahrscheinlichkeit besteht, und man braucht nur die Größe derselben gleich der radioaktiven Umwandlungskonstante zu setzen: $\lambda = \frac{\omega c}{4V}$. Hätten wir eine große Anzahl derartiger Gefäße von gleichem Volumen und würde in jedem derselben eine solche Kugel in anderer Richtung in Bewegung gesetzt, so würden die beiden in Rede stehenden Ereignisse – Heraustritt einer Kugel aus einem der Gefäße und Abschleuderung eines α-Teilchens aus einem der Radiumatome (von gleicher Anzahl) – in vollständig analoger Weise vor sich gehen.

Selbstverständlich glaube ich nicht, daß die Radiumatome wirklich einen derartigen Bau besitzen, aber es kommt uns nur auf die prinzipielle Möglichkeit der Konstruktion eines rein physikalischen Modells des „geregelten" Zufalls an. Sie beweist jedenfalls, daß *der scheinbare Widerspruch*, welchen die im II. Abschnitt aufgeworfene Frage (2) betonte, in Wirklichkeit *nicht besteht*, und daß der Zufall – in dem in der Physik gebräuchlichen Sinne des Wortes – sehr wohl durch exakt definierte, gesetzmäßige Ursachen hervorgebracht werden kann.

Naturgemäß spielt diese Art Zufall die maßgebende Rolle in der Welt der Moleküle, und es gibt manche hierher gehörige Erscheinungen, wie z.B. die Brownsche Molekularbewegung, welche das Wesen desselben in äußerst anschaulicher Weise erkennen lassen. Man könnte vielleicht, um solche Fälle den durch willkürliches Eingreifen eines Organismus verursachten gegenüber zu stellen, von „molekularem" und „physiologischem" Zufall sprechen; diese beiden Arten werden sich auch oft zu komplizierteren Zufallserscheinungen verketten.

Wenn beispielsweise ein Draht durch wachsende Spannung, eine Hohlkugel durch inneren Überdruck beansprucht wird, so sagt man, der Ort, wo ein Bruch stattfindet, die Form der Bruchstücke, hänge vom Zufall ab. Den wirklichen Grund können kleine Ungleichförmigkeiten der Dicke und dergl. bilden, welche indirekt auf den physiologischen Zufall bei Herstellung des betreffenden Objektes zurückzuführen sind. Aber auch wenn diese durch genügend große Sorgfalt, entsprechende maschinelle Vorrichtungen beliebig klein gemacht sind, bleiben zufällige Ungleichförmigkeiten im Gefüge des Materials, welche vom molekularen Zufall herrühren. Wird beim Guß der Hohlkugel auch noch so vorsichtig verfahren, es müssen derartige Ungleichförmigkeiten eintreten. Das Erstarren beruht nämlich auf der Bildung von Kristallisationskernen in der unterkühlten Schmelze; die Zahl und Anordnung derselben werden aber außer von gesetzmäßigen Einflüssen (Geschwindigkeit der Abkühlung und dergl.) in ausschlaggebender Weise vom molekularen Zufall bestimmt; der letztere ist somit für die faktisch entstehende mikrokristallinische Struktur des Stückes verantwortlich, von welcher die Festigkeitseigenschaften abhängen. Daß hier zufällige Molekularkonstellationen so merkbare Folgen nach sich ziehen, beruht, nebstbei bemerkt, wieder darauf, daß es sich dabei in letzter Linie um Überschreitungen labiler Gleichgewichtszustände handelt.

Auf die weiter sich aufdrängenden Fragen, ob sich alle Zufallserscheinungen auf die obigen zwei Typen zurückführen lassen, und inwiefern vielleicht im Grunde genommen auch der „physiologische" im „molekularen" wurzelt, wollen wir nicht weiter eingehen. Überhaupt sei nochmals wiederholt, daß unsere Studie durchaus nicht eine erschöpfende Analyse aller mit dem Wahrscheinlichkeitsbegriff zusammenhängenden Probleme geben sollte. Es scheint uns aber ein auch *für den Philosophen äußerst wichtiges Ergebnis* zu sein, wenn sich auch nur auf einem beschränkten Gebiet – dem der mathematischen Physik – zeigen läßt, daß der *Begriff der Wahrscheinlichkeit*, in der üblichen Bedeutung eines *gesetzmäßigen Häufigkeitswertes zufälliger Ereignisse, eine streng objektive Bedeutung besitzt*, daß man den *Begriff und die Genese des Zufalls* genau präzisieren kann, auch wenn man am Determinismus festhält, und daß sich dabei *das Gesetz der großen Zahlen* nicht als ein mystisches Prinzip und nicht als rein empirischer Erfahrungssatz, sondern als ganz einfache *mathematische Folge der speziellen Form ergibt, welche in derlei Fällen den kausalen Zusammenhang darstellt.*

Vielleicht ist es nicht überflüssig, schließlich noch zu bemerken, daß der Wahrscheinlichkeitsrechnung im Sinne dieser Auffassungsweise natürlich nicht der Wert eines von den sonstigen Naturerkenntnissen unabhängigen, neuen Forschungsprinzipes zukommt, da sie ja nur eine vereinfachende statistische Schematisierung gewisser in der Natur sehr häufig auftretender funktionaler Zusammenhänge bildet, deren exakte Untersuchung infolge großer Kompliziertheit sehr erschwert ist. Bei der charakteristischen Entwicklung der heutigen Physik im Sinne einer Auflösung der physikalischen Erscheinungen in „verborgene" Teilereignisse spielen Zufälligkeit und Wahrscheinlichkeit eine wichtige Rolle als anschauliche, abklärende Hilfsbegriffe, könnten aber zur Not auch vollständig entbehrt werden, indem sich jene schematisierenden Methoden durch exakt statistische Berechnungen vertreten lassen sollten[88]). Die hier skizzierte Theorie macht uns allerdings auch den Grund begreiflich, warum die Anwendung jener Begriffe unter Verschleierung der Details der funktionellen Zusammenhänge doch hinreichend genaue Endergebnisse zu liefern pflegt, und wir verstehen, daß sie namentlich im Gebiet solcher empirischen Wissenschaften, wo eine exakte mathematische Untersuchung der Teilereignisse ausgeschlossen ist, ein unschätzbares Hilfsmittel bildet.

[88]) Darin besteht wohl der wesentliche Unterschied zwischen der kinetischen Gastheorie (Maxwell, Boltzmann u. a.) und der statistischen Mechanik (Gibbs), daß sich erstere auf gewisse, zwar recht plausible, aber nicht exakt bewiesene Zufalls- und Wahrscheinlichkeitsideen stützt, während letztere (wenigstens im Programm, wenn auch nicht ganz in der Durchführung) unter Vermeidung derselben auf exakt statistische Methoden aufgebaut ist.

Kapitel 3. Anfänge einer Theoriebildung vor Laplace

Ein wesentliches Kennzeichen der an die Glücksspielrechnung anschließenden frühen Wahrscheinlichkeitsrechnung ist das Bestreben, bereits bekannte oder neue Problemstellungen zu verallgemeinern; die Lösung dieser verallgemeinerten Probleme stellte den Kern einer Prototheorie dar. Im Grunde gilt dies auch noch für die Wahrscheinlichkeitstheorie bis zum Ende des 19. Jh., deren i. allg. kurzer theoretischer Teil eine Definition der wenigen Grundbegriffe und eine Zusammenstellung der benutzten mathematischen Methoden enthielt, während der eigentliche Hauptteil sich mit den mehr oder minder stark verallgemeinerten Problemen befaßte.

Dieses Kapitel schließt in diesem Sinne an das erste Kapitel an, das sich überwiegend mit der Behandlung des Teilungsproblems beschäftigt. Die Rolle des Teilungsproblems in der Entwicklung zu der von Pascal, Fermat und Huygens geschaffenen Glücksspielrechnung war zunächst, den damals einzig denkbaren nichttrivialen Fall einer Teilung vor der endgültigen Entscheidung zu schaffen – nach der Entscheidung stand ja den Wettbedingungen entsprechend fest, daß der Gewinner den gesamten Einsatz und der oder die Verlierer nichts erhalten.

Mit Hilfe des Prinzips der fairen Wette, das die Gleichheit von Erwartungswert und gerechtem Spieleinsatz verlangt, konnte in der Mehrzahl der Glücksspielprobleme, bei denen die Chancen der beteiligten Spieler ungleich sind, der gesuchte gerechte Spieleinsatz als die Lösung des Teilungsproblems für den Fall interpretiert werden, daß noch kein Spiel gespielt ist. Dieser Vorgang einer Verallgemeinerung erfolgte für das Teilungsproblem noch weitgehend unbewußt.

Von Jakob Bernoulli an läßt sich jedoch eine Tendenz feststellen, ganz bewußt durch Verallgemeinerung von Problemen zu Vorstufen einer Theorie zu kommen. Dies wird in der ›Ars conjectandi‹ besonders bei der Behandlung der Proposition XII von Huygens' ›De ratiociniis in ludo aleae‹ deutlich, einer Aufgabe, deren Verallgemeinerung direkt zu der von Jakob Bernoulli gefundenen Binomialverteilung führt (Text 3.1.).

Die von de Moivre mitgeschaffene Literatur hatte bis 1718 bzw. 1738, den Editionsjahren der beiden ersten Auflagen seiner ›Doctrine of chances‹, einige verallgemeinerte Problemlösungen bereitgestellt. Es erschien de Moivre deshalb angemessen, diese Lösungen anhand von zehn „Fällen“ zusammen mit der

Einführung des Wahrscheinlichkeitsmaßes, des Erwartungswertes, des Summen- und des Produktsatzes auf der Basis der Unterscheidung zwischen voneinander unabhängigen und voneinander abhängigen Ereignissen in einer hier nur auszugsweise gegebenen Einleitung zusammenzustellen (Text 3.2.). Die Funktion dieser Einleitung als übergeordnetes theoretisches Regelwerk wird durch den Hauptteil, eine von 53 in der ersten auf 90 in der zweiten Auflage angewachsene Sammlung von Problemen, deutlich. Dieser wurde von DE MOIVRE überschrieben: ›Lösungen verschiedener Arten von Problemen, abgeleitet aus den in der Einleitung zusammengestellten Regeln‹.

Das de Moivresche Modell einer Einleitung mit der Funktion eines theoretischen Regelwerks wurde von THOMAS BAYES übernommen (Text 3.3.). Allerdings hat BAYES diesen Teil etwas anders aufgebaut als DE MOIVRE; sieben Definitionen, zu denen später noch eine weitere kommt, gehen sieben Sätzen voraus, denen dann die im vierten Kapitel dieses Bandes behandelte Umkehrung des Gesetzes der großen Zahlen von JAKOB BERNOULLI (Texte 4.1.) bzw. des Grenzwertsatzes von DE MOIVRE (Text 4.2.) folgt (Text 4.3.).

Mit BAYES, dessen postum veröffentlichte Schrift im Gegensatz zu der als Lehrbuch gedachten Sammlung von DE MOIVRE im wesentlichen nur ein einziges Problem behandelte, ist ein gewisser Abschluß in der Theoretisierungsphase der Wahrscheinlichkeitsrechnung im 18. Jh. erreicht. Die noch sehr bescheidene „Theorie“ bei BAYES ist in ihrem Aufbau und ihrer Darstellung noch stark am Vorbild der antiken Geometrie orientiert. Die das 18. Jh. abschließenden und den Stil der Wahrscheinlichkeitsrechnung des 19. Jh. prägenden Arbeiten von LAPLACE verbreiterten vor allem die methodische Basis der Wahrscheinlichkeitsrechnung um das Instrumentarium der Analysis (vergleiche auch das folgende Kapitel), brachten aber, wenn man von der Diskussion des Wahrscheinlichkeitsbegriffs bis COURNOT (siehe Kapitel 2) absieht, bezüglich einer der Behandlung konkreter Probleme vorausgehenden Theorie keine großen Fortschritte. Diese wurden erst in unserem Jahrhundert vor allem im Rahmen der Verwirklichung des Hilbertschen Axiomatisierungsprogramms erzielt (siehe Kapitel 8).

Text 3.1. Jakob Bernoulli, Ars conjectandi*)

Zu dieser Proposition[89]) *im allgemeinen:* Wie das vorhergehende läßt auch das hier vorliegende Problem eine Lösung in Symbolen zu; der Witz der Aufgabe besteht allgemein darin, die Erwartung desjenigen zu finden, der darauf eingeht, mit einer bestimmten Anzahl von Würfen etwas zwei-, drei-, viermal oder öfter zu erreichen. Die Erwartung desjenigen, der dies nur einmal erreichen will, ist nämlich schon in der rechnerischen Lösung der vorhergehenden Proposition enthalten.

Wer darauf setzt, etwas mit zwei Würfen zweimal zu erreichen, wird, wenn er beim ersten Mal keinen Erfolg hat, nichts von seinem Einsatz erhalten, sondern den Gesamteinsatz seinem Gegner überlassen. Wenn er dies aber beim ersten Mal ereicht hätte, müßte er mit dem verbleibenden Wurf des Würfels noch einmal gewinnen. In diesem Fall gehören ihm nach den Anmerkungen zur vorhergehenden Proposition (die Buchstaben a, b und c sollen dieselbe Bedeutung haben wie dort[90])) $\frac{a-c}{a}$ und seinem Gegner $\frac{c}{a}$; es ist nämlich besser, dessen in einem kürzeren Ausdruck zusammengefaßte Erwartung zu bestimmen. Nun gibt es aber b Fälle, in denen er dies beim ersten Mal erreichen könnte, und c Fälle, in denen es anders ausginge. Deswegen gibt es für den Gegner c Fälle für den Erhalt des Gesamteinsatzes $1 = \frac{c+b}{a}$ und b Fälle für den Erwerb von $\frac{c}{a}$;

*) JAKOB BERNOULLI, Ars conjectandi, Basel 1713, S. 38–40.
(S)

[89]) (S): Gemeint ist die Proposition XII von CHRISTIAAN HUYGENS ›Traktat‹ (siehe Texte 1.8.1. und 1.8.2.), in der die folgende Aufgabe gestellt wird: „Finde, mit wievielen Würfeln jemand darauf eingehen könnte, beim ersten Wurf zwei Sechsen zu werfen."

[90]) (S): In den Anmerkungen zur Proposition XI von HUYGENS hatte JAKOB BERNOULLI $a = b + c$ als die Anzahl aller möglichen Fälle, b als die Anzahl der für das Eintreten des fraglichen Ereignisses günstigen und c als die Anzahl der ungünstigen Fälle eingeführt. JAKOB BERNOULLI hatte dabei den Erwartungswert desjenigen, der bei einem Gesamteinsatz von 1 bei n Versuchen auf das mindestens einmalige Eintreten des fraglichen Ereignisses setzt, zu $\frac{a^n - c^n}{a^n}$ und dementsprechend den Erwartungswert seines Gegners (für keinmaliges Eintreten) zu $\frac{c^n}{a^n}$ bestimmt.

dies hat für ihn[91]) den Wert $\frac{cc + 2bc}{aa}$.

Wer behauptet, etwas mit drei Würfen zweimal zu erreichen, muß, wenn er dies beim ersten Mal erreicht hat, was immer in b Fällen eintritt, dasselbe in den beiden verbleibenden Würfen nur einmal erreichen und macht so die Erwartung seines Gegners nach den Anmerkungen zur vorhergehenden Proposition zu $\frac{cc}{aa}$. Wenn er aber, was in c Fällen zutrifft, dies beim ersten Mal nicht schafft, muß er dies bei den beiden verbleibenden Würfen zweimal erreichen, was, wie ich eben festgestellt habe, für seinen Gegner $\frac{cc + 2bc}{aa}$ wert ist. Dieser hat nämlich c Fälle für $\frac{cc + 2bc}{aa}$ und b Fälle für $\frac{cc}{aa}$, was ihm eine Erwartung von $\frac{c^3 + 3bcc}{a^3}$ verschafft.

So macht, wer etwas mit vier Würfen zweimal zu erreichen versucht, in den b Fällen, in denen ihm der erste Wurf wunschgemäß glücken kann, die Erwartung seines Gegners zu $\frac{c^3}{a^3}$ und bringt ihn in den c Fällen, in denen das Gegenteil eintritt, zu der vorhergehenden Erwartung von $\frac{c^3 + 3bcc}{a^3}$, was ihm eine Gesamterwartung von $\frac{c^4 + 4bc^3}{a^4}$ verschafft.

Wer aber nun versucht, irgendetwas bei drei Würfen dreimal zu erreichen, wird, wenn er den ersten Wurf verfehlt, seinem siegenden Gegner den Gesamteinsatz $1 = \frac{cc + 2bc + bb}{aa}$ geben. Wenn er aber, wie beabsichtigt, gewinnt, verbleiben ihm zwei Würfe, von denen auch jeder seiner Wettaussage entsprechen müßte; in diesem Fall ist, wie ich gezeigt habe, die Erwartung des Gegners $\frac{cc + 2bc}{aa}$. Nach meiner Feststellung wird sich das Letztere in b und das Vorhergehende in c Fällen ereignen; daraus ergibt sich eine Erwartung des Wettgegners von $\frac{c^3 + 3bcc + 3bbc}{a^3}$.

91) (S): Gemeint ist der Gegner, der nach der Proposition III von HUYGENS (Text 1.8.1.) einen Erwartungswert von $\frac{c \cdot \frac{c + b}{a} + b \cdot \frac{c}{a}}{c + b} = \frac{cc + 2bc}{aa}$ hat.

Daraus lassen sich weiterhin in ähnlicher Weise die Erwartungen von jemandem bestimmen, der einem anderen eine Wette bietet, etwas mit 4, 5, 6 u.s.w. Würfen eines Würfels zwei-, drei-, viermal und öfter zu erreichen. Daraus ist die folgende Tabelle entstanden, die man ohne Mühe, soweit nötig, fortsetzen wird, wenn man beachtet, daß die Zeilen der Reihe nach die Größen aller Potenzen des Binoms $\frac{c+b}{a}$, nämlich die zweite des Quadrats, die dritte des Kubus, die vierte der vierten Potenz u.s.w., umfassen und zwar so, daß die erste Spalte nur die ersten, die zweite die zwei, die dritte die drei, die vierte die vier ersten Glieder dieser Potenzen aufweist. Daraus ergibt sich nämlich leicht, daß jemand, der eine Wette bietet, wonach etwas mit unbestimmt vielen, ⟨nämlich⟩ n Würfen zweimal zu erreichen ist[92]), eine Erwartung hat von $\frac{c^n + nbc^{n-1}}{a^n}$, wenn dreimal ⟨eine Erwartung von⟩ $c^n + nbc^{n-1} + \frac{n \cdot n-1}{2} bbc^{n-2} : a^n$, wenn viermal ⟨eine Erwartung von⟩

$$c^n + nbc^{n-1} + \frac{n \cdot n-1}{2} bbc^{n-2} + \frac{n \cdot n-1 \cdot n-2}{2 \cdot 3} b^3c^{n-3} : a^n.$$

Allgemein gilt schließlich, daß dem Anbieter einer Wette, daß etwas m-mal zu erreichen ist, die Erwartung

$$c^n + nbc^{n-1} + \frac{n \cdot n-1}{2} bbc^{n-2} + \frac{n \cdot n-1 \cdot n-2}{2 \cdot 3} b^3c^{n-3} \ldots$$

$$+ \frac{n \cdot n-1 \cdot n-2 \cdot \ldots \cdot n-m+2}{2 \cdot 3 \cdot 4 \cdot \ldots \cdot m-1} b^{m-1}c^{n-m+1} : a^n$$

zusteht.[93])

[92]) (S): Das heißt vom Gegner, der die Wette annimmt.

[93]) (S): Die von JAKOB BERNOULLI gewählte Symbolik zeigt, daß bei ihm Strich vor Punkt geht und deshalb auch keine Klammern benötigt werden.

Tafel
für die Erwartung desjenigen, der einem anderen eine Wette anbietet, wonach dieser etwas mit irgendeiner Anzahl von Würfen eines Würfels einmal oder beliebig oft erreichen muß.

Man beachte, daß die Erwartung desjenigen, der die Wette annimmt, immer die Erwartung des Anbieters der Wette zur Einheit ergänzt. Die Anzahl aller ⟨möglichen⟩ Fälle bei jedem einzelnen Wurf sei gleich a, der ⟨Fälle⟩, in denen das Angestrebte erreicht wird, gleich b ⟨und der Fälle⟩, in denen es nicht erreicht wird, gleich c. Wenn etwas erreicht werden muß,

bei einer Anzahl von Würfen von	einmal	zweimal	dreimal	viermal	
I.	$c : a$				
II.	$cc : aa$	$cc + 2bc : aa$			
III.	$c^3 : a^3$	$c^3 + 3bcc : a^3$	$c^3 + 3bcc + 3bbc : a^3$		
IV.	$c^4 : a^4$	$c^4 + 4bc^3 : a^4$	$c^4 + 4bc^3 + 6bbcc : a^4$	$c^4 + 4bc^3 + 6bbcc + 4b^3c : a^4$	
V.	$c^5 : a^5$	$c^5 + 5bc^4 : a^5$	$c^5 + 5bc^4 + 10bbc^3 : a^5$	$c^5 + 5bc^4 + 10bbc^3 + 10b^3cc : a^5$	&c.
VI.	$c^6 : a^6$	$c^6 + 6bc^5 : a^6$	$c^6 + 6bc^5 + 15bbc^4 : a^6$	$c^6 + 6bc^5 + 15bbc^4 + 20b^3c^3 : a^6$	
	m-mal[94])				
$n.$	$c^n + nbc^{n-1} + \frac{n\cdot n-1}{1\cdot 2}\,bbc^{n-2} + \frac{n\cdot n-1\cdot n-2}{1\cdot 2\cdot 3}\,b^3c^{n-3}\ldots + \frac{n\cdot n-1\cdot n-2\cdot\ldots\cdot n-m+2}{1\cdot 2\cdot 3\cdot 4\cdot\ldots\cdot m-1}\,b^{m-1}c^{n-m+1} : a^n.$				

94) (S): Im folgenden gibt JAKOB BERNOULLI eine Ableitung dieser allgemeinen Formel für den Erwartungswert desjenigen, der bei n Würfen auf das höchstens $(m-1)$-malige Eintreten eines Ereignisses setzt, mit kombinatorischen Mitteln, die er allerdings erst im nachfolgenden zweiten Buch seiner ›Ars conjectandi‹ entwickelt. Wesentlich ist dabei die Idee des allgemeinen „Würfels" von $a = b + c$ Flächen, von denen b für und c gegen das Eintreten des fraglichen Ereignisses zählen.

Text 3.2. Abraham de Moivre, The doctrine of chances*)

The Introduction.

1. The Probability of an Event is greater or less, according to the number of Chances by which it may happen, compared with the whole number of Chances by which it may either happen or fail.

2. Wherefore, if we constitute a Fraction whereof the Numerator be the number of Chances whereby an Event may happen, and the Denominator the number of all the Chances whereby it may either happen or fail, that Fraction will be a proper designation of the Probability of happening. Thus if an Event has 3 Chances to happen, and 2 to fail, the Fraction $\frac{3}{5}$ will fitly represent the Probability of its happening, and may be taken to be the measure of it. ...

3. The Fractions which represent the Probabilities of happening and failing, being added together, their Sum will always be equal to Unity, since the Sum of their Numerators will be equal to their common Denominator: now it being a certainty that an Event will either happen or fail, it follows that Certainty, which may be conceived under the notion of an infinitely great degree of Probability, is fitly represented by Unity. ...

5. In all cases, the Expectation of obtaining any Sum is estimated by multiplying the value of the Sum expected by the Fraction which represents the Probability of obtaining it. ...

8. If the obtaining of any Sum requires the happening of several Events that are independent on each other, then the Value of the Expectation of that Sum is found by multiplying together the several Probabilities of happening, and again multiplying the product by the Value of the Sum expected. ...

Two Events are independent, when they have no connexion one with the other, and that the happening of one neither forwards nor obstructs the happening of the other.

Two Events are dependent, when they are so connected together as that the Probability of either's happening is altered by the happening of the other. ...

From whence it may be inferred, that the Probability of the happening of two Events dependent, is the product of the Probability of the happening of

*) Abraham de Moivre, The doctrine of chances, 3. Auflage, London 1756, Auswahl aus der ›Introduction‹, S. 1–33, hier S. 1–28 (die ›Introduction‹ der 2. Auflage von 1738 stimmt bis S. 30 mit der der 3. Auflage überein und ist gegenüber der nur acht Seiten langen ›Introduction‹ zur ersten Auflage stark erweitert).

one of them, by the Probability which the other will have of happening, when the first is considered as having happened; and the same Rule will extend to the happening of as many Events as may be assigned.

9. But to determine, in the easiest manner possible, the Probability of the happening of several Events dependent, it will be convenient to distinguish by thought the order of those Events, and to suppose one of them to be the first, another to be the second, and so on: which being done, the Probability of the happening of the first may be looked upon as independent, the Probability of the happening of the second, is to be determined from the supposition of the first's having happened, the Probability of the third's happening, is to be determined from the supposition of the first and second having happened, and so on: then the Probability of the happening of them all will be the product of the Multiplication of the several Probabilities which have been determined in the manner prescribed. ...

10. If I have several Expectations upon several Sums, it is very evident that my Expectation upon the whole is the Sum of the Expectations I have upon the particulars. ...

Let a be the number of Chances, whereby an Event may happen, b the number of Chances whereby it may fail, l the number of times that the Event is required to be produced in any given number of Trials, and let n be the number of those Trials; make $a + b = s$, then the Probability of the Event's happening l times in n Trials, will be expressed by the Series

$$\frac{a^l}{s^l} \cdot \left(1 + \frac{lb}{s} + \frac{l \cdot (l+1) \cdot bb}{1 \cdot 2 \cdot ss} + \frac{l \cdot (l+1)\,(l+2) \cdot b^3}{1 \cdot 2 \cdot 3 \cdot s^3} + \frac{l(l+1)\,(l+2)\,(l+3) \cdot b^4}{1 \cdot 2 \cdot 3 \cdot 4\, s^4} + \text{etc.}\right)$$ [95])

which Series is to be continued to so many terms exclusive of the common multiplicator $\frac{a^l}{s^l}$ as are denoted by the number $n - l + 1$. ...

13. Let us therefore imagine a Die of a given number of equal faces, let us likewise imagine another Die of the same or any other number of equal faces; this being supposed, I say that the number of all the variations which the two Dice can undergo will be obtained by multiplying the number of faces of the one, by the number of faces of the other. ...

[95]) It is to be noted here, and elsewhere, that the points here made use of, stand instead of the Mark of Multiplication × [96])

[96]) (S): Bei der Wiedergabe der Formeln wurden die von DE MOIVRE verwendeten Überstreichungen durch Klammern ersetzt. Dies gilt auch für die Texte 4.2. und 11.2.

15. From the preceding considerations, this general Rule may be laid down, *viz.* that if there be any number of Dice of the same kind, all distinguished into white and black faces, that n be the number of those Dice, a and b the respective numbers of white and black faces upon each Die, and that the Binomial $a + b$ be raised to the power n; then 1°, the first term of that power will express the number of Chances whereby n white faces may be thrown; 2°, that the second term will express the number of Chances whereby $n - 1$ white faces and 1 black face may be thrown; 3°, that the third term will express the number of Chances whereby $n - 2$ white faces and 2 black ones may be thrown; and so on for the rest of the terms. ...

16. Wherefore we may lay down this general Maxim; that supposing two Adversaries A and B contending about the happening of an Event, whereof A lays a wager that the Event will happen l times in n Trials, and B lays to the contrary, and that the number of Chances whereby the Event may happen in any one Trial are a, and the number of Chances whereby it may fail are b, then so many of the last terms of the power $(a + b)^n$ expanded, as are represented by l, will shew the number of Chances whereby B may win his wager. ...

In the like manner, if it be required to assign the Chances for throwing a certain number of Aces, and it be farther required that there shall not be above that number, then one single term of the power $(a + b)^n$ will always answer the question.

But to find that term as expeditiously as possible, suppose n to be the number of Dice, and l the precise number of Aces to be thrown; then if l be less than $\frac{1}{2}n$, write as many terms of the Series $\frac{n}{1}, \frac{n-1}{2}, \frac{n-2}{3}, \frac{n-3}{4}, \frac{n-4}{5}$, etc. as there are Units in l; or if l be greater than $\frac{1}{2}n$, write as many of them as there are Units in $\frac{1}{2}n - l$; then let all those terms be multiplied together, and the product be again multiplied by $a^l b^{n-l}$; and this last product will exhibit the term expressing the number of Chances required. ...

Text 3.3. Thomas Bayes, An essay towards solving a problem in the doctrine of chances *)

Problem. Gegeben die Anzahl Male, die ein unbekanntes Ereignis eingetreten und ausgeblieben ist. Gesucht die Chance, daß die Wahrscheinlichkeit seines Eintretens bei einem einzelnen Versuch irgendwo zwischen zwei angebbaren Graden der Wahrscheinlichkeit liegt.

Erster Abschnitt. Definitionen.

1. Mehrere Ereignisse sind *unvereinbar*, wenn das Eintreten eines von ihnen das Eintreten der übrigen ausschließt.
2. Zwei Ereignisse sind *entgegengesetzt*, wenn eines von ihnen eintreten muß, aber beide zusammen nicht eintreten können.
3. Man sagt, ein Ereignis *bleibt aus*, wenn es nicht eintritt, oder wenn, was dasselbe heißt, das entgegengesetzte Ereignis eintritt.
4. Man sagt, ein Ereignis ist *entschieden*, wenn es entweder eingetreten oder ausgeblieben ist.
5. Die *Wahrscheinlichkeit eines Ereignisses* ist das Verhältnis zwischen dem Werte, welcher einer an das Eintreten des Ereignisses geknüpften Erwartung zu geben ist, und dem Werte des in diesem Falle erwarteten Gewinnes.[97])

*) THOMAS BAYES, An essay towards solving a problem in the doctrine of chances, *in*: Philosophical Transactions of the Royal Society of London **53** (1763) 1764, S. 370–418; deutsch von H. E. TIMERDING in Ostwald's Klassiker der exakten Naturwissenschaften Nr. 169, Leipzig 1908, speziell S. 4–11. Abdruck mit Genehmigung der BSB B. G. Teubner Verlagsgesellschaft, Leipzig.

[97]) (TIMERDING): (Definition 5). Die hier gegebene Definition der Wahrscheinlichkeit kann befremdlich erscheinen, da sie den Begriff der sogenannten mathematischen Erwartung zugrunde legt. ... Wir sind gewohnt, umgekehrt die mathematische Erwartung e mit Hilfe der Wahrscheinlichkeit zu bestimmen, indem wir

$$e = v \cdot w$$

setzen, wenn v die Größe des mit der Wahrscheinlichkeit w erwarteten Gewinnes ist. BAYES dagegen definiert:

$$w = \frac{e}{v}.$$

Er garantiert sich so von vornherein einen unbeschränkt variablen Wahrscheinlichkeitswert, der bei der Zurückführung des Begriffes auf die Unterscheidung der gleich

6. Unter *Chance* verstehe ich dasselbe wie unter Wahrscheinlichkeit.

7. Ereignisse sind *unabhängig*, wenn das Eintreten des einen die Wahrscheinlichkeit der übrigen weder vermindert, noch vermehrt.

Lehrsatz 1. *Wenn mehrere Ereignisse unvereinbar sind, so ist die Wahrscheinlichkeit, daß das eine oder andere von ihnen eintritt, gleich der Summe der Wahrscheinlichkeiten eines jeden von ihnen.*

Vorausgesetzt, daß drei solche Ereignisse existieren, und ich, wenn eines von ihnen eintritt, die Summe N erhalte, endlich daß die Wahrscheinlichkeiten des ersten, zweiten, dritten der Reihe nach $\frac{a}{N}, \frac{b}{N}, \frac{c}{N}$ sind, dann ist (nach der Definition der Wahrscheinlichkeit) der Wert meiner Erwartung vom ersten Ereignis a, vom zweiten b und vom dritten c. Deswegen ist der Wert meiner Erwartungen von allen dreien $a + b + c$. Aber die Summe meiner Erwartungen von allen dreien ist in diesem Falle die Erwartung, die Summe N zu erhalten, wenn eines der drei Ereignisse eintritt. Daher ist (nach Definition 5) die Wahrscheinlichkeit des einen oder andern von diesen Ereignissen

$$\frac{a+b+c}{N} \quad \text{oder} \quad \frac{a}{N} + \frac{b}{N} + \frac{c}{N},$$

also die Summe der Wahrscheinlichkeiten eines jeden von ihnen.

Zusatz. Wenn es gewiß ist, daß das eine oder andere der drei Ereignisse eintreten muß, dann wird $a + b + c = N$. Denn in diesem Falle kommen alle einzelnen Erwartungen zusammen der bestimmten Erwartung der Summe N gleich, und ihre Werte müssen zusammen N ergeben. Hieraus ist einleuchtend, daß die Wahrscheinlichkeit eines Ereignisses zu der Wahrscheinlichkeit seines Ausbleibens (oder des entgegengesetzten Ereignisses) addiert das Verhältnis der Gleichheit ergibt. Denn dies sind zwei unvereinbare Ereignisse, von denen eines eintreten muß. Wenn deswegen die Wahrscheinlichkeit eines Ereignisses $\frac{P}{N}$ ist, so ist die seines Ausbleibens $\frac{N-P}{N}$.

möglichen Fälle nicht unmittelbar gewonnen werden kann. Auch sonst erweist sich ihm gerade die gewählte Definitionsart von Nutzen.

Die Lehrsätze 1 und 6 sind die gewöhnlichen Sätze von der Addition und Multiplikation der Wahrscheinlichkeiten. Daß BAYES sie gibt, geschieht nur zur Abrundung der Darstellung. Es ist daraus nicht bei ihm auf eine mangelhafte Literaturkenntnis zu schließen. Im Gegenteil scheint seine Arbeit aus dem Studium von MOIVRES Doctrine of Chances hervorgewachsen zu sein. Die neue Wendung aber, welche die Ideen bei BAYES nehmen, zeigt sich sohon in Lehrsatz 3. Grundlegend für seine Betrachtungsweise ist die Scheidung der zusammenhängenden (subsequent) und unabhängigen (independent) Ereignisse. Vorher hatte das Interesse den letzteren gehört, auf die ersteren hat BAYES zuerst die Aufmerksamkeit hingelenkt.

Lehrsatz 2. *Wenn an das Eintreten eines Ereignisses eine Erwartung geknüpft wird, so verhält sich die Wahrscheinlichkeit des Ereignisses zu der Wahrscheinlichkeit seines Ausbleibens wie der Verlust bei seinem Ausbleiben zu dem Gewinn bei seinem Eintreten.*

Vorausgesetzt, daß eine Person die Summe N erwartet, wenn ein Ereignis von der Wahrscheinlichkeit $\frac{P}{N}$ eintritt, dann ist (nach Definition 5) der Wert ihrer Erwartung P, und wenn daher das Ereignis ausbleibt, so verliert sie mit ihrer Erwartung den Wert P. Wenn es eintritt, erhält sie die Summe N, aber ihre Erwartung hört auf. Ihr Gewinn ist deshalb $N - P$. Da nun die Wahrscheinlichkeit des Ereignisses $\frac{P}{N}$ ist, ist die seines Ausbleibens (nach dem Zusatze zu Lehrsatz 1) $\frac{N-P}{N}$. Aber $\frac{P}{N}$ verhält sich zu $\frac{N-P}{N}$ wie P zu $N-P$, d.h. die Wahrscheinlichkeit des Ereignisses verhält sich zu der Wahrscheinlichkeit seines Ausbleibens wie der Verlust bei seinem Ausbleiben zu dem Gewinn bei seinem Eintreten.

Lehrsatz 3. *Die Wahrscheinlichkeit, daß zwei zusammenhängende Ereignisse beide eintreten, ist das Verhältnis, das aus der Wahrscheinlichkeit des ersten Ereignisses und der Wahrscheinlichkeit des zweiten unter der Voraussetzung, daß das erste eintritt, zusammengesetzt ist.*

Vorausgesetzt, daß ich, wenn beide Ereignisse eintreten, die Summe N erhalte, daß die Wahrscheinlichkeit hierfür $\frac{P}{N}$ ist, ferner daß die Wahrscheinlichkeit des ersten Verhältnisses $\frac{a}{N}$ ist $\left(\text{und folglich die seines Ausbleibens } \frac{N-a}{N}\right)$, und daß die Wahrscheinlichkeit des zweiten Ereignisses unter der Voraussetzung, daß das erste eintritt, $\frac{b}{N}$ ist, dann ist (nach Definition 5) P der Wert meiner Erwartung, und diese wird gleich b, wenn das erste Ereignis eintritt. In diesem Falle ist folglich mein Gewinn durch das erste Ereignis $b - P$ und im entgegengesetzten Falle mein Verlust P. Deswegen verhält sich nach dem vorigen Lehrsatze $\frac{a}{N}$ zu $\frac{N-a}{N}$, d.h. a zu $N - a$ wie P zu $b - P$, und danach weiter a zu N wie P zu b. Aber das Verhältnis von P zu N ist aus dem Verhältnis von P zu b und dem von b zu N zusammengesetzt, also nach dem soeben Gefundenen auch aus dem Verhältnis von a zu N und dem von b zu N, d.h. die Wahrscheinlichkeit, daß die beiden zusammenhängenden Ereignisse beide eintreten, setzt sich aus der Wahrscheinlichkeit des ersten und der des zweiten Ereignisses unter der Voraussetzung, daß das erste eintritt, zusammen.

Zusatz. Wenn daher von zwei aufeinander folgenden Ereignissen die Wahrscheinlichkeit des ersten $\frac{a}{N}$ und die Wahrscheinlichkeit beider zusammen $\frac{P}{N}$ ist, dann ist die Wahrscheinlichkeit des zweiten unter der Voraussetzung, daß das erste eintritt, $\frac{P}{a}$.

Lehrsatz 4. *Wenn zwei zusammenhängende Ereignisse jeden Tag entschieden werden, und jeden Tag die Wahrscheinlichkeit des zweiten* $\frac{b}{N}$ *und die Wahrscheinlichkeit beider* $\frac{P}{N}$ ist, *und ich die Summe N erhalte, sowie an dem ersten Tage, an welchem das zweite Ereignis eintritt, auch beide Ereignisse zusammen eintreten, dann, sage ich, ist gemäß diesen Bedingungen die Wahrscheinlichkeit, daß ich N erhalte,* $\frac{P}{b}$.

Denn gesetzt zunächst, sie sei $\frac{x}{N}$, und es verhalte sich

$$y \text{ zu } x \text{ wie } N - b \text{ zu } N,$$

dann ist, da $\frac{x}{N}$ die Wahrscheinlichkeit, daß ich N erhalte, x der Wert meiner Erwartung.

Anderseits ist der Wert dieser Erwartung, da sie von dem Zusammentreffen der beiden Ereignisse abhängt, wofür die Wahrscheinlichkeit $\frac{P}{N}$ ist, für den ersten Tag $= P$. Bleibt an diesem Tage der gewünschte Erfolg aus, so bleibt mir die Erwartung für die folgenden Tage, die ebensogroß ist wie meine anfängliche Erwartung, also den Wert x hat. Da nun die Wahrscheinlichkeit für das Ausbleiben des zweiten Ereignisses am ersten Tage (nach dem Zusatz zu Lehrsatz 1) $\frac{N-b}{N}$ oder $\frac{y}{x}$ ist und hiermit eine verbleibende Erwartung von dem Werte x verknüpft ist, so ist der Wert dieser Erwartung von vornherein $= y$. Aber diese letztere Erwartung erschöpft zusammen mit der Erwartung, die sich an das Eintreten beider Ereignisse am ersten Tage knüpft, offenbar meine ganze ursprüngliche Erwartung, deren Wert x ist. Es ist demnach

$$P + y = x.$$

Es ist aber weiter

$$\frac{y}{x} = \frac{N-b}{N}.$$

Deswegen wird

$$\frac{P}{x} = \frac{b}{N}$$

und

$$\frac{x}{N} \text{ (die Wahrscheinlichkeit, daß ich } N \text{ erhalte)} = \frac{P}{b}.$$

Zusatz. Würde ich, bevor es überhaupt bekannt ist, ob das erste Ereignis eingetreten ist oder nicht, finden, daß das zweite eingetreten ist, so könnte ich hieraus nur schließen, daß das Ereignis, von welchem meine Erwartung abhängt, entschieden ist, und hätte keinen Grund, den Wert meiner Erwartung höher oder niedriger anzuschlagen, als er vorher war. Denn würde ich ihn geringer annehmen, so würde es von mir vernünftig sein, wenn ich etwas hingäbe, um mir den früheren Stand meiner Erwartung zurückzuerkaufen, und das immer wieder, so oft ich erfahre, daß das zweite Ereignis eingetreten ist, was doch offenbar unsinnig wäre. Der gleiche Widersinn ergibt sich, wenn man sagt, ich müßte meine Erwartung höher werten als zuvor. Denn dann wäre es von mir vernünftig, wenn ich für einen kleinen Betrag diese Erwartung nicht gegen meine frühere Erwartung austauschen wollte, und das in gleicher Weise immer wieder, so oft (ohne daß über das erste Ereignis irgend etwas bekannt ist) ich erfahre, daß das zweite Ereignis eingetreten ist. Deswegen ist trotz der Entdeckung, daß das zweite Ereignis eingetreten ist, meine Erwartung eben so hoch zu werten als vorher, d.h. $= x$, und daher ist die Wahrscheinlichkeit, daß ich N erhalte (nach Def. 5) immer noch $\frac{x}{N}$ oder $\frac{P}{b}$. Aber nach jener Entdeckung ist die Wahrscheinlichkeit, daß ich N erhalte, die Wahrscheinlichkeit, daß das erste der zwei zusammenhängenden Ereignisse eingetreten ist, unter der Voraussetzung, daß das zweite eingetreten ist, wofür also die Wahrscheinlichkeit den oben angegebenen Wert erhält. Nun ist die Wahrscheinlichkeit, daß ein Ereignis eingetreten ist, dieselbe wie die Wahrscheinlichkeit, daß ich recht habe, wenn ich sein Eintreten vermute. Hiernach ist der folgende Lehrsatz[98]) einleuchtend.

[98]) (TIMERDING): (Lehrsatz 5). Dieser einfache Lehrsatz, auf den der vorhergehende Lehrsatz 4 eine vorsichtige Vorbereitung ist, bedeutet den entscheidenden Schritt. Der mit der Chance eines Spielers gleichbedeutende Begriff der mathematischen Wahrscheinlichkeit war zunächst immer auf zukünftige Ereignisse bezogen worden. Hier handelt es sich nun um die Wahrscheinlichkeit eines schon entschiedenen Ereignisses. BAYES' Überlegung beruht auf einem Gedanken, der sich im allereinfachsten Falle wie folgt klarlegen läßt: Sechs Spieler würfeln mit einem Würfel und setzen jeder auf eine Nummer. Dann haben sie alle gleichviel einzusetzen. Nun nehme man an, der Würfel sei schon gefallen, liege aber verdeckt auf dem Tisch. Ändern sich dann ihre Einsätze? Offenbar nicht. Die gleiche Schlußweise liegt auch hier vor. Das gewonnene Theorem

Lehrsatz 5. *Wenn von zwei zusammenhängenden Ereignissen die Wahrscheinlichkeit für das zweite* $\frac{b}{N}$ *und die Wahrscheinlichkeit für beide zusammen* $\frac{P}{N}$ *ist, und man entdeckt, daß das zweite Ereignis wirklich eingetreten ist, so ist für die Richtigkeit der Vermutung, daß das erste Ereignis ebenfalls eingetreten ist, die Wahrscheinlichkeit* $\frac{P}{b}$.

Lehrsatz 6. *Die Wahrscheinlichkeit, daß mehrere unabhängige Ereignisse zusammen eintreten, ist ein Verhältnis, das sich aus den Wahrscheinlichkeiten aller einzelnen Ereignisse zusammensetzt.*

Denn nach der Natur unabhängiger Ereignisse wird die Wahrscheinlichkeit, daß eines eintritt, nicht durch das Eintreten oder Ausbleiben eines der übrigen beeinflußt, und folglich ist die Wahrscheinlichkeit, daß das zweite Ereignis eintritt, unter der Voraussetzung, daß dies für das erste der Fall ist, dieselbe wie seine ursprüngliche Wahrscheinlichkeit. Aber die Wahrscheinlichkeit, daß irgend zwei Ereignisse zusammen eintreten, ist nach Lehrsatz 3 ein Verhältnis, das sich aus der Wahrscheinlichkeit des ersten Ereignisses und der Wahrscheinlichkeit des zweiten unter der Voraussetzung, daß das erste eintritt, zusammensetzt. Deswegen ist die Wahrscheinlichkeit, daß irgend zwei unabhängige Ereignisse beide eintreten, ein Verhältnis, das sich aus der Wahrscheinlichkeit des ersten und der Wahrscheinlichkeit des zweiten zusammensetzt. Und ebenso wird, wenn das erste und zweite Ereignis zusammen als ein Ereignis angesehen werden, die Wahrscheinlichkeit, daß drei voneinander unabhängige Ereignisse zusammen eintreten, ein Verhältnis, das sich aus der Wahrscheinlichkeit, daß die ersten beiden eintreten, und der Wahrscheinlichkeit des dritten zusammensetzt. Derart kann man fortfahren, wie viele solche Ereignisse auch vorhanden sind, woraus die Richtigkeit der Behauptung erhellt.

wird der Formulierung, die es später erhalten hat, besser angepaßt, wenn das erste Ereignis, mit einem von BAYES selbst herrührenden Ausdruck, als eine Reihe von Umständen (circumstances) angesehen wird, die dem zweiten Ereignisse vorhergehen oder es begleiten. Es handelt sich dann um die folgenden drei Wahrscheinlichkeiten:

1. Wahrscheinlichkeit w, daß das Ereignis mit diesen begleitenden Umständen eintritt.
2. Wahrscheinlichkeit W, daß das Ereignis überhaupt eintritt.
3. Wahrscheinlichkeit p, daß, wenn das Ereignis eingetreten ist, auch die in Rede stehenden Umstände vorgelegen haben,

und BAYES' Theorem drückt sich in der Formel aus

$$p = \frac{w}{W}. \dots$$

Zusatz 1. Wenn mehrere unabhängige Ereignisse vorliegen, so ist die Wahrscheinlichkeit, daß das erste eintritt, das zweite ausbleibt, das dritte ausbleibt, das vierte eintritt usw. ein Verhältnis, das sich zusammensetzt aus der Wahrscheinlichkeit des ersten und der Wahrscheinlichkeit für das Ausbleiben des zweiten und der Wahrscheinlichkeit für das Ausbleiben des dritten und der Wahrscheinlichkeit des vierten usw. Denn das Ausbleiben eines Ereignisses kann immer als das Eintreten des entgegengesetzten Ereignisses angesehen werden.

Zusatz 2. Wenn mehrere unabhängige Ereignisse vorliegen, und die Wahrscheinlichkeit eines jeden a ist, die Wahrscheinlichkeit seines Ausbleibens hingegen b, so ist die Wahrscheinlichkeit, daß das erste eintritt, und das zweite ausbleibt, das dritte wieder ausbleibt, das vierte eintritt usw., gleich $abba$ ... Denn wenn nach der Bezeichnungsweise der Algebra a ein Verhältnis und b ein anderes bezeichnet, so bezeichnet $abba$ das Verhältnis, das sich aus den Verhältnissen a, b, b, a zusammensetzt. Dieser Zusatz ist deswegen nur eine andere Formulierung des vorhergehenden.

Definition. Wenn infolge gewisser Umstände eine Wahrscheinlichkeit dafür entsteht, daß ein bestimmtes Ereignis eintritt[99]), so nenne ich sein Eintreten oder Ausbleiben infolge von diesen Umständen sein Eintreten oder Ausbleiben beim ersten Versuch. Und wenn dieselben Umstände sich aufs neue wiederholen, so nenne ich das Eintreten oder Ausbleiben des Ereignisses infolge von ihnen sein Eintreten oder Ausbleiben beim zweiten Versuch usw., so oft sich dieselben Umstände wiederholen. Hiernach ist es offenkundig, daß das Eintreten oder Ausbleiben desselben Ereignisses bei so und so vielen verschiedenen Versuchen in Wirklichkeit auf das Eintreten oder Ausbleiben so und so vieler verschiedener unabhängiger Ereignisse, die einander genau ähnlich sind, hinausläuft.

Lehrsatz 7. *Wenn bei jedem einzelnen Versuch die Wahrscheinlichkeit eines Ereignisses a ist und die seines Ausbleibens b, so wird die Wahrscheinlichkeit, daß bei $p + q$ Versuchen das Ereignis p mal eintritt und q mal ausbleibt,*

$$Ea^p b^q,$$

wenn E der Koeffizient des Gliedes mit $a^p b^q$ in der Entwicklung des Binomials $(a + b)^{p+q}$ ist.

Denn das Eintreten oder Ausbleiben eines Ereignisses bei verschiedenen Versuchen läßt sich als ebensoviele unabhängige Ereignisse ansehen. Deswegen ist (nach Zusatz 2 zu Lehrsatz 6) die Wahrscheinlichkeit, daß das Ereignis beim

[99]) (TIMERDING): Man halte die vorsichtige Formulierung BAYES': „Infolge gewisser Umstände entsteht eine Wahrscheinlichkeit dafür, daß ein Ereignis eintritt", zusammen mit der durch LAPLACE eingeführten Ausdrucksweise, nach der jene Umstände die „Ursache" dieses Ereignisses heißen.

ersten Versuch eintritt, beim zweiten und dritten ausbleibt, beim vierten wieder eintritt, beim fünften ausbleibt usw. (und so eintritt und ausbleibt, bis es p mal eingetreten und q mal ausgeblieben ist), *abbab* usw., bis die Anzahl der a p und die Anzahl der b q beträgt, d.h. sie ist $a^p b^q$. Ebenso wird, wenn das Ereignis in irgend einer andern, bestimmten Reihenfolge p mal eintritt und q mal ausbleibt, die Wahrscheinlichkeit hierfür $a^p b^q$. Aber die Anzahl der verschiedenen Reihenfolgen, in denen ein Ereignis eintreten und ausbleiben kann, so daß es im ganzen bei $p + q$ Versuchen p mal eintritt und q mal ausbleibt, ist gleich der Anzahl der Permutationen, welche die Elementenfolge

$$aaa \dots abb \dots b$$

zuläßt, wenn die Anzahl der a p und die Anzahl der b q beträgt. Und diese Zahl ist gleich E, dem Koeffizienten des Gliedes, in welchem $a^p b^q$ vorkommt, wenn $(a + b)^{p+q}$ entwickelt wird. Das Ereignis kann deshalb bei $p + q$ Versuchen auf E und nicht mehr verschiedene Arten p mal eintreten und q mal ausbleiben. Sein Eintreten und Ausbleiben auf diese verschiedenen Arten bildet ebensoviel unvereinbare Ereignisse, für deren jedes die Wahrscheinlichkeit $a^p b^q$ ist, und deshalb ist nach Lehrsatz 1 die Wahrscheinlichkeit, daß das Ereignis auf die eine oder andere Art bei $p + q$ Versuchen p mal eintritt und q mal ausbleibt,

$$Ea^p b^q .$$

Kapitel 4. Gesetz der großen Zahlen und zentraler Grenzwertsatz

Ausgangspunkt für die erste Fassung des Gesetzes der großen Zahlen war für JAKOB BERNOULLI das folgende Problem, das er sich am Ende seiner verschiedenen Bewertungen der Absterbefolge von drei Personen (siehe Text 5.3.) stellte: Kann man Wahrscheinlichkeiten wie die für eine bestimmte Absterbefolge aufgrund von wiederholten Beobachtungen zumindest näherungsweise bestimmen? Für die Bejahung dieser Frage erschien es BERNOULLI wesentlich, nachweisen zu können, daß die Zuverlässigkeit der relativen Häufigkeit als Schätzwert für die gesuchte Wahrscheinlichkeit des vorgegebenen Ereignisses mit wachsender Anzahl der Beobachtungen ansteigt.

Diesen Nachweis sah JAKOB BERNOULLI durch seinen Hauptsatz als gegeben an. Tatsächlich hatte er aber in diesem Hauptsatz das Äquivalent der Aussage bewiesen, daß die relative Häufigkeit des Eintretens eines (beliebig oft unabhängig von seiner Vorgeschichte reproduzierbaren) Ereignisses nach Wahrscheinlichkeit mit wachsender Beobachtungszahl immer weniger von der *vorgegebenen* Wahrscheinlichkeit dieses Ereignisses abweicht. Die Entstehung dieses Hauptsatzes von JAKOB BERNOULLI wird in den Texten 4.1.1. und 4.1.2. deutlich. Zunächst zeigte BERNOULLI um 1689 in den ›Meditationes‹ aufgrund einer sehr eindrucksvollen heuristischen Überlegung, daß für den einfachsten Fall einer Wahrscheinlichkeit von $\frac{1}{2}$ für das Ereignis das Verhältnis der Wahrscheinlichkeit, daß die relative Häufigkeit in dem Intervall $\left[\frac{1}{3}, \frac{2}{3}\right]$ liegt, zu der Wahrscheinlichkeit, daß die relative Häufigkeit außerhalb dieses Intervalls liegt, abhängig von der Anzahl n der Beobachtungen beliebig groß gemacht werden kann (vgl. Text 4.1.1.). Kurz darauf bewies BERNOULLI ebenfalls in den ›Meditationes‹[100]) für eine beliebige gegebene Wahrscheinlichkeit des fraglichen Ereignisses:

„Es ist möglich, so viele Beobachtungen anzustellen, daß es mit einer vorgegebenen beliebigen Wahrscheinlichkeit wahrscheinlicher ist, daß ⟨das Verhältnis der⟩ Anzahlen der von beiden Seiten gewonnenen Spiele innerhalb vorgegebener, beliebig enger Grenzen zu liegen kommt als außerhalb."

[100]) Meditationes, Artikel 151 a, entstanden vor Mai 1690, *in*: Die Werke von Jakob Bernoulli, Bd. III, Basel 1975, S. 76–88, speziell S. 76. (S)

Der Beweis ist streng. Der Beweisgedanke setzt voraus, daß die Wahrscheinlichkeit dafür, daß die relative Häufigkeit in das Intervall $[p - \varepsilon, p + \varepsilon]$ fällt, wenn p die bekannte Wahrscheinlichkeit des Ereignisses ist, der Summe all der Glieder in der Entwicklung $(p + q)^n = \sum_{\nu=0}^{n} \binom{n}{\nu} p^\nu q^{n-\nu}$ entspricht, für die eben gilt, daß $\frac{\nu}{n}$ in $[p - \varepsilon, p + \varepsilon]$ liegt. Unter dieser von ihm in anderer Form symbolisierten Voraussetzung zeigte BERNOULLI für $n \to \infty$:

„Also folgt, da das Maximum innerhalb der Grenzen das Maximum außerhalb unendlichfach übertrifft, wie auch das zweit ⟨-größte Glied innerhalb⟩, das zweit ⟨-größte außerhalb⟩, das dritte das dritte, und da auch das Verhältnis der übrigen ⟨davon⟩ nicht abweicht, daß alle ⟨Glieder⟩ innerhalb der Grenzen eine gleiche Anzahl der größten ⟨Glieder⟩ außerhalb der Grenzen ebenfalls unendlichfach übertreffen.

Da aber die Anzahl aller ⟨Glieder⟩ außerhalb der Grenzen die Anzahl derjenigen, die sich innerhalb befinden, nur endlich oft, nämlich (nach I.) $a - 1$ ⟨-mal⟩, übertrifft und darüber hinaus die Glieder um so kleiner sind, je weiter sie von den Grenzen entfernt sind, folgt, daß alle ⟨Glieder⟩ innerhalb der Grenzen alle ⟨Glieder⟩ außerhalb unendlichfach übertreffen. Daraus muß geschlossen werden, daß es unendlichfach wahrscheinlicher ist, daß die Beobachtungen innerhalb gegebene beliebige Grenzen fallen als außerhalb."

Demselben Beweisgedanken folgt dann die endgültige Formulierung des Hauptsatzes in der ›Ars conjectandi‹ von 1713, die als Text 4.1.2. wiedergegeben ist.

DE MOIVRE griff 1733 den Hauptsatz von JAKOB BERNOULLI auf, um zu zeigen: Wenn in dem Intervall $[p - \varepsilon, p + \varepsilon]$ für ε ein Wert proportional zu $n^{-\frac{1}{2}}$ bei sehr großem n gewählt wird, dann fällt die Hauptmasse der Wahrscheinlichkeit in dieses Intervall (Text 4.2. von 1738/56). Er konnte diese primitivste Form des zentralen Grenzwertsatzes mit den Methoden des Newtonschen Infinitesimalkalküls nur für den einfachsten Fall $p = \frac{1}{2}$ begründen. Die von ihm aus dem Grenzwertsatz abgeleiteten kosmo- und theologischen Folgerungen veranlaßten THOMAS BAYES, die von JAKOB BERNOULLI gestellte Frage nach der Brauchbarkeit der relativen Häufigkeit als Schätzwert für die *unbekannte* Wahrscheinlichkeit erneut zu stellen. In ein Gedankenexperiment gekleidet setzte BAYES voraus, daß die unbekannte Wahrscheinlichkeit a priori in dem Intervall (0, 1) gleichverteilt sein soll.

Unter dieser Voraussetzung konnte BAYES (vor 1763) die Wahrscheinlichkeit dafür bestimmen, daß bei vorgegebener relativer Häufigkeit des Eintretens eines Ereignisses die unbekannte Wahrscheinlichkeit dieses Ereignisses in einem vorgegebenen Intervall liegt (Text 4.3.).

Ähnlich wie bei DE MOIVRE erscheint die Darstellung bei BAYES durch ihre geometrische Einkleidung etwas schwerfällig, wenn man sie mit den zwischenzeitlich in der Nachfolge von LEIBNIZ hauptsächlich durch die BERNOULLIS und EULER entwickelten analytischen Darstellungsmitteln vergleicht. Diese wurden vor allem in Frankreich, beginnend mit LAPLACE, dazu benutzt, einmal die Ergebnisse von Vorgängern wie DE MOIVRE und BAYES in analytischer Form wiederzugeben und zum anderen diese Ergebnisse mit dem wirkungsvolleren Instrumentarium der Analysis weiterzuentwickeln. So befaßt sich LAPLACE mit der Frage, inwieweit bei sehr großen, aber endlichen Beobachtungszahlen die Normalverteilung die Binomialverteilung annähert, d.h., welches Korrekturglied erforderlich ist, wenn die Binomialverteilung durch die Normalverteilung ersetzt wird (Text 4.4.).

Die Tendenz, durch Abschwächungen der Voraussetzungen zu allgemeineren Aussagen zu kommen, setzt mit POISSON ein. Dieser griff auf den Ausgangspunkt, den Hauptsatz von JAKOB BERNOULLI, zurück, um dessen Gültigkeit auch für den Fall zu beweisen, daß die Wahrscheinlichkeit eines Ereignisses von Versuch zu Versuch verschieden ist, wenn nur der Mittelwert dieser Wahrscheinlichkeiten stabil bleibt (Text 4.5.). POISSON bewies damit das von ihm so genannte Gesetz der großen Zahlen, das er in der Vorrede zu seinem Hauptwerk, den ›Recherches sur la probabilité des jugements‹, wie folgt einführte[101]:

„Die Erscheinungen jeglicher Art sind einem allgemeinen Gesetze unterworfen, welches man das *Gesetz der großen Zahlen* nennen kann. Es besteht darin, daß, wenn man sehr große Anzahlen von Escheinungen derselben Art beobachtet, welche von constanten und von unregelmäßigen veränderlichen Ursachen abhängen, die aber nicht progressiv veränderlich sind, sondern bald in dem einen bald in dem anderen Sinne; man zwischen diesen Zahlen Verhältnisse findet, welche fast *unveränderlich* sind."

Die durch das Gesetz der großen Zahlen gesicherte Stabilität von Mittelwerten auf den verschiedensten Gebieten bot POISSON den Hintergrund für eine Fülle neuer Anwendungen der Wahrscheinlichkeitsrechnung, vor allem auch im sozialen Bereich. Allerdings war er mit diesen Anwendungsideen weit weniger erfolgreich als ADOLPHE QUETELET, der mit seinem ›Sur l'homme et le développement de ses facultés‹ von 1835 eine *physique sociale* unter der Bezeichnung *Statistik* propagierte und damit in ganz Europa Aufsehen erregte.

Die negative Reaktion der französischen Mathematiker auf den Anwendungsuniversalismus von POISSON ist einer der Gründe für die anschließende Rückbesinnung auf Werte wie Strenge und Einfachheit und gleichzeitig für den Versuch, zu einem höheren Abstraktionsniveau zu gelangen. Ein Beispiel dafür bietet die heute so genannte Ungleichung von BIENAYMÉ-TSCHEBYSCHEW. 1853 hatte BIENAYMÉ bei dem Versuch, die durch LAPLACE gegebene Ableitung der Methode der kleinsten Quadrate (siehe Text 6.6.) zu rechtfertigen, diese Ungleichung in der heute noch weitgehend üblichen Form abgeleitet, um damit „das

[101]) S. D. POISSON, Lehrbuch der Wahrscheinlichkeitsrechnung und deren wichtigsten Anwendungen (deutsch von C. H. SCHNUSE), Braunschweig 1841, S. V.

Verhalten des Wertes ⟨der Fehlerwahrscheinlichkeit⟩, den sie mit wachsender Anzahl der Beobachtungen annimmt, zu berechnen" (Text 4.6.). TSCHEBYSCHEW hatte eine äquivalente Form der Ungleichung 1867 in russischer und in französischer Sprache veröffentlicht, die er auf einem anderen, vollkommen elementaren Weg abgeleitet hatte. Er hatte diese Ungleichung nämlich als eine Verallgemeinerung des Hauptsatzes von BERNOULLI und des (schwachen) Gesetzes der großen Zahlen in der Form von POISSON verstanden (Text 4.7.1.).

Der französischen Version seiner Arbeit von 1867 war der Wiederabdruck der vorher erwähnten Bienayméschen Arbeit von 1853 unmittelbar vorausgegangen. Dies veranlaßte TSCHEBYSCHEW 1874 zu einer Analyse der Beweismethode von BIENAYMÉ.[102]) Er fand als deren wesentliches Kernstück die Betrachtung der als gegeben vorausgesetzten Momente verschiedener Ordnung einer Zufallsvariablen. (Der Begriff *Zufallsvariable* ist zwar erst später eingeführt worden, steckt aber bereits implizit in den von TSCHEBYSCHEW verwendeten Ausdrücken *Größe* und *Variable*.) Diese Methode der Momente benutzte er dann 1887 für einen Beweisversuch des zentralen Grenzwertsatzes für Summen von unabhängigen Zufallsvariablen (Text 4.7.2.). Das Entscheidende dabei ist, daß TSCHEBYSCHEW neben dem erreichten Abstraktionsniveau die Forderung nach einem strengen Beweis stellte, der er gerade für den zentralen Grenzwertsatz noch nicht genügen konnte. Strenge Beweise für den zentralen Grenzwertsatz unter wesentlich schwächeren Voraussetzungen als bei TSCHEBYSCHEW, der noch die Existenz aller höheren Momente gefordert hatte, wurden von seinen Schülern MARKOW unter Benutzung der Methode der Momente (1898, 1908 auch für abhängige Zufallsvariablen) und LJAPUNOW (1900, 1901), der sich einer anderen Methode bediente, erbracht.[103]) Diese Methode fußt auf der Dirichletschen Sprungfunktion. Mit ihrer Hilfe konnte LJAPUNOW den zentralen Grenzwertsatz unter den sehr schwachen Voraussetzungen der Existenz von Erwar-

[102]) PAFNOUTY LVOVICH TCHEBYCHEV, Sur les valeurs limites des intégrales, Liouvilles Journal de mathématiques pures et appliquées **19**^{2} (1874), S. 157–160, speziell S. 157f.

[103]) ANDREJ ANDREJEWITSCH MARKOW, Sur les racines de l'équation $e^{x^2}\dfrac{d^m e^{-x^2}}{dx^m} = 0$, *in*: Bulletin de l'Académie Impériale des Sciences de St.-Pétersbourg **9**^{5} (1898), S. 435–446, und: Die Ausdehnung der Grenzwertsätze der Wahrscheinlichkeitsrechnung auf Summen von Zufallsvariablen, die in einer Kette miteinander verbunden sind, (russisch), *in*: Mémoires de l'Académie Impériale des Sciences de St.-Pétersbourg **22**^{8} (1908), S. 1–29.

ALEKSANDER LIAPOUNOFF, Sur une proposition de la théorie des probabilités, *in*: Bulletin de l'Académie Impériale des Sciences de St.-Pétersbourg **13**^{5} (1900), S. 359–386, und: Nouvelle forme du théorème sur la limite de probabilité, *in*: Mémoires de l'Académie Impériale des Sciences de St.-Pétersbourg **12**^{8} (1901), S. 1–24.

tungswert und Varianz sowie der Erfüllung der sogenannten LJAPUNOW-Bedingung beweisen.

Eine weitere Verallgemeinerung gelang erst 1922, als LINDEBERG die Gültigkeit des zentralen Grenzwertsatzes für unabhängige Zufallsvariablen unter Abschwächung der LJAPUNOW-Bedingung zur LINDEBERG-Bedingung bewies (Text 4.8.). 1935 konnte dann FELLER auch die Notwendigkeit der von LINDEBERG angegebenen Bedingungen für die Gültigkeit des zentralen Grenzwertsatzes nachweisen[104]) und brachte so diese Entwicklung zu einem Abschluß.

[104]) WILLY FELLER, Über den zentralen Grenzwertsatz der Wahrscheinlichkeitsrechnung, *in*: Mathematische Zeitschrift **40** (1935), S. 521–559 und **42** (1937), S. 301–312.

Text 4.1.1. Jakob Bernoulli, Meditationes, Artikel 133a *)

Ich kann weniger von dem wahren Verhältnis abweichen, wenn ich öfter als wenn ich seltener beobachte.

„Wenn z.B. ⟨in einem Spiel⟩ ebensoviele Chancen für wie gegen mich sind, ist im Verhältnis der von mir und meinem Gegner gewonnenen Spiele Gleichheit zu erwarten. Nimmt man nun ein Verhältnis, das von dem der Gleichheit ein wenig abweicht, sagen wir von 2 zu 1, dann, so behaupte ich, wird die Wahrscheinlichkeit dafür, daß das Verhältnis der ⟨gewonnenen zu den verlorenen⟩ Spielen von dem Verhältnis der Gleichheit stärker abweicht, kleiner sein, wenn wir 6 Spiele spielen, als wenn wir 3 spielen, und noch kleiner, wenn wir 9 oder 12 usw. Spiele spielen. Umgekehrt wird die Wahrscheinlichkeit größer sein, daß ⟨die Anzahl der gewonnenen Spiele⟩ innerhalb von drei ⟨sic!⟩ Grenzen enthalten ist, wenn wir mehr spielen, als wenn wir weniger spielen. Rechnerisch sieht das so aus:

Wenn 3 Spiele gespielt werden, gibt es dafür, daß ich
3, 2, 1, 0 Spiele gewinne,
1, 3, 3, 1 Fälle, deren Summe = 8 ist.

Bei 6 Spielen, daß ich
6, 5, 4, 3, 2, 1, 0 Spiele gewinne, gibt es
1, 6, 15, 20, 15, 6, 1 Fälle; insgesamt 64.

Bei 9 Spielen, daß ich
9, 8, 7, 6, 5, 4, 3, 2, 1, 0 Spiele gewinne, gibt es
1, 9, 36, 84, 126, 126, 84, 36, 9, 1 Fälle, insgesamt 512.

Bei 12 Spielen, daß ich
12, 11, 10, 9, 8, 7, 6, 5, 4, 3, 2, 1, 0 Spiele gewinne,
1, 12, 66, 220, 495, 792, 924, 792, 495, 220, 66, 12, 1 Fälle,
insgesamt 4096.

Deswegen sind die Wahrscheinlichkeiten dafür, daß ich mehr als $\frac{2}{3}$ oder weniger als $\frac{1}{3}$ aller Spiele gewinne,

bei 3 Spielen $\frac{1}{8}$,

*) Jakob Bernoulli, Meditationes, Artikel 133a, entstanden um 1689, *in*: Die Werke von Jakob Bernoulli, Bd. III, Basel 1975, S. 75f.
(S)

bei 6 Spielen $\frac{7}{64}$,

bei 9 Spielen $\frac{46}{512}$,

bei 12 Spielen $\frac{299}{4096}$.

Es ist aber $\frac{1}{8} > \frac{7}{64} > \frac{46}{512} > \frac{299}{4096}$, weswegen feststeht …

Deswegen geschieht es, was nützlich und mit Freude festzustellen ist, daß man durch Vermehrung der Anzahl der Spiele zu einer Wahrscheinlichkeit gelangt, die kleiner ist als eine beliebig vorgegebene, weil nämlich das Verhältnis der einzelnen ⟨Wahrscheinlichkeiten⟩ zur nächstfolgenden größer ist als das von 8 zu 7. Somit könnte ich so oft beobachten, daß ich mit einer an Sicherheit grenzenden Wahrscheinlichkeit auf ⟨das Verhältnis der Chancen⟩ schließe, als wenn ich diese a priori hätte. Frage: Wieviele Beobachtungen müssen angestellt werden, damit es hunderttausendmal wahrscheinlicher ist, daß das Verhältnis der von mir gewonnenen zu den von mir verlorenen Spielen sich dem der Gleichheit stärker nähert als 101 zu 99?“

Text 4.1.2. Jakob Bernoulli, Ars conjectandi*)

Hauptsatz: Nun folgt endlich der eigentliche Satz, dessentwegen all dies[105]) ausgeführt wurde, dessen Beweis nun aber erbracht wird allein durch die Anwendung der vorausgeschickten Hilfssätze auf das gegenwärtige Vorhaben. Um aber jede lästige Umschreibung zu vermeiden, bezeichne ich die Fälle, in welchen ein bestimmtes Ereignis eintreten kann, als *fruchtbar*, und jene Fälle, in welchen dasselbe Ereignis nicht eintreten kann, als *unfruchtbar*. Ebenso ⟨bezeichne ich⟩ die Versuche als *fruchtbar*, in welchen ersichtlich einer der fruchtbaren Fälle eintritt, und als *unfruchtbar* jene, in welchen man das Eintreten eines der unfruchtbaren Fälle beobachtet.

Verhalte sich also die Anzahl der fruchtbaren zur Anzahl der unfruchtbaren Fälle genau oder angenähert wie $\frac{r}{s}$ oder vielmehr zur Anzahl aller wie $\frac{r}{r+s}$ oder $\frac{r}{t}$ [106]), welches Verhältnis die Grenzen $\frac{r+1}{t}$ und $\frac{r-1}{t}$ einschließen.

Zu zeigen ist: Es können so viele Versuche angestellt werden, daß es sich als beliebig vorgegeben, z.B. c-mal wahrscheinlicher herausstellt, daß die Anzahl der fruchtbaren Beobachtungen innerhalb diese Grenzen als außerhalb fallen wird, d.h., daß das Verhältnis der Anzahl der fruchtbaren zur Anzahl aller Beobachtungen nicht größer als $\frac{r+1}{t}$ und nicht kleiner als $\frac{r-1}{t}$ sein wird. ...

Daraus scheint sich diese bemerkenswerte Folgerung zu ergeben, daß, wenn die Beobachtungen aller Ereignisse in alle Ewigkeit fortgesetzt würden, wobei schließlich die Wahrscheinlichkeit in vollkommene Sicherheit übergehen würde, alles in der Welt als sich in bestimmten Verhältnissen und nach einer festen Gesetzmäßigkeit des Wandels ereignend erkannt würde, so daß wir sogar gehalten wären, selbst bei den zufälligsten Dingen gleichsam eine gewisse Notwendigkeit und sozusagen eine Bestimmung anzuerkennen.

Ich weiß nicht, ob dies nicht schon PLATO in seiner Lehre vom allgemeinen Kreislauf der Dinge zu beweisen suchte, dergemäß er nach Ablauf unzähliger Jahrhunderte die Rückkehr aller Dinge in den ursprünglichen Zustand voraussagte.

*) JAKOB BERNOULLI, Ars conjectandi, Basel 1713, S. 236 u. 239. (S)

[105]) (S): JAKOB BERNOULLI verweist damit auf fünf vorausgehende Hilfssätze, die er im Interesse der „Kürze und Durchsichtigkeit" des eigentlichen Beweises vorausgeschickt hatte. Im wesentlichen beweist er mit diesen Hilfssätzen die in der Einführung zu diesem Kapitel zitierten Aussagen aus den ›Meditationes‹.

[106]) (S): Schon zu Anfang dieses Kapitels hatte JAKOB BERNOULLI t als $r + s$ eingeführt.

Text 4.2. Abraham de Moivre, The doctrine of chances*)

A Method of approximating the Sum of the Terms of the Binomial $(a + b)^n$ expanded into a Series, from whence are deduced some practical Rules to estimate the Degree of Assent which is to be given to Experiments.

Altho' the Solution of Problems of Chance often requires that several Terms of the Binomial $(a + b)^n$ be added together, nevertheless in very high Powers the thing appears so laborious, and of so great difficulty, that few people have undertaken that Task; for besides JAMES and NICOLAS BERNOULLI, two great Mathematicians, I know of no body that has attempted it; in which, tho' they have shewn very great skill, and have the praise which is due to their Industry, yet some things were farther required; for what they have done is not so much an Approximation as the determining very wide limits, within which they demonstrated that the Sum of the Terms was contained. Now the Method which they have followed has been briefly described in my *Miscellanea Analytica*, which the Reader may consult if he pleases, unless they rather chuse, which perhaps would be the best, to consult what they themselves have writ upon that subject: for my part, what made me apply myself to that Inquiry was not out of opinion that I should excel others, in which however I might have been forgiven; but what I did was in compliance to the desire of a very worthy Gentleman, and good Mathematician, who encouraged me to it: I now add some new thoughts to the former; but in order to make their connexion the clearer, it is necessary for me to resume some few things that have been delivered by me a pretty while ago.

I. It is now a dozen years or more since I had found what follows; If the Binomial $1 + 1$ be raised to a very high Power denoted by n, the ratio which the middle Term has to the Sum of all the Terms, that is, to 2^n, may be expressed by the Fraction $\frac{2A \cdot (n-1)^n}{n^n \cdot \sqrt{n-1}}$, wherein A represents the number of which the Hyperbolic Logarithm is $\frac{1}{12} - \frac{1}{360} + \frac{1}{1260} - \frac{1}{1680}$ etc. But be-

*) ABRAHAM DE MOIVRE, The doctrine of chances, 3. Auflage, London 1756, S. 243–254 (vorher in der 2. Auflage von 1738 ohne Remark II, S. 235–243, und als siebenseitiger Sonderdruck in lateinischer Sprache 1733 unter dem Titel ›Approximatio ad summam terminorum binomii $(a + b)^n$ in seriem expansi‹).

cause the Quantity $\frac{(n-1)^n}{n^n}$ or $\left(1-\frac{1}{n}\right)^n$ is very nearly given when n is a high Power, which is not difficult to prove, it follows that, in an infinite Power, that Quantity will be absolutely given, and represent the number of which the Hyperbolic Logarithm is -1; from whence it follows, that if B denotes the Number of which the Hyperbolic Logarithm is $-1+\frac{1}{2}-\frac{1}{360}+\frac{1}{1260}-\frac{1}{1680}$ etc. the Expression above-written will become $\frac{2B}{\sqrt{n-1}}$ or barely $\frac{2B}{\sqrt{n}}$: and that therefore if we change the Signs of that Series, and now suppose that B represents the Number of which the Hyperbolic Logarithm is $1-\frac{1}{12}+\frac{1}{360}-\frac{1}{1260}+\frac{1}{1680}$ etc. that Expression will be changed into $\frac{2}{B\sqrt{n}}$.

When I first began that inquiry, I contended myself to determine at large the Value of B, which was done by the addition of some Terms of the above-written Series; but as I perceived that it converged but slowly, and seeing at the same time that what I had done answered my purpose tolerably well, I desisted from proceeding farther till my worthy and learned Friend Mr. James Stirling, who had applied himself after me to that inquiry, found that the Quantity B did denote the Square-root of the Circumference of a Circle whose Radius is Unity, so that if that Circumference be called c, the Ratio of the middle Term to the Sum of all the Terms will be expressed by $\frac{2}{\sqrt{nc}}$.

But altho' it be not necessary to know what relation the number B may have to the Circumference of the Circle, provided its value be attained, either by pursuing the Logarithmic Series before mentioned, or any other way; yet I own with pleasure that this discovery, besides that it has saved trouble, has spread a singular Elegancy on the Solution.

II. I also found that the Logarithm of the Ratio which the middle Term of a high Power has to any Term distant from it by an Interval denoted by l, would be denoted by a very near approximation, $\left(\text{supposing } m=\frac{1}{2}n\right)$ by the Quantities

$$\left(m+l-\frac{1}{2}\right)\cdot \operatorname{Log}(m+l-1)+\left(m-l+\frac{1}{2}\right)\cdot \operatorname{Log}(m-l+1)$$

$$-2m\cdot \operatorname{Log} m+\operatorname{Log}\frac{m+l}{m}.$$

Corollary 1. This being admitted, I conclude, that if m or $\frac{1}{2}n$ be a Quantity infinitely great, then the Logarithm of the Ratio, which a Term distant from the middle by the Interval l, has to the middle Term, is $-\frac{2ll}{n}$.

Corollary 2. The Number, which answers to the Hyperbolic Logarithm $-\frac{2ll}{n}$, being

$$1 - \frac{2ll}{n} + \frac{4l^4}{2nn} - \frac{8l^6}{6n^3} + \frac{16l^8}{24n^4} - \frac{32l^{10}}{120n^5} + \frac{64l^{12}}{720n^6}, \text{ etc.}$$

it follows, that the Sum of the Terms intercepted between the Middle, and that whose distance from it is denoted by l, will be

$$\frac{2}{\sqrt{nc}} \text{ into } l - \frac{2l^3}{1 \cdot 3n} + \frac{4l^5}{2 \cdot 5nn} - \frac{8l^7}{6 \cdot 7n^3} + \frac{16l^9}{24 \cdot 9n^4} - \frac{32l^{11}}{120 \cdot 11n^5}, \text{ etc.}$$

Let now l be supposed $= s\sqrt{n}$, then the said Sum will be expressed by the Series

$$\frac{2}{\sqrt{c}} \text{ into } s - \frac{2s^3}{3} + \frac{4s^5}{2 \cdot 5} - \frac{8s^7}{6 \cdot 7} + \frac{16s^9}{24 \cdot 9} - \frac{32s^{11}}{120 \cdot 11}, \text{ etc.}$$

Moreover, if s be interpreted by $\frac{1}{2}$, then the Series will become

$$\frac{2}{\sqrt{c}} \text{ into } \frac{1}{2} - \frac{1}{3 \cdot 4} + \frac{1}{2 \cdot 5 \cdot 8} - \frac{1}{6 \cdot 7 \cdot 16} + \frac{1}{24 \cdot 9 \cdot 32} - \frac{1}{120 \cdot 11 \cdot 64}, \text{ etc.}$$

which converges so fast, that by help of no more than seven or eight Terms the Sum required may be carried to six or seven places of Decimals: Now that Sum will be found to be 0.427812, independently from the common Multiplicator $\frac{2}{\sqrt{c}}$, and therefore to the Tabular Logarithm of 0.427812, which is $\bar{9}.6312529$, adding the Logarithm of $\frac{2}{\sqrt{c}}$, *viz.* $\bar{9}.9019400$, the Sum will be $\overline{19}.5331929$, to which answers the number 0.341344.

Lemma. If an Event be so dependent on Chance, as that the Probabilities of its happening or failing be equal, and that a certain given number n of Experiments be taken to observe how often it happens and fails, and also that l be another given number, less than $\frac{1}{2}n$, then the Probability, of its neither happening more frequently than $\frac{1}{2}n + l$ times, nor more rarely than $\frac{1}{2}n - l$ times may be found as follows.

Let L and L be two Terms equally distant on both sides of the middle Term of the Binomial $(1 + 1)^n$ expanded, by an Interval equal to l; let also s be the Sum of the Terms included between L and L together with the Extreams, then the Probability required will be rightly expressed by the Fraction $\frac{s}{2^n}$; which being founded on the common Principles of the Doctrine of Chances, requires no Demonstration in this place.

Corollary 3. And therefore, if it was possible to take an infinite number of Experiments, the Probability that an Event which has an equal number of Chances to happen or fail, shall neither appear more frequently than $\frac{1}{2}n + \frac{1}{2}\sqrt{n}$ times, nor more rarely than $\frac{1}{2}n - \frac{1}{2}\sqrt{n}$ times, will be expressed by the double Sum of the number exhibited in the second Corollary, that is, by 0.682688, and consequently the Probability of the contrary, which is that of happening more frequently or more rarely than in the proportion above assigned will be 0.317312, those two Probabilities together compleating Unity, which is the measure of Certainty: Now the Ratio of those Probabilities is in small Terms 28 to 13 very near.

Corollary 4. But altho' the taking an infinite number of Experiments be not practicable, yet the preceding Conclusions may very well be applied to finite numbers, provided they be great: for Instance, if 3600 Experiments be taken, make $n = 3600$, hence $\frac{1}{2}n$ will be $= 1800$, and $\frac{1}{2}\sqrt{n} = 30$, then the Probability of the Event's neither appearing oftner than 1830 times, nor more rarely than 1770, will be 0.682688.

Corollary 5. And therefore we may lay this down for a fundamental Maxim, that in high Powers, the Ratio, which the Sum of the Terms included between two Extreams distant on both sides from the middle Term by an Interval equal to $\frac{1}{2}\sqrt{n}$, bears to the Sum of all the Terms, will be rightly expressed by the Decimal 0.682688, that is $\frac{28}{41}$ nearly.

Still, it is not to be imagined that there is any necessity that the number n should be immensely great; for supposing it not to reach beyond the 900th

Power, nay not even beyond the 100th, the Rule here given will be tolerably accurate, which I have had confirmed by Trials. ...

Corollary 6. If l be interpreted by $\sqrt{n}$, the Series will not converge so fast as it did in the former Case when l was interpreted by $\frac{1}{2}\sqrt{n}$, for here no less than 12 or 13 Terms of the Series will afford a tolerable approximation, and it would still require more Terms, according as l bears a greater proportion to $\sqrt{n}$: for which reason I make use in this Case of the Artifice of Mechanic Quadratures, first invented by Sir ISAAC NEWTON, and since prosecuted by Mr. COTES, Mr. JAMES STIRLING, myself, and perhaps others; it consists in determining the Area of a Curve nearly, from knowing a certain number of its Ordinates A, B, C, D, E, F, etc. placed at equal Intervals, the more Ordinates there are, the more exact will the Quadrature be; but here I confine myself to four, as being sufficient for my purpose: let us therefore suppose that the four Ordinates are A, B, C, D, and that the Distance between the first and last is denoted by l, then the Area contained between the first and the last will be

$$\frac{1 \cdot (A + D) + 3 \cdot (B + C)}{8} \cdot l;$$

now let us take the Distances $0\sqrt{n}, \frac{1}{6}\sqrt{n}, \frac{2}{6}\sqrt{n}, \frac{3}{6}\sqrt{n}, \frac{4}{6}\sqrt{n}, \frac{5}{6}\sqrt{n}, \frac{6}{6}\sqrt{n}$, of which every one exceeds the preceding by $\frac{1}{6}\sqrt{n}$, and of which the last is $\sqrt{n}$; of these let us take the four last, *viz.* $\frac{3}{6}\sqrt{n}, \frac{4}{6}\sqrt{n}, \frac{5}{6}\sqrt{n}, \frac{6}{6}\sqrt{n}$, then taking their Squares, doubling each of them, dividing them all by n, and prefixing to them all the Sign $-$, we shall have $-\frac{1}{2}, -\frac{8}{9}, -\frac{25}{18}, -\frac{2}{1}$, which must be looked upon as Hyperbolic Logarithms, of which consequently the corresponding numbers, *viz.* 0.60653, 0.41111, 0.24935, 0.13534 will stand for the four Ordinates A, B, C, D. Now having interpreted l by $\frac{1}{2}\sqrt{n}$, the Area will be found to be $= 0.170203 \cdot \sqrt{n}$, the double of which being multiplied by $\frac{2}{\sqrt{nc}}$, the product will be 0.27160; let therefore this be added to the Area found before, that is, to 0.682688, and the Sum 0.95428 will shew what, after a number of Trials denoted by n, the Probability will be of the Event's neither happening oftner than $\frac{1}{2}n + \sqrt{n}$ times, nor more rarely than $\frac{1}{2}n - \sqrt{n}$, and therefore the

Probability of the contrary will be 0.04572: which shews that the Odds of the Event's neither happening oftner nor more rarely than within the Limits assigned are 21 to 1 nearly.

And by the same way of reasoning, it will be found that the Probability of the Event's neither appearing oftner than $\frac{1}{2}n + \frac{3}{2}\sqrt{n}$, nor more rarely than $\frac{1}{2}n - \frac{3}{2}\sqrt{n}$ will be 0.99874, which will make it that the Odds in this Case will be 369 to 1 nearly. ...

Lemma 3. If an Event so depends on Chance, as that the Probabilities of its happening or failing be in any assigned proportion, such as may be supposed of a to b, and a certain number of Experiments be designed to be taken, in order to observe how often the Event will happen or fail; then the Probability that it shall neither happen more frequently than so many times as are denoted by $\frac{an}{a+b} + l$, nor more rarely than so many times as are denoted by $\frac{an}{a+b} - l$, will be found as follows:

Let L and R be equally distant by the Interval l from the greatest Term; let also S be the Sum of the Terms included between L and R, together with those Extreams, then the Probability required will be rightly expressed by $\frac{S}{(a+b)^n}$.

Corollary 8. The Ratio which, in an infinite Power denoted by n, the greatest Term bears to the Sum of all the rest, will be rightly expressed by the Fraction $\frac{a+b}{\sqrt{abnc}}$, wherein c denotes, as before, the Circumference of a Circle for a Radius equal to Unity.

Corollary 9. If, in an infinite Power, any Term be distant from the Greatest by the Interval l, then the Hyperbolic Logarithm of the Ratio which that Term bears to the Greatest will be expressed by the Fraction $-\frac{(a+b)^2}{2abn} \cdot ll$; provided the Ratio of l to n be not a finite Ratio, but such a one as may be conceived between any given number p and $\sqrt{n}$, so that l be expressible by $p\sqrt{n}$, in which Case the two Terms L and R will be equal.

Corollary 10. If the Probabilities of happening and failing be in any given Ratio of inequality, the Problems relating to the Sum of the Terms of the Binomial $(a+b)^n$ will be solved with the same facility as those in which the Probabilities of happening and failing are in a Ratio of Equality.

Remark I. From what has been said, it follows, that Chance very little disturbs the Events which in their natural Institution were designed to happen or fail, according to some determinate Law; for if in order to help our conception, we imagine a round piece of Metal, with two polished opposite faces, differing in nothing but their colour, whereof one may be supposed to be white, and the other black; it is plain that we may say, that this piece may with equal facility exhibit a white or black face, and we may even suppose that it was framed with that particular view of shewing sometimes one face, sometimes the other, and that consequently if it be tossed up Chance shall decide the appearance; But we have have seen in our LXXII[d] Problem, that altho' Chance may produce an inequality of appearance, and still a greater inequality according to the length of time in which it may exert itself, yet the appearances, either one way or the other, will perpetually tend to a proportion of Equality: But besides, we have seen in the present Problem, that in a great number of Experiments, such as 3600, it would be the Odds of above 2 to 1, that one of the Faces, suppose the white, shall not appear more frequently than 1830 times, nor more rarely than 1770, or in other Terms, that it shall not be above or under the perfect Equality by more than $\frac{1}{120}$ part of the whole number of appearances; and by the same Rule, that if the number of Trials had been 14400 instead of 3600, then still it would be above the Odds of 2 to 1, that the appearances either one way or other would not deviate from perfect Equality by more than $\frac{1}{260}$ part of the whole: and in 1000000 Trials it would be the Odds of above 2 to 1, that the deviation from perfect Equality would not be more than by $\frac{1}{2000}$ part of the whole. But the Odds would increase at a prodigious rate, if instead of taking such narrow limits on both sides the Term of Equality, as are represented by $\frac{1}{2}\sqrt{n}$, we double those Limits or triple them; for in the first Case the Odds would become 21 to 1, and in the second 369 to 1, and still be vastly greater if we were to quadruple them, and at last be infinitely great; and yet whether we double, triple or quadruple them, etc. the Extension of those Limits will bear but an inconsiderable proportion to the whole, and none at all, if the whole be infinite; of which the reason will easily be perceived by Mathematicians, who know, that the Square-root of any Power bears so much a less proportion to that Power, as the Index of it is great.

What we have said is also applicable to a Ratio of Inequality, as appears from our 9th Corollary. And thus in all Cases it will be found, that *altho' Chance produces Irregularities, still the Odds will be infinitely great, that in process of Time, those Irregularities will bear no proportion to the recurrency of that Order which naturally results from* ORIGINAL DESIGN.

Remark II. As, upon the Supposition of a certain determinate Law according to which any Event is to happen, we demonstrate that the Ratio of Happenings will continually approach to that Law, as the Experiments or Observations are multiplied: so, *conversely*, if from numberless Observations we find the Ratio of the Events to converge to a determinate quantity, as to the Ratio of P to Q; then we conclude that this Ratio expresses the determinate Law according to which the Event is to happen.

For let that Law be expressed not by the Ratio $P:Q$, but by some other, as $R:S$; then would the Ratio of the Events converge to this last, not to the former: which contradicts our *Hypothesis*. And the like, or greater, Absurdity follows, if we should suppose the Event not to happen according to any Law, but in a manner altogether desultory and uncertain; for then the Events would converge to no fixt Ratio at all.

Again, as it is thus demonstrable that there are, in the constitution of things, certain Laws according to which Events happen, it is no less evident from Observation, that those Laws serve to wise, useful and beneficent purposes; to preserve the stedfast Order of the Universe, to propagate the several Species of Beings, and furnish to the sentient Kind such degrees of happiness as are suited to their State.

But such Laws, as well as the original Design and Purpose of their Establishment, must all be *from without*; the *Inertia* of matter, and the nature of all created Beings, rendering it impossible that any thing should modify its own essence, or give to itself, or to any thing else, an original determination or propensity. And hence, if we blind not ourselves with metaphysical dust, we shall be led, by a short and obvious way, to the acknowledgment of the great MAKER and GOVERNOUR of all; *Himself all-wise, all-powerful* and *good.*

Mr. NICOLAS BERNOULLI[107]), a very learned and good Man, by not connecting the latter part of our reasoning with the first, was led to discard and even to vilify this Argument from *final Causes*, so much insisted on by our best Writers; particularly in the Instance of the nearly equal numbers of *male* and *female* Births, adduced by that excellent Person the late Dr. ARBUTHNOT, in *Phil. Trans.* N°. 328.

Mr. BERNOULLI collects from Tables of Observations continued for 82 years, that is from *A. D.* 1629 to 1711, that the number of Births in *London* was, at a *medium*, about 14000 yearly: and likewise, that the number of *Males* to that of *Females*, or the facility of their production, is nearly as 18 to 17. But he thinks it the greatest weakness to draw any Argument from this against the Influence of *Chance* in the production of the two Sexes. For, says he,

[107]) See his two Letters to Mr. DE MONMORT, one dated at *London*, 11 *Oct.* 1712, the other from *Paris*, 23 *Jan.* 1713, in the Appendix to the *Analyse des Jeux de hazard*, 2d Edit.

"Let 14000 Dice, each having 35 faces, 18 white and 17 black, be thrown up, and it is great Odds that the numbers of white and black faces shall come as near, or nearer, to each other, as the numbers of Boys and Girls do in the Tables."

To which the short answer is this: Dr. ARBUTHNOT never said, "that supposing the facility of the production of a Male to that of the production of a female to be already *fixt* to nearly the Ratio of equality, or to that of 18 to 17; he was *amazed* that the Ratio of the numbers of Males and Females born should, for many years, keep within such narrow bounds:" the only Proposition against which Mr. BERNOULLI's reasoning has any force.

But he might have said, and we do still insist, that "as, from the Observations, we can, with Mr. BERNOULLI, infer the facilities of production of the two Sexes to be nearly in a Ratio of equality; so from this Ratio once discovered, and *manifestly serving to a wise purpose*, we conclude the Ratio itself, or if you will the *Form of the Die*, to be an Effect of *Intelligence* and *Design*." As if we were shewn a number of Dice, each with 18 white and 17 black faces, which is Mr. BERNOULLI's supposition, we should not doubt but that those Dice had been made by some Artist; and that their form was not owing to *Chance*, but was adapted to the particular purpose he had in View.

Thus much was necessary to take off any impression that the authority of so great a name might make to the prejudice of our argument. Which, after all, being level to the lowest understanding, and falling in with the common sense of mankind, needed no formal Demonstration, but for the scholastic subtleties with which it may be perplexed; and for the abuse of certain words and phrases; which sometimes are imagined to have a meaning merely because they are often uttered.

Chance, as we understand it, supposes the *Existence* of things, and their general known *Properties*: that a number of Dice, for instance, being thrown, each of them shall settle upon one or other of its Bases. After which, the *Probability* of an assigned Chance, that is of some particular disposition of the Dice, becomes as proper a subject of Investigation as any other quantity or Ratio can be.

But *Chance*, in atheistical writings or discourse, is a sound utterly insignificant: It imports no determination to any *mode of Existence*; nor indeed to *Existence* itself, more than to *non-existence*; it can neither be defined nor understood: nor can any Proposition concerning it be either affirmed or denied, excepting this one, "That it is a mere word."

The like may be said of some other words in frequent use; as *fate*, *necessity*, *nature*, a *course of nature* in contradistinction to the *Divine energy*: all which, as used on certain occasions, are mere sounds: and yet, by artful management, they serve to found specious conclusions: which however, as soon as the latent fallacy of the *Term* is detected, appear to be no less absurd in themselves, than they commonly are hurtful to society.

I shall only add, That this method of Reasoning may be usefully applied in some other very interesting Enquiries; if not to force the Assent of others by a strict Demonstration, at least to the Satisfaction of the Enquirer himself: and shall conclude this Remark with a passage from the *Ars Conjectandi* of Mr. JAMES BERNOULLI, *Part* IV. *Cap.* 4. where that acute and judicious Writer thus introduceth his Solution of the Problem for *Assigning the Limits within which, by the repetition of Experiments, the Probability of an Event may approach indefinitely to a Probability given*, "Hoc igitur est illud Problema etc." *This, says he, is the Problem which I am now to impart to the Publick, after having kept it by me for twenty years: new it is, and difficult; but of such excellent use, that it gives a high value and dignity to every other Branch of this Doctrine.* Yet there are Writers, of a Class indeed very different from that of JAMES BERNOULLI, who insinuate as if the *Doctrine of Probabilities* could have no place in any serious Enquiry; and that Studies of this kind, trivial and easy as they be, rather disqualify a man for reasoning on every other subject. Let the Reader chuse.

Text 4.3. Thomas Bayes, An essay towards solving a problem in the doctrine of chances*)

Zweiter Abschnitt.

1. Annahme. Ich setze voraus, daß eine ebene quadratische Tafel oder Platte so angefertigt und aufgestellt sei, daß, wenn eine der Kugeln O oder W auf sie geworfen wird, dieselbe Wahrscheinlichkeit dafür besteht, daß die Kugel auf irgend einen Teil der Platte fällt, wie daß sie auf einen andern gleichgroßen Teil fällt, und daß sie notwendigerweise irgendwo auf der Platte zu liegen kommen muß.[108])

2. Annahme. Ich setze voraus, daß die Kugel W zuerst geworfen wird, und durch den Punkt, wo sie zu liegen kommt, eine Linie os parallel zu AD gezogen

*) THOMAS BAYES, An essay towards solving a problem in the doctrine of chances, *in*: Philosophical Transactions of the Royal Society of London **53** (1763) 1764, S. 370–418; deutsch von H. E. TIMERDING in Ostwald's Klassiker der exakten Naturwissenschaften Nr. 169, Leipzig 1908, speziell S. 12–20. Abdruck mit Genehmigung der BSB B. G. Teubner Verlagsgesellschaft, Leipzig.

[108]) (TIMERDING): Die hier gemachten Voraussetzungen sind fast vollkommen erfüllt, wenn eine genau nivellierte Platte auf freiem Felde bei einem Hagelschauer aufgestellt wird. Zu beachten ist aber, daß die zwei Dimensionen der Platte bei der Bayesschen Konstruktion keine Rolle spielen. Vielmehr denkt BAYES sich das Quadrat in Parallelstreifen zerlegt, und es handelt sich nur darum, auf welchen dieser Parallelstreifen die Kugel fällt.

Ist die Länge der Quadratseiten gleich 1, dx die Breite der Streifen, so wird die Wahrscheinlichkeit, daß die Kugel auf einen bestimmten der Streifen zu liegen kommt, einfach $= dx$. Man könnte nun, ohne daß an der Schlußfolgerung sich etwas Wesentliches ändert, auch annehmen, diese Wahrscheinlichkeit sei allgemeiner $= f(x)\,dx$, wo $f(x)$ irgend eine Funktion des Abstandes x, den der Streifen von einer Quadratseite hat, bezeichnet. In der Tat würde dies nur eine Transformation der Veränderlichen x in eine andere y bedeuten, die durch die Differentialgleichung

$$dy = f(x)\,dx$$

bestimmt wird. Da das über die ganze Quadratseite erstreckte Integral

$$\int dy = 1$$

sein muß (weil durch dies Integral die Wahrscheinlichkeit, daß die Kugel überhaupt auf die Platte fällt, gegeben wird), ergibt sich, wenn man noch $y = 0$ für $x = 0$ annimmt, daß durch die in Rede stehende Transformation das Quadrat in ein anderes gleich großes transformiert wird, auf das man nun alle folgenden Betrachtungen bezieht.

wird, die *CD* und *AB* in *s* und *o* trifft, daß darauf die Kugel O $p + q$ oder n mal geworfen wird, und daß, wenn sie nach einem einzelnen Wurf zwischen *AD* und *os* zu liegen kommt, dies das Eintreten des Ereignisses *M* bei einem einzelnen Versuch genannt wird.[109]) Dies vorausgesetzt, beweise ich den folgenden

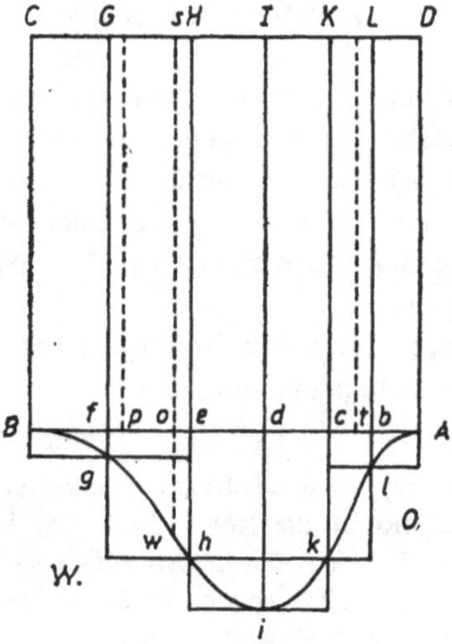

Fig. 1

[109]) (Timerding): Man kann fragen, was für einen Zweck überhaupt das einmalige Werfen der Kugel *W* hat. Es dient zunächst dazu, die Wahrscheinlichkeit des Ereignisses *M* festzulegen. Statt die Kugel *W* zu werfen, könnte man auch die benutzte Parallele *os* zu der Quadratseite nach Willkür ziehen. Was durch die gewählte Formulierung aber mehr ausgedrückt wird, ist, daß das Ereignis, dessen Wahrscheinlichkeit empirisch ermittelt werden soll, erst durch ein anderes Ereignis bestimmt wird, das nur dann bekannt wird, wenn die Wahrscheinlichkeit des dadurch bestimmten Ereignisses ermittelt ist. Die Ermittelung dieser Wahrscheinlichkeit bedeutet also das Erschließen eines unbekannten Tatbestandes aus der Beobachtung von Ereignissen, die durch jenen bestimmt sind. Dabei wird vorausgesetzt, daß man in jedem einzelnen Falle entscheiden kann, ob das von dem unbekannten Tatbestande abhängige Ereignis eingetreten ist oder nicht. Der Sachverhalt wird klarer, wenn die Bayessche Konstruktion durch das Beispiel einer Urne ersetzt wird, in der schwarze und weiße Kugeln gemischt enthalten sind. Das Mischungsverhältnis der schwarzen und weißen Kugeln bedeutet dann den unbekannten Tatbestand, das Ziehen einer schwarzen oder weißen Kugel das abhängige Ereignis, und hier ist sofort klar, daß sich entscheiden läßt, ob das abhängige Ereignis eingetreten ist oder nicht, ohne daß man den bestimmenden Tatbestand kennt. Die Bayessche Konstruktion läßt sich aber leicht so abändern, daß sie denselben Vorteil bietet. Denkt man sich einen oben offenen, quadratischen Kasten, in den eine Schublade hineinpaßt, denkt man sich ferner die Schublade etwas herausgezogen, und nun

Hilfssatz 1. *Die Wahrscheinlichkeit, daß der Punkt o zwischen zwei Punkte auf der Strecke AB fällt, ist das Verhältnis zwischen dem Abstande der beiden Punkte und der ganzen Strecke AB.*

Man bezeichne irgend zwei Punkte auf der Strecke *AB* mit *f* und *b* und ziehe durch sie die Parallelen zu *AD*, die *CD* in *G* und *L* treffen. Wenn dann die Rechtecke *Cf*, *Gb*, *LA* (sie sind jedesmal durch ein Paar diametral gegenüberliegender Ecken bezeichnet) kommensurabel sind, so können sie alle drei in eine Anzahl gleicher Teile von derselben Größe geteilt werden. Wenn dies geschehen ist, und die Kugel *W* geworfen wird, so wird die Wahrscheinlichkeit, daß die Kugel irgendwo auf irgendeiner Anzahl dieser gleichen Teile zu liegen kommt, die Summe der Wahrscheinlichkeiten dafür, daß sie auf einen einzelnen dieser Teile fällt, denn daß sie beim Niederfallen auf irgendwelchen verschiedenen Teilen der Platte *AC* zu liegen kommt, stellt ebensoviel unvereinbare Ereignisse dar. Die Summe nun ist, weil die Wahrscheinlichkeiten, daß die Kugel auf den einen oder andern Teil fällt, die gleiche ist, die Wahrscheinlichkeit dafür, daß die Kugel auf irgend einen der gleichen Teile fällt, multipliziert mit der Anzahl der in Betracht gezogenen Teile. Folglich wird die Wahrscheinlichkeit, daß die Kugel irgendwo auf *Gb* zu liegen kommt, gleich der Wahrscheinlichkeit, daß sie auf einen der einander gleichen Teile zu liegen kommt, multipliziert mit der Anzahl der Teile, die in *Gb* enthalten sind; und die Wahrscheinlichkeit, daß die Kugel irgendwo auf *Cf* oder *LA*, d.h. nicht auf *Gb* (da sie irgendwo auf der Platte zu liegen kommen muß), zu liegen kommt, ist die Wahrscheinlichkeit, daß sie auf einem der gleichen Teile zu liegen kommt, multipliziert mit der Anzahl der Teile, die in *Cf* und *LA* zusammengenommen enthalten sind. Somit verhält sich die Wahrscheinlichkeit, daß die Kugel auf *Gb* fällt, zu der Wahrscheinlichkeit des Gegenteils wie die Anzahl der gleichen Teile in *Gb* zu der Anzahl der gleichen Teile in *Cf* und *LA* zusammengenommen oder wie *Gb* zu $Cf + LA$

lasse man die Kugeln von oben in den Kasten fallen und beobachte jedesmal, ob die Kugel in die Schublade fällt oder nicht, dann ist die Aufgabe: aus der relativen Häufigkeit der Fälle, in denen dies eintritt, zu erschließen, wie weit die Schublade herausgezogen war. So bewahrt man den großen Vorzug der unbeschränkten Variabilität, den die Wahrscheinlichkeitswerte in der BAYESschen Konstruktion darbieten. Es muß aber wohl beachtet werden, daß von dem bestimmenden Tatbestand nichts ermittelt wird als die Wahrscheinlichkeit, die er dem abhängigen Ereignisse erteilt. Was also gefunden wird, ist in jedem Falle nichts anderes als die Wahrscheinlichkeit des abhängigen Ereignisses, und bei dieser Bestimmung ist vorausgesetzt, daß ihm eine bestimmte, von Fall zu Fall nicht wechselnde Wahrscheinlichkeit zukommt. Wenn der bestimmende Tatbestand eine solche Wahrscheinlichkeit garantiert und von ihm nichts unbekannt ist als der Grad von Wahrscheinlichkeit, den er dem abhängigen Ereignis verleiht, so läßt sich aus den Beobachtungen dieses Ereignisses jede Wahrscheinlichkeit mit größerer oder geringerer Sicherheit, aber in keinem Falle mehr ermitteln.

oder wie *fb* zu *Bf* + *Ab*. Und durch inverse Komposition findet[110]) man: die Wahrscheinlichkeit, daß die Kugel auf *Gb* fällt, verhält sich zu derselben Wahrscheinlichkeit zusammengenommen mit der Wahrscheinlichkeit, daß die Kugel nicht auf *Gb* fällt, wie *fb* zu *AB* oder wie das Verhältnis von *fb* zu *AB* zu dem Verhältnisse von *AB* zu *AB*. Aber die Wahrscheinlichkeit eines Ereignisses zusammen mit der Wahrscheinlichkeit seines Gegenteils ist das Verhältnis der Gleichheit; deswegen verhält sich die Wahrscheinlichkeit, daß die Kugel auf *Gb* fällt zu dem Verhältnis der Gleichheit wie das Verhältnis von *fb* zu *AB* zu dem Verhältnis von *AB* zu *AB* oder dem Verhältnis der Gleichheit, und somit ist die Wahrscheinlichkeit, daß die Kugel auf *Gb* fällt, das Verhältnis von *fb* zu *AB*. Aber nach Voraussetzung liegt der Punkt *o* zwischen *f* und *b* oder tut es nicht, je nachdem die Kugel *W* auf *Gb* fällt oder nicht, und deshalb ist die Wahrscheinlichkeit, daß Punkt *o* zwischen *f* und *b* liegt, das Verhältnis von *fb* zu *AB*.

Wenn nun die Rechtecke *Cf*, *Gb*, *LA* nicht kommensurabel sind, so kann doch die letztgenannte Wahrscheinlichkeit nicht kleiner und größer als das Verhältnis von *fb* zu *AB* sein. Denn, wenn sie kleiner ist, so sei sie das Verhältnis von *fc* zu *AB* (wo *c* zwischen *f* und *b* liegt). Dann nehme man auf der Strecke *fb* die Punkte *p* und *t* an, so daß *pt* größer als *fc* wird, und die drei Strecken *Bp*, *pt*, *tA* kommensurabel sind. (Dies ist offenbar immer zu erreichen, indem man *AB* in gleiche Teile teilt, die kleiner als die Hälfte von *cb* sind, und für *p* und *t* die Teilpunkte wählt, die auf der Strecke *fb* den Punkten *f* und *b* am nächsten liegen.) Weil dann *Bp*, *pt*, *tA* kommensurabel sind, sind es auch die Rechtecke *Cp*, *Dt* und das Rechteck über *pt*, welches das Quadrat *AC* vervollständigt. Somit ist nach dem Gesagten die Wahrscheinlichkeit, daß der Punkt *o* zwischen *p* und *t* zu liegen kommt, das Verhältnis von *pt* zu *AB*. Wenn er aber zwischen *p* und *t* liegt, muß er zwischen *f* und *b* liegen. Deshalb kann die Wahrscheinlichkeit, daß er zwischen *f* und *b* liegt, nicht kleiner sein als das Verhältnis von *pt* zu *AB* und muß deshalb größer als das Verhältnis von *fc* zu *AB* sein (da *pt* größer als *fc* ist). Auf dieselbe Art kann man beweisen, daß die genannte Wahrscheinlichkeit nicht größer als das Verhältnis von *fb* zu *AB* sein kann, sie muß daher diesem Verhältnisse gleich sein.

Hilfssatz 2. Wenn die Kugel W geworfen und die Linie os gezogen ist, so wird

[110]) (Timerding): Ich habe mich nicht für berechtigt gehalten, die umständliche Ausdrucksweise der alten Proportionenlehre, die hier angewendet wird, abzuändern, um der Beweisführung nicht ihr charakteristisches Gepräge zu nehmen. Inverse Komposition bedeutet, daß man aus der Formel

$$x : y = a : b$$

die Formel

$$x : (x + y) = a : (a + b)$$

ableitet.

die Wahrscheinlichkeit des Ereignisses M bei einem einzelnen Versuch das Verhältnis von Ao zu AB.

Denn ebenso wie bei dem vorhergehenden Hilfssatz ist die Wahrscheinlichkeit, daß die Kugel *O*, wenn sie geworfen wird, irgendwo auf dem Rechteck *Do* oder zwischen *AD* und *so* zu liegen kommt, das Verhältnis von *Ao* zu *AB*. Aber das Niederfallen der Kugel *O* zwischen *AD* und *so* bei einem einzelnen Wurf ist das Eintreten des Ereignisses *M* bei einem einzelnen Versuch. So ist der Hilfssatz bewiesen.

Lehrsatz 8. *Es werde über BA die Kurve BghiklA gezeichnet, die folgende Eigenschaft hat. Wird die Basis BA in irgend zwei Teile geteilt wie Ab und Bb, und im Teilpunkt b ein Lot errichtet, das durch die Kurve in l begrenzt wird, bedeuten ferner y, x, z die Verhältnisse von lb, Ab und Bb zu AB, und E den Koeffizienten des Gliedes mit* $a^p b^q$ *in der Entwicklung des Binomials* $(a+b)^{p+q}$, *so soll sein*

$$y = Ex^p z^q.$$

Nun behaupte ich: bevor die Kugel W geworfen wird, ist die Wahrscheinlichkeit, daß der Punkt o zwischen irgend zwei Punkte f und b der Strecke AB zu liegen kommt, und gleichzeitig das Ereignis M bei $p+q$ *Versuchen p mal eintritt, und q mal ausbleibt, gegeben durch das Verhältnis der Fläche, die durch die Kurve BghiklA über der Linie AB zwischen den in f und b auf AB errichteten Loten fg, bl begrenzt wird, zu AC, d.h. dem Quadrat über der Strecke AB.*

Beweis. Angenommen, der Satz sei nicht richtig, so möge das Verhältnis gleich dem von *D*, d.h. einer Fläche, die größer ist als *fghiklb*, zu dem Quadrat *AC* sein. In den Punkten *e*, *d*, *c* denken wir uns die Lote auf *fb* errichtet und nennen *h*, *i*, *k* die Punkte, in denen sie die Kurve treffen. Hierbei soll der Punkt *d* so liegen, daß *di* das längste der durch die Linie *fb* und die Kurve begrenzten Perpendikel ist, und die Punkte *e*, *d*, *c* sollen in solcher Zahl und solcher Lage angenommen sein, daß die Summe der Rechtecke *bk*, *ci*, *ei*, *fh* von dem Flächeninhalte *fghiklb* weniger abweicht als *D*; alles dies ist mit Hilfe der Kurvengleichung und der gegebenen Differenz zwischen *D* und der Fläche *fghiklb* leicht zu erreichen. Denn da *di* die größte der Kurvenordinaten ist, so müssen die übrigen kleiner und kleiner werden, je weiter sie sich von dieser Ordinate nach der einen oder andern Seite entfernen, was aus der Definition der Kurve unmittelbar hervorgeht; und folglich ist *eh* größer als *fg* oder irgend eine andere Ordinate über *ef*.

Wenn nun *Ao* gleich *Ae* wäre, so würde nach Hilfssatz 2 die Wahrscheinlichkeit des Ereignisses *M* bei einem einzelnen Versuche das Verhältnis von *Ae* zu *AB* sein, und folglich würde nach dem Zusatz zu Lehrsatz 1 die Wahrscheinlichkeit seines Ausbleibens das Verhältnis von *Be* zu *AB* sein. Wenn demnach *x* und *z* die beiden erwähnten Verhältnisse sind, so wird nach Lehrsatz 7 die Wahrscheinlichkeit, daß bei $p + q$ Versuchen das Ereignis M p mal eintritt und q mal ausbleibt, $Ex^p z^q$. Aber da x und z bzw. die Verhältnisse von Ae zu AB und Be zu AB sind, so wird, wenn y das Verhältnis von eh zu AB bezeichnet, $y = Ex^p z^q$, denn so ist die Figur angelegt worden. Wenn deshalb Ao gleich Ae wäre, so würde die Wahrscheinlichkeit, daß bei $p + q$ Versuchen das Ereignis M p mal eintritt und q mal ausbleibt, y oder das Verhältnis von eh zu AB sein. Und wenn Ao gleich Af oder einem mittleren Werte zwischen Ae und Af wäre, so würde die letztgenannte Wahrscheinlichkeit aus denselben Gründen das Verhältnis von fg, oder einer andern der Ordinaten über ef, zu AB sein. Aber eh ist die größte der Ordinaten, die über ef stehen. Darum kann unter der Voraussetzung, daß der Punkt irgendwo zwischen f und e liegt, die Wahrscheinlichkeit, daß das Ereignis M bei $p + q$ Versuchen p mal eintritt und q mal ausbleibt, nicht größer sein als das Verhältnis von eh zu AB. Da nun hier zwei zusammenhängende Ereignisse vorliegen, das erste, daß der Punkt o zwischen e und f liegt, das zweite, daß bei $p + q$ Versuchen das Ereignis M p mal eintritt und q mal ausbleibt, und die Wahrscheinlichkeit des ersten (nach Hilfssatz 1) das Verhältnis von ef zu AB ist, und unter der Voraussetzung, daß das erste Ereignis eintritt, die Wahrscheinlichkeit des zweiten nicht größer als das Verhältnis von eh zu AB sein kann, so folgt (aus Lehrsatz 3): die Wahrscheinlichkeit, daß beide Ereignisse zusammen eintreten, kann nicht größer sein als das aus den Verhältnissen von ef zu AB und von eh zu AB zusammengesetzte Verhältnis, d.h. das Verhältnis der Flächen fh und AC. Somit ist die Wahrscheinlichkeit, daß der Punkt o zwischen f und e zu liegen kommt, und das Ereignis M p mal eintritt und q mal ausbleibt, nicht größer als das Verhältnis der Rechtecke fh und AC. Ebenso kann die Wahrscheinlichkeit, daß der Punkt o zwischen e und d liegt, und das Ereignis M eintritt und ausbleibt wie zuvor, nicht größer sein als das Verhältnis der Rechtecke ei und AC. Weiter kann die Wahrscheinlichkeit, daß der Punkt o zwischen d und c liegt, und das Ereignis M eintritt und ausbleibt wie zuvor, nicht größer sein als das Verhältnis ci zu AC. Und schließlich kann die Wahrscheinlichkeit, daß der Punkt o zwischen c und b liegt, und das Ereignis M eintritt und ausbleibt wie zuvor, nicht größer sein als das Verhältnis von bk zu AC. Addiert man nun alle diese verschiedenen Wahrscheinlichkeiten zueinander, so ergibt ihre Summe (nach Lehrsatz 1) die Wahrscheinlichkeit dafür, daß der Punkt irgendwo zwischen f und b liegt und das Ereignis M bei $p + q$ Versuchen p mal eintritt und q mal ausbleibt. Addiert man ebenso die korrespondierenden Verhältnisse, so wird ihre Summmе das Verhältnis der Summe der Vorderglieder zu dem gemeinsamen Hintergliede, d.h. der Summe von fh, ei, ci, bk zu AC. Dieses Verhältnis aber ist kleiner als das von D zu AC, weil D größer ist als fh, ei, ci, bk zusammengenommen. Deshalb ist die Wahrscheinlichkeit, daß der Punkt o zwischen f und b fällt und zugleich das Ereignis M bei $p + q$ Versuchen p mal eintritt und q mal ausbleibt, kleiner als das Verhältnis von D zu AC, aber es war diesem gleich vorausgesetzt, was absurd ist. Auf dieselbe Weise kann man, indem man dem

Kurvenstück Rechtecke wie *eg*, *dh*, *dk*, *cl* einbeschreibt, beweisen, daß die letztgenannte Wahrscheinlichkeit größer ist als das Verhältnis irgend einer Figur, die kleiner ist als *fghiklb*, zu *AC*. Deshalb muß diese Wahrscheinlichkeit das Verhältnis selbst von *fghiklb* zu *CA* sein.

Zusatz. Bevor die Kugel *W* geworfen ist, ist die Wahrscheinlichkeit, daß der Punkt *o* irgendwohin auf die Linie *AB* fällt und sodann das Ereignis *M* bei $p + q$ Versuchen p mal eintritt und q mal ausbleibt, das Verhältnis der ganzen Fläche *AiB* zu *AC*.[111]) Aber es ist gewiß, daß der Punkt *o* irgendwo auf *AB* liegen wird. Deshalb ist, bevor die Kugel *W* geworfen, die Wahrscheinlichkeit, daß das Ereignis *M* p mal eintritt und q mal ausbleibt, das Verhältnis der von der Kurve begrenzten Fläche *AiB* zu dem Quadrate *AC*.

Lehrsatz 9. *Wenn, bevor irgend etwas über die Lage des Punktes o bekannt ist, es sich herausstellen sollte, daß das Ereignis M bei p + q Versuchen p mal eingetreten und q mal ausgeblieben ist, und ich hiernach vermute, daß der Punkt o zwischen irgend zwei Punkten b und f auf AB liegt, und daß folglich die Wahrscheinlichkeit des Ereignisses M bei einem einzelnen Versuche irgendwo zwischen dem Verhältnisse von Ab zu AB und dem von Af zu AB liegt, so ist die Wahrscheinlichkeit, daß ich recht habe, das Verhältnis desjenigen Teiles der von der Kurve begrenzten Fläche AiB, welcher zwischen den auf AB in b und f errichteten Perpendikeln liegt, zu der ganzen Fläche AiB.*

[111]) (TIMERDING): Das Verhältnis der Fläche *AiB* zu *AC*, von dem BAYES hier spricht, läßt sich wie folgt bestimmen. Wird die Quadratseite $AB = 1$ genommen, so ist der Quadratinhalt

$$AC = 1.$$

Die Ordinate der Kurve für die Abszisse x hat den Wert

$$y = Ex^p(1 - x)^q$$

und hierbei ist

$$E = \frac{(p + q)!}{p!\,q!}.$$

Somit ergibt sich der gesuchte Flächeninhalt

$$AiB = \int_0^1 y\,dx = \frac{(p + q)!}{p!\,q!} \int_0^1 x^p(1 - x)^q\,dx.$$

Dies Integral wird unten ausgeführt, es findet sich

$$AiB = \frac{AiB}{AC} = \frac{(p + q)!}{p!\,q!} \cdot \frac{p!\,q!}{(p + q + 1)!}$$

$$= \frac{1}{p + q + 1} = \frac{1}{n + 1}.$$

Denn da die beiden aufeinander folgenden Ereignisse vorliegen: **erstens**, daß der Punkt *o* zwischen *b* und *f* fällt, und **zweitens**, daß das Ereignis *M* bei $p + q$ Versuchen *p* mal eintritt und *q* mal ausbleibt, und da (nach Zusatz zu Lehrsatz 8) die ursprüngliche Wahrscheinlichkeit des zweiten Ereignisses das Verhältnis von *AiB* zu *AC* und (nach Lehrsatz 8) die Wahrscheinlichkeit beider Ereignisse zusammen das Verhältnis von *fghiklb* zu *AC* ist, so ist (nach Lehrsatz 5), wenn es sich zuerst herausstellt, daß das zweite Ereignis eingetreten ist, und ich hiernach vermute, daß das erste Ereignis ebenfalls eingetreten ist, die Wahrscheinlichkeit, daß ich recht habe, das Verhältnis von *fghiklb* zu *AiB*, was zu beweisen war.

Zusatz. Wenn ich, unter denselben Voraussetzungen, vermute, die Wahrscheinlichkeit des Ereignisses *M* liege irgendwo zwischen 0 und dem Verhältnisse von *Ab* zu *AB*, so ist meine Chance, daß ich recht habe, das Verhältnis von *Abl* zu *AiB*.

Erläuterung.[112]) Nach dem vorstehenden Lehrsatze ist klar, daß man im Falle eines Ereignisses von der Art des dort als *M* bezeichneten lediglich aus der Anzahl Male, die es bei einer bestimmten Menge von Versuchen eintritt und ausbleibt, ohne irgend etwas weiteres über die Natur des Ereignisses zu wissen, einen Schluß auf die ungefähre Größe seiner Wahrscheinlichkeit ziehen und, indem man nach den gewöhnlichen Methoden die dort angewandten Flächen berechnet, die Wahrscheinlichkeit, daß die Vermutung richtig ist, ermitteln kann. Daß dieselbe Regel auch geeignet ist, um in dem Falle irgendwelchen Ereignisses zu dienen, über dessen Wahrscheinlichkeit wir von vornherein durchaus nichts wissen, scheint aus der folgenden Überlegung hervorzugehen. Betreffs eines solchen Ereignisses habe ich keinen Grund zu vermuten, daß es bei einer bestimmten Anzahl von Versuchen eher eine gewisse Anzahl Male als eine andere eintreten würde. Denn ich kann in dieser Beziehung genau so überlegen, als ob die Wahrscheinlichkeit zuerst unbestimmt gewesen wäre und dann so bestimmt worden wäre, daß kein Anlaß zu der Annahme vorliegt, bei einer ge-

[112]) (Timerding): Dieses Scholion ist für die richtige Auffassung des nun folgenden Bayesschen Theorems von großer Wichtigkeit. Die Angriffe und Mißdeutungen, denen das Theorem ausgesetzt gewesen ist, erklären sich zum großen Teil aus der Nichtbeachtung des hier Gesagten. Bayes hat durch seine Definition des unbekannten Ereignisses die Grenzen deutlich bezeichnet, innerhalb derer das Theorem gültig ist. Daß diese Grenzen enger sind als die Ausdehnung, die man in der Folgezeit dem Theorem zu geben suchte, ist nicht seine Schuld. Um das eklatanteste Beispiel zu nennen, der Aufgang der Sonne ist gewiß kein unbekanntes Ereignis in Bayes' Sinne. Für Bayes ist es genug, an einem realisierbaren und charakteristischen Beispiele die Bedingungen des Lehrsatzes festgelegt zu haben. Wie weit sich derselbe auf Fälle des praktischen Lebens anwenden läßt, bleibt bei ihm eine offene Frage, so sehr ihn auch alles drängt, sie bejahend zu beantworten.

wissen Anzahl von Versuchen werde das Ereignis irgend eine mögliche Anzahl Male eher als eine andere eintreten. Dies ist aber genau der Fall bei dem Ereignis M. Denn bevor die Kugel W geworfen wird, was die Wahrscheinlichkeit für das Eintreten des Ereignisses M bei einem einzelnen Versuch bestimmt (nach Zusatz zu Lehrsatz 8), ist die Wahrscheinlichkeit, daß das Ereignis bei $n = p + q$ Versuchen p mal eintritt und q mal ausbleibt, das Verhältnis von AiB zu AC, und dieses Verhältnis ist, wenn $n = p + q$ gegeben ist, dasselbe, was auch der Wert von p sei, wie man sofort findet, wenn man die Fläche AiB nach den Methoden der Infinitesimalrechnung bestimmt. Und folglich kann ich, bevor die Lage des Punktes o gefunden ist oder die Anzahl Male, die das Ereignis M bei n Versuchen eingetreten ist, keinen Grund haben zu denken, es werde irgend eine mögliche Anzahl Male eher als eine andere eintreten.

Im folgenden werde ich deswegen als zugegeben ansehen, daß die in betreff des Ereignisses M in Lehrsatz 9 gegebene Regel auch die Regel ist, die in Beziehung auf irgend ein Ereignis zu verwenden ist, von dessen Wahrscheinlichkeit vor irgendwelchen diesbezüglichen Versuchen oder Beobachtungen schlechterdings nichts bekannt ist. Und ein solches Ereignis werde ich ein unbekanntes Ereignis nennen.

Zusatz. Wenn wir uns demnach die Ordinaten bei der Kurve AiB im Verhältnis von E zu 1 verkleinert denken, was in dem Verhältnis der einzelnen Teile der Figur zwischen den Ordinaten zueinander keinen Unterschied bedingt, und das von dem Ereignis M Gesagte auf irgend ein unbekanntes Ereignis anwenden, so haben wir den folgenden Lehrsatz, der die Regel liefert, um die Wahrscheinlichkeit eines Ereignisses aus der Anzahl Male, die es wirklich eingetreten und ausgeblieben ist, zu finden.

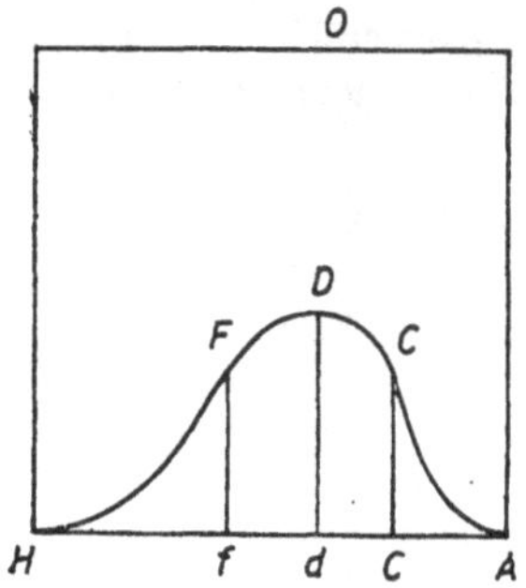

Fig. 2

Lehrsatz 10. *Wenn über einer beliebigen Basis AH* (Figur 2) *die Kurve beschrieben wird, deren Gleichung lautet*

$$y = x^p z^q,$$

indem y, x, z der Reihe nach die Verhältnisse sind der (auf der Basis senkrecht stehenden) Ordinate eines Kurvenpunktes, des Abschnittes auf der Basis zwischen dieser Ordinate und dem Anfangspunkte A der Basis und des andern Abschnittes der Basis, zwischen der Ordinate und dem Endpunkte H zu der ganzen Basis als ihrem gemeinsamen Hintergliede, dann behaupte ich, daß, wenn ein unbekanntes Ereignis bei $p + q$ Versuchen p mal eingetreten und q mal ausgeblieben ist, und in zwei Punkten c und f der Basis AH die Ordinaten cC, fF errichtet werden, die Chance, daß die Wahrscheinlichkeit des Ereignisses irgendwo zwischen dem Verhältnis von Ac zu AH und dem Verhältnis von Af zu AH liegt, das Verhältnis ist von fFCc, d.h. dem Teil der vorher beschriebenen Figur, der zwischen den beiden Ordinaten eingeschlossen ist, zu ACFH, d.h. der ganzen über der Basis AH durch die Kurve begrenzten Fläche.[113])

Dies ist einleuchtend nach Lehrsatz 9 und den Bemerkungen, die in der vorstehenden Erläuterung und dem Zusatz dazu gemacht sind.

[113]) (TIMERDING): Die umständliche geometrische Formulierung dieses Lehrsatzes, der das *Bayessche Theorem* darstellt, wird vermieden, wenn man die Bezeichnung der Integralrechnung anwendet. Setzt man $AH = 1$, also $z = 1 - x$ und, wie es später geschieht, $Ac = x$, $Af = X$, so gibt der Lehrsatz den folgenden Wert für die Chance w

$$w = \frac{\int_x^X x^p(1 - x)^q \, dx}{\int_0^1 x^p(1 - x)^q \, dx}.$$

In dieser Form wird das BAYESsche Theorem gewöhnlich gegeben. Um BAYES' Darstellung zu verstehen, muß man sich erinnern, daß in England die Integralbezeichnung verpönt war, weil ihr Urheber LEIBNIZ als Plagiator NEWTONS galt. Deshalb hielt man an der unendlich umständlichen geometrischen Ausdrucksweise fest, und es ist bei dem einzelnen, so auch bei BAYES, kaum zu sagen, wie weit er die kontinentale Mathematik überhaupt gekannt hat.

Text 4.4. Pierre Simon Laplace, Théorie analytique des probabilités*)

Buch II
Kapitel III.
Wahrscheinlichkeitsgesetze, die sich aus der unbeschränkten Vervielfältigung der Ereignisse ergeben

16. In dem Maß, wie die ⟨Anzahl der⟩ Ereignisse zunimmt, entwickeln sich die diesbezüglichen Wahrscheinlichkeiten immer weiter; ihre durchschnittlichen Ergebnisse und die Gewinne oder die Verluste, die davon abhängen, konvergieren gegen Grenzwerte, denen sie sich mit stets wachsenden Wahrscheinlichkeiten nähern. Die Bestimmung dieser Zuwächse und dieser Grenzwerte ist einer der interessantesten und heikelsten Teile der Analysis des Zufalls.

Betrachten wir zuerst die Art, in der sich die Häufigkeiten[114]) zweier einfacher Ereignisse, von denen nur eines bei jedem Versuch eintreten kann, entwickeln, wenn man die Zahl der Versuche vergrößert. Es ist ersichtlich, daß das Ereignis mit der größeren Ausgangswahrscheinlichkeit[115]) mit Wahrscheinlichkeit öfter eintreten muß bei einer gegebenen Anzahl von Versuchen, und man ist natürlich geneigt zu denken, daß jedes Ereignis bei sehr häufiger Wiederholung der Versuche proportional zu seiner Ausgangswahrscheinlichkeit eintreffen wird, was man also aufgrund der Erfahrung herausfinden kann.

Wir werden diesen wichtigen Satz analytisch beweisen.

In Abschnitt 6 hat man festgestellt, daß, wenn p und $1 - p$ die zu zwei Ereignissen a und b gehörigen Wahrscheinlichkeiten sind, die Wahrscheinlichkeit dafür, daß in $x + x'$ Versuchen, x-mal das Ereignis a und x'-mal das Ereignis b eintreffen wird, gleich ist

$$\frac{1 \cdot 2 \cdot 3 \ldots (x + x')}{1 \cdot 2 \cdot 3 \ldots x \cdot 1 \cdot 2 \cdot 3 \ldots x'} p^x (1 - p)^{x'};$$

*) Pierre Simon Laplace, Théorie analytique des probabilités, 3. Auflage, Paris 1820 (= Oeuvres complètes de Laplace Bd. VII, Paris 1886, S. 280–284).
(S) unter Mithilfe von Bernd Arnold.

114) (S): Laplace benützt hier den Terminus *possibilités*, den er in anderem Zusammenhang als ein Synonym für *probabilités* gebraucht. An dieser Stelle ist offenbar etwas anderes, eben *Häufigkeiten*, gemeint. Übrigens kommt Laplace in diesem Kapitel nicht mehr auf diesen Terminus zurück.

115) (S): Der von Laplace gebrauchte Terminus ist *facilité*, der sprachlich mit dem von Leibniz synonym zu *aeque possibilis* verwendeten *aeque facilis* zusammenhängt und dem etwa wie den über den „allgemeinen Würfel" oder das Urnenmodell im Sinne Jakob Bernoullis a priori bestimmbaren Wahrscheinlichkeiten ein „objektiver" Charakter zukommt.

dies ist das $(x'+1)$te Glied des Binoms $[p+(1-p)]^{x+x'}$. Betrachten wir das größte dieser Glieder, das wir mit k bezeichnen. Das vorhergehende Glied wird $\frac{kp}{1-p}\frac{x'}{x+1}$ sein, und das folgende Glied wird $k\frac{1-p}{p}\frac{x}{x'+1}$ sein. Damit k das größte Glied ist, muß gelten

$$\frac{x}{x'+1}<\frac{p}{1-p}<\frac{x+1}{x'};$$

es ist leicht daraus zu schließen, daß man, wenn man $x+x'=n$ setzt, erhalten wird

$$(n+1)\,p-1<x<(n+1)\,p;$$

folglich ist x die größte in $(n+1)\,p$ enthaltene ganze Zahl; setzt man also

$$x=(n+1)\,p-s,$$

was

$$p=\frac{x+s}{n+1},\quad 1-p=\frac{x'+1-s}{n+1},\quad \frac{p}{1-p}=\frac{x+s}{x'+1-s}$$

ergibt, wobei s kleiner als Eins sein wird. Wenn x und x' sehr große Zahlen sind, erhält man fast genau

$$\frac{p}{1-p}=\frac{x}{x'},$$

d.h., daß die Exponenten von p und $1-p$ im größten Glied des Binoms beinahe genau im Verhältnis dieser Größen stehen, so daß von allen Kombinationen, die bei einer sehr großen Zahl n von Versuchen auftreten können, die wahrscheinlichste diejenige ist, bei der jedes Ereignis proportional zu seiner Wahrscheinlichkeit wiederholt worden ist.

Das l-te Glied nach dem größten ist

$$\frac{1\cdot 2\cdot 3\ldots n}{1\cdot 2\cdot 3\ldots(x-l)\cdot 1\cdot 2\cdot 3\ldots(x'+l)}\,p^{x-l}(1-p)^{x'+l}.$$

Nach Abschnitt 33 des I. Buches gilt

$$1\cdot 2\cdot 3\ldots n=n^{n+1/2}\,c^{-n}\sqrt{2\pi}\left(1+\frac{1}{12n}+\ldots\right),$$

was

$$\frac{1}{1\cdot 2\cdot 3\ldots(x-l)}=(x-l)^{l-x-1/2}\frac{c^{x-l}}{\sqrt{2\pi}}\left[1-\frac{1}{12(x-l)}-\ldots\right],$$

$$\frac{1}{1\cdot 2\cdot 3\ldots(x'+l)}=(x'+l)^{-x'-l-1/2}\frac{c^{x'+l}}{\sqrt{2\pi}}\left[1-\frac{1}{12(x'+l)}-\ldots\right]$$

ergibt. Entwickeln wir das Glied $(x-l)^{l-x-1/2}$. Sein hyperbolischer Logarithmus[116]) ist

$$\left(l-x-\frac{1}{2}\right)\left[\log x+\log\left(1-\frac{l}{x}\right)\right];$$

nun gilt aber

$$\log\left(1-\frac{l}{x}\right)=-\frac{l}{x}-\frac{l^2}{2x^2}-\frac{l^3}{3x^3}-\frac{l^4}{4x^4}-\ldots;$$

wir werden Größen der Ordnung $\frac{1}{n}$ vernachlässigen, und wir werden annehmen, daß l^2 die Ordnung n nicht übersteigt; dann kann man die Glieder der Ordnung $\frac{l^4}{x^3}$ vernachlässigen, weil x und x' von der Ordnung n sind. Man hat also

$$\left(l-x-\frac{1}{2}\right)\left[\log x+\log\left(1-\frac{l}{x}\right)\right]$$
$$=\left(l-x-\frac{1}{2}\right)\log x+l+\frac{l}{2x}-\frac{l^2}{2x}-\frac{l^3}{6x^2},$$

was durch Rückführung der Logarithmen auf die Numeri ergibt

$$(x-l)^{l-x-\frac{1}{2}}=c^{l-\frac{l^2}{2x}}x^{l-x-\frac{1}{2}}\left(1+\frac{l}{2x}-\frac{l^3}{6x^2}\right);$$

analog gilt

$$(x'+l)^{-l-x'-\frac{1}{2}}=c^{-l-\frac{l^2}{2x'}}x'^{-l-x'-\frac{1}{2}}\left(1-\frac{l}{2x'}+\frac{l^3}{6x'^2}\right).$$

Nach dem Vorhergehenden gilt dann $p=\frac{x+s}{n+1}$, wobei s kleiner als Eins ist; wenn man nun $p=\frac{x-z}{n}$ setzt, wird z zwischen den Grenzen $\frac{x}{n+1}$ und $-\frac{n-x}{n+1}$ enthalten sein, und demnach wird es, sieht man vom Vorzeichen ab, kleiner als Eins sein. Der Wert von p ergibt $1-p=\frac{x'+z}{n}$; man hat also nach der vorhergehenden analytischen Betrachtung

$$p^{x-l}(1-p)^{x'+l}=\frac{x^{x-l}\,x'^{x'+l}}{n^n}\left(1+\frac{nzl}{xx'}\right);$$

[116]) (S): Damals gebrauchter Ausdruck für ln; die Basis e des natürlichen Logarithmus kennzeichnet LAPLACE wie in den vorausgehenden Formeln mit c.

daraus leitet man ab

$$\frac{1 \cdot 2 \cdot 3 \ldots n}{1 \cdot 2 \cdot 3 \ldots (x-l) \cdot 1 \cdot 2 \cdot 3 \ldots (x'+l)} p^{x-l}(1-p)^{x'+l}$$

$$= \frac{\sqrt{n}\, c^{-\frac{nl^2}{2xx'}}}{\sqrt{\pi}\sqrt{2xx'}} \left[1 + \frac{nzl}{xx'} + \frac{l(x'-x)}{2xx'} - \frac{l^3}{6x^2} + \frac{l^3}{6x'^2}\right].$$

Man erhält das im Abstand l vor dem größten Glied gelegene Glied, indem man l in dieser Gleichung negativ macht; wenn man dann diese beiden Glieder zusammenfaßt, wird ihre Summe

$$\frac{2\sqrt{n}}{\sqrt{\pi}\sqrt{2xx'}} c^{-\frac{nl^2}{2xx'}}$$

sein. Die mit $l = 0$ beginnende Summe[117])

$$\sum \frac{2\sqrt{n}}{\sqrt{\pi}\sqrt{2xx'}} c^{-\frac{nl^2}{2xx'}}$$

drückt also die Summe aller Glieder des Binoms $[p + (1-p)]^n$ aus, die zwischen den beiden Gliedern enthalten sind, von denen eines p^{x+l} als Faktor und das andere p^{x-l} als Faktor hat und die also äquidistant zum größten Glied sind; man muß von dieser Summe aber das größte Glied abziehen, das darin offensichtlich zweimal enthalten ist.

Um nun diese Summe zu bestimmen, beachten wir, daß nach Abschnitt 10 des I. Buches gilt, wenn y eine Funktion von l ist,

$$\Sigma y = \frac{1}{c^{\frac{dy}{dl}} - 1} = \left(\frac{dy}{dl}\right)^{-1} - \frac{1}{2}\left(\frac{dy}{dl}\right)^{0} + \frac{1}{12}\frac{dy}{dl} + \ldots,$$

woraus man nach derselben Nummer ableitet

$$\Sigma y = \int y\, dl - \frac{1}{2} y + \frac{1}{12}\frac{dy}{dl} + \ldots + \text{const.};$$

da y hier gleich $\frac{2\sqrt{n}}{\sqrt{\pi}\sqrt{2xx'}} c^{-\frac{nl^2}{2xx'}}$ ist, weisen die nachfolgenden Differentiale von y den Faktor $\frac{nl}{2xx'}$ und seine Potenzen auf. Da l voraussetzungsgemäß höchstens von der Ordnung $\sqrt{n}$ sein kann, ist dieser Faktor also von der Ord-

117) (S): Laplace benutzt dafür den Ausdruck *intégrale finie*, der aber erst durch die schon früher abgeleitete Euler-MacLaurinsche Summenformel zur Auswertung eines Integrals führt.

nung $\frac{1}{\sqrt{n}}$, und demzufolge nehmen die zugehörigen Differentiale geteilt durch die betreffenden Potenzen von dl immer mehr ab; wenn man nun, wie man das vorher gemacht hat, die Glieder der Ordnung $\frac{1}{n}$ vernachlässigt, erhält man, indem man die Summe und das Integral mit l beginnen läßt und mit Y das größte Glied des Binoms bezeichnet

$$\Sigma y = \int y\,dl - \frac{1}{2}y + \frac{1}{2}Y.$$

Da die Summe aller Glieder des Binoms $[p + (1 - p)]^n$, die zwischen den zwei Gliedern mit dem gleichen Abstand l vom größten Glied enthalten sind, gleich $\Sigma y - \frac{1}{2}Y$ ist, wird sie gleich

$$\int y\,dl - \frac{1}{2}y$$

sein, und wenn man ihr die Summe dieser Randglieder hinzufügt, erhält man als Summe aller Glieder

$$\int y\,dl + \frac{1}{2}y.$$

Setzt man

$$t = \frac{l\sqrt{n}}{\sqrt{2xx'}},$$

wird diese Summe zu

$$\frac{2}{\sqrt{\pi}}\int dt\,c^{-t^2} + \frac{\sqrt{n}}{\sqrt{\pi}\sqrt{2xx'}}c^{-t^2}.$$

Da die vernachlässigten Glieder von der Ordnung $\frac{1}{n}$ sind, ist dieser Ausdruck um so genauer, je größer n ist; er ist streng gültig, wenn n unendlich ist. Es wäre einfach, aufgrund der vorausgehenden analytischen Betrachtung die Glieder der Ordnung $\frac{1}{n}$ und der höheren Ordnungen zu berücksichtigen.

Text 4.5. Siméon-Denis Poisson, Lehrbuch der Wahrscheinlichkeitsrechnung und deren wichtigsten Anwendungen*)

§ 52. In einer sehr großen Anzahl μ successiver Versuche wollen wir die Wahrscheinlichkeit des Ereignisses E von beliebiger Natur bei dem ersten Versuche mit p_1, bei dem zweiten mit $p_2, \ldots$ und bei dem letzten mit p_μ bezeichnen. Ferner sei p' das Mittel aus allen diesen Wahrscheinlichkeiten oder der Quotient aus ihrer Summe und ihrer Anzahl, d.h.

$$p' = \frac{1}{\mu}(p_1 + p_2 + p_3 + \ldots + p_\mu),$$

so ist zu gleicher Zeit die mittlere Wahrscheinlichkeit des entgegengesetzten Ereignisses F der Quotient aus der Summe der Brüche $1 - p_1, 1 - p_2, \ldots, \ldots, 1 - p_\mu$ und der Zahl μ, und wenn man sie mit q' bezeichnet, so hat man $p' + q' = 1$. Dieses vorausgesetzt, besteht einer der erwähnten allgemeinen Sätze darin: dass, wenn m und n die Zahlen sind, welche angeben, wievielmal die Ereignisse E und F während dieser Versuchsreihe stattgefunden haben, oder stattfinden werden, die Verhältnisse der Zahlen m und n zur Gesammtzahl $\mu = m + n$ der Versuche sehr nahe und mit einer sehr großen Wahrscheinlichkeit die Werthe der *mittleren* Wahrscheinlichkeiten p' und q' sind, und umgekehrt sind p' und q' die Näherungswerthe von $\frac{m}{\mu}$ und $\frac{n}{\mu}$.

Wenn diese Verhältnisse aus einer langen Reihe von Versuchen abgeleitet sind, so geben sie die mittleren Wahrscheinlichkeiten p' und q', und ebenso bestimmen sie nach der Regel in § 49. die Wahrscheinlichkeiten p und q der Ereignisse E und F selbst, wenn sie constant sind. Sollen aber diese Näherungswerthe von p' und q' auch zur näherungsweisen Bestimmung der Zahlen dienen können, welche ausdrücken, wieviele Mal die Ereignisse E und F in einer neuen, sehr langen Reihe von Versuchen stattfinden werden; so muss es gewiss, oder wenigstens höchst wahrscheinlich sein, dass die *mittleren* Wahrscheinlichkeiten von E und F für diese zweite Versuchsreihe genau, oder sehr nahe dieselben sind, als für die erste. Dieses findet nun aber vermöge des folgenden andern allgemeinen Satzes in der That auch statt.

*) Siméon-Denis Poisson, Lehrbuch der Wahrscheinlichkeitsrechnung und deren wichtigsten Anwendungen. (Deutsch bearbeitet und mit den nötigen Zusätzen versehen von Dr. C. H. Schnuse, nach dem französischen Original ›Recherches sur la probabilité des jugements en matière criminelle et en matière civile‹, Paris 1837), Braunschweig 1841, S. 108–110.

Wir wollen annehmen, dass das bei jedem Versuche stattfindende Ereigniss E oder F vermöge seiner Natur von einer der sich gegenseitig ausschließenden ν Ursachen $C_1, C_2, C_3, \dots C_\nu$, welche wir zunächst als gleich möglich betrachten wollen, herrühren kann. Es sei c_i die einer beliebigen Ursache C_i entsprechende Wahrscheinlichkeit für das Stattfinden des Ereignisses E, so dass bei einem bestimmten Versuche, z.B. bei dem ersten, die Wahrscheinlichkeit des Ereignisses E gleich c_1 ist, wenn die Ursache C_1 vorhanden ist, gleich c_2, wenn es die Ursache C_2 ist, u.s.f. Wenn es nur eine einzige mögliche Ursache gäbe, so wäre die Wahrscheinlichkeit des Ereignisses E bei allen Versuchen nothwendig dieselbe; aber bei unserer Voraussetzung kann sie bei jedem Versuche ν gleich wahrscheinliche Werthe haben, und ändert sich also von einem Versuche zum andern. Setzt man nun:

$$\gamma = \frac{1}{\nu}(c_1 + c_2 + c_3 + \dots + c_\nu),$$

so ist der Quotient aus der Summe der Wahrscheinlichkeiten, dass das Ereigniss E in einer sehr großen Anzahl bereits gemachter Versuche stattgefunden hat, oder in einer langen Reihe künftiger Versuche stattfinden wird, und aus ihrer Anzahl sehr nahe und höchst wahrscheinlich dem Bruche γ, dessen Größe von dieser Anzahl unabhängig ist, gleich. Man kann also die *mittlere* Wahrscheinlichkeit p' des Ereignisses E für zwei oder mehrere Versuchsreihen, wovon jede aus einer sehr großen Anzahl von Versuchen besteht, als gleich ansehen.

Verbindet man diesen zweiten allgemeinen Satz mit dem ersten, so ergibt sich daraus, dass, wenn m die Zahl ist, welche ausdrückt, wie vielmal das Ereigniss E in einer sehr großen Anzahl μ von Versuchen stattfinden wird, oder stattgefunden hat, und m' dieselbe Zahl für eine andere sehr große Anzahl μ' von Versuchen, sehr nahe und höchst wahrscheinlich die Gleichung:

$$\frac{m}{\mu} = \frac{m'}{\mu'}$$

stattfindet. Diese beiden Verhältnisse würden in aller Strenge unter sich und der unbekannten Größe γ gleich sein, wenn die Zahlen μ und μ' unendlich groß werden könnten. Wenn ihre durch die Beobachtung gegebenen Werthe merklich von einander verschieden sind, so hat man Grund, zu glauben, dass in der Zwischenzeit der beiden Versuchsreihen einige der Ursachen $C_1, C_2, C_3, \dots$ unmöglich und andere möglich geworden sind, wodurch die Wahrscheinlichkeiten $c_1, c_2, c_3, \dots$ und folglich der Werth von γ verändert werden. Diese Veränderung ist jedoch nicht gewiss, und wir werden in der Folge den Ausdruck ihrer Wahrscheinlichkeit als Function des beobachteten Unterschiedes $\frac{m'}{\mu'} - \frac{m}{\mu}$ und der Anzahlen μ und μ' der Versuche angeben.

Text 4.6. Irénée Jules Bienaymé, Considérations à l'appui de la découverte de Laplace sur la loi de probabilité dans la méthode des moindres carrés*)

Wenn diese Überlegungen nicht ausreichen, kann man zumindest die Form der Wahrscheinlichkeit sowie das Verhalten des Wertes, den sie mit wachsender Anzahl der Beobachtungen annimmt, berechnen.

Nehmen wir etwa an, daß der Fehler zwischen den Grenzen

$$\pm t\sqrt{2S.b(\varepsilon - \mu)^2}\,.$$

enthalten sein muß.[118]) Nach n Beobachtungen ist der Ausdruck für den Mittelwert der Quadrate $S.h^2 \cdot S.b(\varepsilon - \mu)^2$ oder $\frac{k}{n} S.b(\varepsilon - \mu)^2$, wobei die Zahl k im Verhältnis zu n sehr klein ist.[119]) Die Grenzen nehmen, um konstant zu

*) Irénée Jules Bienaymé, Considérations à l'appui de la découverte de Laplace sur la loi de probabilité dans la méthode des moindres carrés, *in*: Comptes rendus hebdomadaires des séances de l'Académie des sciences **37** (1853), S. 309–325, speziell S. 320f.
(S)

[118]) (S): Unter „Fehler" versteht Bienaymé hier den Fehler $u = \sum_{i=1}^{n} h_i \varepsilon_i$ einer von n Beobachtungsgrößen linear abhängigen Größe, wobei jede dieser n Beobachtungsgrößen mit einem Fehler ε_i, $i = 1, \ldots, n$, behaftet ist. Die ε_i können in heutiger Sprechweise als n voneinander unabhängige, identisch verteilte Zufallsgrößen angesehen werden. Die ε_i können jeweils mit der Wahrscheinlichkeit b_{ij} einen der m diskreten Werte ε_{ij}, m natürlich, annehmen. $\mu = \sum_{j=1}^{m} \varepsilon_{ij} b_{ij}$ ist, unabhängig von i, der für alle n Beobachtungsgrößen gleiche Erwartungswert des Fehlers ε_i und wird von Bienaymé mit $\mu = S.b\varepsilon$ symbolisiert. Für den Erwartungswert des Gesamtfehlers $u = \sum_{i=1}^{n} h_i \varepsilon_i$ erhält Bienaymé den Wert $\mu \cdot \sum_{i=1}^{n} h_i$. $S.b(\varepsilon - \mu)^2$ ist in heutiger Symbolik $\sum_{j=1}^{m} b_{ij}(\varepsilon_{ij} - \mu)^2$, die wiederum für alle i, $i = 1, \ldots, n$, gleiche Streuung $\sigma^2(\varepsilon_i)$ der Einzelfehler ε_i.

[119]) (S): Die Streuung des Gesamtfehlers u, also $\sigma^2(u)$, hatte Bienaymé vorher ermittelt als gleich $\left(\sum_{i=1}^{n} h_i^2\right) \cdot \sigma^2(\varepsilon_i)$ oder, in seiner Symbolik, $S.h^2 x S.b(\varepsilon - \mu)^2$.

Unter der von Bienaymé algebraisch begründeten Voraussetzung, daß die h_i von der Größenordnung n^{-1} sind, ergibt sich die Abschätzung $\frac{k}{n}$ für $\sum_{i=1}^{n} h_i^2$ mit $k \ll n$.

bleiben, die Form

$$\pm \frac{t\sqrt{n}}{\sqrt{k}} \sqrt{2\frac{k}{n}\, S.b(\varepsilon - \mu)^2}$$

an. Da aber das Mittel der Quadrate $\frac{k}{n} S.b(\varepsilon - \mu)^2$ ist, ist klar, daß die über den obigen Grenzen liegenden Glieder dieses Mittels dazu nur einen Bruchteil f beitragen können. Die Summe dieser Glieder ist daher

$$S = f \cdot \frac{k}{n} S.b(\varepsilon - \mu)^2 .$$

Andererseits gilt offenbar, wenn p die Wahrscheinlichkeit für alle diese außerhalb der Grenzen <liegenden> Glieder ist,

$$S = p \cdot \frac{1}{\theta} \cdot \frac{t^2 n}{k} \cdot 2\frac{k}{n} S.b(\varepsilon - \mu)^2 ,$$

wobei θ kleiner als Eins ist, weil doch $t^2 \cdot 2S.b(\varepsilon - \mu)^2$ der kleinste Wert ist, der bei den fraglichen Gliedern auftritt.

Wenn man diese beiden Werte von S gleichsetzt, erhält man

$$p = \frac{\theta f}{2t^2} \cdot \frac{k}{n},$$

und die Wahrscheinlichkeit, daß der Fehler zwischen den festgesetzten Grenzen liegt, ist

$$1 - p = 1 - \frac{\theta f}{2t^2} \cdot \frac{k}{n} .$$

Also wächst die Wahrscheinlichkeit stetig mit der Anzahl der Beobachtungen. Bei gleichbleibender Wahrscheinlichkeit verengen sich also die Grenzen, wie er[120]) es behauptet hat.

[120]) (S): Gemeint ist LAPLACE.

Text 4.7.1. Pafnuty Lwowitsch Tschebyschew, Über Mittelwerte *)[121])

Wenn wir übereinkommen, als *Erwartungswert* irgendeiner Größe die Summe aller mit den betreffenden Wahrscheinlichkeiten multiplizierten Werte, die sie annehmen kann, zu bezeichnen, wird es uns leichtfallen, einen sehr einfachen Satz über die Grenzen aufzustellen, zwischen denen eine Summe irgendwelcher Größen eingeschlossen bleibt.

Satz. *Wenn man mit $a, b, c, \ldots$ die Erwartungswerte der Größen*

$$x, y, z, \ldots$$

und mit $a_1, b_1, c_1, \ldots$ die Erwartungswerte ihrer Quadrate

$$x^2, y^2, z^2, \ldots$$

bezeichnet, wird die Wahrscheinlichkeit, daß die Summe

$$x + y + z + \ldots$$

zwischen den Grenzen

$$a + b + c + \ldots. + \alpha \sqrt{a_1 + b_1 + c_1 + \ldots. - a^2 - b^2 - c^2 - \ldots.} \;,$$

$$a + b + c + \ldots. - \alpha \sqrt{a_1 + b_1 + c_1 + \ldots. - a^2 - b^2 - c^2 - \ldots.}$$

eingeschlossen ist, stets größer sein als $1 - \frac{1}{\alpha^2}$ für beliebiges α.

Beweis. Seien

$$x_1, x_2, x_3, \ldots. x_l,$$

$$y_1, y_2, y_3, \ldots. y_m,$$

$$z_1, z_2, z_3, \ldots. z_n,$$

$$\ldots\ldots\ldots\ldots\ldots\ldots$$

*) Pafnouty Lvovitsch Tchebychef, Des valeurs moyennes, *in* Journal de mathématiques pures et appliquées **12²** (1867), S. 177–184.

(S) unter Mithilfe von Bernd Arnold.

[121]) (Arnold): Der Text ist eine von N. de Khanikof besorgte und vom Verfasser autorisierte Übersetzung aus dem Russischen ins Französische. Russisch *in*: Matematitscheskij sbornik **2** (1867), S. 1–9.

alle denkbaren Werte der Größen $x, y, z, \ldots$, und seien

$$\begin{array}{l} p_1, p_2, p_3, \ldots. p_l, \\ q_1, q_2, q_3, \ldots. q_m, \\ r_1, r_2, r_3, \ldots. r_n, \\ \ldots\ldots\ldots\ldots\ldots\ldots \end{array}$$

die betreffenden Wahrscheinlichkeiten dieser Größen oder aber die Wahrscheinlichkeiten der Annahmen

$$\begin{array}{l} x = x_1, x_2, x_3, \ldots. x_l, \\ y = y_1, y_2, y_3, \ldots. y_m, \\ z = z_1, z_2, z_3, \ldots. z_n, \\ \ldots\ldots\ldots\ldots\ldots\ldots\ldots\ldots \end{array}$$

In Übereinstimmung mit diesen Bezeichnungen werden die Erwartungswerte der Größen

$$\begin{array}{c} x, y, z, \ldots., \\ x^2, y^2, z^2, \ldots. \end{array}$$

so ausgedrückt:

$$\left.\begin{array}{l} a = p_1x_1 + p_2x_2 + p_3x_3 + \ldots. + p_lx_l, \\ b = q_1y_1 + q_2y_2 + q_3y_3 + \ldots. + q_my_m, \\ c = r_1z_1 + r_2z_2 + r_3z_3 + \ldots. + r_nz_n, \end{array}\right\} \quad (1)$$

$$\ldots\ldots\ldots\ldots\ldots\ldots\ldots\ldots\ldots\ldots\ldots\ldots$$

$$\left.\begin{array}{l} a_1 = p_1x_1^2 + p_2x_2^2 + p_3x_3^2 + \ldots. + p_lx_l^2, \\ b_1 = q_1y_1^2 + q_2y_2^2 + q_3y_3^2 + \ldots. + q_my_m^2, \\ c_1 = r_1z_1^2 + r_2z_2^2 + r_3z_3^2 + \ldots. + r_nz_n^2, \end{array}\right\} \quad (2)$$

$$\ldots\ldots\ldots\ldots\ldots\ldots\ldots\ldots\ldots\ldots\ldots\ldots$$

Da nun aber die Annahmen, die wir gerade über die Größen $x, y, z, \ldots$ gemacht haben, die einzig möglichen sind, genügen ihre Wahrscheinlichkeiten den folgenden Gleichungen:

$$\left.\begin{array}{l} p_1 + p_2 + p_3 + \ldots. + p_l = 1, \\ q_1 + q_2 + q_3 + \ldots. + q_m = 1, \\ r_1 + r_2 + r_3 + \ldots. + r_n = 1, \end{array}\right\} \quad (3)$$

$$\ldots\ldots\ldots\ldots\ldots\ldots\ldots\ldots\ldots\ldots\ldots\ldots$$

Mit Hilfe der Gleichungen (1), (2) und (3) fällt es leicht, die Summe aller Werte des Ausdrucks

$$(x_\lambda + y_\mu + z_\nu + \ldots. - a - b - c - \ldots.)^2 \, p_\lambda q_\mu r_\nu \ldots.$$

zu finden, wenn man darin nacheinander

$$\lambda = 1, 2, 3, \ldots. l; \mu = 1, 2, 3, \ldots. m; \nu = 1, 2, 3, \ldots. n; \ldots.$$

macht.

In der Tat ergibt die Entwicklung dieses Ausdrucks

$$p_\lambda q_\mu r_\nu \ldots. x_\lambda^2 + p_\lambda q_\mu r_\nu \ldots. y_\mu^2 + p_\lambda q_\mu r_\nu \ldots. z_\nu^2 + \ldots.$$
$$+ 2p_\lambda q_\mu r_\nu \ldots. x_\lambda y_\mu + 2p_\lambda q_\mu r_\nu \ldots. x_\lambda z_\nu + 2p_\lambda q_\mu r_\nu \ldots. y_\mu z_\nu + \ldots.$$
$$- 2(a + b + c + \ldots.)\, p_\lambda q_\mu r_\nu \ldots. x_\lambda - 2(a + b + c + \ldots.)\, p_\lambda q_\mu r_\nu \ldots. y_\mu$$
$$- 2(a + b + c + \ldots.)\, p_\lambda q_\mu r_\nu \ldots. z_\nu - \ldots. + (a + b + c + \ldots.)^2\, p_\lambda q_\mu r_\nu \ldots.$$

Indem wir in diesem Ausdruck λ alle Werte von $\lambda = 1$ bis $\lambda = l$ geben und die Ergebnisse des Einsetzens summieren, erhalten wir die folgende Summe:

$$q_\mu r_\nu \ldots. (p_1 x_1^2 + p_2 x_2^2 + p_3 x_3^2 + \ldots. + p_l x_l^2)$$
$$+ (p_1 + p_2 + p_3 + \ldots. + p_l)\, q_\mu r_\nu \ldots. y_\mu^2$$
$$+ (p_1 + p_2 + p_3 + \ldots. + p_l)\, q_\mu r_\nu \ldots. z_\nu^2$$
$$+ \ldots\ldots\ldots\ldots\ldots\ldots\ldots\ldots$$
$$+ 2(p_1 x_1 + p_2 x_2 + p_3 x_3 + \ldots. + p_l x_l)\, q_\mu r_\nu \ldots y_\mu$$
$$+ 2(p_1 x_1 + p_2 x_2 + p_3 x_3 + \ldots. + p_l x_l)\, q_\mu r_\nu \ldots z_\nu$$
$$+ \ldots\ldots\ldots\ldots\ldots\ldots\ldots\ldots$$
$$+ 2(p_1 + p_2 + p_3 + \ldots. + p_l)\, q_\mu r_\nu \ldots. y_\mu z_\nu \ldots\ldots\ldots\ldots$$
$$- 2(a + b + c + \ldots.)\,(p_1 x_1 + p_2 x_2 + p_3 x_3 + \ldots. + p_l x_l)\, q_\mu r_\nu \ldots..$$
$$- 2(a + b + c + \ldots.)\,(p_1 + p_2 + p_3 + \ldots. + p_l)\, q_\mu r_\nu \ldots. y_\mu$$
$$- 2(a + b + c + \ldots.)\,(p_1 + p_2 + p_3 + \ldots. + p_l)\, q_\mu r_\nu \ldots. z_\nu$$
$$- \ldots\ldots\ldots\ldots\ldots\ldots\ldots\ldots$$
$$+ (a + b + c + \ldots.)^2\,(p_1 + p_2 + p_3 + \ldots. + p_l)\, q_\mu r_\nu \ldots\ldots\ldots\ldots$$

Setzen wir aufgrund der Gleichungen (1), (2) und (3) an Stelle der Summen

$$p_1 x_1 + p_2 x_2 + p_3 x_3 + \ldots. + p_l x_l,$$
$$p_1 x_1^2 + p_2 x_2^2 + p_3 x_3^3 + \ldots. + p_l x_l^2,$$
$$p_1 + p_2 + p_3 + \ldots. + p_l$$

ihre Werte a, a_1 und 1, erhalten wir die folgende Formel

$$a_1 q_\mu r_\nu \ldots. + q_\mu r_\nu \ldots. y_\mu^2 + q_\mu r_\nu \ldots. z_\nu^2 + \ldots.$$
$$+ 2a q_\mu r_\nu \ldots. y_\mu + 2a q_\mu r_\nu \ldots. z_\nu + \ldots. + 2q_\mu r_\nu \ldots. y_\mu z_\nu + \ldots.$$
$$- 2(a + b + c + \ldots.)\, a q_\mu r_\nu \ldots. - 2(a + b + c + \ldots.)\, q_\mu r_\nu \ldots. y_\mu$$
$$- 2(a + b + c + \ldots.)\, q_\mu r_\nu \ldots. z_\nu - \ldots. + (a + b + c + \ldots.)^2\, q_\mu r_\nu \ldots. .$$

Geben wir in dieser Formel μ die Werte

$$\mu = 1, 2, 3, \ldots., m,$$

summieren dann die Ausdrücke, die sich aus dem Einsetzen ergeben, und ersetzen die Summen

$$q_1y_1 + q_2y_2 + q_3y_3 \ldots. + q_my_m,$$

$$q_1y_1^2 + q_2y_2^2 + q_3y_3^3 \ldots. + q_my_m^2,$$

$$q_1 + q_2 + q_3 + \ldots. + q_m$$

durch ihre den Gleichungen (1), (2) und (3) entnommenen Werte b, b_1 und 1, so erhalten wir den folgenden Ausdruck:

$$a_1r_\nu \ldots. + b_1r_\nu \ldots. + r_\nu \ldots. z_\nu^2 + \ldots.$$

$$+ 2abr_\nu \ldots. + 2ar_\nu \ldots. z_\nu + 2br_\nu \ldots. z_\nu + \ldots.$$

$$- 2(a + b + c + \ldots.)\, ar_\nu \ldots. - 2(a + b + c + \ldots.)\, br_\nu \ldots.$$

$$- 2(a + b + c + \ldots.)\, r_\nu \ldots. z_\nu - \ldots. + (a + b + c + \ldots.)^2\, r_\nu \ldots. .$$

Indem wir ν, ... in gleicher Weise behandeln, sehen wir, daß die Summe aller Werte des Ausdrucks

$$(x_\lambda + y_\mu + z_\nu + \ldots. - a - b - c - \ldots.)^2\, p_\lambda q_\mu r_\nu \ldots.,$$

den man erhält, indem man

$$\lambda = 1, 2, 3, \ldots. l; \quad \mu = 1, 2, 3, \ldots. m; \quad \nu = 1, 2, 3, \ldots. n$$

macht, gleich

$$a_1 + b_1 + c_1 + \ldots.$$

$$+ 2ab + 2ac + 2bc + \ldots.$$

$$- 2(a + b + c + \ldots.)\, a - 2(a + b + c + \ldots.)\, b - 2(a + b + c + \ldots.)\, c - \ldots.$$

$$+ (a + b + c + \ldots.)^2$$

sein wird.

Faßt man zusammen, so reduziert sich dieser Ausdruck auf

$$a_1 + b_1 + c_1 + \ldots. - a^2 - b^2 - c^2 - \ldots. .$$

Daraus schließen wir, daß die Summe der Werte des Ausdrucks

$$\frac{(x_\lambda + y_\mu + z_\nu + \ldots. - a - b - c - \ldots.)^2}{\alpha^2(a_1 + b_1 + c_1 + \ldots. - a^2 - b^2 - c^2 - \ldots.)}\, p_\lambda q_\mu r_\nu \ldots.,$$

die man erhält, indem man

$$\lambda = 1, 2, 3, \ldots. l; \quad \mu = 1, 2, 3, \ldots. m; \quad \nu = 1, 2, 3, \ldots. n; \ldots.$$

macht, gleich $\frac{1}{\alpha^2}$ sein wird. Nun vermindern wir offensichtlich diese Summe, wenn wir aus dieser Summe alle Glieder herauswerfen, in denen der Faktor

$$\frac{(x_\lambda + y_\mu + z_\nu + \ldots. - a - b - c - \ldots.)^2}{\alpha^2(a_1 + b_1 + c_1 + \ldots. - a^2 - b^2 - c^2 - \ldots.)}$$

kleiner als 1 ist, und wenn wir ihn überall durch 1 ersetzen, wo er größer als 1 ist, und sie wird kleiner als

$$\frac{1}{\alpha^2}.$$

Aber diese so reduzierte Summe wird nur von Produkten

$$p_\lambda \cdot q_\mu \cdot r_\nu \ldots.$$

gebildet, die Werten von $x_\lambda, y_\mu, z_\nu, \ldots.$ entsprechen, für die der Ausdruck

$$\frac{(x_\lambda + y_\mu + z_\nu + \ldots. - a - b - c - \ldots.)^2}{\alpha^2(a_1 + b_1 + c_1 + \ldots. - a^2 - b^2 - c^2 - \ldots.)} > 1$$

ist, und sie stellt offensichtlich die Wahrscheinlichkeit dar, daß $x, y, z, \ldots$ Werte haben, die der Bedingung

$$\frac{(x + y + z + \ldots. - a - b - c - \ldots.)^2}{\alpha^2(a_1 + b_1 + c_1 + \ldots. - a^2 - b^2 - c^2 - \ldots.)} > 1 \qquad (4)$$

genügen.

Eben diese Wahrscheinlichkeit kann durch die Differenz

$$1 - P$$

ersetzt werden, wenn wir mit P die Wahrscheinlichkeit bezeichnen, daß die Werte von $x, y, z, \ldots$ nicht der Bedingung (4) genügen, oder, was dasselbe bedeutet, daß diese Größen Werte haben, für die das Verhältnis

$$\frac{(x + y + z + \ldots. - a - b - c - \ldots.)^2}{\alpha^2(a_1 + b_1 + c_1 + \ldots. - a^2 - b^2 - c^2 - \ldots.)}$$

nicht >1 ist, und folglich, daß die Summe

$$x + y + z + \ldots$$

zwischen den Grenzen

$$a + b + c + \ldots. + \alpha\sqrt{a_1 + b_1 + c_1 + \ldots. - a^2 - b^2 - c^2 - \ldots.}$$

$$a + b + c + \ldots. - \alpha\sqrt{a_1 + b_1 + c_1 + \ldots. - a^2 - b^2 - c^2 - \ldots.}$$

enthalten bleibt.

Daher muß offensichtlich die Wahrscheinlichkeit P der Ungleichung

$$1 - P < \frac{1}{\alpha^2}$$

genügen, die uns

$$P > 1 - \frac{1}{\alpha^2}$$

liefert, was zu beweisen war.

Sei N die Zahl der Größen $x, y, z, \ldots$; setzt man im soeben bewiesenen Satz voraus, daß

$$\alpha = \frac{\sqrt{N}}{t}$$

ist und daß man die Summe

$$x + y + z + \ldots.$$

und ihre Grenzen

$$a + b + c + \ldots. + \alpha\sqrt{a_1 + b_1 + c_1 + \ldots. - a^2 - b^2 - c^2 - \ldots.}$$

$$a + b + c + \ldots. - \alpha\sqrt{a_1 + b_1 + c_1 + \ldots. - a^2 - b^2 - c^2 - \ldots.}$$

durch N teilt, erhält man den folgenden, die Mittelwerte betreffenden Satz.

Satz. *Wenn die Erwartungswerte der Größen*

$$x, y, z, \ldots., x^2, y^2, z^2, \ldots.$$

gleich

$$a, b, c, \ldots., a_1, b_1, c_1, \ldots.$$

sind, wird die Wahrscheinlichkeit dafür, daß die Differenz zwischen dem arithmetischen Mittel der N Größen $x, y, z, \ldots.$ und dem arithmetischen Mittel der Erwartungswerte dieser Größen

$$\frac{1}{t}\sqrt{\frac{a_1 + b_1 + c_1 + \ldots.}{N} - \frac{a^2 + b^2 + c^2 + \ldots.}{N}}$$

nicht übersteigt, stets größer sein als

$$1 - \frac{t^2}{N},$$

wie groß auch t sei.

Da die Brüche

$$\frac{a_1 + b_1 + c_1 + \ldots.}{N}, \quad \frac{a^2 + b^2 + c^2 + \ldots.}{N}$$

die Mittelwerte der Größen

$$a_1, b_1, c_1, \ldots., a^2, b^2, c^2, \ldots.$$

ausdrücken, wird jedesmal, wenn die Erwartungswerte

$$a, b, c, \ldots, a_1, b_1, c_1, \ldots$$

eine bestimmte endliche Grenze nicht übersteigen, auch der Ausdruck

$$\frac{1}{t}\sqrt{\frac{a_1 + b_1 + c_1 + \ldots}{N} - \frac{a^2 + b^2 + c^2 + \ldots}{N}}$$

einen endlichen Wert haben, wie groß auch N sei, und folglich hängt es von uns ab, den Wert von

$$\sqrt{\frac{a_1 + b_1 + c_1 + \ldots}{N} - \frac{a^2 + b^2 + c^2 + \ldots}{N}}$$

beliebig klein zu machen, indem wir t einen genügend großen Wert beilegen. Da nun, wie groß t auch sei, das Anwachsen der Zahl N bis ins Unendliche den Bruch $\frac{t^2}{N}$ zu Null macht, schließen wir vermöge des vorhergehenden Satzes:

Satz. *Wenn die Erwartungswerte der Größen*

$$U_1, U_2, U_3, \ldots$$

und ihrer Quadrate

$$U_1^2, U_2^2, U_3^2, \ldots$$

einen endlichen Grenzwert nicht überschreiten, wird die Wahrscheinlichkeit dafür, daß die Differenz zwischen dem arithmetischen Mittel einer Anzahl N dieser Größen und dem arithmetischen Mittel ihrer Erwartungswerte kleiner als eine gegebene Größe ist, für N gegen Unendlich gleich Eins.

Unter der speziellen Annahme, daß die Größen

$$U_1, U_2, U_3, \ldots$$

nur die Werte Null und Eins annehmen, je nachdem, ob ein Ereignis E im ersten, zweiten, dritten, ..., Nten *Versuch* eintritt oder nicht, bemerken wir, daß die Summe

$$U_1 + U_2 + U_3 + \ldots + U_N$$

die *Häufigkeit* des Ereignisses E in N Versuchen und das arithmetische Mittel

$$\frac{U_1 + U_2 + U_3 + \ldots + U_N}{N}$$

das Verhältnis der *Häufigkeit* zur Zahl der *Versuche* angibt. Um unseren letzten Satz auf diesen Fall anzuwenden, bezeichnen wir mit

$$P_1, P_2, P_3, \ldots P_N$$

die Wahrscheinlichkeiten des Ereignisses E im ersten, zweiten, dritten, ..., Nten Versuch; die Erwartungswerte der Größen

$$U_1, U_2, U_3, \ldots. U_N$$

und ihrer Quadrate

$$U_1^2, U_2^2, U_3^2, \ldots. U_N^2$$

werden unserer Bezeichnungsweise gemäß durch

$$P_1 \cdot 1 + (1 - P_1) \cdot 0; \; P_2 \cdot 1 + (1 - P_2) \cdot 0; \; P_3 \cdot 1 + (1 - P_3) \cdot 0; \ldots.$$

$$P_1 \cdot 1^2 + (1 - P_1) \cdot 0^2; \; P_2 \cdot 1^2 + (1 - P_2) \cdot 0^2; \; P_3 \cdot 1^2 + (1 - P_3) \cdot 0^2; \ldots.$$

ausgedrückt. Daraus sieht man, daß die Erwartungswerte

$$P_1, P_2, P_3, \ldots.$$

sind und daß das arithmetische Mittel der N ersten Erwartungswerte

$$\frac{P_1 + P_2 + P_3 + \ldots. + P_N}{N}$$

ist, d.h. das arithmetische Mittel der Wahrscheinlichkeiten $P_1, P_2, P_3, \ldots. P_N$. Infolgedessen und vermöge des vorhergehenden Satzes gelangen wir zu folgendem Schluß:

Wenn die Anzahl der Versuche unendlich wird, erhält man eine Wahrscheinlichkeit dafür, daß die Differenz zwischen dem arithmetischen Mittel der Wahrscheinlichkeiten dieses Ereignisses während dieser Versuche und dem Verhältnis der Häufigkeit dieses Ereignisses zur Gesamtzahl der Versuche kleiner ist als jede vorgegebene Größe, die der Eins beliebig nahe kommt.

Für den Sonderfall, daß die Wahrscheinlichkeit des Ereignisses während aller Versuche gleich bleibt, erhalten wir den Satz von BERNOULLI.

Text 4.7.2. Pafnuty Lwowitsch Tschebyschew, Über zwei Wahrscheinlichkeiten betreffende Sätze*)

Ich habe in einer Abhandlung mit dem Titel *Über Mittelwerte* gezeigt, wie man *Ungleichungen* erhält, aus denen man leicht einen Satz über Wahrscheinlichkeiten ableitet, der als Spezialfälle das Theorem von BERNOULLI und das Gesetz der großen Zahlen enthält.

Diesen Satz habe ich so formuliert:

Wenn die Erwartungswerte der Größen

$$u_1, u_2, u_3, \ldots,$$

und ihrer Quadrate

$$u_1^2, u_2^2, u_3^2, \ldots,$$

eine beliebige endliche Grenze nicht überschreiten, wird die Wahrscheinlichkeit dafür, daß die Differenz zwischen dem arithmetischen Mittel einer Anzahl n dieser Größen und dem arithmetischen Mittel ihrer Erwartungswerte kleiner als eine gegebene Größe ist, für n gegen Unendlich gleich Eins.

Ich bin auf dieses Ergebnis gestoßen bei dem Versuch, die Grenzwerte eines Integrals nach den gegebenen Werten anderer Integrale zu bestimmen, die unter dem Integralzeichen außer den bekannten Funktionen eine unbekannte Funktion enthalten; diese muß nur der Bedingung genügen, zwischen den Integrationsgrenzen nicht negativ zu werden. Bei der Weiterentwicklung dieser Methode, die ich bei diesen Untersuchungen angewandt habe, gelange ich in einem Spezialfall auf den folgenden Satz über Integrale:

Wenn die Funktion $f(x)$ immer positiv bleibt, und wenn gilt

$$\int_{-\infty}^{+\infty} f(x)\,dx = 1, \quad \int_{-\infty}^{+\infty} xf(x)\,dx = 0, \quad \int_{-\infty}^{+\infty} x^2 f(x)\,dx = \frac{1}{q^2},$$

$$\int_{-\infty}^{+\infty} x^3 f(x)\,dx = 0,$$

....

$$\int_{-\infty}^{+\infty} x^{2m-2} f(x)\,dx = \frac{1 \cdot 3 \cdot 5 \cdots (2m-3)}{q^{2m-2}}, \quad \int_{-\infty}^{+\infty} x^{2m-1} f(x)\,dx = 0,$$

*) PAFNUTY LWOWITSCH TSCHEBYSCHEW, Über zwei Wahrscheinlichkeiten betreffende Sätze (russisch), *in*: Abhandlungen der Petersburger Akademie der Wissenschaften **55** (1887), und französische Übersetzung von I. LYON *in*: Acta mathematica **14** (1890) 1, S. 305–315, speziell S. 305–307.

(S)

wird der Wert des Integrals

$$\int_{-\infty}^{v} f(x)\,dx$$

zwischen den Grenzen

$$\frac{1}{\sqrt{\pi}}\int_{-\infty}^{\frac{qv}{\sqrt{2}}} e^{-x^2}\,dx - \frac{3\sqrt{3}\,(m^2-2m+3)^{\frac{3}{2}}\,(q^2v^2+1)^3}{2(m-3)^3\sqrt{m-1}},$$

$$\frac{1}{\sqrt{\pi}}\int_{-\infty}^{\frac{qv}{\sqrt{2}}} e^{-x^2}\,dx + \frac{3\sqrt{3}\,(m^2-2m+3)^{\frac{3}{2}}\,(q^2v^2+1)^3}{2(m-3)^3\sqrt{m-1}}.$$

enthalten sein für alle reellen Werte von v.

Ich werde jetzt zeigen, wie dieser Satz über Integrale zu einem Satz über Wahrscheinlichkeiten führt, mit dessen Hilfe sich die Bestimmung der sichersten Werte der Unbekannten, wenn man eine große Anzahl von Gleichungen mit mehr oder weniger beträchtlichen zufälligen Fehlern hat, auf die Methode *der kleinsten Quadrate* zurückführen läßt.[122])

Dieser Satz kann so formuliert werden:

Wenn die Erwartungswerte der Größen

$$u_1, u_2, u_3, \ldots$$

alle gleich Null sind, und wenn die Erwartungswerte aller ihrer Potenzen eine beliebige endliche Grenze nicht überschreiten, wird die Wahrscheinlichkeit, daß die Summe

$$u_1 + u_2 + u_3 + \ldots + u_n$$

einer Anzahl n dieser Größen, geteilt durch die Quadratwurzel der doppelten Summe der Erwartungswerte ihrer Quadrate, zwischen zwei beliebigen Grenzen t und t' enthalten ist, für n gegen Unendlich gleich

$$\frac{1}{\sqrt{\pi}}\int_{t}^{t'} e^{-x^2}\,dx.$$

122) (S): Die Anwendung dieses Satzes auf die Begründung der Methode der kleinsten Quadrate wird in der Arbeit nicht gebracht!

Text 4.8. Jarl Waldemar Lindeberg, Eine neue Herleitung des Exponentialgesetzes in der Wahrscheinlichkeitsrechnung*)

1. In einer Arbeit „*Über das Exponentialgesetz in der Wahrscheinlichkeitsrechnung*“[123]) habe ich einige Sätze bewiesen, die sich auf die Frage beziehen, unter welchen Bedingungen die Summe einer großen Anzahl von unabhängigen Wahrscheinlichkeitsgrößen dem GAUSSschen Gesetze folgt. Zur Zeit der Redaktion dieser Arbeit hielt ich einen von Herrn v. MISES angegebenen Satz[124]) für das schärfste bisher in dieser Frage gewonnene Resultat. Nunmehr finde ich, daß schon LIAPOUNOFF[125]) allgemeine Resultate dargelegt hat, die nicht nur über diejenigen des Herrn v. MISES hinausgehen, sondern aus denen auch die meisten der von mir in der oben genannten Arbeit bewiesenen Tatsachen abgeleitet werden können.

Das Studium der Arbeiten von LIAPOUNOFF hat mich veranlaßt, die von mir angewandte Methode aufs neue zu prüfen. Hierbei ist mir der Umstand, daß meine Entwickelungen nur an endliche Reihen von Wahrscheinlichkeitsgrößen knüpfen, immer deutlicher als formale Überlegenheit gegenüber der früheren Darstellungsweise hervorgetreten. Man bemerke in dieser Hinsicht, daß der Satz II der nachfolgenden Darstellung, der mir für die mathematische Statistik unbedingt notwendig scheint, aus dem allgemeinen Satze, in welchem LIAPOUNOFF seine Resultate zusammenfaßt[126]), nicht gefolgert werden kann, obgleich die Hilfsmittel LIAPOUNOFFS sehr wohl zur Ableitung desselben geeignet sind. Weiter habe ich gefunden, daß meine Methode noch erheblich vereinfacht werden kann und daß eine kleine Abänderung derselben zu einer nicht unwesentlichen sachlichen Erweiterung aller mir jetzt bekannten früheren Resultate führt.

Im folgenden wird eine Darstellung meiner Methode und der daraus herfließenden Resultate gegeben. Hierbei wird zunächst versucht, einen möglichst

*) JARL WALDEMAR LINDEBERG, Eine neue Herleitung des Exponentialgesetzes in der Wahrscheinlichkeitsrechnung, *in*: Mathematische Zeitschrift **15** (1922), S. 211 bis 225. Abdruck mit Genehmigung der Erben von J. W. LINDEBERG.

[123]) Annales Academiae Scientiarum Fennicae **16** (1922), S. 1–23.

[124]) Fundamentalsätze der Wahrscheinlichkeitsrechnung, Mathematische Zeitschrift **4** (1919), (S. 1–97), S. 78.

[125]) Sur une proposition de la théorie des probabilités, Bulletin de l'Académie impériale des sciences de St. Pétersbourg **13** (1900), S. 359–386. – Nouvelle forme du théorème sur la limite de probabilité, Mémoires de l'Académie impériale des sciences de St. Pétersbourg **12** (1902), S. 1–24.

[126]) Seite 3 der zweiten der soeben zitierten Arbeiten.

einfachen Beweis des oben erwähnten Satzes II zu geben, denn dies scheint mir die wichtigste Aufgabe der Theorie zu sein. Sodann wird der Beweisgang so abgeändert, daß ein möglichst umfassendes Resultat erreicht wird.

Hinsichtlich des allgemeinen Charakters der Wahrscheinlichkeitsgrößen, die wir in Betracht ziehen, machen wir von Anfang an keine andere Voraussetzung, als daß sie Verteilungsfunktionen[127]) besitzen. Demnach wird im folgenden von Integralen immer im Sinne von STIELTJES die Rede sein.

Betreffs der im folgenden benutzten Bezeichnungsweise ist zu bemerken, daß wir die obere Grenze eines Integrals nicht hinschreiben, falls dieselbe $+\infty$ ist; desgleichen wird die untere Grenze $-\infty$ weggelassen. Ferner werden wir uns durchgehend der abkürzenden Bezeichnung

$$\varphi(x, \sigma) = \frac{e^{-\frac{x^2}{2\sigma^2}}}{\sigma\sqrt{2\pi}}$$

bedienen, wo σ eine positive Zahl bedeutet.

2. Es seien $U_1(x), U_2(x), \ldots, U_n(x)$ die Verteilungsfunktionen von n voneinander unabhängigen Wahrscheinlichkeitsgrößen $u_1, u_2, \ldots, u_n$. Wir machen zunächst die folgenden Voraussetzungen.

Die Mittelwerte der Größen u_μ sind sämtlich Null, d.h. es ist für $\mu = 1, 2, \ldots, n$

$$\int x\, dU_\mu(x) = 0.$$

Wenn die Streuungen der Größen u_μ mit σ_μ bezeichnet werden, d.h. wenn

$$\int x^2\, dU_\mu(x) = \sigma_\mu^2$$

gesetzt wird, so ist

$$\sum_{\mu=1}^{n} \sigma_\mu^2 = 1.$$

Es sei $U(x)$ die Verteilungsfunktion der Summe $u_1 + u_2 + \ldots + u_n = u$, also die durch die Gleichung

$$U(x) = \int\int \ldots \int U_n(x - t_1 - t_2 - \ldots - t_{n-1})\, dU_{n-1}(t_{n-1}) \ldots dU_1(t_1) \quad (1)$$

gegebene Funktion, wo gemäß der oben gemachten Bemerkung über unsere Bezeichnungsweise in bezug auf sämtliche Veränderlichen $t_1, t_2, \ldots, t_{n-1}$ von $-\infty$ bis $+\infty$ zu integrieren ist. Zufolge der gemachten Voraussetzungen ist der Mittelwert der Größe u Null und ihre Streuung gleich 1. Wir stellen uns zunächst die Aufgabe zu untersuchen, was von der Funktion $U(x)$ hinsichtlich ihres Zusammenhanges mit der Funktion $\varphi(x, 1)$ geschlossen werden kann.

[127]) Wegen des Begriffes der Verteilungsfunktion verweise ich auf die schon zitierte Arbeit des Herrn v. MISES und die Fortsetzung derselben in Bd. 5.

3. Es bezeichne $f(x)$ eine für alle reellen Werte von x erklärte Funktion, die den folgenden Bedingungen genügt.

Sie ist nebst ihren zwei ersten Ableitungen stetig und $|f(x)|$ hat eine endliche obere Grenze.

Die dritte Ableitung von $f(x)$ kann in einer endlichen Anzahl von Punkten endliche Sprünge machen, sonst aber ist sie stetig.

Der absolute Betrag dieser dritten Ableitung ist überall kleiner oder gleich einer gegebenen positiven Zahl k.

Mit $V(x)$ bezeichnen wir die Verteilungsfunktion einer beliebigen Wahrscheinlichkeitsgröße v mit dem Mittelwerte Null und der Streuung σ. Schließlich werde gesetzt

$$F(x) = \int f(x-t)\, dV(t).$$

Nach dem Taylorschen Satze ist

$$f(x-t) = f(x) - f'(x)\, t + f''(x)\frac{t^2}{2} + \zeta(x, t)\frac{t^3}{6},$$

wo $|\zeta(x, t)| \leqq k$. Führen wir diese Summe in den Ausdruck für $F(x)$ ein, so wird mit Rücksicht auf die Definition von $V(x)$

$$F(x) = f(x) + \frac{f''(x)}{2}\sigma^2 + R,$$

wo

$$R = \int \frac{\zeta(x, t)}{6} t^3\, dV(t) \tag{2}$$

und somit

$$|R| < \frac{k}{6}\int |x|^3\, dV(x).$$

Es wird also

$$\left|F(x) - f(x) - \frac{f''(x)}{2}\sigma^2\right| < \frac{k}{6}\int |x|^3\, dV(x). \tag{3}$$

Machen wir die spezielle Annahme, daß v die Größe bedeutet, deren Wahrscheinlichkeitsdichte für jedes x gleich $\varphi(x, \sigma)$ ist, und setzen wir

$$\Phi(x) = \int f(x-t)\, \varphi(t, \sigma)\, dt,$$

so erhalten wir aus (3), indem wir die Gleichung

$$\int |x|^3\, \varphi(x, \sigma)\, dx = \frac{4\sigma^3}{\sqrt{2\pi}}$$

berücksichtigen,

$$\left|\Phi(x) - f(x) - \frac{f''(x)}{2}\sigma^2\right| < \frac{2k\sigma^3}{3\sqrt{2\pi}}.$$

Mit (3) kombiniert gibt diese Ungleichung

$$|F(x) - \Phi(x)| < \frac{k}{6} \int |x|^3 \, dV(x) + \frac{2k\sigma^3}{3\sqrt{2\pi}}. \tag{4}$$

Diese letzte Ungleichung kann noch vereinfacht werden. In der Gleichung

$$\int^{-\frac{\sigma}{2}} x^2 \, dV(x) + \int_{-\frac{\sigma}{2}}^{+\frac{\sigma}{2}} x^2 \, dV(x) + \int_{+\frac{\sigma}{2}} x^2 \, dV(x) = \sigma^2$$

ist das mittlere Integral kleiner als $\frac{\sigma^2}{4}$, und also ist die Summe der beiden übrigen Integrale größer als $\frac{3}{4}\sigma^2$. Andererseits ist

$$\int^{-\frac{\sigma}{2}} |x|^3 \, dV(x) \geqq \frac{\sigma}{2} \int^{-\frac{\sigma}{2}} x^2 \, dV(x)$$

und

$$\int_{+\frac{\sigma}{2}} |x|^3 \, dV(x) > \frac{\sigma}{2} \int_{+\frac{\sigma}{2}} x^2 \, dV(x),$$

was uns zeigt, daß

$$\int |x|^3 \, dV(x) > \frac{3}{8}\sigma^3.$$

Mit Rücksicht hierauf gibt (4)

$$|F(x) - \Phi(x)| < k \int |x|^3 \, dV(x). \tag{5}$$

4. Wir betrachten jetzt zwei Systeme von Funktionen

$$F_1(x), F_2(x), \ldots, F_n(x) \text{ und } \Phi_1(x), \Phi_2(x), \ldots, \Phi_n(x),$$

die wir in folgender Weise definieren:

$$F_1(x) = \int f(x-t) \, dU_1(t), \qquad \Phi_1(x) = \int f(x-t)\, \varphi(t, \sigma_1) \, dt,$$
$$F_2(x) = \int F_1(x-t) \, dU_2(t), \qquad \Phi_2(x) = \int \Phi_1(x-t)\, \varphi(t, \sigma_2) \, dt,$$
$$\cdots\cdots\cdots\cdots\cdots\cdots \qquad \cdots\cdots\cdots\cdots\cdots\cdots$$
$$F_n(x) = \int F_{n-1}(x-t) \, dU_n(t), \qquad \Phi_n(x) = \int \Phi_{n-1}(x-t)\, \varphi(t, \sigma_n) \, dt.$$

Wegen der über die Funktion $f(x)$ gemachten Voraussetzungen können die drei ersten Ableitungen der Funktion $\Phi_1(x)$ durch Differenzieren nach x unter dem Integralzeichen gebildet werden. Wenn berücksichtigt wird, daß

$$\int \varphi(t, \sigma_1) \, dt = 1,$$

so folgt hieraus, daß die Funktion $\Phi_1(x)$ nebst ihren drei ersten Ableitungen stetig ist, daß $|\Phi_1(x)|$ eine endliche obere Grenze besitzt, und daß die dritte Ableitung von $\Phi_1(x)$ dem absoluten Betrage nach kleiner als k ist. Hieraus folgt aber weiter, daß dieselben Eigenschaften auch der Funktion $\Phi_2(x)$ und allen folgenden Funktionen $\Phi_\mu(x)$ zukommen, und somit erfüllen diese Funktionen insbesondere alle der Funktion $f(x)$ auferlegten Bedingungen.

Setzen wir nun

$$F_1(x) = \Phi_1(x) + \Delta_1(x),$$

so ist nach (5)

$$|\Delta_1(x)| < k \int |x^3| \, dU_1(x)$$

für jedes x. Führen wir ferner die Summe $\Phi_1(x) + \Delta_1(x)$ in das die Funktion $F_2(x)$ darstellende Integral ein, so ergibt sich

$$F_2(x) = \int \Phi_1(x-t) \, dU_2(t) + \int \Delta_1(x-t) \, dU_2(t).$$

Das erste Integral rechts unterscheidet sich nach (5) für jedes x von $\Phi_2(x)$ um weniger als

$$k \int |x|^3 \, dU_2(x),$$

denn wie schon bemerkt wurde, erfüllt $\Phi_1(x)$ alle der Funktion $f(x)$ auferlegten Bedingungen, und das zweite Integral wird, da es ja für jedes x einen Mittelwert der Werte von $\Delta_1(x)$ mit gewissen durch $U_2(x)$ bestimmten Gewichten darstellt, seinem absoluten Betrage nach sicher nicht größer als das Maximum von $|\Delta_1(x)|$. Wenn

$$F_2(x) = \Phi_2(x) + \Delta_2(x)$$

gesetzt wird, erhalten wir deshalb

$$|\Delta_2(x)| < k \int \left(|x|^3 \, dU_1(x) + \int |x|^3 \, dU_2(x)\right).$$

In dieser Weise können wir weiter gehen. Bei jedem Schritte gelten dieselben Überlegungen, und wir erhalten schließlich

$$|F_n(x) - \Phi_n(x)| < k \sum_{\mu=1}^{n} \int |x|^3 \, dU_\mu(x). \tag{6}$$

Wir wollen die Funktionen $F_n(x)$ und $\Phi_n(x)$ näher in Betracht ziehen. Man findet durch sukzessives Einsetzen

$$\left.\begin{aligned} F_n(x) &= \int\int \ldots \int f(x - t_1 - t_2 - \ldots - t_n) \, dU_1(t_1) \, dU_2(t_2) \ldots dU_n(t_n), \\ \Phi_n(x) &= \int\int \ldots \int f(x - t_1 - t_2 - \ldots - t_n) \, \varphi(t_1, \sigma_1) \, \varphi(t_2, \sigma_2) \cdots \\ &\qquad \cdots \varphi(t_n, \sigma_n) \, dt_1 \, dt_2 \ldots dt_n. \end{aligned}\right\} \tag{7}$$

Führen wir die durch (1) gegebene Funktion $U(x)$ ein, so können wir die erste Gleichung offenbar kurz schreiben

$$F_n(x) = \int f(x-t) \, dU(t).$$

Andererseits ist bekanntlich der Wert des Integrals

$$\int\int \ldots \int \varphi(x - t_1 - t_2 - \ldots - t_{n-1}, \sigma_n)\, \varphi(t_{n-1}, \sigma_{n-1}) \ldots \varphi(t_1, \sigma_1)\, dt_{n-1} \ldots dt_1$$

gleich $\varphi(x, \sigma)$, wo $\sigma^2 = \sigma_1^2 + \sigma_2^2 + \ldots + \sigma_n^2$ und also, wegen unserer Voraussetzungen, $\sigma = 1$. Somit wird die zweite der Gleichungen (7) einfach

$$\Phi_n(x) = \int f(x - t)\, \varphi(t, 1)\, dt,$$

und die Ungleichung (6) kann geschrieben werden

$$\left|\int f(x - t)\, dU(t) - \int f(x - t)\, \varphi(t, 1)\, dt\right| < k \sum_{\mu=1}^{n} \int |x|^3\, dU_\mu(x). \tag{8}$$

5. Aus dieser Ungleichung erhellt schon ein bemerkenswerter Zusammenhang zwischen den Funktionen $U(x)$ und $\varphi(x, 1)$. Wir wollen aber ein präziseres Resultat formulieren, indem wir eine obere Grenze für den absoluten Wert der Differenz

$$U(x) - \int^{x} \varphi(t, 1)\, dt$$

aufstellen.

Wir setzen zur Abkürzung

$$l = \frac{4}{\sqrt[3]{2k}} \tag{9}$$

und definieren eine von k abhängige Funktion $g(x)$ in folgender Weise. Für $x < 0$ ist $g(x) = 0$, für $x > l$ $g(x) = 1$. Zwischen dem Nullpunkte und der Stelle $x = l$ ist die Funktion $g(x)$ dadurch bestimmt, daß sie nebst ihren zwei ersten Ableitungen stetig ist, während ihre dritte Ableitung in den Intervallen $\left(0, \frac{l}{4}\right)$ und $\left(\frac{3l}{4}, l\right)$ den Wert k, im Intervalle $\left(\frac{l}{4}, \frac{3l}{4}\right)$ den Wert $-k$ hat. Diese Bedingungen sind wegen (9) miteinander verträglich und bestimmen eindeutig die Funktion $g(x)$.[128])

Setzen wir in (8) einmal $f(x) = g(x)$ und sodann $f(x) = g(x + l)$, was zulässig ist, weil $g(x)$ die der Funktion $f(x)$ auferlegten Bedingungen erfüllt, so erhalten wir die beiden Ungleichungen

$$\left|\int g(x - t)\, dU(t) - \int g(x - t)\, \varphi(t, 1)\, dt\right| < k \sum_{\mu=1}^{n} \int |x|^3\, dU_\mu(x)$$

und

$$\left|\int g(x - t + l)\, dU(t) - \int g(x - t + l)\, \varphi(t, 1)\, dt\right| < k \sum_{\mu=1}^{n} \int |x|^3\, dU_\mu(x).$$

128) Diese Funktion wächst im Intervalle $(0, l)$ stetig von 0 bis 1.

Weiter bestehen aber offenbar die Ungleichungen

$$\int g(x-t)\,dU(t) \leqq \int^{x} dU(t) \leqq \int g(x-t+l)\,dU(t),$$

$$\int g(x-t)\,\varphi(t,1)\,dt < \int^{x} \varphi(t,1)\,dt < \int g(x-t+l)\,\varphi(t,1)\,dt$$

und

$$\left|\int g(x-t+l)\,\varphi(t,1)\,dt - \int g(x-t)\,\varphi(t,1)\,dt\right| < \frac{l}{\sqrt{2\pi}}.$$

Durch Kombination aller dieser Ungleichungen ergibt sich

$$\left|U(x) - \int^{x} \varphi(t,1)\,dt\right| < k\sum_{\mu=1}^{n} \int |x|^3\,dU_\mu(x) + \frac{l}{\sqrt{2\pi}}.$$

Bisher ist keine Voraussetzung über die Größe von k gemacht worden. Um zu erreichen, daß die beiden Glieder der rechten Seite der soeben erhaltenen Ungleichung in bezug auf die dort auftretende Integralsumme von derselben Ordnung werden, bestimmen wir k gemäß der Gleichung

$$\frac{1}{\sqrt[3]{2k}} = \left(\sum_{\mu=1}^{n} \int |x|^3\,dU_\mu(x)\right)^{\frac{1}{4}}$$

und erhalten dann mit Rücksicht auf (9), indem wir uns mit einer groben Abschätzung des numerischen Faktors begnügen,

$$\left|U(x) - \int^{x} \varphi(t,1)\,dt\right| < 3\left(\sum_{\mu=1}^{n} \int |x|^3\,dU_\mu(x)\right)^{\frac{1}{4}}.$$

Auf Grund dieser Ungleichung können wir den folgenden Satz aussprechen:

Satz I. *Wenn die positive Zahl* ε *noch so klein gewählt ist, ist es möglich, die positive Zahl* η *so zu wählen, daß für alle* x

$$\left|U(x) - \int^{x} \frac{e^{-\frac{t^2}{2}}}{\sqrt{2\pi}}\,dt\right| < \varepsilon,$$

sobald nur

$$\sum_{\mu=1}^{n} \int |x|^3\,dU_\mu(x) < \eta.$$

6. Wir lassen jetzt die im § 2 gemachte Annahme $\sum_{\mu=1}^{n} \sigma_\mu^2 = 1$ fallen, führen dagegen die Voraussetzung ein, daß die sämtlichen Größen u_μ nur solcher Werte fähig sind, deren absolute Beträge unterhalb einer gewissen endlichen oberen Grenze d_n liegen. Ferner setzen wir

$$\sum_{\mu=1}^{n} \sigma_\mu^2 = r_n^2.$$

Es ist für jedes μ von 1 bis n

$$\int x\, dU_\mu(r_n x) = 0,$$

und da

$$\sum_{\mu=1}^{n} \int x^2\, dU_\mu(r_n x) = \frac{1}{r_n^2} \sum_{\mu=1}^{n} \sigma_n^2 = 1,$$

erfüllen also die zu den Verteilungsfunktionen $U_\mu(r_n x)$ gehörigen Wahrscheinlichkeitsgrößen alle Voraussetzungen des § 2. Weiter ist offenbar die Verteilungsfunktion der Summe dieser neuen Größen gleich $U(r_n x)$. Wenn ε beliebig klein gewählt ist, kann man also nach Satz I η so klein wählen, daß

$$\left| U(r_n x) - \int^{x} \frac{e^{-\frac{t^2}{2}}}{\sqrt{2\pi}} dt \right| < \varepsilon, \tag{10}$$

sobald

$$\sum_{\mu=1}^{n} \int |x|^3\, dU_\mu(r_n x) < \eta.$$

Nun ist aber

$$\sum_{\mu=1}^{n} \int |x|^3\, dU_\mu(r_n x) = \frac{1}{r_n^3} \sum_{\mu=1}^{n} \int |x|^3\, dU_\mu(x)$$

und weiter nach der oben gemachten Voraussetzung

$$\sum_{\mu=1}^{n} \int |x|^3\, dU_\mu(x) < d_n \sum_{\mu=1}^{n} \int x^2\, dU_\mu(x) = d_n r_n^2,$$

woraus folgt

$$\sum_{\mu=1}^{n} \int |x|^3\, dU_\mu(r_n x) < \frac{d_n}{r_n}.$$

Somit besteht (10), sobald $\frac{d_n}{r_n} < \eta$. Denken wir uns in (10) $\frac{x}{r_n}$ und $\frac{t}{r_n}$ anstatt x und t eingeführt, so können wir das erhaltene Resultat in der folgenden Form aussprechen:

Satz II. *Es seien $u_1, u_2, \ldots, u_n$ Wahrscheinlichkeitsgrößen, deren mögliche Absolutwerte sämtlich unterhalb der Grenze d_n bleiben, und deren Mittelwerte sämtlich gleich Null sind. Die Streuungen dieser Größen seien $\sigma_1, \sigma_2, \ldots, \sigma_n$, und die Summe der Quadrate derselben sei gleich r_n^2.*

Wenn dann $U(x)$ die Verteilungsfunktion der Summe $u_1 + u_2 + \ldots + u_n$ bezeichnet, so kann zu jeder positiven Zahl ε eine andere positive Zahl η gefunden werden, derart, daß

$$\left| U(x) - \int^{x} \frac{e^{-\frac{t^2}{2r_n^2}}}{r_n\sqrt{2\pi}} dt \right| < \varepsilon,$$

sobald

$$\frac{d_n}{r_n} < \eta .$$

Wir denken uns noch die Größen u_μ sowohl hinsichtlich ihrer Anzahl als in bezug auf die Form ihrer Verteilungsfunktionen in der Weise veränderlich, daß gleichzeitig d_n gegen Null geht und r_n einem von Null verschiedenen Werte r zustrebt. Dann ist nach dem soeben bewiesenen Satze *gleichmäßig für alle* x

$$\lim U(x) = \int^{x} \frac{e^{-\frac{t^2}{2r^2}}}{r\sqrt{2\pi}}\, dt .$$

Im Satze II und in der zuletzt gemachten Aussage dürfte der präzise Inhalt der klassischen Behauptung zu sehen sein, daß die Summe einer großen Anzahl voneinander unabhängiger kleiner Fehler dem Gaussschen Gesetze folgt.

7. Bisher ist es unser Ziel gewesen, in möglichst einfacher Weise zu dem Satze II zu gelangen. Wir stellen uns jetzt wieder auf den Boden der Voraussetzungen des § 2 und wollen zeigen, daß die im Satze I ausgesprochene Bedingung durch eine weniger fordernde ersetzt werden kann.

Es bezeichne $s(x)$ die Funktion von x, die für $|x| < 1$ gleich $|x|^3$ und für alle anderen Werte des Arguments gleich x^2 ist. Eine kleine Abänderung des vorigen Beweisganges wird uns zu dem folgenden Satze führen:

Satz III. *Wenn die positive Zahl* ε *noch so klein genommen ist, kann die positive Zahl* η *so gewählt werden, daß*

$$\left| U(x) - \int^{x} \frac{e^{-\frac{t^2}{2}}}{\sqrt{2\pi}}\, dt \right| < \varepsilon ,$$

sobald nur

$$\sum_{\mu=1}^{n} \int s(x)\, dU_\mu(x) < \eta .$$

Indem wir zu den Entwicklungen des § 3 zurückkehren, nehmen wir jetzt an, daß die Funktion $f(x)$ außer den dort angegebenen Bedingungen noch der Forderung genügt, daß die Funktionen $|f(x)|$, $|f'(x)|$ und $\left|\frac{f''(x)}{2}\right|$ für alle x kleiner als $\frac{k}{24}$ verbleiben. Ferner nehmen wir an, daß $\sigma < 1$. Mit diesen verstärkten Annahmen läßt sich der Inhalt des § 3 wie folgt modifizieren.

Da das Produkt $\frac{\zeta(x, t)}{6} t^3$ in der Gleichung (2) den Ausdruck

$$f(x-t) - f(x) + f'(x)\, t - \frac{f''(x)}{2}\, t^2$$

repräsentiert, und dieser zufolge der über $f(x)$ gemachten Voraussetzungen für $|t| \geqq 1$ absolut kleiner als $\frac{kt^2}{6}$ ist, so kann man bei der Abschätzung des Integrals (2) für Werte von t außerhalb des Intervalles $-1 < t < 1$ diese letzte obere Grenze benutzen, und es ergibt sich dann

$$|R| < \frac{k}{6} \int s(x)\, dV(x),$$

woraus folgt

$$|F(x) - \Phi(x)| < \frac{k}{6} \int s(x)\, dV(x) + \frac{2k\sigma^3}{3\sqrt{2\pi}}.$$

Entweder ist nun

$$\int^{-1} x^2\, dV(x) + \int_{+1} x^2\, dV(x) \geqq \frac{\sigma^2}{4}$$

oder diese Ungleichung besteht nicht. Im ersteren Falle ist die Summe links, und also auch das Integral

$$\int s(x)\, dV(x),$$

größer als $\frac{\sigma^3}{4}$, da ja $\sigma < 1$ vorausgesetzt wurde. Im zweiten Falle zeigt uns die dann bestehende Ungleichung

$$\int_{-1}^{-\frac{\sigma}{2}} x^2\, dV(x) + \int_{-\frac{\sigma}{2}}^{+\frac{\sigma}{2}} x^2\, dV(x) + \int_{+\frac{\sigma}{2}}^{+1} x^2\, dV(x) > \frac{3}{4}\sigma^2,$$

wie im § 3, daß

$$\int_{-1}^{+1} |x|^3\, dV(x) > \frac{\sigma^3}{4}$$

und also

$$\int s(x)\, dV(x) > \frac{\sigma^3}{4}.$$

Diese letzte Ungleichung besteht also in jedem Falle, und wir erhalten somit

$$|F(x) - \Phi(x)| < ck \int s(x)\, dV(x),$$

wo $c = \frac{1}{6} + \frac{8}{3} \cdot \frac{1}{\sqrt{2\pi}} < \frac{3}{2}$.

Auf Grund dieser Ungleichung können nun dieselben Schlüsse gezogen werden wie im Vorigen. Da die sämtlichen Größen σ_μ kleiner als 1 sind, bleiben die Entwickelungen des § 4 in allen Hinsichten gültig, wenn wir überall

$$\frac{3}{2} \int s(x)\, dU_\mu(x)$$

anstatt

$$\int |x|^3 \, dU_\mu(x)$$

schreiben. Was die Entwickelungen des § 5 betrifft, gilt dasselbe, wobei jedoch zu beachten ist, daß wir diesmal k hinreichend groß annehmen müssen, damit die Funktion $g(x)$ die der Funktion $f(x)$ auferlegten neuen Bedingungen erfülle. Mit Hinsicht auf die am Ende des § 5 getroffene Wahl des Wertes von k bedeutet aber dies nur, daß die Summe

$$\sum_{\mu=1}^{n} \int s(x) \, dU_\mu(x) \tag{11}$$

hinreichend klein sein soll, was wir offenbar annehmen dürfen. Hiermit ist die Richtigkeit des Satzes III dargelegt[129]).

Es ist zu bemerken, daß die Summe (11) immer einen bestimmten endlichen Wert hat, sobald die Streuungen der Größen u_μ endliche Werte haben. Hinsichtlich des allgemeinen Verhaltens der Verteilungsfunktionen $U_\mu(x)$ im Unendlichen kann also nicht weniger gefordert werden, als in der Bedingung des Satzes III enthalten ist.

8. Der Inhalt des Satzes III kann in verschiedenen Formen ausgesprochen werden. Um eine zweite Formulierung desselben zu erhalten, wollen wir zeigen, daß zwischen der Integralsumme (11) und der Differenz

$$1 - \int_0^1 d\tau \sum_{\mu=1}^{n} \int_{-\tau}^{+\tau} x^2 \, dU_\mu(x) \tag{12}$$

ein solcher Zusammenhang besteht, daß sie immer gleichzeitig unendlich klein werden.

Indem wir mit ε eine kleine positive Zahl bezeichnen, nehmen wir an, daß

$$\sum_{\mu=1}^{n} \int s(x) \, dU_\mu(x) < \varepsilon .$$

Wenn τ eine positive Zahl, kleiner als 1, bedeutet, ist offenbar

$$\sum_{\mu=1}^{n} \int^{-\tau} s(x) \, dU_\mu(x) + \sum_{\mu=1}^{n} \int_{+\tau} s(x) \, dU_\mu(x)$$
$$> \tau \left(\sum_{\mu=1}^{n} \int^{-\tau} x^2 \, dU_\mu(x) + \sum_{\mu=1}^{n} \int_{+\tau} x^2 \, dU_\mu(x) \right),$$

[129]) Es verdient vielleicht hervorgehoben zu werden, daß dieser Satz, wie man leicht findet, noch gültig bleibt, wenn die Funktion $s(x)$ wie folgt definiert wird:

$$s(x) = |x|^3 \text{ für } |x| < \varrho$$
$$s(x) = \varrho x^2 \text{ für } |x| > \varrho ,$$

wo ϱ eine positive Zahl bedeutet, die beliebig klein gewählt sein kann.

woraus folgt

$$\sum_{\mu=1}^{n} \int^{-\tau} x^2 \, dU_\mu(x) + \sum_{\mu=1}^{n} \int_{+} x^2 \, dU_\mu(x) < \frac{\varepsilon}{\tau}$$

und weiter, wenn wir die Gleichung

$$\sum_{\mu=1}^{n} \int x^2 \, dU_\mu(x) = 1 \tag{13}$$

berücksichtigen,

$$1 - \sum_{\mu=1}^{n} \int_{-\tau}^{+\tau} x^2 \, dU_\mu(x) < \frac{\varepsilon}{\tau}.$$

Die linke Seite dieser Ungleichung ist also für $\tau > \sqrt{\varepsilon}$ kleiner als $\sqrt{\varepsilon}$; für $\tau < \sqrt{\varepsilon}$ ist sie offenbar jedenfalls kleiner als 1. Nun ist die Größe (12) nichts anderes als das zwischen den Grenzen 0 und 1 gebildete Integral dieser linken Seite in bezug auf τ. Indem wir das Integrationsintervall in die zwei Teile $(0, \sqrt{\varepsilon})$ und $(\sqrt{\varepsilon}, 1)$ zerlegen, erhalten wir deshalb

$$1 - \int_0^1 d\tau \sum_{\mu=1}^{n} \int_{-\tau}^{+\tau} x^2 \, dU_\mu(x) < 2\sqrt{\varepsilon}.$$

Also wird die Größe (12) immer unendlich klein, wenn (11) unendlich klein wird.

Umgekehrt sei angenommen, daß

$$1 - \int_0^1 d\tau \sum_{\mu=1}^{n} \int_{-\tau}^{+\tau} x^2 \, dU_\mu(x) < \varepsilon.$$

Indem wir mit λ eine Zahl zwischen 0 und 1 bezeichnen, können wir diese Ungleichung in der Form

$$\int_0^\lambda d\tau \sum_{\mu=1}^{n} \int_{-\tau}^{+\tau} x^2 \, dU_\mu(x) + \int_\lambda^1 d\tau \sum_{\mu=1}^{n} \int_{-\tau}^{+\tau} x^2 \, dU_\mu(x) > 1 - \varepsilon$$

schreiben. Wenn wir im ersten Gliede links die zu integrierende Summe durch ihren Wert für $\tau = \lambda$ ersetzen und im zweiten Gliede statt der Summe den Wert 1 setzen, wodurch die linke Seite nur vergrößert wird, entsteht eine Ungleichung, die durch Division mit λ

$$\sum_{\mu=1}^{n} \int_{-\lambda}^{+\lambda} x^2 \, dU_\mu(x) > 1 - \frac{\varepsilon}{\lambda}$$

gibt. Setzen wir hier $\lambda = \sqrt{\varepsilon}$, so ergibt sich

$$\sum_{\mu=1}^{n} \int_{-\sqrt{\varepsilon}}^{+\sqrt{\varepsilon}} x^2 \, dU_\mu(x) > 1 - \sqrt{\varepsilon}$$

und weiter mit Rücksicht auf (13)

$$\sum_{\mu=1}^{n} \int^{-\sqrt{\varepsilon}} x^2 \, dU_\mu(x) + \sum_{\mu=1}^{n} \int_{+\sqrt{\varepsilon}} x^2 \, dU_\mu(x) < \sqrt{\varepsilon},$$

woraus folgt

$$\sum_{\mu=1}^{n} \int^{-\sqrt{\varepsilon}} s(x) \, dU_\mu(x) + \sum_{\mu=1}^{n} \int_{+\sqrt{\varepsilon}} s(x) \, dU_\mu(x) < \sqrt{\varepsilon}.$$

Fügen wir hierzu die wegen (13) offenbar richtige Ungleichung

$$\sum_{\mu=1}^{n} \int_{-\sqrt{\varepsilon}}^{+\sqrt{\varepsilon}} s(x) \, dU_\mu(x) < \sqrt{\varepsilon},$$

so erhalten wir schließlich

$$\sum_{\mu=1}^{n} \int s(x) \, dU_\mu(x) < 2\sqrt{\varepsilon}.$$

Der Zusammenhang zwischen den Größen (11) und (12), der aus dem Obigen erhellt, zeigt uns, daß wir im Satze III (12) anstatt (11) einführen können, und wir erhalten somit den folgenden Satz:

Satz IV. *Wenn die positive Zahl ε beliebig klein gegeben ist, kann die positive Zahl η so bestimmt werden, daß für jedes x*

$$\left| U(x) - \int^{x} \frac{e^{-\frac{t^2}{2}}}{\sqrt{2\pi}} \, dt \right| < \varepsilon,$$

sobald nur

$$\int_0^1 d\tau \sum_{\mu=1}^{n} \int_{-\tau}^{+\tau} x^2 \, dU_\mu(x) > 1 - \eta.$$

9. Die Ausdehnung des obigen Satzes auf die Summe von Wahrscheinlichkeitsgrößen mit beliebigen endlichen Mittelwerten und Streuungen ist unmittelbar. Es ergibt sich der folgende allgemeine Satz:

Satz V. *Es seien $U_1(x), U_2(x), \ldots, U_n(x)$ die Verteilungsfunktionen der Wahrscheinlichkeitsgrößen $u_1, u_2, \ldots, u_n$, die endliche Mittelwerte und Streuungen besitzen. $U(x)$ sei die Verteilungsfunktion der Summe $u_1 + u_2 + \ldots + u_n$, und es werde gesetzt*

$$\int x \, dU_\mu(x) = b_\mu, \quad \sum_{\mu=1}^{n} b_\mu = B_n,$$

$$\int x^2 \, dU_\mu(x + b_\mu) = \sigma_\mu^2, \quad \sum_{\mu=1}^{n} \sigma_\mu^2 = r_n^2.$$

Wenn die positive Zahl ε beliebig klein gegeben ist, ist es möglich, eine positive Zahl η so zu bestimmen, daß für jedes x

$$\left| U(r_n x + B_n) - \int^{x} \frac{e^{-\frac{t^2}{2}}}{\sqrt{2\pi}} dt \right| < \varepsilon,$$

sobald nur

$$\int_0^1 d\tau \sum_{\mu=1}^{n} \int_{-\tau}^{+\tau} x^2 \, dU_\mu(r_n x + b_\mu) > 1 - \eta.$$

Um die Richtigkeit des Satzes einzusehen, bemerke man, daß die Wahrscheinlichkeitsgrößen, deren Verteilungsfunktionen $U_\mu(r_n x + b_\mu)$ sind, alle Bedingungen des § 2 erfüllen, und daß $U(r_n x + B_n)$ die Verteilungsfunktion ihrer Summe ist. Wenn man den Satz IV auf diese neuen Größen anwendet, ergibt sich unmittelbar das obige Resultat.

10. Wenden wir den erhaltenen Satz auf eine gegebene unendliche Reihe von Wahrscheinlichkeitsgrößen $u_1, u_2, \ldots$ mit den Verteilungsfunktionen $U_1(x)$, $U_2(x), \ldots$ an, so ergibt sich mit Beibehaltung der früheren Bezeichnungen und der Annahme der Endlichkeit der Mittelwerte und Streuungen das Resultat, daß *gleichmäßig für alle x*

$$\lim_{n=\infty} U(r_n x + B_n) = \int^{x} \frac{e^{-\frac{t^2}{2}}}{\sqrt{2\pi}} dt,$$

wenn

$$\lim_{n=\infty} \int_0^1 d\tau \sum_{\mu=1}^{n} \int_{-\tau}^{+\tau} x^2 \, dU_\mu(r_n x + b_\mu) = 1.$$

Man erkennt ohne Schwierigkeit, daß dieses Resultat eine Erweiterung des im Eingange dieser Arbeit erwähnten Satzes von LIAPOUNOFF bildet.

Kapitel 5.
Anwendungen auf Sterblichkeitsprobleme

Die Ermutigung dazu, den Problembereich menschlicher Lebenserwartung mit mathematischen Mitteln anzugehen, hat ihren Ursprung in dem Dialog zwischen der im Rahmen der sogenannten Wissenschaftlichen Revolution entstehenden neuen Naturwissenschaft und der Theologie.

Die neue Naturwissenschaft suchte in diesem Dialog Existenz und Wirken Gottes durch den Nachweis von Ordnung und Vorhersagen erlaubenden Gesetzen im Naturgeschehen zu sichern, womit im damaligen Verständnis auch zumindest Teile des Schöpfungsplanes und der göttlichen Vorsehung deutlich wurden.

In diesem Zusammenhang sind die Bemühungen von John Graunt zu verstehen, auf der Grundlage der seit Ende des 16. Jh. veröffentlichten Totenregister von London Aussagen über die Bevölkerungsentwicklung zu machen. Trotz der Graunt durchaus bewußten Lückenhaftigkeit des Materials war er in seinen 1662 erstmalig veröffentlichten ›Natural and political observations mentioned in a following index, and made upon the bills of mortality‹ in der Lage, bereits eine Reihe von gesetzmäßig erscheinenden Regelmäßigkeiten zu erfassen. Dazu gehören die geringfügig größere Häufigkeit von Knabengeburten bei einem weitgehend stabilen Geschlechtsverhältnis, die größere Lebenserwartung von Frauen, die, von Epidemien abgesehen, weitgehend gleichbleibende jährliche Anzahl der Verstorbenen, die hohe Kindersterblichkeit sowie die im Vergleich zu ländlichen Gegenden höhere Sterblichkeit in Städten. Für die Mathematiker seiner Zeit waren diese Ergebnisse, die als Anfänge einer beschreibenden Statistik und Demographie angesehen werden können, weniger wichtig als eine kleine Tabelle. Diese Tabelle enthielt eine Absterbeordnung, über deren zwischen Fiktion und Wirklichkeit liegenden Charakter sich Graunt – mit den Worten seines deutschen Übersetzers von 1702 – wie folgt ausläßt[130]:

„9 Weil ich gefunden habe, daß von 100 lebendigen geburten ohngefähr 36 sterben, ehe sie sechs jahr alt werden, und daß vielleicht kaum eine davon das 76ste jahr überlebe; und zwischen 6 und 76 sieben *Decades* oder sieben mal zehen jahre gezehlet werden; so habe ich sechs *numeros medios proportionales* gesuchet, zwischen 64, als der

[130]) John Graunt, Natürliche und politische Anmerckungen über die Todten-Zettul der Stadt Londen, fürnemlich ihre regierung, religion, gewerbe, vermehrung, lufft, kranckheiten, und besondere veränderungen betreffend, Leipzig 1702, S. 77f.

zahl derer, so das sechste jähr überleben, und 1 welches 76 überlebet[131]); und finde, daß die folgenden zahlen *practice* genau genug mit der warheit übereintreffen: deñ man stirbet nicht in gantz genauer *proportion*, oder nach gebrochenen zahlen. Und hieraus entstehet nun folgende *tabelle*. Nemlich:

Von hundert sterben die ersten sechs jahr	36
in den folgenden zehen jahren, oder *Decade*	24
in der andern *Decade*	15
in der dritten *Decade*	9
in der vierdten	6
in der fünfften	4
in der sechsten	3
in der siebenden	2
in der folgenden	1

10 Daraus folget, daß von den hundert gebohrnen noch am leben sind

zu ende des sechsten jahres	64
des sechzehenden jahres	40
des sechs und zwantzigsten	25
des sechs und dreyßigsten	16
des sechs und viertzigsten	10
des sechs und funfftzigsten	6
des sechs und sechtzigsten	3
des sechs und siebentzigsten	1
des achtzigsten jahres	0"

GRAUNT schloß an diese Tabelle bereits Überlegungen an, die typisch sind für die spätere Statistik im Sinn von Staatsbeschreibung, z. B. die Schätzung der personellen Ressourcen. So gab er eine Schätzung der wehrhaften Männer (männliche Bevölkerung zwischen 16 und 56 Jahren), wenn die Gesamtbevölkerung bekannt ist. Außerdem interessierte er sich – im Rahmen der beginnenden theologischen Auseinandersetzungen um das Alter der Schöpfung – für das Bevölkerungswachstum, um daraus ein Argument zugunsten der damals noch überwiegend wörtlich verstandenen Offenbarungsschriften abzuleiten, das ihm festzustellen erlaubte[132]):

„Derowegen kan die welt keines weges noch etwan 100000 jahr, wie sich etliche fälschlich einbilden, älter seyn, als sie die H. Schrifft machet."

Gerade diese kleine Tabelle erregte die Aufmerksamkeit der Gebrüder LODEWIJK und CHRISTIAAN HUYGENS sowie um 1675 von LEIBNIZ. Das Gründungsmitglied der Royal Society ROBERT MORAY hatte JOHN GRAUNTS Schrift schon

[131]) (S): Gemeint ist, daß zwischen 1 und 64 die 6 Zahlen x^ν, $\nu = 1, \ldots, 6$ mit x reelle Lösung von $x^7 = 1 \cdot 64 = 64$, geschoben werden; denn diese genügen den für sechs mittlere Proportionale gültigen Bedingungsgleichungen $1 : x_1 = x_1 : x_2 = x_2 : x_3 = x_3 : x_4 = x_4 : x_5 = x_5 : x_6 = x_6 : 64$.

[132]) JOHN GRAUNT, ebenda, S. 80.

im März 1662 an CHRISTIAAN HUYGENS geschickt; dieser hatte sich aber offenbar erst gründlicher damit auseinandergesetzt, nachdem ihm sein Bruder LODEWIJK 1669 seine Berechnung der mittleren Lebenserwartung übermittelt hatte. In dem anschließenden Briefwechsel der Gebrüder HUYGENS (Text 5.1.) wurde der Unterschied erörtert zwischen der mittleren Lebenserwartung und der Zeitspanne, in der die Anzahl der Lebenden auf die Hälfte zurückgegangen ist, d.h. in der von für die Zeit CHRISTIAAN HUYGENS typischen Wett-Terminologie der Zeitspanne, bei der mit gleichen Erfolgsaussichten auf Überleben oder Nichtüberleben gesetzt werden kann. Bemerkenswert dabei ist auch die unterschiedliche Bewertung der GRAUNTschen Absterbeordnung durch die beiden Brüder. Während LODEWIJK auf den Mangel an „endgültiger Richtigkeit" der GRAUNTschen Tabelle verwies[133]), begann CHRISTIAAN seine eigentliche Rechnung im Brief vom 21. 11. 1669 „nach den in London mit großer Genauigkeit angestellten Beobachtungen" (siehe Text 5.1.).

Die Brüder interessierten sich auch schon für das Problem verbundener Leben, insbesondere für die Lebenserwartung des Überlebenden von zwei Personen vorgegebenen Alters. Dieses Problem versuchte CHRISTIAAN HUYGENS mit einem dem Urnenmodell äquivalenten Modell zu lösen, wobei er die folgende Teilfrage nur näherungsweise beantworten konnte: Wann stirbt der Überlebende von 2 (allgemein n) Personen, wenn bekannt ist, daß alle n Personen in einem vorgegebenen Intervall ableben?

Die Lösung dieses Teilproblems verdankt man NIKLAUS BERNOULLI, der sie in seiner Dissertation ›De usu artis conjectandi in jure‹ von 1709 veröffentlicht hat. NIKLAUS BERNOULLI geht von einer Zeitspanne von a Jahren und b Personen aus, die zu jedem Zeitpunkt dieses Intervalls „gleich leicht sterben können". Zunächst teilte er dazu das Intervall in n Abschnitte der Länge $\frac{a}{n}$ und bestimmte dann kombinatorisch die Anzahl der Möglichkeiten des Überlebenden, im ν-ten der n Abschnitte zu sterben; der Durchschnitt dieser Möglichkeiten, $\frac{\nu \cdot a}{n}$ alt zu werden, ergibt für $n \to \infty$ den Wert $\frac{ba}{b+1}$.

Dieses Ergebnis bestätigte NIKLAUS BERNOULLI mit Hilfe des Infinitesimalkalküls[134]):

„Dasselbe läßt sich auch geometrisch finden. Wenn eine Kurve derart konstruiert wird, daß, während die Abszissen x die Zeit ausdrücken, innerhalb derer die vorgegebene Anzahl von Menschen stirbt, die Ordinaten y die Anzahl der Fälle wieder-

[133]) Brief vom 30. 10. 1669, *in*: Oeuvres complètes de Christiaan Huygens, Bd. VI, S. 515.

[134]) NIKLAUS BERNOULLI, De usu artis conjectandi in jure, Basel 1709, S. 13f.

(S)

geben, bei denen sie zu dem genannten Zeitpunkt sterben, wird der Abstand des Schwerpunkts dieser Kurve vom Scheitel, nämlich $(\int xy\,dx)/(\int y\,dx)$, die gesuchte Anzahl von Jahren bezeichnen (Ich habe nämlich oben gezeigt, daß eine wechselseitige Übereinstimmung zwischen dem Erwartungswert und dem Schwerpunkt besteht[135]).). Daher wird in unserem Fall, wo sich die Ordinaten ersichtlich verhalten wie die Potenzen der Abszissen, deren Exponent um Eins kleiner ist als die Anzahl der Personen, nachdem man $y = x^{b-1}$ gesetzt hat,

$$\frac{\int xy\,dx}{\int y\,dx},$$

d.h., das wahrscheinliche Alter des am längsten Lebenden

$$= \frac{\int x^b\,dx}{\int x^{b-1}\,dx} = \frac{\frac{1}{b+1}x^{b+1}}{\frac{1}{b}x^b} = \frac{bx}{b+1} \text{ oder für } x = a \quad \frac{ba}{b+1}.“$$

In der auf den Briefwechsel zwischen den Gebrüdern Huygens folgenden Zeit wird der Konflikt zwischen dem Bedürfnis, für die immer stärker in den Vordergrund tretenden Leibrenten über geeignete Absterbeordnungen zu verfügen, und dem Mangel an geeigneten statistischen Daten sowie an Methoden zu deren Aufbereitung immer deutlicher. Ein gutes Beispiel bietet das 1671 erstellte Gutachten des holländischen Ratspensionärs Jan de Witt. Dieses Gutachten hat einen politischen Hintergrund, es ging nämlich um die Finanzierung einer Söldnerarmee zur Verteidigung der insbesondere von Frankreich und England bedrohten Republik der Vereinigten Niederlande. Das Gutachten de Witts gab unter den verschiedenen Finanzierungsvorschlägen, u.a. dem Verkauf von festverzinslichen Papieren („ewigen Renten“), dem Verkauf von Leibrenten den Vorzug. Der Nachweis dafür, daß dies sowohl hinsichtlich der Belastung der Republik als auch vom Kaufanreiz her der günstigste Vorschlag war, wurde von de Witt auf der Grundlage einmal des Huygensschen Erwartungswertkalküls (Text 1.8.1.) und zum anderen einer hypothetischen Absterbeordnung (Text 5.2.) erbracht. Diese Absterbeordnung sah vor, daß die Wahrscheinlichkeit, in einem beliebigen Halbjahr abzuleben, innerhalb eines von de Witt festgelegten Intervalls einen für dieses Intervall bestimmten festen Wert haben sollte. De Witt behauptete auch in einem Anhang zu seinem Gutachten, daß sein aufgrund dieser hypothetischen Absterbeordnung berechneter Barwert einer Leibrente durch das Material der Abrechnungen über Tausende von Leibrenten in Holland und West-Friesland als keinesfalls zu hoch bestätigt wurde.

[135]) (S): Der Zusammenhang zwischen Schwerpunkt und Erwartungswert, den Niklaus Bernoulli als „Schwerpunkt aller Wahrscheinlichkeiten“ bezeichnet, wird ibid. S. 6 gegeben. Die Grundidee dieser geometrisch-mechanischen Überlegung geht auf Archimedes zurück.

Erstaunlich ist die Unbefangenheit, mit der sowohl CHRISTIAAN HUYGENS als auch JAN DE WITT das Lotterie- oder Urnenmodell der Glücksspielrechnung unmittelbar auf die menschliche Sterblichkeit anwandten.

Dies gilt auch noch für JAKOB BERNOULLI. Als er sich im Rahmen eines Ehevertrags Ende der 80er Jahre des 17. Jh. für das Problem der menschlichen Sterblichkeit zu interessieren begann, lag ihm lediglich, und das vermutlich erst nach seinen Berechnungen, eine Besprechung von GRAUNTS Arbeit im ›Journal des Sçavans‹ von 1666 vor. Dieser Mangel an ihm zuverlässig erscheinenden Daten veranlaßte JAKOB BERNOULLI dazu, insgesamt vier verschiedene Modelle zur Gewichtung der möglichen Absterbefolgen von drei Personen unterschiedlichen Alters zu untersuchen (Text 5.3.). Darüber hinaus ist dieser Text eines der wichtigsten Dokumente zur Entstehung der Wahrscheinlichkeitsrechnung, weil in ihm ein Übergang von Wahrscheinlichkeiten – *probabilitates* im Sinn von Möglichkeiten, Chancen – zu Wahrscheinlichkeit festzustellen ist, für die verschiedene Grade unterschieden werden können, die später mit den in diesem Text nach dem Erwartungswertmodell von HUYGENS berechneten Graden der Sicherheit identifiziert werden. Das vorliegende Problem der Sterblichkeit lieferte JAKOB BERNOULLI außerdem über die von ihm so genannten A-posteriori-Wahrscheinlichkeiten das Hauptmotiv für die seinem Hauptsatz (Text 4.1.2.) zugrundeliegende Vermutung, daß die relativen Häufigkeiten mit wachsender Beobachtungszahl bessere Schätzwerte für die gesuchten Wahrscheinlichkeiten ergeben.

Die Rentenberechnung konnte besser fundiert werden, als EDMOND HALLEY das von dem Geistlichen CASPAR NEUMANN gesammelte Material der Geburten und Todesfälle in der Stadt Breslau für die Jahre 1687 bis 1691 über die Royal Society erhielt. Im Gegensatz zu den großen britischen Städten, die eine hohe Fluktuation aufwiesen, konnte Breslau als eine Stadt mit einer annähernd stationären Bevölkerung angesehen werden. Ausgehend von der Annahme einer stationären Bevölkerung, erstellte HALLEY eine Tafel, die angibt, wieviele Einwohner jeweils ein Alter von 1 bis 84 Jahren, der angenommenen oberen Altersgrenze, aufweisen; die Summe dieser 84 Anzahlen ergibt dann bei HALLEY die Gesamtbevölkerung von Breslau zu dieser Zeit.

Die Annahme einer stationären Bevölkerung diente HALLEY als Rechtfertigung dafür, daß er diese Tafel als eine Absterbeordnung für die Lösung von Rentenproblemen bei einfachen und verbundenen Leben, aber etwa auch für die schon JOHN GRAUNT interessierende Ermittlung des Anteils der waffenfähigen Bevölkerung an der Gesamtbevölkerung (Text 5.4.) benutzen konnte.

Auch wenn HALLEY gewisse Glättungen bei dem ihm zur Verfügung gestellten Breslauer Material unterstellt werden können, so lag ihm doch an einer möglichst getreuen Wiedergabe der Daten. Dies bedeutete, daß bei der Rentenberechnung die einjährige Erlebenswahrscheinlichkeit für jedes Alter einzeln aus der Tabelle entnommen werden mußte, da HALLEY den Barwert einer Rente als

Summe der Barwerte der Rentenraten für die einzelnen Jahre berechnete. ABRAHAM DE MOIVRE übernahm dieses Prinzip von HALLEY, suchte aber seit etwa 1714 nach einer die Tafelwerte gut approximierenden Absterbeordnung, die es erlaubte, den Barwert einer Rente, bezogen auf eine Person gegebenen Alters, mit einer verhältnismäßig einfachen, geschlossenen Formel zu bestimmen. Diese mathematisch handlichere Absterbeordnung fand DE MOIVRE in einem vom Alter 12 an linearen Abfall, der die Folge der n-jährigen Erlebniswahrscheinlichkeiten zu einer fallenden arithmetischen Folge macht. Die Rentenberechnung bei verbundenen Leben löste DE MOIVRE durch die Annahme einer konstanten einjährigen Erlebenswahrscheinlichkeit für *fictitious lives*, die die Folge der n-jährigen Erlebniswahrscheinlichkeiten zu einer geometrischen macht (Text 5.5.). Diese von DE MOIVRE in seinen erstmals 1725 erschienenen ›Annuities on lives‹ eingeführten Methoden zur Rentenberechnung boten zwar erhebliche Rechenerleichterungen, erschienen aber vor dem Hintergrund der im 18. Jh. gesammelten und ausgewerteten Daten über die menschliche Sterblichkeit als immer gröber. Für das vor allem in England und in den Niederlanden bereits im 18. und verstärkt im 19. Jh. in Erscheinung tretende Versicherungswesen war es nun wichtig, die aus dem immer reichlicher fließenden Datenmaterial errechneten Sterbetafeln durch eine geschlossene Funktion des Alters mit möglichst wenigen Parametern optimal zu approximieren. Eine solche Funktion, verstanden als "law of mortality", fand BENJAMIN GOMPERTZ 1825. Dabei setzte er zwei für das Ableben bestimmende Faktoren voraus: eine altersunabhängige zufällige Komponente, wie z.B. Krankheiten, von denen man altersunabhängig befallen werden und denen man ebenso erliegen kann; dazu kommt ein altersabhängiger Faktor, nämlich eine abnehmende Widerstandskraft gegen lebensbedrohende Einflüsse. Unter diesen Voraussetzungen leitete GOMPERTZ noch im Rahmen der Newtonschen Symbolik die folgende Formel für l_x, die Lebenden im Alter x, ab (Text 5.6.):

$$l_x = k \cdot g^{c^x}.$$

Diese Formel mit den Konstanten k, g und c konnte, im Gegensatz zu Vorgängerformeln wie der von DE MOIVRE, auf alle damals verfügbaren Sterbetafeln angewandt werden; d.h., bei geeigneter Wahl der Konstanten gaben die so ermittelten Werte für l_x die Tafelwerte näherungsweise gut wieder. Abstriche mußten nur für die Altersklassen unter 20 und über 80 Jahren gemacht werden. Eine diesem Mangel abhelfende Verbesserung der Formel von GOMPERTZ wurde 1860 von MAKEHAM durch Einführung eines Korrekturgliedes erreicht[136]). Die Formel von GOMPERTZ-MAKEHAM bildet einen gewissen Abschluß dieser Entwicklung. Sie behielt ihre Bedeutung für die Praxis der Le-

[136]) WILLIAM MATTHEW MAKEHAM, On the law of mortality and the construction of mortality tables, *in*: Journal of the institute of actuaries **8** (1860), S. 301–310.

bensversicherungsmathematik bis weit ins 20. Jh., als eine zunehmende Spezialisierung auch eine Verselbständigung der Versicherungsmathematik als eigene Disziplin brachte, die damit aufhörte, ein Anwendungsgebiet der Wahrscheinlichkeitsrechnung zu sein.

Ein noch gewichtigerer Grund für diese Trennung und auch für das Aufgeben von Begriffen wie Sterbewahrscheinlichkeit ist, daß die verschiedenen Absterbeordnungen großen Schwankungen unterliegen, so daß Sterbegesetze letztendlich nicht als Naturgesetze angesehen werden können.

Text 5.1. Auszüge aus dem Briefwechsel zwischen Christiaan und Lodewijk Huygens über Sterblichkeitsprobleme von 1669 *)

Brief Christiaan Huygens an Lodewijk Huygens, Paris, den 21. November 1669

Ich überprüfe gerade Ihre Berechnung der Lebensalter und bin dabei, meine eigene, die ich verloren habe, noch einmal zu machen. Ich wollte, Ihre wäre zutreffend, weil sie uns eine ein wenig größere Lebensspanne einräumt, aber es führt zu nichts, uns selbst zu betrügen. Scit nos Proserpina canos[137]), und sie kümmert sich nicht um unsere Berechnung. Sie schließen ziemlich wirklichkeitsnahe, daß die 100 Personen zusammen auf 1822 Lebensjahre kommen, aber es folgt nicht daraus, daß die 18 Jahre und 2 Monate, die aus der Teilung dieser Zahl durch 100 hervorgehen, die Lebenserwartung jeder Person zum Zeitpunkt der Geburt oder der Zeugung ist, so wie Sie das als sicher annehmen.

Nehmen wir z.B. an, daß die Menschen in ihrer Kindheit noch hinfälliger als in Wirklichkeit sind und daß gewöhnlich 90 von 100 während der ersten 6 Lebensjahre sterben, aber daß auch diejenigen, die dieses Alter überschreiten, zu einem Nestor und Methusalem werden und gewöhnlich ein Alter von 152 Jahren und 2 Monaten erreichen. Ihr hättet für die 100 dieselbe Anzahl von Lebensjahren, und doch würde jemand bei einer Wette darauf, daß ein Kind zum Zeitpunkt der Zeugung nur 6 Jahre alt wird, einen großen Nachteil haben, da von 10 nur eines dahin gelangt.

Hier noch ein anderes Beispiel. Nehmen Sie an, daß ich in Bezug auf 100 Kinder zum Zeitpunkt der Zeugung, wie üblich vorausgesetzt, für jedes von ihnen gewettet hätte, daß es ein Alter von 16 Jahren erreicht. Da gewöhnlich nicht mehr als 40 von 100 16jährige übrig bleiben, hätte ich sicherlich einen Nachteil und, um die Partie ausgeglichen zu gestalten, dürfte ich nur 40 gegen 60 oder 2 gegen 3 gesetzt haben.

Sie sehen demgemäß, daß die 18 Jahre und 2 Monate keinesfalls das von jedem zum Zeitpunkt der Zeugung ⟨zu erwartende⟩ Lebensalter darstellen; ich finde dafür nur ungefähr 11 Jahre. Bei einer Wette darauf, daß ein 6jähriges

*) Auszüge aus dem Briefwechsel zwischen Christiaan und Lodewijk Huygens über Sterblichkeitsprobleme von 1669, *in*: Oeuvres complètes de Christiaan Huygens Bd. VI, La Haye 1895, S. 524–530, S. 537f.
(S)

[137]) (S): „Proserpina weiß, wann wir grau werden" nach den ›Epigrammata‹ von Martial, leicht modifiziert von Huygens zitiert.

Kind 26 ⟨Jahre⟩ erreicht, kann man 25 gegen 39 setzen, da ja von 64 6jährigen Kindern 25 das Alter von 26 Jahren erreichen gegenüber 39, die vorher sterben.

Bei einer Wette darauf, daß ein 16jähriger Junge bis zum Alter von 36 leben wird, kann man 16 gegen 24 oder 2 gegen 3 setzen, so daß ein wenig mehr dafür spricht[138]), daß ein 16jähriger als daß ein 6jähriger noch weitere 20 Jahre lebt.

Diese Rechnung ist, wie Ihr seht, sehr zuverlässig und einfach; Ihr fragt nun, wie ich ebenso wie Sie bestimmen könnte, wieviel einer Person vorgegebenen Alters vernünftigerweise noch zu leben bleibt. Um dies zu tun, habe ich die kleine englische Tabelle[139]) ergänzt, ohne mich jedoch mit irgendeiner Rechnung aufzuhalten, sondern indem ich eine Kurve zeichnete, auf welcher ich mit dem Zirkel die Lebensdauer eines Beliebigen messe; ich sehe z.B., daß Sie mit Ihrem Alter von 38 Jahren noch mit ungefähr 19 Jahren und 4 Monaten rechnen können. Aber wenn Sie sich die Zeit damit vertreiben, häufig Leute herauszufordern, um sich zu schlagen, muß man noch etwas davon abziehen. Ich werde Ihnen ein anderes Mal diese Lebenserwartungskurve zusenden zusammen mit ihrer Anwendung und sogar mit einer Tafel der Lebenserwartungen für jedes Lebensalter von Jahr zu Jahr, was mich keine Mühe kosten wird. ...

Anhang I zum Brief vom 21. November 1669
Anläßlich der Überprüfung der Rechnung meines Bruders LOUIS, 21. November 1669

Nach den in London mit großer Genauigkeit angestellten Beobachtungen[140]):

Von 100 Personen zum Zeitpunkt der Zeugung sind gestorben	36 am Ende von 6 Jahren.
	24 zwischen 6 und 16 Jahren.
	15 zwischen 16 und 26.
	9 zwischen 26 und 36.
	6 zwischen 36 und 46.
	4 zwischen 46 und 56.
	3 zwischen 56 und 66.
	2 zwischen 66 und 76.
	1 zwischen 76 und 86.

138) (S): Im Original steht: "... est un peu plus apparent ...", was heute ohne weiteres mit „ist es etwas wahrscheinlicher" übersetzt werden kann. Diese Übersetzungsmöglichkeit wurde aber erst nach der Entstehung einer Wahrscheinlichkeitstheorie selbstverständlich. Dem französischen *apparent* entspricht sehr gut das deutsche *anscheinend*, das seinerseits aber keinen Komparativ zuläßt.

139) (S): Gemeint ist die Tabelle in JOHN GRAUNTS ›Natural and political observations‹ von 1662. Siehe die Einführung zu diesem Kapitel.

140) (S): CHRISTIAAN HUYGENS macht dazu am Schluß des Briefes die Bemerkung:

Daher ist die Anzahl derjenigen von 100 Personen, die ein Alter erreichen von

6 Jahren	64.
16 Jahren	40.
26 Jahren	25.
36 Jahren	16.
46 Jahren	10.
56 Jahren	6.
66 Jahren	3.
76 Jahren	1.
86 Jahren	0.

Bei einer Wette darauf, daß ein Kind zum Zeitpunkt der Zeugung 6 Jahre alt wird, kann man 64 gegen 36 oder 16 gegen 9 setzen.

Bei einer Wette darauf, daß ein Kind zum Zeitpunkt der Zeugung 16 Jahre alt wird, kann man nur 40 gegen 60 oder 2 gegen 3 setzen, da es nur 40 von 100 geben wird, die ein Alter von 16 Jahren erreichen werden.

Aber bei einer Wette darauf, daß ein 6jähriges Kind bis 16 leben wird, kann man 40 gegen 24 oder 5 gegen 3 setzen, da 40 von 64 6jährigen Personen bis 16 leben und 24 vorher sterben.

Genauso kann man auch bei einer Wette darauf, daß ein 16jähriges Kind bis 26 leben wird, 5 gegen 3 setzen, weil 25 von 40 16jährigen Personen bis 26 leben und 15 vorher sterben.

Bei einer Wette darauf, daß ein 6jähriges Kind bis zum Alter von 26 Jahren leben wird, kann man 25 gegen 39 setzen, da nur 25 von 64 6jährigen Kindern ein Alter von 26 erreichen und die anderen 39 vorher sterben.

Ähnlich kann man bei einer Wette auf einen 16jährigen, daß er bis zu seinem 36. leben wird, 16 gegen 24 oder 2 gegen 3 setzen, so daß ein wenig mehr dafür spricht, daß ein 16jähriger als daß ein 6jähriger noch weitere 20 Jahre lebt.

Multiplizieren Sie	36 mit 3	macht	108
	24 mit 11		264
	15 mit 21		315
	9 mit 31		279
	6 mit 41		246
	4 mit 51		204
	3 mit 61		183
	2 mit 71		142
	1 mit 81		81
			1822

Von 100 Kindern zum Zeitpunkt der Zeugung sterben 36 vor dem Alter von 6 Jahren; diese haben, ⟨so⟩ kann man sagen, durchschnittlich 3 Jahre gelebt. Von den 64 verbleibenden 6jährigen sterben 24 vor dem Alter von 16 Jahren; diese haben durchschnittlich 11 Jahre gelebt. Und so vom Rest, wie es sich in dieser Tafel findet.

„Sie begnügen sich mit der Empfängnis, da in den Listen auch die Fehlgeburten aufgeführt sind."

1822	bezogen auf	100
108		
1714	bezogen auf	64
264		
1450	bezogen auf	40
315		
1135	bezogen auf	25
279		
856	bezogen auf	16
246		
610	bezogen auf	10
204		
406	bezogen auf	6.
183		
223	bezogen auf	3.
142		
81	bezogen auf	1.

Also hat ein Kind zum Zeitpunkt der Zeugung

36 Chancen, 3 Jahre zu leben,
und 24 Chancen, 11 Jahre zu leben,
und 15 Chancen, 21 Jahre zu leben,
u.s.w.

Man muß also nach meiner Glücksspielregel[141]) jede Anzahl von Chancen mit den Jahren, die sie ergeben, multiplizieren und die Summe der Produkte, die hier 1822 ausmacht, durch die Summe aller Chancen, hier 100, teilen. Der Quotient, der hier 18 Jahre und ungefähr $2\frac{1}{2}$ Monate ausmacht, wird der Erwartungswert[142]) eines Kindes zum Zeitpunkt der Zeugung sein. Die Methode meines Bruders LOUIS läuft auf dasselbe hinaus, obwohl er auf anderen Wegen dahin gelangt ist.

Aber, obwohl die Lebenserwartung eines Kindes zum Zeitpunkt der Zeugung diese 18 Jahre $2\frac{1}{2}$ Monate beträgt, bedeutet dies nicht, daß es mutmaßlich so

[141]) (S): Für diese Regel siehe Proposition III von HUYGENS' ›De ratiociniis in ludo aleae‹ von 1657 (Text 1.8.1.).

[142]) (S): Hier benutzt HUYGENS die Umschreibung *ce que vaut la chance* für das, was in ›De ratiociniis in ludo aleae‹ mit *expectatio* oder *spes*, also mit *Erwartungswert*, bezeichnet wurde.

lange leben wird; denn es spricht viel mehr dafür, daß es vor diesem Zeitpunkt sterben wird.

So daß bei einer Wette darauf, daß es bis dahin leben würde, die Partie nachteilig wäre; denn man kann nur mit gleichen Aussichten darauf wetten, daß es ungefähr 11 Jahre alt werden wird. Entsprechend irrt sich auch, wer bei einer Wette darauf, daß ein 6jähriges oder 16jähriges Kind weitere 20 Jahre leben wird, behauptet, die Partie sei ausgeglichen; denn man kann nur 25 gegen 39 auf das 6jährige und 2 gegen 3 auf das 16jährige setzen, wenn auch die Lebenserwartung des einen wie des anderen 20 Jahre beträgt, d.h. sie sich schaden würden, wenn sie weniger als 20 Jahre als sicher annehmen würden. Seine Rechnung ist gut für die Leibrenten.

Man möchte wissen, in welcher Zeit 2 von 40 46jährigen sterben werden. Macht 1 Jahr drei Monate.

Von 10 sterben 4 zwischen 46 und 56.
Von 40 sterben deshalb 16 zwischen 46 und 56, d.h. in 10 Jahren.

Verstorbene	in Jahren	Verstorbene	
16	10	2	1 Jahr drei Monate.

Ein 56jähriger Mann heiratet eine 16jährige Frau; wie lange können sie damit rechnen, zusammenzuleben, ohne daß einer von beiden stirbt? Oder wenn man mir 100 Francs am Ende jedes Jahres, das sie miteinander leben, versprochen hätte, für welchen Betrag würde man diese Verbindlichkeit billigerweise einlösen? Genauso: In welcher Zeit müssen alle beide sterben?
In welcher Zeit werden 40 46jährige Männer sterben?
In welcher Zeit werden 2 16jährige Personen sterben?

Antwort: in 29 Jahren $2\frac{2}{3}$ Monaten.

	Alter, das sie erreichen:
Für ein Kind zum Zeitpunkt der Zeugung bleibt eine Lebensspanne von 18,22 oder 18 Jahren $2\frac{2}{3}$ Monaten ziemlich genau	18,22
Für einen 6jährigen bleibt eine Lebensspanne von 20,81 oder 20 Jahren 10 Monaten	26,81
Für einen 16jährigen bleibt eine Lebensspanne von 20,25 oder 20 Jahren 3 Monaten	36,25
Für einen 26jährigen bleibt eine Lebensspanne von 19,40 oder 19 Jahren 5 Monaten	45,40

Für einen 36jährigen bleibt eine Lebensspanne von 17,50 oder 17 Jahren 6 Monaten	53,50
Für einen 46jährigen bleibt eine Lebensspanne von 15,00 oder 15 Jahren 0 Monaten	61
Für einen 56jährigen bleibt eine Lebensspanne von 11,67 oder 11 Jahren 8 Monaten	67,67
Für einen 66jährigen bleibt eine Lebensspanne von 8,33 oder 8 Jahren 4 Monaten	74,33
Für einen 76jährigen bleibt eine Lebensspanne von 5,00 oder 5 Jahren 0 Monaten	81
Für einen 86jährigen bleibt eine Lebensspanne von 0,00 oder 0 Jahren 0 Monaten	86

Um herauszufinden, wie lange der Überlebende von zwei 16jährigen Personen leben wird, muß man sich vorstellen, daß jeder von beiden ein Los von 40 (vollständigen Sets) zieht, von denen es

15, die 5 Jahre ergeben,
9, die 15 Jahre ergeben,
6, die 25 Jahre ergeben,
4, die 35 Jahre ergeben,
3, die 45 Jahre ergeben,
2, die 55 Jahre ergeben,
1, das 65 Jahre ergibt,

gibt und daß sie von den 2 Losen dasjenige mit der größeren Anzahl von Jahren für die Lebensdauer des Überlebenden nehmen.

15-	$7\frac{1}{2}$-	5	20,3
	$7\frac{1}{2}$-	8	
	25	-29,40	
9-	$19\frac{1}{2}$-	15	24,3
	$4\frac{1}{2}$-	18	
	16	$-37\frac{1}{2}$	
6-	27	-25	30,2
	3	-28	
	10	-45	

Angenommen, man nähme zuerst sein Los, so hat er sicherlich 15 Chancen für ein solches ⟨Los⟩, das weitere 5 Lebensjahre ergibt, und 9 Chancen für ein ⟨Los⟩ von 15 Lebensjahren u.s.w. Wenn man nun ein ⟨Los⟩ von 5 Lebensjahren daraus nimmt, muß danach auch die andere Person ihr Los ziehen. Alles, was ihr unter 5 Jahren zuteil wird, kann nicht schaden, da der erste bereits ein Los von 5 Jahren hat, so daß alles, was dem zweiten unter 5 Jahren zuteil werden kann, ebensoviel zählt wie 5 Jahre. Aber der

4–32 –35 2 –38 6 –51,67	37,6
3–35½–45 ½–48 3 –58,33	46,1
2–38 –55 1 –58 1 –65	55,3
1–39 –65 1 –66½	65,0

zweite hat 15 Chancen, von denen $7\frac{1}{2}$ für ein kürzeres Leben als 5 Jahre zählen, $7\frac{1}{2}$ für ein Weiterleben um 6, 7, 8, 9 oder 10 Jahre, die ebensoviel zählen wie $7\frac{1}{2}$ für ein Weiterleben um 8 Jahre, und weitere 25 Chancen, die einem 16jährigen Mann 20,40 Jahre[143]) einbringen, denn diese müssen so aufgefaßt werden, da keine dieser 25 Chancen weniger als 5 Jahre ergibt. Folglich hat der erste bei der Ziehung seines Loses 15 Chancen, darunter

$7\frac{1}{2}$ Chancen auf 5 Jahre,

$7\frac{1}{2}$ Chancen auf 8 Jahre,

25 Chancen auf 29,40 Jahre.

Der erste hat beim Ziehen auch 9 Chancen, ein Los von 15 Jahren zu erhalten; falls er eines von diesen erhalten hat, zählt alles, was dem anderen unter 15 Jahren zuteil werden kann, soviel wie 15 Jahre. Aber der zweite hat 15 Chancen, die weniger als 15 Jahre ergeben, die also soviel zählen wie 15 Chancen auf 15 Jahre. Außerdem gibt es 9, von denen $4\frac{1}{2}$ unter 15 Jahren liegen, die also soviel <wert> sind wie 15 Jahre, und die anderen $4\frac{1}{2}$ für 16, 17, 18, 19 oder 20 Jahre, die soviel zählen wie $4\frac{1}{2}$ für 18 Jahre. Dann gibt es noch 16 Chancen für ein Weiterleben um $37\frac{1}{2}$ Jahre.

Daher hat der erste beim Ziehen auch

$19\frac{1}{2}$ Chancen auf 15 Jahre,

$4\frac{1}{2}$ Chancen auf 18 Jahre,

[143]) (S): Im Text müßte es nicht 20,40, sondern, wie in der Rechnung, 29,40 heißen. Diese Zahl ist der Erwartungswert aus den 9 Chancen auf 15 Jahre, 6 auf 25 Jahre u.s.w.

$$16 \text{ Chancen auf } 37\frac{1}{2} \text{ Jahre.}$$

Und so immer weiter wie hier am Rand[144]).

Der erste ⟨hat⟩ beim Ziehen

15 Chancen auf 20,3	304,5
9 Chancen auf 24,3	218,7
6 Chancen auf 30,2	181,2
4 Chancen auf 37,6	150,4
3 Chancen auf 46,1	138,3
2 Chancen auf 55,3	110,6
1 Chance auf 65,0	65,0
	1168,7

29,22 Jahre[145]), die der Überlebende von 2 jeweils 16jährigen Personen leben wird; d.h., daß einer von den beiden ein Alter von 45 Jahren $2\frac{2}{3}$ Monaten erreichen wird.

CHRISTIAAN HUYGENS an LODEWIJK HUYGENS, Paris, den 28. November 1669

Die Rechnung, die ich Ihnen geschickt habe, hat Sie ohne Zweifel verwirrt; nachdem ich inzwischen darüber und auch über Ihre nachgesonnen habe, finde ich, daß wir alle beide Recht haben, da wir die Sache verschieden auffassen. Sie geben einem Kind zum Zeitpunkt der Zeugung eine Lebensdauer von 18 Jahren und $2\frac{1}{2}$ Monaten, und es ist richtig, daß seine Lebenserwartung genausoviel ausmacht. Hingegen hat es nicht den Anschein, daß es so lange leben wird, denn es spricht viel mehr dafür, daß es vor diesem Zeitpunkt sterben wird. So daß bei einer Wette darauf, daß es bis dahin leben würde, die Partie unvorteilhaft wäre, denn man kann nur mit gleichen Aussichten darauf wetten, daß es ungefähr 11 Jahre alt werden wird, so wie ich das auf meine Weise finde.

Ebenso macht die Lebenserwartung eines 6jährigen Kindes oder eines 16jährigen Jungen die von Ihnen behaupteten 20 Jahre aus, aber Sie können daraus nicht schließen, daß die Partie ausgeglichen ist bei einer Wette darauf, daß er noch

144) (S): Gemeint ist die vorhergehende Zusammenstellung.

145) (S): Diese Zahl ist nach HUYGENS' Proposition III als Quotient von 1 168,7 und 40, der Anzahl aller Chancen, ermittelt worden.

20 Jahre leben wird; denn dafür dürfte man nicht mehr als 25 gegen 39 für den 6jährigen und 2 gegen 3 für den 16jährigen wetten. Oder andersherum, für einen 16jährigen kann man 1 gegen 1 darauf wetten, daß er noch 15 Jahre leben wird.

Es sind dies also zwei verschiedene Dinge: die Lebenserwartung oder der Wert des zukünftigen Alters einer Person und das Alter, für das in gleicher Weise spricht, daß man es erreichen oder nicht erreichen wird. Die erste dient zur Bestimmung der Leibrenten und die andere für die Wetter. Ich werde nachsehen, ob Sie genauso unterschieden haben. Ihre Methode ist doch sehr schön und scharfsinnig erdacht. Sie liefert genau dasselbe Ergebnis, das ich entsprechend meinen in den *Exercitationes mathematicae* von SCHOTEN gedruckten Glücksspielregeln[146]) finde, indem ich sage, daß z.B. ein Kind zum Zeitpunkt der Zeugung 36 Chancen hat, um 3 Jahre weiterzuleben, 24 Chancen, um 11 Jahre weiterzuleben, u.s.w. Man muß nämlich nach der Regel jede Anzahl der Chancen mit dem, was sie liefern, multiplizieren und die Summe der Produkte durch die Summe aller Chancen teilen, um den ⟨gesuchten⟩ Wert zu erhalten.

[146]) (S): Siehe Text 1.8.1.

Text 5.2. Jan de Witt, Waerdye van Lyf-Renten. Naer proportie van Los-Renten *)

Die zweite Annahme ist,
daß, wenn ein zukünftiges Jahr aus dem Leben eines Menschen beliebig ausgewählt wurde, und zwar in einem Zeitraum, in dem dem Menschen weder durch zu zarte Jugend noch durch zu hohes Alter die volle Kraft und Rüstigkeit fehlt, um sein Leben fortzusetzen (dafür soll hier ein Zeitraum von 50 Jahren angenommen werden, z.B. zwischen dem dritten oder vierten und dem 53. oder 54. Lebensjahr), *es nicht wahrscheinlicher ist, daß dieser Mensch in der ersten Hälfte des ausgewählten Jahres sterben wird als in der zweiten Hälfte; desgleichen ist es auch nicht wahrscheinlicher, daß er in der zweiten Hälfte des betrachteten Jahres sterben wird als in der ersten; aber, obwohl es ganz vom Zufall abhängt, ob der Mensch, der bis zum ausgewählten Jahr am Leben geblieben ist, in dem ausgewählten Jahr sterben wird, findet man eine gleiche Wahrscheinlichkeit oder Möglichkeit dafür, daß der Tod in der ersten oder in der zweiten Hälfte eintreten soll;* gerade in derselben Weise, wie wenn bei einer hochgeworfenen Münze eine absolute Gleichheit in der Wahrscheinlichkeit oder der Möglichkeit dafür besteht, daß dieselbe nach dem Niederfallen mit der einen oder mit der anderen Seite nach oben zu liegen kommt, oder, wie man gewöhnlich sagt, ob die Münze Kopf oder Wappen zeigen wird, obwohl dasselbe in dem Maß ganz vom Zufall abhängt, daß die Münze zehnmal, zwanzigmal oder noch häufiger hintereinander Kopf und keinmal Wappen zeigt und umgekehrt.

Die dritte Annahme ist,
daß es für einen Menschen, der den oben genannten Zeitraum größter Vitalität hinter sich gebracht hat, also z.B. 53 oder 54 Jahre alt geworden ist, wahrscheinlicher wird, in einem ausgewählten Jahr oder Halbjahr des verbliebenen Zeitraums zu sterben, als es für ihn wahrscheinlich gewesen ist, oder als es für einen anderen, der die gleiche Gesundheit und Disposition hat wie der erste in der Vergangenheit, wahrscheinlich ist, daß er innerhalb eines Jahres oder Halbjahres des genannten Zeitraums größter Vitalität sterben wird; *diese Wahrscheinlichkeit oder Möglichkeit, in einem ausgewählten Jahr oder Halbjahr des darauffolgenden Zeitraums von zehn Jahren, wie z.B. vom 53. bis zum 63. Lebensjahr, zu sterben, ist im Durchschnitt genommen im Verhältnis zu der Wahrscheinlichkeit oder der Möglichkeit, in einem Jahr oder einem Halbjahr des vorangegangenen*

*) Jan de Witt, Waerdye van Lyf-Renten. Naer proportie van Los-Renten, Den Haag 1671, wiederabgedruckt *in*: Die Werke von Jakob Bernoulli Bd. III, Basel 1975, S. 327–350, speziell S. 330f. u. S. 337.
(S) unter Mithilfe von Zeno Swijtink.

Zeitraums größter Vitalität zu sterben, nicht größer als 3:2; wenn z.B. zwei Personen desselben Gesundheitszustandes, die eine von 40 und die andere von 58 Jahren, ausgewählt werden und einen Vertrag machen, der besagt, daß, wenn der 58jährige innerhalb von sechs Monaten stirbt, der 40jährige aus seinem nachgelassenen Vermögen eine Summe von 2000 Gulden bekommen soll, und daß andererseits, wenn der 40jährige innerhalb von sechs Monaten abberufen wird, der 58jährige aus seiner Hinterlassenschaft 3000 Gulden gewinnen soll, dann kann ein solcher Vertrag für denjenigen, der im für ihn günstigeren Fall 3000 Gulden gewinnt und der andernfalls nur 2000 Gulden verlieren würde, nicht als ungünstig betrachtet werden.

Weiterhin darf diese größere Wahrscheinlichkeit, in einem ausgewählten Jahr oder Halbjahr des zweiten nachfolgenden Zeitraums von zehn Jahren, wie z.B. vom 63. bis zum 73. Lebensjahr, zu sterben, im Durchschnitt genommen im Verhältnis zu der, in einem ausgewählten Jahr oder Halbjahr des oben genannten früheren Zeitraums größter Vitalität zu sterben, nicht höher geschätzt werden als das Doppelte oder als 2:1; und in den nachfolgenden sieben Jahren, wie z.B. vom 73. bis zum 80. Lebensjahr, nicht höher als das Dreifache oder als 3:1. Schließlich ist, wenn man annimmt, daß das Leben eines Menschen 27 Jahre nach dem Ablauf der erwähnten 50 Jahre des Lebens größter Vitalität notwendigerweise beendet sein wird, in jedem Fall dieser Zeitraum von 27 Jahren nicht als zu groß oder zu lange angenommen, weil die Erfahrung deutlich lehrt, daß das Leben mancher Menschen das Alter von 80, 81 und mehr Jahren noch um ein merkliches Stück übertrifft.

Aufgrund dieser drei Annahmen kann durch Berechnung gezeigt und mathematisch bewiesen werden, daß, wenn die ewige Rente, wie oben gesagt, auf eine Kaufsumme von 25 angesetzt ist ⟨d.h. auf einen Zinsfuß von 4%⟩, die Leibrente, um die vorher genannte Gleichheit zu erreichen, für eine Summe von etwas mehr als 16 verkauft werden muß. Daher müssen, um eine Leibrente von einem Gulden jährlich, bezogen auf eine junge lebenskräftige Person, zu erzielen, mehr als 16 Gulden bezahlt werden. ...

Proposition 3

Während der Zeit, in der ein Mensch weder durch zu zarte Jugend noch durch zu hohes Alter die volle Kraft und Rüstigkeit verloren hat, sein Leben fortzusetzen, z.B. zwischen dem dritten oder vierten und dem 53. oder 54. Jahr seiner Lebenszeit, ist jedes halbe Jahr des Lebens eines Menschen gleich schicksalsträchtig und kann ihm den Tod bringen; d.h., daß die Möglichkeit oder Wahrscheinlichkeit für den Eintritt seines Sterbetages in den ersten sechs Monaten nicht größer ist als in den zweiten sechs Monaten und umgekehrt, und auch für den Eintritt seines Sterbetages in dem Zeitraum der ersten oder der zweiten sechs Monate, jedes halbe Jahr für sich betrachtet, nicht größer ist als in den dritten sechs Monaten und umgekehrt usw. während dieses ganzen Zeitraums.

Text 5.3. Jakob Bernoulli, Meditationes, Artikel 77 = Ehevertrag*)

TITIUS *heiratet* CAJA. *Die Väter der beiden Brautleute leben noch und sind wohlhabend.* TITIUS *trifft folgende „Ehabred“ (Ehevertrag): Wenn aus der Ehe Kinder hervorgehen sollten, soll das Vermögen eines jeden der beiden Eheleute, sei es in die Ehe mitgebracht oder durch Erbschaft erworben, zum gemeinsamen Besitz werden. Wenn nun die Frau vor dem Manne aus dem Leben scheiden sollte, wird der Mann* $\frac{2}{3}$ *des gemeinsamen Vermögens beanspruchen, falls beide Väter entweder noch leben oder tot sind. Wenn aber der Vater der* CAJA *gestorben sein sollte, der andere Vater aber noch lebt, wird er die Hälfte nehmen. Schließlich wird er* $\frac{3}{4}$ *erhalten und die Kinder nur den Rest, wenn sein Vater gestorben sein sollte, der Vater der* CAJA *aber noch lebt. Der Vater der* CAJA, *dem diese letzte Bestimmung allzu unbillig erscheint, verlangt, daß man* $\frac{1}{2}$ *an Stelle von* $\frac{3}{4}$ *setzt.* TITIUS *aber, nachdem er seinem zukünftigen Schwiegervater gezeigt hatte, daß es unsinnig und vernunftwidrig wäre, wenn er weniger bekäme, nachdem ihm das Vermögen des Vaters durch Erbschaft zugeflossen ist, als dann, wenn er noch zu Lebzeiten seines Vaters gemäß Artikel 1, dem der Schwiegervater zugestimmt hatte,* $\frac{2}{3}$ *erhalten müßte, schlägt vor, daß ohne Unterschied der Fälle alles in einen Artikel gefaßt wird, nämlich, daß er* $\frac{2}{3}$ *beansprucht, wie auch immer es mit den Eltern der Eheleute stehe.* CAJAS *Vater stimmt zu. Man fragt, ob die „Ehabred“ in dieser letzten Fassung für die Kinder der* CAJA *günstiger ist als in der früheren, die* TITIUS *anfangs vorgeschlagen hatte und die* CAJAS *Vater zurückgewiesen hatte. …*

Werde nun CAJA mit *A*, der Vater des TITIUS mit *B*, der Vater der CAJA mit *C* bezeichnet, so können diese drei Personen so viele verschiedene Absterbefolgen aufweisen, wie es verschiedene Anordnungen dieser drei Buchstaben gibt, d.h. die Folge *ABC*, *ACB*, *BAC*, *BCA*, *CAB*, *CBA*. Unter diesen gibt es daher zwei Fälle, die CAJA den ersten, zwei die ⟨ihr⟩ den zweiten, zwei die ⟨ihr⟩ den dritten Platz in der Absterbefolge zuweisen. …

*) JAKOB BERNOULLI, Meditationes, Artikel 77 = Ehevertrag, *in*: Die Werke von Jakob Bernoulli Bd. III, Basel 1975, S. 42–47.

(S)

Aber CAJA ist noch eine junge Frau und strotzt vor Gesundheit, weswegen zu erwarten ist, daß sie die Greise überleben wird; deshalb sind jene sechs Absterbeordnungen nicht gleichwertig; um wieviel aber eine gewichtiger als die andere ist, das werden wir so ausfindig machen: Wir nehmen an, es gäbe zwei zufällig eintretende Fälle, z.B. zwei Krankheiten, die jedem der beiden Greise den Tod bringen können, aber nur eine Krankheit, die CAJA mit dem Tod bedroht, so daß es 5 Fälle oder Krankheiten gibt, von denen jede einzelne gleich leicht an erster Stelle ihr Opfer befallen kann. Da von diesen nur eine für CAJA schädlich ist, gibt es daher 1 Fall, bei dem sie vor einem der beiden Greise stirbt, und 4 andere, bei denen sie nicht an erster Stelle stirbt, was $\frac{1}{5}$ der Sicherheit für ein Ableben an erster Stelle bedeutet oder eine Wahrscheinlichkeit, von denen 5 die vollständige Sicherheit ausmachen. Wenn ferner einer der beiden Greise schon gestorben ist, gäbe es nur einen Fall, bei dem CAJA vor dem verbleibenden stürbe, und zwei, bei denen sie den Greis überlebte; dies bedeutet $\frac{1}{3}$ der Sicherheit für ein Ableben an zweiter und $\frac{2}{3}$ Sicherheit für ein Ableben an dritter Stelle. Weil er aber noch lebt, werden es 4 Fälle sein, bei denen einer der beiden Greise an erster Stelle das Zeitliche segnet und CAJA $\frac{1}{3}$ Sicherheit auf ein Ableben als zweite oder $\frac{2}{3}$ Sicherheit auf ein Ableben als dritte erwirbt, und ein Fall, bei dem sie ...[147]) erwirbt, wenn sie nämlich an erster Stelle stirbt. Dies bedeutet eine Sicherheit auf ein Ableben als zweite von

$$\frac{4 \cdot \frac{1}{3} c + 1 \cdot 0}{5} = \frac{4}{15} c$$

und eine Sicherheit auf ein Ableben als dritte von

$$\frac{4 \cdot \frac{2}{3} c + 1 \cdot 0}{5} = \frac{8}{15} c.$$

So hat sie zwei Wahrscheinlichkeiten, von denen 15 die ⟨vollständige⟩ Sicherheit ausmachen, bei denen sie nach B und vor C stirbt, und ebensoviele, bei denen sie nach C und vor B stirbt. Weswegen es eine Wahrscheinlichkeit von 5 oder, was dasselbe ist, 3 Wahrscheinlichkeiten gibt, von denen 15 die ⟨voll-

[147]) (S): Hier fehlt ein Stück im Manuskript der ›Meditationes‹.

ständige⟩ Sicherheit ausmachen, bei denen A vor B und C stirbt. ... 2, bei denen sie nach B und vor C stirbt, ... 2 weitere, bei denen sie vor B aber nach C stirbt, ... schließlich 8, bei denen A nach B und C ablebt. ...

Sei ferner allgemein die Anzahl der Fälle oder Krankheiten, die jedem der beiden Greise den Tod bringen können, ein beliebig großes m, der Fälle, die CAJA als einer jungen Frau den Tod bringen, ein beliebig kleines n, so wird CAJA $\frac{n}{n+2m}$ Sicherheit auf ein Ableben als erste haben, $\frac{mn}{2mm+3mn+nn}$ Sicherheit auf ein Ableben als zweite nach B und vor C sowie $\frac{mn}{2mm+3mn+nn}$ Sicherheit auf ein Ableben als zweite nach C und vor B und $\frac{2mm}{2mm+3mn+nn}$ Sicherheit auf ein Ableben als dritte.

Deswegen gibt es n Wahrscheinlichkeiten, von denen $n+2m$ die vollständige Sicherheit ausmachen, oder $mn+nn$ Wahrscheinlichkeiten, von denen $2mn+3mn+nn$ die ⟨vollständige⟩ Sicherheit ausmachen, bei denen CAJA an erster Stelle stirbt, u.s.w. ...

Und so haben wir die Wahrscheinlichkeiten für das Ableben von CAJA und den Greisen durch die Annahme geschätzt, daß es gegenüber einer tödlichen Krankheit, die CAJA erwartet, zwei gibt, die jeden der beiden Greise bedrohen. Wir können aber auch einen anderen Weg der Schätzung beschreiten durch die umgekehrte Annahme, alle jene seien einer gleichen Anzahl von Krankheiten ausgesetzt. Wegen ihres Alters und ihrer größeren Widerstandskraft seien zwei Krankheiten erforderlich, um den Tod von CAJA herbeizuführen, während eine einzige für die Greise genügt. Weil sowohl CAJA als auch jeder der beiden Greise nach Annahme gleich leicht erkranken können, wird es einen Fall geben, nämlich wenn CAJA zuerst erkrankt, bei dem sie $\frac{1}{3}$ Sicherheit auf ein Ableben als erste erwirbt – dann nämlich bleibt nur eine Krankheit übrig, die für sie selbst wie für die Greise tödlich sein muß –, und zwei andere, bei denen sie die Erwartung auf ein Ableben als erste verliert, wenn nämlich einer der beiden Greise erkrankt, wird ja jene Krankheit als für den Greis tödlich angenommen; dies bedeutet eine Sicherheit auf ein Ableben als erste von $\frac{1\cdot\frac{1}{3}+2\cdot 0}{3}=\frac{1}{9}$ oder $\frac{2}{18}$.

Wenn ferner einer der beiden Greise aufgrund seiner Krankheit schon verschieden und CAJA noch nicht erkrankt wäre, gäbe es einen Fall, bei dem CAJA, wenn sie nämlich selbst vor dem anderen Greis erkrankte, $\frac{1}{2}$ Sicherheit auf ein

Ableben als zweite wie auch als dritte erwirbt, und einen Fall, wenn nämlich der andere Greis zuerst erkrankte und stürbe, bei dem sie die Hoffnung auf ein Ableben als zweite verliert und die vollständige Sicherheit auf ein Ableben als dritte erwirbt; dies bedeutet $\frac{1 \cdot \frac{1}{2} + 1 \cdot 0}{2} = \frac{1}{4}$ Sicherheit auf ein Ableben als zweite und $\frac{1 \cdot \frac{1}{2} + 1 \cdot 1}{2} = \frac{3}{4}$ Sicherheit auf ein Ableben als dritte. Weil aber der zuerst fällige Greis noch lebt, werden es zwei Fälle sein, wenn einer der beiden Greise stirbt, bei denen Caja $\frac{1}{4}$ Sicherheit auf ein Ableben als zweite oder $\frac{3}{4}$ Sicherheit auf ein Ableben als dritte erwirbt, und ein Fall, wenn sie nämlich selbst als erste erkranken wird, mit dem sie sich $\frac{1}{3}$ Sicherheit auf ein Ableben als zweite sowie als dritte erwirbt; dies bedeutet $\frac{2 \cdot \frac{1}{4} + 1 \cdot \frac{1}{3}}{3} = \frac{5}{18}$ Sicherheit auf ein Ableben als zweite und $\frac{2 \cdot \frac{3}{4} + 1 \cdot \frac{1}{3}}{3} = \frac{11}{18}$ Sicherheit auf ein Ableben als dritte. Dies sind 2 Wahrscheinlichkeiten, von denen 18 die ⟨vollständige⟩ Sicherheit ausmachen, bei denen *A* vor *B* und *C* stirbt, ..., 5, bei denen sie an mittlerer Stelle stirbt, oder $2\frac{1}{2}$, bei denen sie nach *B* und vor *C* stirbt, ... $2\frac{1}{2}$ weitere, bei denen sie vor *B*, aber nach *C* stirbt, ..., schließlich 11, bei denen sie nach *B* und *C* stirbt. ...

Bemerkung: Wenn *ABCD* 4 Krankheiten bezeichnen, *C* und *D* dabei Krankheiten für Caja, folgt, da ja insgesamt 24 verschiedene Anordnungen möglich sind, daß es 4 Fälle gibt, die Caja als erste, 8, die sie als zweite, 12, die sie als dritte ableben lassen. ...

Bemerkung: Eine allgemeine Lösung des Problems durch Buchstaben ist nicht möglich.

Im übrigen ist zu beachten, daß es nur Annahmen sind, daß für die Greise zwei Krankheiten, für Caja nur eine tödlich ist, und daß daher die Erwartung des Titius nicht genau bestimmt ist. Der Grund dafür, daß nämlich beim Losen und bei den Spielen, welche allein der Zufall lenkt, die Erwartung genau und wissenschaftlich bestimmt werden kann, ist, daß wir genau und klar die Anzahl der Fälle erfassen, auf welche unweigerlich Gewinn oder Verlust folgen muß, und daß sich diese Fälle nicht unterschiedlich verhalten und gleich leicht vorkommen können, oder daß man wenigstens, wenn einer wahrscheinlicher ist als der andere, wissenschaftlich bestimmen kann, um wieviel er wahrscheinlicher ist. Aber welcher Sterbliche, um Himmels willen, zählte die Anzahl der Krankheiten oder anderer zufälliger Ereignisse, denen bald Greise, bald Jünglinge ausgesetzt sind, und wüßte, daß jene unweigerlich vom Tod ereilt werden oder nicht, und wer bestimmte, um wieviel wahrscheinlicher der eine befallen werden kann als der andere, da dies alles von Gründen abhängt, die ganz und gar verborgen sind und außerhalb unserer Erkenntnis liegen.

Dies läßt sich auch i. allg. bei bürgerlichen und sittlichen Angelegenheiten erkennen, wo wir zwar oft wissen, daß das eine wahrscheinlicher, besser oder ratsamer ist als das andere, aber um wieviel Grade der Wahrscheinlichkeit oder Güte es sich unterscheidet, das bestimmen wir nur der Wahrscheinlichkeit nach, nicht genau. Die sicherste Art, die Wahrscheinlichkeiten zu schätzen, ist in jenen Fällen nicht a priori oder kausal, sondern a posteriori, d. h. aus dem häufig beobachteten Ergebnis in ähnlichen Beispielen.

(⟨Spätere Randbemerkung⟩ Ich kann nämlich im Verhältnis weniger abweichen, wenn ich öfter, als wenn ich seltener beobachte. Das beweise ich.)

So wie wir in unserem Beispiel schließen würden, wenn im Verlauf mehrerer Jahre beobachtet worden wäre, es seien zweimal mehr Greise als Jungfrauen gestorben, gleichen Alters und gleicher Konstitution wie unsere Jungfrauen und unsere Greise, es gäbe einen Fall, welcher die Jungfrau, und zwei Fälle, welche den Greis mit dem Tod bedrohen; oder wenn an verschiedenen Paaren von Jungen und Alten beobachtet worden wäre, daß der Junge in doppelt sovielen Fällen den ihm zugeordneten Alten überlebt hat als der Alte den Jüngling, würden wir schließen, gegen einen Fall, der den Jüngling vor dem Greis des Lebens beraubt, stünden zwei Fälle, die das Gegenteil bewirken.

Text 5.4. Edmond Halley, An estimate of the degrees of the mortality of mankind, drawn from curious tables of the births and funerals at the city of Breslaw; with an attempt to ascertain the price of annuities upon lives*)

It is very far from the Sea, and as much a *Mediterranean* Place as can be desired, whence the Confluence of Strangers is but small, and the Manufacture of Linnen employs chiefly the poor People of the place, as well as of the Country round about; ...

It appears that in the Five Years mentioned, *viz.* from 87 to 91 inclusive, there were *born* 6193 Persons, and *buried* 5869; that is, born *per Annum* 1238, and *buried* 1174; whence an *Encrease* of the People may be argued of 64 *per Annum*, or of about a 20th part, which may perhaps be ballanced by the Levies for the *Emperor's* Service in his Wars. But this being contingent, and the Births certain, I will suppose the People of *Breslaw* to be encreased by 1238 *Births* annually. Of these it appears by the same Tables, that 348 do die *yearly* in the *first Year* of their *Age*, and that but 890 do arrive at a full *Years Age*; and likewise, that 198 do die in the *Five Years* between 1 and 6 compleat, taken at a *Medium*; so that but 692 of the Persons *born* do survive *Six* whole *Years*. From this *Age* the Infants being arrived at some degree of Firmness, grow less and less *Mortal*; and it appears that of the whole People of *Breslaw* there die *yearly*, as in the following Table, wherein the upper Line shews the *Age*, and the next under it the *Number* of Persons of that Age *dying yearly*.

7 . 8 9 . . 14 . 18 . 21 . 27 . 28 . . 35 .
11 . 11 . 6 . $5\frac{1}{2}$. 2 . $3\frac{1}{2}$ 5 6 $4\frac{1}{2}$ $6\frac{1}{2}$ 9 . 8 . 7 . 7 .

36 . 42 . 45 49 54 . 55 . 56 . 63
8 . $9\frac{1}{2}$ 8 . 9 . 7 . 7 . 10 11 . 9 . 9 . 10 . 12

70 71 . 72 77 81 84 . 90 91 .
$9\frac{1}{2}$ 14 9 . 11 $9\frac{1}{2}$ 6 . 7 . 3 . 4 . 2 . 1 . 1 . 1 .

98 . 99 . 100.
0 . $\frac{1}{5}$. $\frac{3}{5}$

*) Edmond Halley, An estimate of the degrees of the mortality of mankind, drawn from curious tables of the births and funerals at the city of Breslaw; with an attempt to ascertain the price of annuities upon lives, *in*: Philosophical Transactions of the Royal Society of London Nr. 196 (1693), S. 596–610, Auswahl von S. 597–604.

And where no *Figure* is placed over, it is to be understood of those that die between the Ages of the preceding and consequent *Column*.

From this Table it is evident, that from the Age of 9 to about 25 there does not die above 6 *per Annum* of each *Age*, which is much about one *per Cent.* of those that are of those *Ages*: And whereas in the 14, 15, 16, 17 *Years* there appear to die much fewer, as 2 and $3\frac{1}{2}$, yet that seems rather to be attributed to Chance, as are the other Irregularities in the Series of Ages, which would rectifie themselves, were the number of Years much more considerable, as 20 instead of 5. ... From 25 to 50 there seem to die from 7 to 8 and 9 *per Annum* of each Age; and after that to 70, they growing more *crasie*, though the number be much diminished, yet the *Mortaility encreases*, and there are found to die 10 or 11 of each Age *per Annum*: From thence the number of the *Living* being grown very small, they gradually decline till there be none left to *die*; as may be seen at one View in the Table.

From these Considerations I have formed the *adjoyned Table*, whose Uses are manifold, and give a more just *Idea* of the *State* and *Condition* of *Mankind*, than any thing yet extant that I know of. It exhibits the *Number* of *People* in the City of *Breslaw* of all Ages, from the *Birth* to extream *Old Age*, and thereby shews the Chances of *Mortality* at all *Ages*, and likewise how to make a certain Estimate of the value of *Annuities* for *Lives*, which hitherto has been only done by an imaginary *Valuation*: Also the *Chances* that there are that a *Person* of any *Age* proposed does live to any other *Age* given; with many more, as I shall hereafter shew. This *Table* does shew the *number* of *Persons* that are living in the *Age* current annexed thereto, as follows ⟨see Table p. 204.⟩

Thus it appears, that the whole People of *Breslaw* does consist of 34000 *Souls*, being the Sum *Total* of the Persons of all Ages in the *Table*: The first use hereof is to shew the Proportion of *Men* able to bear *Arms* in any *Multitude*, which are those between 18 and 56, rather than 16 and 60; the one being generally too weak to bear the *Fatigues* of *War* and the Weight of *Arms*, and the other too crasie and infirm from *Age*, notwithstanding particular Instances to the contrary. Under 18 from the *Table*, are found in this City 11997 Persons, and 3950 above 56, which together make 15947. So that the Residue to 34000 being 18053 are Persons between those *Ages*. At least one half thereof are Males, or 9027: So that the whole Force this City can raise of *Fencible Men*, as the *Scotch* call them, is about 9000, or $\frac{9}{34}$, or somewhat more than a quarter of the *Number* of *Souls*, which may perhaps pass for a Rule for all other places.

The *Second Use* of this Table is to shew the differing degrees of *Mortality*, or rather *Vitality* in all *Ages*; for if the number of Persons of any *Age* remaining after one year, be divided by the difference between that and the number of the

Age proposed, its shews the *odds* that there is, that a Person of that Age does not die in a *Year*. ...

Age. Curt.	Persons	Age. Curt.	Persons	Age. Curt.	Persons	Age. Curt.	Persons	Age. Curt.	Persons	Age. Curt.	Persons
1	1000	8	680	15	628	22	586	29	539	36	481
2	855	9	670	16	622	23	579	30	531	37	472
3	798	10	661	17	616	24	573	31	523	38	463
4	760	11	653	18	610	25	567	32	515	39	454
5	732	12	646	19	604	26	560	33	507	40	445
6	710	13	640	20	598	27	553	34	499	41	436
7	692	14	634	21	592	28	546	35	490	42	427

Age. Curt.	Persons	Age. Curt.	Persons	Age. Curt.	Persons	Age. Curt.	Persons	Age. Curt.	Persons	Age. Curt.	Persons
43	417	50	346	57	272	64	202	71	131	78	58
44	407	51	335	58	262	65	192	72	120	79	49
45	397	52	324	59	252	66	182	73	109	80	41
46	387	53	313	60	242	67	172	74	98	81	34
47	377	54	302	61	232	68	162	75	88	82	28
48	367	55	292	62	222	69	152	76	78	83	23
49	357	56	282	63	212	70	142	77	68	84	20

Age.	Persons.
7	5547
14	4584
21	4270
28	3964
35	3604
42	3178
49	2709
56	2194
63	1694
70	1204
77	692
84	253
100	107
	34000
Sum	Total.

So likewise for the *odds*, that any Person does not die before he attain any proposed *Age*: Take the *number* of the remaining Persons of the Age proposed, and divide it by the difference between it and the number of those of the *Age* of the Party proposed; and that shews the *odds* there is between the Chances of the Party's living or dying. ...

Use III. But if it be enquired at what number of *Years*, it is an even Lay that a Person of any *Age* shall die, this Table readily performs it: For if the *number* of Persons *living* of the *Age* proposed be *halfed*, it will be found by the *Table* at what Year the said *number* is reduced to half by *Mortality*; and that is the Age, to which it is an even Wager, that a Person of the *Age* proposed shall arrive before he *die*. ...

Use V. On this depends the Valuation of *Annuities* upon *Lives*; for it is plain that the *Purchaser* ought to pay for only such a part of the value of the *Annuity*, as he has Chances that he is living; and this ought to be computed yearly, and the Sum of all those yearly Values being added together, will amount to the value of the *Annuity* for the *Life* of the Person proposed. Now the present value of Money payable after a term of years, at any given rate of Interest, either may be had from Tables already computed; or almost as compendiously, by the Table of Logarithms: For the Arithmetical Complement of the Logarithm of Unity and its yearly Interest (that is, of 1, 06 for Six *per Cent.* being 9, 974694.) being multiplied by the number of years proposed, gives the present value of One Pound payable after the end of so many years. Then by the foregoing Proposition, it will be as the number of Persons living after that term of years, to the number dead; so are the Odds that any one Person is Alive or Dead. And by consequence, as the Sum of both or the number of Persons living of the Age first proposed, to the number remaining after so many years, (both given by the Table) so the present value of the yearly Sum payable after the term proposed, to the Sum which ought to be paid for the Chance the person has to enjoy such an Annuity after so many Years. And this being repeated for every year of the persons Life, the Sum of all the present Values of those Chances is the true Value of the Annuity. ...

Use VI. Two Lives are likewise valuable by the same Rule; for the number of Chances of each single Life, found in the Table, being multiplied together, become the Chances of the Two Lives. And after any certain Term of Years, the Product of the two remaining Sums is the Chances that both the Persons are living. The Product of the two Differences, being the numbers of the Dead of both Ages, are the Chances that both the Persons are dead. And the two Products of the remaining Sums of the one Age multiplied by those dead of the other, shew the Chances that there are that each Party survives the other: Whence is derived the Rule to estimate the value of the Remainder of one Life after another. Now as the Product of the Two Numbers in the Table for the Two Ages proposed, is to the difference between that Product and the Product of the two numbers of Persons deceased in any space of time, so is the value of a Sum of Money to be paid after so much time, to the value thereof under the Contingency of Mortality. And as the aforesaid Product of the two Numbers answering to the Ages proposed, to the Product of the Deceased of one Age multiplied by those remaining alive of the other; So the Value of a Sum of Money to be paid after any time proposed, to the value of the Chances that the one Party has that he survives the other whose number of Deceased you made use of, in the second Term of the proportion. ...

Text 5.5. Abraham de Moivre, Annuities on lives*)

Dr. HALLEY hat in den *Philosophical Transactions*, Nr. 196, einen Aufsatz betreffend die Bewertung von Leben veröffentlicht[148]); derselbe stützte sich teils auf fünfjährige Beobachtungen aus den Sterbelisten von *Breslau*, der Hauptstadt *Schlesiens*, teils auf seine eigenen Rechnungen.

Wiewohl er dadurch die hohe Meinung bestätigt hat, welche die Welt von seiner Geschicklichkeit und seinem Scharfsinn hegt, war er sich doch bewußt, daß seine Tafeln und Rechnungen weiterer Vervollkommnung fähig wären; seiner Meinung darüber hat er mit folgenden Worten Ausdruck gegeben: *Wäre diese Rechnung auf Erfahrungen aus einer sehr großen Anzahl von Jahren gegründet, würde es wohl die Mühe lohnen, nach Methoden zu suchen, die Bewertung von zwei, drei und mehr Leben zu erleichtern.*

Daraus geht hervor, daß die Beobachtungstafel, als das Resultat der Erfahrung nur weniger Jahre, nicht so ganz verläßlich wäre, um sie zur Grundlage einer festen und unabänderlichen Bewertung von Leibrenten zu machen; aber zugegeben, eine solche Tafel wäre erreichbar, indem man sie auf die Erfahrungen einer großen Anzahl von Jahren gründet, so wäre doch die Methode ihrer Anwendung auf die Bewertung einzelner Leben außerordentlich mühevoll in Anbetracht der großen Zahl von Operationen, die erforderlich wären, um jedes Jahr des einen Lebens mit jedem Jahr aller anderen Leben zu kombinieren.

Lange habe ich den Gegenstand der Leibrenten außeracht gelassen, teils weil ich mit anderen Studien befaßt war, teils in Ermanglung der zu seiner würdigen Behandlung erforderlichen Behelfe: Aber zwei oder drei Jahre nach der Veröffentlichung der ersten Auflage[149]) meiner *Doctrine of Chances* zog ich ihn in Betracht; und nachdem ich Dr. HALLEY's Beobachtungstafel näher geprüft, fand ich, daß der Abfall der Lebenden innerhalb beträchtlicher Zeiträume in arithmetischer Progression erfolgt; so verbleiben beispielsweise von 646 Personen des Alters von zwölf Jahren 640 nach einem Jahr; 634 nach zwei Jahren; 628, 622, 616, 610, 604, 598, 592, 586 nach 3, 4, 5, 6, 7, 8, 9, 10 Jahren beziehungsweise, Zahlen, deren gemeinsame Differenz 6 ist[150]).

Auch indem ich nachher andere Fälle der Prüfung unterzog, fand ich, daß der

*) ABRAHAM DE MOIVRE, Annuities on lives, 2. Auflage, London 1743; übersetzt von EMANUEL CZUBER unter dem Titel ›A. de Moivre's Abhandlung über Leibrenten‹ (= Sonderheft der ›Versicherungswissenschaftlichen Mitteilungen‹), Wien 1906, speziell S. 1f., S. 4–6 und S. 50f. Abdruck mit Genehmigung des Verlages Franz Denticke, Wien.

[148]) (S): Siehe Text 5.4.

[149]) (S): erschienen London 1718.

[150]) (CZUBER): In der am Schlusse der Abhandlung abgedruckten Halley'schen Tafel hat MOIVRE die einzelnen arithmetischen Reihen, aus welchen sie sich zusammensetzt, durch Sternchen gesondert.

Abfall der Lebenden in verschiedenen Alterslagen nach arithmetischer Progression vor sich gehe; wie dies beobachtet werden kann vom Alter 54 bis zum Alter 71, wo die Differenz in 17 aufeinander folgenden Jahren beständig 10 beträgt.

Nachdem ich die Beobachtungstafel in ihrer ganzen Ausdehnung geprüft und diese Eigenschaft im Abfall der Lebenden entdeckt hatte, war ich nahe daran, eine Tafel der Leibrentenwerte aufzustellen, die sich eng an die Beobachtungstafel anschließt; was leicht hätte geschehen können, indem man die ganze Lebensdauer in mehrere gleiche oder ungleiche Abschnitte zerlegt. Indessen, bevor ich diese Arbeit unternahm, versuchte ich, was wohl das Resultat wäre, wenn man diesen Abfall als gleichförmig vom zwölften Altersjahre an voraussetzte; und als ich die Überzeugung gewann, daß die Überschüsse auf der einen Seite nahezu ausgeglichen werden durch die Abgänge auf der anderen, und als ich bei der Vergleichung meiner Rechnungen mit jenen Dr. HALLEY's die beiderseitigen Ergebnisse so wenig verschieden fand[151]), hielt ich es für überflüssig, mehrere verschiedene Regeln mit einander zu verbinden, um statt dessen eine einzige aufzustellen. Es ist nicht nötig zu bemerken, daß von der Geburt bis zum Alter von zwölf Jahren die Lebenswahrscheinlichkeit zunimmt, nachher etwas abnimmt, worin ein Grund der auffälligen Unregelmäßigkeit der Tafeln an ihrem Anfang zu erblicken ist. ...

[151]) (CZUBER): Um das Maß dieser Übereinstimmung, durch die sich MOIVRE befriedigt fühlte, zu beurteilen, sind nachstehend die von HALLEY berechneten Rentenwerte mit den entsprechenden MOIVRE's zusammengestellt und die Differenzen angegeben; die Rechnungen sind mit 6 Prozent ausgeführt.

Alter	Leibrentenwert		Differenz
	nach HALLEY	nach MOIVRE	
1	10.28	10.80	−0.52
5	13.40	12.47	+0.93
10	13.44	12.84	+0.60
15	13.33	12.58	+0.75
20	12.78	12.30	+0.48
25	12.27	11.97	+0.30
30	11.72	11.61	+0.11
35	11.12	11.18	−0.06
40	10.57	10.70	−0.13
45	9.91	10.14	−0.23
50	9.21	9.49	−0.28
55	8.51	8.72	−0.21
60	7.60	7.83	−0.23
65	6.54	6.77	−0.23
70	5.32	5.50	−0.18

Erster Teil.
Enthaltend die Regeln und Beispiele.

Bevor ich zur Lösung von Fragen schreite, die sich auf Leben beziehen, wird es notwendig sein, die Bedeutung einiger Worte zu erklären, von welchen ich oft werde Gebrauch machen müssen.

1. Es wird angenommen, daß die *Lebenswahrscheinlichkeiten* in arithmetischer Progression abnehmen derart, daß beispielsweise von 36 Personen des Alters von 50 Jahren nach Ablauf eines Jahres 35, nach zwei 34, nach drei 33 usf. zurückbleiben; es ist klar, daß diese Leben nach Ablauf von 36 Jahren notwendig erloschen sein werden, und daß hiernach die *Wahrscheinlichkeiten*, 1, 2, 3, 4, 5 etc. Jahre von 50 an gerechnet *zu leben*, passend durch die Brüche $\frac{35}{36}, \frac{34}{36}, \frac{33}{36}, \frac{32}{36}, \frac{31}{36}$ etc. dargestellt werden können, die in arithmetischer Progression abnehmen.

Ich will nicht behaupten, daß der Abfall der Lebenden genau in diesem Verhältnis erfolge; doch wird man diese Hypothese bei ihrer Vergleichung mit der Tafel Dr. HALLEY's, die aus den in Breslau gemachten Beobachtungen stammt, als eine außerordentlich angenäherte befinden.

2. Ich nenne *Lebensergänzung* dasjenige, was von einem gegebenen Alter übrigbleibt bis zur Zeit des Lebensablaufes, welche entsprechend unserer Hypothese mit 86 angesetzt wird. Angenommen also ein Alter von 50 Jahren, so nenne ich, weil die Differenz zwischen 50 und 86 gleich 36 ist, 36 die *Lebensergänzung*.

3. Ich nenne *Zinsrate* dasjenige, was aus einem für ein Jahr auf Interessen angelegten Pfund wird; anders gesagt, was aus einem Pfund mit Zuziehung der Interessen in einem Jahr wird: wird also Verzinsung zu 5 Prozent angenommen, so werden die Interessen von 1 £ betragen 0.05, und dies zu dem Anfangskapital zugeschlagen gibt 1.05; dies ist es, was ich *Zinsrate* nenne.

Problem I. *Unter der Annahme, daß die Lebenswahrscheinlichkeit in arithmetischer Progression abnimmt, den Wert der Leibrente für ein gegebenes Alter zu finden.*

Lösung. Es sei der Rentenbetrag = 1, die Zinsrate = r, die Lebensergänzung = n, der Wert einer durch n Jahre währenden Zeitrente = P; dann wird der Wert der Leibrente $\frac{1 - \frac{r}{n}P}{r - 1}$ sein, was ausführlich in Worten ausgedrückt so heißt:

Nimm den Wert einer Zeitrente für so viele Jahre, als durch die Lebensergänzung angezeigt wird; multipliziere diesen Wert mit der Zinsrate, dividiere das

Produkt durch die Lebensergänzung und subtrahiere den Quotienten von der Einheit, den Rest dividiere durch den Zins von 1 £*; dann drückt der letzte Quotient den Wert der Leibrente für das gegebene Alter aus.*

Es werde also gefordert, den gegenwärtigen Wert einer Rente von 1 £ für ein Alter von 50 Jahren bei 5 Prozent Zins zu bestimmen.

Indem die Lebensergänzung 36 beträgt, entnehme man der diesem Buche angehängten Tafel den der gegebenen Zinsrate entsprechenden Wert einer Zeitrente, man findet ihn mit 16.5468.

Diesen Wert multipliziere man mit der Zinsrate 1.05, das Produkt ist 17.3741.

Dieses Produkt dividiere man durch die Lebensergänzung, d.i. 36, der Quotient wird 0.4826 sein.

Subtrahiere diesen Quotienten von der Einheit, der Rest wird 0.5174 betragen.

Diesen Rest dividiere man schließlich durch den Zins von 1 £, d.i. 0.05, der neue Quotient wird 10.35 sein; und dieser drückt den Wert einer Leibrente von 1 £ aus oder wie viel Ankaufsjahre das besagte Leben von 50 wert ist[152]).

In derselben Weise würde, wenn der Geldzins 6 Prozent betrüge, eine Rente auf das Alter von 50 als 9.40 Ankaufsjahre wert gefunden.

Da ich jedoch dieser Abhandlung die Rentenwerte für 3, $3\frac{1}{2}$, 4, 5 und 6 Prozent Verzinsung hinzugefügt habe, wird es nicht nötig sein, diese Fälle zu rechnen, sondern nur diejenigen, welche eine höhere oder niedrigere oder zwischenliegende Zinsrate erfordern; es wird dies selten vorkommen, aber wenn es eintritt, sind die Regeln leicht anzuwenden.

Problem II. *Wenn die Werte zweier einzelner Leben gegeben sind, den Wert einer für die Dauer ihres Zusammenbestehens zugesicherten Rente zu finden.*

Lösung. Es sei M der Wert des einen Lebens, P der Wert des anderen, r die Zinsrate; dann ist der Wert einer Rente für die zwei verbundenen Leben $\frac{MP}{M+P-(r-1)MP}$, in Worten:

Man multipliziere die Werte der zwei Leben mit einander und notiere das Produkt.

Sodann multipliziere man dieses Produkt mit dem Zins von 1 £ *und subtrahiere das neue Produkt von der Summe der Lebenswerte, den Rest notierend.*

[152]) (Czuber): Die eigenartigen termini technici für den Wert einer Rente vom Betrage 1, deren Dauer von einem oder mehreren Menschenleben abhängt, nämlich: Wert eines Lebens, einer Verbindung von Leben, dann, das Leben oder die Verbindung sei so und so viele Ankaufsjahre (*years purchase*) wert, ziehen sich durch die ganze Abhandlung.

Die erste notierte Größe dividiere man durch die zweite, der Quotient drückt dann den Wert der zwei verbundenen Leben aus. ...

Auf Grund des vorerwähnten Prinzips habe ich angenommen, daß, sofern n die Lebensergänzung vorstellt, die Wahrscheinlichkeiten, 1, 2, 3, 4, 5 etc. Jahre zu leben, ausgedrückt sind durch die folgende Reihe: $\frac{n-1}{n}, \frac{n-2}{n}, \frac{n-3}{n}, \frac{n-4}{n}, \frac{n-5}{n}$ etc., daß folglich der Wert eines Lebens, dessen Ergänzung n ist, ausgedrückt sein wird durch die Reihe $\frac{n-1}{nr} + \frac{n-2}{nrr} + \frac{n-3}{nr^3} + \frac{n-4}{nr^4} + \frac{n-5}{nr^5}$, etc., von deren Summe ich in Problem I behauptet habe, sie sei $\frac{1 - \frac{r}{n} P}{r-1}$, wobei die Bedeutung der Größen P und r erklärt worden ist.

Da die Überlegungen, welche mich zu diesem allgemeinen Ausdruck geführt haben, etwas mehr als gewöhnliche Kenntnisse in der Lehre von den Reihen erfordern, so muß ich es unterlassen, sie an dieser Stelle zu erwähnen, und mich darauf beschränken, dem Leser eine Methode vorzuführen, mit deren Hilfe er sich selbst von der Richtigkeit dieses Satzes überzeugen kann, vorausgesetzt, daß er so viel von den Reihen versteht, um imstande zu sein eine geometrische Reihe zu summieren.

Beweis. $P = \frac{1}{r} + \frac{1}{rr} + \frac{1}{r^3} + \frac{1}{r^4} + \frac{1}{r^5} \dots \frac{1}{r^n}$.

Daher

$$rP = 1 + \frac{1}{r} + \frac{1}{rr} + \frac{1}{r^3} + \frac{1}{r^4} \dots + \frac{1}{r^{n-1}}.$$

Und

$$\frac{rP}{n} = \frac{1}{n} + \frac{1}{nr} + \frac{1}{nrr} + \frac{1}{nr^3} + \frac{1}{nr^4} \dots + \frac{1}{nr^{n-1}}.$$

Daher

$$1 - \frac{rP}{n} = \frac{n-1}{n} - \frac{1}{nr} - \frac{1}{nrr} - \frac{1}{nr^3} - \frac{1}{nr^4} - \dots \frac{1}{nr^{n-1}}.$$

Dies ist aber durch $r - 1$ zu dividieren, oder zu multiplizieren mit

$$\frac{1}{r-1} = \frac{1}{r} + \frac{1}{rr} + \frac{1}{r^3} + \frac{1}{r^4} + \frac{1}{r^5} + \frac{1}{r^6}, \text{ etc.}$$

Multipliziert man nun wirklich diese zwei Reihen mit einander, so wird als Produkt gefunden

$$
\begin{aligned}
&\frac{n-1}{nr} - \frac{1}{nrr} - \frac{1}{nr^3} - \frac{1}{nr^4} - \frac{1}{nr^5} - \frac{1}{nr^6} \text{ etc.}\\
&\qquad + \frac{n-1}{nrr} - \frac{1}{nr^3} - \frac{1}{nr^4} - \frac{1}{nr^5} - \frac{1}{nr^6} \text{ etc.}\\
&\qquad\qquad + \frac{n-1}{nr^3} - \frac{1}{nr^4} - \frac{1}{nr^5} - \frac{1}{nr^6} \text{ etc.}\\
&\qquad\qquad\qquad + \frac{n-1}{nr^4} - \frac{1}{nr^5} - \frac{1}{nr^6} \text{ etc.}\\
&\qquad\qquad\qquad\qquad + \frac{n-1}{nr^5} - \frac{1}{nr^6} \text{ etc.}\\
&\qquad\qquad\qquad\qquad\qquad + \frac{n-1}{nr^6} \text{ etc.}
\end{aligned}
$$

Und addiert man die Glieder in den vertikalen Kolonnen zusammen, so erhält man $\frac{n-1}{nr} + \frac{n-2}{nrr} + \frac{n-3}{nr^3} + \frac{n-4}{nr^4} + \frac{n-5}{nr^5} + \frac{n-6}{nr^6}$ etc., was folglich gleich ist $\frac{1 - \frac{r}{n}P}{r-1}$: und das war zu beweisen.

Text 5.6. Benjamin Gompertz, On the nature of the function expressive of the law of human mortality, and on a new mode of determining the value of Life Contingencies *)

Art. 5. If the average exhaustions of a man's power to avoid death were such that at the end of equal infinitely small intervals of time, he lost equal portions of his remaining power to oppose destruction which he had at the commencement of those intervals, then at the age x his power to avoid death, or the intensity of his mortality might be denoted by aq^x, a and q being constant quantities; and if L_x be the number of living at the age x, we shall have $aL_x \cdot q^x \cdot \dot{x}$ for the fluxion[153]) of the number of deaths $= -(L_x)^{\cdot}$; $\therefore abq^x = -\frac{\dot{L}_x}{L_x}$, $\therefore abq^x = -$hyp. log. of $b \cdot$ hyp. log. of L_x, and putting[154]) the common logarithm of $\frac{1}{b} \cdot$ square of the hyperbolic logarithm of 10 $= c$, we have[155]) $c \cdot q^x =$ common logarithm of $\frac{L_x}{d}$; d being a constant quantity, and therefore L_x or the number of persons living at the age of $x = d \cdot (g)^{q^x}$; g being put for the number whose common logarithm is c. The reader should be aware that I mean $(g)^{q^x}$ to represent g

*) Benjamin Gompertz, On the nature of the function expressive of the law of human mortality, and on a new mode of determining the value of Life Contingencies, *in*: Philosophical Transactions of the Royal Society of London **115** (1825), S. 513–585, speziell S. 518f.

[153]) (S): *fluxion* ist das in der von Newton bestimmten Entwicklung des Infinitesimalkalküls in England übliche Wort für die infinitesimale Änderung einer Funktion (Größe) abhängig von der Zeit. Die Fluxion $\dot{f}$ einer von der Zeit abhängigen Funktion f wird entsprechend der von Newton geschaffenen sogenannten *dot notation* durch einen darübergesetzten Punkt gekennzeichnet; $\dot{f}$ entspricht $\frac{df}{dt}$.

[154]) (S): Offensichtlich hat Gompertz, der das Zeichen $\therefore$, wie im England seiner Zeit noch üblich, für *therefore* = *deshalb* verwendet, $\frac{(L_x)^{\cdot}}{\dot{x}} = \frac{\dot{L}_x}{b}$ gesetzt und die resultierende Gleichung integriert.

[155]) (S): das hier verwendete c ist der Kehrwert des vorher eingeführten $c = \log \frac{1}{b} (\ln 10)^2$. Die gesamte Ableitung ist sehr salopp; das Ergebnis läßt sich aber unter den gemachten Voraussetzungen rechtfertigen.

raised to the power q^x and not g^q raised to the x power; which latter I should have expressed by $(g^q)^x$, and which would evidently be equal to g^{qx}. I take this opportunity to make this observation, as algebraists are sometimes not sufficiently precise in their notation of exponentials.

This equation between the number of the living, and the age, becomes deserving of attention, not in consequence of its hypothetical deduction, which in fact is congruous with many natural effects, as for instance, the exhaustions of the receiver of an air pump by strokes repeated at equal intervals of time, but it is deserving of attention, because it appears corroborated during a long portion of life by experience; as I derive the same equation from various published tables of mortality during a long period of man's life, which experience therefore proves that the hypothesis approximates to the law of mortality during the same portion of life; and in fact the hypothesis itself was derived from an analysis of the experience here alluded to.

Kapitel 6.
Anwendungen der Wahrscheinlichkeitsrechnung auf die Fehlerrechnung

Die Wurzeln für die Entstehung eines Fehlerbegriffs in den exakten Naturwissenschaften und in der Mathematik sind bis heute nicht vollständig freigelegt.

Wer etwa erwartet, daß die Physik NEWTONscher Prägung in ihrem methodischen Teil Hinweise auf einen Fehlerbegriff enthalten müßte, wird enttäuscht werden. Auch in der numerischen Mathematik zur Zeit von NEWTON fehlt ein Fehlerbewußtsein, wenn man von Versuchen absieht, konvergente von divergenten Reihen zu unterscheiden und unter den konvergenten schnell konvergierende zu finden.

Erst gegen Ende des 18. Jh. entwickelte LAGRANGE ein Restglied für die TAYLOR-Entwicklung, um damit die Qualität numerischer Näherungen abschätzen zu können[156]). LAGRANGE hatte sich auch in einer verhältnismäßig stark beachteten Arbeit mit verschiedenen theoretischen Fehlerverteilungsmöglichkeiten auseinandergesetzt[157]).

Dieser Arbeit waren allerdings schon andere vorausgegangen. Die früheste bekannte Verbindung zwischen einem Fehlerbegriff und dem Wahrscheinlichen stammt von ROGER COTES, einem Mathematiker in der Umgebung von NEWTON, der sich sowohl über die Näherungsgüte von numerischen Ergebnissen im Rahmen seiner Arbeiten zur Interpolationsrechnung als auch über Meßfehler vor allem in der Astronomie Gedanken gemacht hatte. Ein sehr viel früheres Auftauchen einer Verbindung von Fehler und Wahrscheinlichem ist vor dem Hintergrund der zu dieser Zeit noch sehr jungen Wahrscheinlichkeitsrechnung nicht vorstellbar.

Die Zeit um 1700 war aber auch von der Entwicklung der Meßinstrumente her besonders geeignet, die Vorstellung von Meßfehlern in den Vordergrund zu rücken. Der Grund dafür ist, daß zu dieser Zeit beträchtliche Verbesserungen

[156]) JOSEPH LOUIS LAGRANGE, Théorie des fonctions analytiques, 2. Auflage, Paris 1813, Abschnitt 40 (= Oeuvres de Lagrange Bd. IX, S. 83–85), und Leçons sur le calcul de fonctions, 2. Auflage, Paris 1806, Leçon IX.

[157]) JOSEPH LOUIS LAGRANGE, Mémoire sur l'utilité de la méthode de prendre le milieu entre les résultats de plusieurs observations, *in*: Miscellanea Taurinensia **5** (1774), S. 167–223 (= Oeuvres de Lagrange Bd. II, S. 173–234).

hinsichtlich der Meßgenauigkeit erzielt wurden. Mit dem Angebot laufend verbesserter Instrumente wurde aber nicht nur ein Bewußtsein für die nur relative Genauigkeit der damit erzielbaren Messungen, sondern auch das Bedürfnis nach einer quantitativen Bestimmung des Fehlers geweckt. Genau diese Überlegungen zusammen mit dem Hinweis auf die Fehleranfälligkeit der sinnlichen Wahrnehmung finden sich in der posthum veröffentlichten ›Aestimatio errorum‹ von COTES[158]), deren Schlußabschnitt die folgende Methode zur Ermittlung des wahrscheinlichsten Ortes bei vier Beobachtungen enthält, nachdem vorher bereits eine Reihe von anderen Fällen diskutiert worden war:

„Fast auf dieselbe Weise findet man in anderen Fällen die Grenzen der Fehler, die aus nicht ausreichend genauen Beobachtungen erwachsen, und entdeckt sogar die für die Beobachtung am besten geeigneten Positionen, so daß mir darüber hinaus kaum irgend etwas offen zu bleiben scheint, sobald gezeigt worden ist, auf welche Weise die größtmögliche Wahrscheinlichkeit in den Fällen erhalten werden kann, bei denen verschiedene, in derselben Absicht gemachte Beobachtungen zu nur wenig voneinander abweichenden Ergebnissen führen. Dies aber geschieht wie im folgenden Beispiel. Sei p der aufgrund der ersten Beobachtung bestimmte Ort irgendeines Gegenstandes, q, r, s die Lagen desselben Gegenstandes nach den folgenden Beobachtungen; seien außerdem P, Q, R, S Gewichte, die umgekehrt proportional zur Ausdehnung der Bereiche sind, über die sich die aus den einzelnen Beobachtungen hervorgehenden Fehler erstrecken können, wobei diese aus den gegebenen Fehlergrenzen hervorgehen. Man stellt sich die Punkte p, q, r, s durch die Gewichte P, Q, R, S belegt vor und findet deren Schwerpunkt Z; ich behaupte, daß Z der wahrscheinlichste Ort des Gegenstandes ist, der mit größter Sicherheit für seinen wahren Ort angesehen werden kann."

Konkretere Probleme, wie die Frage nach der Form der Erde und das damit zusammenhängende Meridianvermessungsprogramm des 18. Jh. oder das der Längenbestimmung auf See, machten in der Folgezeit ein umfangreiches Beobachtungsmaterial verfügbar, wobei die Bereitschaft, dieses Material als fehlerbehaftet anzusehen, wesentlich anstieg.

Auf der Grundlage der vor allem von DE MOIVRE entwickelten neuen Methoden der Wahrscheinlichkeitsrechnung konnte THOMAS SIMPSON daran gehen, einen Schritt über die noch weitgehend qualitativen Überlegungen von COTES hinaus in Richtung auf eine quantitative Erfassung der Fehler zu machen. SIMPSON ging es vor allem darum, die in der Praxis übliche Bestimmung des arithmetischen Mittels als bei allen möglichen Fehlerverteilungen gerechtfertigt nachzuweisen. Diesen Nachweis führte er allerdings nur für zwei spezielle Verteilungen der Fehler, die zunächst nur jeweils endlich viele äquidistante diskrete Werte annehmen konnten: die Rechtecksverteilung und die Dreiecksver-

[158]) ROGER COTES, Aestimatio errorum in mixta mathesi per variationes partium trianguli plani et spherici, *in*: Harmonia mensurarum, sive analysis et synthesis per rationum et angulorum mensuras promotae (hrsg. v. ROBERT SMITH), Cambridge 1722, S. 1–22.

teilung. Diese Untersuchung mit wahrscheinlichkeitstheoretischen Mitteln hatte SIMPSON zuerst 1755[159]) und dann 1757 in einer erweiterten Fassung veröffentlicht, die auch den Übergang zu stetigen Fehlerverteilungen enthält (Text 6.1.). Die bereits erwähnte, auch im Titel an SIMPSON anschließende Arbeit von LAGRANGE stellt eine Fortsetzung der von COTES und SIMPSON begonnenen Diskussion dar, wobei LAGRANGE nun eine ganze Reihe weiterer hypothetischer diskreter und stetiger Fehlerverteilungen betrachtete. Zu den Mathematikern, die sich etwa um dieselbe Zeit mit hypothetischen Fehlerverteilungen beschäftigten, allerdings mit z.T. anderen Zielsetzungen als SIMPSON und LAGRANGE, zählen DANIEL BERNOULLI und LAPLACE[160]). Bemerkenswert bei BERNOULLIS Ansatz ist u.a. die für die Fehlerrechnung der ersten Hälfte des 19. Jh. so einflußreiche sogenannte Elementarfehlerhypothese.

Allen diesen Arbeiten fehlt allerdings ein konkreter Bezug zur Meßpraxis der Zeit. Ein Versuch, die verschiedenen, nur teilweise ein Fehlerbewußtsein berücksichtigenden Methoden in den messenden bzw. beobachtenden Naturwissenschaften mit einer wahrscheinlichkeitstheoretisch gestützten Fehlertheorie zu verbinden, wurde in den 60er Jahren des 18. Jh. von LAMBERT unternommen (Text 6.2.).

LAMBERT stand, was sein Interesse an praktischer Anwendbarkeit seiner Fehlertheorie anlangt, in einer von konkreten Problemen bestimmten Tradition des 18. Jh., die Namen wie BOUGUER, BOŠCOVIĆ, EULER und TOBIAS MAYER umfaßt[161]). Entsprechend dem weiten Spektrum seiner von allgemein wissen-

[159]) THOMAS SIMPSON, A letter to ... on the advantage of taking the mean of a number of observations in practical astronomy, *in*: Philosophical Transactions of the Royal Society of London **49** (1755), S. 82–93.

[160]) DANIEL BERNOULLI, Dijudicatio maxime probabilis plurium observationum discrepantium atque verisimillima inductio inde formanda, *in*: Acta Academiae Scientiarum Petropolitanae, pars prior (1777) 1778, S. 3–23.

PIERRE SIMON LAPLACE, Mémoire sur la probabilité de causes par les événements, Mémoires de l'Académie Royale des sciences de Paris (savants étrangers) **6** (1774), S. 621–655 (= Oeuvres de Laplace Bd. VIII, S. 27–65) und Mémoire sur les probabilités, *in*: Mémoires de l'Académie Royale des sciences de Paris (1778) 1781, S. 227–332 (= Oeuvres de Laplace Bd. IX, S. 383–485).

[161]) PIERRE BOUGUER, Essai d'optique sur la gradation de la lumière, Paris 1729; *später* Traité d'optique sur la gradation de la lumière, Paris 1760 *sowie* La figure de la terre determinée par les observations de Messieurs De la Condamine et Bouguer, Paris 1749.

RUDJER JOSIP BOŠCOVIĆ, De litteraria expeditione per Pontificiam ditionem et synopsis amplioris operis, ac habentur plura ejus ex exemplaria etiam sensorum impressa, *in*: De Bononiensi scientiarum et artium instituto atque academia commentarii **4** (1757), S. 353–396.

LEONHARD EULER, Elémens de la trigonométrie sphéroïdique tirés de la méthode schaftstheoretischen bis zu astronomischen und photometrischen Problemen reichenden Interessen sind LAMBERTS Überlegungen zur Fehlertheorie in einer Reihe von Arbeiten verstreut enthalten. Die beste Ausarbeitung seiner Fehlertheorie findet sich schon in der 1760 erschienenen ›Photometria‹, in der er u.a. eine Schätzung des Wertes einer Meßgröße aus einer Meßreihe nach der Maximum-Likelihood-Methode vornimmt. Diese Schätzung fällt nach LAMBERTS Überzeugung in den meisten Fällen mit dem arithmetischen Mittel zusammen.

LAMBERTS Arbeiten zur Fehlerrechnung blieben in der Fachwelt weitgehend unbeachtet. Eine Ausnahme bildet GAUSS, der in seiner ersten Begründung der Methode der kleinsten Quadrate auf die Maximum-Likelihood-Methode zurückgegriffen hatte. Die Methode der kleinsten Quadrate war schon 1805 von LEGENDRE veröffentlicht worden, der aber statt eines Begründungsversuches nur eine Plausibilitätsbetrachtung anzubieten hatte (Text 6.3.).

Diese von LEGENDRE so genannte Methode der kleinsten Quadrate versuchte GAUSS in der ›Theoria motus corporum coelestium‹ von 1809 mit wahrscheinlichkeitstheoretischen Methoden als gegenüber anderen Fehlerfunktionen, die ebenfalls eine der Anzahl der gesuchten Parameter gleiche Anzahl von Bestimmungsgleichungen liefern, ausgezeichnet nachzuweisen (Text 6.4.1.). Dabei bestimmte er die als symmetrisch, differenzierbar und unimodal voraugesetzte Fehlerverteilung eindeutig als normal, indem er zusätzlich forderte, daß der nach dem Maximum-Likelihood-Prinzip gefundene Schätzwert für den Lageparameter mit dem arithmetischen Mittel zusammenfällt.

1810 hatte GAUSS mit Hilfe einer passenden Symbolik den nach ihm benannten Algorithmus für die Fehlerausgleichung entwickelt, den er in einer 1811 veröffentlichten Arbeit anwandte[162]).

Eine ausschließlich der Fehlerrechnung gewidmete Arbeit, die als Reaktion auf kritische Stellungnahmen zu seiner ersten Begründung der Methode der kleinsten Quadrate und auf die inzwischen erschienenen Arbeiten von LAPLACE (Text 6.5.1.) anzusehen ist, legte GAUSS 1821 der Göttinger Sozietät vor. Sie wurde 1823 in zwei Teilen veröffentlicht, denen 1828 noch ein umfangreiches ›Supplementum‹ folgte. Die daraus getroffene Auswahl (Text 6.4.2.) enthält u.a. die Einführung der Streuung, deren Quadratwurzel GAUSS hier als den *mittleren zu befürchtenden Fehler* bezeichnete und als Präzisionsmaß benutzte, sowie die Fehlerausgleichung nach dem Prinzip des kleinsten *mittleren*

des plus grands et plus petits, *in*: Mémoires de l'académie des sciences de Berlin **9** (1753), 1755, S. 258–293.

TOBIAS MAYER, Abhandlungen über die Umwälzung des Mondes um seine Axe, *in*: Kosmographische Nachrichten und Sammlungen von den Mitgliedern der Kosmographischen Gesellschaft zusammengetragen **1** (1748), S. 52–148.

[162]) CARL FRIEDRICH GAUSS, Disquisitio de elementis Palladis (= Werke Bd. VI, S. 3–24, speziell S. 20–22).

Fehlers oder der kleinsten Varianz, das GAUSS zu einer anderen und von ihm später als allein zulässig erachteten Begründung der Methode der kleinsten Quadrate führte. Ebenso wie die GAUSSschen Arbeiten zur Fehlerrechnung in den 20er Jahren des 19. Jh. teilweise als Reaktionen auf die zwischen 1810 und 1820 erschienenen Arbeiten von LAPLACE anzusehen sind, sind umgekehrt diese LAPLACEschen Arbeiten als Antworten auf die erste GAUSSsche Begründung der Methode der kleinsten Quadrate von 1809 und eventuell auf die GAUSSschen Veröffentlichungen bis 1816 zu verstehen. Aus der Fülle dieser LAPLACEschen Arbeiten nach 1809, die sich inhaltlich wesentlich von seinen früheren mit Fehlerrechnung befaßten Arbeiten unterscheiden, wurden hier repräsentativ die Abschnitte 18 bis 20 des zweiten Buches der ›Théorie analytique‹ ausgewählt (Text 6.5.2.).

In diesen Abschnitten bestimmte LAPLACE die Verteilungsfunktionen der Summe einer sehr großen Anzahl zufälliger Fehler, der Summe der Absolutbeträge dieser Fehler und der Summe der Fehlerquadrate als normal unter der Voraussetzung, daß alle Fehler dieselbe gerade, aber sonst beliebige Verteilungsdichte aufweisen. Außerdem begründete er darin die Methode der kleinsten Quadrate mit der Forderung nach einem minimalen absoluten Erwartungswert. Aus der Sicht der Bewährung dieser Begründungen der Methode der kleinsten Quadrate durch GAUSS und LAPLACE bei den nachfolgenden Mathematikergenerationen hat GAUSS mit seinen Arbeiten von 1823 besser abgeschnitten als LAPLACE. Beide teilen sich aber das Verdienst, durch ihre Arbeiten zur Fehlerrechnung Impulse gegeben zu haben, ohne die die Weiterentwicklung der Wahrscheinlichkeitsrechnung als ein selbständiges Gebiet in der zweiten Hälfte des 19. Jh. nur schwer vorstellbar ist. Ein Grund für den erstaunlich großen Einfluß der Fehlerrechnung auf die Wahrscheinlichkeitsrechnung im 19. Jh. liegt in der Allgemeinheit des seit GAUSS und LAPLACE verwendeten Fehlerkonzepts. Die in diesen Arbeiten enthaltenen zentralen Grenzwertsätze für Summen von Zufallsvariablen (siehe Kapitel 4.), für die weit in die zweite Hälfte des 19. Jh. der Begriff des Fehlers verwendet wurde, legten für die Anwendung eine empirische Analyse von Fehlerverteilungen und eine Bestätigung des „natürlichen" Charakters der Normalverteilung nahe. In diesen Rahmen sind auch die beiden Arbeiten von BESSEL aus den Jahren 1818 und 1838 einzuordnen (Texte 6.6.1. und 6.6.2.). Darin spielt die schon von DANIEL BERNOULLI vertretene Elementarfehlerhypothese eine entscheidende Rolle, wonach jeder Fehler als die Summe einer Vielzahl elementarer Fehler aufgefaßt werden muß und deshalb die Fehlerverteilung unter bestimmten, nicht sehr einschränkenden Bedingungen für die Elementarfehler normal wird.

Ein letztes Beispiel in diesem Kapitel zeigt, wie spezielle, schon von GAUSS aufgeworfene Fragen zu neuen Ergebnissen führten, deren Anwendungsmöglichkeit zum Zeitpunkt ihrer Findung noch vollkommen unklar war. So hat ABBE 1863 nach einem Maß für die Zufälligkeit eines Fehlersystems bei bekannter Beobachtungsgenauigkeit gesucht und dabei als Verteilungsfunktion der Summe von n Fehlerquadraten die χ^2-Verteilung mit n Freiheitsgraden abgeleitet (Text 6.7.), wobei die Fehler als voneinander unabhängig und normalverteilt vorausgesetzt werden. Die Bedeutung der χ^2-Verteilung für die mathematische Statistik, deren mathematischer Apparat in der Anfangsphase überwiegend aus der Fehlerrechnung stammte, ist erst von KARL PEARSON erkannt worden[163]).

Allerdings geht es in der Statistik, die bezüglich der mathematischen Methoden als Nachfolgedisziplin der Fehlerrechnung angesehen werden kann, nicht mehr um die bestmögliche Annäherung an den „wahren" Wert einer Meßgröße oder einer Funktion von einer oder mehreren Meßgrößen, sondern i.allg. um Populationen, deren individuelle Elemente als grundsätzlich gleichberechtigt, d.h. u.a. nicht fehlerbehaftet, vorausgesetzt werden, und die Verteilung eines oder mehrerer Merkmale in diesen Populationen. Aus diesem Blickwinkel der mathematischen Statistik wird auch verständlich, warum Begriffe wie Verteilung, Verteilungsfunktion, Verteilungsdichte usw. erst spät entstanden und in den hier wiedergegebenen Texten der Fehlerrechnung nur implizit verwendet werden.

[163]) KARL PEARSON, On a criterion that a given system of deviations from the probable in the case of a correlated system of variables is such that it can be reasonably supposed to have arisen from random sampling, *in*: Philosophical Magazine **50**[5] (1900), S. 157–175.

Text 6.1. Thomas Simpson, An Attempt to shew the Advantage arising by Taking the Mean of a Number of Observations, in practical Astronomy*)

Proposition I. *Supposing that the several chances for the different errors that any single observation can admit of, are expressed by the terms of the series* $r^{-v} \ldots\ldots r^{-3}, r^{-2}, r^{-1}, r^0, r^1, r^2, r^3 \ldots\ldots r^v$; *where the exponents denote the quantities and qualities of the respective errors, and the terms themselves, the respective chances for their happening; it is proposed to determine the probability, or odds, that the error, by taking the mean of a given number* (n) *of observations*, exceeds not a given quantity $\left(\frac{m}{n}\right)$.

It is evident from the laws of chance, that, if the given series $r^{-v} \ldots\ldots + r^{-3} + r^{-2} + r^{-1} + r^0 + r^1 + r^2 + r^3 \ldots\ldots + r^v$, expressing all the chances in one observation, be raised to the nth power, the terms of the series thence arising will truly exhibit all the different chances in all the proposed (n) observations. But in order to raise this power, with the greatest facility, our given series may be reduced to $r^{-v} \cdot \frac{1 - r^{2v+1}}{1 - r}$ (by the known rule for summing up the terms of a geometrical progression); whereof the nth power (making $w = 2v + 1$) will be $r^{-nv} \cdot (1 - r^w)^n \cdot (1 - r)^{-n}$; which expanded, becomes

$$r^{-nv} - nr^{w-nv} + \frac{n}{1} \cdot \frac{n-1}{2} r^{2w-nv} - \frac{n}{1} \cdot \frac{n-1}{2} \cdot \frac{n-2}{3} r^{3w-nv} + \text{etc.} \quad \text{into}$$

$$1 - nr + \frac{n}{1} \cdot \frac{n+1}{2} r^2 + \frac{n}{1} \cdot \frac{n+1}{2} \cdot \frac{n+2}{3} r^3 + \frac{n}{1} \cdot \frac{n+1}{2} \cdot \frac{n+2}{3} \cdot \frac{n+3}{4} r^4$$
$$+ \text{etc.}$$

Now, to find from hence the sum of all the chances, whereby the excess of the positive errors above the negative ones, can amount to a given number m

*) Thomas Simpson, An Attempt to shew the Advantage arising by Taking the Mean of a Number of Observations, in practical Astronomy, *in*: Miscellaneous Tracts on some curious and very interesting subjects in Mechanics, Physical astronomy ... and speculative mathematics, London 1757, S. 64–75, Auswahl von S. 64–69 u. S. 71–73.

precisely, it will be sufficient (instead of multiplying the former series by the whole of the latter) to multiply by such terms of the latter only, as are necessary to the production of the given exponent m, in question.

Thus the first term (r^{-nv}) of the former series, is to be multiplied by that term of the second whose exponent is $nv + m$, in order that the power of r, in the product, may be r^m: but it is plain, from the law of the series, that the coefficient of this term (putting $nv + m = q$) will be $\frac{n}{1} \cdot \frac{n+1}{2} \cdot \frac{n+2}{3} \cdot \frac{n+3}{4} (q)$, q being the number of factors; and, consequently, that the product under consideration will be $\frac{n}{1} \cdot \frac{n+1}{2} \cdot \frac{n+2}{3} \cdot \frac{n+3}{4} (q) \cdot r^m$.

Again, the second term of the former series being $-nr^{w-nv}$, the exponent of the corresponding term of the latter must therefore be $-w + nv + m (= q - w)$, and the term itself, $\frac{n}{1} \cdot \frac{n+1}{2} \cdot \frac{n+2}{3} (q - w) \cdot r^{q-w}$; which, drawn into $-nr^{w-nv}$, gives $\frac{n}{1} \cdot \frac{n+1}{2} \cdot \frac{n+2}{3} (q - w) \cdot nr^m$ for the second term required.

In like manner the third term of the product whose exponent is m, will be found, $\frac{n}{1} \cdot \frac{n+1}{2} \cdot \frac{n+2}{3} (q - 2w) \cdot \frac{n}{1} \cdot \frac{n-1}{2} r^m$. And the sum of all the terms, having the same, given exponent, will consequently be

$$+\frac{n}{1} \cdot \frac{n+1}{2} \cdot \frac{n+2}{3} \cdot \frac{n+3}{4} (q) \cdot r^m$$

$$-\frac{n}{1} \cdot \frac{n+1}{2} \cdot \frac{n+2}{3} \cdot \frac{n+3}{4} (q - w) \cdot nr^m$$

$$+\frac{n}{1} \cdot \frac{n+1}{2} \cdot \frac{n+2}{3} \cdot \frac{n+3}{4} (q - 2w) \cdot \frac{n}{1} \cdot \frac{n-1}{2} r^m$$

$$-\frac{n}{1} \cdot \frac{n+1}{2} \cdot \frac{n+2}{3} \cdot \frac{n+3}{4} (q - 3w) \cdot \frac{n}{1} \cdot \frac{n-1}{2} \cdot \frac{n-2}{3} r^m.$$

etc. etc.

From which general expression, by expounding m by 0, +1, −1, +2, −2 etc. successively, the sum of the several chances whereby the difference of the positive and negative errors can fall within the proposed limits ($+m$, $-m$) will be found: which divided by the total of all the chances, or $r^{-nv} \cdot (1 - r^w)^n \cdot (1 - r)^{-n}$, will be the true measure of the probability sought. From whence the advantage, by taking the mean of several observations, might be made to appear: but this will be shewn more properly in the next Proposition ; which is better adapted, and to which this is premised, as a *Lemma*. ...

Proposition II. *Supposing the respective chances for the different errors, which any single observation can admit of, to be expressed by the terms of the series* $r^{-v} + 2r^{1-v} + 3r^{2-v} \ldots\ldots + (v+1)\cdot r^0 \ldots\ldots 3r^{v-2} + 2r^{v-1} + r^v$ *(whereof the coefficients, from the middle one* $(v+1)$ *decrease both ways, according to the terms of an arithmetical progression); it is proposed to find the probability, or odds, that the error, by taking the mean of a given number* (t) *of observations, exceeds not a given quantity* $\left(\frac{m}{t}\right)$.

Following the method laid down in the preceding proposition, the sum, or value of the series here proposed will appear to be $\frac{r^{-v}\cdot(1-r^{v+1})^2}{(1-r)^2}$ (being the same with the square of the geometrical progression $r^{-\frac{1}{2}v}\cdot(1+r+r^2+r^3\ldots\ldots+r^v)$). And the power thereof whose exponent is t (by making $n=2t$, and $w=v+1$) will therefore be $r^{-tv}\cdot(1-r^w)^n\cdot(1-r)^{-n} = r^{-tv} - n\cdot r^{w-tv} + \frac{n}{1}\cdot\frac{n-1}{2}r^{2w-tv}$ — etc. into $1+nr+\frac{n}{1}\cdot\frac{n+1}{2}r^2+\frac{n}{1}\cdot\frac{n+1}{2}\cdot\frac{n+2}{3}r^3$ + etc. Which two series's being the same with those in the preceding Problem (expecting only, that the exponents in the former of them are expressed in terms of t, instead of n) it is plain, that, if q be here put $= tv+m$ (instead of $nv+m$) the conclusion there brought out will answer equally here; and consequently that the sum of all the chances, whereby the excess of the positive errors, above the negative ones, can amount to the given number m, precisely, will here, also, be truly defined by

$$+\frac{n}{1}\cdot\frac{n+1}{2}\cdot\frac{n+2}{3}(q)\cdot r^m$$

$$-\frac{n}{1}\cdot\frac{n+1}{2}\cdot\frac{n+2}{3}(q-w)\cdot nr^m$$

$$+\frac{n}{1}\cdot\frac{n+1}{2}\cdot\frac{n+2}{3}(q-2w)\cdot\frac{n}{1}\cdot\frac{n-1}{2}r^m$$

$$-\frac{n}{1}\cdot\frac{n+1}{2}\cdot\frac{n+2}{3}(q-3w)\cdot\frac{n}{1}\cdot\frac{n-1}{2}\cdot\frac{n-2}{3}r^m$$

etc. etc.

But this general expression, as several of the factors in the numerators and denominators mutually destroy each other, may be transformed to another more commodious.

Thus the quantity $\frac{n}{1}\cdot\frac{n+1}{2}\cdot\frac{n+2}{3}(q)$, in the first line, by breaking the numerator and denominator, each into two parts, will become

$$\frac{n\cdot(n+1)\cdot(n+2)\cdot(n+3)\cdot\ldots\cdot q\cdot(q+1)\cdot(q+2)\cdot(q+3)\cdot\ldots\cdot(q+n-1)}{1\cdot\ 2\ \cdot\ 3\ \cdot\ 4\ \cdot\ldots\cdot n\cdot(n+1)\cdot(n+2)\cdot(n+3)\cdot\ldots\cdot\ q};$$

which, by equal division, is reduced to

$$\frac{(q+1)\cdot(q+2)\cdot(q+3)\cdot\ldots\cdot(q+n-1)}{1\cdot 2\cdot 3\cdot\ldots\cdot(n-1)}$$

$$=\frac{(q+n-1)\cdot(q+n-2)\cdot(q+n-3)\cdot\ldots\cdot(q+1)}{1\cdot 2\cdot 3\cdot\ldots\cdot(n-1)}$$

$$=\frac{p-1}{1}\cdot\frac{p-2}{2}\cdot\frac{p-3}{3}(n-1);$$

supposing $p=q+n=tv+m+n$.

In the very same manner, by making $q'=q-w$, and $p'=q'+n\,(=p-w)$ it appears that $\frac{n}{1}\cdot\frac{n+1}{2}\cdot\frac{n+2}{3}(q-w)=\frac{p'-1}{1}\cdot\frac{p'-2}{2}\cdot\frac{p'-3}{3}(n-1)$ etc. Consequently our whole given expression (making $p''=p-2w$, $p'''=p-3w$, etc.) will be transformed to

$$+\frac{p-1}{1}\cdot\frac{p-2}{2}\cdot\frac{p-3}{3}(n-1)\cdot r^m$$

$$-\frac{p'-1}{1}\cdot\frac{p'-2}{2}\cdot\frac{p'-3}{3}(n-1)\cdot nr^m$$

$$+\frac{p''-1}{1}\cdot\frac{p''-2}{2}\cdot\frac{p''-3}{3}(n-1)\cdot\frac{n}{1}\cdot\frac{n-1}{2}r^m$$

$$-\frac{p'''-1}{1}\cdot\frac{p'''-2}{2}\cdot\frac{p'''-3}{3}(n-1)\cdot\frac{n}{1}\cdot\frac{n-1}{2}\cdot\frac{n-2}{3}r^m$$

etc. etc.

Which expression is to be continued till some of the factors become nothing, or negative; and which, when $r=1$, is the very same with that exhibiting the number of chances for p points, precisely, on n dice, having each w faces.

And, in this case, where the chances for the errors in excess and in defect are the same, the solution is the most simple it can be; since, from the chances above determined, answering to the number p precisely, the sum of the chances for all the inferior numbers to p, may be readily obtained, being given (from the method of increments) equal to $\frac{p-1}{1}\cdot\frac{p-2}{2}\cdot\frac{p-3}{3}(n)-\frac{p'-1}{1}\cdot\frac{p'-2}{2}\cdot\frac{p'-3}{3}(n)\cdot n+\frac{p''-1}{1}\cdot\frac{p''-2}{2}\cdot\frac{p''-3}{3}(n)\cdot\frac{n}{1}\cdot\frac{n-1}{2}-\frac{p'''-1}{1}\cdot\frac{p'''-2}{2}\cdot\frac{p'''-3}{3}(n)\cdot\frac{n}{1}\cdot\frac{n-1}{2}\cdot\frac{n-2}{3}+$ etc. The difference between which and half (w^n) the sum of all the chances (which difference I shall denote by D) will consequently be the true number of the chances whereby the errors in excess (or in defect) can fall within the given limit (m): so that $\frac{D}{\frac{1}{2}w^n}$ will be the true measure of the required probability, that the error, by taking the mean of t observations, exceeds not the quantity $\frac{m}{t}$ proposed. ...

In the preceding calculations, the different errors to which any observation is supposed subject, are restrained to whole quantitities, or a certain, precise, number of seconds; it being impossible, from the most exact instruments, to take off the quantity of an angle to a *geometrical exactness*. But I shall now shew how the chances may be computed, when the error admits of any value whatever, whole or broken, within the proposed limits, or when the result of each observation is supposed to be *accurately* known.

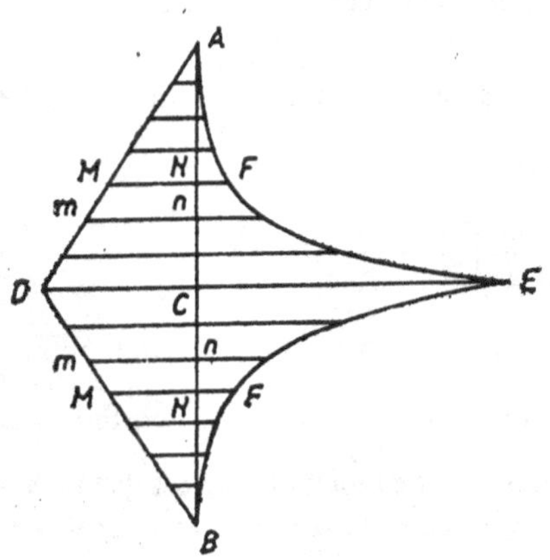

Fig. 20

Let, then, the line AB represent the whole extent of the given interval, within which all the observations are supposed to fall; and conceive the same to be divided into an exceeding great number of very small, equal particles, by perpendiculars terminating in the sides *AD*, *BD* of an isosceles triangle *ABD*, formed upon the base *AB*: and let the probability or chance whereby the result of any observation tends to fall within any of these very small intervals *Nn*, be proportional to the corresponding area *NMmn*, or to the perpendicular *NM*; then, since these chances (or areas) reckoning from the extremes *A* and *B*, increase according to the terms of the arithmetical progression 1, 2, 3, 4, etc. it is evident that the case is here the same with that in the latter part of Prop. II.; only, as the number v (expressing the particles in *AC* or *BC*) is indefinitely great, all (finite) quantities joined to v, or its multiples, with the signs of addition or subtraction, will here vanish, as being nothing in comparison of v. By which means the general expression $\left(\frac{p-1}{1}\cdot\frac{p-2}{2}\cdot\frac{p-3}{3}(n) - \frac{p'-1}{1}\cdot\frac{p'-2}{2}\cdot\frac{p'-3}{3}(n)\cdot n + \frac{p''-1}{1}\cdot\frac{p''-2}{2}\cdot\frac{p''-3}{3}(n)\cdot n\cdot\frac{n-1}{2}, \text{ etc.}\right)$ *there* determined, will *here* become $\frac{p}{1}\cdot\frac{p}{2}\cdot\frac{p}{3}(n) - \frac{p'}{1}\cdot\frac{p'}{2}\cdot\frac{p'}{3}(n)\cdot n, \text{ etc.} = \frac{1}{1\cdot2\cdot3\cdot4(n)}\cdot\left(p^n - np'^n + n\cdot\frac{n-1}{2}p''^n - n\cdot\frac{n-1}{2}\cdot\frac{n-2}{3}p'''^n, \text{ etc.}\right)$ (wherein $p = tv \mp m, p' = p - v, p'' = p - 2v, p''' = p - 3v$, etc.) and therefore, the value of D in the present case, being $\frac{1}{2}\cdot v^n - \frac{1}{1\cdot2\cdot3(n)}\cdot(p^n - n\cdot(p-v)^n + n\cdot\frac{n-1}{2}\cdot(p-2v)^n, \text{ etc.})$ it is evident that the probability $\left(\frac{D}{\frac{1}{2}v^n}\right)$ of the error's not exceeding the quantity $\frac{m}{t}$ (in taking the mean of t observations) will be truly defined by

$$1 - \frac{2}{1\cdot2\cdot3(n)}\cdot\left(\left(\frac{p}{v}\right)^n - n\cdot\left(\frac{p}{v}-1\right)^n + \frac{n}{1}\cdot\frac{n-1}{2}\cdot\left(\frac{p}{v}-2\right)^n, \text{ etc.}\right)$$

which may be represented by the curvilineal area *CNFE*, corresponding to the given value or abscissa $CN\left(=\frac{m}{t}\right)$. Now, though the numbers v, p, and m are, all of them, here supposed to be indefinitely great, yet they may be exterminated, and the value of the expression determined, from their known relation to each other. For if the given ratio of $\frac{m}{t}$ to v, or of *CN* to *CA*, be expressed by that of x to 1, or, which is the same, if the error in question be supposed the x part of the greatest error; then, m being $= tvx$, $p\ (= tv \mp m)$ will be $= tv \mp tvx$, and therefore $\frac{p}{v} = t\cdot(1 \mp x)$; which let be denoted by y: then, by substitution, our last general expression will become

$$1 - \frac{2}{1 \cdot 2 \cdot 3(n)} \cdot \begin{cases} y^n - n \cdot (y-1)^n + \dfrac{n}{1} \cdot \dfrac{n-1}{2} \cdot (y-2)^n \\ - \dfrac{n}{1} \cdot \dfrac{n-1}{2} \cdot \dfrac{n-2}{3} \cdot (y-3)^n, \text{ etc.} \end{cases}$$

which series is to be continued till the quantities y, $y - 1$, $y - 2$, etc. become negative. ...

Text 6.2. Johann Heinrich Lambert, Photometria sive de mensura et gradibus luminis, coloris et umbrae*)

§ 281. Über die Erfüllung dieser durchaus wünschenswerten Bedingung[164]) wird man sich niemals sicher sein. Man wird ihr jedoch um so näher kommen, je öfter der Versuch wiederholt wird. Einen absolut strengen Beweis dieser Aussage gab JAKOB BERNOULLI im vierten Teil seiner *Ars conjectandi*[165]). Es ist nämlich von sich aus klar, daß das ganze Problem auf die Bestimmung einer *Wahrscheinlichkeit* zurückgeführt wird. Um dies sorgfältiger zu untersuchen, muß ich einiges über Fehlerhäufigkeiten vorausschicken[166]). ...

§ 286. Da nun Fehler um so häufiger auftreten, je kleiner sie sind, folgt daraus, *daß in einem beliebigen gegebenen Fall nach wiederholten Versuchen die häufiger auftretenden Größen dem Mittelwert oder auch dem wahren Wert näher liegen.* Wenn man dem nicht zustimmt, verzichtet man sicherlich auf die *maximale* Wahrscheinlichkeit und ersetzt sie durch eine kleinere; denn wenn auch Fälle möglich sind, die von dieser Regel abweichen, sind diese doch bei weitem seltener, so daß sich die Möglichkeit ihres Auftretens mit der größeren Anzahl der wiederholten Versuche ständig verringert und nach und nach verschwindet.

§ 287. Sei nun die Anzahl der durchgeführten Versuche $= N$, der gesuchte wahre Wert $= Q$, die Fehler a, b, c, d usw. ... m, n; diesen setze ich jeweils als Vorzeichen, da es unendlich oft wechseln könnte, das Pluszeichen voran. Sei schließlich der aus allen gebildete Mittelwert $= M$, so wird gelten:

$$M = Q + \frac{a + b + c + \ldots + m + n}{N}.$$

*) JOHANN HEINRICH LAMBERT, Photometria sive de mensura et gradibus luminis, coloris et umbrae, Augsburg 1760, S. 132, 134–137, 139f., 143f. (Abschnitte aus dem 3. Kapitel des ersten Teils, das sich mit der experimentellen Überprüfung der Leistungsfähigkeit des menschlichen Auges beschäftigt).

(S)

[164]) (S): Diese im vorhergehenden Paragraphen formulierte Bedingung fordert gleiche Häufigkeit der dem Betrag nach gleich großen positiven und negativen Fehler und damit die Übereinstimmung von Mittelwert und wahrem Wert.

[165]) (S): Gemeint ist der Hauptsatz von JAKOB BERNOULLI; siehe Text 4.1.2.

[166]) (S): In den vier nachfolgenden Paragraphen unterscheidet LAMBERT vor allem zwischen später so genannten zufälligen und systematischen Fehlern bei optischen Beobachtungen und bestätigt die näherungsweise Erfüllung der oben genannten Bedingung bei großen Versuchszahlen.

§ 288. Angenommen, diese Fehler seien bereits so angeordnet, daß sich – abgesehen von dem letzten n – die restlichen aufheben, so wird

$$M = Q + \frac{n}{N}$$

sein, so daß der mittlere Fehler proportional zur Anzahl der Versuche und damit wie die Hyperbelordinaten bezogen auf die Asymptoten abnimmt. Er nimmt also um so langsamer ab, je größer die Anzahl der Beobachtungen bereits ist. Erhöht man diese nämlich um eins, wird der ⟨mittlere⟩ Fehler $= \frac{n}{N+1}$, der sich vom ursprünglichen um

$$\frac{n}{N} - \frac{n}{N+1} = \frac{n}{NN+N}$$

unterscheidet. Damit steht fest, *daß sich ein einziger beträchtlicherer Fehler länger beim Mittelwert störend bemerkbar macht, wenn nicht aufgrund einer Erhöhung der Anzahl der Versuche ein anderer ebenso beträchtlicher, aber negativer Fehler hinzukommt, der deshalb den früheren zum Verschwinden bringt.*

§ 289. Dieser oder ein ähnlicher Fall begegnet einem häufiger vor allem dann, wenn die Anzahl der Experimente nicht besonders groß ist. Da nun die kleineren Fehler a, b, c, d usw. häufiger sind, werden diese, wenn sie nur völlig zufällig auftreten, sich entweder nahezu aufheben oder wenigstens einen vom wahren Wert nur wenig abweichenden Mittelwert ergeben. Ein größerer Fehler tritt selten auf, noch seltener aber zwei derselben Art, die sich gegenseitig aufheben.

§ 290. Was auch immer einem davon in Wirklichkeit begegnet, auch bei Annahme des ungünstigsten Falles nach § 288 ist klar, daß der ⟨mittlere⟩ Fehler $\frac{n}{N}$ bzw. der ermittelte Wert $M = Q + \frac{n}{N}$ sehr viel kleiner ist als die durch den *N-ten* Versuch gegebene Größe $Q + n$, wenn nur diese allein betrachtet wird. Deshalb kommt man jedenfalls bei Durchführung von mehr Versuchen und Mittelbildung näher an den wahren Wert.

§ 291. Wenn also ein Fehler, der die anderen bei weitem übertrifft, allein auftritt, gibt es von jetzt an ein Verfahren, ihn ausfindig zu machen. Man muß nämlich die Differenzen zwischen dem aus allen gebildeten Mittelwert und den beobachteten Werten $Q + a$, $Q + b$, usw. bis $Q + n$ nehmen. Sei nun die Differenz $Q + n - M$ merklich größer als die übrigen, so stelle ich fest, daß der Wert $Q + n$ von dem wahren Q unter allen am meisten abweicht, und daß, wenn dieser ausgeschieden wird, der Mittelwert aus den übrigen

$$M = \frac{Q + a + Q + b + \ldots + Q + m}{N - 1}$$

oder

$$M = Q + \frac{a + b + c + \ldots + m}{N - 1}$$

von dem wahren Wert Q um weniger abweicht als

$$M = Q + \frac{a + b + c + \ldots + m + n}{N}.$$

Da nämlich die einzelnen Fehler $a, b, c, \ldots, m$ kleiner als n sind, ist auch, selbst wenn alle positiv sind,

$$\frac{a + b + c + \ldots + m}{N - 1} < n.$$

Bezeichnet man nun die Summe $a + b + c + \ldots + m = A$, so gilt

$$\frac{A}{N - 1} < n$$

und damit

$$A < Nn - n.$$

Daraus folgt

$$0 < Nn - n - A.$$

Addiert man auf beiden Seiten AN, so gilt auch

$$AN < AN + nN - n - A$$

und so

$$AN < (N - 1)(A + n)$$

oder

$$\frac{A}{N - 1} < \frac{A + n}{N}.$$

Der mittlere Fehler ist also kleiner für den Fall, daß man den *N-ten* Versuch wegläßt; dem wahren Wert wird man um so näher kommen, je mehr Fehler *a, b, c, d* usw. sich aufheben[167]). ...

§ 294. Wenn aber die Fehler bei den einzelnen Versuchen so beschaffen sind, daß man sich dieser Methode nicht sicher bedienen kann, kann sie nichtsdestotrotz zu einem anderen Zweck angewandt werden. Hat man nämlich aus allen Werten den Mittelwert gebildet, ist jedenfalls noch offen, ob dieser mit dem gesuchten wahren Wert übereinstimmt oder nicht. Läßt man nämlich den Versuch, der vom gefundenen Mittel am meisten abweicht, weg und sucht danach

[167]) (S): § 292 diskutiert den von LAMBERT als unwahrscheinlich bezeichneten Fall, daß sämtliche kleineren Fehler dasselbe Vorzeichen aufweisen und der einzige große Fehler das entgegengesetzte Vorzeichen. § 293 enthält ein Beispiel für die Auswirkung des in § 291 beschriebenen Verfahrens.

wiederum das Mittel, so wird, wenn dieses von dem vorhergehenden abgezogen wird, die Differenz zwischen beiden näherungsweise angeben, inwieweit der aus allen Werten gebildete Mittelwert zweifelhaft ist. So war etwa, um dasselbe Beispiel zu benutzen, der mittlere Abstand bei fünf Versuchen 0,71357 (§ 258)[168]; nach Weglassung des zweiten Wertes aber (§ 293) fand ich als Mittelwert 0,70713; daher ist die Differenz zwischen beiden gleich 0,00644, um die der gefundene Mittelwert 0,71357 größer oder kleiner sein kann. Man darf nämlich diese Differenz bzw. Fehlergrenzen fast ganz so auffassen, daß es äußerst unwahrscheinlich ist, daß der gefundene Mittelwert sie überschreitet. So darf man daraus schließen, daß der mittlere Abstand 0,71357 sich vom wahren nicht um ⟨mehr als⟩ einen Anteil von $\frac{0{,}00644}{0{,}71357} = \frac{1}{111}$ unterscheidet und deshalb insoweit genau ist, als ein Anteil von $\frac{1}{111}$ vernachlässigbar erscheint.

§ 295. Da bei den einzelnen photometrischen Versuchen, wie bei unendlich vielen anderen, die Fehler nicht gleich häufig sind, gebe ich ein anderes Verfahren an, um aus einer endlichen Anzahl von ihnen den Mittelwert so zu bestimmen, daß seine Wahrscheinlichkeit, vom wahren Wert unter allen am wenigsten abzuweichen, ein Maximum wird. Wir haben schon gesehen, daß die ganze Sache auf eine maximale Wahrscheinlichkeit hinauslaufen muß, da sich eine für alle Werte absolute Sicherheit nicht erreichen läßt. Es ist deshalb von Vorteil, dieses Verfahren allgemeiner darzulegen.

§ 296. Seien der wahre, durch Versuche zu ermittelnde Wert AC, die größten auf beiden Seiten auftretenden Fehler CB bzw. CD. Die Häufigkeit bzw. die *Male des Auftretens* der übrigen Fehler CQ, CP, CR, CS geben die Ordinaten QM, PN, RL, SK der Kurve $BMLD$ wieder; ich bezeichne sie im Unterschied

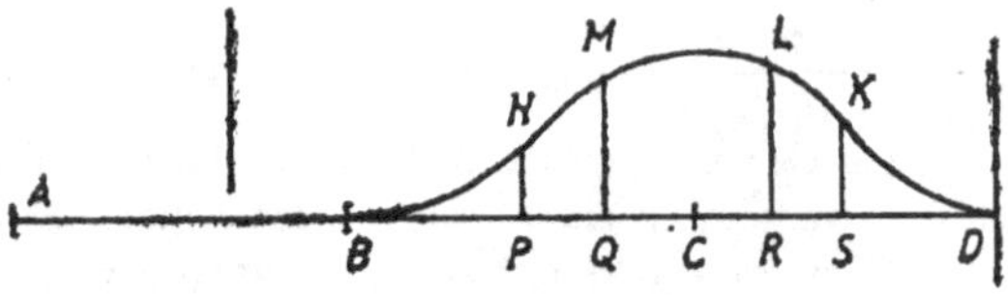

Abb. 6.2

[168]) (S): LAMBERT hatte das Gesetz für die zum Quadrat des Abstands umgekehrt proportionale Lichtintensität experimentell zu bestätigen gesucht, indem er einen Bildschirm über eine Spiegelanordnung mit einer Kerze ebenso hell ausleuchtete wie mit zwei in einem größeren Abstand vom Schirm leuchtenden Kerzen; das Abstandsverhältnis müßte bei Gültigkeit des Gesetzes den Wert $2^{-\frac{1}{2}} \sim 0{,}70711$ liefern. Bei seinen fünf Versuchen hatte LAMBERT die Werte 0,70795; 0,73933; 0,72083; 0,70068 und 0,69908 mit dem Mittelwert 0,71357 erhalten, den er mit dem erwarteten „wahren" Wert vergleichen konnte.

zu den *beobachteten* als absolute oder *wahre Male des Auftretens.* Es ist aber klar, daß diese bei unendlicher Wiederholung des Experiments mit jenen zusammenfallen müssen. Da dies aber niemals eintritt, muß man erwägen, was man bei einer endlichen Versuchszahl als gültig festlegen kann[169]). ...

§ 302. Der ⟨wahre mittlere⟩ Fehler *CQ* wird als variabel angesehen, und die Fehler *CP, CR, CS* werden mit seinem Anwachsen oder Abnehmen ebenfalls anwachsen oder abnehmen, da der gegenseitige Abstand der Punkte *P, Q, R* und *S* unveränderlich ist. Deswegen ändern sich auch die Ordinaten bzw. die wahren Male des Eintretens *PN, QM, RL* und *SK* und somit auch die Anzahl der möglichen Fälle *N.*

§ 303. Da nun aber im allgemeinen der Fall am wahrscheinlichsten ist, der unter allen am häufigsten eintritt, muß folglich gelten

$$PN^n \cdot QM^m \cdot RL^l \cdot SK^k = \text{maximale Anzahl}.$$

Diese Zahl ist ja nun proportional zur Anzahl aller möglichen Fälle und tritt also um so leichter und häufiger ein, je mehr diese Anzahl die Anzahlen für die übrigen Fälle übersteigt. Gerade aber aus diesem Grund, daß die maximale Möglichkeit gesucht wird, muß jene Zahl die größte unter allen sein.

§ 304. Sei also

$$n \cdot \log PN + m \cdot \log QM + l \cdot \log RL + k \cdot \log SK$$

[169]) (S): Nach zwei kurzen Vorüberlegungen in den §§ 297 und 298 kommt Lambert im § 299 auf das Problem, mit kombinatorischen Mitteln die Anzahl der Anordnungsmöglichkeiten einer vorgegebenen Meßreihe zu bestimmen, in der *n*-mal der Wert *AP*, *m*-mal der Wert *AQ*, *l*-mal der Wert *AR* und *k*-mal der Wert *AS* auftraten. Für den Fall, daß jedes Meßergebnis mit derselben Wahrscheinlichkeit eintritt, erhält Lambert eine Anzahl von $\frac{(n+m+l+k)!}{n! \cdot m! \cdot l! \cdot k!}$ möglichen Anordnungen.

Für den Fall, daß das Gewicht bzw. die Wahrscheinlichkeit für die einzelnen Beobachtungen verschieden ist, nämlich gleich den oder proportional zu den in § 296 eingeführten „wahren Malen des Auftretens", erhält Lambert, ohne dafür auch nur eine Plausibilitätsbetrachtung anzubieten, in § 300 die folgende, der Wahrscheinlichkeit für das Auftreten der beobachteten Meßreihe proportionale „Anzahl" *N* möglicher Anordnungen:

$$N = \frac{(n+m+l+k)!}{n! \cdot m! \cdot l! \cdot k!} \cdot PN^n \cdot QM^m \cdot RL^l \cdot SK^k,$$

wobei *PN, QM, RL* und *SK* die zu ihren Wahrscheinlichkeiten proportionalen „wahren Male" für die vier beobachteten Meßgrößen sind. Unter der Voraussetzung, daß die der Fehlerverteilung entsprechende Kurve *BMLD* bekannt ist (§ 301), wäre das Problem gelöst.

ein Maximum. Durch Differenzieren erhält man daher:

$$0 = \frac{n \cdot d(PN)}{PN} + \frac{m \cdot d(QM)}{QM} + \frac{l \cdot d(RL)}{RL} + \frac{k \cdot d(SK)}{SK}.$$

Seien in den Punkten N, M, L und K die Tangenten gezogen, und seien die Subtangenten[170]) ν, μ, λ und $\varkappa$, so wird die Wahrscheinlichkeit zu einem Maximum, wenn gilt:

$$\frac{n}{\nu} + \frac{m}{\mu} + \frac{l}{\lambda} + \frac{k}{\varkappa} = 0.$$

In dieser Formel sind die Subtangenten positiv oder negativ, je nachdem ob die ihnen entsprechenden Fehler positiv oder negativ waren.

§ 305. Wenn die Kurve *BMLD* bezüglich ihres Zentrums C symmetrisch ist, fällt der auf diese Weise gefundene Mittelwert AC häufiger mit dem arithmetischen Mittel, von dem in den vorhergehenden Paragraphen die Rede war, zusammen. So ist etwa, wenn nur zwei Beobachtungen AQ und AR gemacht wurden, $m = l = 1$ und damit

$$0 = \frac{1}{\lambda} + \frac{1}{\mu},$$

woraus folgt

$$\lambda = \mu^{171)},$$

was nur dann gelten kann, wenn der Punkt C den gleichen Abstand zu den Punkten Q und R aufweist; dies ergibt aber gerade

$$AC = \frac{AQ + AR}{2},$$

so daß damit AC das arithmetische Mittel zwischen AQ und AR ist.

[170]) (S): Sei die Kurve der Graph einer Funktion $f(x)$, so gilt für die Subtangente $s(x)$ in x_0,

$$f'(x_0) = \frac{f(x_0)}{s(x_0)} \text{ oder } \frac{f'(x_0)}{f(x_0)} = \frac{1}{s(x_0)} = \left.\frac{d\,(\ln f(x))}{dx}\right|_{x=x_0}.$$

[171]) (S): LAMBERT hat hier nicht auf das Vorzeichen geachtet; natürlich folgt $\lambda = -\mu$. Außerdem wird für das Folgende Symmetrie der Fehlerverteilung bezüglich C vorausgesetzt.

Text 6.3. Adrien-Marie Legendre, Nouvelles méthodes pour la détermination des orbites des comètes *)

Anhang. Über die Methode der kleinsten Quadrate

Bei den meisten Problemen, bei denen es sich darum handelt, aus aufgrund von Beobachtungen gegebenen Messungen möglichst genaue Resultate zu erhalten, hat man es fast immer mit einem Gleichungssystem der Form

$$E = a + bx + cy + fz + \text{etc.}$$

zu tun; in diesem sind a, b, c, f, etc. bekannte Koeffizienten, die von Gleichung zu Gleichung verschieden sind, und x, y, z, etc. Unbekannte, die man aufgrund der Bedingung bestimmen muß, daß der Wert E für jede Gleichung entweder verschwindet oder eine sehr kleine Größe ist.

Wenn man ebenso viele Gleichungen wie Unbekannte x, y, z, etc. hat, gibt es keine Schwierigkeit bei der Bestimmung dieser Unbekannten, und man kann die Fehler E durchweg gleich Null setzen. Aber meistens ist die Anzahl der Gleichungen größer als die der Unbekannten, und es ist unmöglich, alle Fehler verschwinden zu lassen. In diesem, für physikalische und astronomische Probleme, bei denen man gewisse wichtige Elemente zu bestimmen sucht, häufigsten Fall geht notwendig etwas Willkürliches in die Fehlerverteilung ein, und man kann nicht erwarten, daß alle Annahmen genau zu denselben Resultaten führen; aber man muß insbesondere so vorgehen, daß die extremen Fehler ohne Berücksichtigung des Vorzeichens in möglichst engen Grenzen eingeschlossen sind.

Ich glaube, daß es unter allen zu diesem Zweck vorschlagbaren Prinzipien kein allgemeineres, genaueres und leichter anwendbares gibt als dasjenige, dessen ich mich bei den vorhergehenden Untersuchungen bedient habe und das darin besteht, die Summe der Fehlerquadrate zu einem *Minimum* zu machen. Hierdurch stellt sich zwischen den Fehlern eine Art Gleichgewicht ein, das ein Übergewicht der Extrema verhindert und sehr geeignet ist, den der Wahrheit am nächsten kommenden Zustand des Gleichungssystems erkennen zu lassen.

*) Adrien-Marie Legendre, Nouvelles méthodes pour la détermination des orbites des comètes, Paris 1805, S. 72–74.

(S)

Da die Summe der Fehlerquadrate $E^2 + E'^2 + E''^2 +$ etc.

$$(a + bx + cy + fz + \text{etc.})^2$$
$$+ (a' + b'x + c'y + f'z + \text{etc.})^2$$
$$+ (a'' + b''x + c''y + f''z + \text{etc.})^2$$
$$+ \text{etc.}$$

ist, wird man bei der Bestimmung ihres *Minimums*, wenn man nur x variieren läßt, die Gleichung

$$0 = \int ab + x \int b^2 + y \int bc + z \int bf + \text{etc.}$$

erhalten, in der man unter $\int ab$ die Summe der entsprechenden Produkte $ab + a'b' + a''b'' +$ etc. versteht, unter $\int b^2$ die Summe der Quadrate der Koeffizienten von x, also $b^2 + b'^2 + b''^2 +$ etc. und so fort.
Entsprechend ergibt das *Minimum* bezüglich y

$$0 = \int ac + x \int bc + y \int c^2 + z \int fc + \text{etc.}$$

und das *Minimum* bezüglich z

$$0 = \int af + x \int bf + y \int cf + z \int f^2 + \text{etc.};$$

dabei treten ersichtlich dieselben Koeffizienten $\int bc$, $\int bf$, etc. in zwei Gleichungen auf, was zur Vereinfachung der Rechnung beiträgt.

Allgemein *muß man, um die Gleichung für das* Minimum *bezüglich einer der Unbekannten aufzustellen, alle Glieder jeder vorgegebenen Gleichung mit dem mit seinem Vorzeichen genommenen Koeffizienten der Unbekannten in dieser Gleichung multiplizieren und die Summe all dieser Produkte bilden.*

Man wird so ebenso viele Gleichungen für das *Minimum* erhalten, wie es Unbekannte gibt, und man muß diese Gleichungen nach den üblichen Methoden lösen. Man wird aber gut daran tun, alle Rechnungen, sowohl bei den Multiplikationen wie bei der Lösung ⟨des Gleichungssystems⟩, abzukürzen, indem man bei jeder Operation nur so viele Stellen vor oder nach dem Komma berücksichtigt, wie sie der für das Problem geeignete Näherungsgrad erforderlich macht.

Wenn es aufgrund eines besonderen Zufalls möglich wäre, alle Gleichungen zu befriedigen, indem man alle Fehler gleich Null setzt, würde man dieses Resultat ebenso durch die Gleichungen für das *Minimum* erhalten; denn, wenn man nach der Bestimmung der Werte von x, y, z, etc., die E, E', etc. zu Null machen, x, y, z, etc. und $\delta x, \delta y, \delta z$, etc. variieren läßt, wird E^2, das Null war, aufgrund dieser Variation zu $(a\, \delta x + b\, \delta y + c\, \delta z + \text{etc.})^2$ werden[172]).

Genauso wird es sich mit E'^2, E''^2, etc. verhalten. Man ersieht daraus, daß die Summe der Fehlerquadrate als Variation eine Größe zweiter Ordnung be-

[172]) (S): Eigentlich müßte hier $(b\delta x + c\delta y + f\delta z + \text{etc.})^2$ stehen.

züglich δx, δy, etc. haben wird in Übereinstimmung mit dem Charakter eines *Minimums*[173]).

Wenn man nach der Bestimmung aller Unbekannten x, y, z, etc. ihre Werte in die gegebenen Gleichungen einsetzt, wird man die verschiedenen Fehler E, E', E'', etc. finden, denen dieses System genügt und die nicht vermindert werden können, ohne die Summe ihrer Quadrate zu vergrößern. Wenn sich unter diesen Fehlern einige befinden, die unzulässig groß erscheinen, wird man die Gleichungen, die diese Fehler ergeben haben, als Folge allzu fehlerhafter Versuche eliminieren, und man wird die Unbekannten mittels der verbleibenden Gleichungen bestimmen, die dann wesentlich kleinere Fehler ergeben werden. Man beachte, daß man dann nicht alle Rechnungen von neuem beginnen muß; denn da die Gleichungen für das *Minimum* aufgestellt werden aufgrund der Addition der in jeder der gegebenen Gleichungen entstandenen Produkte, wird es ausreichen, bei der Addition die durch solche Gleichungen, die zu beträchtliche Fehler ergaben, entstandenen Produkte wegzulassen. Die Regel, nach der man das Mittel aus den Ergebnissen verschiedener Beobachtungen nimmt, ist nur eine sehr einfache Folge meiner allgemeinen Methode, die ich *Methode der kleinsten Quadrate* nennen werde[174]).

[173]) (S): Gemeint ist, daß die Werte einer Funktion in der Umgebung des Minimums nicht kleiner sein können als der Funktionswert für das Minimum, der hier als Null vorausgesetzt ist.

[174]) (S): Am Ende der Arbeit (S. 80) steht die folgende, für das Erscheinungsjahr wichtige Angabe:

Paris, le 15 ventôse an 13,
6 mars 1805.

Text 6.4.1. Carl Friedrich Gauss, Theoria motus corporum coelestium in sectionibus conicis solem ambientium*)

175.

Zu diesem Zweck steigen wir von unserer besonderen Aufgabe zu einer ganz allgemeinen Untersuchung auf, welche sich bei jeder Anwendung der Mathematik auf naturwissenschaftliche Fragen sehr fruchtbar erweist. Es seien V, V', V'' etc. Funktionen der Unbekannten p, q, r, s etc., μ die Anzahl dieser Funktionen, ν die Anzahl der Unbekannten; wir setzen voraus, als Werthe der Funktionen seien durch unmittelbare Beobachtungen $V = M$, $V' = M'$, $V'' = M''$ etc. gefunden worden. Im allgemeinen wird daher die Entwickelung der Werthe der Unbekannten sich als unbestimmte, bestimmte oder überbestimmte Aufgabe darstellen, je nachdem $\mu < \nu$, $\mu = \nu$ oder $\mu > \nu$ ist[175]). Hier wird nur von dem letzten Fall die Rede sein, in welchem offenbar eine genaue Darstellung sämmtlicher Beobachtungen nur dann möglich wäre, wenn letztere alle absolut fehlerfrei wären. Da dies aber in Wirklichkeit nicht stattfindet, so wird jedes Werthsystem der Unbekannten p, q, r, s etc. für möglich zu halten sein, aus welchem sich Werthe der Funktionen $M - V$, $M' - V'$, $M'' - V''$ etc. ergeben, welche nicht grösser sind als die Grenzen der Fehler, die bei jenen Beobachtungen begangen werden konnten, was jedoch keineswegs so zu verstehen ist, als ob diese einzelnen möglichen Systeme einen gleichen Grad von Wahrscheinlichkeit besässen.

Wir nehmen zuerst an, es sei bei allen Beobachtungen die Sachlage derartig gewesen, dass kein Grund vorhanden ist, die eine für weniger genau als die an-

*) CARL FRIEDRICH GAUSS, Theoria motus corporum coelestium in sectionibus conicis Solem ambientium, Hamburg 1809 (= CARL FRIEDRICH GAUSS, Werke Bd. VII, Göttingen 1906, S. 3–280, speziell S. 240–245); deutsche Übersetzung von A. BÖRSCH und P. SIMON *in*: CARL FRIEDRICH GAUSS, Abhandlungen zur Methode der kleinsten Quadrate, Berlin 1887, S. 97–103.

175) Wenn im dritten Falle die Funktionen V, V', V'' etc. so beschaffen wären, dass man $\mu + 1 - \nu$ von ihnen oder mehrere als Funktionen der übrigen ansehen könnte, so würde die Aufgabe in Bezug auf diese Funktionen immer noch überbestimmt, in Bezug auf die Grössen p, q, r, s etc. aber unbestimmt sein; man würde nämlich ihre Werthe nicht einmal dann bestimmen können, wenn die Werthe der Funktionen V, V', V'' etc. absolut genau gegeben wären. Diesen Fall schliessen wir aber von unserer Untersuchung aus.

dere zu erachten, oder dass man gleich grosse Fehler bei den einzelnen für gleich wahrscheinlich halten muss. Die Wahrscheinlichkeit, welche irgend einem Fehler Δ beizulegen ist, wird daher durch eine Funktion von Δ ausgedrückt, welche wir mit $\varphi(\Delta)$ bezeichnen wollen. Wenn man nun auch diese Funktion nicht genau angeben kann, so kann man doch wenigstens versichern, dass ihr Werth ein Maximum für $\Delta = 0$ werden müsse, dass er im allgemeinen für gleiche und entgegengesetzte Werthe von Δ der gleiche sei, und endlich, dass er verschwinde, wenn man für Δ den grössten Fehler oder einen noch grösseren Werth annimmt. Eigentlich ist deshalb $\varphi(\Delta)$ zu der Gattung der unstetigen Funktionen zu rechnen, und wenn wir uns erlauben, zum praktischen Gebrauch an ihrer Stelle eine analytische Funktion einzuführen, so muss diese so beschaffen sein, dass sie von $\Delta = 0$ ab nach beiden Seiten gleichsam asymptotisch gegen 0 convergirt, so dass sie ausserhalb der betreffenden Grenze als wirklich verschwindend angesehen werden kann. Ferner wird die Wahrscheinlichkeit, dass der Fehler zwischen den Grenzen Δ und $\Delta + d\Delta$ liege, welche um die unendlich kleine Differenz $d\Delta$ von einander abstehen, durch $\varphi(\Delta)\, d\Delta$ auszudrücken sein; hiernach wird allgemein die Wahrscheinlichkeit, dass der Fehler zwischen D und D' liege, durch das von $\Delta = D$ bis $\Delta = D'$ genommene Integral $\int \varphi(\Delta)\, d\Delta$ dargestellt. Nimmt man dieses Integral von dem grössten negativen Werthe bis zum grössten positiven Werthe von Δ, oder allgemeiner von $\Delta = -\infty$ bis $\Delta = +\infty$, so muss es nothwendig $= 1$ werden.

Nehmen wir also an, irgend ein bestimmtes Werthsystem der Grössen p, q, r, s etc. sei gegeben, so wird die Wahrscheinlichkeit, dass für V aus der Beobachtung der Werth M hervorgehen werde, durch $\varphi(M - V)$ ausgedrückt, indem man in V für p, q, r, s etc. ihre Werthe einsetzt; ebenso drücken $\varphi(M' - V')$, $\varphi(M'' - V'')$ etc. die Wahrscheinlichkeiten aus, dass sich aus den Beobachtungen für die Funktionen V', V'' etc. die Werthe M', M'' etc. ergeben werden. Deshalb wird, wenn man nur alle Beobachtungen als von einander unabhängige Ergebnisse ansehen darf, das Produkt

$$\varphi(M - V)\,\varphi(M' - V')\,\varphi(M'' - V'') \text{ etc.} = \Omega$$

die Erwartung oder die Wahrscheinlichkeit ausdrücken, dass alle diese Werthe gleichzeitig aus den Beobachtungen hervorgehen werden.

176.

So wie nun bei Annahme irgend welcher bestimmten Werthe der Unbekannten jedem System von Werthen der Funktionen V, V', V'' etc. vor Anstellung der Beobachtung eine bestimmte Wahrscheinlichkeit zukommt, ebenso wird umgekehrt, nachdem aus den Beobachtungen bestimmte Werthe der Funktionen erhalten sind, für die einzelnen Werthsysteme der Unbekannten, aus welchen jene hervorgehen konnten, sich eine bestimmte Wahrscheinlichkeit ergeben; offenbar sind nämlich diejenigen Systeme für wahrscheinlicher zu halten, bei welchen die Erwartung des erhaltenen Ergebnisses die grössere gewesen war. Die Schätzung dieser Wahrscheinlichkeit stützt sich au folgenden Lehrsatz:

Wenn bei irgend einer zu Grunde gelegten Hypothese H die Wahrscheinlichkeit irgend eines bestimmten Ergebnisses E gleich h ist, bei Annahme einer anderen, die erstere ausschliessenden und an sich gleich wahrscheinlichen Hypothese H′ aber die Wahrscheinlichkeit desselben Ergebnisses gleich h′ ist: dann behaupte ich, wenn das Ergebniss E wirklich eingetreten ist, dass die Wahrscheinlichkeit dafür, dass H die richtige Hypothese gewesen, sich zur Wahrscheinlichkeit, dass H′ die richtige Hypothese gewesen, verhalte wie h zu h′.

Um dies zu beweisen, nehmen wir an, durch Unterscheidung aller Umstände, von denen es abhängt, ob H oder H' oder eine andere Hypothese Platz greift, um das Ergebniss E oder ein anderes hervorzubringen, sei ein gewisses System der verschiedenen Fälle aufgestellt, welche einzeln für sich (d.h. so lange es ungewiss ist, ob das Ergebniss E oder ein anderes eintreten werde) als gleich wahrscheinlich betrachtet werden müssen, und diese Fälle seien so eingetheilt,

dass unter ihnen gefunden werden	bei denen die Hypothese statthaben muss	mit solchen Modificationen, dass das Ergebniss eintreten muss
m	H	E
n	H	von E verschieden
m'	H'	E
n'	H'	von E verschieden
m''	von H und H' verschieden	E
n''	von H und H' verschieden	von E verschieden.

Dann wird $h = \frac{m}{m+n}$, $h' = \frac{m'}{m'+n'}$ sein; ferner war vor Bekanntwerden des Ergebnisses die Wahrscheinlichkeit der Hypothese

$H = \frac{m+n}{m+n+m'+n'+m''+n''}$, nach dem Bekanntwerden des Ergebnisses aber, wo die Fälle n, n', n'' aus der Anzahl der möglichen ausscheiden, wird die Wahrscheinlichkeit derselben Hypothese $= \frac{m}{m+m'+m''}$ sein; ebenso wird die Wahrscheinlichkeit der Hypothese H' vor und nach dem Ergebniss bezw. durch $\frac{m'+n'}{m+n+m'+n'+m''+n''}$ und $\frac{m'}{m+m'+m''}$ ausgedrückt; da nun den Hypothesen H und H' vor dem Bekanntwerden des Ergebnisses dieselbe Wahrscheinlichkeit beigelegt ist, so wird also

$$m + n = m' + n'$$

sein, woraus sich die Richtigkeit des Lehrsatzes von selbst ergiebt.

So lange wir nun annehmen, dass ausser den Beobachtungen $V = M$, $V' = M'$, $V'' = M''$ etc. keine anderen Daten zur Bestimmung der Unbekannten vorhanden seien, und dass deshalb alle Werthsysteme dieser Unbekannten vor jenen Beobachtungen gleich wahrscheinlich gewesen seien, so wird offenbar die Wahrscheinlichkeit eines jeden bestimmten Systems nach jenen Beobachtungen dem Ω proportional sein. Dies ist so zu verstehen, dass die Wahrscheinlichkeit dafür, dass die Werthe der Unbekannten bezw. zwischen den unendlich nahen Grenzen p und $p + dp$, q und $q + dq$, r und $r + dr$, s und $s + ds$ etc. liegen, durch $\lambda\ \Omega\ dp\ dq\ dr\ ds \ldots$ ausgedrückt werde, wo λ eine von p, q, r, s etc. unabhängige, constante Grösse sein wird. Und zwar wird offenbar $\frac{1}{\lambda}$ der Werth des Integrals ν^{ter} Ordnung $\int^{(\nu)} \Omega\ dp\ dq\ dr\ ds \ldots$ sein, wenn man die einzelnen Variabeln p, q, r, s etc. von dem Werthe $-\infty$ bis zum Werthe $+\infty$ ausdehnt.

177.

Hieraus folgt schon von selbst, dass das wahrscheinlichste Werthsystem der Grössen p, q, r, s etc. dasjenige sein wird, bei welchem Ω den grössten Werth erlangt, und dass er deshalb aus den ν Gleichungen

$$\frac{d\Omega}{dp} = 0, \quad \frac{d\Omega}{dq} = 0, \quad \frac{d\Omega}{dr} = 0, \quad \frac{d\Omega}{ds} = 0 \text{ etc.}$$

zu ermitteln ist. Diese Gleichungen nehmen, wenn man $M - V = v$, $M' - V' = v'$, $M'' - V'' = v''$ etc. und $\frac{d\varphi(\varDelta)}{\varphi(\varDelta)\, d\varDelta} = \varphi'(\varDelta)$ setzt, folgende Form an:

$$\frac{dv}{dp}\varphi'(v) + \frac{dv'}{dp}\varphi'(v') + \frac{dv''}{dp}\varphi'(v'') + \text{etc.} = 0$$

$$\frac{dv}{dq}\varphi'(v) + \frac{dv'}{dq}\varphi'(v') + \frac{dv''}{dq}\varphi'(v'') + \text{etc.} = 0$$

$$\frac{dv}{dr}\varphi'(v) + \frac{dv'}{dr}\varphi'(v') + \frac{dv''}{dr}\varphi'(v'') + \text{etc.} = 0$$

$$\frac{dv}{ds}\varphi'(v) + \frac{dv'}{ds}\varphi'(v') + \frac{dv''}{ds}\varphi'(v'') + \text{etc.} = 0 \text{ etc.}$$

Hieraus wird man also durch Elimination die völlig bestimmte Lösung der Aufgabe ableiten können, sobald nur die Natur der Funktion φ' bekannt ist. Da diese aber a priori nicht definirt werden kann, so wollen wir die Sache von einer anderen Seite angreifen, und nachforschen, auf welcher stillschweigend gleichsam als Grundlage angenommenen Funktion ein landläufiges Princip eigentlich beruht, dessen Vortrefflichkeit allgemein anerkannt ist. Wie ein Axiom pflegt man nämlich die Hypothese zu behandeln, wenn irgend eine Grösse durch mehrere unmittelbare, unter gleichen Umständen und mit gleicher Sorgfalt angestellte Beobachtungen bestimmt worden ist, dass alsdann das arithmetische Mittel zwischen allen beobachteten Werthen, wenn auch nicht mit absoluter Strenge, so doch wenigstens sehr nahe den wahrscheinlichsten Werth gebe, so dass es immer das sicherste ist, an diesem festzuhalten. Setzen wir daher $V = V' = V''$ etc. $= p$, so wird allgemein

$$\varphi'(M - p) + \varphi'(M' - p) + \varphi'(M'' - p) + \text{etc.} = 0$$

sein müssen, wenn für p der Werth $\frac{1}{\mu}(M + M' + M'' + \text{etc.})$ eingesetzt wird, was für eine ganze positive Zahl μ auch sein möge. Nimmt man also $M' = M''$ etc. $= M - \mu N$, so wird allgemein, d.h. für jeden ganzen positiven Werth von μ,

$$\varphi'[(\mu - 1) N] = (1 - \mu)\,\varphi'(-N)$$

sein, woraus man leicht entnimmt, dass allgemein $\frac{\varphi'(\Delta)}{\Delta}$ eine constante Grösse sein müsse, welche wir mit k bezeichnen wollen. Hieraus folgt $\log \varphi(\Delta) = \frac{1}{2} k\,\Delta^2 + \text{Const.}$, oder wenn wir die Basis der hyperbolischen Logarithmen mit e bezeichnen, und Const. $= \log \varkappa$ setzen,

$$\varphi(\Delta) = \varkappa e^{\frac{1}{2}k\Delta^2}.$$

Ferner ist leicht einzusehen, dass k nothwendig negativ sein muss, damit Ω wirklich ein Maximum werden könne, weshalb wir

$$\frac{1}{2} k = -h^2$$

setzen; und da nach einem zuerst von LAPLACE gefundenen, eleganten Lehrsatz das von $\Delta = -\infty$ bis $\Delta = +\infty$ genommene Integral

$$\int e^{-h^2\Delta^2}\, d\Delta = \frac{\sqrt{\pi}}{h}$$

wird (wo π den halben Kreisumfang für den Radius 1 bezeichnet), so wird unsere Funktion

$$\varphi(\Delta) = \frac{h}{\sqrt{\pi}} e^{-h^2\Delta^2}.$$

178.

Die soeben ermittelte Funktion kann zwar in aller Strenge die Wahrscheinlichkeiten der Fehler sicher nicht darstellen; denn da die möglichen Fehler immer in bestimmten Grenzen eingeschlossen sind, so müsste die Wahrscheinlichkeit grösserer Fehler sich immer $= 0$ ergeben, während unsere Formel immer einen endlichen Werth liefert. Jedoch ist dieser Mangel, mit dem jede analytische Funktion ihrer Natur nach behaftet sein muss, für alle praktischen Zwecke ohne alle Bedeutung, da, sobald nur erst $h\Delta$ einen beträchtlichen Werth erlangt hat, der Werth unserer Funktion so schnell abnimmt, dass man ihn sicher der Null gleichkommend annehmen darf. Die Fehlergrenzen selbst mit völliger Strenge anzugeben, wird überdies die Natur der Sache niemals gestatten.

Uebrigens wird man die Constante h als das Maass für die Genauigkeit der Beobachtungen ansehen können. Wenn man nämlich annimmt, die Wahrscheinlichkeit eines Fehlers Δ werde in irgend einer Gruppe von Beobachtungen durch

$$\frac{h}{\sqrt{\pi}} e^{-h^2\Delta^2},$$

in einer anderen Gruppe von genaueren oder ungenaueren Beobachtungen aber durch

$$\frac{h'}{\sqrt{\pi}} e^{-h'^2\Delta^2}$$

ausgedrückt, so wird die Erwartung, es sei bei irgend einer Beobachtung der ersteren Gruppe der Fehler in den Grenzen $-\delta$ und $+\delta$ enthalten, durch das von $\Delta = -\delta$ bis $\Delta = +\delta$ genommene Integral

$$\int \frac{h}{\sqrt{\pi}} e^{-h^2\Delta^2} \, d\Delta$$

ausgedrückt, und ebenso wird die Erwartung, dass der Fehler irgend einer Beobachtung der letzteren Gruppe die Grenzen $-\delta'$ und $+\delta'$ nicht überschreite, durch das von $\Delta = -\delta'$ bis $\Delta = +\delta'$ genommene Integral

$$\int \frac{h'}{\sqrt{\pi}} e^{-h'^2\Delta^2} \, d\Delta$$

ausgedrückt; beide Integrale werden aber offenbar einander gleich, sobald man $h\,\delta = h'\,\delta'$ hat. Wenn also z.B. $h' = 2h$ ist, so kann in der ersten Gruppe ebenso leicht ein doppelter Fehler begangen werden, wie in der zweiten ein einfacher, in welchem Falle man den letzteren Beobachtungen nach dem allgemeinen Sprachgebrauch die doppelte Genauigkeit zuschreibt.

179.

Nun werden wir Folgerungen aus diesem Gesetze ziehen. Damit das Produkt

$$\Omega = h^{\mu}\pi^{-\frac{1}{2}\mu}\, e^{-h^2(v^2+v'^2+v''^2+\text{etc.})}$$

ein Maximum werde, muss offenbar die Summe $v^2 + v'^2 + v''^2 +$ etc. ein Minimum werden. *Das wahrscheinlichste Werthsystem der Unbekannten p, q, r, s etc. wird daher dasjenige sein, bei welchem die Quadrate der Differenzen zwischen den beobachteten und berechneten Werthen der Funktionen V, V', V'' etc. die kleinste Summe ergeben*, wenn nur bei allen Beobachtungen der gleiche Grad von Genauigkeit vorausgesetzt werden darf.

Text 6.4.2. Carl Friedrich Gauss, Theoria combinationis observationum erroribus minimis obnoxiae (pars prior)*)

5.

Wir betrachten ferner das Integral $\int x\varphi(x)\,dx$ zwischen denselben Grenzen, und setzen seinen Werth $= k$. Sind alle einfachen Fehlerursachen nun so beschaffen, dass kein Anlass vorhanden ist, zwei gleichen, aber mit entgegengesetzten Vorzeichen versehenen Fehlern verschiedene Häufigkeit beizulegen, so wird dasselbe auch für den totalen Fehler gelten, es ist also $\varphi(-x) = \varphi(x)$, und deshalb nothwendig $k = 0$. Wir schliessen hieraus, dass, jedesmal wenn k nicht verschwindet, sondern etwa eine positive Grösse ist, nothwendig eine oder die andere Fehlerursache vorhanden sein müsse, welche entweder nur positive Fehler, oder wenigstens häufiger positive als negative zu erzeugen vermöge. Diese Grösse k, welche in der That das Mittel aller möglichen Fehler oder der mittlere Werth der Grösse x ist, kann passend der constante Theil des Fehlers genannt werden. Uebrigens ist leicht zu beweisen, dass der constante Theil des totalen Fehlers gleich der Summe der constanten Theile derjenigen Fehler ist, welche aus den einzelnen einfachen Ursachen hervorgehen. Setzt man jetzt die Grösse k als bekannt voraus, subtrahirt dieselbe von jeder Beobachtung und bezeichnet den Fehler der so verbesserten Beobachtung mit x', die entsprechende Wahrscheinlichkeit aber mit $\varphi'(x')$, so wird $x' = x - k, \varphi'(x') = \varphi(x)$ und folglich

$$\int x'\varphi'(x')\,dx' = \int x\varphi(x)\,dx - \int k\varphi(x)\,dx = k - k = 0,$$

d.h., die Fehler der verbesserten Beobachtungen werden keinen constanten Theil haben, was auch an sich klar ist.

6.

Wie das Integral $\int x\varphi(x)\,dx$, oder der mittlere Werth von x, das Fehlen oder Vorhandensein und die Grösse eines constanten Fehlers anzeigt, ebenso er-

*) Carl Friedrich Gauss, Theoria combinationis observationum erroribus minimis obnoxiae (pars prior), *in*: Commentationes societatis regiae scientiarum Gottingensis recentioris **5** (1823) (= Carl Friedrich Gauss, Werke Bd. IV, Göttingen 1880, S. 3–26, speziell S. 6–9 und 17–26); deutsche Übersetzung von A. Börsch und P. Simon *in*: Carl Friedrich Gauss, Abhandlungen zur Methode der kleinsten Quadrate Berlin 1887, S. 4–9 und S. 18–27.

scheint das von $x = -\infty$ bis $x = +\infty$ ausgedehnte Integral

$$\int x^2\varphi(x)\,dx$$

(oder der mittlere Werth des Quadrates x^2) am geeignetsten, die Unsicherheit von Beobachtungen allgemein zu definiren und zu messen, so dass bei zwei Beobachtungsgruppen, die sich hinsichtlich der Häufigkeit der Fehler unterscheiden, diejenigen Beobachtungen für die genaueren zu halten sind, für welche das Integral $\int x^2\varphi(x)\,dx$ den kleineren Werth erhält. Wenn nun jemand einwenden würde, diese Festsetzung sei ohne zwingende Nothwendigkeit willkürlich getroffen, so stimmen wir gern zu. Enthält doch diese Frage der Natur der Sache nach etwas Unbestimmtes, welches nur durch ein in gewisser Hinsicht willkürliches Princip bestimmt begrenzt werden kann. Die Bestimmung einer Grösse durch eine einem grösseren oder kleineren Fehler unterworfene Beobachtung wird nicht unpassend mit einem Glücksspiel verglichen, in welchem man nur verlieren, aber nicht gewinnen kann, wobei also jeder zu befürchtende Fehler einem Verluste entspricht. Das Risiko eines solchen Spieles wird nach dem wahrscheinlichen Verlust geschätzt, d.h. nach der Summe der Produkte der einzelnen möglichen Verluste in die zugehörigen Wahrscheinlichkeiten. Welchem Verluste man aber jeden einzelnen Beobachtungsfehler gleichsetzen soll, ist keineswegs an sich klar; hängt doch vielmehr diese Bestimmung zum Theil von unserem Ermessen ab. Den Verlust dem Fehler selbst gleichzusetzen, ist offenbar nicht erlaubt; würden nämlich positive Fehler wie Verluste behandelt, so müssten negative als Gewinne gelten. Die Grösse des Verlustes muss vielmehr durch eine solche Funktion des Fehlers ausgedrückt werden, die ihrer Natur nach immer positiv ist. Bei der unendlichen Mannigfaltigkeit derartiger Funktionen scheint die einfachste, welche diese Eigenschaft besitzt, vor den übrigen den Vorzug zu verdienen, und diese ist unstreitig das Quadrat. Somit ergiebt sich das oben aufgestellte Princip.

LAPLACE hat die Sache zwar auf eine ähnliche Weise betrachtet, er hat aber den immer positiv genommenen Fehler selbst als Maass des Verlustes gewählt. Wenn wir jedoch nicht irren, so ist diese Festsetzung sicherlich nicht weniger willkürlich, als die unsrige: ob nämlich der doppelte Fehler für ebenso erträglich zu halten ist, wie der einfache, zweimal wiederholte, oder für schlimmer, und ob es daher angemessener ist, dem doppelten Fehler nur das doppelte Moment, oder ein grösseres beizulegen, ist eine Frage, die weder an sich klar, noch durch mathematische Beweise zu entscheiden, sondern allein dem freien Ermessen zu überlassen ist. Ausserdem kann man nicht leugnen, dass die in Rede stehende Festsetzung gegen die Stetigkeit verstösst: und gerade deshalb widerstrebt dieses Verfahren in höherem Grade der analytischen Behandlung, während die Resultate, zu welchen unser Princip führt, sich sowohl durch Einfachheit als auch durch Allgemeinheit ganz besonders auszeichnen.

7.

Wir setzen den Werth des von $x = -\infty$ bis $x = +\infty$ genommenen Integrals $\int x^2\varphi(x)\,dx = m^2$, und nennen die Grösse *m den mittleren zu befürchtenden Fehler*, oder einfach *den mittleren Fehler* der Beobachtungen, deren unbestimmte Fehler x die relative Wahrscheinlichkeit $\varphi(x)$ haben. Jene Bezeichnung werden wir nicht auf unmittelbare Beobachtungen beschränken, sondern auch auf alle aus Beobachtungen abgeleiteten Bestimmungen ausdehnen. Man muss sich indess sehr wohl davor hüten, den mittleren Fehler mit dem arithmetischen Mittel aller Fehler, von welchem im Art. 5. die Rede war, zu verwechseln.

Wo mehrere Gattungen von Beobachtungen oder mehrere aus Beobachtungen erhaltene Bestimmungen, denen nicht dieselbe Genauigkeit zukommt, zu vergleichen sind, verstehen wir unter dem relativen *Gewicht* derselben eine Grösse, die dem m^2 umgekehrt proportional ist, während die *Genauigkeit* einfach dem m umgekehrt proportional genommen wird. Um demnach das Gewicht durch eine Zahl ausdrücken zu können, muss man das Gewicht einer gewissen Gattung von Beobachtungen als Einheit annehmen.

8.

Enthalten die Beobachtungsfehler einen constanten Theil, so wird durch seine Elimination der mittlere Fehler verringert, das Gewicht und die Genauigkeit vermehrt. Unter Beibehaltung der Bezeichnungen des Art. 5. erhält man, wenn m' den mittleren Fehler der verbesserten Beobachtungen bedeutet,

$$m'^2 = \int x'^2\varphi'(x')\,dx' = \int (x-k)^2\,\varphi(x)\,dx = \int x^2\varphi(x)\,dx$$
$$-\,2k\int x\varphi(x)\,dx + k^2\int \varphi(x)\,dx = m^2 - 2k^2 + k^2 = m^2 - k^2.$$

Wenn man aber an Stelle des wahren constanten Theiles k eine andere Grösse l von den Beobachtungen abgezogen hätte, so würde das Quadrat des neuen mittleren Fehlers $= m^2 - 2kl + l^2 = m'^2 + (l-k)^2$ werden.

9.

Bezeichnet man mit λ einen bestimmten Coeffizienten und mit μ den Werth des Integrals $\int \varphi(x)\,dx$ von $x = -\lambda m$ bis $x = +\lambda m$, so wird μ die Wahrscheinlichkeit dafür sein, dass der Fehler irgend einer Beobachtung (dem absoluten Werthe nach) kleiner als λm sei, dagegen $1 - \mu$ die Wahrscheinlichkeit dafür, dass der Fehler grösser als λm sei. Wenn also der Werth $\mu = \frac{1}{2}$ dem Werth

$\lambda m = \varrho$ entspricht, so wird der Fehler ebenso leicht unterhalb ϱ als oberhalb ϱ liegen können, so dass ϱ passend der *wahrscheinliche* Fehler genannt werden kann. Die Beziehung zwischen den Grössen λ und μ hängt offenbar von der Natur der Funktion $\varphi(x)$ ab, welche im allgemeinen unbekannt ist. Es wird deshalb die Mühe lohnen, jene Beziehung für einige besondere Fälle näher zu betrachten.

I. Sind die Grenzen aller möglichen Fehler $-a$ und $+a$, und sind alle Fehler in diesen Grenzen gleich wahrscheinlich, so wird $\varphi(x)$ in den Grenzen $x = -a$ und $x = +a$ constant und folglich $= \frac{1}{2a}$ sein. Hieraus ergiebt sich $m = a\sqrt{\frac{1}{3}}$ und $\mu = \lambda\sqrt{\frac{1}{3}}$, so lange λ nicht grösser als $\sqrt{3}$ ist; endlich wird $\varrho = m\sqrt{\frac{3}{4}} = 0{,}8660254m$, und die Wahrscheinlichkeit, dass ein Fehler nicht grösser als der mittlere Fehler werde, $= \sqrt{\frac{1}{3}} = 0{,}5773503$.

II. Sind die Grenzen der möglichen Fehler, wie vorher, $-a$ und $+a$, und nimmt man an, dass die Wahrscheinlichkeit dieser Fehler vom Fehler 0 ab nach beiden Seiten in arithmetischer Progression abnehme, so wird

$$\varphi(x) = \frac{a-x}{a^2}, \text{ für die Werthe von } x \text{ zwischen 0 und } +a,$$

$$\varphi(x) = \frac{a+x}{a^2}, \text{ für die Werthe von } x \text{ zwischen 0 und } -a,$$

sein. Es folgt hieraus $m = a\sqrt{\frac{1}{6}}$, $\mu = \lambda\sqrt{\frac{2}{3}} - \frac{1}{6}\lambda^2$, so lange λ zwischen 0 und $\sqrt{6}$ liegt, und endlich $\lambda = \sqrt{6} - \sqrt{6 - 6\mu}$, so lange μ zwischen 0 und 1 liegt, und hieraus

$$\varrho = m\left(\sqrt{6} - \sqrt{3}\right) = 0{,}7174389m.$$

Die Wahrscheinlichkeit eines den mittleren nicht übersteigenden Fehlers wird in diesem Falle

$$= \sqrt{\frac{2}{3}} - \frac{1}{6} = 0{,}6498299.$$

III. Nehmen wir die Funktion $\varphi(x)$ proportional zu $e^{-\frac{x^2}{h^2}}$ (was zwar in der Wirklichkeit nur sehr nahe richtig sein kann), so wird

$$\varphi(x) = \frac{e^{-\frac{x^2}{h^2}}}{h\sqrt{\pi}}$$

sein müssen, wobei π den halben Kreisumfang für den Radius 1 bezeichnet, woraus wir ferner ableiten

$$m = h\sqrt{\frac{1}{2}}.$$

(Siehe: Disquisitiones generales circa seriem infinitam etc., art. 28.). Bezeichnet man ferner den Werth des von $z = 0$ an genommenen Integrals

$$\frac{2}{\sqrt{\pi}}\int e^{-z^2}\,dz$$

mit $\Theta(z)$, so wird

$$\mu = \Theta\left(\lambda\sqrt{\frac{1}{2}}\right).$$

Die folgende Tafel giebt einige Werthe dieser Grösse:

λ	μ
0,6744897	0,5
0,8416213	0,6
1,0000000	0,6826895
1,0364334	0,7
1,2815517	0,8
1,6448537	0,9
2,5758293	0,99
3,2918301	0,999
3,8905940	0,9999
∞	1

...

17.

Wenn der Werth einer Grösse, die von einer anderen unbekannten Grösse abhängt, durch eine nicht völlig genaue Beobachtung bestimmt ist, so wird der hieraus berechnete Werth der Unbekannten auch einem Fehler unterworfen sein; es bleibt aber bei dieser Bestimmungsweise nichts der Willkür überlassen. Wenn aber *mehrere* von derselben Unbekannten abhängige Grössen durch nicht völlig genaue Beobachtungen bestimmt sind, so kann man den Werth der Unbekannten entweder aus irgend einer dieser Beobachtungen ableiten, oder auch aus irgend einer Combination mehrerer Beobachtungen, was auf unendlich verschiedene Weisen geschehen kann. Wenn nun auch der auf eine solche

Weise erhaltene Werth der Unbekannten immer einem Fehler unterworfen bleibt, so wird doch bei der einen Combination ein grösserer, bei einer anderen ein kleinerer Fehler zu befürchten sein. Aehnlich wird es sich verhalten, wenn mehrere Grössen, die von mehreren Unbekannten zugleich abhängen, beobachtet sind: je nachdem die Anzahl der Beobachtungen entweder der Anzahl der Unbekannten gleich, oder kleiner oder grösser als diese ist, wird die Aufgabe entweder bestimmt oder unbestimmt oder überbestimmt sein (wenigstens im allgemeinen), und im dritten Fall wird man zur Bestimmung der Unbekannten die Beobachtungen auf unendlich verschiedene Weisen combiniren können. Aus dieser Mannigfaltigkeit der Combinationen diejenigen auszuwählen, welche der Sache am besten dienen, d.h. welche die mit den kleinsten Fehlern behafteten Werthe der Unbekannten liefern, ist unstreitig bei der Anwendung der Mathematik auf die Naturwissenschaften eine der wichtigsten Aufgaben.

In der „Theorie der Bewegung der Himmelskörper" haben wir gezeigt, wie die *wahrscheinlichsten* Werthe der Unbekannten abzuleiten sind, wenn das Gesetz für die Wahrscheinlichkeit der Beobachtungsfehler bekannt ist; und da dieses Gesetz seiner Natur nach in beinahe allen Fällen hypothetisch bleibt, so haben wir jene Theorie auf das plausibelste Gesetz angewendet, wobei die Wahrscheinlichkeit eines Fehlers x der Exponentialgrösse $e^{-h^2x^2}$ proportional genommen wird; und hieraus ist das Verfahren entstanden, welches von uns schon lange und zwar besonders bei astronomischen Rechnungen gebraucht wurde, und jetzt unter dem Namen der Methode der kleinsten Quadrate von den meisten Rechnern angewandt wird.

Später zeigte LAPLACE, indem er die Sache anders angriff, dass gerade dieses Princip, wie auch das Gesetz der Wahrscheinlichkeit der Fehler beschaffen sei, allen anderen immer noch vorzuziehen sei, wenn nur die Anzahl der Beobachtungen eine sehr grosse ist. Ist jedoch die Anzahl der Beobachtungen eine mässige, so bleibt die Frage unentschieden, so dass bei Verwerfung unseres hypothetischen Gesetzes die Methode der kleinsten Quadrate nur deshalb vor anderen empfohlen zu werden verdiente, weil sie zur Vereinfachung der Rechnungen am besten geeignet ist.

Wir hoffen deshalb, den Mathematikern einen Dienst zu erweisen, indem wir bei dieser neuen Behandlung des Gegenstandes zeigten, dass die Methode der kleinsten Quadrate die beste von allen Combinationen liefere, und zwar nicht angenähert, sondern unbedingt, welches auch das Wahrscheinlichkeitsgesetz für die Fehler, und welches auch die Anzahl der Beobachtungen sei, wenn man nur die Definition des mittleren Fehlers nicht im Sinne von LAPLACE, sondern so, wie es von uns in den Art. 5. und 6. geschehen ist, feststellt.

Uebrigens muss hier ausdrücklich hervorgehoben werden, dass es sich in allen folgenden Untersuchungen nur um die unregelmässigen und vom constanten Theil freien Fehler handelt, da es im Grunde zu einer vollkommenen Beobachtungskunst gehört, alle Ursachen constanter Fehler möglichst fernzuhalten.

Was für Vortheile aber ein Rechner, welcher solche Beobachtungen zu discutiren unternimmt, von denen man mit Recht argwöhnt, dass sie von constanten Fehlern nicht frei seien, aus der Wahrscheinlichkeitsrechnung selbst erlangen kann, darüber behalten wir uns vor, eine besondere Untersuchung bei einer anderen Gelegenheit zu veröffentlichen.

18.

Aufgabe. *Es bezeichne U eine gegebene Funktion der unbekannten Grössen V, V', V'' etc.; man sucht den mittleren bei der Bestimmung des Werthes von U zu befürchtenden Fehler M, wenn für V, V', V'' etc. nicht ihre wahren Werthe, sondern diejenigen genommen werden, welche aus von einander unabhängigen und bezw. mit den mittleren Fehlern m, m', m'' etc. behafteten Beobachtungen hervorgehen.*

Lösung. Es seien e, e', e'' etc. die Fehler der beobachteten Werthe von V, V', V'' etc.; alsdann kann der aus ihnen folgende Fehler des Werthes von U durch die lineare Funktion

$$\lambda e + \lambda' e' + \lambda'' e'' + \text{etc.} = E$$

ausgedrückt werden, wo λ, λ', λ'' etc. die Werthe der Differentialquotienten $\frac{dU}{dV}, \frac{dU'}{dV'}, \frac{dU''}{dV''}$ etc. für die wahren Werthe der V, V', V'' etc. sind, wenn nur die Beobachtungen hinlänglich genau sind, um die Quadrate und Produkte der Fehler vernachlässigen zu dürfen. Hieraus folgt erstens, da ja die Beobachtungsfehler als von constanten Theilen frei angenommen werden, dass der mittlere Werth von E gleich 0 sein müsse. Ferner wird der mittlere zu befürchtende Fehler des Werthes von U gleich der Quadratwurzel aus dem mittleren Werthe von E^2 sein, oder M^2 wird der mittlere Werth der Summe

$$\lambda^2 e^2 + \lambda'^2 e'^2 + \lambda''^2 e''^2 + \text{etc.} + 2\lambda\lambda' ee' + 2\lambda\lambda'' ee'' + 2\lambda'\lambda'' e'e'' + \text{etc.}$$

sein. Der mittlere Werth von $\lambda^2 e^2$ ist aber $\lambda^2 m^2$, der mittlere Werth von $\lambda'^2 e'^2$ ist $= \lambda'^2 m'^2$ etc., endlich sind die mittleren Werthe der Produkte $2\lambda\lambda' ee'$ etc. sämmtlich $= 0$. Hieraus schliessen wir also:

$$M = \sqrt{\lambda^2 m^2 + \lambda'^2 m'^2 + \lambda''^2 m''^2 + \text{etc.}}$$

Dieser Lösung wollen wir einige Anmerkungen beifügen.

I. Insoweit man die Beobachtungsfehler als Grössen erster Ordnung ansieht und Grössen höherer Ordnung vernachlässigt, darf man in unserer Formel für λ, λ', λ'' etc. auch diejenigen Werthe der Quotienten $\frac{dU}{dV}$ etc. nehmen, welche aus den beobachteten Werthen der Grössen V, V', V'' etc. hervorgehen. Wenn U eine lineare Funktion ist, so ist hierbei offenbar kein Unterschied vorhanden.

II. Will man an Stelle der mittleren Fehler der Beobachtungen lieber deren Gewichte einführen, so seien diese, auf eine willkürliche Einheit bezogen, bezw. p, p', p'' etc., und P sei das Gewicht der Bestimmung des sich aus den beobachteten Werthen der Grössen V, V', V'' etc. ergebenden Werthes von U. Wir erhalten dann

$$P = \frac{1}{\frac{\lambda^2}{p} + \frac{\lambda'^2}{p'} + \frac{\lambda''^2}{p''} + \text{etc.}}.$$

III. Ist T eine andere gegebene Funktion der Grössen V, V', V'' etc., und ist für deren wahre Werthe

$$\frac{dT}{dV} = \varkappa, \quad \frac{dT}{dV'} = \varkappa', \quad \frac{dT}{dV''} = \varkappa'' \text{ etc.},$$

so wird der Fehler in der aus den beobachteten Werthen von V, V', V'' etc. erhaltenen Bestimmung des Werthes von T

$$= \varkappa e + \varkappa' e' + \varkappa'' e'' + \text{etc.} = E',$$

und der mittlere bei jener Bestimmung zu befürchtende Fehler

$$= \sqrt{\varkappa^2 m^2 + \varkappa'^2 m'^2 + \varkappa''^2 m''^2 + \text{etc.}}$$

sein. Die Fehler E, E' werden aber offenbar nicht mehr von einander unabhängig sein, und der mittlere Werth des Produktes EE' wird, im Gegensatz zum mittleren Werthe des Produktes ee', nicht $= 0$, sondern $= \varkappa\lambda m^2 + \varkappa'\lambda' m'^2 + \varkappa''\lambda'' m''^2 +$ etc. sein.

IV. Man kann unsere Aufgabe auch auf den Fall ausdehnen, wo die Werthe der Grössen V, V', V'' etc. nicht unmittelbar aus den Beobachtungen gefunden, sondern irgendwie aus Combinationen der Beobachtungen abgeleitet werden, wenn nur die Bestimmungen der einzelnen von einander unabhängig sind, d.h. auf verschiedenen Beobachtungen beruhen: sobald aber diese Bedingung nicht erfüllt ist, würde die Formel für M falsch werden. Wäre z.B. eine oder die andere zur Bestimmung des Werthes von V verwendete Beobachtung auch zur Bestimmung des Werthes von V' benutzt worden, so würden die Fehler e und e' nicht mehr von einander unabhängig, und der mittlere Werth des Produkts ee' deshalb auch nicht mehr $= 0$ sein. Wenn aber in einem solchen Fall der Zusammenhang der Grössen V und V' mit den einfachen Beobachtungen, aus denen sie abgeleitet sind, genau bekannt ist, so wird man den mittleren Werth des Produktes ee' nach der Anmerkung III. bestimmen, und so die Formel für M vervollständigen können.

19.

Es seien V, V', V'' etc. Funktionen der Unbekannten x, y, z etc.; die Anzahl jener sei $= \pi$, die Anzahl der Unbekannten $= \varrho$; wir nehmen an, durch Beobachtungen seien unmittelbar oder mittelbar die Werthe der Funktionen $V = L$, $V' = L'$, $V'' = L''$ etc. gefunden, jedoch so, dass diese Bestimmungen unabhängig von einander sind. Ist ϱ grösser als π, so ist die Aufsuchung der Unbekannten offenbar eine unbestimmte Aufgabe; ist ϱ gleich π, so können die einzelnen x, y, z etc. als Funktionen von V, V', V'' etc. entweder dargestellt oder in dieser Form gedacht werden, so dass aus den beobachteten Werthen von diesen die Werthe von jenen gefunden werden können, worauf man mit Hülfe des vorigen Art. die diesen einzelnen Bestimmungen zukommende relative Genauigkeit berechnen kann; ist endlich ϱ kleiner als π, so lassen sich die einzelnen x, y, z etc. auf unendlich verschiedene Weisen als Funktionen von V, V', V'' etc. darstellen, und man kann deshalb für jene auf unendlich verschiedene Weisen Werthe ableiten. Diese Bestimmungen müssten nun völlig identisch sein, wenn den Beobachtungen absolute Genauigkeit zukäme; da dies indess nicht der Fall ist, so werden andere Weisen andere Werthe ergeben, und ebenso werden die aus verschiedenen Combinationen erhaltenen Bestimmungen mit verschiedener Genauigkeit begabt sein.

Wenn übrigens im zweiten oder dritten Fall die Funktionen V, V', V'' etc. so beschaffen wären, dass $\pi - \varrho + 1$ oder mehrere unter ihnen als Funktionen der übrigen betrachtet werden könnten, so würde die Aufgabe in Bezug auf die letzteren Funktionen immer noch überbestimmt sein, in Bezug auf die Unbekannten x, y, z etc. aber unbestimmt; und man könnte die Werthe der letzteren selbst dann nicht einmal bestimmen, wenn die Werthe der Funktionen V, V', V'' etc. völlig genau gegeben wären; diesen Fall werden wir aber von unseren Untersuchungen ausschliessen.

Sobald V, V', V'' etc. nicht von vorn herein *lineare* Funktionen ihrer Variabeln sind, so kann man ihnen diese Form geben, indem man an Stelle der ursprünglichen Unbekannten deren Unterschiede gegen angenäherte Werthe, welche man als anderweit bekannt voraussetzen darf, einsetzt. Die mittleren in den Bestimmungen $V = L$, $V' = L'$, $V'' = L''$ etc. zu befürchtenden Fehler bezeichnen wir bezw. mit m, m', m'' etc., und die Gewichte der Bestimmungen mit p, p', p'' etc., so dass $pm^2 = p'm'^2 = p''m''^2 =$ etc. ist. Wir setzen das Verhältniss der mittleren Fehler zu einander als bekannt voraus, so dass die Gewichte, von denen man eines beliebig annehmen kann, ebenfalls bekannt sind. Endlich setzen wir

$$(V - L)\sqrt{p} = v, \quad (V' - L')\sqrt{p'} = v', \quad (V'' - L'')\sqrt{p''} = v'' \text{ etc.}$$

Dann wird sich die Sache offenbar ebenso verhalten, als wenn unmittelbare Beobachtungen von gleicher Genauigkeit, deren mittlerer Fehler also $= m\sqrt{p}$

$= m'\sqrt{p'} = m''\sqrt{p''}$ etc. ist, oder denen das Gewicht $= 1$ beigelegt wird, auf

$$v = 0, \quad v' = 0, \quad v'' = 0 \text{ etc.}$$

geführt hätten.

20.

Aufgabe. *Wir bezeichnen mit v, v', v'' etc. die folgenden linearen Funktionen der Variabeln x, y, z etc.:*

$$\left.\begin{aligned} v &= ax + by + cz + \text{etc.} + l \\ v' &= a'x + b'y + c'z + \text{etc.} + l' \\ v'' &= a''x + b''y + c''z + \text{etc.} + l'' \text{ etc.} \end{aligned}\right\} \quad (1)$$

Es soll aus allen Systemen von Coefficienten $\varkappa, \varkappa', \varkappa''$ etc., welche allgemein

$$\varkappa v + \varkappa' v' + \varkappa'' v'' + \text{etc.} = x - k$$

geben, wo k eine bestimmte, d.h. von x, y, z etc. unabhängige Grösse ist, das System ermittelt werden, für welches $\varkappa^2 + \varkappa'^2 + \varkappa''^2 + \text{etc.}$ den kleinsten Werth erhält.

Lösung. Wir setzen

$$\left.\begin{aligned} av + a'v' + a''v'' + \text{etc.} &= \xi \\ bv + b'v' + b''v'' + \text{etc.} &= \eta \\ cv + c'v' + c''v'' + \text{etc.} &= \zeta \end{aligned}\right\} \quad (2)$$

etc. Dann sind auch ξ, η, ζ etc. lineare Funktionen von x, y, z etc., nämlich

$$\left.\begin{aligned} \xi &= x\,\Sigma a^2 + y\,\Sigma ab + z\,\Sigma ac + \text{etc.} + \Sigma al \\ \eta &= x\,\Sigma ab + y\,\Sigma b^2 + z\,\Sigma bc + \text{etc.} + \Sigma bl \\ \zeta &= x\,\Sigma ac + y\,\Sigma bc + z\,\Sigma c^2 + \text{etc.} + \Sigma cl \text{ etc.} \end{aligned}\right\} \quad (3)$$

(wo Σa^2 die Summe $a^2 + a'^2 + a''^2 + \text{etc.}$ bezeichnet, und analog bei den übrigen); die Anzahl der ξ, η, ζ etc. ist hierbei der Anzahl der Variabeln x, y, z etc. gleich, nämlich $= \varrho$. Man kann deshalb durch Elimination eine Gleichung folgender Art ableiten[176]):

$$x = A + [\alpha\alpha]\,\xi + [\alpha\beta]\,\eta + [\alpha\gamma]\,\zeta + \text{etc.},$$

[176]) Der Grund, weshalb wir für die aus einer solchen Elimination hervorgehenden Coefficienten gerade diese Bezeichnung ausgewählt haben, wird später einleuchten.

aus welcher durch Substitution der Werthe von ξ, η, ζ etc. nach (3) eine identische Gleichung hervorgehen muss. Wenn man folglich

$$\left.\begin{aligned} a[\alpha\alpha] + b[\alpha\beta] + c[\alpha\gamma] + \text{etc.} &= \alpha \\ a'[\alpha\alpha] + b'[\alpha\beta] + c'[\alpha\gamma] + \text{etc.} &= \alpha' \\ a''[\alpha\alpha] + b''[\alpha\beta] + c''[\alpha\gamma] + \text{etc.} &= \alpha'' \text{ etc.} \end{aligned}\right\} \quad (4)$$

setzt, so wird nothwendig allgemein

$$\alpha v + \alpha' v' + \alpha'' v'' + \text{etc.} = x - A. \quad (5)$$

Diese Gleichung zeigt, dass unter die Werthsysteme der Coefficienten $\varkappa$, $\varkappa'$, $\varkappa''$ etc. sicher auch dieses: $\varkappa = \alpha$, $\varkappa' = \alpha'$, $\varkappa'' = \alpha''$ etc. zu rechnen ist, ebenso dass für ein beliebiges System allgemein

$$(\varkappa - \alpha)\, v + (\varkappa' - \alpha')\, v' + (\varkappa'' - \alpha'')\, v'' + \text{etc.} = A - k$$

werden muss; eine Gleichung, welche die folgenden einschliesst:

$$\begin{aligned} (\varkappa - \alpha)\, a + (\varkappa' - \alpha')\, a' + (\varkappa'' - \alpha'')\, a'' + \text{etc.} &= 0 \\ (\varkappa - \alpha)\, b + (\varkappa' - \alpha')\, b' + (\varkappa'' - \alpha'')\, b'' + \text{etc.} &= 0 \\ (\varkappa - \alpha)\, c + (\varkappa' - \alpha')\, c' + (\varkappa'' - \alpha'')\, c'' + \text{etc.} &= 0 \text{ etc.} \end{aligned}$$

Multipliciren wir diese Gleichungen bezw. mit $[\alpha\alpha]$, $[\alpha\beta]$, $[\alpha\gamma]$ etc. und addiren, so erhalten wir wegen (4):

$$(\varkappa - \alpha)\, \alpha + (\varkappa' - \alpha')\, \alpha' + (\varkappa'' - \alpha'')\, \alpha'' + \text{etc.} = 0$$

oder, was dasselbe ist,

$$\begin{aligned} &\varkappa^2 + \varkappa'^2 + \varkappa''^2 + \text{etc.} \\ &= \alpha^2 + \alpha'^2 + \alpha''^2 + \text{etc.} + (\varkappa - \alpha)^2 + (\varkappa' - \alpha')^2 + (\varkappa'' - \alpha'')^2 + \text{etc.}, \end{aligned}$$

woraus folgt, dass die Summe $\varkappa^2 + \varkappa'^2 + \varkappa''^2 + \text{etc.}$ den kleinsten Werth erhält, wenn man $\varkappa = \alpha$, $\varkappa' = \alpha'$, $\varkappa'' = \alpha''$ etc. setzt. Was zu finden war.

Dieser kleinste Werth selbst wird übrigens auf folgende Weise ermittelt. Die Gleichung (5) zeigt, dass

$$\begin{aligned} \alpha a + \alpha' a' + \alpha'' a'' + \text{etc.} &= 1 \\ \alpha b + \alpha' b' + \alpha'' b'' + \text{etc.} &= 0 \\ \alpha c + \alpha' c' + \alpha'' c'' + \text{etc.} &= 0 \text{ etc.} \end{aligned}$$

ist. Multiplicirt man diese Gleichungen bezw. mit $[\alpha\alpha]$, $[\alpha\beta]$, $[\alpha\gamma]$ etc. und addirt, so erhält man unter Berücksichtigung der Gleichungen (4) sofort

$$\alpha^2 + \alpha'^2 + \alpha''^2 + \text{etc.} = [\alpha\alpha].$$

21.

Wenn die Beobachtungen die (der Wahrheit sehr nahe kommenden) Gleichungen $v = 0$, $v' = 0$, $v'' = 0$ etc. geliefert haben, so muss man, um aus ihnen den Werth der Unbekannten x zu finden, eine solche Combination

$$\varkappa v + \varkappa' v' + \varkappa'' v'' + \text{etc.} = 0$$

dieser Gleichungen aufsuchen, dass der Coefficient von x gleich 1 wird, und die übrigen Unbekannten y, z etc. eliminirt werden; dieser Bestimmung wird nach Art. 18. das Gewicht

$$= \frac{1}{\varkappa^2 + \varkappa'^2 + \varkappa''^2 + \text{etc.}}$$

zu geben sein. Aus dem vorigen Art. folgt daher, die zweckmässigste Bestimmung werde die sein, wenn man $\varkappa = \alpha$, $\varkappa' = \alpha'$, $\varkappa'' = \alpha''$ etc. setzt. Alsdann erhält x den Werth A; offenbar kann man denselben Werth (ohne Kenntniss der Multiplicatoren α, α', α'' etc.) auch direkt durch Elimination aus den Gleichungen $\xi = 0$, $\eta = 0$, $\zeta = 0$ etc. ableiten. Das dieser Bestimmung zu ertheilende Gewicht wird $= \frac{1}{[\alpha\alpha]}$, oder der mittlere bei ihr zu befürchtende Fehler wird

$$= m\sqrt{p[\alpha\alpha]} = m'\sqrt{p'[\alpha\alpha]} = m''\sqrt{p''[\alpha\alpha]} \text{ etc.}$$

sein.

Auf analoge Weise wird ferner die zweckmässigste Bestimmung der übrigen Unbekannten y, z etc. für sie dieselben Werthe ergeben, welche durch Elimination aus den nämlichen Gleichungen $\xi = 0$, $\eta = 0$, $\zeta = 0$ etc. hervorgehen.

Bezeichnen wir die allgemeine Summe $v^2 + v'^2 + v''^2 +$ etc. oder, was dasselbe ist,

$$p(V - L)^2 + p'(V' - L')^2 + p''(V'' - L'')^2 + \text{etc.}$$

mit Ω, so sind offenbar 2ξ, 2η, 2ζ etc. die partiellen Differentialquotienten der Funktion Ω, nämlich

$$2\xi = \frac{d\Omega}{dx}, \quad 2\eta = \frac{d\Omega}{dy}, \quad 2\zeta = \frac{d\Omega}{dz} \text{ etc.}$$

Demnach werden die Werthe der Unbekannten, welche aus der zweckmässigsten Combination der Beobachtungen hervorgehen, und welche man passend die *plausibelsten Werthe* nennen kann, mit denen identisch sein, die Ω zu einem Minimum machen. Nun drückt $V - L$ allgemein die Differenz des berechneten und des beobachteten Werthes aus. Die plausibelsten Werthe der Unbekannten werden deshalb dieselben sein, welche die Summe der mit den Gewichten der Beobachtungen multiplicirten Quadrate der Differenzen zwischen den beobachteten und berechneten Werthen der Grössen V, V', V'' etc. zu einem Minimum machen, ein Princip, welches wir in der „Theoria Motus Corporum Coelestium“ von einem ganz anderen Gesichtspunkte aus festgestellt hatten. Und wenn ausserdem die relative Genauigkeit der einzelnen Bestimmungen angegeben werden soll, so muss man die x, y, z etc. durch unbestimmte Elimination aus den Gleichungen (3) in folgender Form ableiten:

$$\left.\begin{aligned} x &= A + [\alpha\alpha]\,\xi + [\alpha\beta]\,\eta + [\alpha\gamma]\,\zeta + \text{etc.} \\ y &= B + [\beta\alpha]\,\xi + [\beta\beta]\,\eta + [\beta\gamma]\,\zeta + \text{etc.} \\ z &= C + [\gamma\alpha]\,\xi + [\gamma\beta]\,\eta + [\gamma\gamma]\,\zeta + \text{etc.} \end{aligned}\right\} \quad (7)$$
etc.,

wonach die plausibelsten Werthe der Unbekannten x, y, z etc. bezw. A, B, C etc., und die diesen Bestimmungen zukommenden Gewichte $\frac{1}{[\alpha\alpha]}, \frac{1}{[\beta\beta]}, \frac{1}{[\gamma\gamma]}$ etc., oder die mittleren bei denselben zu befürchtenden Fehler

$$\begin{aligned} &\text{für } x \ldots\ldots m\sqrt{p[\alpha\alpha]} = m'\sqrt{p'[\alpha\alpha]} = m''\sqrt{p''[\alpha\alpha]} \text{ etc.} \\ &\text{für } y \ldots\ldots m\sqrt{p[\beta\beta]} = m'\sqrt{p'[\beta\beta]} = m''\sqrt{p''[\beta\beta]} \text{ etc.} \\ &\text{für } z \ldots\ldots m\sqrt{p[\gamma\gamma]} = m'\sqrt{p'[\gamma\gamma]} = m''\sqrt{p''[\gamma\gamma]} \text{ etc.} \end{aligned}$$
etc.

sein werden, ein Resultat, welches mit dem in der „Theoria Motus Corporum Coelestium“ abgeleiteten übereinstimmt.

22.

Wir wollen den allereinfachsten, zugleich aber auch häufigsten Fall, dass nur eine einzige Unbekannte vorhanden ist, und $V = x$, $V' = x$, $V'' = x$ etc. wird, in Kürze besonders behandeln. Es wird nämlich $a = \sqrt{p}$, $a' = \sqrt{p'}$, $a'' = \sqrt{p''}$ etc., $l = -L\sqrt{p}$, $l' = -L'\sqrt{p'}$, $l'' = -L''\sqrt{p''}$ etc., und folglich

$$\xi = (p + p' + p'' + \text{etc.})\,x - (pL + p'L' + p''L'' + \text{etc.}).$$

Hieraus weiter

$$[\alpha\alpha] = \frac{1}{p + p' + p'' + \text{etc.}}$$

$$A = \frac{pL + p'L' + p''L'' + \text{etc.}}{p + p' + p'' + \text{etc.}}.$$

Wenn man demnach aus mehreren Beobachtungen von ungleicher Genauigkeit, deren Gewichte bezw. p, p', p'' etc. sind, den Werth einer und derselben

Grösse ermittelt hat, und zwar aus der ersten $= L$, aus der zweiten $= L'$, aus der dritten $= L''$ etc., so wird der plausibelste Werth derselben

$$= \frac{pL + p'L' + p''L'' + \text{etc.}}{p + p' + p'' + \text{etc.}},$$

und das Gewicht dieser Bestimmung $= p + p' + p'' +$ etc. sein. Sind alle Beobachtungen von gleicher Genauigkeit, so wird der plausibelste Werth

$$= \frac{L + L' + L'' + \text{etc.}}{\pi}$$

sein, d.h. gleich dem arithmetischen Mittel der beobachteten Werthe, und das Gewicht dieser Bestimmung $= \pi$, wenn man das Gewicht der Beobachtungen als Einheit annimmt.

Text 6.5.1. Pierre Simon Laplace, Théorie analytique des probabilités *)

Wenn man nur ein Element bestimmen muß, bietet diese Methode keine Schwierigkeit; wenn man aber auf einmal mehrere Elemente korrigieren muß, bedarf es ebenso vieler, durch die Vereinigung mehrerer Bedingungsgleichungen gebildeter Endgleichungen, und man bestimmt mit deren Hilfe aufgrund von Elimination die Korrekturen der Elemente. Was aber ist die günstigste Vorgehensweise bei der Kombination der Bedingungsgleichungen, um die Endgleichungen zu bilden?

An diesem Punkt überließen sich die beobachtenden Wissenschaftler willkürlichen Versuchen, die sie, obwohl abgeleitet von denselben Beobachtungen, zu unterschiedlichen Ergebnissen führen mußten. Um diese Versuche zu vermeiden, hatte Herr Legendre die einfache Idee, die Summe der Quadrate der Beobachtungsfehler in Betracht zu ziehen und diese zu einem Minimum zu machen, was unmittelbar ebensoviele Endgleichungen liefert, wie es zu korrigierende Elemente gibt. Dieser gelehrte Mathematiker ist der erste, der diese Methode veröffentlicht hat.

Gerechtigkeitshalber muß man feststellen, daß Herr Gauss mehrere Jahre vor dieser Veröffentlichung dieselbe Idee hatte, deren er sich gewohnheitsmäßig bediente, und daß er sie mehreren Astronomen mitgeteilt hatte. Herr Gauss hat in seiner *Theorie der elliptischen Bewegung*[177]) versucht, diese Methode wieder mit der Wahrscheinlichkeitstheorie zu verknüpfen, indem er einsichtig machte, daß dieselbe Verteilung der Beobachtungsfehler, die allgemein die von den beobachtenden Wissenschaftlern anerkannte Regel für das arithmetische Mittel von mehreren Beobachtungen ergibt, gleichfalls die Regel der kleinsten Quadrate der Beobachtungsfehler zeitigt, was man in Abschnitt 23 gesehen hat. Aber da nichts beweist, daß die erste dieser Regeln das günstigste Ergebnis liefert, ist man bezüglich der zweiten ebenso unsicher. Die Untersuchung der günstigsten Methode zur Aufstellung der Endgleichungen ist zweifellos eine der nützlichsten der Wahrscheinlichkeitstheorie: Ihre Bedeutung in der Physik und in der Astronomie hat mich dazu gebracht, mich damit zu beschäftigen. Zu diesem Zweck

*) Pierre Simon Laplace, Théorie analytique des probabilités, Paris 1812 und öfter, und *in*: Oeuvres complètes de Laplace Bd. VII, Paris 1886, S. 353f. (Abschnitt aus Buch II, Kapitel V. ›Anwendung der Wahrscheinlichkeitsrechnung auf die Untersuchung der Naturerscheinungen und ihrer Ursachen‹).

(S)

[177]) (S): Gemeint ist die 1809 veröffentlichte ›Theoria motus corporum coelestium in sectionibus conicis solem ambientium‹; siehe Text 6.4.1.

überlegte ich, daß alle Methoden, die Bedingungsgleichungen zu kombinieren, um daraus eine lineare Endgleichung zu bilden, darauf hinausliefen, sie jeweils mit Faktoren zu multiplizieren, die bezüglich der Gleichungen, für die sie nicht verwendet wurden, Null sind, und alle diese Produkte zu summieren, was eine erste Endgleichung ergibt. Ein zweites System von Faktoren liefert eine zweite Endgleichung, usw. bis, man ebensoviele Endgleichungen wie zu korrigierende Elemente hat. Nun muß man offenbar die Systeme von Faktoren in der Weise auswählen, daß der mittlere im positiven oder im negativen zu befürchtende Fehler für jedes Element minimal ist; dabei ist der mittlere Fehler die Summe der Produkte jedes Fehlers mit seiner Wahrscheinlichkeit. Wenn die Anzahl der Beobachtungen klein ist, hängt die Wahl dieser Systeme von der Fehlerverteilung jeder Beobachtung ab. Wenn aber eine große Anzahl von Beobachtungen in Betracht kommt, was meistens bei den astronomischen Untersuchungen zutrifft, wird diese Wahl unabhängig von dieser Verteilung, und man hat weiter oben gesehen, daß dann die Analysis direkt zu den Ergebnissen der Methode der kleinsten Quadrate der Beobachtungsfehler führt.

Text 6.5.2. Pierre Simon Laplace, Théorie analytique des probabilités*)

18. Betrachten wir nun die Mittelwerte einer großen Anzahl von Beobachtungen, deren Fehlerverteilung bekannt ist. Sei zunächst angenommen, daß die Fehler für jede Beobachtung in gleicher Weise

$$-n, -n+1, -n+2, \ldots, -1, 0, 1, 2, \ldots, n-2, n-1, n$$

sein können. Die Wahrscheinlichkeit jedes Fehlers wird $\frac{1}{2n+1}$ sein. Wenn man die Anzahl der Beobachtungen mit s bezeichnet, wird der Koeffizient von $c^{l\bar{\omega}\sqrt{-1}}$ in der Entwicklung des Polynoms

$$\left(c^{-n\bar{\omega}\sqrt{-1}} + c^{-(n-1)\bar{\omega}\sqrt{-1}} + c^{-(n-2)\bar{\omega}\sqrt{-1}} + \ldots \right.$$
$$\left. + c^{-\bar{\omega}\sqrt{-1}} + 1 + c^{\bar{\omega}\sqrt{-1}} + \ldots + c^{n\bar{\omega}\sqrt{-1}}\right)^s$$

die Anzahl der Kombinationen sein, für die die Fehlersumme l ist[178]).

Dieser Koeffizient ist das von $c^{\bar{\omega}\sqrt{-1}}$ und seinen Potenzen unabhängige Glied in der Entwicklung desselben mit $c^{-l\bar{\omega}\sqrt{-1}}$ multiplizierten Polynoms, und er ist offenbar gleich dem von $\bar{\omega}$ unabhängigen Glied in derselben mit $\frac{c^{l\bar{\omega}\sqrt{-1}} + c^{-l\bar{\omega}\sqrt{-1}}}{2}$ oder mit $\cos l\bar{\omega}$ multiplizierten Entwicklung; man wird demnach als Ausdruck für diesen Koeffizienten

$$\frac{1}{\pi}\int d\bar{\omega}\,\cos l\bar{\omega}(1 + 2\cos\bar{\omega} + 2\cos 2\bar{\omega} + \ldots + 2\cos n\bar{\omega})^s$$

erhalten, wobei das Integral von $\bar{\omega} = 0$ bis $\bar{\omega} = \pi$ genommen wird. Man weiß von Buch I, Abschnitt 36, daß dieses Integral

$$\frac{(2n+1)^s\sqrt{3}}{\sqrt{n(n+1)\,2s\pi}}\,c^{-\frac{\frac{3}{2}l^2}{n(n+1)s}}$$

*) Pierre Simon Laplace, Théorie analytique des probabilités, 3. Auflage, Paris 1820, (= Oeuvres complètes de Laplace Bd. VII, Paris 1886, S. 309–327), Buch II, Kapitel IV ›Über die Wahrscheinlichkeit der Fehler bei den Mittelwerten einer großen Anzahl von Beobachtungen und über die günstigsten Mittelwerte‹.
(S)

178) (S): Mit c bezeichnet Laplace die Eulersche Zahl e.

ist; die Gesamtzahl der Fehlerkombinationen ist $(2n + 1)^s$; indem man den vorhergehenden Ausdruck durch diesen teilt, erhält man

$$\frac{\sqrt{3}}{\sqrt{n(n+1)\,2s\pi}}\,c^{-\frac{\frac{3}{2}l^2}{n(n+1)s}}$$

als Wahrscheinlichkeit dafür, daß die Summe von s Beobachtungsfehlern gleich l sein wird.

Wenn man

$$l = 2t\sqrt{\frac{n(n+1)s}{6}}$$

macht, wird die Wahrscheinlichkeit dafür, daß die Fehlersumme zwischen den Grenzen $+2T\sqrt{\frac{n(n+1)s}{6}}$ und $-2T\sqrt{\frac{n(n+1)s}{6}}$ enthalten sein wird, gleich

$$\frac{2}{\sqrt{\pi}}\int dt\,c^{-t^2}$$

sein, wobei das Integral von $t = 0$ bis $t = T$ genommen wird. Dieser Ausdruck gilt auch noch für den Fall eines unendlich großen n. Wenn man nun ⟨die Länge⟩ des durch die Grenzen für alle Beobachtungsfehler eingeschlossenen Intervalls mit $2a$ bezeichnet, hat man $n = a$, und die vorhergehenden Grenzen werden zu $\pm\frac{2Ta\sqrt{s}}{\sqrt{6}}$; also ist die Wahrscheinlichkeit dafür, daß die Fehlersumme zwischen den Grenzen $\pm ar\sqrt{s}$ enthalten ist, gleich

$$2\sqrt{\frac{3}{2\pi}}\int dr\,c^{-\frac{3}{2}r^2};$$

das ist auch die Wahrscheinlichkeit dafür, daß der mittlere Fehler zwischen den Grenzen $\pm\frac{ar}{\sqrt{s}}$ enthalten ist; denn man erhält den mittleren Fehler, indem man die Fehlersumme durch s teilt.

Die Wahrscheinlichkeit dafür, daß die Summe der Bahnneigungswinkel[179]) von s Kometen zwischen gegebenen Grenzen enthalten ist, wenn man alle Neigungswinkel zwischen 0 und einem rechten Winkel als gleichmöglich voraussetzt, ist offenbar dieselbe wie die vorhergehende Wahrscheinlichkeit. Das Intervall ⟨der Länge⟩ $2a$ der Grenzen für alle Beobachtungsfehler ist in diesem Fall

[179]) (S): Unter der Voraussetzung, daß die Kometenbahn in einer Ebene liegt, ist der Bahnneigungswinkel eines Kometen der Winkel zwischen dieser Ebene und einer Bezugsebene wie der Ekliptik.

das Intervall ⟨der Länge⟩ $\frac{\pi}{2}$ der Grenzen der möglichen Neigungswinkel. Also ist die Wahrscheinlichkeit dafür, daß die Summe der Neigungswinkel zwischen den Grenzen $\pm \frac{\pi r \sqrt{s}}{4}$ enthalten ist, gleich $2\sqrt{\frac{3}{2\pi}} \int dr\, c^{-\frac{3}{2}r^2}$, was mit dem Resultat von Abschnitt 13 übereinstimmt[180]).

Nehmen wir allgemein an, daß die Wahrscheinlichkeit jedes positiven oder negativen Fehlers durch $\varphi\left(\frac{x}{n}\right)$ ausgedrückt sei, wobei x und n unendlich große Zahlen sind. Dann muß in der Funktion

$$1 + 2\cos\bar{\omega} + 2\cos 2\bar{\omega} + 2\cos 3\bar{\omega} + \ldots + 2\cos n\bar{\omega}$$

jedes Glied, wie $2\cos x\bar{\omega}$, mit $\varphi\left(\frac{x}{n}\right)$ multipliziert werden. Man erhält damit

$$2\varphi\left(\frac{x}{n}\right)\cos x\bar{\omega} = 2\varphi\left(\frac{x}{n}\right) - \frac{x^2}{n^2}\varphi\left(\frac{x}{n}\right)n^2\bar{\omega}^2 + \ldots.$$

Setzt man nun

$$x' = \frac{x}{n}, \qquad dx' = \frac{1}{n},$$

so wird die Funktion

$$\varphi\left(\frac{0}{n}\right) + 2\varphi\left(\frac{1}{n}\right)\cos\bar{\omega} + 2\varphi\left(\frac{2}{n}\right)\cos 2\bar{\omega} + \ldots + 2\varphi\left(\frac{n}{n}\right)\cos n\bar{\omega}$$

zu

$$2n\int dx'\,\varphi(x') - n^3\bar{\omega}^2\int x'^2\,dx'\,\varphi(x') + \ldots,$$

wobei die Integrale von $x' = 0$ bis $x' = 1$ erstreckt werden müssen. Sei nun

$$k = 2\int dx'\,\varphi(x'), \qquad k'' = \int x'^2\,dx'\,\varphi(x'), \ldots.$$

Die vorhergehende Reihe wird zu

$$nk\left(1 - \frac{k''}{k}n^2\bar{\omega}^2 + \ldots\right).$$

Nun ist die Wahrscheinlichkeit dafür, daß die Summe von s Beobachtungsfehlern zwischen den Grenzen $\pm l$ enthalten ist, wie man sich leicht aufgrund

[180]) (S): In diesem Abschnitt kommt LAPLACE zum selben Ergebnis, indem er von einer mit $n + 1$, von 0 bis n numerierten Steinen gefüllten Urne ausgeht und die Wahrscheinlichkeit dafür bestimmt, die Summe s bei i Ziehungen mit Zurücklegen zu erhalten.

der vorhergehenden Überlegungen überzeugen kann:

$$\frac{2}{\pi}\int\int d\bar{\omega}\, dl \cos l\bar{\omega} \left\{ \begin{array}{l} \varphi\left(\frac{0}{n}\right) + 2\varphi\left(\frac{1}{n}\right)\cos\bar{\omega} + 2\varphi\left(\frac{2}{n}\right)\cos 2\bar{\omega} + \ldots \\ \qquad\qquad + 2\varphi\left(\frac{n}{n}\right)\cos n\bar{\omega} \end{array} \right\}^s,$$

wobei das Integral von $\bar{\omega} = 0$ bis $\bar{\omega} = \pi$ genommen wird. Diese Wahrscheinlichkeit ist also

$$(u) \qquad 2\frac{(nk)^s}{\pi}\int\int d\bar{\omega}\, dl \cos l\bar{\omega}\left(1 - \frac{k''}{k}n^2\bar{\omega}^2 - \ldots\right)^s.$$

Angenommen

$$\left(1 - \frac{k''}{k}n^2\bar{\omega}^2 - \ldots\right)^s = c^{-t^2};$$

nimmt man den hyperbolischen Logarithmus, so erhält man in sehr guter Näherung, wenn s eine große Zahl ist,

$$s\frac{k''}{k}n^2\bar{\omega}^2 = t^2,$$

was

$$\bar{\omega} = \frac{t}{n}\sqrt{\frac{k}{k''s}}$$

ergibt. Wenn man dann beachtet, daß die Größe nk oder $2\int dx\varphi\left(\frac{x}{n}\right)$, die die Wahrscheinlichkeit dafür ausdrückt, daß ein Beobachtungsfehler zwischen den Grenzen $\pm n$ enthalten ist, gleich Eins sein muß, wird die Funktion (u) zu

$$\frac{2}{n\pi}\sqrt{\frac{k}{k''s}}\int\int dl\, dt\, c^{-t^2}\cos\left(\frac{lt}{n}\sqrt{\frac{k}{k''s}}\right),$$

wobei das Integral bezüglich t von $t = 0$ bis $t = \pi n\sqrt{\frac{k''s}{k}}$ oder bis $t = \infty$, wenn n als unendlich vorausgesetzt ist, genommen werden muß. Nun gilt nach Abschnitt 25 von Buch I

$$\int dt \cos\left(\frac{lt}{n}\sqrt{\frac{k}{k''s}}\right)c^{-t^2} = \frac{\sqrt{\pi}}{2}c^{-\frac{l^2}{4n^2}\frac{k}{k''s}};$$

wenn man nun

$$\frac{l}{n} = 2t'\sqrt{\frac{k''s}{k}}$$

setzt, wird die Funktion (u) zu

$$\frac{2}{\sqrt{\pi}} \int dt' \, c^{-t'^2}.$$

Demnach ist, wenn man wie oben mit $2a$ <die Länge des> Intervalls bezeichnet, das zwischen den Grenzen für alle Beobachtungsfehler liegt, die Wahrscheinlichkeit dafür, daß die Summe von s Beobachtungsfehlern zwischen den Grenzen $\pm ar\sqrt{s}$ enthalten ist, gleich

$$\sqrt{\frac{k}{k''\pi}} \int dr \, c^{-\frac{kr^2}{4k''}}.$$

Wenn $\varphi\left(\frac{x}{n}\right)$ konstant ist, dann ist $\frac{k}{k''} = 6$, und diese Wahrscheinlichkeit wird zu

$$2\sqrt{\frac{3}{2\pi}} \int dr \, c^{-\frac{3}{2}r^2},$$

was mit dem obigen Resultat übereinstimmt.

Wenn $\varphi\left(\frac{x}{n}\right)$ oder $\varphi(x')$ eine ganzrationale Funktion von x' ist, erhält man nach der Methode von Abschnitt 15 als Ausdruck für die Wahrscheinlichkeit, daß die Fehlersumme zwischen den Grenzen $\pm ar\sqrt{s}$ enthalten ist, eine Reihe von s-ten, $2s$-ten, ... Potenzen von Größen der Form $s - \mu \pm r\sqrt{s}$, wobei μ in arithmetischer Progression wächst und man mit diesen Größen so lange weitermacht, bis sie negativ werden. Indem man nun diese Reihe mit dem Ausdruck für dieselbe Wahrscheinlichkeit vergleicht, erhält man den Wert der Reihe in sehr guter Näherung. Mittels dieser Art von Reihen wird man auch zu Sätzen gelangen analog zu denjenigen, die ich im Abschnitt 42 von Buch I über endliche Differenzen der Potenzen einer Variablen angegeben habe.

Wenn die Fehlerverteilung ausgedrückt wird durch eine Exponentialfunktion mit negativem Exponenten, die sich bis ins Unendliche erstrecken kann, und allgemein, wenn sich die Fehler bis ins Unendliche erstrecken können, dann wird a unendlich werden, und dann kann die Anwendung der obigen Methode gewisse Schwierigkeiten bieten. In all diesen Fällen wird man

$$\frac{x}{h} = x', \quad \frac{1}{h} = dx'$$

setzen, wobei h eine beliebige endliche Größe ist, und man wird, indem man sich genau an obige Untersuchung hält, als Wahrscheinlichkeit dafür finden, daß die Summe von s Beobachtungsfehlern zwischen den Grenzen $\pm hr\sqrt{s}$ enthalten ist,

$$\sqrt{\frac{k}{k''\pi}} \int dr\, c^{-\frac{kr^2}{4k''}};$$

bei diesem Ausdruck muß man beachten, daß $\varphi\left(\frac{x}{h}\right)$ oder $\varphi(x')$ die Wahrscheinlichkeit eines Fehlers von $\pm x$ ausdrückt, und daß

$$k = 2 \int dx'\, \varphi(x'), \quad k'' = \int x'^2\, dx'\, \varphi(x')$$

gilt, wobei die Integrale von $x' = 0$ bis $x' = \infty$ genommen werden.

19. Bestimmen wir jetzt die Wahrscheinlichkeit dafür, daß die Summe einer sehr großen Anzahl von Beobachtungsfehlern zwischen gegebenen Grenzen enthalten ist, wobei man vom Vorzeichen dieser Fehler absieht, d.h., indem man sie alle als positiv annimmt. Betrachten wir dazu die Reihe

$$\varphi\left(\frac{n}{n}\right) c^{-n\bar{\omega}\sqrt{-1}} + \varphi\left(\frac{n-1}{n}\right) c^{-(n-1)\bar{\omega}\sqrt{-1}} + \ldots + \varphi\left(\frac{0}{n}\right) + \ldots$$
$$+ \varphi\left(\frac{n-1}{n}\right) c^{(n-1)\bar{\omega}\sqrt{-1}} + \varphi\left(\frac{n}{n}\right) c^{n\bar{\omega}\sqrt{-1}},$$

wobei $\varphi\left(\frac{x}{n}\right)$ die Ordinate der Wahrscheinlichkeitskurve der Fehler ist, die dem Fehler $\pm x$ entspricht, und x genauso wie n als aus einer unendlichen Anzahl von Einheiten gebildet gelten soll. Erhebt man, nachdem das Vorzeichen der negativen Exponenten geändert wurde, diese Reihe zur s-ten Potenz, so wird der Koeffizient einer beliebigen Potenz von c, z.B. von $c^{(l+\mu s)\bar{\omega}\sqrt{-1}}$, die Wahrscheinlichkeit dafür sein, daß die Summe der Fehler, wenn man von deren Vorzeichen absieht, gleich $l + \mu s$ ist. Diese Wahrscheinlichkeit ist also

$$\frac{1}{2\pi} \int d\bar{\omega}\, c^{-(l+\mu s)\bar{\omega}\sqrt{-1}} \left\{ \begin{array}{l} \varphi\left(\frac{0}{n}\right) + 2\varphi\left(\frac{1}{n}\right) c^{\bar{\omega}\sqrt{-1}} + 2\varphi\left(\frac{2}{n}\right) c^{2\bar{\omega}\sqrt{-1}} + \ldots \\ \qquad + 2\varphi\left(\frac{n}{n}\right) c^{n\bar{\omega}\sqrt{-1}} \end{array} \right\}^s,$$

wobei das Integral bezüglich $\bar{\omega}$ von $\bar{\omega} = -\pi$ bis $\bar{\omega} = \pi$ genommen wird; denn in diesem Intervall verschwindet das Integral $\int d\bar{\omega}\, c^{-r\bar{\omega}\sqrt{-1}}$ oder

$$\int d\bar{\omega}\, (\cos r\bar{\omega} - \sqrt{-1} \sin r\bar{\omega})$$

für beliebiges r, abgesehen von $r = 0$.

Man erhält, indem man nach Potenzen von $\bar{\omega}$ entwickelt:

$$\log\left\{c^{-\mu s\bar{\omega}\sqrt{-1}}\left[\varphi\left(\frac{0}{n}\right)+2\varphi\left(\frac{1}{n}\right)c^{\bar{\omega}\sqrt{-1}}+\ldots+2\varphi\left(\frac{n}{n}\right)c^{n\bar{\omega}\sqrt{-1}}\right]^{s}\right\}$$

$$= s\log\left\{\begin{matrix}\varphi\left(\frac{0}{n}\right)+2\varphi\left(\frac{1}{n}\right)+2\,\varphi\left(\frac{2}{n}\right)+\ldots+2\,\varphi\left(\frac{n}{n}\right)\\ +\,2\bar{\omega}\sqrt{-1}\left[\varphi\left(\frac{1}{n}\right)+2\,\varphi\left(\frac{2}{n}\right)+\ldots+n\,\varphi\left(\frac{n}{n}\right)\right]\\ -\,\bar{\omega}^2\left[\varphi\left(\frac{1}{n}\right)+2^2\varphi\left(\frac{2}{n}\right)+\ldots+n^2\varphi\left(\frac{n}{n}\right)\right]\\ -\ \ldots\ldots\ldots\ldots\ldots\ldots\ldots\ldots\ldots\ldots\ldots\ldots\end{matrix}\right\}-\mu s\bar{\omega}\sqrt{-1}. \tag{1}$$

Setzt man deshalb

$$\frac{x}{n}=x'; \quad \frac{1}{n}=dx',$$

so erhält man

$$2\int dx'\,\varphi(x')=k, \quad \int x'\,dx'\,\varphi(x')=k', \quad \int x'^2\,dx'\,\varphi(x')=k'',$$

$$\int x'^3\,dx'\,\varphi(x')=k''', \quad \int x'^4\,dx'\,\varphi(x')=k^{\mathrm{IV}}, \quad \ldots\ldots\ldots\ldots\ldots\ldots,$$

wobei die Integrale von $x'=0$ bis $x'=1$ genommen werden. Die zweite Seite der Gleichung (1) wird zu

$$s\log nk+s\log\left(1+\frac{2k'}{k}n\bar{\omega}\sqrt{-1}-\frac{k''}{k}n^2\bar{\omega}^2-\ldots\right)-\mu s\bar{\omega}\sqrt{-1}.$$

Da jeder Beobachtungsfehler notwendig zwischen die Grenzen $\pm n$ fallen muß, erhält man $nk=1$; der obige Ausdruck wird demnach zu

$$s\left(\frac{2k'}{k}-\frac{\mu}{n}\right)n\bar{\omega}\sqrt{-1}-\frac{(kk''-2k'^2)\,sn^2\bar{\omega}^2}{k^2}-\ldots;$$

setzt man nun darin

$$\frac{\mu}{n}=\frac{2k'}{k}$$

und vernachlässigt die Potenzen von $\bar{\omega}$ größer als Zwei, reduziert sich dieser Ausdruck auf sein zweites Glied, und die obige Wahrscheinlichkeit wird zu

$$\frac{1}{2\pi}\int d\bar{\omega}\,c^{-l\bar{\omega}\sqrt{-1}-\frac{kk''-2k'^2}{k^2}sn^2\bar{\omega}^2}.$$

Seien

$$6=\frac{k}{\sqrt{kk''-2k'^2}}, \quad \bar{\omega}=\frac{6t}{n\sqrt{s}}, \quad \frac{l}{n}=r\sqrt{s}.$$

Das obige Integral wird zu

$$\frac{1}{2\pi}\frac{c^{-\frac{6^2r^2}{4}}}{n\sqrt{s}}\int 6\,dt\,c^{-\left(t+\frac{l6\sqrt{-1}}{2n\sqrt{s}}\right)^2}$$

Dieses Integral muß von $t = -\infty$ bis $t = +\infty$ genommen werden, und dann wird obiger Ausdruck zu

$$\frac{6}{2\sqrt{\pi}\,n\sqrt{s}}\,c^{-\frac{6^2r^2}{4}}.$$

Multipliziert mit dl oder mit $n\,dr\sqrt{s}$, wird das Integral

$$\frac{1}{2\sqrt{\pi}}\int 6\,dr\,c^{-\frac{6^2r^2}{4}}$$

die Hälfte der Wahrscheinlichkeit dafür sein, daß der Wert l und damit die Summe der Beobachtungsfehler zwischen den Grenzen $\frac{2k'}{k}as \pm ar\sqrt{s}$ enthalten ist, wobei $\pm a$ die Grenzen für jeden Beobachtungsfehler sind, Grenzen, die ich mit $\pm n$ kennzeichne, wenn ich sie als in unendlich viele Teile geteilt auffasse.

Man ersieht daraus, daß die wahrscheinlichste Fehlersumme, sieht man vom Vorzeichen ab, dem Wert $r = 0$ entspricht. Diese Summe ist $\frac{2k'}{k}as$. Für den Fall eines konstanten $\varphi(x)$ ist $\frac{2k'}{k} = \frac{1}{2}$; die wahrscheinlichste Fehlersumme ist also nun die Hälfte der größtmöglichen Summe, einer Summe, die gleich sa ist. Wenn aber $\varphi(x)$ nicht konstant ist und in dem Maß, wie der Fehler x wächst, abnimmt, ist $\frac{2k'}{k}$ kleiner als $\frac{1}{2}$, und die Fehlersumme, wenn man vom Vorzeichen absieht, liegt unter dem halben Wert der größtmöglichen Summe.

Man kann aufgrund derselben Vorgehensweise die Wahrscheinlichkeit dafür bestimmen, daß die Summe der Fehlerquadrate gleich $l + \mu s$ sein wird; es ist leicht zu sehen, daß die Wahrscheinlichkeit durch das folgende Integral ausgedrückt wird

$$\frac{1}{2\pi}\int d\bar{\omega}\,c^{-(l+\mu s)\bar{\omega}\sqrt{-1}}\left\{\begin{matrix}\varphi\left(\frac{0}{n}\right)+2\varphi\left(\frac{1}{n}\right)c^{\bar{\omega}\sqrt{-1}}+2\varphi\left(\frac{2}{n}\right)c^{2^2\bar{\omega}\sqrt{-1}}+\dots\\ +2\varphi\left(\frac{n}{n}\right)c^{n^2\bar{\omega}\sqrt{-1}}\end{matrix}\right\}^s,$$

das von $\bar{\omega} = -\pi$ bis $\bar{\omega} = \pi$ genommen wird. Indem man dem obigen Vorgehen genau folgt, erhält man

$$\mu = \frac{2n^2k''}{k},$$

und indem man

$$6' = \frac{k}{\sqrt{kk^{\mathrm{IV}} - 2k''^2}}$$

setzt, wird die Wahrscheinlichkeit dafür, daß die Summe der Quadrate von s Beobachtungsfehlern zwischen den Grenzen $\frac{2k''}{k} a^2 s \pm a^2 r \sqrt{s}$ enthalten ist,

$$\frac{1}{\sqrt{\pi}} \int 6' \, dr \, c^{-\frac{6'^2 r^2}{4}}$$

sein. Die wahrscheinlichste Summe entspricht dem Wert $r = 0$; sie ist daher $\frac{2k''}{k} a^2 s$. Wenn s eine sehr große Zahl ist, wird das Beobachtungsresultat sehr wenig von diesem Wert abweichen, und folglich wird es in sehr guter Näherung den Faktor $\frac{a^2 k''}{k}$ zu bestimmen erlauben.

20. Wenn man ein bereits in ziemlich guter Näherung bekanntes Element mit Hilfe einer großen Anzahl von Beobachtungen verbessern will, bildet man Bedingungsgleichungen auf die folgende Weise. Sei z die Korrektur des Elements und 6 die Beobachtung; ihr analytischer Ausdruck wird eine Funktion ⟨des Wertes⟩ des Elements sein. Setzt man in dieser an Stelle des Elements seinen Näherungswert zusammen mit der Korrektur z ein und führt man sie zurück auf eine Reihe in z, wobei das Quadrat von z vernachlässigt wird, nimmt diese Funktion die Form $h + pz$ an; setzt man sie gleich der Beobachtungsgröße 6, erhält man

$$6 = h + pz.$$

z wäre demnach bestimmt, wenn die Beobachtung genau wäre; aber, da sie fehlerbehaftet ist, hat man auf Größen der Ordnung z^2 genau, wenn man diesen Fehler mit ε bezeichnet,

$$6 + \varepsilon = h + pz;$$

setzt man darin $6 - h = \alpha$, erhält man

$$\varepsilon = pz - \alpha.$$

Jede Beobachtung liefert eine ähnliche Gleichung, die man für die $(i+1)$-te Beobachtung darstellen kann durch die folgende

$$\varepsilon^{(i)} = p^{(i)} z - \alpha^{(i)}.$$

Indem man alle diese Gleichungen zusammenfaßt, erhält man

$$S\varepsilon^{(i)} = zSp^{(i)} - S\alpha^{(i)}, \tag{1}$$

wobei sich das Zeichen S auf alle Werte i von $i = 0$ bis $i = s - 1$ bezieht, wenn s die Gesamtanzahl der Beobachtungen ist. Unter der Annahme, daß die Fehlersumme Null ist, gibt diese Gleichung

$$z = \frac{S\alpha^{(i)}}{Sp^{(i)}};$$

das ist, was gewöhnlich als *mittleres Beobachtungsresultat* bezeichnet wird.

Man weiß von Abschnitt 18, daß die Wahrscheinlichkeit dafür, daß die Summe von s Beobachtungsfehlern zwischen den Grenzen $\pm ar\sqrt{s}$ enthalten ist, gleich $\sqrt{\frac{k}{k''\pi}}\int dr\, c^{-\frac{kr^2}{4k''}}$ ist. Bezeichnen wir mit $\pm u$ den Fehler des Resultats z; setzt man in Gleichung (1) $\pm ar\sqrt{s}$ an Stelle von $S\varepsilon^{(i)}$ und $\frac{S\alpha^{(i)}}{Sp^{(i)}} \pm u$ an Stelle von z, führt sie zu

$$r = \frac{u\, Sp^{(i)}}{a\sqrt{s}};$$

die Wahrscheinlichkeit dafür, daß der Fehler des Resultats z zwischen den Grenzen $\pm u$ enthalten ist, ist daher gleich

$$\sqrt{\frac{k}{k''s\pi}}\, Sp^{(i)}\int\frac{du}{a}\, c^{-\frac{ku^2(Sp^{(i)})^2}{4k''a^2s}}.$$

Statt die Fehlersumme als Null anzunehmen, kann man eine beliebige lineare Funktion dieser Fehler wie die folgende als Null voraussetzen:

$$(m) \qquad m\varepsilon + m^{(1)}\varepsilon^{(1)} + m^{(2)}\varepsilon^{(2)} + \ldots + m^{(s-1)}\varepsilon^{(s-1)},$$

wobei $m, m^{(1)}, m^{(2)}, \ldots$ ganze positive oder negative Zahlen sind. Setzt man in dieser Funktion (m) an Stelle von $\varepsilon, \varepsilon^{(1)}, \ldots$ ihre durch die Bedingungsgleichungen gegebenen Werte, wird sie zu

$$zSm^{(i)}p^{(i)} - Sm^{(i)}\alpha^{(i)};$$

setzt man nun die Funktion (m) gleich Null, erhält man

$$z = \frac{Sm^{(i)}\alpha^{(i)}}{Sm^{(i)}p^{(i)}}.$$

Sei u der Fehler dieses Resultats derart, daß gilt

$$z = \frac{Sm^{(i)}\alpha^{(i)}}{Sm^{(i)}p^{(i)}} + u,$$

wird die Funktion (m) zu

$$uSm^{(i)}p^{(i)}.$$

Bestimmen wir die Wahrscheinlichkeit des Fehlers u, wenn die Anzahl der Beobachtungen groß ist.

Betrachten wir dazu das Produkt

$$\int \varphi\left(\frac{x}{a}\right) c^{mx\bar{\omega}\sqrt{-1}} \times \int \varphi\left(\frac{x}{a}\right) c^{m^{(1)}x\bar{\omega}\sqrt{-1}} \times \ldots \times \int \varphi\left(\frac{x}{a}\right) c^{m^{(s-1)}x\bar{\omega}\sqrt{-1}},$$

wobei sich das Integralzeichen auf alle Werte von x erstreckt, vom negativen Extremwert von x bis zu seinem positiven Extremwert. $\varphi\left(\frac{x}{a}\right)$ ist wie in den vorhergehenden Abschnitten die Wahrscheinlichkeit eines Fehlers ⟨der Größe⟩ x bei jeder Beobachtung; dabei wird x genauso wie a als aus einer unendlichen Anzahl von Teilen gebildet vorausgesetzt, die als Einheit genommen werden. Es ist klar, daß der Koeffizient einer beliebigen Potenz $c^{l\bar{\omega}\sqrt{-1}}$ in der Entwicklung dieses Produkts die Wahrscheinlichkeit dafür sein wird, daß die Summe der jeweils mit $m, m^{(1)}, \ldots$ multiplizierten Beobachtungsfehler, d.h. die Funktion (m), gleich l sein wird. Multipliziert man daher das obige Produkt mit $c^{-l\bar{\omega}\sqrt{-1}}$, wird in diesem neuen Produkt das von $c^{\bar{\omega}\sqrt{-1}}$ und seinen Potenzen freie Glied diese Wahrscheinlichkeit ausdrücken. Wenn man, wie ich hier, die Wahrscheinlichkeit für positive Fehler als genauso groß wie für negative Fehler annimmt, kann man in dem Integral[181]) $\int \varphi\left(\frac{x}{a}\right) c^{mx\bar{\omega}\sqrt{-1}}$ die mit $c^{mx\bar{\omega}\sqrt{-1}}$ und mit $c^{-mx\bar{\omega}\sqrt{-1}}$ multiplizierten Glieder zusammenfassen; dann wird dieses Integral die Form $2\int \varphi\left(\frac{x}{a}\right) \cos mx\bar{\omega}$ annehmen. Genauso verhält es sich mit allen ähnlichen Integralen. Daraus folgt, daß die Wahrscheinlichkeit dafür, daß die Funktion (m) gleich l sein wird, gleich

$$(i) \qquad \frac{1}{2\pi}\int d\bar{\omega} \left\{ \begin{array}{c} c^{-l\bar{\omega}\sqrt{-1}} \times 2\int \varphi\left(\frac{x}{a}\right) \cos mx\bar{\omega} \times 2\int \varphi\left(\frac{x}{a}\right) \cos m^{(i)}x\bar{\omega} \times \ldots \\ \times 2\int \varphi\left(\frac{x}{a}\right) \cos m^{(s-1)}x\bar{\omega} \end{array} \right\}$$

ist, wobei das Integral von $\bar{\omega} = -\pi$ bis $\bar{\omega} = \pi$ genommen wird. Entsprechend der Reihenentwicklung des Kosinus erhält man

$$\int \varphi\left(\frac{x}{a}\right) \cos mx\bar{\omega} = \int \varphi\left(\frac{x}{a}\right) - \frac{1}{2} m^2 a^2 \bar{\omega}^2 \int \frac{x^2}{a^2} \varphi\left(\frac{x}{a}\right) + \ldots.$$

[181]) (S): Das hier von LAPLACE für Integral verwendete Wort ist *somme*; LAPLACE faßt dieses Integral als „unendliche" Summe auf, in der er der Symmetrie des Integranden entsprechend gleiche Glieder in der „Summe" zusammenfaßt.

Setzt man $\frac{x}{a} = x'$ unter Beachtung, daß sich x jeweils um die Einheit ändert, erhält man $dx' = \frac{1}{a}$ und

$$\int \varphi\left(\frac{x}{a}\right) = a \int dx'\, \varphi(x').$$

Bezeichnet man wie in den vorhergehenden Abschnitten mit k das Integral $2 \int dx'\, \varphi(x')$, genommen von x gleich Null bis zu seinem positiven Extremwert, und in gleicher Weise mit k'' das Integral $\int x'^2 \varphi(x')\, dx'$, genommen innerhalb derselben Grenzen, u.s.w., dann erhält man

$$2 \int \varphi\left(\frac{x}{a}\right) \cos mx\overline{\omega} = ak\left(1 - \frac{k''}{k} m^2 a^2 \overline{\omega}^2 + \frac{k^{\mathrm{IV}}}{12k} m^4 a^4 \overline{\omega}^4 - \ldots\right).$$

Der Logarithmus des zweiten Gliedes dieser Gleichung ist

$$-\frac{k''}{k} m^2 a^2 \overline{\omega}^2 + \frac{kk^{\mathrm{IV}} - 6k''^2}{12k^2} m^4 a^4 \overline{\omega}^4 - \ldots - \log ak;$$

ak oder $2a \int dx'\, \varphi(x')$ drückt die Wahrscheinlichkeit dafür aus, daß jeder Beobachtungsfehler zwischen seinen Grenzen enthalten ist, was sicher ist; man erhält deshalb $ak = 1$, was den obigen Logarithmus reduziert auf

$$-\frac{k''}{k} m^2 a^2 \overline{\omega}^2 + \frac{kk^{\mathrm{IV}} - 6k''^2}{12k^2} m^4 a^4 \overline{\omega}^4 - \ldots.$$

Von daher schließt man leicht, daß das Produkt

$$2 \int \varphi\left(\frac{x}{a}\right) \cos mx\overline{\omega} \times 2 \int \varphi\left(\frac{x}{a}\right) \cos m^{(i)} x\, \overline{\omega} \times \ldots \times 2 \int \varphi\left(\frac{x}{a}\right) \cos m^{(s-1)} x\overline{\omega}$$

gleich

$$\left(1 + \frac{kk^{\mathrm{IV}} - 6k''^2}{12k^2} a^4 \overline{\omega}^4 S m^{(i)4} + \ldots\right) c^{-\frac{k''}{k} a^2 \overline{\omega}^2 S m^{(i)2}}$$

ist; obiges Integral (i) reduziert sich daher auf

$$\frac{1}{2\pi} \int d\overline{\omega} \left(1 + \frac{kk^{\mathrm{IV}} - 6k''^2}{12k^2} a^4 \overline{\omega}^4 S m^{(i)4} + \ldots\right) c^{-l\overline{\omega}\sqrt{-1} - \frac{k''}{k} a^2 \overline{\omega}^2 S m^{(i)2}}.$$

Setzt man $s a^2 \overline{\omega}^2 = t^2$, wird dieses Integral zu

$$\frac{1}{2a\pi\sqrt{s}} \int dt \left(1 + \frac{kk^{\mathrm{IV}} - 6k''^2}{12k^2} \frac{S m^{(i)4}}{s^2} t^4 + \ldots\right) c^{-\frac{lt\sqrt{-1}}{a\sqrt{s}} - \frac{k''}{k} \frac{S m^{(i)2}}{s} t^2};$$

$Sm^{(i)2}$, $Sm^{(i)4}$, ... sind offenbar Größen der Ordnung s; so ist $\frac{Sm^{(i)4}}{s^2}$ von der Ordnung $\frac{1}{s}$; vernachlässigt man deshalb die Glieder dieser letzten Ordnung in bezug auf die Einheit, reduziert sich das letzte Integral auf

$$\frac{1}{2a\pi\sqrt{s}} \int dt\, c^{-\frac{lt\sqrt{-1}}{a\sqrt{s}} - \frac{k''}{k}\frac{Sm^{(i)2}}{s}t^2}.$$

Dabei wird das Integral in bezug auf $\bar{\omega}$ genommen von $\bar{\omega} = -\pi$ bis $\bar{\omega} = \pi$, das Integral in bezug auf t von $t = -a\pi\sqrt{s}$ bis $t = a\pi\sqrt{s}$, und in diesen Fällen ist der Exponentialausdruck unter dem Integralzeichen vernachlässigbar klein gegen diese beiden Grenzen, einmal, weil s eine große Zahl ist, zum anderen, weil hier a als in unendlich viele Teile geteilt vorausgesetzt ist, die als Einheit genommen sind; man kann deshalb das Integral von $t = -\infty$ bis $t = \infty$ nehmen. Setzt man

$$t' = \sqrt{\frac{k''Sm^{(i)2}}{ks}}\left(t + \frac{l\sqrt{-1}\,k\sqrt{s}}{2ak''Sm^{(i)2}}\right),$$

so wird das obige Integral zu

$$\frac{c^{-\frac{kl^2}{4k''a^2Sm^{(i)2}}}}{2a\pi\sqrt{\frac{k''}{k}Sm^{(i)2}}} \int dt'\, c^{-t'^2}.$$

Das Integral muß in bezug auf t' wie das Integral in bezug auf t von $t' = -\infty$ bis $t' = \infty$ genommen werden, was die obige Größe auf die folgende reduziert

$$\frac{c^{-\frac{kl^2}{4k''a^2Sm^{(i)2}}}}{2a\sqrt{\pi}\sqrt{\frac{k''}{k}Sm^{(i)2}}}.$$

Wenn man $l = ar\sqrt{s}$ setzt unter Beachtung, daß sich l jeweils um die Einheit ändert, erhält man $a\,dr = 1$ und

$$\frac{\sqrt{s}}{2\sqrt{\frac{k''\pi}{k}Sm^{(i)2}}} \int dr\, c^{-\frac{kr^2s}{4k''Sm^{(i)2}}}$$

als Wahrscheinlichkeit dafür, daß die Funktion (m) zwischen den Grenzen Null und $ar\sqrt{s}$ enthalten ist, wobei das Integral von r gleich Null genommen wird.

Wir wollen hier die Wahrscheinlichkeit des Fehlers u für das Element wissen, das bestimmt wurde, indem man die Funktion (m) gleich Null setzte. Unter der Annahme, daß diese Funktion gleich l oder gleich $ar\sqrt{s}$ ist, erhält man nach dem Vorhergehenden

$$uSm^{(i)}p^{(i)} = ar\sqrt{s}\,;$$

setzt man diesen Wert in das obige Integral ein, wird es zu

$$\frac{Sm^{(i)}p^{(i)}}{2a\sqrt{\frac{k''\pi}{k}\,Sm^{(i)2}}}\int du\, c^{-\frac{ku^2(Sm^{(i)}p^{(i)})^2}{4k''a^2Sm^{(i)2}}}\,;$$

dies ist der Ausdruck für die Wahrscheinlichkeit dafür, daß der Wert u zwischen den Grenzen 0 und u enthalten ist, es ist auch der Ausdruck für die Wahrscheinlichkeit, daß u zwischen den Grenzen 0 und $-u$ enthalten ist. Setzt man

$$u = 2at\sqrt{\frac{k''}{k}}\,\frac{\sqrt{Sm^{(i)2}}}{Sm^{(i)}p^{(i)}},$$

wird obige Wahrscheinlichkeit gleich

$$\frac{1}{\sqrt{\pi}}\int dt\, c^{-t^2}.$$

Bei gleichbleibender Wahrscheinlichkeit bleibt nun t gleich, und das von den beiden Grenzen von u ⟨gebildete⟩ Intervall verengt sich um so mehr, je kleiner $a\sqrt{\frac{k''}{k}}\,\frac{\sqrt{Sm^{(i)2}}}{Sm^{(i)}p^{(i)}}$ ist. Bei gleichbleibender Intervallänge ist der Wert von t und folglich die Wahrscheinlichkeit dafür, daß der Fehler des Elements in dieses Intervall fällt, um so größer, je kleiner dieselbe Größe $a\sqrt{\frac{k''}{k}}\,\frac{\sqrt{Sm^{(i)2}}}{Sm^{(i)}p^{(i)}}$ ist. Man muß nun das System der Faktoren $m^{(i)}$ auswählen, das diese Größe zu einem Minimum macht. Da nun a, k, k'' in allen Systemen gleich sind, muß man das System auswählen, das $\frac{\sqrt{Sm^{(i)2}}}{Sm^{(i)}p^{(i)}}$ zu einem Minimum macht.

Man kann zum selben Ergebnis auf folgende Weise gelangen. Greifen wir auf den Ausdruck für die Wahrscheinlichkeit zurück, daß u zwischen den Grenzen Null und u enthalten ist. Der Koeffizient von du in dem Differential dieses Ausdrucks ist die Ordinate der Wahrscheinlichkeitskurve der Fehler u des Elements, wobei die Fehler dargestellt werden durch die Abszisse u dieser Kurve, die man auf jeder Seite der Ordinate, der u Null entspricht, bis ins Unendliche erstrecken kann. Unter dieser Voraussetzung muß jeder positive oder negative Fehler als ein Nachteil oder ein tatsächlicher Verlust in einem beliebigen Spiel angesehen werden; aufgrund der Prinzipien der Wahrscheinlichkeitsheorie, die zu Beginn dieses Buches dargelegt wurden, bestimmt man nun diesen Nachteil, indem man die Summe aller Produkte von jedem Nachteil und seiner Wahrscheinlichkeit bildet; der Mittelwert des nach oben zu befürchtenden Fehlers ist daher die Summe der Produkte von jedem Fehler und seiner Wahrscheinlichkeit; er ist folglich gleich dem Integral

$$\frac{\int u\,du\,Sm^{(i)}p^{(i)}\,c^{-\frac{ku^2(Sm^{(i)}p^{(i)})^2}{4k''a^2Sm^{(i)2}}}}{2a\sqrt{\frac{k''\pi}{k}}\,Sm^{(i)2}},$$

genommen von u Null bis u Unendlich; also ist dieser Fehler gleich

$$a\sqrt{\frac{k''}{k\pi}}\,\frac{\sqrt{Sm^{(i)2}}}{Sm^{(i)}p^{(i)}}.$$

Diese Größe mit dem Minuszeichen ergibt den mittleren nach unten zu befürchtenden Fehler. Ersichtlich muß das System der Faktoren $m^{(i)}$ so gewählt werden, daß die Fehler minimal sind und folglich $\frac{\sqrt{Sm^{(i)2}}}{Sm^{(i)}p^{(i)}}$ ein Minimum ist.

Wenn man diese Funktion nach $m^{(i)}$ differenziert, erhält man, indem man ihre Ableitung gleich Null setzt, der Bedingung für ein Minimum entsprechend

$$\frac{m^{(i)}}{Sm^{(i)2}} = \frac{p^{(i)}}{Sm^{(i)}p^{(i)}}.$$

Die Gleichung gilt für beliebiges i, und, da eine Veränderung von i den Bruch $\frac{Sm^{(i)2}}{Sm^{(i)}p^{(i)}}$ unverändert läßt, erhält man, wenn man diesen Bruch mit μ bezeichnet,

$$m = \mu p, \quad m^{(1)} = \mu p^{(1)}, \ldots, m^{(s-1)} = \mu p^{(s-1)},$$

und man kann für beliebige p, $p^{(1)}, \ldots$ μ so wählen, daß die Zahlen $m, m^{(1)}, \ldots$ ganze Zahlen sind, wie sie obige analytische Untersuchung voraussetzt. Dann erhält man

$$z = \frac{Sp^{(i)}\alpha^{(i)}}{Sp^{(i)2}},$$

und der mittlere zu befürchtende Fehler wird gleich

$$\pm\frac{a\sqrt{\frac{k''}{k\pi}}}{\sqrt{Sp^{(i)2}}}.$$

Das ist unter allen möglichen Annahmen über die Faktoren $m, m^{(1)}, \ldots$ der kleinstmögliche mittlere Fehler.

Setzt man die Werte von $m, m^{(1)}, \ldots$ gleich ± 1, wird der mittlere zu befürchtende Fehler kleiner, wenn man das Vorzeichen so bestimmt, daß $m^{(i)}p^{(i)}$ positiv ist. Das läuft darauf hinaus, $1 = m = m^{(1)} = \ldots$ anzunehmen und die Bedingungsgleichungen so einzurichten, daß der Koeffizient von z in jeder von ihnen positiv ist; genau dies macht man nach der gewöhnlichen Methode. Nun ist der Mittelwert der Beobachtungen

$$z = \frac{S\alpha^{(i)}}{Sp^{(i)}},$$

und der mittlere nach oben oder nach unten zu befürchtende Fehler ist

$$\pm \frac{a\sqrt{\frac{k''s}{k\pi}}}{Sp^{(i)}};$$

dieser Fehler übertrifft aber den obigen, der, wie man gesehen hat, der kleinstmögliche ist. Davon kann man sich außerdem auf die folgende Art überzeugen. Es genügt, die Gültigkeit der Ungleichung

$$\frac{\sqrt{s}}{Sp^{(i)}} > \frac{1}{\sqrt{Sp^{(i)2}}} \quad \text{oder} \quad sSp^{(i)2} > (Sp^{(i)})^2$$

zu zeigen.

Tatsächlich ist $2pp^{(1)}$ kleiner als $p^2 + p^{(1)2}$, da $(p^{(1)} - p)^2$ positiv ist; daher kann man bei dem zweiten Glied der obigen Ungleichung $p^2 + p^{(1)2} - f$ für $2pp^{(1)}$ setzen, wobei f positiv ist. Macht man ähnliche Substitutionen bei allen vergleichbaren Produkten, wird dieses zweite Glied gleich dem ersten, vermindert um eine positive Größe, sein.

Das Ergebnis

$$z = \frac{Sp^{(i)}\alpha^{(i)}}{Sp^{(i)2}},$$

dem das Minimum des mittleren zu befürchtenden Fehlers entspricht, ist dasselbe, das die Methode der kleinsten Quadrate der Beobachtungsfehler liefert; denn, da die Summe der Quadrate

$$(pz - \alpha)^2 + (p^{(1)}z - \alpha^{(1)})^2 + \ldots + (p^{(s-1)}z - \alpha^{(s-1)})^2$$

ist, liefert die Bedingung für ein Minimum dieser Funktion bezüglich der Variablen z für diese Variable obigen Ausdruck. Diese Methode sollte daher bevorzugt angewandt werden für beliebige Fehlerverteilungen, von denen das Verhältnis $\frac{k''}{k}$ abhängt. Dieses Verhältnis ist $\frac{1}{6}$, wenn $\varphi(x)$ eine Konstante ist; es ist kleiner als $\frac{1}{6}$, wenn $\varphi(x)$ veränderlich ist, und zwar so, daß es sich in dem

Maß vermindert, in dem x wächst, wie man natürlicherweise annimmt. Übernimmt man die mittlere Fehlerverteilung, die ich im Abschnitt 15 angegeben habe und derzufolge $\varphi(x)$ gleich $\frac{1}{2a}\log\frac{a}{x}$ ist, erhält man

$$\frac{k''}{k} = \frac{1}{18}.$$

Bezüglich der Grenzen $\pm a$ muß man dafür die Abweichungen vom Mittelwert nehmen, die eine Beobachtung herausfallen ließen.

Man kann über die Beobachtungen selbst den Faktor $a\sqrt{\frac{k''}{k}}$ des Ausdrucks für den mittleren Fehler bestimmen. Tatsächlich hat man in dem vorgergehenden Abschnitt gesehen, daß die Summe der Quadrate der Beobachtungsfehler nahezu $2s\frac{a^2k''}{k}$ ist, und daß es, wenn sie sehr zahlreich sind, äußerst wahrscheinlich wird, daß die beobachtete Summe von diesem Wert nur unmerklich abweicht. Man kann sie daher gleichsetzen. Nun ist die beobachtete Summe gleich $S\varepsilon^{(i)2}$ oder $S(p^{(i)}z - \alpha^{(i)})^2$, wenn man für z seinen Wert $\frac{Sp^{(i)}\alpha^{(i)}}{Sp^{(i)2}}$ einsetzt; man findet so

$$2s\frac{a^2k''}{k} = \frac{Sp^{(i)2}\cdot S\alpha^{(i)2} - (Sp^{(i)}\alpha^{(i)})^2}{Sp^{(i)2}}.$$

Der obige Ausdruck für den mittleren zu befürchtenden Fehler für das Resultat z wird dann

$$\pm\frac{\sqrt{Sp^{(i)2}\cdot S\alpha^{(i)2} - (Sp^{(i)}\alpha^{(i)})^2}}{Sp^{(i)2}\sqrt{2s\pi}},$$

ein Ausdruck, in dem es nichts gibt, was nicht durch die Beobachtungen und die Bedingungsgleichungen gegeben wäre.

Text 6.6.1. Friedrich Wilhelm Bessel, Fundamenta astronomiae pro anno 1755 deducta ex observationibus viri incomparabilis James Bradley in specula astronomica Grenovicensi per annos 1750–1762 institutis*)

Schließlich gingen aus 470 *Rektaszensionen im Zeitmaß*[182]) der Sterne α Canis minoris und α Aquilae, *die durch direkten Vergleich mit der Sonne gefunden worden waren*, hervor:

$$\varepsilon = 0,''3119; \quad \varepsilon' = 0,''3909; \quad \varepsilon'' = 0,''2637.$$

Um die Übereinstimmung der so bestimmten Fehler mit den aus Beobachtungen direkt ermittelten Fehlern zu überprüfen, zähle ich die zwischen bestimmte Grenzen eingeschlossenen Beobachtungsfehler und vergleiche ihre Anzahl mit der aus jenen Werten für ε abgeleiteten Anzahl. Nach der Theorie sind nämlich zwischen Δ und Δ' diese Fehler vorhanden:

$$2\gamma \int \varphi\,\Delta \cdot d\Delta = \frac{2\gamma}{\varepsilon\pi} \cdot \int e^{-\frac{1}{\pi}\cdot\frac{\Delta\Delta}{\varepsilon\varepsilon}}\, d\Delta,$$

integriert von Δ bis Δ', wobei γ die Anzahl der Beobachtungen, $\varphi\,\Delta$ aber die Wahrscheinlichkeit, den Fehler Δ zu begehen, bedeutet. Dieses Integral kann man einmal aus den von Kramp[183]) herausgegebenen und weiter unten in Abschnitt IV fortgesetzten Tafeln[184]) erhalten und kann zum anderen, wenn Δ und Δ' sehr nahe beisammen liegen, in ausreichend guter Näherung der Formel

$$\frac{\gamma(\Delta' - \Delta)}{\varepsilon\pi} \cdot \left\{ e^{-\frac{1}{\pi}\cdot\frac{\Delta\Delta}{\varepsilon\varepsilon}} + e^{-\frac{1}{\pi}\cdot\frac{\Delta'\Delta'}{\varepsilon\varepsilon}} \right\}$$

*) Friedrich Wilhelm Bessel, Fundamenta astronomiae pro anno 1755 deducta ex observationibus viri incomparabilis James Bradley in specula astronomica Grenovicensi per annos 1750–1762 institutis, Königsberg 1818, S. 19f. (aus Abschnitt II: ›Über die zur Zeit der Äquinoktien angestellten Sonnenbeobachtungen‹).

(S)

182) (S): Das bedeutet, daß Bessel die Rektaszensionen nicht im Winkelmaß, sondern im Zeitmaß, bei dem 24 Stunden 360 Grad und eine Zeitsekunde 15 Bogensekunden entsprechen, gerechnet hat.

183) (S): Christian Kramp hatte in seiner ›Analyse des réfractions astronomiques et terrestres‹, Straßburg-Leipzig 1798, die ersten Tafeln für die Normalverteilung veröffentlicht.

184) (S): Bessel hatte auf den Seiten 36f. seiner ›Fundamenta astronomiae‹ Tafelwerte für die Funktion $e^{t^2} \cdot \int_t^\infty e^{-t^2}\,dt$, t aus dem Intervall [1, 10], angegeben.

entnommen werden, mit der auch die folgenden Vergleiche durchgeführt wurden:

300 Beobachtungen der Deklinationen

	Anzahl der Fehler aus der Beobachtung	aus der Rechnung
zwischen 0,″0 und 0,″4	66	65
– 0,″4 – 0,″8	58	60
– 0,″8 – 1,″2	55	53
– 1,″2 – 1,″6	28	41
– 1,″6 – 2,″0	27	30
– 2,″0 – 2,″4	23	21
– 2,″4 – 2,″8	10	13
– 2,″8 – 3,″2	15	8
– 3,″2 – 3,″6	8	5
– 3,″6 – 4,″0	4	2
größer als 4,″0	6	2

300 Beobachtungen der Rektaszensionen im Zeitmaß

	Anzahl der Fehler aus der Beobachtung	aus der Rechnung
zwischen 0,″0 und 0,″1	114	107
0,″1 – 0,″2	84	87
0,″2 – 0,″3	53	57
0,″3 – 0,″4	24	30
0,″4 – 0,″5	14	13
0,″5 – 0,″6	6	5
0,″6 – 0,″7	3	1
0,″7 – 0,″8	1	0
0,″8 – 0,″9	1	0

470 Beobachtungen der Rektaszensionen im Zeitmaß, gewonnen aus dem direkten Vergleich mit der Sonne

	Anzahl der Fehler aus der Beobachtung	aus der Rechnung
zwischen 0,″0 und 0,″1	94	95
– 0,″1 – 0,″2	88	88
– 0,″2 – 0,″3	78	78

–	0,″3 –	0,″4	58	64
–	0,″4 –	0,″5	51	49
–	0,″5 –	0,″6	36	35
–	0,″6 –	0,″7	26	24
–	0,″7 –	0,″8	14	16
–	0,″8 –	0,″9	10	9
–	0,″9 –	1,″0	7	5
größer als 1,″0			8	5

Die Übereinstimmung zwischen Beobachtung und Rechnung ist überall so gut, wie man dies überhaupt nur bei dieser Anzahl von Beobachtungen erwarten kann. Aber die schwersten Fehler, die die gewohnten Grenzen weit überschreiten, sind bei jenen drei Arten des Beobachtens ein wenig häufiger, als es der Theorie zu entsprechen scheint. Ob dies wohl besonderen Ursachen für die größten Fehler, wie einem Fehler im Tubus, einer zufälligen Bewegung des Instruments oder einem ähnlichen Sachverhalt zuzuschreiben ist? Dennoch ist die Differenz zu unbedeutend, als daß sie nicht auch einer noch nicht ausreichend großen Anzahl von Beobachtungen zugeschrieben werden könnte.

Daraus wird aber klar, warum vorher die Zeitbestimmungen der absoluten Rektaszensionen ausgeschlossen wurden, die vom Mittelwert um mehr als eine Zeitsekunde abweichen. Wenn man also den wahrscheinlichen Fehler der aus dem Vergleich mit der Sonne ermittelten Rektaszensionen aus den wahrscheinlichen Fehlern der Deklinationen und Rektaszensionen berechnet, wird er ein wenig größer als aus dem direkten Vergleich mit dieser Beobachtungsart, nämlich 0,″3067, was wahrscheinlich der größeren Genauigkeit der Rektaszensionen, zurückzuführen auf die beidseitige Beobachtung des Sonnenrandes, zuzuschreiben ist.

Diesen Untersuchungen zufolge lassen sich die wahrscheinlichen Fehler der im Katalog der Fundamentalsterne enthaltenen Rektaszensionen ermitteln. ...

Text 6.6.2. Friedrich Wilhelm Bessel, Untersuchungen über die Wahrscheinlichkeit der Beobachtungsfehler*)

Es sind indessen besondere Fälle vorhanden, in welchen das Zusammenwirken mehrerer Fehlerursachen zu einem *einfachen* Resultate führt. Mit diesen werde ich mich jetzt beschäftigen.

Einer von ihnen ist der Fall, in welchem die verschiedenen Fehlerursachen nach demselben Gesetze der Wahrscheinlichkeit wirken, welches zur vollständigen Rechtfertigung der Methode der kleinsten Quadrate nothwendig ist. Ich werde zuerst nur *zwei* solcher Fehlerursachen annehmen, also

$$\varphi x = \frac{h}{\sqrt{\pi}} e^{-hhxx}, \quad \varphi_{,} y = \frac{h_{,}}{\sqrt{\pi}} e^{-h_{,}h_{,}yy}$$

setzen, und $\mp \infty$ als Grenzen von x und y betrachten. Dann ist (Art. 4)

$$\psi n = \int_{-\infty}^{\infty} \varphi x \cdot \varphi_{,}(n-x)\, dx = \frac{hh_{,}}{\pi} \int_{-\infty}^{\infty} e^{-hhxx - h_{,}h_{,}(n-x)^2}\, dx$$

welcher Ausdruck auch

$$\psi n = \frac{hh_{,} e^{\frac{-(hh_{,}n)^2}{hh+h_{,}h_{,}}}}{\pi} \int_{-\infty}^{\infty} e^{-\left\{x\sqrt{(hh+h_{,}h_{,})} - \frac{hh_{,}n}{\sqrt{(hh+h_{,}h_{,})}}\right\}^2} dx$$

geschrieben werden kann, oder wenn man

$$x\sqrt{(hh+h_{,}h_{,})} - \frac{hh_{,}n}{\sqrt{(hh+h_{,}h_{,})}} = t$$

setzt:

$$\psi n = \frac{hh_{,} e^{-\frac{(hh_{,}n)^2}{hh+h_{,}h_{,}}}}{\pi\sqrt{(hh+h_{,}h_{,})}} \int_{-\infty}^{\infty} e^{-tt}\, dt.$$

Da das Integral bekanntlich $= \sqrt{\pi}$ ist, so wird

$$\psi n = \frac{1}{\sqrt{\pi}} \cdot \frac{hh_{,}}{\sqrt{hh+h_{,}h_{,}}} e^{-\left\{\frac{hh_{,}}{\sqrt{hh+h_{,}h_{,}}}\right\}^2 nn}$$

*) Friedrich Wilhelm Bessel, Untersuchungen über die Wahrscheinlichkeit der Beobachtungsfehler, *in*: Astronomische Nachrichten **15** (1838) (= Abhandlungen von Friedrich Wilhelm Bessel Bd. II, Leipzig 1876, S. 372–391, speziell S. 383–389).

oder ψn erhält wieder dasselbe Gesetz, welches für die einzelnen Ursachen angenommen wurde, welches nun aber von der Constante

$$\frac{hh_{,}}{\sqrt{hh + h_{,}h_{,}}}$$

statt der in φx und $\varphi_{,}y$ stattfindenden h und $h_{,}$, abhängig geworden ist. Setzt man $\frac{1}{\alpha\sqrt{2}}$ für h, und $\frac{1}{\beta\sqrt{2}}$ für $h_{,}$, wodurch also α und β die mittleren aus den einzelnen Ursachen entstehenden Fehler werden, so wird

$$\left(\frac{hh_{,}}{\sqrt{hh + h_{,}h_{,}}}\right)^2 = \frac{1}{2(\alpha\alpha + \beta\beta)}$$

und es geht hieraus hervor, dass das Gesetz der Wahrscheinlichkeit des aus beiden Fehlerursachen zusammengesetzten Fehlers n, keinen andern Unterschied von den zum Grunde gelegten Gesetzen der Wahrscheinlichkeiten der einzelnen hat, als den, dass der mittlere Werth des Quadrates von n die Summe der mittleren Werthe der Quadrate von x und y ist. Da diese Wiederhervorbringung des zum Grunde gelegten Gesetzes bei zwei Fehlerursachen eingetreten ist, so tritt sie auch bei der Verbindung des dadurch zusammengesetzten Fehlers mit einer neuen Fehlerursache derselben Art ein, u.s.w. Man hat also den mittleren Werth des Quadrats des aus einer beliebigen Anzahl ähnlicher Fehlerursachen zusammengesetzten Fehlers:

$$mm = \alpha\alpha + \beta\beta + \gamma\gamma + \text{etc.} \ldots$$

und

$$\psi n = \frac{1}{m\sqrt{2\pi}} \cdot e^{-\frac{nn}{2mm}}. \tag{13}$$

Ein anderer, der Aufmerksamkeit würdiger Fall ist der, in welchem die einzelnen zusammenwirkenden Fehlerursachen ihren Wirkungen von gleicher Grösse *gleiche*, übrigens aber einem beliebigen Gesetze folgende Wahrscheinlichkeiten geben. Dass die Summe aller Wirkungen $x + y + z + \ldots$ den Werth n erhalte, ist dann offenbar genau so wahrscheinlich, als wahrscheinlich ist, dass die Summe der Fehler von eben so vielen Beobachtungen, als Fehlerursachen vorhanden sind, $= n$ werde. Die Aufgabe ψn zu bestimmen, ist also in diesem Falle von der von LAPLACE[1]) aufgelöseten Aufgabe die Summe der Fehler einer Anzahl gleichartiger Beobachtungen zu finden, nicht verschieden; und sie führt, eben so wie diese, zu dem merkwürdigen Resultate, dass eine Anzahl von einander unabhängiger, zwar nach einem willkürlichen, aber sämmtlich nach einem gleichen Gesetze wirkender Fehlerursachen, den Ausdruck von ψn der oft an-

[1]) Theorie analytique des probabilités, Paris 1812, p. 304.

geführten exponentiellen Formel (13) desto mehr nähert, *je grösser* sie ist. Poisson hat später[1]) eine meisterhafte Analyse derselben Aufgabe gegeben; auch die Récherches sur la probabilité des jugements desselben grossen Geometers enthalten Vieles, was sich darauf bezieht.

8.

Ich werde in diesem und dem folgenden Art. zeigen, dass beliebig wirkende Fehlerursachen, also willkürliche Annahmen der Functionen $\varphi x, \varphi_1 y, \varphi_2 z, \ldots$ sowohl, als auch der Grenzen $\mp a, \mp b, \mp c, \ldots$ von $x, y, z, \ldots$, unter gewissen Bedingungen, zu der Erzeugung eines Beobachtungsfehlers zusammenwirken, *dessen Gesetz der Wahrscheinlichkeit dasselbe ist wie* (13), *welches die Methode der kleinsten Quadrate zur wahrscheinlichsten macht.*

Der Ausdruck (7):

$$\psi n = \frac{1}{i^{\mu}} \Sigma \varphi x \cdot \varphi_1 y \cdot \varphi_2 z \ldots$$

in welchem $\mu + 1$ die Anzahl der von einander unabhängigen Fehlerursachen bezeichnet, würde von der Schwierigkeit, welche die gehörigen Begrenzungen von $x, y, z, \ldots$ seiner Verfolgung in den Weg legen, frei sein, wenn die durch die Bedingung $x + y + z + \ldots = n$ hervorgebrachte Abhängigkeit dieser Größen von einander nicht vorhanden wäre. Man kann ihn aber von dieser Bedingung befreien, also $x, y, z \ldots$ als von einander unabhängig betrachten, wenn man ihn, unter dem Summenzeichen, mit einer Function von $x + y + z \ldots$ multiplicirt, welche die Eigenschaften hat, für jeden nichtverschwindenden Werth von $x + y + z + \ldots - n$ zu verschwinden und für $x + y + z + \ldots - n = 0$ den Werth 1 zu erlangen. Da $x, y, z, \ldots$ sich von $\frac{1}{\mathrm{i}}$ zu $\frac{1}{\mathrm{i}}$ verändern (Art. 4), so hat die Function

$$\frac{\sin i\pi\{x + y + z + \ldots - n\}}{i\pi\{x + y + z + \ldots - n\}}$$

diese Eigenschaften und man erhält durch ihre Einführung:

$$\psi n = \frac{1}{i^{\mu+1}} \Sigma \varphi x \cdot \varphi_1 y \cdot \varphi_2 z \ldots \frac{\sin i\pi(x + y + z \ldots - n)}{\pi(x + y + z \ldots - n)}$$

wo das Summenzeichen sich geradezu auf die Grenzen $\mp a, \mp b, \mp c, \ldots$ bezieht.

[1]) Connoissance des Tems 1827, p. 273.

Man kann aber diesem Ausdrucke eine weit zweckmässigere Form geben, indem man sich erinnert, dass

$$\frac{\sin i\pi(x+y+z\ldots-n)}{\pi(x+y+z\ldots-n)} = \frac{1}{2\pi}\int_{-i\pi}^{i\pi} e^{(x+y+z+\ldots-n)u\sqrt{-1}}\,du$$

ist; denn dadurch werden $x, y, z, \ldots$ von einander abgesondert, und der Ausdruck erhält die Form:

$$\psi n = \frac{1}{2\pi}\int_{-i\pi}^{i\pi}\left(\Sigma\frac{1}{i}\varphi x\cdot e^{ux\sqrt{-1}}\right)\left(\Sigma\frac{1}{i}\varphi_1 y\cdot e^{uy\sqrt{-1}}\right)\ldots\ldots e^{-un\sqrt{-1}}\,du$$

oder, da i unendlich gross ist und man die einzelnen Summen durch Integrale ausdrücken kann:

$$\psi n = \frac{1}{2\pi}\int_{-\infty}^{\infty}\left(\int_{-a}^{a}\varphi x\cdot e^{ux\sqrt{-1}}\,dx\right)\left(\int_{-b}^{b}\varphi_1 y\cdot e^{uy\sqrt{-1}}\,dy\right)\ldots\ldots e^{-un\sqrt{-1}}\,du^{3)}.$$

Setzt man, statt der imaginären Exponentialgrössen unter den sich auf $x, y, z, \ldots$ beziehenden Integralzeichen, ihre Ausdrücke durch die trigonometrischen Linien, z.B.

$$e^{ux\sqrt{-1}} = \cos ux + \sqrt{-1}\cdot\sin ux$$

so kann man den in $\sqrt{-1}$ multiplicirten Theil derselben weglassen, weil er aus den zwischen den Grenzen $\mp a, \mp b, \mp c, \ldots$ genommenen Integralen (wegen $\varphi x = \varphi(-x), \varphi_1 y = \varphi_1(-y)$ u. s. w.) verschwindet. Ferner kann man von

$$e^{-un\sqrt{-1}} = \cos un - \sqrt{-1}\cdot\sin un$$

gleichfalls den in $\sqrt{-1}$ multiplicirten Theil weglassen, da das von einer negativen bis zu einer gleich grossen positiven Grenze genommene Integral von

$$\cos ux\cdot\cos uy\cdot\cos uz\ldots\sin un\cdot du$$

verschwindet. Man erhält also

$$\psi n = \frac{1}{2\pi}\int_{-\infty}^{\infty}\left(\int_{-a}^{a}\varphi x\cdot\cos ux\,dx\right)\left(\int_{-b}^{b}\varphi_1 y\cdot\cos uy\,dy\right)\ldots\ldots\cos un\cdot du \quad (14)$$

welcher Ausdruck für jede Anzahl Fehlerursachen und jede Annahme von $\varphi x, \varphi_1 y, \varphi_2 z, \ldots$ richtig, auch nur der Form nach von den im 6. Art. gegebenen Ausdrücken, z.B. (11), verschieden ist.

Ehe ich diesen Ausdruck weiter verfolge, werde ich seine Anwendung durch ein Beispiel erläutern. Ich werde das *zweite* der im 4. Art. ausgeführten Beispiele

3) Auf eine ähnliche Formel, in welcher aber die Begrenzungen aller Integrale gleich sind, gelangt POISSON (probabilités des jugements p. 256) bei der Auflösung einer andern Aufgabe.

wieder vornehmen, also

$$\varphi x = \frac{1}{\pi} \frac{1}{\sqrt{aa - xx}}; \quad \varphi_1 y = \frac{1}{2b}$$

setzen. Man hat also nach (14), indem man zuerst nach y integrirt:

$$\psi n = \frac{1}{2\pi^2} \int_{-\infty}^{\infty} \left(\int_{-a}^{a} \frac{\cos ux}{\sqrt{aa - xx}} dx \right) \frac{\sin ub}{ub} \cos un \cdot du$$

oder

$$\psi n = \frac{1}{8b\pi^2} \int_{-\infty}^{\infty} \int_{-a}^{a} \{\sin u(x + n + b) + \sin u(x - n + b)$$

$$- \sin u(x + n - b) - \sin u(x - n - b)\} \frac{du\, dx}{u \sqrt{aa - xx}}.$$

Integrirt man zuerst in Beziehung auf u und erinnert man sich, dass

$$\int_{-\infty}^{\infty} \sin ru \cdot \frac{du}{u}$$

für jeden positiven Werth von $r = \pi$, für jeden negativen $= -\pi$ ist, so wird z.B

$$\int_{-\infty}^{\infty} \int_{-a}^{a} \sin u(x + n + b) \frac{du\, dx}{u \sqrt{aa - xx}}$$

$$= \pi \int_{-n-b}^{a} \frac{dx}{\sqrt{aa - xx}} - \pi \int_{-a}^{-n-b} \frac{dx}{\sqrt{aa - xx}}$$

wofür ich, um abzukürzen $\pi[-n - b, a] - \pi[-a, -n - b]$ schreiben werde. Man erhält also:

$$\psi n = \frac{1}{8b\pi} \{[-n - b, a] - [-a, -n - b] + [n - b, a] - [-a, n - b]$$

$$- [-n + b, a] + [-a, -n + b] - [n + b, a] + [-a, n + b]\}.$$

Wenn erstens

$$n > -a - b \text{ und } < -a + b, \text{ oder } -n > a - b \text{ und } < a + b$$

so ist $n - b < -a$ und $-n + b > a$, weshalb die dritte und sechste dieser Grössen $= [-a, a]$ werden, die vierte und fünfte aber verschwinden. Setzt man, wie im 4. Art.

$$\sin u = \frac{n + b}{a}; \quad \sin u' = \frac{n - b}{a}$$

so wird also

$$\varphi n = \frac{1}{8b\pi}\left\{\left(\frac{1}{2}\pi + u\right) - \left(\frac{1}{2}\pi - u\right) + \pi + \pi - \left(\frac{1}{2}\pi - u\right)\right.$$
$$\left. + \left(\frac{1}{2}\pi + u\right)\right\};$$

wenn zweitens

$$n > -a + b \text{ und } < a - b \text{ oder } -n > -a + b \text{ und } < a - b$$

so geht keine der Grössen $-n - b$, $n - b$, $-n + b$, $n + b$, über die Grenzen $\mp a$ hinaus und alle Glieder des Ausdruckes bleiben ungeändert, so dass man erhält:

$$\varphi n = \frac{1}{8b\pi}\left\{\left(\frac{1}{2}\pi + u\right) - \left(\frac{1}{2}\pi - u\right) + \left(\frac{1}{2}\pi - u'\right) - \left(\frac{1}{2}\pi + u'\right)\right.$$
$$\left. - \left(\frac{1}{2}\pi + u'\right) + \left(\frac{1}{2}\pi - u'\right) - \left(\frac{1}{2}\pi - u\right) + \left(\frac{1}{2}\pi + u\right)\right\};$$

wenn drittens

$$n > a - b \text{ und } < a + b, \text{ oder } -n > -a - b \text{ und } < -a + b$$

so ist $-n - b < -a$ und $n + b > a$, weshalb das erste und achte der Glieder des Ausdruckes $= [-a, a]$ werden, das zweite und siebente aber verschwinden. Man erhält also

$$\varphi n = \frac{1}{8b\pi}\left\{\pi + \left(\frac{1}{2}\pi - u'\right) - \left(\frac{1}{2}\pi + u'\right) - \left(\frac{1}{2}\pi + u'\right)\right.$$
$$\left. + \left(\frac{1}{2}\pi - u'\right) + \pi\right\}.$$

Dieses alles ist übereinstimmend mit den im 4. Art. gefundenen Formeln.

Die früher auf die Begrenzungen fallende Schwierigkeit wird durch den Ausdruck (14) auf die in Beziehung auf u auszuführende Integration übertragen. Es ist kein Grund vorhanden, entweder der Form (11) oder der Form (14) *im Allgemeinen* einen Vorzug einzuräumen, sondern die vortheilhafteste Wahl zwischen beiden hängt von der Beschaffenheit der Functionen $\varphi x, \varphi_1 y, \varphi_2 z, \ldots$ ab. Allein da der vollständige Ausdruck von φn, immer wenn die Begrenzungen der einzelnen Fehlerursachen nicht $\mp \infty$ sind, *nicht stetig* ist, und seine Anwendung zur Bearbeitung einer Beobachtungsreihe, aus diesem Grunde, in unüberwindliche Weitläufigkeiten führen würde, so ist eine *Näherung*, welche sich von dem Ausdrucke von φn wenig entfernt und die Unterbrechungen seiner Stetigkeit nicht besitzt, wirklich wünschenswerther als der streng richtige Ausdruck.

Kommt es darauf an, die Frage: ob eine solche Näherung möglich ist, zu beantworten, und, im Falle ihrer Bejahung, dieselbe aufzusuchen, so erscheint der Vorzug der gegenwärtigen Form, vor der früheren, sehr gross.

9.

Laplace hat bekanntlich gezeigt, dass die Entwickelung von Ausdrücken, welche als Functionen *grosser Zahlen* betrachtet werden können, durch die Berücksichtigung dieses Umstandes im Allgemeinen erleichtert werden kann. Sowohl er selbst, als auch Poisson, haben hieraus, bei der Auflösung vieler Aufgaben der Wahrscheinlichkeitsrechnung, grossen Nutzen gezogen, und auch die gegenwärtige wird dadurch, falls sie das Zusammenwirken *vieler* Fehlerursachen von nicht sehr ungleicher Grösse betrifft, näherungsweise auflöslich. In diesem Falle ist es klar, dass das im Ausdrucke (14) enthaltene Product:

$$\left(\int_{-a}^{a} \varphi x \cdot \cos ux\, dx\right)\left(\int_{-b}^{b} \varphi_1 y \cdot \cos uy\, dy\right)\left(\int_{-c}^{c} \varphi_2 z \cdot \cos uz\, dz\right)\ldots\ldots$$

welches den grössten Werth, dessen er fähig ist, erlangt, wenn $u = 0$ gesetzt wird, für einigermassen beträchtliche Werthe von $ux, uy, uz, \ldots$, deren Cosinusse merklich kleiner werden als 1, sehr klein werden muss.

Wenn man es daher als eine Function von u betrachtet, so ist es zweckmässig, ihr die Form Me^{-U} zu geben, in welcher U eine Function von u ist, die für $u = 0$ verschwindet und mit u wächst, und in welcher M den grössten Werth des Products, also da $\int_{-a}^{a} \varphi x\, dx = 1$, $\int_{-b}^{b} \varphi_1 y \cdot dy = 1$, u.s.w. sind, die Zahl 1 bedeutet. Ich wähle also die Form:

$$e^{-U} = \left(\int_{-a}^{a} \varphi x \cos ux\, dx\right)\left(\int_{-b}^{b} \varphi_1 y \cos uy\, dy\right)\left(\int_{-c}^{c} \varphi_2 z \cos uz\, dz\right)\ldots\ldots \quad (15)$$

und werde nun U aufsuchen.

Entwickelt man $\varphi x \cdot \cos ux\, dx$ in die Reihe

$$\varphi x\, dx \left\{1 - \frac{uuxx}{2} + \frac{u^4x^4}{24} - \frac{u^6x^6}{720} + \ldots\right\}$$

und bezeichnet man:

$$\int_{-a}^{a} xx\varphi x\, dx = \alpha^2; \qquad \int_{-a}^{a} x^4\varphi x\, dx = \alpha_1^4; \qquad \int_{-a}^{a} x^6\varphi x\, dx = \alpha_2^6; \ldots$$

wo also α^2 den mittleren Werth des Quadrats des aus der ersten Ursache hervorgehenden Fehlers, α_1^4 den mittleren Werth seines Biquadrats u. s. w. bedeuten, so hat man

$$\int_{-a}^{a} \varphi x \cos ux\, dx = 1 - \frac{\alpha^2}{2} uu + \frac{\alpha_1^4}{24} u^4 - \frac{\alpha_2^6}{720} u^6 + \ldots$$

und ebenso

$$\int_{-b}^{b} \varphi_1 y \cos uy\, dy = 1 - \frac{\beta^2}{2} uu + \frac{\beta_1^4}{24} u^4 - \frac{\beta_2^6}{720} u^6 + \ldots$$

$$\int_{-c}^{c} \varphi_2 z \cos uz\, dz = 1 - \frac{\gamma^2}{2} uu + \frac{\gamma_1^4}{24} u^4 - \frac{\gamma_2^6}{720} u^6 + \ldots \quad \text{u.s.w.}$$

Nimmt man, auf beiden Seiten des Gleichheitszeichens, die Logarithmen von (15) und setzt man

$$[\alpha^2] = \alpha^2 + \beta^2 + \gamma^2 + \ldots$$

$$[\alpha^4] = \alpha^4 + \beta^4 + \gamma^4 + \ldots$$

$$[\alpha_1^4] = \alpha_1^4 + \beta_1^4 + \gamma_1^4 + \ldots$$

$$[\alpha^6] = \alpha^6 + \beta^6 + \gamma^6 + \ldots$$

$$[\alpha^2\alpha_1^4] = \alpha^2\alpha_1^4 + \beta^2\beta_1^4 + \gamma^2\gamma_1^4 + \ldots$$

$$[\alpha_2^6] = \alpha_2^6 + \beta_2^6 + \gamma_2^6 + \ldots$$

so erhält man

$$U = \frac{[\alpha^2]}{2} uu + \frac{3[\alpha^4] - [\alpha_1^4]}{24} u^4 + \frac{30[\alpha^6] - 15\,[\alpha^2\alpha_1^4] + [\alpha_2^6]}{720} u^6 + \ldots \tag{16}$$

Ich werde zuerst nur das erste Glied dieses Ausdruckes berücksichtigen, also, der Formel (14) gemäss,

$$\psi n = \frac{1}{2\pi} \int_{-\infty}^{\infty} e^{\frac{-[\alpha^2]}{2} uu} \cos un \cdot du \tag{17}$$

annehmen. Das in diesem Ausdruck vorkommende bestimmte Integral hat LAPLACE, wie ich glaube zuerst, gefunden[4]); ausser diesem Integrale werde ich später noch einige andere, die darauf reducirt werden können, gebrauchen und deshalb alle zugleich hier anführen:

$$\int_{-\infty}^{\infty} e^{-\frac{[\alpha^2]}{2} uu} \cos un \cdot du = \frac{\sqrt{2\pi}}{\sqrt{[\alpha^2]}} e^{-\frac{nn}{2[\alpha^2]}}$$

$$\int_{-\infty}^{\infty} u^2 e^{-\frac{[\alpha^2]}{2} uu} \cos un \cdot du = \frac{\sqrt{2\pi}}{[\alpha^2]^{\frac{3}{2}}} e^{-\frac{nn}{2[\alpha^2]}} \left(1 - \frac{nn}{[\alpha^2]}\right)$$

[4]) Theorie analytique des probabilités, p. 96.

$$\int_{-\infty}^{\infty} u^4 e^{-\frac{[\alpha^2]}{2}uu} \cos un \cdot du = \frac{\sqrt{2\pi}}{[\alpha^2]^{\frac{5}{2}}} e^{-\frac{nn}{2[\alpha^2]}} \left(3 - \frac{6 \cdot nn}{[\alpha^2]} + \frac{n^4}{[\alpha^2]^2}\right)$$

$$\int_{-\infty}^{\infty} u^6 e^{-\frac{[\alpha^2]}{2}uu} \cos un \cdot du = \frac{\sqrt{2\pi}}{[\alpha^2]^{\frac{7}{2}}} e^{-\frac{nn}{2[\alpha^2]}} \left(15 - \frac{45 \cdot nn}{[\alpha^2]} + \frac{15 \cdot n^4}{[\alpha^2]^2} - \frac{n^6}{[\alpha^2]^3}\right)$$

Man erhält jede folgende dieser Formeln durch zweimalige Differentiirung der vorangehenden in Beziehung auf n.

Der Ausdruck (17) verwandelt sich hierdurch in:

$$\psi n = \frac{1}{\sqrt{[\alpha^2]}\sqrt{2\pi}} \cdot e^{-\frac{nn}{2[\alpha^2]}} \tag{18}$$

welche Formel jedoch nur in den Fällen als eine Annäherung an den wahren Ausdruck von ψn angesehen werden kann, in welchen gezeigt werden kann, dass der Einfluss der weggelassenen Glieder von (16) von geringer Bedeutung ist.

Man vervollständigt den Ausdruck (17), indem man ihn unter dem Integralzeichen mit

$$e^{\frac{[\alpha^2]}{2}uu - U} = e^{-\frac{3[\alpha^4]-[\alpha_1{}^4]}{24}u^4 - \frac{30[\alpha^6]-15[\alpha^2\cdot\alpha_1{}^4]+[\alpha_2{}^6]}{720}u^6 - \text{etc.} \ldots}$$

oder mit

$$1 - \frac{3[\alpha^4] - [\alpha_1^4]}{24}u^4 - \frac{30[\alpha^6] - 15[\alpha^2 \cdot \alpha_1^4] + [\alpha_2^6]}{720}u^6 - \text{etc.} \ldots$$

multiplicirt. Man erhält dadurch

$$\psi n = \frac{1}{2\pi}\int_{-\infty}^{\infty} e^{-\frac{[\alpha^2]}{2}uu} \cos un \cdot du - \frac{3[\alpha^4] - [\alpha_1^4]}{48\pi}\int_{-\infty}^{\infty} u^4 e^{-\frac{[\alpha^2]}{2}uu} \cos un \cdot du$$
$$- \frac{30[\alpha^6] - 15[\alpha^2 \cdot \alpha_1^4] + [\alpha_2^6]}{1440\pi}\int_{-\infty}^{\infty} u^6 e^{-\frac{[\alpha^2]}{2}uu} \cos un \cdot du - \text{etc.} \ldots$$

und durch die Anwendung der angeführten Ausdrücke der hier vorkommenden Integrale:

$$\psi n = \frac{e^{-\frac{nn}{2[\alpha^2]}}}{\sqrt{[\alpha^2]}\sqrt{2\pi}} \left\{1 - \frac{3[\alpha^4] - [\alpha_1^4]}{24[\alpha^2]^2}\left(3 - \frac{6nn}{[\alpha^2]} + \frac{n^4}{[\alpha^2]^2}\right)\right.$$
$$\left. - \frac{30[\alpha^6] - 15[\alpha^2 \cdot \alpha_1^4] + [\alpha_2^6]}{720[\alpha^2]^3}\left(15 - \frac{45nn}{[\alpha^2]} + \frac{15n^4}{[\alpha^2]^2} - \frac{n^6}{[\alpha^2]^3}\right) - \ldots\right\}. \tag{19}$$

Hieraus geht hervor, dass der Ausdruck (18) eine Annäherung an ψn ist, wenn die jetzt hinzugekommenen Glieder, nämlich:

$$-\frac{e^{-\frac{nn}{2[\alpha^2]}}}{\sqrt{[\alpha^2]}\sqrt{2\pi}}\cdot\frac{3[\alpha^4]-[\alpha_1^4]}{24[\alpha^2]^2}\left(3-\frac{6nn}{[\alpha^2]}+\frac{n^4}{[\alpha^2]^2}\right)-\frac{e^{-\frac{nn}{2[\alpha^2]}}}{\sqrt{[\alpha^2]}\sqrt{2\pi}}$$

$$\times\frac{30[\alpha^6]-15[\alpha^2\cdot\alpha_1^4]+[\alpha_2^6]}{720[\alpha^2]^3}\left(15-\frac{45nn}{[\alpha^2]}+\frac{15n^4}{[\alpha^2]^2}-\frac{n^6}{[\alpha^2]^3}\right)$$

für alle Werthe von n sehr klein sind. Man bemerkt leicht, dass sie den grössten Werth, dessen sie fähig sind, für $n = 0$ erlangen, also für keinen Werth dieser Grösse die Grenze:

$$-\frac{1}{\sqrt{[\alpha^2]}\sqrt{2\pi}}\left\{\frac{3[\alpha^4]-[\alpha_1^4]}{8[\alpha^2]^2}+\frac{30[\alpha^6]-15[\alpha^2\cdot\alpha_1^4]+[\alpha_2^6]}{48[\alpha^2]^3}+\text{etc.}\ldots\right\} \qquad (20)$$

überschreiten.

Die Grössen $\alpha, \alpha_1, \alpha_2, \ldots$ können immer als von gleicher Ordnung betrachtet werden, ebenso $\beta, \beta_1, \beta_2, \ldots; \gamma, \gamma_1, \gamma_2, \ldots$ u. s. w. Wenn auch $\alpha, \beta, \gamma, \ldots$ als von gleicher Ordnung angesehen werden können, oder wenn die einzelnen Fehlerursachen mittlere Fehler von gleicher Ordnung hervorbringen, von der Ordnung einer Grösse k, und wenn die Anzahl der zusammenwirkenden Fehlerursachen, wie oben, durch $\mu + 1$ bezeichnet wird, so ist $[\alpha^2]$ von der Ordnung von $(\mu + 1)\,k^2$; $[\alpha^4]$ und $[\alpha_1^4]$ sind von der Ordnung von $(\mu + 1)\,k^4$; $[\alpha^6]$, $[\alpha^2\alpha_1^4]$ und $[\alpha_2^6]$ von der Ordnung von $(\mu + 1)\,k^6$, u. s. w. Man erhält also das erste Glied des eben entwickelten Ausdrucks von der Ordnung von $\frac{1}{\mu+1}$, das zweite Glied desselben von der Ordnung von $\frac{1}{(\mu+1)^2}$, u. s. w. Wenn also die Annahme, dass $\alpha, \beta, \gamma, \ldots$ von gleicher Ordnung sind, statthaft ist, so ist der Ausdruck (18) *mit desto grösserem Rechte als eine Annäherung an ψn anzusehen, je grösser die Anzahl der zusammenwirkenden Fehlerursachen ist.* Es ist dagegen kein Grund vorhanden, ihn für eine Näherung zu halten, wenn eine oder einige der Fehlerursachen beträchtlich grössere Wirkungen äussern als die übrigen, oder wenn ihre Anzahl nicht gross ist. Uebrigens bemerkt man leicht, dass die Reihe (19) nicht convergiren, also auch nicht Folgerungen zum Grunde gelegt werden kann, welche nicht aus dem schnellen Kleinerwerden ihrer früheren Glieder allein gezogen werden können. Die Natur des Ausdruckes von ψn bringt nämlich, wie ich vorher gezeigt habe, mit sich, dass er eine nicht-stetige Function von n ist; dieser Eigenschaft kann die Reihe nur entsprechen, wenn sie nicht convergirt, und *allgemein* folgt hieraus, dass ψn nicht durch eine convergirende Reihe ausgedrückt werden kann. Andere Anwendungen, welche in der Wahrscheinlichkeitsrechnung von dem Principe der *grossen Zahlen* gemacht worden sind und gemacht werden können, sind im Allgemeinen, in dieser Beziehung, in einem gleichen Falle.

10.

Fälle, in welchen nicht *viele* von einander unabhängige Ursachen zusammenwirkten, um einen Beobachtungsfehler zu erzeugen, sind wahrscheinlich sehr selten; selbst in sehr einfach erscheinenden Beobachtungsarten können oft zahlreiche Ursachen ihrer Fehler nachgewiesen werden. Um dieses durch ein Beispiel zu erläutern, werde ich annehmen, dass eine Reihe von Entfernungen eines Fixsterns von dem Scheitelpunkte oder Pole, mit einem nach REICHENBACH'scher Art eingerichteten Meridiankreise beobachtet sei und versuchen, die Ursachen der Fehler aufzuzählen, welche sich in der Zusammenstellung ihrer Resultate verrathen. Das Instrument muss zuerst auf den Stern eingestellt werden, und diese Einstellung kann aus verschiedenen Ursachen fehlerhaft werden, nämlich 1., weil eine Grenze der Kraft des Fernrohrs vorhanden ist, innerhalb welcher seine Richtung willkürlich bleibt; 2. weil der Punkt des Bildes des Sterns, den man in Absehenslinie zu bringen beabsichtigt, innerhalb gewisser Grenzen willkürlich sein kann, welche bei grossen und hellen Sternen ohne Zweifel weiter auseinander liegen, als bei kleineren weniger hellen, und woraus hervorgehen kann, dass bei Nacht und bei Tage, oder bei hellerem und weniger hellem Himmel, verschiedene Punkte gewählt werden; 3. weil der Stern sich selten oder nie ruhig, sondern in zitternder, von dem Mangel des Gleichgewichts der Luft herrührender Bewegung zeigt, und also eine, zwischen den äussersten Grenzen dieser Bewegung liegende Wahl getroffen werden muss. Hiezu gesellen sich Fehlerursachen, welche von der Einstellung des Instruments ganz unabhängig sind, z.B. 4. ein Einfluss der Elasticität seines Metalls, welcher, zufälligen äusseren Umständen zufolge, bald diesen, bald jenen Werth erhalten, auch zur Folge haben kann, dass die Richtung des Fernrohrs, in dem Augenblicke des Ablesens der Beobachtung, nicht mehr dieselbe ist, welche sie bei seiner Einstellung war; 5. eine Unsicherheit der Angabe des Kreises, welche aus kleinen Ungleichheiten der Entfernungen seiner eigenen Theilstriche und der Theilstriche der Nonien hervorgeht, und welche sich als veränderlicher Fehler äussert, da gewöhnlich, bei jeder Wiederholung der Beobachtung, andere Theilstriche zur Coincidenz gelangen; 6. die aus der begrenzten Schärfe des optischen Hülfsmittels, wodurch die Ablesungen erlangt werden, hervorgehende Unsicherheit; 7. die aus dem Umstande hervorgehenden Fehler, dass die Schätzung der Angaben der Nonien nur z.B. bis auf die Hälfte des kleinsten Zwischenraumes von 2″, welchen sie angeben, getrieben werden kann, wodurch alle an den vier Nonien dieser Instrumente abgelesenen Beobachtungen sich immer mit einer vollen, einer viertel, halben oder dreiviertel Secunde, nie aber mit anderen Theilen derselben schliessen. Ferner kommen dazu äussere Umstände, z.B. 8. der Einfluss der Körperwärme des Beobachters auf den Kreis oder andere Theile des Apparats; 9. der Einfluss einer, im Allgemeinen vorhandenen, Verschiedenheit der Wärme zwischen dem unteren und oberen Rande des Kreises, welcher Spannungen in seinem Metalle und Veränderungen seiner Figur erzeugt. Auch veranlasst 10. die Voraussetzung, dass die Wasserwage der Alhidade bei jeder Ablesung sich im nicht beeinträchtigten Zustande des Gleichgewichts befinde, einen zufälligen Fehler; 11. geht ein solcher aus der Annahme hervor, dass das Instrument zwischen zwei mit einander zu vergleichenden Beobachtungen in vollkommen gleichem Zustande geblieben sei, während doch die Bemerkung von Aenderungen, welche es in kürzerer oder längerer Zeit erfährt, nicht selten ist. Mit dem sogenannten Beobachtungsfehler vermischt sich auch 12. der Einfluss, welchen die fehlerhafte Annahme hat, dass der Zustand der Atmosphäre, so wie Barometer und Thermometer ihn angeben, genau der sei, wonach die Grösse der jedesmaligen Strahlenbrechung sich richtet, und 13. der Einfluss kleiner Unvollkommenheiten der Reductionselemente der Beobachtungen. Ich werde vermuthlich in dieser Aufzählung von Ursachen, welche zur Erzeugung eines scheinbaren Beobachtungsfehlers zusammenwirken, mehrere übersehen haben, so wie ich der zufälligen Unachtsamkeit in der Ausführung einzelner Momente der Beobachtungen, nicht vortheilhafter oder unruhiger Beleuchtung der Fäden und der Theilstriche, der Einflüsse der Kälte auf das Instrument u.s.w. nicht habe erwähnen wollen. Immer aber wird durch diese Aufzählung von Fehlerursachen der Zweck erreicht, bemerklich zu machen, dass selbst diese einfache Beobachtungsart einen Gesammtfehler zeigen muss, welcher aus zahlreichen Ursachen entsteht, deren jede von den übrigen unabhängig wirkt.

Es ist das Bestreben des Künstlers, welcher ein Instrument verfertigt, seine *einzelnen* Theile so anzuordnen, dass sie das was sie leisten sollen, mit *gleichmässiger* Genauigkeit leisten. Es würde unnütz sein, einem Kreise einen grossen Halbmesser und bis auf Kleinigkeiten sichere Theilungen zu geben, wenn er nur ein kleines, wenig sichere Einstellungen gewährendes Fernrohr tragen sollte. Wenn es dagegen in der Absicht liegt, in den ersteren Beziehungen das Aeusserste zu leisten, so ist jedesmal auch die Absicht vorhanden, ein dieser Leistung angemessenes Fernrohr anzuwenden. Auch der Wasserwage, wodurch der Scheitelpunkt erkannt werden soll, gibt der Künstler *gleichmässige* Vollendung, und sein ganzes Nachdenken wendet er an, um *alle* Theile des Instruments so auszuführen, dass nicht die Mangelhaftigkeit des einen den Vortheil vernichte, welchen die Vollendung der übrigen hervorbringt. Der Beobachter, der das Instrument anwendet, bestrebt sich gleichfalls, dieser Anwendung eine der Genauigkeit des Instruments *gleichmässige* Sicherheit zu geben. Er wird Beobachtungen als ungenügend erkennen, wenn die äusseren Umstände so ungünstig sind, dass sie ihm Zweifel erzeugen, welche er für *ungleichmässig* mit der Genauigkeit des Apparats hält. Während er z. B. eine, bis auf einige Secunden gehende Unsicherheit, welche das Zittern der Luft verursacht, für sehr bedeutend hält, wenn er mit einem grossen und genauen Instrumente beobachtet, muss sie ihm unbedeutend erscheinen, wenn er ein mit einem schwachen Fernrohre versehenes Instrument von kleinem Halbmesser, welches, auch bei der ruhigsten Luft, viel grössere Unsicherheiten übrig lassen würde, anwendet. Es ist nicht die *Grösse* der Unsicherheit, welche diesen Unterschied veranlasst, sondern nur ihr *verschiedenes Verhältniss* zu anderen vorhandenen Fehlerursachen.

Aus dieser Darstellung der Beobachtungen im Allgemeinen und der wesentlichen Beschaffenheit eines guten Apparats und einer ihm angemessenen Beobachtungsreihe, scheint mir hervorzugehen, dass man die *beiden* Annahmen, unter welchen das im 9. Art. erlangte Resultat näherungsweise richtig ist, nicht für so selten gerechtfertigt halten darf, als man, ohne genauere Betrachtung der Beobachtungsarten und Apparate, vielleicht geneigt sein möchte. Die erste dieser Annahmen ist, dass *viele* Ursachen zur Hervorbringung des Beobachtungsfehlers *zusammenwirken*; die zweite, dass unter den, aus den einzelnen Ursachen hervorgehenden mittleren Fehlern, *keiner die übrigen beträchtlich übertreffe*. Wenn diese Annahmen erlaubt sind, nähert sich immer die Wahrscheinlichkeit des Gesammtfehlers *n* einer Beobachtung der Form:

$$\psi n = \frac{1}{m\sqrt{2\pi}} \cdot e^{-\frac{nn}{2mm}}$$

d. h. demselben Gesetze, wovon Gauss zuerst gezeigt hat, dass es das von der Vorschrift des arithmetischen Mittels geforderte ist.

Text 6.7. Ernst Abbe, Ueber die Gesetzmässigkeit in der Vertheilung der Fehler bei Beobachtungsreihen*)

Um die Voraussetzungen für die nachstehenden Erörterungen vollständig zu präcisiren, werde angenommen, es handle sich um irgend einen Vorgang, in welchem *eine* messbare Grösse B in ihrem Werthe mit *einer* andern A variirt (wie z. B. in einer Dampfmasse die Spannung mit der Temperatur od. dergl.). Es seien alsdann einerseits für eine Reihe einzelner Werthe des Bestimmungsstückes $A, .. a_1, a_2, \dots a_n$ die zugehörigen des andern $B, .. b_1, b_2, \dots b_n$ durch directe Messung ermittelt, und andrerseits sei – irgend woher – eine theoretische Formel als Ausdruck der zwischen beiden stattfindenden Abhängigkeit vorgelegt, $B = F(A)$, vermöge welcher den Werthen $a_1, \dots a_n$ die *berechneten* Werthe $\beta_1, \beta_2, \dots \beta_n$ entsprechen[189]). Die Frage ist nun: welche Wahrscheinlichkeit besteht dafür, das die n Differenzen

$$\beta_1 - b_1 = x_1 \cdots \beta_n - b_n = x_n$$

ausschliesslich von zufälligen Beobachtungsfehlern herrühren?

Es liegt auf der Hand, dass die Beantwortung dieser Frage von einer bestimmten Annahme über die relative Häufigkeit zufälliger Fehler von verschiedener Grösse bei der betreffenden Beobachtungsweise ausgehen muss. Hier soll nun ausschliesslich diejenige Regel zu Grunde gelegt werden, welche Gauss aus einfachen Betrachtungen abgeleitet hat und welche durch vielfache Vergleichung mit umfassenden Beobachtungsreihen als eine der Wirklichkeit stets sehr nahe kommende bewährt ist. Dieser zufolge ist die Wahrscheinlichkeit w für das Eintreffen eines Fehlers, dessen Grösse zwischen x und $x + dx$ liegt (dx als Differential in dem üblichen Sinne genommen), bestimmt durch die Formel

$$w = \frac{h}{\sqrt{\pi}} e^{-h^2 x^2} dx, \tag{1}$$

*) Ernst Abbe, Ueber die Gesetzmässigkeit in der Vertheilung der Fehler bei Beobachtungsreihen, Habilitationsschrift an der Universität Jena von 1863; (= Gesammelte Abhandlungen von Ernst Abbe Bd. II, Jena 1906, S. 55–81, speziell S. 57–59 und 61–64).

189) Auf dieses einfache Schema werden sich die in der Praxis vorkommenden Aufgaben, auch dann, wenn gleichzeitig mehr als zwei Veränderliche vorliegen, in den meisten Fällen zurückführen lassen.

in welcher die Constante h – das Maass für die Genauigkeit der betreffenden Beobachtungsweise – durch die Gleichung

$$h\varrho = 0{,}4769\,..$$

mit dem wahrscheinlichen Fehler ϱ *einer* Beobachtung verknüpft ist.

Dies vorausgesetzt, lässt sich die obige Frage dahin formuliren: Wenn die Genauigkeit der Beobachtungen durch den ihnen entsprechenden Werth von h (oder ϱ) bekannt ist, mit welchem Grade von Wahrscheinlichkeit ist alsdann das *zufällige* Eintreffen eines Fehlersystems wie das gegebene $x_1, x_2, \ldots x_n$ zu erwarten? Denn die *hierfür* bestehende Wahrscheinlichkeit giebt zugleich das Maass für diejenige, mit welcher das Fehlersystem, *nachdem* es eingetroffen ist, als durch Zufall entstanden angesehen werden darf.

Wovon wird nun die Wahrscheinlichkeit d.h. die relative Häufigkeit des Vorkommens eines Fehlersystems abhängen? – Es liegt auf der Hand, dass hierbei gleichzeitig zwei verschiedene Momente maassgebend sein müssen, nämlich die absolute Grösse der einzelnen Fehler und die Art ihrer Aufeinanderfolge oder Vertheilung (dabei natürlich die Beobachtungen nach den Werthen desjenigen Arguments geordnet gedacht, welches in der Function die Rolle der unabhängigen Veränderlichen spielt). Ein grosser Fehler – bezogen auf den Werth von h oder ϱ – kömmt, nach Maassgabe der Gleichung (1), seltener vor als ein kleiner und desshalb kann auch ein System von überwiegend grossen Differenzen nur relativ selten eintreffen. Andrerseits aber wird auch eine Fehlergruppe, deren Glieder vorwaltend nach einer Seite liegen oder eine gewisse Regelmässigkeit der Anordnung zeigen, nur mit geringer Wahrscheinlichkeit zu erwarten sein.

Man kann nun versuchen, diesen beiden Rücksichten bei der Beurtheilung getrennt Rechnung zu tragen, was allerdings nur mit einer gewissen Willkür auszuführen sein wird, doch aber so geschehen kann, dass das Maassgebende im Grossen und Ganzen zur Geltung kommt. – Es sollen zu diesem Zwecke zwei Functionen der n Grössen $x_1, x_2, \ldots x_n$ herbeigezogen werden, von welchen die eine so gebildet ist, dass ihr Werth nur von den absoluten Werthen jener abhängt, während der der zweiten umgekehrt von der Grösse der Elemente selbst unabhängig ist, sich aber mit der unter ihnen bestehenden Werthverschiedenheit und ihrer Anordnung ändert. Denkt man sich zwei Functionen diesen Anforderungen gemäss gebildet, so werden dieselben geeignet sein, vermöge der Werthe, die beide für jedes vorgelegte Fehlersystem annehmen, verschiedene Systeme von einander zu unterscheiden; und zwar in der Art, dass jedenfalls solche auseinander gehalten werden, denen nach dem unmittelbaren Urtheil in erheblichem Grade ungleiche Wahrscheinlichkeit zukommt.

Den für die erste Function gestellten Bedingungen genügt offenbar in einfachster Weise die Summe der Quadrate der n Fehler

$$\Sigma x^2 = x_1^2 + x_2^2 + \cdots + x_n^2 = \Delta,$$

deren Benutzung zu dem gedachten Zwecke sich um so mehr empfiehlt, als sie bei Anwendung der Methode der kleinsten Quadrate von selbst sich darbietet. ...

Die Erledigung der hier vorliegenden analytischen Aufgabe soll damit begonnen werden, die Wahrscheinlichkeit auszudrücken, dass bei einer Reihe von n Beobachtungen die Grösse Δ bei unbestimmt gelassenem Θ zwischen gegebene Grenzen falle[190]).

Wenn die relative Häufigkeit eines Beobachtungsfehlers nach Gleichung (1) von seiner Grösse abhängt, so ist den Grundsätzen der Combinatorik zufolge die Wahrscheinlichkeit für das Zusammentreffen von n einzeln bestimmten Fehlern $x_1, \ldots . x_n$, für welche der Reihe nach der Spielraum $dx_1 \ldots dx_n$ statuirt ist,

$$dx_1\, dx_2 \cdots dx_n \frac{h^n}{\pi^{\frac{n}{2}}} e^{-h^2(x_1^2+x_2^2 \cdots + x_n^2)}$$

und demnach die Wahrscheinlichkeit eines Fehlersystems, bei welchem die Summe der Fehlerquadrate zwischen den Grenzen 0 und Δ[191]) enthalten ist, die $n$fache Summe

$$\Phi(\Delta) = \frac{h^n}{\pi^{\frac{n}{2}}} \int dx_1 \int dx_2 \cdots \int dx_n\, e^{-h^2(x_1^2+x_2^2 \cdots + x_n^2)} \tag{2}$$

wobei die Integration über alle Werthensysteme der n Veränderlichen zu erstrecken ist, welche der Bedingung genügen

$$0 < x_1^2 + x_2^2 \ldots + x_n^2 < \Delta .$$

Das vorstehende Integral ist schon auf mehr als eine Weise berechnet worden; doch mag seine Werthbestimmung hier nochmals ausgeführt werden mit denjenigen Hilfsmitteln, welche des Folgenden wegen doch sogleich bereit gelegt werden müssten und welche in diesem Falle besonders leicht und einfach zum Ziele führen.

Es soll hier die bekannte DIRICHLET'sche Methode des discontinuirlichen Factors in Anwendung gebracht, als solcher jedoch nicht das von DIRICHLET benutzte Integral gebraucht werden, sondern ein anderes, welches für den jetzigen Zweck dadurch wesentliche Vortheile bietet, dass seine Einführung niemals ein Unendlichwerden einzelner Elemente veranlasst und keine Hinzufügung imaginärer Theile, die im Endresultat wieder ausgeschieden werden müssen, nöthig macht.

[190]) (S): ABBE hatte Θ, abhängig von der Anordnung der Fehler, als die Summe der Differenzenquadrate von jeweils zwei aufeinanderfolgenden Fehlern eingeführt.

[191]) Es geschieht der Allgemeinheit offenbar kein Eintrag, wenn für die eine Grenze ohne Weiteres Null gesetzt wird.

Man betrachte das durch reelle Werthe erstreckte Integral

$$\int_{-\infty}^{\infty} \frac{e^{\sigma\varphi i}}{a+\varphi i}\,d\varphi; \qquad \left(i=\sqrt{-1}\right).$$

Mit Hilfe der von Cauchy begründeten Sätze über die Integration durch complexe Werthe der Variabeln überzeugt man sich leicht, dass der Werth desselben, wofern a als eine von Null verschiedene, *positive* Constante vorausgesetzt wird, $2\pi e^{-\sigma a}$ ist, so lange σ positiv, und Null, wenn σ negativ. Die zu integrirende Function ist nämlich für alle complexen φ einwerthig und wird nur für $\varphi = ai$ unendlich. Zugleich aber giebt das Integral Null, wenn es von $-\infty$ bis $+\infty$ durch complexe Werthe mit unendlichem Modul, deren imaginärer Bestandtheil mit σ gleiches Vorzeichen hat, erstreckt wird, wie man sogleich erkennt, wenn man

$$\varphi = r\cos\psi + ir\sin\psi$$

einsetzt und r unendlich werden lässt. Da aber das durch reelle Werthe genommene Integral von dem letzteren nur um die Residuum-Integrale für die *zwischen* beiden Integrationswegen liegenden Unstetigkeitsstellen verschieden ist, so ergiebt sich leicht, dass jenes $= 0$ sein muss, wenn σ negativ, und $= 2\pi e^{-\sigma a}$, wenn σ positiv ist. Durch Division mit letzterem Werthe erhält man daher

$$\frac{1}{2\pi}\int_{-\infty}^{\infty} \frac{e^{\sigma(a+\varphi i)}}{(a+\varphi i)}\,d\varphi = 1,\ \text{wenn}\ \sigma > 0;\ = 0,\ \text{wenn}\ \sigma < 0, \tag{3}$$

und damit ein Integral, welches ohne Weiteres als Discontinuitätsfactor für die Integration in (2) benutzt werden kann[192]). – Setzt man

$$\sigma = \varDelta - (x_1^2 + x_2^2 \cdots + x_n^2)$$

und multiplicirt in (2) mit obigem Integrale, so kann jetzt nach jeder der n Veränderlichen von $-\infty$ bis ∞ integrirt werden, da der hinzugefügte Factor alle Elemente wieder ausscheidet, für welche die Bedingung $x_1^2 \cdots + x_n^2 < \varDelta$ nicht erfüllt ist. – Nach Umkehrung der Integrationsordnung in Bezug auf φ, für welche offenbar alle erforderlichen Bedingungen vorliegen, und nach Trennung der einzelnen Variabeln x erhält man jetzt

$$\varPhi(\varDelta) = \frac{1}{2\pi}\cdot\frac{h^n}{\pi^{\frac{n}{2}}}\int_{-\infty}^{\infty} d\varphi\,\frac{e^{\varDelta(a+\varphi i)}}{a+\varphi i}\int_{-\infty}^{\infty} dx_1\, e^{-(h^2+a+\varphi i)x_1^2}$$

$$\cdots \int_{-\infty}^{\infty} dx_n\, e^{-(h^2+a+\varphi i)x_n^2}.$$

[192]) Die Verwendung eines dem obigen ähnlichen Integrals als Discontinuitätsfactor ist mir aus den Vorlesungen des Hrn. Prof. Riemann in Göttingen bekannt.

Es ist aber

$$\int_{-\infty}^{\infty} dx_k\, e^{-(h^2+a+\varphi i)x_k^2} = \frac{\sqrt{\pi}}{\sqrt{h^2+a+\varphi i}}$$

mithin

$$\Phi(\Delta) = \frac{h^n}{2\pi} \int_{-\infty}^{\infty} d\varphi \frac{e^{\Delta(a+\varphi i)}}{(a+\varphi i)\,(h^2+a+\varphi i)^{\frac{n}{2}}}. \tag{4}$$

Dieses Integral lässt sich nun weiter reduciren, wenn darin

$$\frac{1}{(h^2+a+\varphi i)^{\frac{n}{2}}} = \frac{1}{\Gamma\left(\frac{n}{2}\right)} \int_0^{\infty} dy\, e^{-(h^2+a+\varphi i)y}\, y^{\frac{n}{2}-1}$$

eingeführt wird, wodurch man nach Umkehrung der Integrationsfolge erhält:

$$\Phi(\Delta) = \frac{h^n}{2\pi\,\Gamma\left(\frac{n}{2}\right)} \int_0^{\infty} dy\, e^{-h^2 y}\, y^{\frac{n}{2}-1} \int_{-\infty}^{\infty} d\varphi \frac{e^{(\Delta-y)(a+\varphi i)}}{a+\varphi i}.$$

Hierin ist aber das Integral nach φ, welches dem Elemente des vorangehenden Integrals als Factor zugefügt erscheint, wenn man $\frac{1}{2\pi}$ hinzugenommen denkt, nichts Anderes als der ursprüngliche Discontinuitätsfactor (3) mit der Bestimmung $\sigma = (\Delta - y)$. Es ist mithin $= 1$, so lange $y < \Delta$, und $= 0$, wenn $y > \Delta$. Demzufolge reducirt sich der Ausdruck schliesslich auf

$$\Phi(\Delta) = \frac{h^n}{\Gamma\left(\frac{n}{2}\right)} \int_0^{\Delta} e^{-h^2 y}\, y^{\frac{n}{2}-1}\, dy \tag{5}$$

wie auch nach andern Methoden gefunden wird. – Auf Grund dieser Formel lässt sich sogleich die Wahrscheinlichkeit eines Fehlersystems angeben, für welches die Summe der Fehlerquadrate zwischen zwei beliebigen Grenzen Δ_1 und Δ_2 enthalten ist.

Kapitel 7. Anwendungen der Wahrscheinlichkeitsrechnung in der Physik

Die unscheinbaren Anfänge einer bewußten Anwendung der Wahrscheinlichkeitsrechnung in der Physik betreffen die kinetische Gastheorie als die Hauptwurzel einer später so genannten statistischen Mechanik. Zu diesem Problemkreis kamen in der Folgezeit Probleme der Wärme- und Lichtstrahlung sowie der Spektralanalyse, zunächst sogenannte Fluktuationserscheinungen wie die Brownsche Bewegung, einer der ersten konkret behandelten stochastischen Prozesse, und der Bereich der Radioaktivität.

Um 1900 hatten diese Anwendungen in der Physik einen Umfang erreicht, der HILBERT (siehe Kapitel 8) dazu veranlaßte, die Wahrscheinlichkeitsrechnung als eine physikalische Disziplin zu bezeichnen. Daß es trotz wiederholter, bis ins 18. Jh. zurückreichender Versuche, Gasgesetze wie das BOYLE-MARIOTTEsche mit einem gaskinetischen Modell zu begründen, erst nach der Mitte des 19. Jh. zu einer mehr oder minder stetigen Entwicklung einer kinetischen Theorie der Gase kam, hat vor allem fachliche Gründe. Ein besonderes Hemmnis für die Annehmbarkeit einer gaskinetischen Theorie stellte der ihr innewohnende Atomismus dar. Die allgemeine Überzeugung von der Gültigkeit des Energieerhaltungssatzes und insbesondere seine vor dem Hintergrund des Siegeszuges der Dampfmaschine bevorzugte Anwendung auf die Umwandlung von Wärmeenergie in mechanische Energie und umgekehrt führte dazu, daß eine andere als eine „mechanische Wärmetheorie" nicht mehr vorstellbar erschien. Von den beiden Formen einer „mechanischen Wärmetheorie" konnten aus der Vibrationstheorie, nach welcher das Gas aus um Gleichgewichtslagen schwingenden Teilchen besteht, nicht einmal die einfachsten Gasgesetze mathematisch befriedigend abgeleitet werden. Damit war der Weg frei für die zweite Möglichkeit, Wärme als ein mechanisches Phänomen zu erklären, nämlich für die kinetische Gastheorie. Gegen Ende des 19. Jh. kam es dann unter dem Einfluß des Positivismus, vor allem dessen Vorbehalten gegen die Hypothese einer atomaren Struktur der Materie, in der Physik zu einer Stagnation, ja z.T. sogar zur Ablehnung der kinetischen Gastheorie, die im wesentlichen erst durch die Arbeiten von EINSTEIN wieder überwunden wurde.

Den Anfang der Entwicklung der kinetischen Gastheorie bildet eine Arbeit von KRÖNIG[193]) aus dem Jahr 1856. Darin wird ein sehr primitives kinetisches

[193]) AUGUST CARL KRÖNIG, Grundzüge einer Theorie der Gase, *in*: Annalen der Physik und Chemie **99** (1856), S. 315–322.

Modell für das in einem rechteckigen Kasten eingeschlossene Gas vorgestellt: Die Gasatome werden als vollkommen elastische Kügelchen von gleicher Größe aufgefaßt und lassen sich in sechs Gruppen einteilen, die sich in drei aufeinander senkrecht stehenden Richtungen mit gleicher Geschwindigkeit im positiven und im negativen Sinn bewegen, ohne miteinander zu kollidieren. Als Rechtfertigung für die Verwendung dieses Modells führt Krönig an[194]):

„Den Gasatomen gegenüber ist auch die ebenste Wand als sehr höckerig zu betrachten, und die Bahn jedes Gasatoms muß deshalb eine so unregelmäßige seyn, daß sie sich der Berechnung entzieht. Nach den Gesetzen der Wahrscheinlichkeitsrechnung wird man jedoch statt dieser vollkommenen Unregelmäßigkeit eine vollkommene Regelmäßigkeit annehmen dürfen."

Die Wahrscheinlichkeitsrechnung wurde also von Krönig noch gar nicht angewandt, sondern als ein Instrument betrachtet, das den Übergang von der angenommenen Unregelmäßigkeit im Einzelfall zu der Regelmäßigkeit des Verhaltens des aus einer großen Anzahl von Individuen bestehenden Ganzen leistet.

Krönigs höckerige Wand hat die Funktion des Mischvorgangs in einer Urne; die Bahn eines Einzelatoms entspricht einer einzelnen Ziehung aus der Urne, das regelmäßige Modell den mit wachsender Anzahl der Ziehungen nach Wahrscheinlichkeit stabiler werdenden relativen Häufigkeiten für z. B. das Auftreten einer bestimmten Farbe der gezogenen Kugeln (siehe Kapitel 4).

Problematisch für diese Analogie zum Gesetz der großen Zahlen war die Unabhängigkeit des Verhaltens der Gaspartikel voneinander, die durch die Annahme eines kollisionsfreien Weges erkauft wurde. Diese Annahme wurde zunächst auch von Clausius beibehalten, der ein Jahr nach Krönig seine erste gaskinetische Arbeit veröffentlichte und, wiederum ohne die Wahrscheinlichkeitsrechnung wirklich anzuwenden, ein allerdings gegenüber Krönig schon etwas verfeinertes gaskinetisches Modell vorstellte[195]):

„Ferner ist es zwar in der Wirklichkeit nicht nöthig, daß ein Molecül, wie es nach den gewöhnlichen Elasticitätsgesetzen bei elastischen Kugeln an einer vollkommen ebenen Wand seyn müßte, unter demselben Winkel und mit derselben Geschwindigkeit von der Wand zurückfliegt, welche es beim Heranfliegen hatte; nach den Regeln der Wahrscheinlichkeit kann man aber annehmen, daß es eben so viele Molecüle giebt, deren Zurückwerfungswinkel in ein gewisses Intervall, z. B. zwischen 60° und 61°, fällt, als solche, deren Einfallswinkel in dieses Intervall fällt, und auch an der Geschwindigkeit der Molecüle wird im Ganzen genommen durch die Wand nichts geändert. Es kann daher in dem Endresultate keinen Unterschied hervorbringen, wenn man annimmt, daß für jedes Molecül der Winkel und die Geschwindigkeit der Zurück-

[194]) Krönig, ebenda, S. 316.

[195]) Rudolph Clausius, Ueber die Art der Bewegung, welche wir Wärme nennen, *in*: Annalen der Physik und Chemie **100** (1857), S. 353–380; speziell S. 371f.

werfung gleich denen des Einfalls seyen. Hiernach würde ein Molecül in denselben Richtungen, welche ein Lichtstrahl zwischen ebenen Spiegeln wählt, so oft zwischen den beiden großen Wänden hin- und hergehen, bis es einmal eine Seitenwand träfe, von dieser zurückgeworfen würde es eine ähnliche Reihe von Hin- und Hergängen beginnen u.s.f.

Endlich findet in der Wirklichkeit gewiß die mannichfaltigste Verschiedenheit in den Geschwindigkeiten der einzelnen Molecüle statt. Bei der Betrachtung aber kann man allen Molecülen eine gewisse mittlere Geschwindigkeit zuschreiben. Diese mittlere Geschwindigkeit muß, wie aus den folgenden Formeln ersichtlich ist, um einen gleichen Druck zu erhalten, so gewählt werden, daß die lebendige Kraft aller Molecüle bei der mittleren Geschwindigkeit dieselbe ist, wie bei den wirklich stattfindenden Geschwindigkeiten."

Verglichen mit Krönig hatte Clausius den Übergang zu den für eine mathematische Darstellung der Theorie erforderlichen Idealisierungen im einzelnen besser begründet, ohne, wie schon erwähnt, die Wahrscheinlichkeitsrechnung tatsächlich anzuwenden.

Zu einer solchen Anwendung kam es erst, als Clausius unter dem Druck des Arguments, daß die beobachteten langsamen Diffusionsgeschwindigkeiten von Gasen mit einem Modell, bei dem sich die Gasteilchen mit großer Geschwindigkeit kollisionsfrei bewegen, nicht verträglich sind, das Konzept der mittleren freien Weglänge einführte (Text 7.1., erster Teil). Die mittlere freie Weglänge ist der Erwartungswert des Abstandes x zwischen zwei aufeinanderfolgenden Kollisionsörtern eines Teilchens.

Gleichzeitig verdeutlichte Clausius vor dem Hintergrund der Kritik Hoppes[196]), daß die mit Hilfe der kinetischen Gastheorie abgeleiteten Gasgesetze nur mit einer hohen Wahrscheinlichkeit gültig sind (Text 7.1., zweiter Teil). Eine Klärung des zugrundeliegenden Wahrscheinlichkeitskonzepts etwa im Sinn der relativen Dauer eines Zustandes erfolgte erst später durch Boltzmann und Einstein.

Diese Arbeit von Clausius wurde auch ins Englische übersetzt. Sie veranlaßte Maxwell dazu, das kinetische Gasmodell weiter zu verfeinern, indem statt der von Clausius verwendeten mittleren, für alle Gasmoleküle gleichen Geschwindigkeit eine Geschwindigkeitsverteilung gesetzt wurde (Text 7.2.). Dabei führten die speziellen Annahmen Maxwells für das gaskinetische Modell zu einer Funktionalgleichung, die zu der von Gauss bei der ersten Begründung der Methode der kleinsten Quadrate verwendeten äquivalent ist (Text 6.4.1.), d.h., Maxwell erhielt als Geschwindigkeitsverteilung eine Normalverteilung. Mit diesem Modell konnte er u.a. die innere Reibung (Viskosität) eines Gases als unabhängig von der Dichte und proportional zu $T^{\frac{1}{2}}$ (T absolute Temperatur)

[196]) Reinhold Hoppe, Über Bewegung und Beschaffenheit der Atome, *in*: Annalen der Physik und Chemie **104** (1858), S. 279–292.

berechnen, wofür es damals noch keine experimentelle Bestätigung gab. In einer zweiten Arbeit von 1867 gab MAXWELL[197]) eine andere Herleitung für die Geschwindigkeitsverteilung eines im Wärmegleichgewicht befindlichen Gases.

Die auf diese Maxwellschen Arbeiten folgende Entwicklung wurde weitgehend von BOLTZMANN bestimmt. Er verallgemeinerte 1868 die Problemstellung, indem er das Gas als zusätzlich äußeren Kräften ausgesetzt betrachtete.[198]) Die sich aus diesen Voraussetzungen ergebende Dichte der Geschwindigkeitsverteilung der Gasmoleküle berücksichtigt die extern wirkende Kraft durch eine Potentialfunktion. Diese Dichte wird heute als BOLTZMANN-Faktor bezeichnet; sie spielte eine wichtige Rolle in der statistischen Mechanik.

In dieser Arbeit unterschied BOLTZMANN bereits zwei Bedeutungen für die zugehörige Wahrscheinlichkeit dafür, daß die Geschwindigkeit eines Moleküls in einem vorgegebenen Intervall liegt: Zeitmittel gegenüber dem später von GIBBS so bezeichneten mikrokanonischen Mittel. In einer Arbeit von 1871 nahm BOLTZMANN[199]), ausgedrückt in der in der Physik üblichen Terminologie von GIBBS, an, daß ein geschlossenes mechanisches System alle Punkte des Phasenraums durchläuft, die auf einer gegebenen Energiefläche liegen. Diese Annahme wurde z.T. heftig angegriffen und bildete den Ausgangspunkt der Ergodentheorie.

1872 zeigte BOLTZMANN[200]) mit Hilfe der später nach ihm benannten Transportgleichung, daß Kollisionen den Zustand eines Gases, dessen Moleküle die von MAXWELL berechnete Geschwindigkeitsverteilung aufweisen, nicht ändern, und daß darüber hinaus eine davon abweichende Geschwindigkeitsverteilung im Laufe der Zeit die Maxwellsche annehmen wird. Zum Beweis führte BOLTZMANN eine monoton fallende Funktion E ein, die nur für den Gleichgewichtszustand der MAXWELL-BOLTZMANN-Verteilung konstant bleibt. Das monotone und damit irreversible Verhalten dieser mit der Entropie eng zusammenhängenden Funkion E verstand LOSCHMIDT 1876 als einen Widerspruch zu dem

[197]) JAMES CLERK MAXWELL, On the dynamical theory of gases, *in*: Philosophical Transactions of the Royal Society **157** (1867), S. 49–88, und *in*: The scientific papers of James Clerk Maxwell Bd. II, Cambridge 1890, S. 26–78.

[198]) LUDWIG BOLTZMANN, Studien über das Gleichgewicht der lebendigen Kraft zwischen bewegten materiellen Punkten, *in*: Sitzungsberichte der mathematisch-naturwissenschaftlichen Classe der Kaiserlichen Akademie der Wissenschaften Wien **58**, II. Abtg., (1868), S. 517–560.

[199]) LUDWIG BOLTZMANN, Einige allgemeine Sätze über Wärmegleichgewicht, *in*: Sitzungsberichte der mathematisch-naturwissenschaftlichen Classe der Kaiserlichen Akademie der Wissenschaften Wien **63**, II. Abtg., (1871), S. 679–711.

[200]) LUDWIG BOLTZMANN, Weitere Studien über das Wärmegleichgewicht unter Gasmolekülen, *in*: Sitzungsberichte der mathematisch-naturwissenschaftlichen Classe der Kaiserlichen Akademie der Wissenschaften Wien **66**, II. Abtg., (1872), S. 275–370.

als reversibel anzusehenden mechanischen System des gaskinetischen Modells[201]).

Dieser Umkehreinwand LOSCHMIDTS veranlaßte BOLTZMANN in einer Arbeit von 1877 (Text 7.3.), den Zusammenhang zwischen dem zweiten Hauptsatz der Thermodynamik und der Wahrscheinlichkeitsrechnung erneut zu klären. Ausgangspunkt der dabei von ihm angewandten kombinatorischen Überlegungen war eine diskrete Verteilung von *n* Molekülen auf endlich viele Geschwindigkeiten oder Energieniveaus. Da der zunächst unternommene Versuch über diskrete Energieniveaus mit dem Grenzübergang zu einer stetigen Verteilung nicht das erwartete Ergebnis der Geschwindigkeitsverteilung bei Wärmegleichgewicht lieferte, beschritt BOLTZMANN den Weg einer Verteilung von *n* Molekülen auf eine endliche Anzahl von Geschwindigkeiten, um wiederum mit Hilfe eines Grenzübergangs zu einer stetigen Verteilung und zu dem erwarteten Ergebnis zu kommen. Das in diesem Zusammenhang eingeführte Permutabilitätsmaß ist proportional zur Wahrscheinlichkeit einer bestimmten Geschwindigkeitsverteilung, die im Fall der MAXWELL-BOLTZMANN-Verteilung nicht nur als einzig stationäre, sondern gleichzeitig als wahrscheinlichste Verteilung nachgewiesen werden konnte. Dies veranlaßte BOLTZMANN, weitere Auffassungen über den zugrundeliegenden Wahrscheinlichkeitsbegriff zu diskutieren, um abschließend den Zusammenhang zwischen Entropie und der Wahrscheinlichkeit eines Zustands herzustellen. Mit dieser Arbeit von 1877 hatte BOLTZMANN den Übergang von einem den Stoßgesetzen folgenden gaskinetischen Modell zu dem abstrakteren kombinatorischen Standpunkt vollzogen, der die Phasenraumbeschreibung der statistischen Mechanik von GIBBS[202]) wesentlich vorbereitete.

Unter dem Eindruck der Kritik an der kinetischen Gastheorie vor allem seitens der Positivisten erschien dieser Zweig der Physik gegen Ende des 19. Jh. nahezu verlassen. Das hinderte MAX PLANCK, der selbst zu den Kritikern von BOLTZMANN gehört hatte, nicht daran, bei dem Versuch, eine den experimentellen Befunden besser angepaßte Strahlungsformel zu finden, auf die von BOLTZMANN in der Arbeit von 1877 zunächst benutzte und dann verworfene Methode der Verteilung von *n* Resonatoren auf $p + 1$ diskrete Energieniveaus zurückzugreifen und damit die Plancksche Strahlungsformel abzuleiten (Text 7.4.).

Die nachfolgende Entwicklung bis zur vollkommenen Anerkennung der kinetischen Gastheorie gegen Ende des ersten Jahrzehnts unseres Jahrhunderts

[201]) JOHANN JOSEPH LOSCHMIDT, Über das Wärmegleichgewicht eines Systems von Körpern mit Rücksicht auf die Schwere, *in*: Sitzungsberichte der mathematisch-naturwissenschaftlichen Classe der Kaiserlichen Akademie der Wissenschaften Wien 73, II. Abtg., (1876), S. 128–142 und 366–372.

[202]) JOSIAH WILLARD GIBBS, Elementary principles in statistical mechanics, New York-London 1902; eine deutsche Übersetzung von E. ZERMELO erschien in Leipzig 1905 unter dem Titel ›Elementare Grundlagen der statistischen Mechanik‹.

wurde im deutschsprachigen Raum vor allem durch ALBERT EINSTEIN bestimmt, dessen Verständnis für eine statistische Mechanik wesentlich durch die Arbeiten BOLTZMANNS geformt wurde. In seiner Arbeit von 1902 (Text 7.5.1.), in der er die Ansätze von MAXWELL und BOLTZMANN fortsetzte, zeigt EINSTEIN große Ähnlichkeit zu der ihm damals noch unbekannten Darstellung von GIBBS. In der zweiten Arbeit von 1903 (Text 7.5.2.) wird auf demselben Abstraktionsniveau Wahrscheinlichkeit im Sinn des Zeitmittels in Beziehung gesetzt zum mikrokanonischen Mittel. In § 7 dieser Arbeit behandelt EINSTEIN das Problem der Äquivalenz der von BOLTZMANN kombinatorisch bestimmten Wahrscheinlichkeiten, die auf jeweils gleichgewichtige oder „gleichwahrscheinliche" Elementarereignisse zurückzuführen sind, mit den im Sinn des Zeitmittels bestimmten Wahrscheinlichkeiten. Dieses Problem schnitt er in einer Arbeit von 1905 wieder an, in der er die Entropie eines Zustandes als Funktion der Wahrscheinlichkeit dieses Zustandes im Sinn des Zeitmittels bzw. des mikrokanonischen Mittels darstellte (Text 7.5.3.). Die klarste Formulierung der in der kinetischen Gastheorie verwendeten „statistischen Wahrscheinlichkeiten" im Sinn des Zeitmittels gab EINSTEIN in einer Arbeit von 1909[203]):

„Wenn man sich auf den Standpunkt stellt, daß die Nichtumkehrbarkeit der Naturvorgänge nur eine scheinbare ist, und daß der nichtumkehrbare Vorgang in einem Übergang zu einem wahrscheinlicheren Zustand bestehe, so muß man zunächst eine Definition der Wahrscheinlichkeit W eines Zustandes geben. Die einzige solche Definition, die nach meiner Meinung in Betracht kommen kann, wäre die folgende:

Es seien $A_1, A_2 \cdots\cdots A_l$ alle Zustände, welche ein nach außen abgeschlossenes System bei bestimmtem Energieinhalt anzunehmen vermag, bzw. genauer gesagt, alle Zustände, welche wir an einem solchen System mit gewissen Hilfsmitteln zu unterscheiden vermögen. Nach der klassischen Theorie nimmt das System nach einer bestimmten Zeit einen bestimmten dieser Zustände (z.B. A_l) an, und verharrt darauf in diesem Zustand (thermodynamisches Gleichgewicht). Nach der statistischen Theorie nimmt aber das System in unregelmäßiger Folge alle Zustände $A_1 \ldots. A_l$ immer wieder an[204]). Beobachtet man das System eine sehr lange Zeit Θ hindurch, so wird es einen gewissen Teil τ_ν dieser Zeit geben, so daß das System während τ_ν und zwar nur während τ_ν den Zustand A_ν inne hat. Es wird $\frac{\tau_\nu}{\Theta}$ einen bestimmten Grenzwert besitzen, den wir die Wahrscheinlichkeit W des betreffenden Zustandes A_ν nennen.

Ausgehend von dieser Definition kann man zeigen, daß für die Entropie S die Gleichung bestehen muß

$$S = \frac{R}{N} \lg W + \text{konst},$$

wobei die Konstante für alle Zustände gleicher Energie dieselbe ist."

[203]) ALBERT EINSTEIN, Zum gegenwärtigen Stand des Strahlungsproblems, *in*: Physikalische Zeitschrift **10** (1909), S. 185–193, speziell S. 187.

[204]) Daß diese letztere Auffassung die allein haltbare ist, geht unmittelbar aus den Eigenschaften der Brownschen Bewegung hervor.

Allerdings bleiben hier noch Existenz und Eindeutigkeit des verwendeten Grenzwertes problematisch.

Eine ganz besondere Rolle spielte die für dieses Kapitel als letzter Text herangezogene Arbeit von EINSTEIN aus dem Jahr 1905, seinem *annus mirabilis*. In dieser Arbeit (Text 7.5.4.) ging es EINSTEIN darum, aus der damals noch umstrittenen molekularkinetischen Theorie, also dem der Beobachtung unzugänglichen submikroskopischen Bereich, Bewegungen von mikroskopischen Teilchen abzuleiten, die möglicherweise mit der Brownschen Molekularbewegung identisch sind; eine experimentelle Bestätigung dieser Bewegung würde ergeben, daß „die klassische Thermodynamik schon für mikroskopisch unterscheidbare Räume nicht mehr als genau gültig anzusehen" und „dann eine exakte Bestimmung der wahren Atomgröße möglich " ist.

Diese Bestätigung konnte tatsächlich erbracht werden, womit der positivistische Widerstand gegen den Atomismus einer statistischen Mechanik endgültig zusammenbrach. Darüber hinaus enthält diese Arbeit die konkrete Behandlung eines stochastischen Prozesses; an diese Arbeit schlossen sich u.a. Arbeiten von WIENER[205]) und KOLMOGOROW an, dessen Hauptleistung es war, das Axiomatisierungsprogramm von HILBERT (Kapitel 8) für die Wahrscheinlichkeitsrechnung durch die Ausdehnung auf stochastische Prozesse zu einem Abschluß zu bringen.

Ein Großteil der Anwendungen in der Physik, wie z.B. BOLTZMANNS kombinatorischer Ansatz für den zweiten Hauptsatz der Thermodynamik, gehört zu den sogenannten Belegungsproblemen, die auch quantenstatistische Verteilungen wie die von BOSE und EINSTEIN oder FERMI und DIRAC betreffen. Andere Anwendungen der Wahrscheinlichkeitsrechnung in der Physik gehören zu den damals so genannten Fluktuationsproblemen, in deren Rahmen auch Phänomene der Radioaktivität behandelt wurden. Die hier aufgenommenen Texte bildeten die Grundlage der statistischen Mechanik, aus der vor dem Hintergrund des Wandels von einer klassischen zu einer Quantenmechanik die Quantenstatistik erwuchs.

[205]) Siehe z.B. NORBERT WIENER, The average of an analytical functional (and the Brownian movement), *in*: Proceedings of the National Academy of Sciences of the USA 7 (1921), S. 253–260 und 294–298.

Text 7.1. Rudolph Clausius, Ueber die mittlere Länge der Wege, welche bei der Molecularbewegung gasförmiger Körper von den einzelnen Molecülen zurückgelegt werden; nebst einigen anderen Bemerkungen über die mechanische Wärmetheorie*)

5. Es sey also ein Raum gegeben, in welchem sich eine große Menge von Molecülen befindet, ohne regelmäßige Anordnung, nur mit der Bedingung, daß die Dichtigkeit überall gleich sey, d.h. daß sich in gleichen Raumtheilen gleich viel Molecüle befinden. Die Bestimmung der Dichtigkeit kann auf eine für unsere Untersuchungen zweckmäßige Weise dadurch geschehen, daß angegeben wird, wie weit zwei einander zunächstliegende Molecüle von einander entfernt seyn würden, wenn die Molecüle cubisch angeordnet wären, d.h. so angeordnet, daß man sich den ganzen Raum in lauter gleiche, sehr kleine würfelförmige Räume zerlegt denken könnte, in deren Eckpunkten die Centra der Molecüle lägen. Diese Entfernung, also die Seite eines der kleinen Würfel, wollen wir mit λ bezeichnen, und wollen sie *den mittleren Abstand der Nachbarmolecüle* nennen.

Wenn nun durch diesen Raum ein Punkt sich geradlinig bewegt, so wollen wir uns senkrecht zu seiner Bewegungsrichtung den Raum in parallele Schichten zerlegt denken und bestimmen, *wie groß die Wahrscheinlichkeit dafür ist, daß der Punkt eine Schicht von der Dicke x frei durchläuft, ohne die Wirkungssphäre eines Molecüls zu treffen.*

Nehmen wir zuerst eine Schicht von der Dicke 1, und bezeichnen die Wahrscheinlichkeit dafür, daß der Punkt beim Durchlaufen derselben keine Wirkungssphäre trifft, als Bruchtheil der Einheit, mit a, so ist die entsprechende Wahrscheinlichkeit für eine Schicht von der Dicke 2 gleich a^2, denn wenn man sich diese Schicht in zwei Schichten von der Dicke 1 zerlegt denkt, so muß man die Wahrscheinlichkeit, welche dafür gilt, daß der Punkt die erste Schicht frei durchläuft und daher zur zweiten gelangt, mit der Wahrscheinlichkeit, welche für das Durchlaufen der letzteren gilt, multipliciren. Ebenso erhält man für eine Schicht von der Dicke 3 den Ausdruck a^3 u. s. f. und für eine Schicht von der beliebigen Dicke x kann man demgemäß schreiben a^x. Diesen Ausdruck wollen wir noch dadurch umformen, daß wir statt a setzen $e^{-\alpha}$, worin e die Basis der natürlichen Logarithmen bedeutet, und $-\alpha = \log. \text{nat.}\, a$ ist, welcher Logarith-

*) Rudolph Clausius, Ueber die mittlere Länge der Wege, welche bei der Molecularbewegung gasförmiger Körper von den einzelnen Molecülen zurückgelegt werden; nebst einigen anderen Bemerkungen über die mechanische Wärmetheorie, *in*: Annalen der Physik und Chemie **105** (1858), S. 239–258, speziell S. 245–249, 251f., 256f.

mus negativ seyn muß, weil a kleiner als 1 ist. Bezeichnen wir nun die Wahrscheinlichkeit für das freie Durchlaufen einer Schicht von der Dicke x mit W, so haben wir die Gleichung:

$$W = e^{-\alpha x}, \tag{1}$$

und es kommt nur noch darauf an, die hierin vorkommende Constante α zu bestimmen.

Dazu betrachten wir eine Schicht von so geringer Dicke, daß wir die höheren Potenzen der Dicke gegen die erste vernachlässigen können. Nennen wir diese Dicke δ und die entsprechende Wahrscheinlichkeit W_δ, so geht die vorige Gleichung über in:

$$W_\delta = e^{-\alpha\delta} = 1 - \alpha\,\delta. \tag{2}$$

Andererseits können wir für diesen Fall die Wahrscheinlichkeit auch durch einige besondere Betrachtungen direct bestimmen. Wählen wir in der Schicht irgend eine den Gränzebenen parallele Ebene zur Betrachtung aus, und denken uns die sämmtlichen Molecüle, deren Centra in der Schicht liegen, senkrecht zur Dicke der Schicht so verschoben, daß ihre Centra in diese Ebene fallen, so brauchen wir nur zu fragen, wie groß die Wahrscheinlichkeit ist, daß der Punkt beim Durchgange durch diese Ebene keine Wirkungssphäre trifft, und diese Wahrscheinlichkeit läßt sich auf einfache Weise durch das Verhältniß zweier Flächenräume darstellen. Von dem ganzen Stücke der Ebene, welches innerhalb des gegebenen Raumes liegt, wird ein gewisser Theil von den größten Kreisen der Wirkungssphären, deren Centra sie enthält, bedeckt, während der übrige Theil für den Durchgang frei ist, und die Wahrscheinlichkeit des ungehinderten Durchganges wird daher ausgedrückt *durch das Verhältniß des freien Theiles der Ebene zur ganzen Ebene.*

Aus der Art, wie zu Anfang dieses Artikels die Dichtigkeit bestimmt wurde, ergiebt sich, daß in einer Schicht von der Dicke λ so viele Molecüle enthalten seyn müssen, daß, wenn man sich dieselben in eine und dieselbe den Gränzebenen parallele Ebene gebracht, und in dieser Ebene noch quadratisch angeordnet denkt, dann die Seite der kleinen Quadrate, in deren Eckpunkten sich die Centra der Molecüle befänden, gleich λ seyn würde. Daraus folgt, daß der Theil der Ebene, welcher von den größten Kreisen der Wirkungssphären bedeckt wäre, sich zur ganzen Ebene verhalten würde, wie ein größter Kreis zu einem Quadrate von der Seite λ, so daß also der bedeckte Flächenraum als Bruchtheil des ganzen Flächenraums durch

$$\frac{\pi\varrho^2}{\lambda^2}$$

dargestellt wäre. Um die entsprechende Größe für eine Schicht von der Dicke δ

zu erhalten, braucht man die vorige nur mit $\frac{\delta}{\lambda}$ zu multipliciren, also

$$\frac{\pi\varrho^2}{\lambda^3}\,\delta,$$

und wenn man diese Größe von 1 abzieht, so stellt die Differenz den freien Theil der Ebene als Bruchtheil der ganzen Ebene dar.

Demnach ist die Wahrscheinlichkeit dafür, daß der Punkt durch unsere Ebene, oder, was auf dasselbe hinauskommt, durch eine Schicht von der Dicke δ ungehindert hindurchgeht, bestimmt durch die Gleichung:

$$W_\delta = 1 - \frac{\pi\varrho^2}{\lambda^3}\,\delta, \tag{3}$$

und wenn man diesen Ausdruck von W_δ mit dem in Gleichung (2) gegebenen vergleicht, so ergiebt sich, daß

$$\alpha = \frac{\pi\varrho^2}{\lambda^3} \tag{4}$$

seyn muß, und dadurch geht die allgemeine Gleichung (1) über in:

$$W = e^{-\frac{\pi\varrho^2}{\lambda^3}x}. \tag{5}$$

6. Mit Hülfe dieser Gleichung können wir nun den Mittelwerth der Wege, welche der Punkt zu durchlaufen hat, bis er einmal eine Wirkungssphäre trifft, bestimmen.

Nehmen wir an, es würde eine große Anzahl N von Punkten in gleicher Richtung durch den Raum geworfen, und denken wir uns den Raum senkrecht zur Bewegungsrichtung in sehr dünne Schichten getheilt, so wird eine kleine Anzahl der Punkte schon in der ersten Schicht von den Wirkungssphären aufgefangen werden, eine andere Anzahl in der zweiten, eine andere in der dritten u. s. f. Wenn man nun jede dieser kleineren Zahlen mit der dazugehörigen Weglänge multiplicirt, die dadurch entstehenden Producte addirt, und die erhaltene Summe durch die ganze Zahl N dividirt, so ist der Quotient die mittlere Weglänge, welche wir suchen.

Nach Gleichung (5) wird die Anzahl der Punkte, welche die Entfernung x vom Ausgangspunkte der Bewegung erreichen oder überschreiten, durch

$$Ne^{-\frac{\pi\varrho^2}{\lambda^3}x}$$

dargestellt, und dem entsprechend die Anzahl, welche die Entfernung $x + dx$ erreichen oder überschreiten, durch

$$Ne^{-\frac{\pi\varrho^2}{\lambda^3}(x+dx)} = Ne^{-\frac{\pi\varrho^2}{\lambda^3}x}\left(1 - \frac{\pi\varrho^2}{\lambda^3}\,dx\right).$$

Die Differenz dieser beiden Ausdrücke, nämlich

$$Ne^{-\frac{\pi\varrho^2}{\lambda^3}x} \cdot \frac{\pi\varrho^2}{\lambda^3}\,dx$$

stellt die Anzahl derjenigen Punkte dar, welche auf der Strecke von x zu $x + dx$ aufgefangen werden. Der Weg, welchen diese Punkte zurückgelegt haben, ist, wenn wir unendlich kleine Abweichungen vernachlässigen, gleich x zu setzen, und mit dieser Länge müssen wir also den vorigen Ausdruck multipliciren, um eines der vorher erwähnten Producte zu erhalten, nämlich

$$Ne^{-\frac{\pi\varrho^2}{\lambda^3}x} \cdot \frac{\pi\varrho^2}{\lambda^3}\,x\,dx.$$

Wenn man nun von allen Producten dieser Art, welche den verschiedenen Schichten von der Dicke dx entsprechen, die Summe bilden soll, so muß dieses natürlich im vorliegenden Falle, wo die Schichten unendlich dünn sind, durch Integration geschehen. Man hat also die vorige Formel von $x = 0$ bis $x = \infty$ zu integriren, wodurch folgender Ausdruck entsteht:

$$N\frac{\lambda^3}{\pi\varrho^2}.$$

Diesen Ausdruck braucht man nur noch durch N zu dividiren, um die gesuchte mittlere Weglänge zu bekommen. Nennt man diese l', so lautet die Gleichung:

$$l' = \frac{\lambda^3}{\pi\varrho^2}. \tag{6}$$

In dem Falle, wo nicht blos Ein Molecül in Bewegung ist, während alle anderen sich in Ruhe befinden, sondern wo alle Molecüle sich gleich schnell bewegen, ist die mittlere Weglänge, wie oben erwähnt, im Verhältnisse von $\frac{3}{4}:1$ kleiner als im vorher betrachteten. Man erhält also, wenn man für diesen Fall das einfache Zeichen l wählt:

$$l = \frac{3}{4}\frac{\lambda^3}{\pi\varrho^2}. \tag{7}$$

...

Zunächst entsteht die Frage, wie sich die Anzahl der Fälle, in welchen der wirkliche Weg kleiner als der mittlere ist, zur Anzahl derer verhält, in welchen er größer ist. Zur Beantwortung dieser Frage dient die Gleichung (5), in welcher man nur für x den mittleren Weg l' zu setzen braucht, um die Wahrscheinlichkeit dafür, daß der wirkliche Weg gleich oder größer als der mittlere ist, zu erhalten. Wendet man hierbei für l' den in (6) gegebenen Ausdruck an, und bezeichnet den betreffenden Werth von W mit W_1, so kommt

$$W_1 = e^{-1} = 0{,}3679\,, \tag{11}$$

woraus folgt, daß unter N Fällen nur

$$0{,}3679\,N$$

Fälle vorkommen, in welchen der wirkliche Weg gleich oder größer als der mittlere ist, während in den übrigen

$$0{,}6321\,N$$

Fällen der wirkliche Weg kleiner ist.

Fragt man ferner nach der Anzahl von Fällen, in welchen der wirkliche Weg die zweifache, dreifache etc. Länge des mittleren Weges erreicht oder übertrifft, so kann man dasselbe Verfahren, wie vorher, anwenden. Nennt man die betreffenden Wahrscheinlichkeiten W_2, W_3 etc. so kommt:

$$\left.\begin{aligned} W_2 &= e^{-2} \\ W_3 &= e^{-3} \\ &\text{etc.} \end{aligned}\right\} \tag{12}$$

Diese Zahlen nehmen offenbar sehr schnell ab, indem z.B.

$$e^{-10} = 0{,}000045$$

ist, und man sieht daraus, daß, wenn auch einzelne Fälle vorkommen, in welchen ein Molecül einen beträchtlich längeren Weg als den mittleren zurücklegt, diese Fälle doch verhältnißmäßig selten sind, und daß in der überwiegenden Mehrzahl von Fällen die wirklichen Wege kleiner oder nur wenig größer sind, als der oben gefundene kleine Mittelwerth. ...

Ich habe in meiner Abhandlung „über die Art der Bewegung, welche wir Wärme nennen," die Ansicht aufgestellt, daß die Molecüle gasförmiger Körper außer der fortschreitenden Bewegung noch andere Bewegungen besitzen, und daß sich zwischen diesen verschiedenen Bewegungen bei einem bestimmten Gase immer ein constantes Verhältniß herstelle. Dieses faßt HOPPE so auf, als ob schon bei jedem einzelnen Molecüle das constante Verhältniß stattfinden solle, und erklärt dieses für unrichtig. Er sagt darüber (S. 285)[206]: „Nach Grundsätzen der Wahrscheinlichkeitsrechnung ist die durchschnittliche Abweichung des Antheils an lebendiger Kraft, welche den verschiedenen Bewegungsarten zukommt, allerdings verschwindend klein, so groß auch immer die mögliche Abweichung seyn mag. Nur eine wirkliche physische Ausgleichung, wie sie CLAUSIUS behauptet, eine allmähliche Annäherung an einen Beharrungszustand, wird nicht stattfinden, wenn die Wege der Molecüle von einander unab-

[206]) (S): REINHOLD HOPPE, Ueber Bewegung und Beschaffenheit der Atome, *in*: Annalen der Physik und Chemie **104** (1858), S. 279–292.

hängig sind." Es ist mir unbegreiflich, wie man meine Darstellung so auffassen kann, wie es HOPPE gethan hat. Es liegt in dem ganzen Sinn meiner Abhandlung, und ist auch mehrfach hervorgehoben, daß in den Bewegungen der einzelnen Molecüle die größte Mannichfaltigkeit und Unregelmäßigkeit herrscht, und daß Einfachheit und Regelmäßigkeit erst dann eintreten, wenn man nicht die Zustände der einzelnen, sondern den Mittelzustand sehr vieler Molecüle betrachtet. Wenn ich also von einem constanten Verhältnisse zwischen den verschiedenen Bewegungen gesprochen habe, so versteht es sich ganz von selbst, daß dieses nicht für die Bewegungen jedes einzelnen Molecüls gelten soll, sondern für diejenigen Quantitäten von lebendiger Kraft, welche den verschiedenen Bewegungen in dem ganzen Gase zukommen. Hätte Hr. HOPPE nur den gleich auf die kritisirte Stelle folgenden Absatz meiner Abhandlung[207]) mit Aufmerksamkeit gelesen, so würde er dort (S. 356) folgende Stelle gefunden haben. „Wenn aber die verschiedenen Bewegungen sich einmal so ausgeglichen haben, daß die fortschreitende Bewegung durch die Bewegungen der Bestandtheile durchschnittlich nicht vermehrt oder vermindert wird, so etc." Aus dem hier vorkommenden Worte *durchschnittlich* konnte er leicht erkennen, daß ich nichts anders gemeint habe, als was er selbst aus Grundsätzen der Wahrscheinlichkeitsrechnung als richtig zugesteht. ...

[207]) (S): RUDOLPH CLAUSIUS, Ueber die Art der Bewegung, welche wir Wärme nennen, *in*: Annalen der Physik und Chemie **100** (1857), S. 353–380; vgl. auch die Einführung zu diesem Kapitel.

Text 7.2. James Clerk Maxwell, Illustrations of the Dynamical Theory of Gases*)

Theorem IV. Man bestimme die mittlere Zahl der Teilchen, deren Geschwindigkeiten zwischen gegebenen Grenzen liegen, nachdem eine große Zahl von Stößen zwischen einer großen Zahl gleicher Teilchen stattgefunden hat.

N sei die Gesamtzahl der Teilchen, x, y, z seien die Gechwindigkeitskomponenten jedes Teilchens in drei zueinander orthogonalen Richtungen. Mit $Nf(x)\,dx$ werde die Zahl der Teilchen bezeichnet, für die x zwischen x und $x + dx$ liegt, wobei $f(x)$ eine zu bestimmende Funktion von x ist.

Die Zahl der Teilchen, für die y zwischen y und $y + dy$ liegt, soll $Nf(y)\,dy$ und die Zahl, für die z zwischen z und $z + dz$ liegt, $Nf(z)\,dz$ sein, wobei f stets dieselbe Funktion bezeichnet.

Da die Existenz der Geschwindigkeit x in keiner Weise die von y und z beeinflußt, weil diese drei orthogonal zueinander und voneinander unabhängig sind, wird die Zahl der Teilchen mit Geschwindigkeiten zwischen x und $x + dx$, y und $y + dy$ und zwischen z und $z + dz$ gleich

$$Nf(x)\,f(y)\,f(z)\,dx\,dy\,dz$$

sein. Wenn wir annehmen, daß die N Teilchen im gleichen Augenblick vom Ursprung losfliegen, dann wird dies die Zahl im Volumenelement $(dx\,dy\,dz)$ nach einer Zeiteinheit sein, und die auf das Einheitsvolumen bezogene Zahl wird gleich

$$Nf(x)\,f(y)\,f(z).$$

Da die Richtung der Koordinatenachsen völlig willkürlich ist, kann somit diese Zahl nur vom Abstand vom Ursprung allein abhängen, d.h.

$$f(x)\,f(y)\,f(z) = \varphi(x^2 + y^2 + z^2).$$

Lösen wir die Funktionalgleichung, so finden wir

$$f(x) = Ce^{Ax^2}, \qquad \varphi(r^2) = C^3e^{Ar^2}.$$

Wenn wir A positiv wählen, wird die Teilchenzahl mit der Geschwindigkeit wachsen, und wir würden zu einer unendlichen Gesamtzahl von Teilchen gelangen. Wir wählen deshalb A negativ und gleich $-1/\alpha^2$, so daß die Teilchenzahl

*) James Clerk Maxwell, Illustrations of the Dynamical Theory of Gases, *in*: Philosophical Magazine **19** (1860), S. 19–32 und **20** (1860), S. 21–37. Übersetzt ins Deutsche von R. Hofmann und Th. Görnitz *in*: S. G. Brush (Hrsg.), Kinetische Theorie, Band I, Die Natur der Gase und der Wärme, Berlin-Oxford-Braunschweig 1970, S. 214–237, speziell S. 220–222. Abdruck mit Genehmigung der Friedr. Vieweg & Sohn Verlagsgesellschaft mbH, Braunschweig.

zwischen x und $x + dx$ gleich

$$NCe^{-(x^2/\alpha^2)}\,dx$$

ist. Integrieren wir von $x = -\infty$ bis $x = +\infty$, so finden wir die Gesamtzahl der Teilchen, nämlich

$$NC\alpha\sqrt{\pi} = N, \qquad C = \frac{1}{\alpha\sqrt{\pi}},$$

so daß $f(x)$ gleich

$$\frac{1}{\alpha\sqrt{\pi}}\,e^{-(x^2/\alpha^2)}$$

ist. Wir können hieraus die folgenden Schlußfolgerungen ziehen:

1. Die Anzahl der Teilchen, deren Geschwindigkeitskomponente in einer gewissen Richtung zwischen x und $x + dx$ liegt, ist gleich

$$N\frac{1}{\alpha\sqrt{\pi}}\,e^{-(x^2/\alpha^2)}\,dx. \tag{1}$$

2. Die Zahl der Teilchen, deren wirkliche Geschwindigkeit zwischen v und $v + dv$ liegt, ist

$$N\frac{4}{\alpha^3\sqrt{\pi}}\,v^2 e^{-(v^2/\alpha^2)}\,dv. \tag{2}$$

3. Um den Mittelwert von v zu finden, hat man die Geschwindigkeiten aller Teilchen zu addieren und durch die Gesamtzahl zu teilen, damit ergibt sich

$$\text{mittlere Geschwindigkeit} = \frac{2\alpha}{\sqrt{\pi}}. \tag{3}$$

4. Um den Mittelwert von v^2 zu finden, addiere man alle Werte und teile durch N:

$$\text{Mittelwert von } v^2 = \frac{3}{2}\alpha^2. \tag{4}$$

Dieser ist größer als das Quadrat der mittleren Geschwindigkeiten, wie es sein sollte.

Von diesem Theorem her sieht man, daß die Geschwindigkeiten auf die Teilchen nach dem gleichen Gesetz verteilt sind wie die Beobachtungsfehler in der Theorie der „Methode der kleinsten Quadrate". Die Geschwindigkeiten reichen von 0 bis ∞, aber die Zahl derer, die große Geschwindigkeiten haben, ist vergleichsweise klein. Zu diesen Geschwindigkeiten, die in allen Richtungen gleich sind, kann eine allgemeine Translationsbewegung des gesamten Systems von Teilchen hinzukommen, die mit der Bewegung der Teilchen relativ zueinander zusammenzusetzen ist. Wir wollen die eine die Translationsbewegung und die andere die Wärmebewegung nennen.

Text 7.3. Ludwig Boltzmann, Über die Beziehung zwischen dem zweiten Hauptsatze der mechanischen Wärmetheorie und der Wahrscheinlichkeitsrechnung respektive den Sätzen über das Wärmegleichgewicht*)

Wir wollen jedoch vorläufig statt der Geschwindigkeit der Moleküle deren lebendige Kraft einführen. Jedes Molekül soll nur im Stande sein, eine endliche Anzahl verschiedener lebendiger Kräfte[208]) anzunehmen. Zu noch grösserer Vereinfachung nehmen wir an, dass die Reihe der lebendigen Kräfte, welche jedes Molekül anzunehmen im Stande ist, eine arithmetische Progression bildet, z.B. folgende:

$$0, \varepsilon, 2\varepsilon, 3\varepsilon, \ldots p\varepsilon.$$

Die grösste mögliche lebendige Kraft $p\varepsilon$ wollen wir mit P bezeichnen.

Vor dem Stosse soll jedes der beiden zusammenstossenden Moleküle entweder die lebendige Kraft

$$0, \text{ oder } \varepsilon, \text{ oder } 2\varepsilon \text{ u. s. w. } \ldots. p\varepsilon$$

haben, und durch irgend eine Ursache soll bewirkt werden, dass auch nach dem Zusammenstosse niemals irgend eines der zusammenstossenden Moleküle eine in obiger Reihe nicht enthaltene lebendige Kraft annimmt. Die Anzahl der Moleküle in unserem Gefässe sei n. Wenn wir wissen, wie viele von diesen n Molekülen die lebendige Kraft Null, wie viele die lebendige Kraft ε u. s. w. besitzen, so sagen wir: Die Vertheilung der lebendigen Kraft unter den Molekülen, oder die Zustandsvertheilung ist uns gegeben. Wenn zu Anfang der Zeit irgend eine Zustandsvertheilung unter den Gasmolekülen geherrscht hat, so wird sich dieselbe im Allgemeinen durch die Zusammenstösse verändern. Die Gesetze, nach denen diese Veränderung vor sich geht, sind schon oft Gegenstand der Untersuchung gewesen. Ich bemerke jedoch sogleich, dass dies jetzt gar nicht meine Absicht ist, sondern ich will jetzt ganz unabhängig davon, ob und wie eine Zustandsvertheilung entstanden ist, deren Wahrscheinlichkeit prüfen, oder genauer

*) Ludwig Boltzmann, Über die Beziehung zwischen dem zweiten Hauptsatze der mechanischen Wärmetheorie und der Wahrscheinlichkeitsrechnung respektive den Sätzen über das Wärmegleichgewicht, *in*: Sitzungsberichte der mathematisch-naturwissenschaftlichen Classe der Kaiserlichen Akademie der Wissenschaften Wien, **76**, II. Abtg., (1877), S. 373–435, speziell S. 376–381, 384f., 396–406, 422–430.

[208]) (S): Unter *lebendiger Kraft* versteht Boltzmann in Anlehnung an die *vis viva* des 18. Jh. die kinetische Energie.

ausgedrückt, ich will alle Combinationen aufsuchen, welche bei Vertheilung der $p + 1$ lebendigen Kräfte unter die n Moleküle möglich sind, und dann prüfen, wie viele dieser Combinationen einer jeden Zustandsvertheilung entsprechen. Letztere Zahl bestimmt dann die Wahrscheinlichkeit der betreffenden Zustandsvertheilung, genau so wie ich es an der bereits citirten Stelle meiner[209]) „Bemerkungen über einige Probleme der mechanischen Wärmetheorie" (Seite 10 des Separatabdruckes) ausspreche. Wir wollen also vorläufig an Stelle des zu behandelnden Problems ein rein schematisches setzen. Wir nehmen an, wir hätten n Moleküle. Jedes derselben sei im Stande, die lebendige Kraft

$$0, \varepsilon, 2\varepsilon, 3\varepsilon, \ldots\ldots p\varepsilon$$

anzunehmen, und zwar sollen diese lebendigen Kräfte auf alle mögliche Weise unter den n Molekülen vertheilt werden, jedoch so, dass die Gesammtsumme der lebendigen Kraft aller Moleküle immer dieselbe, z.B. gleich $\lambda\varepsilon = L$ ist. Jede solche Vertheilungsweise, wobei das erste Molekül eine bestimmte, lebendige Kraft, z.B. 2ε, das zweite wieder eine bestimmte, z.B. 6ε u. s. w. bis zum letzten Moleküle hat, wollen wir eine Complexion nennen, und zwar versinnlichen wir uns jede einzelne Complexion leicht dadurch, dass wir der Reihe nach die (bequemlichkeitshalber durch ε dividirten) Zahlen aufschreiben, welche die lebendigen Kräfte der einzelnen Moleküle angeben. Wir fragen nun nach der Anzahl $\mathfrak{P}$ der Complexionen, in denen w_0 Moleküle die lebendige Kraft Null, w_1 Moleküle die lebendige Kraft ε, w_2 die lebendige Kraft 2ε u. s. w. ...... w_p die lebendige Kraft $p\varepsilon$ besitzen. Wir sagten früher, wenn uns gegeben ist, wie viele Moleküle die lebendige Kraft Null, wie viele die lebendige Kraft ε u. s. w. besitzen, so ist damit die Zustandsvertheilung unter den Molekülen bestimmt; wir können also sagen: Die Zahl $\mathfrak{P}$ gibt an, wie viele Complexionen einer Zustandsvertheilung entsprechen, bei welcher w_0 Moleküle die lebendige Kraft Null, w_1 die lebendige Kraft ε u. s. w. besitzen; oder sie bestimmt die Wahrscheinlichkeit jener Zustandsvertheilung. Dividiren wir nämlich die Zahl $\mathfrak{P}$ durch die Anzahl aller möglichen Complexionen, so bekommen wir die Wahrscheinlichkeit jener Zustandsvertheilung. Da es bei der Zustandsvertheilung nicht darauf ankömmt, welche, sondern bloss wie viele Moleküle eine bestimmte lebendige Kraft besitzen, so können wir eine Zustandsvertheilung dadurch versinnlichen, dass wir zuerst so viele (w_0) Nullen schreiben, als Moleküle die lebendige Kraft Null haben, dann so viele (w_1) Einser, als Moleküle die lebendige Kraft ε haben u. s. w. Alle diese Nullen, Einser etc. wollen wir die Elemente der betreffenden Zustandsvertheilung nennen. Es ist jetzt unmittelbar klar, dass die

[209]) (S): LUDWIG BOLTZMANN, Bemerkungen über einige Probleme der mechanischen Wärmetheorie, *in*: Sitzungsberichte der mathematisch-naturwissenschaftlichen Classe der Kaiserlichen Akademie der Wissenschaften Wien, **75**, II. Abtg., (1876), S. 62–100, speziell S. 71.

Zahl $\mathfrak{P}$ für jede Zustandsvertheilung genau gleich ist der Anzahl der Permutationen, deren die Elemente der Zustandsvertheilung fähig sind, wesshalb wir die Zahl $\mathfrak{P}$ immer als die Permutabilität der betreffenden Zustandsvertheilung bezeichnen wollen. Denn denken wir uns einmal alle möglichen Complexionen aufgeschrieben, und dann auch alle möglichen Zustandsvertheilungen, so werden sich die letzteren bloss dadurch von den ersteren unterscheiden, dass es bei ihnen gleichgiltig ist, an welchem Platze die Zahlen stehen. Alle diejenigen Complexionen, welche die gleiche Anzahl von Nullen, die gleiche Anzahl von Einsern etc. enthalten, und sich von einander blos durch die Anordnung der Elemente unterscheiden, werden eine und dieselbe Zustandsvertheilung liefern; die Anzahl der Complexionen, welche einer und derselben Zustandsvertheilung entsprechen, und welche wir mit $\mathfrak{P}$ bezeichnet haben, muss also gleich der Anzahl der Permutationen sein, deren die Elemente der Zustandsvertheilung fähig sind. Um ein ganz einfaches Zahlenbeispiel zu geben, sei $n = 7$, $\lambda = 7$, $p = 7$, daher $L = 7\varepsilon$, $P = 7\varepsilon$ d.h. es seien 7 Moleküle vorhanden, unter denen die 8 lebendigen Kräfte 0, ε, 2ε, 3ε, 4ε, 5ε, 6ε, 7ε auf alle mögliche Weise, jedoch so zu vertheilen sind, dass die Summe der lebendigen Kraft aller Moleküle $= 7\varepsilon$ ist. Es sind dann 15 Zustandsvertheilungen möglich. Versinnlichen wir jede derselben in der oben angegebenen Weise, so ergibt sich die in der zweiten Colonne der folgenden Tabelle aufgeführte Reihe von Zustandsvertheilungen. Die Zahlen der ersten Colonne numeriren die verschiedenen Zustandsvertheilungen.

		$\mathfrak{P}$
1.	0000007	7
2.	0000016	42
3.	0000025	42
4.	0000034	42
5.	0000115	105
6.	0000124	210
7.	0000133	105
8.	0000223	105
9.	0001114	140
10.	0001123	420
11.	0001222	140
12.	0011113	105
13.	0011122	210
14.	0111112	42
15.	1111111[210])	1

[210]) Die Zustandsvertheilungen sind so geordnet, dass die Ziffern jeder vorhergehenden Horizontalreihe als Zahl ausgesprochen eine kleinere Zahl liefern, als die der nachfolgenden.

In der letzten Colonne ist unter der Rubrik $\mathfrak{P}$ jeder Zustandsvertheilung die Anzahl der Permutationen beigefügt, deren ihre Elemente fähig sind, also die mit $\mathfrak{P}$ bezeichnete Zahl. Die erste Zustandsvertheilung z.B. ist dadurch characterisirt, dass 6 Molekülen die leb. Kraft Null, einem die leb. Kraft 7ε zukommt, d.h., dass $w_0 = 6$, $w_7 = 1$, $w_2 = w_3 = w_4 = w_5 = w_6 = 0$ ist. Welches der Moleküle die lebendige Kraft 7ε hat, ist dabei gleichgültig. Alle möglichen Complexionen, welche dieser Zustandsvertheilung entsprechen, sind daher 7 an der Zahl. Bezeichnen wir die Gesammtzahl aller Complexionen, also in unserem Falle die Zahl 1716 durch J, so ist also die Wahrscheinlichkeit der ersten Zustandsvertheilung $\frac{7}{J}$; ebenso ist die Wahrscheinlichkeit der zweiten Zustandsvertheilung $\frac{42}{J}$; am grössten ist die Wahrscheinlichkeit der zehnten Zustandsvertheilung, da sich ihre Elemente am öftesten permutiren lassen. Wir können die Grösse, welche wir die Wahrscheinlichkeit einer Zustandsvertheilung genannt haben, und welche wir künftighin mit einem einzigen Worte als die Vertheilungswahrscheinlichkeit bezeichnen wollen, auch noch in einer andern Weise definiren, welche wir sogleich an dem eben gewählten Zahlenbeispiele klar machen wollen, da dann ihre Verallgemeinerung selbstverständlich ist. Wir nehmen an, wir hätten eine Urne, in der sich unendlich viele Zetteln befinden. Auf jedem Zettel steht eine der Zahlen 0, 1, 2, 3, 4, 5, 6, 7; und zwar steht jede Zahl auf gleich viel Zetteln und ist die Wahrscheinlichkeit gezogen zu werden für jeden Zettel dieselbe. Wir ziehen nun 7 Zettel und notiren die auf ihnen geschriebenen Zahlen, welche uns die erste Septerne bilden. Diese Septerne stellt uns zugleich eine Zustandsvertheilung unter den Molekülen dar, indem wir dem ersten Moleküle eine lebendige Kraft ertheilen, welche gleich der mit ε multiplicirten Zahl ist, welche auf dem zuerst gezogenen Zettel aufgeschrieben stand, und ebenso den übrigen Molekülen. Nun geben wir die Zettel in die Urne zurück und ziehen wieder 7 Zettel; die jetzt gezogenen Zahlen bilden die zweite Septerne, welche das Bild einer zweiten Zustandsvertheilung ist u. s. w. Nachdem wir ausserordentlich viele Septernen gezogen haben, verwerfen wir davon alle, bei welchen die Summe der gezogenen Zahlen nicht $= 7$ ist. Die Zahl der noch übrigen Septernen wird noch immer ausserordentlich gross sein. Da bei jedem Zuge jede der Zahlen dieselbe Wahrscheinlichkeit hat, so wird unter den gezogenen Septernen jede Complexion gleich oft vorkommen; denn wir betrachten zwei Complexionen als verschieden, sowohl wenn sie verschiedene Elemente, als auch wenn sie dieselben Elemente in verschiedener Reihenfolge enthalten. Ordnen wir dagegen in jeder Septerne die gezogenen Zahlen nach ihrer Grösse, so wird jede Septerne in eine der 15 in der obigen Tabelle enthaltenen übergehen. Aber die Anzahl derjenigen Septernen, welche in 0000007 übergehen, wird sich zur Zahl derjenigen, welche in 0000016 übergehen, verhalten, wie die in der Rubrik $\mathfrak{P}$ beigefügten Zahlen, also wie 7:42. Ebenso bei allen anderen Septernen. Als die wahrscheinlichste Zustandsvertheilung wird nun diejenige definirt werden müssen, in welche die meisten Septernen übergehen, also in diesem Beispiele die 10.[211]) ...

Da würde es sich zuerst um die Bestimmung der bisher mit $\mathfrak{P}$ bezeichneten Zahl für jede beliebige Zustandsvertheilung oder der Permutabilität dieser Zustandsvertheilung handeln. Denn bezeichnen wir mit J die Summe der Permutabilitäten aller möglichen Zustandsvertheilungen, so gibt uns der Quotient $\frac{\mathfrak{P}}{J}$ sofort die Vertheilungswahrscheinlichkeit, welche wir künftig immer mit W bezeichnen wollen. Wir wollen also zunächst die Permutabilität $\mathfrak{P}$ derjenigen Zustandsvertheilung berechnen, welche dadurch charakterisirt ist, dass w_0 Moleküle die lebendige Kraft Null, w_1 die lebendige Kraft ε u. s. w. haben. Dabei muss selbstverständlich

$$w_0 + w_1 + w_2 + \ldots\ldots + w_p = n \qquad 1)$$

$$w_1 + 2w_2 + 3w_3 + \ldots\ldots + pw_p = \lambda \qquad 2)$$

sein, denn die Gesammtzahl der Moleküle soll n, und die gesammte lebendige Kraft derselben $\lambda\varepsilon = L$ sein. Wollen wir die oben definirte Zustandsvertheilung nach der früher angegebenen Methode schreiben, so erhalten wir eine Complexion, welche zuerst w_0 Nullen, dann w_1 Einser u. s. w. enthält. Wir wissen, die Zahl $\mathfrak{P}$ oder die Permutabilität ist nichts Anderes als die Anzahl der Permutationen der Elemente dieser Complexionen, welche im Ganzen n Elemente enthält, worunter aber w_0 Elemente unter einander gleich sind. Ebenso sind auch w_1, w_2 u. s. w. Elemente unter einander gleich. Die Anzahl dieser Permutationen ist also bekanntlich

$$\mathfrak{P} = \frac{n!}{(w_0)!\,(w_1)!\ldots} \qquad 3)$$

[211]) Dividiren wir die Anzahl der Septernen, welche einer bestimmten Zustandsvertheilung entsprechen, durch die Anzahl aller Septernen überhaupt, so erhalten wir eben die Vertheilungswahrscheinlichkeit.

Statt diejenigen Septernen, deren Ziffersumme nicht 7 ist, zu verwerfen, können wir auch nach dem Zuge jedes Zettels alle diejenigen Zettel aus der Urne entfernen, welche, wenn sie gezogen würden, bewirkten, dass die Ziffersumme der gezogenen Zahlen unmöglich 7 sein könnte, während wir alle andern Zettel unverändert in der Urne belassen. Wäre z.B. auf den ersten Zug ein Sechser gezogen worden, so müssten alle Zettel aus der Urne entfernt werden, bis auf die mit 0 und 1 beschriebenen; hätten die ersten 6 Züge Nullen geliefert, so würden nur die Siebener in der Urne belassen. Noch eins sei an dieser Stelle bemerkt: Bilden wir alle möglichen Complexionen. Bezeichnen wir mit $\overline{w}_0$ das arithmetische Mittel aller Werthe von w_0, welche den verschiedenen Complexionen zukommen, und verstehen unter $\overline{w}_1, \overline{w}_2, \ldots$ ähnlich gebildete Ausdrücke, so eilen die Grössen $\overline{w}_0, \overline{w}_1, \overline{w}_2 \ldots$ Grenzen zu, welche ebenfalls zur richtigen Zustandsvertheilung führen würden.

Die wahrscheinlichste Zustandsvertheilung wird diejenige sein, für welche $w_0, w_1, \ldots.$ solche Werthe haben, dass 𝔓 ein Maximum, oder weil der Zähler von 𝔓 constant ist, dass der Nenner von 𝔓 ein Minimum ist. ...

II. Die lebendigen Kräfte gehen continuirlich in einander über.

Wir wollen, behufs Einführung der Differentiale in unsere Formel, zu derjenigen Versinnlichungsweise des Problems übergehen, welche auf Seite 317 angedeutet ist; denn dieselbe scheint mir die Sache am besten klar zu machen. Dort war jedes Molekül nur im Stande, eine der lebendigen Kräfte 0, ε, $2\varepsilon \ldots p\varepsilon$ anzunehmen. Wir bildeten alle möglichen Complexionen, d.h. alle mit den Bedingungen des Problems vereinbaren Vertheilungsweisen dieser $1 + p$ lebendigen Kräfte unter die Moleküle, indem wir uns eine Urne fingirten, welche unendlich viele Zettel enthält. Auf einigen derselben ist die lebendige Kraft Null, auf genau gleich vielen Zetteln die lebendige Kraft ε u. s. w. aufgeschrieben. Wir bildeten die erste Complexion, indem wir für jedes der Moleküle einen Zettel aus der Urne zogen, und dem Moleküle diejenige lebendige Kraft beilegten, welche auf dem für dasselbe gezogenen Zettel stand. In derselben Weise wurden noch sehr viele andere Complexionen gebildet und dann nach der Wahrscheinlichkeit gefragt, dass eine Complexion zu dieser oder jener Zustandsvertheilung führe. Diejenige Zustandsvertheilung, zu welcher die meisten Complexionen führen, bezeichneten wir als die wahrscheinlichste oder als die des Wärmegleichgewichtes. Da wir jetzt zu einer continuirlichen Reihe von lebendigen Kräften übergehen wollen, so wäre das natürlichste Verfahren folgendes:

Wir bezeichnen mit ε vorläufig eine sehr kleine Grösse, und nehmen an, in der Urne seien sehr viele Zettel, auf denen lebendige Kräfte aufgeschrieben sind, die zwischen Null und ε liegen; genau gleich viele Zettel seien in der Urne, auf denen lebendige Kräfte aufgeschrieben sind, die zwischen ε und 2ε, zwischen 2ε und 3ε u. s. w. bis ins Unendliche, liegen. Da ε sehr klein ist, so können alle Moleküle, deren lebendige Kraft zwischen x und $x + \varepsilon$ liegt, so angesehen werden, als ob sie dieselbe lebendige Kraft besässen. Der übrige Gang der Rechnung ist ganz derselbe wie im ersten Abschnitte. Wir nehmen an, es sei irgend eine Complexion gezogen worden; w_0 Moleküle hätten dabei eine lebendige Kraft erhalten, die zwischen 0 und ε, w_1 Moleküle eine solche, die zwischen ε und 2ε, w_2 eine solche, die zwischen 2ε und 3ε liegt u. s. w.

Da hiebei die Grössen w_0, w_1, w_2 u. s. w. offenbar unendlich klein von der Ordnung ε sind, so wollen wir lieber setzen

$$w_0 = \varepsilon f(0), \quad w_1 = \varepsilon f(\varepsilon), \quad w_2 = \varepsilon f(2\varepsilon). \qquad 19)$$

Die Wahrscheinlichkeit der betreffenden Zustandsvertheilung ist dann genau wie im ersten Abschnitte gegeben durch die Anzahl der Permutationen, deren die Elemente jener Zustandsvertheilung fähig sind, also durch die Zahl

$$\frac{n!}{w_0!\, w_1!\, w_2! \ldots.}.$$

Als die wahrscheinlichste Zustandsvertheilung, d.h. als diejenige, welche dem Wärmegleichgewichte entspricht, definiren wir wieder diejenige, bei welcher dieser Ausdruck ein Maximum, also dessen Nenner ein Minimum wird. Benützen wir sogleich eine im ersten Abschnitte hinlänglich motivirte Näherungsformel, indem man statt $w!$ die Grösse $\sqrt{2\pi}\left(\frac{w}{e}\right)^w$ substituirt, in der wir übrigens den Factor $\sqrt{2\pi}$ unterdrücken können, weil er nur als constanter Factor zur Grösse hinzutritt, welche ein Minimum werden soll; führen wir ferner statt der Bedingung, dass der Nenner ein Minimum werden muss, die gleichbedeutende ein, dass dessen Logarithmus ein Minimum werden muss; dann erhalten wir für das Wärmegleichgewicht die Bedingung, dass die Grösse

$$M = w_0 l w_0 + w_1 l w_1 + w_2 l w_2 + \ldots.. - n$$

ein Minimum sei, während gleichzeitig wieder die beiden Bedingungen erfüllt sein müssen:

$$n = w_0 + w_1 + w_2 + \ldots. \tag{20}$$

$$L = \varepsilon w_1 + 2\varepsilon w_2 + 3\varepsilon w_3 + \ldots.. \tag{21}$$

welche mit den Gleichungen 1) und 2) des ersten Abschnittes identisch sind. Führen wir hier zunächst statt der Grössen w die Function f vermöge der Gleichungen 19) ein, so erhalten wir:

$$M = \varepsilon[f(0)\, lf(0) + f(\varepsilon)\, lf(\varepsilon) + f(2\varepsilon)\, lf(2\varepsilon) + \ldots]$$
$$+ \varepsilon l\varepsilon[f(0) + f(\varepsilon) + f(2\varepsilon) + \ldots] - n,$$

und die Gleichungen 20) und 21) verwandeln sich in folgende:

$$n = \varepsilon[f(0) + f(\varepsilon) + f(2\varepsilon) + \ldots.] \tag{22}$$

$$L = \varepsilon[\varepsilon f(\varepsilon) + 2\varepsilon f(2\varepsilon) + 3\varepsilon f(3\varepsilon) + \ldots..] \tag{23}$$

In Folge der Gleichung 22) kann der Ausdruck für M auch so geschrieben werden:

$$M = \varepsilon[f(0)\, lf(0) + f(\varepsilon)\, lf(\varepsilon) + f(2\varepsilon)\, lf(2\varepsilon) + \ldots.] - n + nl(\varepsilon).$$

Da n und ε constant sind, (denn auch die Grösse ε hat für alle möglichen Complexionen, daher auch für alle möglichen Zustandsvertheilungen denselben Werth, ist also hier, wo es sich um den Übergang von einer Zustandsvertheilung zu einer andern handelt, als constant anzusehen), so ist die Grösse

$$M' = \varepsilon[f(0)\, lf(0) + f(\varepsilon)\, lf(\varepsilon) + f(2\varepsilon)\, lf(2\varepsilon) + \ldots] \tag{24}$$

zu einem Minimum zu machen. Wir wissen aber, dass ε eine verschwindend kleine Grösse ist, welche um so kleiner wird, je mehr sich die Reihe der möglichen lebendigen Kräfte einem Continuum nähert. Für verschwindende ε aber können wir die in den Gleichungen 22), 23) und 24) vorkommenden Summen in der Form von bestimmten Integralen schreiben, und erhalten folgende Gleichungen:

$$M' = \int_0^\infty f(x)\, lf(x)\, dx \tag{25)}$$

$$n = \int_0^\infty f(x)\, dx \tag{26)}$$

$$L = \int_0^\infty xf(x)\, dx. \tag{27)}$$

Sucht man diejenige Form der Function $f(x)$, welche den Ausdruck 25) unter den Nebenbedingungen 26) und 27) zu einem Minimum macht, so hat man bekanntlich folgendermassen zu verfahren: Man addirt zur rechten Seite der Gleichung 25) die rechten Seiten der beiden Gleichungen 26) und 27), letztere beide mit je einem constantem Factor k und h multiplicirt. Die so entstandene Summe

$$\int_0^\infty [f(x)\, lf(x) + kf(x) + hxf(x)]\, dx$$

unterwirft man nun der Variation, wobei x die independente Variable, f die der Variation zu unterwerfende Function ist. Dadurch ergibt sich

$$\int_0^\infty [lf(x) + k + 1 + hx]\, \delta f(x)\, dx.$$

Setzt man die Grösse, welche mit $\delta f(x)$ multiplicirt ist, also den Ausdruck in der eckigen Klammer $= 0$, und bestimmt aus der so erhaltenen Gleichung die Function $f(x)$, so ergibt sich

$$f(x) = Ce^{-hx} \tag{28)}$$

Hiebei wurde zur Abkürzung die Constante e^{-k-1} mit C bezeichnet. Die zweite Variation von M' ist

$$\delta^2 M' = \int_0^\infty \frac{[\delta f(x)]^2}{f(x)} \cdot dx,$$

eine nothwendig positive Grösse, da $f(x)$ für alle zwischen 0 und ∞ liegenden Werthe von x positiv ist. Es ist also M' ein Minimum im Sinne der Variationsrechnung. Die Gleichung 28) würde uns das Resultat liefern, dass für den Fall des Wärmegleichgewichtes die Wahrscheinlichkeit, dass die lebendige Kraft eines Moleküls zwischen den Grenzen x und $x + dx$ liege, den Werth

$$f(x)\,dx = Ce^{-hx}\,dx$$

hat. Die Wahrscheinlichkeit, dass die Geschwindigkeit eines Moleküls zwischen den Grenzen ω und $\omega + d\omega$ liegt, wäre also

$$Ce^{-\frac{hm\omega^2}{2}} \cdot m\omega\,d\omega \qquad 29)$$

m soll immer die Masse eines Moleküls bezeichnen. Die Formel 29) liefert die richtige Zustandsvertheilung für elastische Kreise, die sich in einer Fläche von zwei Dimensionen bewegen, oder elastische Kreiscylinder mit parallelen Axen, die sich im Raume bewegen, nicht aber für elastische Kugeln, die sich im Raume bewegen. Für letztere muss die Exponentialfunction mit $\omega^2\,d\omega$ statt mit $\omega\,d\omega$ multiplicirt sein. Um die für diesen letzteren Fall passende Zustandsvertheilung zu erhalten, müssen wir die ursprüngliche Vertheilung der Zettel in der Urne, aus welcher die verschiedenen Complexionen gezogen wurden, in anderer Weise wählen. Wir nahmen bisher an, in dieser Urne seien gleich viel Zettel, auf denen eine zwischen 0 und ε liegende lebendige Kraft aufgeschrieben steht, als Zettel, auf denen eine zwischen ε und 2ε liegende lebendige Kraft aufgeschrieben ist. Ebenso gross sollte auch die Zahl der Zettel mit einer zwischen 2ε und 3ε, zwischen 3ε und 4ε u. s. w. liegenden lebendigen Kraft sein.

Jetzt dagegen wollen wir annehmen, dass nicht die lebendige Kraft, sondern die drei Geschwindigkeitscomponenten u, v, w in den Richtungen der drei Coordinatenaxen, auf den in der Urne enthaltenen Zetteln aufgeschrieben sind. Und zwar soll gleich sein: die Zahl der Zettel, für welche u zwischen 0 und ε, v zwischen 0 und ζ, w zwischen 0 und η liegt; die Zahl der Zettel, für welche u zwischen ε und 2ε, v zwischen 0 und ζ, w zwischen 0 und η; ferner die Zahl der Zettel, für welche u zwischen ε und 2ε, v zwischen ζ und 2ζ, w zwischen 0 und η liegt, ganz allgemein: die Zahl der Zettel, für welche u, v, w zwischen den Grenzen u und $u + \varepsilon$, v und $v + \zeta$, w und $w + \eta$ liegen. Dabei sind u, v, w beliebige Grössen, ε, ζ, η dagegen sind gegebene constante, aber ausserordentlich kleine Grössen. Wenn wir bis auf diese eine Modification das ganze Problem unverändert lassen, so gelangen wir zur Zustandsvertheilung, welche sich in Wirklichkeit unter Gasmolekülen herstellt.[212])

[212]) Wir können natürlich gleich von vorneherein statt der Grössen ε, ζ, η, welche ja als verschwindend angenommen werden, du, dv, dw schreiben, und müssten dann sagen: Die Vertheilung der Zettel in der Urne muss so sein, dass die Zahl derjenigen Zettel, für welche u, v, w zwischen u und $u + du$, zwischen v und $v + dv$, w und $w + dw$ liegen, dem Producte $du\,dv\,dw$ proportional, aber vom Werthe der Grössen u, v, w unabhängig ist. Die frühere Vertheilung der Zettel in der Urne dagegen, kann, indem man dx statt ε schreibt, dadurch charakterisirt werden, dass man sagt: es waren auf gleich vielen Zetteln aufgeschrieben: lebendige Kräfte, die zwischen 0 und dx, solche, die zwischen dx und $2dx$, solche, die zwischen $2dx$ und $3dx$ u.s.w. liegen.

Bezeichnen wir jetzt mit

$$w_{abc} = \varepsilon\zeta\eta f(a\varepsilon, b\zeta, c\eta) \tag{30}$$

die Zahl der in irgend einer Complexion vorkommenden Moleküle, für welche die Geschwindigkeitscomponenten zwischen den Grenzen $a\varepsilon$ und $(a+1)\,\varepsilon$, $b\zeta$ und $(b+1)\,\zeta$, $c\eta$ und $(c+1)\eta$ liegen, so ist die Zahl der Permutationen, deren die Elemente dieser Complexion fähig sind, also die Permutabilität der Zustandsvertheilung, zu welcher diese Complexion führt:

$$\mathfrak{P} = \frac{n!}{\prod\limits_{a=-p}^{a=+p} \prod\limits_{b=-q}^{b=+q} \prod\limits_{c=-r}^{c=+r} w_{abc}!} \tag{31}$$

wobei wir zunächst annehmen, u vermöge nur Werthe von $-p\varepsilon$ bis $+p\varepsilon$, v solche von $-q\zeta$ bis $+q\zeta$, w solche von $-r\eta$ bis $+r\eta$ anzunehmen. Für die wahrscheinlichste Zustandsvertheilung muss wieder dieser Ausdruck, oder wenn man will, dessen Logarithmus ein Maximum sein. Vertauscht man wieder

$$n! \text{ mit } \sqrt{2\pi}\left(\frac{n}{e}\right)^n \text{ und } w! \text{ mit } \sqrt{2\pi}\left(\frac{w}{e}\right)^w,$$

wobei man übrigens den Factor $\sqrt{2\pi}$ sogleich weglassen kann, weil jeder dieser Factoren zu $l\mathfrak{P}$ nur den constanten Addenden $-\frac{1}{2}l(2\pi)$ liefert, so erhält man als Bedingung für die wahrscheinlichste Zustandsvertheilung, dass der Ausdruck

$$-\sum_{a=-p}^{a=+p} \sum_{b=-q}^{b=+q} \sum_{c=-r}^{c=+r} w_{abc} l w_{abc}$$

ein Maximum werden soll, welches sich nur durch einen constanten Addenden von $l\mathfrak{P}$ unterscheidet, da auch die constante Grösse nln weggelassen wurde.

Die beiden Bedingungsgleichungen aber, welche ausdrücken, dass die Zahl der Moleküle $= n$, und deren lebendige Kraft $= L$ sein muss, erhalten folgende Form:

$$n = \sum_{a=-p}^{a=p} \sum_{b=-q}^{b=q} \sum_{c=-r}^{c=r} w_{abc} \tag{32}$$

$$L = \frac{m}{2} \cdot \sum_{a=-p}^{a=p} \sum_{b=-q}^{b=q} \sum_{c=-r}^{c=r} (a^2\varepsilon^2 + b^2\zeta^2 + c^2\eta^2)\, w_{abc} \tag{33}$$

Setzt man für w_{abc} seinen Werth aus Gleichung 30) ein, so sieht man sogleich ein, dass die dreifachen Summen, nachdem man noch einen constanten Addenden unterdrückt hat, in dreifache bestimmte Integrale übergehen, wodurch man für die Grösse, welche ein Maximum werden soll, den Werth erhält:

$$\Omega = -\int_{-\infty}^{+\infty} \int_{-\infty}^{+\infty} \int_{-\infty}^{+\infty} f(u, v, w)\, lf(u, v, w)\, du\, dv\, dw \tag{34}$$

die beiden Bedingungsgleichungen aber gehen über in:

$$n = \int_{-\infty}^{\infty} \int_{-\infty}^{\infty} \int_{-\infty}^{\infty} f(u, v, w)\, du\, dv\, dw \tag{35}$$

$$L = \frac{m}{2} \int_{-\infty}^{\infty} \int_{-\infty}^{\infty} \int_{-\infty}^{\infty} (u^2 + v^2 + w^2) f(u, v, w)\, du\, dv\, dw \tag{36}$$

Wir wollen diese Größe Ω, welche nur durch einen constanten Addenden vom Logarithmus der Permutabilität verschieden ist, und welche für die Folge eine besondere Wichtigkeit hat, als das Permutabilitätsmass bezeichnen. Ich bemerke übrigens, dass die Unterdrückung dieser Constanten noch den Vortheil hat, dass dadurch bewirkt wird, dass das gesammte Permutabilitätsmass des Vereins zweier Körper gleich der Summe der Permutabilitätsmasse jedes einzelnen Körpers ist.

Es ist also das Maximum der Grösse 34) unter den Nebenbedingungen 35) und 36) zu suchen. Die Auflösung dieses Problems braucht hier nicht weiter auseinandergesetzt zu werden; denn dasselbe ist ein specieller Fall desjenigen Problems, welches ich bereits in meiner Abhandlung „über das Wärmegleichgewicht von Gasen, auf welches äussere Kräfte wirken", in dem Abschnitte behandelt habe, welcher unmittelbar dem Anhange vorhergeht. Ich habe dort schon den Nachweis geliefert, dass es auf diejenige Zustandsvertheilung führt, welche in der That dem Zustande des Wärmegleichgewichtes entspricht. Man sieht also, dass man in der That berechtigt ist, zu sagen: diejenige Zustandsvertheilung, welche unter allen die wahrscheinlichste ist, entspreche auch dem Zustande des Wärmegleichgewichtes. Denn wenn eine Urne in der zuletzt besprochenen Weise mit Zetteln gefüllt wird, so wird es am wahrscheinlichsten sein, dass auf den gezogenen Zetteln die dem Wärmegleichgewichte entsprechende Zustandsvertheilung aufgeschrieben ist. Ich glaube aber nicht, dass man berechtigt ist, dies ohne Weiteres als etwas Selbstverständliches hinzustellen, mindestens nicht, ohne vorher sehr genau definirt zu haben, was eigentlich unter der wahrscheinlichsten Zustandsvertheilung zu verstehen ist. Würde man z. B. in dieser Definition nur die kleine Modification eintreten lassen, dass man die Urne in der zuerst beschriebenen Weise mit Zetteln gefüllt sein liesse, so würde der Satz bereits falsch sein.

Der Grund, wesshalb gerade die eine Vertheilung der Zettel zur richtigen Zustandsvertheilung führt, wird demjenigen, der sich eingehender mit derartigen Problemen beschäftigt hat, wohl nicht entgehen. Derselbe liegt nämlich in folgendem Umstande: Wenn wir alle Moleküle zusammenfassen, deren Coordinaten zu einer bestimmten Zeit zwischen den Grenzen

$$\xi \text{ und } \xi + d\xi,\ \eta \text{ und } \eta + d\eta,\ \zeta \text{ und } \zeta + d\zeta \tag{37}$$

und deren Geschwindigkeitscomponenten zwischen den Grenzen

$$u \text{ und } u + du,\ v \text{ und } v + dv,\ w \text{ und } w + dw \tag{38}$$

liegen, und alle diese Moleküle mit einem bestimmten Moleküle unter gegebenen Verhältnissen zusammenstossen lassen, so sollen deren Coordinaten nach einer ganz bestimmten Zeit zwischen den Grenzen

$$\Xi \text{ und } \Xi + d\Xi,\ H \text{ und } H + dH,\ Z \text{ und } Z + dZ \tag{39}$$

deren Geschwindigkeitscomponenten aber zwischen den Grenzen

$$U \text{ und } U + dU,\ V \text{ und } V + dV,\ W \text{ und } W + dW \tag{40}$$

liegen. Es ist dann immer

$$d\xi \cdot d\eta \cdot d\zeta \cdot du \cdot dv \cdot dw = d\Xi \cdot dH \cdot dZ \cdot dU \cdot dV \cdot dW. \tag{41}$$

Dieser Satz gilt noch viel allgemeiner. Mögen zur Zeit Null die Coordinaten und Geschwindigkeitscomponenten beliebiger Moleküle (materieller Punkte) zwischen den Grenzen 37) und 38) liegen, mögen auf diese Moleküle beliebige Kräfte wirken, nach Verlauf einer und derselben Zeit t mögen die Coordinaten und Geschwindigkeitscomponenten sämmtlicher Moleküle zwischen den Grenzen 39) und 40) liegen, es ist dann jedesmal die Gleichung 41) erfüllt.

(Vollkommen ausführlich, exact ausgesprochen und in sehr einfacher Weise begründet findet man diesen und einen noch allgemeineren Satz in dem Buche von Watson „A Treatise on the kinetic theory of gases“ S. 12)[213]).

Würde man dagegen statt der Geschwindigkeitscomponenten vor und nach der Einwirkung der Kräfte die lebendige Kraft x und zwei die Geschwindigkeitsrichtung bestimmende Winkel α und β einführen, und würden vor der Einwirkung der Kräfte diese Grössen zwischen den Grenzen

$$\xi \text{ und } \xi + d\xi,\ \eta \text{ und } \eta + d\eta,\ \zeta \text{ und } \zeta + d\zeta,$$

$$x \text{ und } x + dx,\ \alpha \text{ und } \alpha + d\alpha,\ \beta \text{ und } \beta + d\beta,$$

nach dem Einwirken der Kräfte aber zwischen den Grenzen

$$\Xi \text{ und } \Xi + d\Xi,\ H \text{ und } H + dH,\ Z \text{ und } Z + dZ$$

$$X \text{ und } X + dX,\ A \text{ und } A + dA,\ B \text{ und } B + dB$$

liegen, so würde

$$d\xi \cdot d\eta \cdot d\zeta \cdot \sqrt{x} \cdot dx \cdot \varphi(\alpha, \beta)\, d\alpha \cdot d\beta = d\Xi \cdot dH \cdot dZ \sqrt{X} \cdot dX \cdot \varphi(A, B)\, dA \quad dB$$

sein.

Es geht also das Product der Differentiale $du\, dv\, dw$ direct in $dU\, dV\, dW$ über. Desshalb müssen die Zettel der Urne so gewählt werden, dass gleich viele mit Geschwindigkeitscomponenten beschrieben sind, die zwischen u und $u + du$,

[213]) (S): Henry William Watson, A treatise on the kinetic theory of gases, Oxford 1876 (51 Seiten).

v und $v + dv$, w und $w + dw$ liegen, was immer u, v, w für Werthe haben mögen. Überhaupt muss, wenn die Position durch irgend welche Coordinaten bestimmt wird, die Geschwindigkeit durch die entsprechenden „Momente" bestimmt werden. Dagegen geht $\sqrt{x}\,dx$ in $\sqrt{X}\,dX$ über. Bei Einführung der lebendigen Kraft müsste man also die Zettel so wählen, dass gleichviele mit lebendigen Kräften beschrieben sind, welche zwischen x und $x + \sqrt{x}\,dx$ liegen, wobei dx constant, x aber vollkommen willkürlich ist.

Mit Anwendung dieses zuletzt erwähnten Satzes könnte man mit Zuziehung der in meinen „Bemerkungen über einige Probleme der mechanischen Wärmetheorie" auf S. 10 des Separatabdruckes[214]) entwickelten Principien auch einen directen Beweis herstellen, dass diese Art und Weise, die wahrscheinlichste Zustandsvertheilung zu finden, die allein zulässige ist, und auf die richtige dem Zustande des Wärmegleichgewichtes entsprechende Zustandsvertheilung führen muss, während wir uns hier a posteriori überzeugt haben, dass gerade sie auf die richtige Zustandsvertheilung führt, und daraus schlossen, dass die dem Wärmegleichgewichte entsprechende Zustandsvertheilung in unserem Sinne die wahrscheinlichste ist.

Es ist natürlich leicht, in gleicher Weise auch die Fälle zu betrachten, wo nebst der Bedingung der Erhaltung der lebendigen Kraft noch andere Bedingungen gegeben sind. Stellen wir z.B. das Problem so: Unter einer gegebenen, natürlich sehr grossen Anzahl von Molekülen sind die Geschwindigkeitscomponenten u, v, w so zu vertheilen, dass 1. die Summe der lebendigen Kraft aller Moleküle eine gegebene Grösse ist, 2. die Componente der Geschwindigkeit des gemeinsamen Schwerpunktes aller Moleküle in der Richtung der x-Axe, 3. die in der Richtung der y-Axe, 4. die in der Richtung der z-Axe eine gegebene Grösse ist. Es entsteht die Frage, welches ist die wahrscheinlichste Vertheilung der Geschwindigkeitscomponenten unter den Molekülen, wobei dieser Begriff natürlich wieder in demselben Sinne wie früher gefasst ist. Wir erhalten dann ganz dasselbe Problem, nur dass an die Stellung der einen Bedingungsgleichung deren vier treten. Die Auflösung desselben liefert uns für die wahrscheinlichste Zustandsvertheilung

$$f(u, v, w)\,du\,dv\,dw = Ce^{-h[(u-\alpha)^2+(v-\beta)^2+(w-\gamma)^2]}$$

wo $C, h, \alpha, \beta, \gamma$ Constanten sind. Dies ist in der That die Zustandsvertheilung in einem Gase, das sich im Wärmegleichgewichte bei constanter Temperatur befindet, dessen gesammte Masse aber nicht in Ruhe ist, sondern sich mit einer bestimmten constanten Geschwindigkeit fortbewegt. ...

Um einen Beweis zu liefern, wie mannigfaltig der Begriff der wahrscheinlichsten Zustandsvertheilung unter Gasmolekülen aufgefasst werden kann, will ich hier noch einer möglichen Definition derselben gedenken. Nehmen wir wieder

[214]) (S): Siehe Fußnote 209, S. 315.

an, jedes Molekül sei nur fähig, eine discrete Reihe von lebendigen Kräften $0, \varepsilon, 2\varepsilon, 3\varepsilon \ldots\ldots \infty$ anzunehmen.

Die Gesammtsumme der lebendigen Kraft aller Moleküle sei $L = \lambda\varepsilon$. Wir wollen jetzt die lebendige Kraft jedes einzelnen Moleküls in folgender Weise bestimmen: Wir haben in einer Urne genau so viele (n) gleichbeschaffene Kugeln, als Moleküle vorhanden sind. Jedem Moleküle soll eine bestimmte Kugel entsprechen. Wir machen nun λ Züge aus dieser Urne, wobei wir jedoch nach jedem Zuge die gezogene Kugel wieder in die Urne zurückwerfen. Die lebendige Kraft des ersten Moleküls soll nun gleich dem Producte der Grösse ε in die Zahl gemacht werden, welche angibt, wie oft die diesem Moleküle entsprechende Kugel aus der Urne gezogen worden ist. Analog sollen die lebendigen Kräfte aller übrigen Moleküle bestimmt werden. Wir haben so eine Vertheilung der lebendigen Kraft L unter die Moleküle (eine Complexion) gewonnen. Wir machen nun abermals λ Züge aus der Urne, und gewinnen dadurch eine zweite Complexion, dann eine dritte u. s. w. fort, bis wir im Ganzen sehr oftmal (J mal) aus der Urne λ Züge gemacht haben, wodurch wir J Complexionen gewonnen haben. Wir können die wahrscheinlichste Zustandsvertheilung in zweifacher Weise definiren: Erstens wir zählen nach, wie oftmal in allen J Complexionen ein Molekül die lebendige Kraft 0, ferner wie oft eines die lebendige Kraft ε, 2ε u. s. w. hat, und kommen überein, dass die Verhältnisse dieser Zahlen für den Fall des Wärmegleichgewichtes die Wahrscheinlichkeiten liefern sollen, dass ein Molekül die lebendige Kraft $0, \varepsilon, 2\varepsilon$ u. s. w. hat. Zweitens wir bilden die jeder Complexion entsprechende Zustandsvertheilung. Sei irgend eine Zustandsvertheilung so beschaffen, dass $\mathfrak{P}$ Complexionen in dieselbe übergehen, so bezeichnen wir die Quotienten $\frac{\mathfrak{P}}{J}$ als die Wahrscheinlichkeit dieser Zustandsvertheilung. Es scheint diese Definition der Wahrscheinlichkeit einer Zustandsvertheilung auf den ersten Blick sehr plausibel; doch werden wir sogleich sehen, dass sie nicht angewendet werden darf, weil gemäss derselben nicht diejenige Zustandsvertheilung, deren Wahrscheinlichkeit am grössten ist, dem Wärmegleichgewichte entsprechen würde. Es ist leicht, die Hypothese, welche uns gegenwärtig beschäftigt, in Formeln zu fassen. Wir wollen da zuerst die erste Methode der Wahrscheinlichkeitsbestimmung discutiren. Fassen wir das erste Molekül ins Auge, und nehmen wir an, es seien die ersten λ Züge gemacht worden, die Wahrscheinlichkeit, dass bei dem ersten Zuge die dem ersten Moleküle entsprechende Kugel gezogen worden sei, ist $\frac{1}{n}$; die Wahrscheinlichkeit dagegen, dass eine andere Kugel gezogen worden sei, ist $\frac{n-1}{n}$. Es ist also die Wahrscheinlichkeit, dass auf den 1ten, 2ten, $3^{\text{ten}} \ldots k^{\text{ten}}$ Zug die dem ersten Moleküle entsprechende Kugel gezogen worden sei, auf jeden folgenden aber eine andere, durch den Ausdruck

$$\left(\frac{1}{n}\right)^k \left(\frac{n-1}{n}\right)^{\lambda-k} = \left(\frac{n-1}{n}\right)^{\lambda} \cdot \left(\frac{1}{n-1}\right)^k$$

gegeben. Ebenso gross ist die Wahrscheinlichkeit, dass die dem ersten Moleküle entsprechende Kugel auf den $1^{\text{ten}}, 2^{\text{ten}}, 3^{\text{ten}} \ldots . k-1^{\text{ten}}$ Zug, und dann noch auf den $k+1^{\text{ten}}$ gezogen worden sei u. s. w. Die Wahrscheinlichkeit, dass also überhaupt die dem ersten Moleküle entsprechende Kugel auf beliebige k Züge gezogen worden sei, und auf die übrigen nicht, ist

$$w_k = \frac{\lambda!}{(\lambda-k)!\,k!} \left(\frac{n-1}{n}\right)^{\lambda} \left(\frac{1}{n-1}\right)^k.$$

Genau ebenso gross ist aber diese Wahrscheinlichkeit auch für jedes andere Molekül. Es ist dies also ganz allgemein die Wahrscheinlichkeit, dass einem Moleküle die lebendige Kraft $k\varepsilon$ zukomme. Gebraucht man wieder für die Factorielle die Annäherungsformel, so ergibt sich

$$w_k = \sqrt{\frac{1}{2\pi}} \cdot \left(\lambda \frac{n-1}{n}\right)^{\lambda} \cdot \frac{1}{\sqrt{\left(1-\frac{k}{\lambda}\right) \cdot k}} \cdot \left[\frac{\lambda-k}{(n-1)\,k}\right]^k \cdot (\lambda-k)^{-\lambda}$$

woraus hervorgeht, dass die Wahrscheinlichkeit der grösseren lebendigen Kräfte eine so unverhältnismässig bedeutende ist, dass der ganze Ausdruck sich mit wachsendem k, λ, $\frac{1}{\varepsilon}$ und n sich keiner eindeutig bestimmbaren Grenze nähert. Wir wollen nun zur zweiten möglichen Definition der wahrscheinlichsten Zustandsvertheilung übergehen. Wir müssen da sämmtliche J Complexionen ins Auge fassen, welche wir uns dadurch gebildet haben, dass wir J mal aus unserer Urne λ Kugeln gezogen haben. Eine der verschiedenen möglichen Complexionen wird darin bestehen, dass die dem ersten Molekül entsprechende Kugel bei sämmtlichen λ Zügen gezogen worden ist. Wir wollen diese Complexion symbolisch durch $m_1^{\lambda} \cdot m_2^0 \cdot m_3^0 \ldots . m_n^0$ ausdrücken. Eine zweite Complexion, wobei auf $\lambda - 1$ Züge die dem ersten Moleküle entsprechende Kugel, auf einen Zug die dem zweiten entsprechende Kugel gezogen wurde, wollen wir mit

$$m_1^{\lambda-1} \cdot m_2^1 \cdot m_3^0 \ldots . m_n^0$$

ausdrücken. Wir sehen, dass die verschiedenen möglichen Complexionen genau durch die verschiedenen Glieder ausgedrückt werden, als deren Summe die nach dem polynomischen Satze entwickelte Potenz

$$(m_1 + m_2 + m_3 + \ldots . + m_n)^{\lambda} \qquad A$$

erscheint, und zwar ist die Wahrscheinlichkeit jeder derartigen Complexion genau proportional der Zahl, welche angibt, wie viele Glieder sich in das betreffende Glied der Potenz verwandeln, wenn man zuerst das Product

$$(m'_1 + m'_2 + \ldots + m'_n)(m''_1 + m''_2 + \ldots + m''_n) \ldots (m_1^{(\lambda)} + m_2^{(\lambda)} + \ldots + m_n^{(\lambda)})$$

bildet, und zum Schlusse erst in diesem Producte die oberen Indices weglässt, also genau proportional dem Polynomialcoëfficienten dieses Gliedes. Denn das Symbol $m'_1 \cdot m''_3 \cdot m'''_7 \ldots$ können wir so verstehen, dass auf den ersten Zug die dem ersten Moleküle entsprechende, auf den zweiten die dem dritten Moleküle entsprechende, auf den dritten die dem siebenten Moleküle entsprechende Kugel etc. gezogen wurde. Es stellen dann alle möglichen Producte der Grössen m'_1, m''_1, m'_2 u.s.f. lauter gleich wahrscheinliche Complexionen dar. Wir wollen wissen, wie oftmal unter sämmtlichen Gliedern der entwickelten Potenz A, deren Gesammtzahl gleich n^λ ist, wenn man jedes Glied so oft genommen denkt, als sein Coëfficient Einheiten enthält, irgend eine Zustandsvertheilung enthalten sei. Betrachten wir als Beispiel die Zustandsvertheilung, wobei ein Molekül die gesammte lebendige Kraft hat, alle übrigen die lebendige Kraft 0 haben. Dieser Zustandsvertheilung entsprechen offenbar folgende Glieder der entwickelten Potenz A

$$m_1^\lambda m_2^0 m_3^0 \ldots\ldots, \quad m_1^0 m_2^\lambda m_3^0 \ldots\ldots, \quad m_1^0 m_2^0 m_3^\lambda \ldots\ldots \text{ u. s. w.}$$

im Ganzen n an der Zahl. Ebenso entsprechen der Zustandsvertheilung, in welcher w_0 Moleküle die lebendige Kraft Null, w_1 Moleküle die lebendige Kraft ε, w_2 Moleküle die lebendige Kraft 2ε u. s. w. haben, im Ganzen

$$\frac{\lambda!}{w_0!\, w_1!\, w_2! \ldots w_\lambda!}$$

Glieder der entwickelten Potenz A. Jedes dieser Glieder hat den nämlichen Polynomialcoëfficienten, und zwar ist derselbe

$$\frac{\lambda!}{(0!)^{w_0} \cdot (1!)^{w_1} \cdot (2!)^{w_2} \ldots (\lambda!)^{w_\lambda}}.$$

Im Ganzen ist daher nach der jetzt angenommenen Definition die Wahrscheinlichkeit dieser Zustandsvertheilung

$$\frac{(\lambda!)^2}{n^\lambda} \cdot \frac{1}{w_0!\, w_1!\, w_2! \ldots w_\lambda!} \cdot \frac{1}{(0!)^{w_0} \cdot (1!)^{w_1} \cdot (2!)^{w_2} \ldots (\lambda!)^{w_\lambda}}.$$

Die Aufsuchung des Maximalwerthes dieser Grösse führt jedoch ebenfalls nicht auf die dem Wärmegleichgewichte entsprechende Zustandsvertheilung.

V. Beziehung der Entropie zu derjenigen Grösse, welche ich als die Vertheilungswahrscheinlichkeit bezeichnet habe.

Wir wollen uns bei Betrachtung dieser Beziehung zunächst wieder mit dem einfachsten und klarsten Falle beschäftigen, indem wir zuerst ein einatomiges

Gas der Untersuchung unterziehen, auf welches keinerlei äussere Kräfte wirken. In diesem Falle gilt die Formel 34) des II. Abschnittes. Um jedoch dieser Formel die volle Allgemeinheit zu geben, müssen auch noch die Coordinaten x, y, z des Ortes, wo sich ein Molekül befindet, eingeführt werden. Das Maximum des so verallgemeinerten Ausdruckes 34) liefert dann auch die Vertheilung der ganzen Gasmasse in dem sie umschliessenden Gefässe, nicht aber nur die Vertheilung der Geschwindigkeitscomponenten unter den Gasmolekülen, welche für den dort betrachteten Fall genügte, weil dort als selbstverständlich vorausgesetzt wurde, dass die Gasmasse das Gefäss gleichförmig erfüllt.

Der so verallgemeinerte Ausdruck 34) für das Permutabilitätsmass kann leicht aus Formel 51)[215]) gefunden werden, indem man in dieser Formel statt $p_1 p_2 .. q_r$ substituirt, x, y, z, u, v, w und die Ausdrücke mit den accentuirten Buchstaben einfach weglässt. Er lautet folgendermassen:

$$\Omega = -\int\int\int\int\int\int f(x, y, z, u, v, w)\, lf(x, y, z, u, v, w)\, dx\, dy\, dz\, du\, dv\, dw \qquad 61)$$

wobei $f(x, y, z, u, v, w)\, dx\, dy\, dz\, du\, dv\, dw$ die Anzahl der Gasmoleküle vorstellt, für welche die sechs Variablen x, y, z, u, v, w zwischen den Grenzen x und $x + dx$, y und $y + dy$, z und $z + dz$ u. s. w. ..... w und $w + dw$ liegen und die Integration bezüglich der Geschwindigkeitscomponenten von $-\infty$ bis $+\infty$, bezüglich der Coordinaten über das ganze Gefäss zu erstrecken ist, in welchem sich das Gas befindet. Wir wissen, dass, wenn das Gas früher nicht im Wärmegleichgewichte war, und dem Zustande des Wärmegleichgewichtes zueilt, diese Grösse nothwendig wachsen muss. Wir wollen jetzt den Werth berechnen, welchen diese Grösse hat, wenn das Gas den Zustand des Wärmegleichgewichtes erreicht hat.

Sei V das gesammte Volumen des Gases, T die mittlere lebendige Kraft eines Gasmoleküles und N die Gesammtzahl aller Moleküle des Gases, endlich m die Masse eines Gasmoleküles, so ist für den Zustand des Wärmegleichgewichtes

$$f(x, y, z, u, v, w) = \frac{N}{V\left(\frac{4\pi T}{3m}\right)^{\frac{3}{2}}} \cdot e^{-\frac{3m}{4T}(u^2+v^2+w^2)}.$$

Substituirt man diesen Werth in Gleichung 61), so erhält man

$$\Omega = \frac{3N}{2} + Nl\left[V\left(\frac{4\pi T}{3m}\right)^{\frac{3}{2}}\right] - NlN \qquad 62)$$

[215]) (S): Formel 51) lautet:

$$\Omega = -[\int\int \ldots f(p_1, p_2, \ldots q_r)\, lf(p_1, p_2, \ldots q_r)\, dp_1\, dp_2 \ldots dq_r$$
$$+ \int\int \ldots f(p_1', p_2', \ldots q_{r'}')\, lf(p_1', p_2' \ldots q_{r'}')\, dp_1'\, dp_2' \ldots dq_{r'}' + \ldots].$$

Versteht man nun unter dQ das dem Gase zugeführte Wärmedifferentiale, so ist

$$dQ = N\,dT + p\,dV \tag{63)}$$

und

$$pV = \frac{2N}{3} \cdot T \tag{64)}$$

p ist der Druck, bezogen auf die Flächeneinheit. Die Entropie des Gases ist dann:

$$\int \frac{dQ}{T} = \frac{2}{3} N \cdot l\left(V \cdot T^{\frac{3}{2}}\right) + C.$$

Da hier C als eine reine Constante anzusehen ist, so ist bei passender Bestimmung dieser Constante

$$\int \frac{dQ}{T} = \frac{2}{3}\,\Omega \tag{65)}$$

Hieraus folgt, dass für jede sogenannte umkehrbare Zustandsänderung, d.h. für jede solche, wobei das Gas während der ganzen Zustandsänderung sich im Wärmegleichgewichte befindet, oder wenigstens mit unendlicher Annäherung als darin befindlich betrachtet werden kann, der Zuwachs des mit $\frac{2}{3}$ multiplicirten Permutabilitätsmasses Ω gleich dem $\int \frac{dQ}{T}$ über die ganze Zustandsänderung erstreckt, also gleich dem Zuwachse der Entropie ist. Werde in der That dem Gase eine sehr kleine Wärmemenge dQ zugeführt, so dass auch dessen Temperatur und Volumen dT und dV wachsen. Dann folgt aus den Gleichungen 63) und 64)

$$dQ = N\,dT + \frac{2N}{3V} \cdot T\,dV,$$

während man aus der Gleichung 62) findet:

$$d\Omega = +N\frac{dV}{V} + \frac{3N}{2} \cdot \frac{dT}{T}.$$

Es ist nun bekannt, dass, wenn in einem Systeme von Körpern lauter umkehrbare Veränderungen vor sich gehen, dann die Gesammtsumme der Entropie aller dieser Körper constant bleibt. Sind dagegen unter den Vorgängen auch nicht umkehrbare, so muss die Gesammtentropie aller Körper nothwendig wachsen, wie bekanntlich aus dem Umstande folgt, dass $\int \frac{dQ}{T}$ über einen nicht umkehrbaren Kreisprocess integrirt, negativ ist. Gemäss der Gleichung 65) muss also auch die Summe der Permutabilitätsmasse aller Körper $\Sigma\,\Omega$ oder das gesammte

Permutabilitätsmass derselben zunehmen. Es ist daher das Permutabilitätsmass eine Grösse, welche für den Zustand des Wärmegleichgewichtes bis auf einen constanten Factor und Addenden mit der Entropie identisch ist, welche aber auch während des Verlaufes eines nicht umkehrbaren Vorgangs einen Sinn behält, und auch während eines solchen fortwährend zunimmt.

Es lassen sich also zunächst zwei Sätze aufstellen: der erste bezieht sich auf ein System von Körpern, in welchem verschiedene Zustandsänderungen vorgegangen sind, von denen wenigstens einige nicht umkehrbar sind; d.h., wo wenigstens bei einigen das System der Körper nicht fortwährend im Wärmegleichgewichte war. Wenn dieses System vor und nach dem Verlaufe aller dieser Zustandsveränderungen im Wärmegleichgewichte war, so kann die Summe der Entropie aller Körper des Systems vor und nach jenen Zustandsveränderungen ohne weiters berechnet werden, und ist jedesmal gleich dem mit $\frac{2}{3}$ multiplicirten Permutabilitätsmasse aller dieser Körper. Der erste Satz geht nun dahin, dass die gesammte Entropie nach den Zustandsveränderungen immer grösser als vor denselben ist; dasselbe gilt natürlich auch von dem Permutabilitätsmasse. Der zweite Satz bezieht sich auf ein Gas, das eine Zustandsveränderung durchmacht, ohne dass es gerade am Anfang und Ende desselben im Wärmegleichgewichte zu sein braucht. Es lässt sich dann für den Anfangs- und Endzustand des Gases nicht die Entropie, wohl aber noch immer die Grösse berechnen, welche wir das Permutabilitätsmass genannt haben; und zwar wird wieder der Werth derselben nach der Zustandsvertheilung nothwendig grösser als vor derselben sein. Wir werden sogleich sehen, dass sich der letztere Satz ohne Schwierigkeit auf ein System von mehreren Gasen, so wie auch auf den Fall ausdehnen lässt, dass die Gasmoleküle mehratomig sind und äussere Kräfte auf dieselben wirken. Bei einem Systeme mehrerer Gase muss als Permutabilitätsmass des Systems die Summe der Permutabilitätsmasse der einzelnen Gase definirt werden, führt man dagegen die Permutabilität selbst ein, so wäre die Permutabilität eines Systems das Product der Permutabilitäten der Bestandtheile. Setzen wir die Ausdehnbarkeit des letzteren Satzes für beliebige Körper voraus, so stellen sich die beiden eben besprochenen Sätze nur als specielle Fälle eines einzigen allgemeinen Satzes heraus, welcher folgendermassen lautet:

Denken wir uns ein beliebiges System von Körpern gegeben, dasselbe mache eine beliebige Zustandsveränderung durch, ohne dass nothwendig der Anfangs- und Endzustand Zustände des Gleichgewichtes zu sein brauchen: dann wird immer das Permutabilitätsmass aller Körper im Verlaufe der Zustandsveränderungen fortwährend wachsen und kann höchstens constant bleiben, so lange sich sämmtliche Körper während der Zustandsveränderung mit unendlicher Annäherung im Wärmegleichgewichte befinden (umkehrbare Zustandsveränderungen). ...

Text 7.4. Max Planck, Ueber das Gesetz der Energieverteilung im Normalspectrum *)

I. Berechnung der Entropie eines Resonators als Function seiner Energie.

§ 1. Entropie bedingt Unordnung, und diese Unordnung beruht nach der elektromagnetischen Strahlungstheorie bei den monochromatischen Schwingungen eines Resonators, auch wenn er sich in einem dauernd stationären Strahlungsfelde befindet, in der Unregelmässigkeit, mit der er beständig seine Amplitude und seine Phase wechselt, sofern man Zeitepochen betrachtet, welche gross sind gegen die Zeit einer Schwingung, aber klein gegen die Zeit einer Messung. Wäre Amplitude und Phase absolut constant, also die Schwingungen vollkommen homogen, so könnte keine Entropie existiren und die Schwingungsenergie müsste vollkommen frei in Arbeit verwandelbar sein. Die constante Energie U eines einzelnen stationär schwingenden Resonators ist danach nur als ein zeitlicher Mittelwert aufzufassen, oder, was ganz auf dasselbe hinauskommt, als der gleichzeitige Mittelwert der Energien einer grossen Anzahl N von gleichbeschaffenen Resonatoren, die sich in dem nämlichen stationären Strahlungsfelde befinden, weit genug voneinander entfernt, um sich nicht gegenseitig direct zu beeinflussen. In diesem Sinne wollen wir künftig von der mittleren Energie U eines einzelnen Resonators sprechen. Dann entspricht der gesamten Energie

$$U_N = NU \tag{1}$$

eines solchen Systems von N Resonatoren eine gewisse Gesamtentropie

$$S_N = NS \tag{2}$$

desselben Systems, wobei S die mittlere Entropie eines einzelnen Resonators darstellt, und diese Entropie S_N beruht auf der Unordnung, mit der sich die gesamte Energie U_N auf die einzelnen Resonatoren verteilt.

§ 2. Wir setzen nun die Entropie S_N des Systems, bis auf eine willkürlich bleibende additive Constante, proportional dem Logarithmus der Wahrscheinlichkeit W dafür, dass die N Resonatoren insgesamt die Energie U_N besitzen, also:

$$S_N = k \log W + \text{const.} \tag{3}$$

*) Max Planck, Ueber das Gesetz der Energieverteilung im Normalspectrum, *in*: Annalen der Physik 4[4] (1901), S. 553–563, speziell S. 555–562. Abdruck mit Genehmigung der Erben von Max Planck.

Diese Festsetzung kommt nach meiner Meinung im Grunde auf eine Definition der genannten Wahrscheinlichkeit W hinaus; denn wir besitzen in den Voraussetzungen, welche der elektromagnetischen Theorie der Strahlung zu Grunde liegen, gar keinen Anhaltspunkt, um von einer solchen Wahrscheinlichkeit in einem bestimmten Sinne zu reden. Für die Zweckmässigkeit der so getroffenen Festsetzung lässt sich von vornherein ihre Einfachheit und ihre nahe Verwandtschaft mit einem Satze der kinetischen Gastheorie[216]) anführen.

§ 3. Es kommt nun darauf an, die Wahrscheinlichkeit W dafür zu finden, dass die N Resonatoren insgesamt die Schwingungsenergie U_N besitzen. Hierzu ist es nothwendig, U_N nicht als eine stetige, unbeschränkt teilbare, sondern als eine discrete, aus einer ganzen Zahl von endlichen gleichen Teilen zusammengesetzte Grösse aufzufassen. Nennen wir einen solchen Teil ein Energieelement ε, so ist mithin zu setzen:

$$U_N = P \cdot \varepsilon, \tag{4}$$

wobei P eine ganze, im allgemeinen grosse Zahl bedeutet, während wir den Wert von ε noch dahingestellt sein lassen.

Nun ist einleuchtend, dass die Verteilung der P Energieelemente auf die N Resonatoren nur auf eine endliche ganz bestimmte Anzahl von Arten erfolgen kann. Jede solche Art der Verteilung nennen wir nach einem von L. Boltzmann für einen ähnlichen Begriff gebrauchten Ausdruck eine „Complexion". Bezeichnet man die Resonatoren mit den Ziffern 1, 2, 3, ...N, schreibt diese der Reihe nach nebeneinander und setzt unter jeden Resonator die Anzahl der bei irgend einer willkürlich vorgenommenen Verteilung auf ihn entfallenden Energieelemente, so erhält man für jede Complexion ein Symbol von folgender Form:

1	2	3	4	5	6	7	8	9	10
7	38	11	0	9	2	20	4	4	5

Hier ist $N = 10$, $P = 100$ angenommen. Die Anzahl $\mathfrak{R}$ aller möglichen Complexionen ist offenbar gleich der Anzahl aller möglichen Ziffernbilder, die man auf diese Weise, bei bestimmtem N und P, für die untere Reihe erhalten kann. Der Deutlichkeit halber sei noch bemerkt, dass zwei Complexionen als verschieden anzusehen sind, wenn die entsprechenden Ziffernbilder dieselben Ziffern, aber in verschiedener Anordnung, enthalten.

Aus der Combinationslehre ergiebt sich so die Anzahl aller möglichen Complexionen zu

$$\mathfrak{R} = \frac{N \cdot (N+1) \cdot (N+2) \ldots (N+P-1)}{1 \cdot 2 \cdot 3 \ldots P} = \frac{(N+P-1)!}{(N-1)!\; P!}.$$

[216]) L. Boltzmann, Sitzungsber. d. k. Akad. d. Wissensch. zu Wien (II) **76.** p. 428, 1877. (S): Siehe Text 7.3 S. 331

Nun ist nach dem STIRLING'schen Satze in erster Annäherung:

$$N! = N^N,$$

folglich in entsprechender Annäherung

$$\mathfrak{R} = \frac{(N+P)^{N+P}}{N^N \cdot P^P}.$$

§ 4. Die Hypothese, welche wir jetzt der weiteren Rechnung zu Grunde legen wollen, lautet folgendermaassen: Die Wahrscheinlichkeit W dafür, dass die N Resonatoren insgesamt die Schwingungsenergie U_N besitzen, ist proportional der Anzahl $\mathfrak{R}$ aller bei der Verteilung der Energie U_N auf die N Resonatoren möglichen Complexionen; oder mit anderen Worten: irgend eine bestimmte Complexion ist ebenso wahrscheinlich, wie irgend eine andere bestimmte Complexion. Ob diese Hypothese in der Natur wirklich zutrifft, kann in letzter Linie nur durch die Erfahrung geprüft werden. Dafür wird es aber umgekehrt möglich sein, falls die Erfahrung einmal zu ihren Gunsten entschieden haben sollte, aus der Gültigkeit dieser Hypothese weitere Schlüsse zu ziehen auf die speciellere Natur der Resonatorschwingungen, nämlich auf den Charakter der dabei auftretenden „indifferenten und ihrer Grösse nach vergleichbaren ursprünglichen Spielräume", in der Ausdrucksweise von J. v. KRIES[217]). Bei dem jetzigen Stande der Frage dürfte allerdings ein weiteres Beschreiten dieses Gedankenganges noch verfrüht erscheinen.

§ 5. Nach der eingeführten Hypothese in Verbindung mit Gleichung (3) ist die Entropie des betrachteten Systems von Resonatoren bei passender Bestimmung der additiven Constanten:

$$S_N = k \log \mathfrak{R} = k\{(N+P)\log(N+P) - N\log N - P\log P\} \tag{5}$$

und mit Berücksichtigung von (4) und (1):

$$S_N = kN\left\{\left(1+\frac{U}{\varepsilon}\right)\log\left(1+\frac{U}{\varepsilon}\right) - \frac{U}{\varepsilon}\log\frac{U}{\varepsilon}\right\}.$$

Also nach (2) die Entropie S eines Resonators als Function seiner Energie U:

$$S = k\left\{\left(1+\frac{U}{\varepsilon}\right)\log\left(1+\frac{U}{\varepsilon}\right) - \frac{U}{\varepsilon}\log\frac{U}{\varepsilon}\right\}. \tag{6}$$

[217]) JOH. v. KRIES, Die Principien der Wahrscheinlichkeitsrechnung p. 36. Freiburg 1886.

II. Einführung des WIEN'schen Verschiebungsgesetzes.

§ 6. Nächst dem KIRCHHOFF'schen Satz von der Proportionalität des Emissions- und des Absorptionsvermögens bildet das von W. WIEN[218]) entdeckte und nach ihm benannte sogenannte Verschiebungsgesetz, welches das STEFAN-BOLTZMANN'sche Gesetz der Abhängigkeit der Gesamtstrahlung von der Temperatur als specielle Anwendung mit umfasst, in dem fest begründeten Fundament der Theorie der Wärmestrahlung den wertvollsten Bestandteil. Es lautet in der ihm von M. THIESEN[219]) gegebenen Fassung:

$$E \cdot d\lambda = \vartheta^5 \psi(\lambda\vartheta) \cdot d\lambda,$$

wo λ die Wellenlänge, $E\,d\lambda$ die räumliche Dichte der dem Spectralbezirk λ bis $\lambda + d\lambda$ angehörenden „schwarzen" Strahlung[220]), ϑ die Temperatur, und $\psi(x)$ eine gewisse Function des einzigen Arguments x bezeichnet.

§ 7. Wir wollen nun untersuchen, was das WIEN'sche Verschiebungsgesetz über die Abhängigkeit der Entropie S unseres Resonators von seiner Energie U und seiner Eigenperiode aussagt, und zwar gleich in dem allgemeinen Falle, dass der Resonator sich in einem beliebigen diathermanen Medium befindet. Zu diesem Zwecke verallgemeinern wir zunächst die THIESEN'sche Form des Gesetzes auf die Strahlung in einem beliebigen diathermanen Medium mit der Lichtfortpflanzungsgeschwindigkeit c. Da wir nicht die Gesamtstrahlung, sondern monochromatische Strahlung zu betrachten haben, so wird es beim Vergleich verschiedener diathermaner Medien nötig, statt der Wellenlänge λ die Schwingungszahl ν einzuführen.

Bezeichnen wir also die räumliche Dichte der dem Spectralbezirk ν bis $\nu + d\nu$ angehörenden strahlenden Energie mit $\mathfrak{u}\,d\nu$, so ist zu schreiben: $\mathfrak{u}\,d\nu$ statt $E\,d\lambda$, c/ν statt λ, und $c\,d\nu/\nu^2$ statt $d\lambda$. Dadurch ergiebt sich:

$$\mathfrak{u} = \vartheta^5 \cdot \frac{c}{\nu^2} \cdot \psi\left(\frac{c\vartheta}{\nu}\right).$$

Nun ist nach dem bekannten KIRCHHOFF-CLAUSIUS'schen Gesetz die von einer schwarzen Fläche pro Zeiteinheit in ein diathermanes Medium emittirte Energie von bestimmter Temperatur ϑ und bestimmter Schwingungszahl ν umgekehrt proportional dem Quadrate c^2 der Fortpflanzungsgeschwindigkeit; also

[218]) W. WIEN, Sitzungsber. d. k. Akad. d. Wissensch. zu Berlin vom 9. Febr. 1893. p. 55.

[219]) M. THIESEN, Verhandl. d. Deutsch. Phys. Gesellsch. 2. p. 66. 1900.

[220]) Man könnte vielleicht noch passender von einer „weissen" Strahlung sprechen, in sachgemässer Verallgemeinerung dessen, was man schon jetzt unter vollkommen weissem Licht versteht.

ist die räumliche Energiedichte $\mathfrak{u}$ umgekehrt proportional c^3, und wir erhalten:

$$\mathfrak{u} = \frac{\vartheta^5}{\nu^2 c^3} f\left(\frac{\vartheta}{\nu}\right),$$

wobei die Constanten der Function f von c unabhängig sind.

Statt dessen können wir auch schreiben, wenn f jedesmal, auch im Folgenden, eine neue Function eines einzigen Arguments bezeichnet:

$$\mathfrak{u} = \frac{\nu^3}{c^3} f\left(\frac{\vartheta}{\nu}\right) \tag{7}$$

und ersehen unter anderem daraus, wie bekannt, dass die in dem Cubus einer Wellenlänge enthaltene strahlende Energie von bestimmter Temperatur und Schwingungszahl: $\mathfrak{u}\lambda^3$ für alle diathermanen Medien dieselbe ist.

§ 8. Um nun von der räumlichen Strahlungsdichte $\mathfrak{u}$ zur Energie U eines in dem Strahlungsfelde befindlichen, stationär mitschwingenden Resonators mit der nämlichen Schwingungszahl ν überzugehen, benutzen wir die in Gleichung (34) meiner Abhandlung über irreversible Strahlungsvorgänge[221]) ausgedrückte Beziehung:

$$\mathfrak{K} = \frac{\nu^2}{c^2} U$$

($\mathfrak{K}$ ist die Intensität eines monochromatischen, geradlinig polarisirten Strahles), welche zusammen mit der bekannten Gleichung:

$$\mathfrak{u} = \frac{8\pi\mathfrak{K}}{c}$$

die Beziehung liefert:

$$\mathfrak{u} = \frac{8\pi\nu^2}{c^3} U. \tag{8}$$

Hieraus und aus (7) folgt:

$$U = \nu f\left(\frac{\vartheta}{\nu}\right),$$

wo nun c überhaupt nicht mehr vorkommt. Statt dessen können wir auch schreiben:

$$\vartheta = \nu f\left(\frac{U}{\nu}\right).$$

§ 9. Endlich führen wir auch noch die Entropie S des Resonators ein, indem wir setzen:

$$\frac{1}{\vartheta} = \frac{dS}{dU}. \tag{9}$$

[221]) M. PLANCK, Ann. d. Phys. 1. p. 99. 1900.

Dann ergiebt sich:

$$\frac{dS}{dU} = \frac{1}{\nu} f\left(\frac{U}{\nu}\right)$$

und integrirt:

$$S = f\left(\frac{U}{\nu}\right), \tag{10}$$

d. h. die Entropie des in einem beliebigen diathermanen Medium schwingenden Resonators ist von der einzigen Variabeln U/ν abhängig und enthält ausserdem nur universelle Constante. Dies ist die einfachste mir bekannte Fassung des WIEN'schen Verschiebungsgesetzes.

§ 10. Wenden wir das WIEN'sche Verschiebungsgesetz in der letzten Fassung auf den Ausdruck (6) der Entropie S an, so erkennen wir, dass das Energieelement ε proportional der Schwingungszahl ν sein muss, also:

$$\varepsilon = h \cdot \nu$$

und somit:

$$S = k\left\{\left(1 + \frac{U}{h\nu}\right) \log\left(1 + \frac{U}{h\nu}\right) - \frac{U}{h\nu} \log \frac{U}{h\nu}\right\}.$$

Hierbei sind h und k universelle Constante.

Durch Substitution in (9) erhält man:

$$\frac{1}{\vartheta} = \frac{k}{h\nu} \log\left(1 + \frac{h\nu}{U}\right),$$

$$U = \frac{h\nu}{e^{\frac{h\nu}{k\vartheta}} - 1} \tag{11}$$

und aus (8) folgt dann das gesuchte Energieverteilungsgesetz:

$$\mathfrak{u} = \frac{8\pi h\nu^3}{c^3} \cdot \frac{1}{e^{\frac{h\nu}{k\vartheta}} - 1} \tag{12}$$

oder auch, wenn man mit den in § 7 angegebenen Substitutionen statt der Schwingungszahl ν wieder die Wellenlänge λ einführt:

$$E = \frac{8\pi ch}{\lambda^5} \cdot \frac{1}{e^{\frac{ch}{k\lambda\vartheta}} - 1}. \tag{13}$$

Die Ausdrücke für die Intensität und für die Entropie der im diathermanen Medium fortschreitenden Strahlung, sowie den Satz der Vermehrung der gesamten Entropie bei nichtstationären Strahlungsvorgängen denke ich an anderer Stelle abzuleiten

Text 7.5.1. Albert Einstein, Kinetische Theorie des Wärmegleichgewichtes und des zweiten Hauptsatzes der Thermodynamik*)

§ 3. Ueber die (stationäre) Wahrscheinlichkeit der Zustände eines Systems S, das mit einem System Σ von relativ unendlich grosser Energie mechanisch verbunden ist.

Wir betrachten wieder unendlich viele (N) mechanische Systeme, deren Energie zwischen zwei unendlich wenig verschiedenen Grenzen $\overline{\mathsf{E}}$ und $\overline{\mathsf{E}} + \delta\overline{\mathsf{E}}$ liege. Jedes solche mechanische System sei wieder eine mechanische Verbindung eines Systems S mit den Zustandsvariabeln $p_1, \ldots q_n$ und eines Systems Σ mit den Zustandsvariabeln $\pi_1 \ldots \chi_n$. Der Ausdruck für die Gesamtenergie beider Systeme soll so beschaffen sein, dass jene Terme der Energie, welche durch Einwirkung der Massen eines Teilsystems auf die des anderen Teilsystems hinzukommen, gegen die Energie E des Teilsystems S zu vernachlässigen seien. Ferner sei die Energie H des Teilsystems Σ unendlich gross gegen E. Bis auf unendlich Kleines höherer Ordnung lässt sich dann setzen:

$$\mathsf{E} = H + E.$$

Wir wählen nun ein in allen Zustandsvariabeln $p_1 \ldots q_n, \pi_1 \ldots \chi_n$ unendlich kleines Gebiet g, welches so beschaffen sei, dass E zwischen den constanten Werten $\overline{\mathsf{E}}$ und $\overline{\mathsf{E}} + \delta\overline{\mathsf{E}}$ liege. Die Anzahl dN der Systeme, deren Zustandsvariabeln dem Gebiet g angehören, ist dann nach dem Resultate[222]) des vorigen Paragraphen:

$$dN = A \int_g dp_1 \ldots d\chi_n.$$

Wir bemerken nun, dass es in unserem Belieben steht, statt A irgend eine stetige Function der Energie zu setzen, welche für $\mathsf{E} = \overline{\mathsf{E}}$ den Wert A annimmt.

*) Albert Einstein, Kinetische Theorie des Wärmegleichgewichtes und des zweiten Hauptsatzes der Thermodynamik, *in*: Annalen der Physik 9^4 (1902), S. 417–433, speziell S. 420–422. Abdruck mit Genehmigung der Hebrew University of Jerusalem, Israel.

[222]) (S): In diesem Paragraphen hatte Einstein als Bedingung für eine stationäre Verteilung die Anzahl dN der Systeme, deren Zustandsvariablen der „unendlich kleinen" Teilmenge g aller Zustandsvariablen $p_1, \ldots, p_n, q_1, \ldots, q_n$ angehören, für die $E(p_1, \ldots, q_n)$ zu einer bestimmten Zeit zwischen $\overline{E}$ und $\overline{E} + \delta\overline{E}$ liegt, ermittelt als $dN = \psi(p_1, \ldots q_n) \int_g dp_1 \ldots dq_n$, wobei aus dem Satz von Liouville gefolgert wurde, daß „ψ eine Invariante des Systems", also $\psi = \psi^*(E)$ und „$\psi^*(E)$ nur unendlich wenig verschieden von $\psi^*(\overline{E}) = \text{const.}$" ist.

Dadurch ändert sich nämlich unser Resultat nur unendlich wenig. Als diese Function wählen wir $A' \cdot e^{-2h\mathsf{E}}$, wobei h eine vorläufig beliebige Constante bedeutet, über welche wir bald verfügen werden. Wir schreiben also:

$$dN = A' \int_g e^{-2h\mathsf{E}}\, dp_1 \ldots d\chi_n.$$

Wir fragen nun: Wie viele Systeme befinden sich in Zuständen, sodass p_1 zwischen p_1 und $p_1 + dp_1$, p_2 zwischen p_2 und $p_2 + dp_2 \ldots q_n$ zwischen q_n und $q_n + dq_n$, $\pi_1 \ldots \chi_n$ aber beliebige, mit den Bedingungen unserer Systeme verträgliche Werte besitzen? Nennt man diese Anzahl dN', so erhält man:

$$dN' = A' e^{-2hE}\, dp_1 \ldots dq_n \int e^{-2hH}\, d\pi_1 \ldots d\chi_n.$$

Die Integration erstreckt sich dabei auf jene Werte der Zustandsvariabeln, für welche H zwischen $\overline{\mathsf{E}} - E$ und $\overline{\mathsf{E}} - E + \delta\overline{\mathsf{E}}$ liegt. Wir behaupten nun, der Wert von h sei auf eine und nur eine Weise so zu wählen, dass das in unserer Gleichung auftretende Integral von E unabhängig wird.

Das Integral $\int e^{-2hH}\, d\pi_1 \ldots d\chi_n$, wobei die Grenzen der Integration durch die Grenzen E und $\mathsf{E} + \delta\overline{\mathsf{E}}$ bestimmt sein mögen, ist nämlich bei bestimmtem $\delta\overline{\mathsf{E}}$ offenbar lediglich Function von E allein; nennen wir dieselbe $\chi(\mathsf{E})$. Das in dem Ausdruck für dN' auftretende Integral lässt sich dann in der Form schreiben:

$$\chi(\overline{\mathsf{E}} - E).$$

Da nun E gegen $\overline{\mathsf{E}}$ unendlich klein ist, so lässt sich dies bis auf unendlich Kleines höherer Ordnung in der Form schreiben:

$$\chi(\overline{\mathsf{E}} - E) = \chi(\overline{\mathsf{E}}) - E\chi'(\overline{\mathsf{E}}).$$

Die notwendige und hinreichende Bedingung dafür, dass jenes Integral von E unabhängig ist, lautet also

$$\chi'(\overline{\mathsf{E}}) = 0.$$

Nun lässt sich aber setzen

$$\chi(\mathsf{E}) = e^{-2h\mathsf{E}} \cdot \omega(\mathsf{E}),$$

wobei $\omega(\mathsf{E}) = \int d\pi_1 \ldots d\chi_n$, erstreckt über alle Werte der Variabeln, deren Energiefunction zwischen E und $\mathsf{E} + \delta\overline{\mathsf{E}}$ liegt.

Die gefundene Bedingung für h nimmt also die Form an:

$$e^{-2h\overline{\mathsf{E}}} \cdot \omega(\overline{\mathsf{E}}) \cdot \left\{-2h + \frac{\omega'(\overline{\mathsf{E}})}{\omega(\overline{\mathsf{E}})}\right\} = 0,$$

oder

$$h = \frac{1}{2} \frac{\omega'(\overline{\mathsf{E}})}{\omega(\overline{\mathsf{E}})}.$$

Es giebt also stets einen und nur einen Wert für h, welcher die gefundenen Bedingungen erfüllt. Da ferner, wie im nächsten Paragraphen gezeigt werden soll, $\omega(E)$ und $\omega'(E)$ stets positiv sind, ist auch h stets eine positive Grösse.

Wählen wir h in dieser Weise, so reducirt sich das Integral auf eine von E unabhängige Grösse, sodass wir für die Zahl der Systeme, deren Variabeln $p_1 \ldots q_n$ in den bezeichneten Grenzen liegen, den Ausdruck erhalten

$$dN' = A''e^{-2hE} \cdot dp_1 \ldots dq_n.$$

Dies ist also auch bei anderer Bedeutung von A'' der Ausdruck für die Wahrscheinlichkeit, dass die Zustandsvariabeln eines mit einem System von relativ unendlich grosser Energie mechanisch verbundenen Systems zwischen unendlich nahen Grenzen liegen, wenn der Zustand stationär geworden ist.

Text 7.5.2. Albert Einstein, Eine Theorie der Grundlagen der Thermodynamik*)

Diese Voraussetzung wollen wir genau präzisieren. Wir betrachten ein physikalisches System, welches durch die Gleichungen (1)[223]) dargestellt und dessen Energie E sei, von einem beliebigen Zeitpunkte an die Zeit T hindurch. Denken wir uns ein beliebiges Gebiet Γ der Zustandsvariabeln $p_1 \ldots p_n$ gewählt, so werden in einem bestimmten Zeitpunkt der Zeit T die Werte der Variabeln $p_1 \ldots p_n$ in diesem Gebiete Γ gelegen sein, oder sie liegen außerhalb desselben; sie werden also während eines Bruchteiles der Zeit T, welchen wir τ nennen wollen, in dem gewählten Gebiete Γ liegen. Unsere Bedingung lautet dann folgendermaßen: Wenn $p_1 \ldots p_n$ Zustandsvariable eines physikalischen Systems sind, also eines Systems, welches einen stationären Zustand annimmt, so besitzt die Größe τ/T für $T = \infty$ für jedes Gebiet Γ einen bestimmten Grenzwert. Dieser Grenzwert ist für jedes unendlich kleine Gebiet unendlich klein.

Auf diese Voraussetzung kann man folgende Betrachtung gründen. Seien sehr viele (N) unabhängige physikalische Systeme vorhanden, welche sämtlich durch das nämliche Gleichungssystem (1) dargestellt seien. Wir greifen einen beliebigen Zeitpunkt t heraus und fragen nach der Verteilung der möglichen Zustände unter diesen N Systemen, unter der Voraussetzung, daß die Energie E aller Systeme zwischen E^* und dem unendlich benachbarten Werte $E^* + \delta E^*$ liege. Aus der oben eingeführten Voraussetzung folgt sofort, daß die Wahrscheinlichkeit dafür, daß die Zustandsvariabeln eines zufällig herausgegriffenen der N Systeme in der Zeit t innerhalb des Gebietes Γ liegen, den Wert

$$\lim_{T=\infty} \frac{\tau}{T} = \text{konst.}$$

*) ALBERT EINSTEIN, Eine Theorie der Grundlagen der Thermodynamik, *in*: Annalen der Physik **11**[4] (1903), S. 170–187, speziell S. 171f. und 182–185. Abdruck mit Genehmigung der Hebrew University of Jerusalem, Israel.

[223]) (S): Die Gleichungen (1) hatte EINSTEIN wie folgt eingeführt: „Das System sei isoliert, d.h. das betrachtete System stehe mit anderen Systemen nicht in Wechselwirkung. Es ist dann klar, daß der Zustand des Systems in einem bestimmten Zeitmoment in eindeutiger Weise die Veränderung des Systems im nächsten Zeitelement dt, d.h. die Größen $dp_1, dp_2 \ldots dp_n$ bestimmt. Diese Aussage ist gleichbedeutend mit einem System von Gleichungen von der Form:

$$\frac{dp_i}{dt} = \varphi_i(p_1 \ldots p_n) \quad (i = 1 \ldots i = n), \tag{1}$$

wobei die φ_i eindeutige Funktionen ihrer Argumente sind."

habe. Die Zahl der Systeme, deren Zustandsvariable in der Zeit t innerhalb des Gebietes Γ liegen, ist also:

$$N \cdot \lim_{T=\infty} \frac{\tau}{T},$$

also eine von der Zeit unabhängige Größe. Bezeichnet g ein in allen Variabeln unendlich kleines Gebiet der Koordinaten $p_1 \dots p_n$, so ist also die Anzahl der Systeme, deren Zustandsvariable zu einer beliebigen Zeit das beliebig gewählte unendlich kleine Gebiet g erfüllen:

$$dN = \varepsilon(p_1 \dots p_n) \int_g dp_1 \dots dp_n. \tag{2}$$

Die Funktion ε gewinnt man, indem man die Bedingung in Zeichen faßt, daß die durch die Gleichung (2) ausgedrückte Zustandsverteilung eine stationäre ist.[224]) ...

§ 7. Über die Wahrscheinlichkeit von Zustandsverteilungen.

Um den zweiten Hauptsatz in seiner allgemeinsten Form herzuleiten, müssen wir die Wahrscheinlichkeit von Zustandsverteilungen untersuchen.

Wir betrachten eine sehr große Zahl (N) isolierte Systeme, welche alle durch das nämliche Gleichungssystem (1) darstellbar seien, und deren Energie bis auf unendlich kleines übereinstimme. Die Zustandsverteilung dieser N Systeme läßt sich dann jedenfalls darstellen durch eine Gleichung von der Form:

$$dN = \varepsilon(p_1 \dots p_n, t)\, dp_1 \dots dp_n, \tag{2'}$$

wobei ε im allgemeinen von den Zustandsvariabeln $p_1 \dots p_n$ und außerdem von der Zeit explizite abhängt. Die Funktion ε charakterisiert hierbei die Zustandsverteilung vollständig.

Aus § 2 geht hervor, daß, wenn die Zustandsverteilung konstant ist, was bei sehr großen Werten von t nach unseren Voraussetzungen stets der Fall ist,

[224]) (S): Die Bedingung für eine stationäre Zustandsverteilung ergibt

$$\varepsilon = e^{-\int dt \sum_{\nu=1}^{\nu=n} \frac{\partial \varphi_\nu}{\partial p_\nu} + \psi(E)} = e^{-m+\psi(E)},$$

wobei $\psi(E) = \psi(E^*) =$ konst. für alle N betrachteten Systeme ist, also gilt

$$\varepsilon = \text{konst.}\, e^{-\int dt \sum_{\nu=1}^{\nu=n} \frac{\partial \varphi_\nu}{\partial p_\nu}} = \text{konst.}\, e^{-m}$$

und

$$dN = \text{konst.}\, e^{-m} \int_g dp_1 \dots dp_n.$$

$\varepsilon =$ konst. sein muß, sodaß also für eine stationäre Zustandsverteilung

$$dN = \text{konst.}\ dp_1 \ldots dp_n$$

ist.

Daraus folgt sofort, daß die Wahrscheinlichkeit dW dafür, daß die Werte der Zustandsvariabeln eines zufällig herausgegriffenen der N Systeme in dem unendlich kleinen, innerhalb der angenommenen Energiegrenzen gelegenen Gebiete g der Zustandsvariabeln gelegen sind, der Ausdruck ⟨ist⟩:

$$dW = \text{konst.} \int_g dp_1 \ldots dp_n.$$

Dieser Satz läßt sich auch so aussprechen: Teilt man das ganze in Betracht kommende, durch die angenommenen Energiegrenzen bestimmte Gebiet der Zustandsvariabeln in l Teilgebiete $g_1, g_2 \ldots g_l$, derart, daß

$$\int_{g_1} = \int_{g_2} = \ldots = \int_{g_l},$$

und bezeichnet man mit W_1, W_2 etc. die Wahrscheinlichkeiten dafür, daß die Werte der Zustandsvariabeln des beliebig herausgegriffenen Systems in einem gewissen Zeitpunkt innerhalb $g_1, g_2 \ldots$ liegen, so ist

$$W_1 = W_2 = \ldots = W_l = \frac{1}{l}.$$

Das momentane Zugehören des betrachteten Systems zu einem bestimmten dieser Gebiete $g_1 \ldots g_l$ ist also genau ebenso wahrscheinlich, als das Zugehören zu irgend einem anderen dieser Gebiete.

Die Wahrscheinlichkeit dafür, daß von N betrachteten Systemen zu einer zufällig herausgegriffenen Zeit ε_1 zum Gebiete g_1, ε_2 zum Gebiete $g_2 \ldots \varepsilon_l$ zum Gebiete g_l gehören, ist also

$$W = \left(\frac{1}{l}\right)^N \frac{N!}{\varepsilon_1!\, \varepsilon_2! \ldots \varepsilon_l!},$$

oder auch, da $\varepsilon_1, \varepsilon_2 \ldots \varepsilon_l$ als sehr große Zahlen zu denken sind:

$$\log W = \text{konst.} - \sum_{\nu=1}^{\nu=l} \varepsilon_\nu \log \varepsilon_\nu.$$

Ist l groß genug, so kann man hierfür ohne merklichen Fehler setzen:

$$\log W = \text{konst.} - \int \varepsilon \log \varepsilon\, dp_1 \ldots dp_n.$$

In dieser Gleichung bedeutet W die Wahrscheinlichkeit dafür, daß die bestimmte, durch die Zahlen $\varepsilon_1, \varepsilon_2 \ldots \varepsilon_l$, bez. durch eine bestimmte Funktion ε von $p_1 \ldots p_n$ gemäß Gleichung (2′) ausgedrückte Zustandsverteilung zu einer bestimmten Zeit herrscht.

Wäre in dieser Gleichung ε = konst., d.h. von den p_ν unabhängig zwischen den betrachteten Energiegrenzen, so wäre die betrachtete Zustandsverteilung stationär, und, wie leicht zu beweisen, der Ausdruck für die Wahrscheinlichkeit W der Zustandsverteilung ein Maximum. Ist ε von den Werten der p_ν abhängig, so läßt sich zeigen, daß der Ausdruck für $\log W$ für die betrachtete Zustandsverteilung kein Extremum besitzt, d.h. es gibt dann von der betrachteten Zustandsverteilung unendlich wenig verschiedene, für welche W größer ist.

Verfolgen wir die betrachteten N Systeme eine beliebige Zeit hindurch, so wird sich die Zustandsverteilung, also auch W beständig mit der Zeit ändern, und wir werden anzunehmen haben, daß immer wahrscheinlichere Zustandsverteilungen auf unwahrscheinliche folgen werden, d.h. daß W stets zunimmt, bis die Zustandsverteilung konstant und W ein Maximum geworden ist.

In den folgenden Paragraphen wird gezeigt, daß aus diesem Satze der zweite Hauptsatz der Thermodynamik gefolgert werden kann.

Text 7.5.3. Albert Einstein, Über einen die Erzeugung und Verwandlung des Lichtes betreffenden heuristischen Gesichtspunkt*)

§ 5. Molekulartheoretische Untersuchung der Abhängigkeit der Entropie von Gasen und verdünnten Lösungen vom Volumen.

Bei Berechnung der Entropie auf molekulartheoretischem Wege wird häufig das Wort „Wahrscheinlichkeit" in einer Bedeutung angewendet, die sich nicht mit der Definition der Wahrscheinlichkeit deckt, wie sie in der Wahrscheinlichkeitsrechnung gegeben wird. Insbesondere werden die „Fälle gleicher Wahrscheinlichkeit" häufig hypothetisch festgesetzt in Fällen, wo die angewendeten theoretischen Bilder bestimmt genug sind, um statt jener hypothetischen Festsetzung eine Deduktion zu geben. Ich will in einer besonderen Arbeit zeigen, daß man bei Betrachtungen über thermische Vorgänge mit der sogenannten „statistischen Wahrscheinlichkeit" vollkommen auskommt und hoffe dadurch eine logische Schwierigkeit zu beseitigen, welche der Durchführung des BOLTZMANNschen Prinzips noch im Wege steht. Hier aber soll nur dessen allgemeine Formulierung und dessen Anwendung auf ganz spezielle Fälle gegeben werden.

Wenn es einen Sinn hat, von der Wahrscheinlichkeit eines Zustandes eines Systems zu reden, wenn ferner jede Entropiezunahme als ein Übergang zu einem wahrscheinlicheren Zustande aufgefaßt werden kann, so ist die Entropie S_1 eines Systems eine Funktion der Wahrscheinlichkeit W_1 seines momentanen Zustandes. Liegen also zwei nicht miteinander in Wechselwirkung stehende Systeme S_1 und S_2 vor, so kann man setzen:

$$S_1 = \varphi_1(W_1),$$
$$S_2 = \varphi_2(W_2).$$

Betrachtet man diese beiden Systeme als ein einziges System von der Entropie S und der Wahrscheinlichkeit W, so ist

$$S = S_1 + S_2 = \varphi(W)$$

und

$$W = W_1 \cdot W_2 .$$

Die letztere Beziehung sagt aus, daß die Zustände der beiden Systeme voneinander unabhängige Ereignisse sind.

*) ALBERT EINSTEIN, Über einen die Erzeugung und Verwandlung des Lichtes betreffenden heuristischen Gesichtspunkt, *in*: Annalen der Physik 17[4] (1905), S. 132–148, speziell S. 140–143. Abdruck mit Genehmigung der Hebrew University of Jerusalem, Israel.

Aus diesen Gleichungen folgt:

$$\varphi(W_1 \cdot W_2) = \varphi_1(W_1) \quad + \varphi_2(W_2)$$

und hieraus endlich

$$\varphi_1(W_1) = C \lg (W_1) + \text{konst.},$$

$$\varphi_2(W_2) = C \lg (W_2) + \text{konst.},$$

$$\varphi(W) = C \lg (W) \;+ \text{konst.}$$

Die Größe C ist also eine universelle Konstante; sie hat, wie aus der kinetischen Gastheorie folgt, den Wert R/N, wobei den Konstanten R und N dieselbe Bedeutung wie oben beizulegen ist[225]). Bedeutet S_0 die Entropie bei einem gewissen Anfangszustande eines betrachteten Systems und W die relative Wahrscheinlichkeit eines Zustandes von der Entropie S, so erhalten wir also allgemein:

$$S - S_0 = \frac{R}{N} \lg W.$$

Wir behandeln zunächst folgenden Spezialfall. In einem Volumen v_0 sei eine Anzahl (n) beweglicher Punkte (z.B. Moleküle) vorhanden, auf welche sich unsere Überlegung beziehen soll. Außer diesen können in dem Raume noch beliebig viele andere bewegliche Punkte irgendwelcher Art vorhanden sein. Über das Gesetz, nach dem sich die betrachteten Punkte in dem Raume bewegen, sei nichts vorausgesetzt, als daß in bezug auf diese Bewegung kein Raumteil (und keine Richtung) vor den anderen ausgezeichnet sei. Die Anzahl der betrachteten (ersterwähnten) beweglichen Punkte sei ferner so klein, daß von einer Wirkung der Punkte aufeinander abgesehen werden kann.

Dem betrachteten System, welches z.B. ein ideales Gas oder eine verdünnte Lösung sein kann, kommt eine gewisse Entropie S_0 zu. Wir denken uns einen Teil des Volumens v_0 von der Größe v und alle n beweglichen Punkte in das Volumen v versetzt, ohne daß an dem System sonst etwas geändert wird. Diesem Zustand kommt offenbar ein anderer Wert der Entropie (S) zu, und wir wollen nun die Entropiedifferenz mit Hilfe des BOLTZMANNschen Prinzips bestimmen.

Wir fragen: Wie groß ist die Wahrscheinlichkeit des letzterwähnten Zustandes relativ zum ursprünglichen? Oder: Wie groß ist die Wahrscheinlichkeit dafür, daß sich in einem zufällig herausgegriffenen Zeitmoment alle n in einem gegebenen Volumen v_0 unabhängig voneinander beweglichen Punkte (zufällig) in dem Volumen v befinden?

Für diese Wahrscheinlichkeit, welche eine „statistische Wahrscheinlichkeit“ ist, erhält man offenbar den Wert:

$$W = \left(\frac{v}{v_0}\right)^n;$$

[225]) (S): Danach ist R die absolute Gaskonstante und N die Anzahl der Moleküle pro Mol, also die LOSCHMIDTsche Konstante.

man erhält hieraus durch Anwendung des BOLTZMANNschen Prinzipes:

$$S - S_0 = R\left(\frac{n}{N}\right)\lg\left(\frac{v}{v_0}\right).$$

Es ist bemerkenswert, daß man zur Herleitung dieser Gleichung, aus welcher man das BOYLE-GAY-LUSSACsche Gesetz und das gleichlautende Gesetz des osmotischen Druckes leicht thermodynamisch ableiten kann[226]), keine Voraussetzung über das Gesetz zu machen braucht, nach dem sich die Moleküle bewegen.

§ 6. Interpretation des Ausdruckes für die Abhängigkeit der Entropie der monochromatischen Strahlung vom Volumen nach dem BOLTZMANNschen Prinzip.

Wir haben in § 4 für die Abhängigkeit der Entropie der monochromatischen Strahlung vom Volumen den Ausdruck gefunden:

$$S - S_0 = \frac{E}{\beta\nu}\lg\left(\frac{v}{v_0}\right).$$

Schreibt man diese Formel in der Gestalt:

$$S - S_0 = \frac{R}{N}\lg\left[\left(\frac{v}{v_0}\right)^{\frac{N}{R}\frac{E}{\beta\nu}}\right]$$

und vergleicht man sie mit der allgemeinen, das BOLTZMANNsche Prinzip ausdrückenden Formel

$$S - S_0 = \frac{R}{N}\lg W,$$

so gelangt man zu folgendem Schluß:

Ist monochromatische Strahlung von der Frequenz ν und der Energie E in das Volumen v_0 (durch spiegelnde Wände) eingeschlossen, so ist die Wahrscheinlichkeit dafür, daß sich in einem beliebig herausgegriffenen Zeitmoment die ganze

[226]) Ist E die Energie des Systems, so erhält man:

$$-d(E - TS) = p\,dv = T\,dS = TR\frac{n}{N}\frac{dv}{v};$$

also

$$pv = R\frac{n}{N}T.$$

Strahlungsenergie in dem Teilvolumen v des Volumens v_0 befindet:

$$W = \left(\frac{v}{v_0}\right)^{\frac{N}{R}\frac{E}{\beta\nu}}.$$

Hieraus schließen wir weiter:

Monochromatische Strahlung von geringer Dichte (innerhalb des Gültigkeitsbereiches der WIENschen Strahlungsformel) verhält sich in wärmetheoretischer Beziehung so, wie wenn sie aus voneinander unabhängigen Energiequanten von der Größe $R\beta\nu/N$ bestünde.

Text 7.5.4. Albert Einstein, Über die von der molekularkinetischen Theorie der Wärme geforderte Bewegung von in ruhenden Flüssigkeiten suspendierten Teilchen*)

§ 4. Über die ungeordnete Bewegung von in einer Flüssigkeit suspendierten Teilchen und deren Beziehung zur Diffusion.

Wir gehen nun dazu über, die ungeordneten Bewegungen genauer zu untersuchen, welche, von der Molekularbewegung der Wärme hervorgerufen, Anlaß zu der im letzten Paragraphen untersuchten Diffusion geben.

Es muß offenbar angenommen werden, daß jedes einzelne Teilchen eine Bewegung ausführe, welche unabhängig ist von der Bewegung aller anderen Teilchen; es werden auch die Bewegungen eines und desselben Teilchens in verschiedenen Zeitintervallen als voneinander unabhängige Vorgänge aufzufassen sein, solange wir diese Zeitintervalle nicht zu klein gewählt denken.

Wir führen ein Zeitintervall τ in die Betrachtung ein, welches sehr klein sei gegen die beobachtbaren Zeitintervalle, aber doch so groß, daß die in zwei aufeinanderfolgenden Zeitintervallen τ von einem Teilchen ausgeführten Bewegungen als voneinander unabhängige Ereignisse aufzufassen sind.

Seien nun in einer Flüssigkeit im ganzen n suspendierte Teilchen vorhanden. In einem Zeitintervall τ werden sich die X-Koordinaten der einzelnen Teilchen um Δ vergrößern, wobei Δ für jedes Teilchen einen anderen (positiven oder negativen) Wert hat. Es wird für Δ ein gewisses Häufigkeitsgesetz gelten; die Anzahl dn der Teilchen, welche in dem Zeitintervall τ eine Verschiebung erfahren, welche zwischen Δ und $\Delta + d\Delta$ liegt, wird durch eine Gleichung von der Form

$$dn = n\varphi(\Delta)\, d\Delta$$

ausdrückbar sein, wobei

$$\int_{-\infty}^{+\infty} \varphi(\Delta)\, d\Delta = 1$$

und φ nur für sehr kleine Werte von Δ von Null verschieden ist und die Bedingung

$$\varphi(\Delta) = \varphi(-\Delta)$$

erfüllt.

*) Albert Einstein, Über die von der molekularkinetischen Theorie der Wärme geforderte Bewegung von in ruhenden Flüssigkeiten suspendierten Teilchen, *in*: Annalen der Physik 17[4] (1905), S. 549–560, speziell S. 556–559. Abdruck mit Genehmigung der Hebrew University of Jerusalem, Israel.

Wir untersuchen nun, wie der Diffusionskoeffizient von φ abhängt, wobei wir uns wieder auf den Fall beschränken, daß die Anzahl ν der Teilchen pro Volumeneinheit nur von x und t abhängt.

Es sei $\nu = f(x, t)$ die Anzahl der Teilchen pro Volumeneinheit, wir berechnen die Verteilung der Teilchen zur Zeit $t + \tau$ aus deren Verteilung zur Zeit t. Aus der Definition der Funktion $\varphi(\Delta)$ ergibt sich leicht die Anzahl der Teilchen, welche sich zur Zeit $t + \tau$ zwischen zwei zur X-Achse senkrechten Ebenen mit den Abszissen x und $x + dx$ befinden. Man erhält:

$$f(x, t + \tau)\, dx = dx \cdot \int_{\Delta=-\infty}^{\Delta=+\infty} f(x + \Delta, t)\, \varphi(\Delta)\, d\Delta .$$

Nun können wir aber, da τ sehr klein ist, setzen:

$$f(x, t + \tau) = f(x, t) + \tau \frac{\partial f}{\partial t}.$$

Ferner entwickeln wir $f(x + \Delta, t)$ nach Potenzen von Δ:

$$f(x + \Delta, t) = f(x, t) + \Delta \frac{\partial f(x, t)}{\partial x} + \frac{\Delta^2}{2!} \frac{\partial^2 f(x, t)}{\partial x^2} \ldots \text{ in inf.}$$

Diese Entwicklung können wir unter dem Integral vornehmen, da zu letzterem nur sehr kleine Werte von Δ etwas beitragen. Wir erhalten:

$$f + \frac{\partial f}{\partial t} \cdot \tau = f \cdot \int_{-\infty}^{+\infty} \varphi(\Delta)\, d\Delta + \frac{\partial f}{\partial x} \int_{-\infty}^{+\infty} \Delta \varphi(\Delta)\, d\Delta$$
$$+ \frac{\partial^2 f}{\partial x^2} \int_{-\infty}^{+\infty} \frac{\Delta^2}{2} \varphi(\Delta)\, d\Delta \ldots$$

Auf der rechten Seite verschwindet wegen $\varphi(x) = \varphi(-x)$ das zweite, vierte etc. Glied, während von dem ersten, dritten, fünften etc. Gliede jedes folgende gegen das vorhergehende sehr klein ist. Wir erhalten aus dieser Gleichung, indem wir berücksichtigen, daß

$$\int_{-\infty}^{+\infty} \varphi(\Delta)\, d\Delta = 1,$$

und indem wir

$$\frac{1}{\tau} \int_{-\infty}^{+\infty} \frac{\Delta^2}{2} \varphi(\Delta)\, d\Delta = D$$

setzen und nur das erste und dritte Glied der rechten Seite berücksichtigen:

$$\frac{\partial f}{\partial t} = D \frac{\partial^2 f}{\partial x^2}. \tag{1}$$

Dies ist die bekannte Differentialgleichung der Diffusion, und man erkennt, daß D der Diffusionskoeffizient ist.

An diese Entwicklung läßt sich noch eine wichtige Überlegung anknüpfen. Wir haben angenommen, daß die einzelnen Teilchen alle auf dasselbe Koordinatensystem bezogen seien. Dies ist jedoch nicht nötig, da die Bewegungen der einzelnen Teilchen voneinander unabhängig sind. Wir wollen nun die Bewegung jedes Teilchens auf ein Koordinatensystem beziehen, dessen Ursprung mit der Lage des Schwerpunktes des betreffenden Teilchens zur Zeit $t = 0$ zusammenfällt, mit dem Unterschiede, daß jetzt $f(x, t)\,dx$ die Anzahl der Teilchen bedeutet, deren X-Koordinaten von der Zeit $t = 0$ bis zur Zeit $t = t$ um eine Größe *gewachsen* ist, welche zwischen x und $x + dx$ liegt. Auch in diesem Falle ändert sich also die Funktion f gemäß Gleichung (1). Ferner muß offenbar für $x \gtrless 0$ und $t = 0$

$$f(x, t) = 0 \quad \text{und} \quad \int_{-\infty}^{+\infty} f(x, t)\,dx = n$$

sein. Das Problem, welches mit dem Problem der Diffusion von einem Punkte aus (unter Vernachlässigung der Wechselwirkung der diffundierenden Teilchen) übereinstimmt, ist nun mathematisch vollkommen bestimmt; seine Lösung ist:

$$f(x, t) = \frac{n}{\sqrt{4\pi D}} \frac{e^{-\frac{x^2}{4Dt}}}{\sqrt{t}}.$$

Die Häufigkeitsverteilung der in einer beliebigen Zeit t erfolgten Lagenänderungen ist also dieselbe wie die der zufälligen Fehler, was zu vermuten war. Von Bedeutung aber ist, wie die Konstante im Exponenten mit dem Diffusionskoeffizienten zusammenhängt. Wir berechnen nun mit Hilfe dieser Gleichung die Verrückung λ_x in Richtung der X-Achse, welche ein Teilchen im Mittel erfährt, oder – genauer ausgedrückt – die Wurzel aus dem arithmetischen Mittel der Quadrate der Verrückungen in Richtung der X-Achse; es ist:

$$\lambda_x = \sqrt{\overline{x^2}} = \sqrt{2Dt}.$$

Die mittlere Verschiebung ist also proportional der Quadratwurzel aus der Zeit. Man kann leicht zeigen, daß die Wurzel aus dem Mittelwert der Quadrate der *Gesamtverschiebungen* der Teilchen den Wert $\lambda_x \sqrt{3}$ besitzt. ...

Kapitel 8. Die Axiomatisierung der Wahrscheinlichkeitsrechnung

Es steht außer Frage, daß erst DAVID HILBERT das für die Axiomatisierungsversuche der Wahrscheinlichkeitsrechnung verbindliche Programm formulierte. Allerdings hatte er Vorgänger, die vor dem Hintergrund der mathematisch noch sehr unbefriedigenden Grundlagen dieser Disziplin einen logisch konsistenten Aufbau des Faches forderten. Der bekannteste dieser Vorgänger ist GEORGE BOOLE, dessen Forderungen von 1854 allerdings, wenn überhaupt, nur von den mit induktiver Logik oder dem Wahrscheinlichkeitsbegriff befaßten Philosophen wahrgenommen wurden; eine Wirkung auf die wenigen um die Mitte des 19. Jh. mit der Wahrscheinlichkeitsrechnung beschäftigten Mathematiker konnte BOOLE nicht erzielen. Nach seiner Auffassung gehört die Wahrscheinlichkeitstheorie zu den „reinen" oder exakten Wissenschaften. Da ihr Gegenstand Ereignisse sind, die sich logisch fassen lassen, muß die zugehörige Theorie einen logisch deduktiven Aufbau aus einer von BOOLE nicht näher bestimmten Menge von Axiomen zulassen.[227]) Diese Auffassung hat BOOLE in einer nachfolgenden Arbeit noch deutlicher ausgedrückt[228]):

„... ihr[229]) Anspruch, zu den exakten Wissenschaften zu zählen, gilt notwendigerweise in dem Maß, in welchem sie die folgenden Bedingungen erfüllt:

1. Daß die Prinzipien, auf denen ihre Methoden beruhen, axiomatischer Natur sein sollten.
2. Daß sie zu Ergebnissen führen sollten, die, wo immer möglich, exakt nachgeprüft werden können.
3. Daß sie systematisch, widerspruchsfrei in allen ihren Teilen und Vorgehensweisen, entwickelt werden kann, wobei nur solche Beschränkungen zugelassen bzw. auferlegt werden, die in der Natur der Dinge liegen."

Sieht man von der durchaus wichtigen Forderung nach einer axiomatischen Grundlegung ab, so gehört BOOLE in die lange Reihe derjenigen, die sich über die Mängel der Wahrscheinlichkeitsrechnung als einer mathematischen Disziplin klar geworden waren. Wie stark diese Mängel noch 1917 von einem Physiker empfunden wurden, zeigt SMOLUCHOWSKIS Feststellung, daß „keine zweite

[227]) GEORGE BOOLE, Reply to some observations by Mr. Wilbraham on the theory of chances, *in*: Philosophical Magazine **8**^{4} (1854), S. 87–91.

[228]) GEORGE BOOLE, On the conditions by which the solutions of questions in the theory of probabilities are limited, *in*: Philosophical Magazine **8**^{4} (1854), S. 91–98, speziell S. 98. (S)

[229]) (S): d.h. der Wahrscheinlichkeitstheorie.

mathematische Disziplin auf so unklaren und schwankenden Grundlagen aufgebaut ist" (Text 2.6.). Dieser Zustand des Fachs mußte DAVID HILBERT, dem Hauptvertreter der Axiomatisierungsmethode in der Mathematik, als so skandalös erscheinen, daß er sicherlich auch deshalb bei der das Axiomatisierungsprogramm für die Wahrscheinlichkeitsrechnung enthaltenden Formulierung des sechsten von 23 Problemen in seinem Pariser Vortrag von 1900 die Wahrscheinlichkeitsrechnung als eine physikalische Disziplin bezeichnete[230]):

„Durch die Untersuchungen über die Grundlagen der Geometrie wird uns die Aufgabe nahe gelegt, *nach diesem Vorbilde diejenigen physikalischen Disziplinen axiomatisch zu behandeln, in denen schon heute die Mathematik eine hervorragende Rolle spielt: dies sind in erster Linie die Wahrscheinlichkeitsrechnung und die Mechanik.*

Was die Axiome der Wahrscheinlichkeitsrechnung angeht, so scheint es mir wünschenswert, daß mit der logischen Untersuchung derselben zugleich eine strenge und befriedigende Entwicklung der Methode der mittleren Werte in der mathematischen Physik, speziell in der kinetischen Gastheorie Hand in Hand gehe."

HILBERT hatte in der Veröffentlichung seines Pariser Vortrages auf BOHLMANNS vier Vorlesungen[231]), die im Rahmen eines Ferienkurses für Lehrer Ostern 1900 in Göttingen abgehalten wurden, hingewiesen. BOHLMANN hatte in der zweiten Vorlesung fünf Axiome oder Hypothesen der Wahrscheinlichkeitsrechnung angekündigt und für eine genauere Darstellung seinen 1901 abgeschlossenen Enzyklopädieartikel ›Lebensversicherungs-Mathematik‹ empfohlen. Für den die Wahrscheinlichkeitsrechnung betreffenden Teil der ersten drei Axiome hatte BOHLMANN in diesem Enzyklopädieartikel nicht auf HILBERT, sondern auf die von POINCARÉ benutzten „Hypothesen" und die entsprechenden Abschnitte von CZUBERS Enzyklopädieartikel ›Wahrscheinlichkeitsrechnung‹ verwiesen[232]). Diese drei Axiome von BOHLMANN lauten[233]):

[230]) DAVID HILBERT, Mathematische Probleme, *in*: Nachrichten der Königlichen Gesellschaft der Wissenschaften zu Göttingen, mathematisch-physikalische Klasse 3 (1900), S. 253–297, und *in*: DAVID HILBERT, Gesammelte Abhandlungen Bd. III, S. 290–329, speziell S. 306.

[231]) GEORG BOHLMANN, Ueber Versicherungsmathematik, *in*: F. KLEIN und E. RIECKE (Herausgeber), Über angewandte Mathematik und Physik in ihrer Bedeutung für den Unterricht an den höheren Schulen, Leipzig-Berlin 1900, S. 114–145, speziell S. 123–125.

[232]) HENRI POINCARÉ, Calcul des probabilités, Paris 1896, S. 12–16; POINCARÉS Darstellung weist große Ähnlichkeit auf zu der in dem Artikel: RICHARD DEDEKIND, Über die Elemente der Wahrscheinlichkeitsrechnung, *in*: Vierteljahresschrift der naturforschenden Gesellschaft in Zürich 1860, S. 66–75.

EMANUEL CZUBER, Wahrscheinlichkeitsrechnung, *in*: Encyklopädie der mathematischen Wissenschaften Bd. I, Teil 2, Leipzig 1900–1904, S. 733–767, speziell S. 737–741.

[233]) GEORG BOHLMANN, Lebensversicherungs-Mathematik, *in*: Encyklopädie der mathematischen Wissenschaften Bd. I, Teil 2, Leipzig 1900–1904, S. 852–917, speziell S. 859.

„*Axiome etc. aus der allgemeinen Wahrscheinlichkeitsrechnung*

Definition I. Die Wahrscheinlichkeit dafür, dass ein Ereignis E eintritt, ist ein positiver echter Bruch p, der E zugeordnet ist.

Axiom I. Ist E gewiss, so ist $p = 1$. Ist E unmöglich, so ist $p = 0$.

Definition II. Zwei Ereignisse schliessen sich aus, wenn die Wahrscheinlichkeit dafür, dass sowohl E_1 als E_2 eintritt, gleich 0 ist.

Axiom II. Sei p_1 die Wahrscheinlichkeit, dass E_1, p_2 die, dass E_2, p die, dass eines der beiden Ereignisse E_1 oder E_2 eintritt; alsdann ist:

$$p = p_1 + p_2,$$

falls E_1 und E_2 sich ausschliessen.

Axiom III. Sei p_1 die Wahrscheinlichkeit, dass E_1 eintritt, p_2' die, dass E_2 eintritt, wenn man weiss, dass E_1 eingetreten ist, p die Wahrscheinlichkeit, dass sowohl E_1 als E_2 eintritt. Alsdann ist:

$$p = p_1 p_2'.$$

Definition III. Sei unter sonst gleichen Bezeichnungen wie in Axiom III p_2 die Wahrscheinlichkeit, dass E_2 eintritt. Man sagt, dass E_1 und E_2 von einander unabhängig sind, wenn

$$p = p_1 p_2$$

ist."

Die hier angedeuteten Beziehungen machen deutlich, daß BOHLMANN noch in einer Tradition stand, der es nur darauf ankam, das übliche Vorgehen in der Wahrscheinlichkeitsrechnung in einer als axiomatisch bezeichneten Weise zusammenzufassen, nicht aber aufgrund einer Analyse der Abhängigkeiten zwischen den Hauptaussagen der Theorie auf ein System von voneinander unabhängigen und widerspruchsfreien möglichst einfachen Sätzen, den Axiomen, zu gelangen, aus denen sich wiederum alle Sätze der Theorie ableiten lassen. Diesen Bedingungen für „axiomatisches Denken"[234]) versuchten nachfolgende Mathematiker zu genügen. Zunächst untersuchte LAEMMEL 1904 in Zürich in seiner Dissertation die ›Ermittlung von Wahrscheinlichkeiten‹. Er sah die Hauptgründe für die zahlreichen Paradoxien der Wahrscheinlichkeitsrechnung einmal in den unterschiedlichen Methoden „zur Erzeugung von Wahrscheinlichkeiten", die er in intuitive, von Hypothesenbildung abhängige und statistische einteilte, und zum anderen in der – von seinem subjektiven Standpunkt her erklärlichen – Unmöglichkeit, „eine universelle mathematische Definition der Wahrscheinlichkeit zu geben". Trotz dieser Einschränkungen versuchte LAEMMEL unter Verwendung mengentheoretischer und auch maßtheoretischer Hilfsmittel einen systematischen Aufbau der Wahrscheinlichkeitsrechnung, wobei er anders als BOHLMANN Wahrscheinlichkeit durch eine Verallgemeinerung der für das klas-

[234]) DAVID HILBERT, Axiomatisches Denken, *in*: Mathematische Annalen **78** (1918) S. 405–415 und *in*: DAVID HILBERT, Gesammelte Abhandlungen Bd. III, S. 146–156.

sische Wahrscheinlichkeitsmaß kennzeichnenden günstigen und möglichen Fälle definierte. In diesem Rahmen entwickelte LAEMMEL ein Minimalsystem von Axiomen und Definitionen (Text 8.1.), das den Forderungen nach Vollständigkeit und Unabhängigkeit genügen sollte, während die Widerspruchsfreiheit unerörtert blieb. Daß ein befriedigender Nachweis der Unabhängigkeit nicht gelang, führte er auf die nichtmathematische Natur des Wahrscheinlichkeitsbegriffs zurück.

Vergleichbare Überlegungen finden sich in der von HILBERT begutachteten Dissertation von BROGGI, die 1907 erschien (Text 8.2.). Zentral für den Axiomatisierungsansatz von BROGGI ist der Lebesguesche Maßbegriff. Dabei versuchte BROGGI nachzuweisen, daß das von ihm aufgestellte Axiomensystem den Forderungen nach Widerspruchsfreiheit, Vollständigkeit und Unabhängigkeit genügt. Er zeigte auch, daß BOHLMANNS System von 1901 nicht unabhängig ist. Allerdings enthält BROGGIS Dissertation neben gelegentlichen sprachlichen Unebenheiten auch die Behauptung, daß σ-Additivität eine Folge der gewöhnlichen Additivität und seines ersten Axioms ist, was später von STEINHAUS bemängelt wurde[235]).

STEINHAUS gehört in eine längere Reihe von Mathematikern, die, ausgehend von abzählbaren Mengen, wie sie bei Problemen der Darstellung von reellen Zahlen als Dezimalbruch oder als Kettenbruch auftreten, Wahrscheinlichkeiten von Ereignissen mit Maßen von meßbaren Mengen in Verbindung brachten. Einer der Pioniere der Maßtheorie, EMILE BOREL, steht auch am Anfang dieser Entwicklung[236]), die durch Arbeiten einiger schwedischer Mathematiker ausgelöst wurde. Konvergenzbetrachtungen für gewisse in der Störungstheorie auftretende Reihen hatten zu der Frage geführt, mit welcher Wahrscheinlichkeit in der Kettenbruchentwicklung $[0, a_1, a_2, \ldots]$ einer irrationalen Zahl des Intervalls $(0, 1)$ ein Teilnenner a_ν einen vorgegebenen Wert k annimmt, nicht erreicht oder übertrifft. Diese Fragestellung hatte schon WIMAN zu der Auffassung einer mengentheoretischen Interpretation der Wahrscheinlichkeit geführt[237]):

„Wir sind nun ganz entschieden der Meinung, daß, falls man eine Wahrscheinlichkeitstheorie im Sinne der modernen Mengenlehre entwickeln wollte, vor allen Dingen auf diesen Borelschen Inhaltsbegriff Bezug zu nehmen ist".

Als Beispiel dafür, wie sich die mengentheoretische bzw. maßtheoretische

[235]) HUGO STEINHAUS, Les probabilités dénombrables et leur rapport à la théorie de la mesure, *in*: Fundamenta mathematicae **4** (1923), S. 286–310, speziell S. 292.

[236]) EMILE BOREL, Les probabilités dénombrables et leurs applications arithmétiques, *in*: Rendiconti del circolo matematico di Palermo **27** (1909), S. 247–271, und *in*: Oeuvres de Emile Borel Bd. II, S. 1055–1079.

[237]) ANDERS WIMAN, Bemerkungen über eine von Gyldén aufgeworfene Wahrscheinlichkeitsfrage, Lund 1901, S. 18.

Auffassung der Wahrscheinlichkeit verbreitete, sei hier ein Abschnitt aus dem Lehrbuch zur Mengenlehre von HAUSDORFF vorgestellt[238]):

„Wir bemerken noch, daß manche Theoreme über das Maß von Punktmengen vielleicht ein vertrauteres Gesicht zeigen, wenn man sie in der Sprache der *Wahrscheinlichkeitsrechnung* ausdrückt. Wenn zwei Mengen P und M meßbar, M insbesondere von positivem Maß ist, so kann man, für $P \subsetneq M$, den Quotienten $f(P):f(M)$ oder, im allgemeinen Falle, den Quotienten $f(\mathfrak{D}(P, M)):f(M)$ als *Wahrscheinlichkeit* dafür definieren, daß ein Punkt von M der Menge P angehöre. Betrachten wir nur Teilmengen einer festen Menge M, die das Maß 1 hat, so ist $f(P) = p$ die Wahrscheinlichkeit, daß ein Punkt der Menge P angehöre. Ist $P = \mathfrak{S}(P_1, P_2)$, $P' = \mathfrak{D}(P_1, P_2)$, so ist $p + p' = p_1 + p_2$; p ist die Wahrscheinlichkeit, daß ein Punkt zu P_1 oder P_2 gehöre, p' die Wahrscheinlichkeit, daß ein Punkt sowohl zu P_1 als zu P_2 gehöre. Wenn P_1, P_2 keinen Punkt gemein haben, so ist $p = p_1 + p_2$. Ferner ist $p' = p_1 \cdot \frac{p'}{p_1}$ (für $p_1 > 0$); die Wahrscheinlichkeit, daß ein Punkt gleichzeitig zu P_1 und P_2 gehöre, ist die Wahrscheinlichkeit, daß er zu P_1 gehöre, multipliziert mit der, daß ein Punkt von P_1 zu P_2 gehöre. Die für sogenannte „unabhängige" Ereignisse gültige Formel $p' = p_1 p_2$ ist natürlich hier im allgemeinen nicht richtig. Auch versteht es sich von selbst, daß bei dieser (im ganzen überhaupt willkürlichen) Definition die Wahrscheinlichkeit 0 nicht der Ausdruck der Unmöglichkeit und die Wahrscheinlichkeit 1 nicht der der Gewißheit ist; denn 0 ist die Wahrscheinlichkeit, daß ein Punkt einer Menge vom Maße Null (die noch von der Mächtigkeit des Kontinuums sein kann) angehöre."

1923 unternahm LOMNICKI einen weiteren Versuch zur Axiomatisierung der Wahrscheinlichkeitsrechnung mit dem Ziel, eine „konstruktive" maßtheoretische Definition der mathematischen Wahrscheinlichkeit zu geben[239]).

Seinem Grundlegungsversuch, dem u.a. eine Einordnung der stochastischen Prozesse fehlte, waren zwei weitere wichtige Axiomatisierungsversuche vorausgegangen. 1917 veröffentlichte der russische Mathematiker S. N. BERNSTEIN eine Arbeit, in der er die Gesamtheit der betrachteten Ereignisse als eine Boolesche Algebra behandelte.[240])

GLIWENKO konnte in seinem 1939 veröffentlichten ›Kurs der Wahrscheinlichkeitstheorie‹ zeigen, daß der Ansatz von BERNSTEIN zu einem dem Kolmogorowschen Axiomensystem äquivalenten erweiterungsfähig ist. Die unmittelbare Wirkung von BERNSTEINS Ansatz, den er in seiner zum ersten Mal 1927 in russischer Sprache erschienenen ›Wahrscheinlichkeitstheorie‹ weiter ausführte,

[238]) FELIX HAUSDORFF, Grundlehren der Mengenlehre, Leipzig 1914, S. 416f.

[239]) ANTOINE LOMNICKI, Nouveaux fondements du calcul des probabilités (Définition de la probabilité fondée sur la théorie des ensembles), *in*: Fundamenta Mathematicae **4** (1923), S. 34–71.

[240]) SERGE N. BERNSTEIN, Versuch einer axiomatischen Begründung der Wahrscheinlichkeitstheorie (*in Russisch*), *in*: Mitteilungen der mathematischen Gesellschaft Charkov **15**[2] (1917), S. 209–274.

war jedoch gering. Weit größeres Interesse beanspruchte damals und beansprucht z.T. noch immer der Ansatz von RICHARD VON MISES aus dem Jahr 1918 (Text 8.3.). Zentraler Begriff seiner als Naturwissenschaft verstandenen Wahrscheinlichkeitsrechnung ist – in Anlehnung an die ›Kollektivmaßlehre‹ von FECHNER und BRUNS – das Kollektiv; für das Kollektiv definierte VON MISES Wahrscheinlichkeit als Grenzwert relativer Häufigkeiten in fiktiven unendlichen Folgen, deren Zufallscharakter durch die sogenannte Regellosigkeitsforderung gewährleistet sein soll. Dieser Ansatz fand vor allem bei den Anwendern große Zustimmung; doch bestanden hinsichtlich der Verträglichkeit der beiden Grundpostulate erhebliche Einwände, die auch durch Modifikationen und Präzisierungen bis in die 40er Jahre nicht entkräftet werden konnten. Immerhin wurde nach 1965 im Rahmen der Entwicklung der Informatik und speziell der Algorithmentheorie der Begriff der zufälligen Folgen in einer Weise geklärt, die die Existenz eines nichttrivialen Bereiches von zufälligen Folgen, die den Forderungen VON MISES' genügen, sichert und in diesem Sinn den VON MISESschen Ansatz auch als für die Begründung der Axiome von KOLMOGOROW geeignet erscheinen läßt.

Das Axiomensystem von KOLMOGOROW (Text 8.4.) stellt einen gewissen Abschluß bei der Verwirklichung des Axiomatisierungsprogramms dar, weil es für die nachfolgende Entwicklung der klassischen Wahrscheinlichkeitsrechnung – erkennbar auch an der Terminologie – zum verbindlichen Modell wurde. KOLMOGOROW hat in dieser Arbeit über die schon von Vorgängern benutzten Analogien zwischen dem Maß einer Menge und der Wahrscheinlichkeit eines Ereignisses, dem Integral einer Funktion und dem Erwartungswert einer zufälligen Größe hinaus, wie er selbst betont, die Theorie der unendlichdimensionalen Wahrscheinlichkeitsräume, die die Einordnung der heute so genannten stochastischen Prozesse erlauben, „Differentiation und Integration der mathematischen Erwartung nach einem Parameter, vor allem aber die Theorie der bedingten Wahrscheinlichkeiten und Erwartungen" hinzugefügt.

Diese Erweiterungen waren „notwendigerweise aus einigen ganz konkreten physikalischen Fragestellungen entstanden". Das Problem der Anwendbarkeit seiner maßtheoretischen Wahrscheinlichkeitstheorie sah KOLMOGOROW in seiner Arbeit von 1933 als weitgehend durch VON MISES, auf den er sich hier stützte, gelöst an. Er hat sich in späteren Arbeiten auch im Hinblick auf die Lösung konkreter physikalischer und biologischer Probleme mit Fragen der Anwendbarkeit verstärkt beschäftigt.

Text 8.1. Rudolf Laemmel, Untersuchungen über die Ermittlung von Wahrscheinlichkeiten*)

(§ 2.) Ueberall dort, wo man der zu ermittelnden Wahrscheinlichkeit einen grösseren erkenntnistheoretischen Wert sichern will, muss man trachten, an Stelle einer intuitiven oder empirischen Ermittlung die Bestimmung der Wahrscheinlichkeit durch den Hypothesenprozess zu ermöglichen.

Der *Hypothesenprozess* umfasst folgende Schritte:

H_1) die erste Hypothese; man stelle die Menge derjenigen A fest, die für das vorgelegte Problem überhaupt in Frage kommen.

H_2) die zweite Hypothese; man ermittle diejenige Teilmenge der obigen Menge, die *alle jene A* enthält, denen das Prädikat x zukommt.

H_3) die dritte Hypothese; man ordne jedem einzelnen A ein, in der Natur des Problems begründetes, *elementares Gewicht* zu (eine *Valenz*).

Mit diesen drei Annahmen ist nun noch eine solche *Definition der Wahrscheinlichkeit* zu verknüpfen, dass darin die Ergebnisse der Hypothesenbildung immer berücksichtigt werden können.

Wir erhalten also folgendes Bild:

$$(M)^{241)} \quad M = \{A_i\}_{i=1}^{n} \tag{2}$$

sei die Menge der „*möglichen*" A, die wir aus H_1 erhalten. Ferner sei

$$(M) \quad T = \{A_{x_i}\}_{i=1}^{\nu} \tag{3}$$

$$(L) \quad T \subsetneqq M \tag{3^1}$$

diejenige Teilmenge T von M, die aus H_2 hervorgeht: die „*günstige Menge*" der A. Und es sei

$$G_\alpha = f(\alpha) \tag{4}$$

diejenige Funktion des Stellenzeigers α, die dem Element A_α von M, resp. T, sein Gewicht (G_α) zuweist. Wir erklären nun als die *elementare* Wahrscheinlichkeit, dass ein beliebiges A ein x sei, diejenige Wahrscheinlichkeit, die sich er-

*) Rudolf Laemmel, Untersuchungen über die Ermittlung von Wahrscheinlichkeiten, Dissertation Universität Zürich 1904, S. 1–80, speziell S. 15f., 21–25, 47–49. Abdruck mit Genehmigung der Erben von Rudolf Laemmel.

241) Ein (M) bedeutet, dass die Symbole *mengentheoretische* Begriffe darstellen; ein (L) bedeutet, dass die Symbole *logische* Begriffe darstellen; es ist wohl zu beachten, dass diese Gleichungen, die also durch (M), resp. (L) gezeichnet sind, nicht denselben Gesetzen gehorchen, wie die algebraischen, sondern ihren *eigenen*.

gibt, wenn

$$(M) \quad T = A_x, \quad \overline{\overline{T}} = 1 \tag{5}$$

ist, d.h., wenn die *günstige* Teilmenge aus nur *einem* Glied besteht. Den Wert *w dieser elementaren* Wahrscheinlichkeit *definiren* wir folgendermassen:

$$w = \frac{f(x)}{\sum_{\alpha=1}^{n} f(\alpha)}. \tag{6}$$

Nach Axiom *I* von § 6 ist dann die in (1) gefragte Wahrscheinlichkeit *W* die folgende:

$$W = \sum_{x=1}^{\nu} w. \tag{7}$$

Es ergibt sich daher als analytischer Ausdruck der Wahrscheinlichkeit, dass ein beliebiges *A* die Eigenschaft *x* habe, der Wert

$$W = \sum_{i=1}^{\nu} \frac{f(x_i)}{\sum_{\alpha=1}^{n} f(\alpha)}. \tag{8}$$

Der einfachste Fall, der hier eintreten kann, ist der, dass die *Valenzfunktion* eine Konstante ist:

$$f(\alpha) = const.$$

Dann wird offenbar die fragliche Wahrscheinlichkeit

$$W = \frac{\nu}{n}; \tag{9}$$

das ist eine Grösse, die immer eine bestimmte Bedeutung hat, solange

$$(M) \quad \overline{\overline{T}} = \overline{\overline{M}} = e^{242)} \tag{10}$$

ist, d.h., solange die vorkommenden Mengen von solcher *Mächtigkeit* sind, dass zu ihrer Messung (i.e. zur Messung der *Mächtigkeit*), *endliche* Zahlen ausreichen; oder kürzer: solange die Mengen *T* und *M endlich* sind. ...

[242]) $\overline{\overline{M}}$ bedeutet die *Mächtigkeit* von *M*, das Analogon des *Anzahlbegriffes*, bei endlichen Mengen direkt die *Elementenzahl.*

(§ 3.) … Das System der bekannten Mengen.

Tafel I.

	Mengen	
	M	
nicht abzählbar		abzählbar
$n\mathfrak{a}$		$\mathfrak{a}$
überall dicht	stellenweise dicht	nirgends dicht
d	*s d*	*n d*
mit Inhalt		ohne Inhalt
I		*n I*

Diese Mengen können *endlich* oder *transfinit* sein. Wir nennen eine Menge *M* dann *transfinit*, wenn sie eine Teilmenge *T* hat, so beschaffen, dass man alle Elemente von *M* und *T* erschöpfen kann durch einen Prozess, welcher je einem Elemente von *T ein* Element von *M* zuweist. Oder auch: wenn

$$(L) \quad M \supset T \text{ [243]} \qquad (1)$$

und

$$(M) \quad \overline{\overline{M}} = \overline{\overline{T}}, \qquad (2)$$

so sind *M* und *T unendliche Mengen*[244]).

Es gelingt nicht, eine rein dichotomische Systematik herzustellen. Die abzählbaren Mengen können *dicht* oder *nichtdicht* sein – ebenso aber auch die nicht abzählbaren etc. Wenn wir die Untergruppen einer Gruppe durch Striche mit dieser verbinden, so erhalten wir das nachfolgende *sich überdeckende* Schema.

Nicht alle Kombinationen sind zulässig, so ist z.B. die Kombination $\mathfrak{a} \cdot d \cdot I$ unzulässig. Manche Kombinationen sind Identitäten, z.B. $\mathfrak{a} \cdot s\,d \cdot nI$, denn

$$(L) \quad \mathfrak{a} \cdot M \subset M \cdot nI \qquad (3)$$

d.h. jede *abzählbare Menge* ist eine Menge *ohne Inhalt.*

Dieses System enthält *alle* Mengen; wir erheben aber nicht den Anspruch, damit eine *streng logische Einteilung* geschaffen zu haben; Tafel I und II sind *Uebersichten.* Die Schwierigkeiten, die sich einer übersichtlichen *und* streng logischen Einteilung entgegenstellen, liegen darin begründet, dass die Mengen noch zu wenig genau bekannt sind.

[243]) Ein *echter Teil* (DEDEKIND).

[244]) $\overline{\overline{M}}$ ist die *Mächtigkeit*, also eine *Eigenschaft* von *M.*

Das System der bekannten Mengen.

Tafel II.
12 *logisch* mögliche Arten von Mengen.

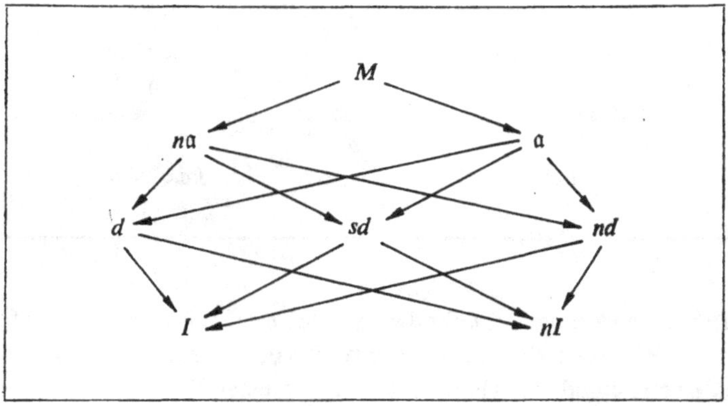

Es gibt 144 *mögliche Typen von Wahrscheinlichkeitsaufgaben*[245]) (einige sind praktisch unmöglich). Unsere Untersuchung beschränkt sich, wie gesagt, auf *einige wichtige Typen.*

1. Typus ($\mathfrak{a}$, $\mathfrak{a}$).

Dieser Typus entsteht, wenn der Hypothesenprozess geliefert hat:

$$(M) \quad \overline{\overline{M}} = \overline{\overline{T}} = \mathfrak{a}. \tag{4}$$

In diesem Falle stellen wir vermittelst einer *vierten Hypothese* H_4 eine *Ordnung* in M fest. Eine häufige Festsetzung dieser Art wird sein, den Ordnungstypus ω anzunehmen:

$$(M) \quad \overline{M} = \omega \tag{5}$$

d.h. wir ordnen nach irgendwelchen durch die Natur des Problems gegebenen (oder durch eine eigene Untersuchung zu ermittelnden) Prinzipien, die Elemente von M den Zahlen

$$1, 2, 3, 4, 5, \ldots . \; i, i + 1, \ldots . \; \mathfrak{a} \tag{6}$$

zu. Wir ermitteln ferner (im Rahmen von H_4) diejenige Funktion $\varphi(\alpha)$ von α, die angibt, wieviele A die Eigenschaft x haben, wenn man bei *dieser* Ordnung

[245]) Nämlich die Kombinationen der obigen 12 Mengen mit sich selbst (Variationen zur 2. Klasse). Es ist dies, wie man bemerkt, ein *Klassifizierungsprinzip* für die verschiedenen Wahrscheinlichkeiten, und zwar ein sehr *präzises.*

(also z.B. ω) die *ersten* α Elemente von M untersucht. Die Funktion $\varphi(\alpha)$ ist als *Frequenzzahl* oder als *Belegungsdichte von M mit T* aufzufassen.

Nach erfolgter *Aequivalenzabbildung*[246]) definiren wir nun die Wahrscheinlichkeit, dass ein in M beliebig angenommenes A die Eigenschaft x habe, durch:

$$W = \lim_{\alpha=\mathfrak{a}} \frac{\varphi(\alpha)}{\alpha} \qquad (7)$$

worin $\mathfrak{a}$ das den abzählbar unendlichen Mengen zugehörige Unendlichkeitssymbol bedeutet; es ist also:

$$(L) \quad \infty \geqq \mathfrak{a} \; ^{247}). \qquad (8)$$

Probleme vom Typus $(\mathfrak{a}, \mathfrak{a})$ sind recht häufig. Sie haben eine eminent zahlentheoretische Natur.

2. *Typus* (c, c).

Seien nun M und T durch H_1, H_2, H_3 so ermittelt, dass

$$(M) \quad \overline{\overline{M}} = \overline{\overline{T}} = c, \qquad (9)$$

also beide Mengen von der *Mächtigkeit* des *Kontinuums* sind; dann ordnen wir, vermittelst der *vierten Hypothese*, diesen Mengen einen *Inhalt* zu, der so beschaffen ist, dass er den Bedingungen genügt:

$$(M) \quad I(M_1 + M_2) = I(M_1) + I(M_2) \qquad (10)$$

$$(M) \quad I(M_1 - M_2) = I(M_1) - I(M_2), \qquad (11)$$

wobei das Symbol $I(M)$ bedeutet: *Inhalt* von M. Der Inhalt darf nicht *beliebig* festgesetzt werden[248]), sondern er muss so beschaffen sein, dass wir ihn uns als für ein *selektorisches Prinzip* massgebend denken können. Für (10) dürfen M_1 und M_2 *keine* gemeinsamen Elemente haben, für (11) *nur* gemeinsame, d.h.

$$(L) \quad M_1 \cdot M_2 = 0 \qquad (10^1)$$

$$(L) \quad M_1 \underset{\subseteq}{\supseteq} M_2. \qquad (11^1)$$

Die gewöhnliche H_4 wird sein, dass man den Mengen, die Kontinua sind, als Inhalt diejenige Länge, Fläche[249]) etc. zuweist, die sie mit ihren Elementen stetig

[246]) Die Aequivalenztransformation kann unter Umständen den *Typus* des Problems ändern; dann ist das Problem eben nach dem *neuen Typus* zu behandeln.

[247]) $\mathfrak{a}$ ist die *kleinste* Mächtigkeit, die bei unendlichen Mengen auftreten kann. $\mathfrak{a}$ bedeutet: „abzählbar unendlich" nach CANTORS Terminologie.

[248]) Er ist ja durch (10), (11) noch nicht *bestimmt*.

[249]) Bekanntlich sind die Mächtigkeiten der Kontinua *aller* Dimensionen gleich – bis zur *abzählbar* unendlich grossen Dimension.

ausfüllen; – von abgespalteten abzählbar unendlichen Punktmengen desselben Intervalls kann man dabei bekanntlich absehen[250]).

Hat man die Aequivalenztransformation ausgeführt, so wollen wir die fragliche Wahrscheinlichkeit definiren als:

$$W = \frac{i}{I} \tag{12}$$

wobei i der Inhalt von T, I der von M ist. Auch hier gilt, dass die Ermittlung von I, auf Grund einer angenommenen Inhaltsdefinition, meist eine rein mathematische Aufgabe ist.

Unsere Definition der Wahrscheinlichkeit für Probleme vom Typus (c, c) stimmt mit der Auffassung des Wahrscheinlichkeitsbegriffes bei den sogenannten *geometrischen* Wahrscheinlichkeiten überein.[251]) ...

§ 6.
Das Minimalsystem der Wahrscheinlichkeitstheorie.

Unter einem *Minimialsystem* wollen wir eine solche Zusammenstellung von *Axiomen* und *Definitionen* verstehen, die die rein *logische Ableitung* aller *Lehrsätze* der betreffenden Disziplin gestattet.

Wir verlangen, wie immer wir auch die Wahrscheinlichkeit definiren (in speziellen Fällen), jedenfalls die Erfüllung der nachfolgenden zwei Bedingungen:

I: (L) Wenn $x + y = z$ (1)

(L) und $x \cdot y = 0$ (2)

so soll stets sein:

(L) $W(x) + W(y) = W(x + y) = W(z).$ (3)

II: (L) Wenn $x \cdot y = z \neq 0$ (4)

(L) und $x \supseteq y$ bzw. $x \subseteq y$ (5)

[250]) Auch wenn die *Menge* der abgespalteten Mengen von der Mächtigkeit $\mathfrak{a}$ ist.

[251]) Man vergleiche die sehr wenig präzise Darstellung dieser Verhältnisse in dem sonst recht wertvollen Buch von Czuber über *geom.* Wahrscheinlichkeiten. Allerdings war ja damals (1884) die Mengenlehre noch recht *unbekannt.* Czuber sagt dort z.B. (S. 8), dass in einer Strecke anzunehmende Punkte, deren Zahl unendlich und deren Anordnung gleichmässig ist, die Strecke, also (in unserer Terminologie) das betreffende Kontinuum, *erfüllen.*

so soll stets gelten:

$$(L)\quad W(x)\cdot W(y) = W(x\cdot y) = W(z)^{252)}. \tag{6}$$

Indem wir die Relationen (3) und (6) verallgemeinern, stellen wir folgende Sätze als *Axiome der Wahrscheinlichkeitstheorie* auf:

Axiom I. Es gilt stets

$$(L)\qquad W\left(\sum_{\alpha=1}^{n} x_\alpha\right) = \sum_{\alpha=1}^{n} W(x_\alpha) \tag{7}$$

für alle jene x, die, paarweise, der Bedingung folgen:

$$(L)\qquad x_\alpha \cdot x_{\alpha'} = 0 \text{ wenn } \alpha \neq \alpha'. \tag{8}$$

Axiom II. Es gilt stets

$$(L)\qquad W\left(\prod_{\alpha=1}^{n} x_\alpha\right) = \prod_{\alpha=1}^{n} (W[x_\alpha]) \tag{9}$$

für alle jene x, die, paarweise, der Bedingung folgen:

$$(L)\qquad x_\alpha \overset{\supseteq}{\subseteq} x_\beta \text{ wenn } \alpha \not\equiv \beta. \tag{10}$$

Wir können (7) und (9) zusammenfassend beschreiben, indem wir den Satz aussprechen: Die Symbole für die *logische Summe* und das *logische Produkt* sind mit dem *Wahrscheinlichkeitssymbol W vertauschbar.*

Neben diesen, für alle Wahrscheinlichkeiten giltigen *Axiomen* gehören in das Minimalsystem noch die *Definitionen der Wahrscheinlichkeiten für die beiden Grenzfälle:*
erstens:

$$(L)\qquad \text{Wenn } T = 0, M \neq 0 \text{ und} \tag{11}$$

zweitens:

$$\text{Wenn } T \equiv M. \tag{12}$$

Wir definiren für den Fall (11) die Wahrscheinlichkeit als „Null", für den Fall (12) als „Eins".

[252]) Wegen der logischen Symbole, die ja ziemlich klar abzulesen sind, verweisen wir auf BOOLE ⟨of the laws of thought, London 1854⟩ und E. SCHRÖDER ⟨Algebra der Logik, 1898–1901⟩ Das Symbol

$$A \overset{\supseteq}{\subseteq} B$$

ist in der Algebra der Logik nicht üblich, doch ist es für den Mathematiker leicht zu verstehen, was damit gemeint ist.

Wenn man den Wahrscheinlichkeitsbegriff als eine Beziehung zwischen den *günstigen* und den *ungünstigen* Elementen auffasst, so müsste man konsequenterweise die Wahrscheinlichkeit für den Fall (12) als *unendlich* definiren[253]).

Wir nehmen aber die *gebräuchlichste* Auffassung des Wahrscheinlichkeitsbegriffes in eine *dritte Definition* auf:

$$W = \frac{\nu'}{n'} \text{ oder } W = \frac{i}{I} \text{ oder } W = \lim_{\alpha=a} \frac{\varphi(\alpha)}{\alpha} \qquad (13)$$

wobei die Bedeutung der Zeichen aus § 2 und § 3 zu entnehmen ist[254]).

Unser Minimalsystem besteht also aus zwei Axiomen und drei Definitionen.

Um nachzuweisen, dass diese Angaben hinreichend sind, erinnern wir an die elementaren und sehr allgemeinen Sätze von TSCHEBYSCHEFF[255]). Die Ableitung dieser Sätze (man sehe z.B. bei CZUBER, *Wahrscheinlichkeitsrechnung*, nach), erfordert bekanntlich nur die *elementarsten* Hilfsmittel; diese sind in unseren fünf Festsetzungen enthalten. Aus den TSCHEBYSCHEFFschen Sätzen kann man aber bekanntlich alle höheren Theoreme, wie das BERNOULLIsche, das POISSONsche, das BAYESsche etc. ableiten. Demnach ist unser Minimalsystem ein *hinreichendes*.

Dass alle fünf Annahmen *notwendig* sind, ist uns nicht gelungen, nachzuweisen; wir behaupten es aber immerhin. Die Schwierigkeiten dieses Beweises der *Unabhängigkeit der fünf Annahmen voneinander* sind in der eigentümlichen, *nicht mathematischen* Natur des Wahrscheinlichkeitsbegriffes gelegen.

[253]) Eine ähnliche Entscheidung hat die *Algebra der Logik* zu treffen. PEIRCE schreibt das „Alles" als ∞, BOOLE und SCHRÖDER als 1, wir haben, eben wegen der Anwendung für die *Wahrscheinlichkeitstheorie* die letztere Bezeichnung angenommen.

[254]) Eine *formale* Vereinigung der drei Definitionen hat keine Schwierigkeit, aber auch keinen Zweck, denn man muss für die Anwendungen doch stets auf die *Spezialfälle* zurückgehen.

[255]) Journ. d. Liouville 1867, Seite 177ff.; (S): = Text 4.7.1.

Text 8.2. Ugo Broggi, Die Axiome der Wahrscheinlichkeitsrechnung *)

1. Wird die Wahrscheinlichkeit als das Verhältnis zweier Zahlen definiert, welche die Anzahl der Elemente einer Menge günstiger und die Anzahl der Elemente einer Menge möglicher Fälle ausdrücken, so folgen aus der gegebenen Definition zwei Sätze – die Sätze der totalen und der zusammengesetzten Wahrscheinlichkeiten –, und aus diesen, mit dem BERNOULLIschen Theorem, in dem die ganze Wahrscheinlichkeitsrechnung gipfelt, andere allgemeinere Theoreme. Ebenfalls wird aus der gegebenen Definition das sogenannte BAYES'sche Prinzip abgeleitet, das die Lösung von Problemen der Wahrscheinlichkeiten von Ursachen liefert. Die angeführte Definition der Wahrscheinlichkeit versagt in dem Falle, wo die Menge der möglichen Fälle, oder diese und diejenige der günstigen, unendlich sind: an ihrer Stelle werden durch Definition andere Größen eingeführt, denen der formale Charakter von Wahrscheinlichkeiten zukommt (d.h.: die im Intervalle (0,1) enthalten sind.) Die Frage, ob diese neuen Größen nicht nur formal Wahrscheinlichkeiten sind, hat in Bezug auf eine bestimmte Definition der Wahrscheinlichkeitsrechnung einen Sinn.

2. Wir definieren als Wahrscheinlichkeitsrechnung die Theorie, in der alle aus der klassischen Wahrscheinlichkeitsdefinition ableitbaren Sätze gültig bleiben, und als Wahrscheinlichkeiten die Größen, denen die Eigenschaften zukommen, aus welchen eine solche Theorie widerspruchslos abgeleitet werden kann. Wir schlagen mit anderen Worten den für die Geometrie zuerst eingeschlagenen in der Axiomatisierung jeder mathematischen Disziplin üblichen Weg ein, indem wir, dem Beispiele des Herrn G. BOHLMANN folgend, eine „deskriptive" Definition der zu definierenden Größen dadurch erreichen, daß wir alle ihre charakteristischen Eigenschaften angeben; im Gegensatz zu den sonst üblichen analytischen „construktiven"[256]) Definitionen, welche die Operationen beschreiben, die man auszuführen hat, um die Größen zu haben, die man definieren will.

Einem allgemeinen Sprachgebrauch folgend, werden wir die willkürlich angenommenen und zur Grundlegung einer bestimmten Disziplin gestellten Forderungen die „Axiome" dieser Disziplin nennen, und von den „Axiomen der Wahrscheinlichkeitsrechnung" reden. Darunter verstehen wir aber nur diejenigen Axiome, die der Wahrscheinlichkeitsrechnung eigentümlich sind: insbesondere werden wir die Axiome der Mengenlehre und des Logikkalküls stillschweigend annehmen und unbekümmert gebrauchen.

*) UGO BROGGI, Die Axiome der Wahrscheinlichkeitsrechnung, Dissertation, Universität Göttingen, 1907, S. 1–32, speziell S. 3–7, 11–16, 19–23.

256) Die Ausdrücke „deskriptive" und „konstruktive" Definitionen rühren von Herrn H. LEBESGUE her (Leçons sur l'Intégration, Paris 1904, pag. 99).

Es wird nun in der vorliegenden Arbeit bezweckt, ein System von Axiomen der Wahrscheinlichkeitsrechnung aufzustellen, und den Beweis der *Widerspruchslosigkeit* und der *Vollständigkeit* desselben, sowie der *Unabhängigkeit* der einzelnen Axiome von einander zu liefern[257]). Der Beweis der Widerspruchslosigkeit ist der Beweis der Existenz von Wahrscheinlichkeiten in dem definierten Sinne. Wir zeigen, daß sich eine construktive Wahrscheinlichkeitsdefinition angeben läßt, welche (die Widerspruchslosigkeit des Systems der ganzen reellen Zahlen angenommen) unserem Axiomensysteme genügt. Der Beweis der Vollständigkeit ist der Beweis, daß diese Wahrscheinlichkeiten eine logisch-definierte Klasse bilden, d.h. daß es keine zwei nicht mit einander identische Systeme von Dingen geben kann, die beide unsere Axiome befriedigen.

Endlich ist der Beweis der Unabhängigkeit eines Axioms der Beweis der Widerspruchslosigkeit eines Axiomensystems, das bis auf dieses Axiom mit dem ursprünglichen System identisch ist. Es ist die Unabhängigkeit des Axioms von den übrigen, die dadurch bewiesen wird.

3. Ist der Wahrscheinlichkeitsbegriff der fundamentale der gleichnamigen Rechnung, so setzt er doch einen weitaus primitiveren voraus: den Ereignisbegriff. Es ist dieser nicht mathematischer, sondern allgemein-logischer Natur. Darin ist vielleicht der Grund dafür zu suchen, daß man sich in der Wahrscheinlichkeitsrechnung nie die Frage gestellt hat, ob sich aus dem Begriffe selbst nicht gewisse Folgerungen ziehen lassen, die gewissermassen als eine von jeder arithmetischen Betrachtung freie Theorie des Ereignisses gelten können.

So wird z.B. die Identität oder die Unabhängigkeit zweier Ereignisse und dgl. nur wahrscheinlichkeitstheoretisch formuliert:

„Identisch (unabhängig und dgl.) nennt man zwei Ereignisse, deren Wahrscheinlichkeiten ....“

Es kann doch nicht zweifelhaft sein, daß man in einer Begründung der Wahrscheinlichkeitsrechnung das sorgfältig zu trennen hat, was man zur Wahrscheinlichkeitsdefinition willkürlich annimmt, von dem, was eine notwendige Folge des ein für allemal festgestellten Ereignisbegriffes ist, und daß, indem nur das erste zu den eigentlichen Axiomen der Wahrscheinlichkeitsrechnung gehört, die Axiome selbst nur insoweit einen Sinn besitzen, daß sie auf gewisse Relationen zwischen Ereignissen bezogen werden können, die unabhängig von jeder wahrscheinlichkeitstheoretischen Betrachtung formuliert sind.

4. Es knüpfen sich endlich an die hier behandelten gewisse rein erkenntnistheoretische Fragen, z.B. über den Wert der Urteile, die sich auf Wahrschein-

[257]) Den Leser, welchem die Hilbertschen „Grundlagen der Geometrie“ bekannt sind, erinnern wir hier daran, daß gerade die genannten Widerspruchslosigkeits-, Vollständigkeits-, Unabhängigkeitsfragen in dem erwähnten Buche die leitenden Fragestellungen sind, und in Bezug auf die elementargeometrischen Axiome ihre endgültige Lösung finden.

lichkeitsbestimmungen stützen, und über die logische Bedeutung der Bestimmungen selbst.

Sie konnten hier überhaupt keine Erwähnung finden.

§ 1. Das grundlegende Schema

1. Wir stellen an die Spitze unserer Untersuchung zwei Forderungen, von denen die erste wohl jeder Kategoriebildung und infolgedessen jeder Wissenschaft zu Grunde liegt, die zweite dagegen (vielleicht nicht einer scharfen Formulierung fähig) der Wahrscheinlichkeitstheorie eigen zu sein scheint.

I. „Es ist möglich, objektiv zu entscheiden, ob einem beliebigen Elemente x einer Menge M ($x \in M$) eine definite Eigenschaft A zukommt oder nicht"[258]).

Anders formuliert: Es existiert eine Untermenge M_1 von M, die alle Elemente $x' \in M$ enthält, denen die Eigenschaft A zukommt, und eine Untermenge M_2 von M, die alle Elemente $x'' \in M$ enthält, denen die Eigenschaft A nicht zukommt. Und es kann kein $x \in M$ existieren, das weder zu M_1 noch zu M_2, und kein $x \in M$, das sowohl zu M_1 wie zu M_2 gehört.

II. „Es ist möglich, ein beliebiges $x \in M$ so zu charakterisieren (wir werden dafür auch die Ausdrücke: aus der Menge herauszusondern oder herauszugreifen, gebrauchen), daß die gegebene Definition darüber nichts aussagt, ob dem betrachteten x die Eigenschaft A zukommt oder nicht".

Es handelt sich um eine Forderung subjektiver Natur, deren Erfülltsein vom Stande unserer Kenntnisse abhängig ist.

So z.B.: Enthält eine Urne Kugeln verschiedener Farbe, so wird die Definition „die erste Kugel, die ich herausziehen werde", in Bezug auf die Eigenschaft „Rotsein" der Bedingung II genügen, falls man *annimmt*, daß die Farbe keinen Einfluß auf die Möglichkeit hat, daß eine beliebige Kugel aus der Urne herausgezogen wird.

Umgekehrt: die Definition der Zahl e als

$$\lim_{x=\infty} \left(1 + \frac{1}{x}\right)^x$$

genügte der Forderung II in Bezug auf die Eigenschaft „Transcendent-sein" bis zum Jahre 1873; sie genügt ihr seitdem nicht mehr.

Es ist eine reine „quaestio facti", die in jedem einzelnen Falle entschieden werden soll, ob II. bei den gestellten Problemen erfüllt ist, oder nicht: Probleme der Wahrscheinlichkeitsrechnung haben nur im ersten Falle einen Sinn.

2. Die Behauptung „es ist wahrscheinlich, daß ein im Sinne und nur im Sinne von II. definirtes Element $x \in M$ der Untermenge M_1 von M angehört" soll gleichbedeutend mit der anderen sein:

[258]) Die Formulierung dieses Axioms rührt von Herrn E. ZERMELO her.

„Es gibt x, die x' sind", (falls $x \in M$, $x' \in M_1$) d.h.: M_1 ist ein bestimmter echter Bruchteil von M, und ist nicht die leere Menge 0.

Wir werden die gemachte Aussage symbolisch durch

$$E = [M, M_1]$$

ausdrücken, und M die Menge oder Gesammtheit der *möglichen* Fälle, M_1 diejenige der *günstigen* nennen. ...

7. Ist die Definition der Mengen N und ihrer Untermenge N_1 eine verschiedene, je nachdem ein Ereignis $E = [M, M_1]$ eingetreten ist, oder nicht, so wird das Ereignis $E' = [N, N_1]$ als „abhängig" von E definiert.

In dem Falle wo E unabhängig von E' ist, und E' unabhängig von E, wird die Relation Geltung haben

$$E \cdot E' = E' \cdot E.$$

§ 2. Die Axiome der Wahrscheinlichkeitsrechnung.

Die Wahrscheinlichkeit $p(E)$ von E ist eine nicht-negative Größe, welche folgenden Axiomen genügt:

1. Ist ein Ereignis E gewiß, $(E = G)$, so ist seine Wahrscheinlichkeit gleich 1.
2. Ist

$$E = E_1 + E_2$$

d.h. tritt E ein, falls entweder E_1 oder E_2 eintritt, so ist

$$p(E) = p(E_1) + p(E_2).$$

Wir werden Axiom 2 das Summenaxiom nennen. Es entspricht dem Satze der totalen Wahrscheinlichkeit.

Es folgt aus 2 und aus 1.

A. Ist E unmöglich, $(E = V)$, so ist $p(E) = 0$.

Es ist nach § 1. 3b $E + V = E$. Es folgt aus 2: $p(V) = 0$.

B. Ist $E = E_1 + E_2$, so ist

$$p(E) \geqq p(E_1), \quad p(E) \geqq p(E_2).$$

Die Wahrscheinlichkeiten gehören dem Intervalle (0, 1) an.

§ 3. Die Existenz der Wahrscheinlichkeiten.

1. Wir werden im § 4 zeigen, daß aus dem Vorhergehenden folgt:

2'') Ist $E = E_1 + E_2 + \ldots$ ad inf., so ist

$$p(E) = p(E_1) + p(E_2) + \ldots \text{ ad inf.}$$

und beweisen hier, daß sich Größen definieren lassen, welche 1, 2, 2'' genügen.

Mit Herrn H. LEBESGUE nennen wir „Maß einer Punktmenge" die durch folgende Verabredungen definierte Größe:

Jeder ganz im Endlichen liegenden Menge M, die aus Punkten der reellen Axe Ox besteht, ist eine nicht negative Zahl $m(M)$ zugeordnet, die wir das „Maß von M" nennen, welche folgenden Bedingungen genügt:

1'. Gleichen Mengen entsprechen gleiche Maße.

2'. Das Maß einer Menge, welche Summe endlich oder abzählbar unendlich vieler Mengen ist, die elementenfremd sind, ist gleich der Summe der Maße der letzteren.

3'. Das Maß des Continuums (0, 1) ist gleich 1.

Herr LEBESGUE zeigt, daß, falls die Lösung des Problems der Maßbestimmung möglich ist, sie es auch nur in einer einzigen Weise ist, und gibt die Bedingungen der Lösbarkeit an.

Nach einem BOREL'schen Satze können wir nämlich die Punkte von M in einem endlichen oder abzählbar unendlichen System von Intervallen einschließen: die untere Grenze der Summe der Längen (in elementarem Sinne) dieser Intervalle nennen wir das „äußere Maß" – $m_e(M)$ – von M. Ist dann auch die Menge M im Intervall AB enthalten, und $C_{AB}(M)$ die zu M complementäre Menge in Bezug auf AB (sodaß alle Punkte des Continuums AB entweder zu M oder zu $C_{AB}(M)$ gehören), so nennen wir die untere Grenze der Differenzen

$$m(AB) - m_e[C_{AB}(M)]$$

das „innere Maß" – $m_i(M)$ – von M. Dabei ist $m(AB)$ das durch 3' bestimmte Maß von AB. Ist

$$m_e(M) = m_i(M),$$

so ist die Bestimmung des Maßes im Sinne von 1', 2', 3' möglich, und das Maß durch

$$m_e(M) = m_i(M) = m(M)$$

definiert. Es sind die meßbaren Mengen die einzigen, die wir in Betracht ziehen wollen[259]).

Wir verweisen für den Beweis, daß den dadurch definierten Zahlen $m(M)$ tatsächlich die Eigenschaften 1', 2', 3' zukommen, auf die schon erwähnten Leçons sur l'Intégration[260]).

Die unmittelbar möglich erscheinende Ausdehnung des Problems der Maßbestimmung auf mehr wie eindimensionale Mengen erfordert eine entsprechende Formulierung des Axioms 3':

[259]) Sie sind auch die einzigen, die man kennt.

[260]) pag. 102 und ff.

Das Maß der Menge der Punkte, deren Coordinaten $x_1, x_2, \dots x_n$ den Ungleichungen

$$0 \leqq x_1 \leqq 1, \ 0 \leqq x_2 \leqq 1, \ \dots, \ 0 \leqq x_n \leqq 1$$

genügen, ist gleich 1.

2. Es sei $E = [M, M_1]$, wo M die Menge der möglichen Fälle ist, M_1 diejenige der günstigen.

Wir definieren als Wahrscheinlichkeit $p(E)$ des Ereignisses E die Größe

$$p(E) = \frac{m(M_1)}{m(M)}. \tag{1}$$

Es ist dann unmittelbar klar, daß 1, 2, A, B, 2″ erfüllt sind.

3. Wir nennen die Funktion meßbar im Intervalle $\alpha\beta$, falls die Punktmenge $X_{\alpha\beta} = X(\alpha < f(x) < \beta)$ meßbar ist. Ist dann auch $f(x) = 1$ für alle Punkte des Intervalles $\alpha\beta$, die der Menge X angehören, $f(x) = 0$ für alle Punkte des Intervalles $\alpha\beta$, die der Menge $C(X)$ angehören, welche komplementär zu X in Bezug auf $\alpha\beta$ ist, so ist das Maß der Menge $X_{\alpha\beta}$ das Integral im Lebesgue'schen Sinne (das Integral (L)), genommen für die Funktion $f(x)$.

Indem nun alle meßbaren Funktionen integrabel (L) sind, beweist man auch, daß alle Funktionen, die integrabel im gewöhnlichen (im Riemann'schen Sinne integrabel (R)), auch integrabel (L) sind, – und daß die zwei Integralwerte (L) und (R) übereinstimmen.

Damit erscheint aber auch im Sinne unserer Axiome die Ausdehnung des Wahrscheinlichkeitsbegriffs gerechtfertigt, die man „geometrische Wahrscheinlichkeit" nennt.

Eine Ausdehnung, die dahin führt, die Wahrscheinlichkeit dafür, daß ein (im Sinne und nur im Sinne von § 1, II.) aus einer wohl definierten stetigen Mannigfaltigkeit geometrischer Gebilde herausgegriffenes Individuum gewisse Bedingungen erfüllt, mit dem Verhältnis zweier mehrfacher Integrale zu identificieren, von denen das erste über solche Wertverbindungen von den Variabeln $x_1, x_2, \dots x_n$ (die Coordinaten eines Punktes im entsprechenden R_n-Raume) ausgedehnt wird, die den auferlegten Bedingungen genügen, das zweite über alle Wertverbindungen ausgedehnt wird, die die in Betracht kommende stetige Mannigfaltigkeit analytisch definieren.

Es wird dabei angenommen, daß gleiche Ausdehnungen (Längen, Flächen, Volumina ...) gleich wahrscheinlich sind: eine Annahme, ohne welche (oder ohne eine äquivalente) die Wahrscheinlichkeitsbestimmung überhaupt keinen bestimmten Sinn hätte[261]).

[261]) Vgl. die gewöhnlichen Lehrbücher über Wahrscheinlichkeitsrechnung (Bertrand, Poincaré, Czuber, ...) und Czuber, Geometrische Wahrscheinlichkeiten und Mittelwerte (Leipzig, 1884).

4. Ist die Menge der möglichen Fälle abzählbar, so nimmt die Wahrscheinlichkeit

$$p(E) = \frac{m(M_1)}{m(M)}$$

die unbestimmte Form $\frac{0}{0}$ an.

Wir können zwei Fälle unterscheiden:

a) die Menge M der möglichen Fälle ist endlich.

Sei m die Anzahl ihrer Elemente, und m_1 die Anzahl der Elemente der Menge M_1 der günstigen Fälle. Der Größe

$$p = \frac{m_1}{m} \tag{2}$$

kommen bekanntlich die Eigenschaften 1, 2 zu: sie ist also eine Wahrscheinlichkeit im Sinne von § 2. Sie ist auch die klassische Wahrscheinlichkeitsdefinition.

b) die Menge M der möglichen Fälle ist abzählbar unendlich.

Wir setzen in M eine Ordnung $W(M)$ fest, und betrachten die Mengen $M^{(n)}$ und $M_1^{(n)}$, welche alle die Elemente von M bzw. von M_1 enthalten, die in der angenommenen Ordnung einem Element $x_{n+1} \in W(M)$ vorangehen. Als Wahrscheinlichkeit des Ereignisses $E = [M, M_1]$ definieren wir

$$\lim_{n=\infty} p([M^{(n)}, M_1^{(n)}]) = \lim_{n=\infty} p_n, \tag{3}$$

wobei angenommen wird, daß ein solcher Limes existiert.

Wir sind, was die Bestimmung von $p([M^{(n)}, M_1^{(n)}])$ anlangt, zu Fall a) zurückgeführt. Ist aber p_n, identisch in n, eine Wahrscheinlichkeit, so ist auch $\lim_{n=\infty} p_n$ eine solche.

Die Bestimmung von (3) setzt die Bestimmung einer Funktion $\varphi(m)$ von m voraus, welche die Anzahl m_1 der Elemente von $M_1^{(n)}$ definirt, die der Anzahl m von Elementen der $M^{(n)}$ entsprechen: wir können diese Funktion die Frequenz-Funktion[262]) nennen. Es ist dann (3)

$$\lim_{n=\infty} \frac{\varphi(m)}{m}. \tag{3'}$$

5. Es könnte gefragt werden, ob im Falle unendlicher Mengen eine Bestimmung der Wahrscheinlichkeit dadurch erreicht werden kann, daß man in (3) den Zahlbegriff durch seine unmittelbare Verallgemeinerung, den Mächtigkeitsbegriff, ersetzt.

[262]) LÄMMEL, über die Bestimmung von Wahrscheinlichkeiten, Zürich 1904.

Die Betrachtung, daß, falls α die Mächtigkeit der abzählbaren Mengen (d.h. der Mengen vom Typus ω) und c die Mächtigkeit des Continuums bezeichnen,

$$\alpha + 1 = \alpha, \quad \alpha + \alpha + \ldots = \alpha,$$
$$c + \alpha = c, \quad c + c + \ldots = c$$

ist, lehrt, daß das Summenaxiom nicht mehr erfüllt sein würde. So wäre z.B. die Wahrscheinlichkeit, daß eine beliebige ganze Zahl gerade, bzw. ungerade sei, gleich 1 zu setzen; und gleich 1 die Wahrscheinlichkeit, daß eine ganze Zahl entweder gerade oder ungerade sei, was Axiom 2 widerspricht. ... [263])

§ 5. Der Vollständigkeitssatz.

Es folgt aus den Überlegungen des vorhergehenden Paragraphen der Satz „Sind $p = p(E)$ und $\wp = \wp(E)$ „Wahrscheinlichkeiten" im Sinne unserer Axiome; so ist $p \equiv \wp$."

Es folgt ebenfalls aus dem Vergleich der beiden Probleme der Maß- und der Wahrscheinlichkeitsbestimmung, daß, falls die zweite möglich ist, auch die erste es ist. Daraus, und aus dem Vollständigkeitssatze folgt:

„Es ist die im § 3 gegebene Wahrscheinlichkeitsdefinition die allgemeinste Definition, die den Axiomen vom § 2 genügt".

Dem Falle, wo die Mengen M und M_1 keine Punktmengen, sondern Mengen wirklicher Gegenstände sind, entsprechen der Unbestimmtheitsfall $p = \frac{0}{0}$ der allgemeinen Definition, und die sie ersetzenden Definitionen (2) und (3'). Der Vollständigkeitssatz lehrt wiederum, daß (2), (3') und (1) die einzig denkbaren Wahrscheinlichkeitsdefinitionen sind.

§ 6. Die Unabhängigkeit der Axiome.

Es sei $E = [M, M_1]$. Es ist

$$p(E) = k\,\frac{m(M_1)}{m(M)}$$

wo k eine zwischen 0 und 1 enthaltene Constante ist.

Es gilt dann Axiom 2, nicht dagegen Axiom 1. Eine Definition, die 1, nicht dagegen 2, befriedigt, läßt sich offenbar in beliebig vielen Weisen erreichen: Zum Beispiel indem man setzt $p(E) \equiv 1$.

[263]) (S): Der nachfolgende § 4 enthält die ›Ausdehnung des Summenaxioms auf abzählbar unendlich viele Ereignisse‹ und einen auf einer unzulässigen Voraussetzung beruhenden Eindeutigkeitssatz für Wahrscheinlichkeitsbelegungen.

§ 7. Der Satz der zusammengesetzten Wahrscheinlichkeit.

1. Ist

$$E_1 = [M, M_1], E_1' = [M', M_1'], \vartheta(M, M') = 0$$

und

$$E = E_1 \cdot E_1' = [M \cdot M', M_1 \cdot M_1'],$$ [264])

(vgl. § 1, 4) so nennt man $p(E)$ die aus $p(E_1)$ und $p(E_1')$ zusammengesetzte Wahrscheinlichkeit. Der Satz, den wir hier beweisen wollen, lautet: „Ist $E = E_1 \cdot E_1'$, so ist

$$p(E) = p(E_1) \cdot p(E_1'),$$

d.h.; tritt das Ereignis E dann und nur dann ein, falls E_1 sowohl als E_1' eingetreten sind, so ist seine Wahrscheinlichkeit gleich dem Produkte dieser letzteren".

Es soll dabei Folgendes berücksichtigt werden.

Die zwei Ereignisse können von einander unabhängig sein im Sinne von § 1, 7. oder nicht.

Im zweiten Falle soll diejenige Definition von E_1' angenommen werden, die aus dem Eintreffen des Ereignisses E_1 hervorgeht: es ist allerdings diese auch die einzige Definition von E_1', die korrekterweise in Betracht kommen kann. Die übliche Formulierung des Satzes der zusammengesetzten Wahrscheinlichkeit lautet demnach: „Ist $p(E_1')$ die Wahrscheinlichkeit, daß E_1' eintritt, falls man weiß, daß E_1 eingetreten ist, so ist $p(E) = p(E_1) \cdot p(E_1')$, falls $E = E_1 \cdot E_1'$".

Sie hebt also, und zwar aus praktischen Rücksichten, den erwähnten Umstand besonders hervor.

2. Daraus, daß, falls

$$E = [M, M_1],$$

$$p(E) = \frac{m(M_1)}{m(M)}$$

die allgemeinste Wahrscheinlichkeitsdefinition ist, folgt, daß der Beweis des vorher formulierten Satzes erreicht ist, falls bewiesen wird, daß

$$\frac{m(M_1 \cdot M_1')}{m(M \cdot M')} = \frac{m(M_1)\, m(M_1')}{m(M)\, m(M')}$$

oder, was auf dasselbe hinauskommt, daß

$$m(M_1 \cdot M_1') = m(M_1) \cdot m(M_1'),$$

$$m(M \cdot M') = m(M) \cdot m(M'),$$

d.h.: der Beweis ist erreicht, wenn die Gültigkeit des Satzes bewiesen wird:

[254]) (S): DEDEKIND folgend bezeichnet BROGGI mit $\vartheta(M, M')$ die Schnittmenge von M und M'. $M \cdot M'$ bzw. $M_1 \cdot M_1'$ bedeuten die kartesischen Produkte von M und M' bzw. M_1 und M_1'.

„Die Verbindungsmenge zweier meßbarer Mengen ist meßbar, und ihr Maß ist gleich dem Produkte ihrer Maße".

Den Satz beweisen wir für den speziellen Fall linearer Mengen: die Ausdehnung auf mehrdimensionale Mengen erweist sich als unmittelbar ausführbar.

Es seien die Mengen M und M' in den Intervallen OX bzw. $O'Y$ enthalten, und es sei $\vartheta(OX, O'Y) = 0$. Ist dann $x \in OX, x' \in M, y \in O'Y, y' \in M'$, so können wir das Zahlenpaar $z = (x, y)$ als einen Punkt in der complexen Zahlenebene deuten.

Wir schliessen (was nach dem BOREL'schen Satze immer möglich ist), die Menge M in ein endliches System Δ, die Menge M' in ein endliches System Δ' von Intervallen ein, und bezeichnen mit $\delta_1, \delta_2, \ldots$ die Intervalle von Δ, mit $\delta_1', \delta_2', \ldots$ die Intervalle von Δ'.

Wir können, ohne der Allgemeinheit zu schaden, die Axen OX, $O'Y$ rechtwinklig zu einander denken, und O mit O' zusammenfallen lassen. Ist G das Rechteck $OX \cdot OY$, so werden den Einteilungen Δ in OX und Δ' in OY eine endliche Gesamtheit $\delta_i\delta_j'$ $(i = 1, 2, \ldots; j = 1, 2, \ldots)$ von Rechtecken in G entsprechen. Ist ferner $m_e(M \cdot M')$ die untere Grenze der Summe der Rechtecke, die Punkte der Menge $M \cdot M'$ enthalten (das äußere Maß von $M \cdot M'$), $C(M \cdot M')$ die durch

$$M \cdot M' + C(M \cdot M') = OX \cdot OY$$

definierte komplementäre Menge zu $M \cdot M'$, $m(OX \cdot OY)$ das Maß von $OX \cdot OY$ und ist

$$m_i(M \cdot M') = m(OX \cdot OY) - m_e[C(M \cdot M')]$$

(das innere Maß von $M \cdot M'$), so nennen wir, nach der schon eingeführten Definition, die Menge $M \cdot M'$ meßbar, und vom Maße $m(M \cdot M')$ falls

(a) $$m_e(M \cdot M') = m_i(M \cdot M') = m(M \cdot M').$$

Es ist vor allem, nach der erweiterten Formulierung des Axioms 3' (§ 3)

$$m(OX \cdot OY) = m(OX) \cdot m(OY) = OX \cdot OY.$$

Es ist ebenfalls, da die Summation in Bezug auf i von der in Bezug auf j unabhängig ist

$$\sum_{(i,j)} \delta_i\delta_j' = \Big(\sum_{(i)} \delta_i\Big)\Big(\sum_{(j)} \delta_j'\Big)$$

und in Folge dessen die untere Grenze von $\sum_{(i,j)} \delta_i\delta_j'$ gleich dem Produkte der unteren Grenzen von $\Sigma\, \delta_i$ und $\Sigma\, \delta_j'$, also auch

(b) $$m_e(M \cdot M') = m_e(M)\, m_e(M').$$

Um das innere Maß von $M \cdot M'$ zu berechnen, bemerken wir, daß die zu $M \cdot M'$ komplementäre Menge $C(M \cdot M')$ gleich der Summe der Mengen

$$M \cdot C(M'),\ M' \cdot C(M),\ C(M) \cdot C(M')$$

ist, wo $C(M)$ bzw. $C(M')$ die zu M bzw. zu M' in Bezug auf OX bzw. OY komplementären Mengen sind.

Es ist also auch wegen (b)

$$\begin{aligned} m_e[C(M \cdot M')] &= m_e(M)\, m_e[C(M')] + m_e(M')\, m_e[C(M)] \\ &\quad + m_e[C(M)]\, m_e[C(M')] \\ &= m(OX)\, m_e[C(M')] + m_e(M')\, m_e[C(M)] \end{aligned}$$

und das innere Maß $m_i(M \cdot M')$ von $M \cdot M'$

$$\begin{aligned} m_i(M \cdot M') &= m(OX \cdot OY) - m_e[C(M \cdot M')] \\ &= m(OX)\, m(OY) - m(OX)\, m_e[C(M')] \\ &\quad - m_e(M')\, m_e[C(M)] \\ &= m_e(M)\, m_e(M'). \end{aligned}$$

Es ist damit der gesuchte Beweis geliefert.

Die Annahme der Meßbarkeit von M und M' ist wesentlich gewesen, indem kraft ihr gesetzt werden konnte

$$m_e[C(M)] = m(OX) - m_e(M),$$
$$m_e[C(M')] = m(OY) - m_e(M'),$$

was sonst nicht zulässig gewesen wäre[265]).

3. Die Gültigkeit des Satzes der zusammengesetzten Wahrscheinlichkeit im Falle, wo die Menge der möglichen Fälle endlich oder abzählbar unendlich ist, braucht hier nicht besonders nachgewiesen zu werden: dem Falle selbst entspricht, wie wir gesehen haben, eine Definition der Wahrscheinlichkeit, welche direkt den erwähnten Satz liefert.

Erwähnen wollen wir hier dagegen, daß aus dem bewiesenen Satz, aus Axiom 1 und aus § 1, 6a folgt:

„Identischen Ereignissen entsprechen gleiche Wahrscheinlichkeiten".

[265]) Ein enger gefaßter Maßbegriff, als der hier benutzte (von BOREL in den Leçons sur la théorie des fonctions, Paris 1900 formuliert), ist in der Behandlung besonderer Wahrscheinlichkeitsaufgaben eingeführt worden, und zwar von den Herren WIMAN (in Kong. Vetenskapsakademien Forhandlingar 1900 und Bemerkungen über eine von Gyldén aufgeworfene Wahrscheinlichkeitsaufgabe, Lund 1901), LÄMMEL (Über die Bestimmung von Wahrscheinlichkeiten, Zürich 1904) und BOREL (Remarques sur certaines questions de probabilité in Bulletin de la Société Math. de France, 1905, und Sur la théorie cinétique des gaz, in Annales de Ecole Normale Supérieure, Janvier 1906). Nicht erörtert ist aber in den erwähnten Arbeiten die Frage, in welchem Sinne die definirten Größen als Wahrscheinlichkeiten anzusehen sind.

Text 8.3. Richard von Mises, Grundlagen der Wahrscheinlichkeitsrechnung *)

Die bisher unternommenen Versuche einer mathematischen Begründung der Wahrscheinlichkeitsrechnung (BOHLMANN[266]), BROGGI[267]), BOREL[268])) scheinen mir durchaus im *Formalen* stecken geblieben zu sein. Die vorliegende Darstellung geht von der Auffassung aus, daß die Wahrscheinlichkeitsrechnung eine *Naturwissenschaft gleicher Art wie die Geometrie* oder die theoretische Mechanik ist. Sie hat das Ziel, die Zusammenhänge und Abhängigkeiten bestimmter, beobachtbarer Erscheinungen wiederzugeben, nicht als getreues Abbild der Außenwelt, sondern als deren Abstraktion und Idealisierung. Sie muß von logisch eindeutigen Begriffskonstruktionen ausgehen, bei deren Aufbau die Rücksicht auf das darzustellende Objekt der Außenwelt maßgebend ist; ist aber einmal der Aufbau durch ein Axiomensystem erfolgt, so werden auf rein deduktivem Wege die Ergebnisse gewonnen, deren Anwendbarkeit auf die Gegenstände der Erfahrung allein über die *praktische* Brauchbarkeit der Theorie entscheidet. ...

Zu den zahlreichen mehr *philosophisch* gerichteten Schriften über Wahrscheinlichkeitsrechnung, unter denen die von JOH. V. KRIES[269]) die bekannteste ist, hat die vorliegende Arbeit naturgemäß keine unmittelbaren Beziehungen. Sie hofft aber, durch die eindeutige Grundlegung der Wahrscheinlichkeitsrechnung *als einer mathematischen Disziplin* den größten Teil jener Erörterungen überflüssig gemacht zu haben, namentlich jene stets besonders umfangreichen Überlegungen, die sich mit dem sog. Problem der „Gleichmöglichkeit" beschäftigen. Auch auf die *physikalische* Erklärung des Zustandekommens von Wahrscheinlichkeits-Erscheinungen, wie sie von M. v. SMOLUCHOWSKI kürzlich in bemerkenswerter Weise gegeben wurde[270]), kann und soll in diesem Rahmen nicht eingegangen werden.

§ 1. Grundbegriffe.

Es sei (e) eine unendliche Folge gedachter Dinge, die wir kurz als „Elemente" $e_1, e_2, e_3 \ldots$ bezeichnen. Jedem Element sei als „Merkmal" ein bestimmtes

*) RICHARD VON MISES, Grundlagen der Wahrscheinlichkeitsrechnung, *in*: Mathematische Zeitschrift **5** (1919), S. 52–99, speziell S. 53f., 55–66. Abdruck mit Genehmigung der Erben von RICHARD VON MISES.

266) Enzykl. d. math. Wiss. Bd. I, Art. D 4b, S. 859. (S): S. 355 dieses Bandes.

267) Die Axiome der Wahrscheinlichkeitsrechnung. Inaug.-Diss. Göttingen 1907. = Text 8.2.

268) Rendiconti del Circolo Matematico di Palermo **27** (1909), S. 247–271.

269) Die Prinzipien der Wahrscheinlichkeitsrechnung, Freiburg i.B. 1886.

270) Die Naturwissenschaften **6** (1918), S. 253 (Planck-Heft). = Text 2.6.

Wertsystem der k reellen Veränderlichen $x_1, x_2, \ldots, x_k$ oder ein Punkt des k-dimensionalen „Merkmalraumes" zugeordnet, wobei nicht alle Elemente und auch nicht alle bis auf endlich viele dasselbe Merkmal aufweisen sollen. Wir nennen eine solche Folge von Elementen ein „*Kollektiv*" (d.i. Sammelgegenstand) K, wenn die Zuordnung der Merkmale an die einzelnen Elemente den nachfolgend angeführten Forderungen (Axiomen) I und II genügt.

Forderung I. Existenz der Grenzwerte. *Sei A eine beliebige Punktmenge des Merkmalraumes und N_A die Anzahl derjenigen unter den ersten N Elementen der Folge, deren Merkmal ein Punkt von A ist; dann existiere für jedes A der Grenzwert*

$$\lim_{N=\infty} \frac{N_A}{N} = W_A. \tag{1}$$

Diesen Grenzwert nennen wir – vorausgesetzt, daß auch die Forderung II erfüllt ist – die „*Wahrscheinlichkeit* für das Auftreten eines zu A gehörigen Merkmales *innerhalb des Kollektivs* K". Einen anderen Wahrscheinlichkeitsbegriff als diesen gebrauchen wir nicht. Zur Abkürzung nennen wir gelegentlich auch W_A die „Wahrscheinlichkeit von A", sobald über das Kollektiv, innerhalb dessen diese Wahrscheinlichkeit besteht, kein Zweifel möglich ist.

Aus der Definition ergeben sich sofort die beiden Sätze:

Satz 1. *Die Wahrscheinlichkeit ist eine reelle Zahl des abgeschlossenen Intervalls* 0, 1.

Satz 2. *Die Wahrscheinlichkeit innerhalb eines bestimmten Kollektivs ist eine für alle Punktmengen des Merkmalraums definierte, additive Mengenfunktion, d.h. es gilt*

$$W_A + W_B = W_{A+B}, \tag{2}$$

wenn die Mengen A und B keine gemeinsamen Punkte haben und $A + B$ ihre Vereinigungsmenge bedeutet.

Die Menge M aller Punkte, die mindestens einem Element als Merkmal zugeordnet sind, oder überhaupt als Merkmale auftreten können, heiße die *Merkmalmenge*. Sie ist niemals leer, kann den ganzen Merkmalraum umfassen und sich auf zwei einzelne Punkte reduzieren. Immer gibt es mindestens zwei nicht leere Teilmengen von M, denen je unendlich viele Punkte entsprechen und unter diesen mindestens eine, für die W_A von null verschieden ist. – Die Gesamtheit der W_A-Werte für alle Punktmengen A des Merkmalraumes bildet die *Verteilung*; es genügt dabei, nur solche A zu betrachten, die Teilmengen von M sind. Man kann sich die Funktion W_A unter dem Bilde einer (teils stetigen, teils unstetigen) *Verteilung der Masse* 1 über die Punkte von M orstellen.

Wenn die Merkmalmenge M aus nur zwei Punkten a und b besteht, pflegt man W_a als die Wahrscheinlichkeit für das „Eintreffen von a", W_b als die für das

„Nicht-Eintreffen von a“, das Kollektiv selbst als eine *einfache Alternative* zu bezeichnen. Aus der Definition von W_A ergibt sich, daß in diesem Falle $W_a + W_b = 1$ und allgemein:

Satz 3. *Für jede Menge A, die sämtliche Punkte der Merkmalmenge M enthält, ist* $W_A = 1$; *für jedes A, das keinen Punkt mit M gemein hat, ist* $W_A = 0$. Hingegen gilt die Umkehrung nicht, d.h. $W_A = 0$ ist nicht immer gleichbedeutend mit „Unmöglichkeit“, $W_A = 1$ nicht immer mit „Sicherheit“ von A[271]).

Forderung II. Regellosigkeit der Zuordnung. *Seien A und B zwei Punktmengen des Merkmalraumes ohne gemeinsame Punkte und die nach* (1) *gebildeten Grenzwerte* W_A *und* W_B *nicht beide null. Aus der Folge aller Elemente* (*e*) *von K streichen wir zunächst alle jene, die kein zu A oder zu B gehöriges Merkmal aufweisen, und versehen die übrigen mit den Indizes* 1, 2, 3, ... *Aus der so entstandenen unendlichen Folge werde eine unendliche Teilfolge* (*e'*) *dadurch ausgewählt, daß über die Indizes der auszuwählenden Elemente ohne Benützung ihrer Merkmalunterschiede verfügt wird: dann sollen innerhalb der Teilfolge* (*e'*) *die nach* (1) *gebildeten Grenzwerte* W'_A *und* W'_B *existieren und der Bedingung*

$$W'_A : W'_B = W_A : W_B \tag{3}$$

genügen.

Als einfache *Verfahren der Auswahl* zur Bildung von Teilfolgen im Sinne dieser Forderung, d.i. „ohne Benützung der Merkmalunterschiede der auszuwählenden Elemente“, kommen folgende in Betracht:

a) Durch eine *arithmetische Vorschrift* kann eine unendliche Folge natürlicher Zahlen für die Indizes der auszuwählenden Elemente festgelegt werden; z.B. alle Zahlen von 101 an, jede durch 6 teilbare Zahl, alle Zahlen, denen eine Primzahl vorangeht.

b) Durch die Zuordnung der Merkmale innerhalb eines *anderen Kollektivs K'* kann eine unendliche Zahlenfolge bestimmt werden; z.B. alle Zahlen α, für die das Element e'_α von K' ein der gegebenen Punktmenge A' angehöriges Merkmal aufweist.

c) Durch die Zuordnung der Merkmale innerhalb *des betrachteten oder eines zweiten Kollektivs* in Verbindung mit einer *arithmetischen Vorschrift* läßt sich eine Auswahl vornehmen; z.B. alle geraden Zahlen 2α, für die das Element e_α von K selbst ein bestimmtes Merkmal aufweist.

Diese einfachen Auswahl-Verfahren können an einer Elementenfolge auch wiederholt und in verschiedener Kombination angewendet werden; z.B.: Man

[271]) Diese scheinbar nicht unwesentliche Abweichung gegenüber der üblichen Theorie ist tatsächlich ganz unerläßlich (und schon gelegentlich ausgesprochen), wenn man irgendwelche Fälle *stetiger* Verteilungen in Betracht zieht. Zum Beispiel hat in der Gaussschen Fehlertheorie jede Fehlergröße die Wahrscheinlichkeit null, aber jede Fehlergröße ist möglich.

bildet (e') aus (e) durch Streichung jedes zweiten Elementes, behält dann nur die Elemente e'_α, für die das Element E_α eines anderen Kollektivs das Merkmal A besitzt, und gewinnt so (e''), behält wieder nur diejenigen e''_α, für die das Merkmal von E_α nach B fällt usf. Wir bezeichnen jede solche Auswahl, die ohne Benützung der Merkmalunterschiede der auszuwählenden Elemente eine unendliche Teilfolge erzeugt, als eine „zulässige" Auswahl. Die Forderung II besagt dann, daß durch eine „zulässige Auswahl" die Verhältnisse der Grenzwerte W nicht geändert werden.

Eine den Forderungen I und II genügende Zuordnung zwischen den Elementen einer unendlichen Folge (den Zahlen der natürlichen Zählenreihe) und den Punkten des k-dimensionalen Raumes nennen wir eine *zufallsartige*. Wir können daher auch sagen: *Ein Kollektiv ist eine unendliche Folge von Elementen mit zufallsartiger Zuordnung von Merkmalen an die einzelnen Elemente.*

Der wesentlichste Inhalt der Forderung II wird erkennbar, sobald wir den Sonderfall ins Auge fassen, daß die beiden Mengen A und B zur Vereinigungsmenge die *ganze* Merkmalmenge M besitzen. Es folgt dann aus Satz 3 in Verbindung mit (2), daß

$$W_A + W_B = W'_A + W'_B = 1,$$

daher aus (3):

$$W_A = W'_A,\ W_B = W'_B, \tag{4}$$

d.h. die neue Verteilung ist der ursprünglichen gleich. Nun wird hier die Teilfolge (e') der Forderung II unmittelbar durch eine zulässige Auswahl aus der *ursprünglichen* Elementenfolge (e) gebildet. Da aber jede weitere zulässige Auswahl aus (e') auch eine zulässige Auswahl aus (e) ist, so muß man schließen, daß wenn die Zuordnung der Merkmale innerhalb (e) den Forderungen I und II genügt, dies auch für die Zuordnung innerhalb (e') gilt, mit anderen Worten: die durch zulässige Auswahl entstandene Elementenfolge (e') bildet wieder ein Kollektiv mit der gleichen Verteilung wie das ursprüngliche. Wir haben so den

Satz 4. *Wird aus der Elementenfolge* (e) *eines Kollektivs* K *eine unendliche Teilfolge* (e') *durch Auswahl ohne Benutzung der Merkmalunterschiede der auszuwählenden Elemente gebildet und das Merkmal jedes Elementes unverändert gelassen, so entsteht ein neues Kollektiv* K', *dessen Verteilung der des Kollektivs* K *gleich ist.*

So kann man beispielsweise aus einem Kollektiv zwei neue gewinnen, indem man einmal alle Elemente mit geradem, dann die mit ungeradem Index für sich nimmt; nach Satz 4 sind die Wahrscheinlichkeiten innerhalb der neuen Kollektivs gleich denen innerhalb des ursprünglichen. Es leuchtet ein, daß ein solches Verhalten nur möglich ist, wenn die Zuordnung der Merkmale keinem arithmetischen Gesetz folgt, also „regellos" ist (vgl. u. Satz 5). Denkt man an die Anwendung bei Glückspielen, wo es ein seit altersher verfolgtes Problem ist, durch ein „Spielsystem“ seine Gewinnstchancen zu verbessern, so kann man unsere Forderung II auch als das *Axiom von der Unmöglichkeit eines Spielsystems* bezeichnen.

Das in Satz 4 beschriebene Verfahren der „*Auswahl*“ ist nur das einfachste Beispiel für die *Ableitung neuer Kollektivs aus gegebenen.* Wir werden in den §§ 4 und 5 weitere Einzelfälle und den systematischen Aufbau dieser Ableitungen kennen lernen und jedesmal zeigen, wie man die Verteilung des neu gebildeten Kollektivs aus denen der gegebenen berechnen kann. In diesen Berechnungen und der Untersuchung der damit zusammenhängenden Fragen erblicken wir die *ausschließliche* Aufgabe der Wahrscheinlichkeitsrechnung, und erhalten so folgende

Formulierung der Fragestellung. *Aus gegebenen Kollektivs lassen sich in vielfacher Weise, z.B. durch Transformation der Merkmale, durch Kombination der Elemente, verschiedene Auswahl oder Zusammenfassung usf., neue Kollektivs ableiten; es ist die Aufgabe der Wahrscheinlichkeitsrechnung, aus den gegebenen Verteilungen der ursprünglichen Kollektivs die der abgeleiteten zu berechnen.*

Wir fügen noch zur näheren Erläuterung der mit II geforderten „Regellosigkeit der Zuordnung“ folgendes hinzu. Man könnte nach einem *Beispiel* einer der Forderung II genügenden Zuordnung fragen, etwa indem man eine vollständige Angabe verlangt, die gestattet, zu jedem Index α das dem Element e_α zugeordnete Merkmal explizite zu finden. Demgegenüber erklären wir:

Satz 5. *Ein Kollektiv wird durch seine Verteilung vollkommen bestimmt; die vollständige Angabe der Zuordnung im einzelnen ist nicht möglich.*

Denn durch eine endliche Aufzählung kann die Angabe der Zuordnung deshalb nicht erschöpft werden, weil – wie schon oben festgestellt – mindestens zwei Punktmengen A und B ohne gemeinsame Punkte bestehen, denen je unendlich viel Elemente entsprechen. Es bleibt also nur die Möglichkeit der Angabe durch eine Rechnungsvorschrift, etwa $x_\varkappa = f_\varkappa(\alpha)$, $\varkappa = 1, 2, 3, \ldots, k$, wo die $f_\varkappa$ reelle, für alle positiven ganzen α definierte Funktionen bedeuten. Seien nun A und B zwei Punktmengen der genannten Art und überdies $W_B > 0$. Läßt man in den Gleichungen

$$f_\varkappa(\alpha) = a_\varkappa, \quad \varkappa = 1, 2, \ldots, k, \tag{5}$$

die $a_\varkappa$ alle Koordinatenwerte der Punkte von A durchlaufen, so wird durch (5) eine unendliche Folge von Zahlen α bestimmt, die eine Teilfolge (e') der Folge (e) nach dem ersten der drei oben angeführten Auswahlverfahren liefert. Für diese Teilfolge wäre aber $W'_B = 0$, weil in (e') kein Element mit einem nach B fallenden Merkmal vorkommt. Darin liegt wegen $W_B > 0$ ein Widerspruch gegenüber Forderung II bzw. Satz 4. – Analog besteht folgender

Satz 6. *Die Zuordnung der Merkmale innerhalb zweier Kollektivs mit gleicher Verteilung (also auch mit derselben Merkmalmenge) ist an unendlich viel Stellen verschieden.* (Für Kollektivs mit ungleicher Verteilung ist die Aussage trivial.)

Sei im Merkmalraum der beiden gegebenen Kollektivs B eine Punktmenge, für die $W_B > 0$, und A die Komplementärmenge von B. Aus der Elementenfolge (e) des ersten Kollektivs bilden wir nach dem zweiten der angeführten Auswahlverfahren eine Teilfolge (e'), indem wir nur diejenigen Elemente e_α von (e) beibehalten, für die das Element von gleichem Index E_α des zweiten gegebenen Kollektivs einen Punkt von A zum Merkmal hat. Wären die Zuordnungen innerhalb (e) und (E) nur an endlich viel Stellen verschieden, so könnten in (e') höchstens endlich viele Elemente mit einem Punkt von B als Merkmal vorkommen. Dann wäre aber für (e') wieder $W'_B = 0$ im Widerspruch zu Forderung II und Satz 4.

In gleicher Weise beweist man, mit Rücksicht auf die dritte der oben angeführten drei Arten „zulässiger" Auswahl:

Satz 7. *Die innerhalb eines Kollektivs bestehende Zuordnung läßt sich nicht durch eine im einzelnen angebbare Transformation aus der Zuordnung innerhalb eines andern Kollektivs herleiten.*

Durch die Forderungen I und II und die sie erläuternden Sätze 1 bis 7 wird das, was wir im Aufbau der Wahrscheinlichkeitsrechnung unter *Kollektiv* verstehen, und zugleich unser *Wahrscheinlichkeitsbegriff* vollständig bestimmt. Satz 5 besagt, daß man die „Existenz" von Kollektivs nicht durch eine analytische Konstruktion nachweisen kann, so wie man etwa die Existenz stetiger, nirgends differenzierbarer Funktionen nachweist. Wir müssen uns mit der abstrakten *logischen Existenz* begnügen, die allein darin liegt, daß sich mit den definierten Begriffen widerspruchsfrei operieren läßt. Auf die Frage der *Zweckmäßigkeit* der Definitionen kommen wir im folgenden Paragraph zurück.

§ 2. Die Beziehungen zur Erfahrungswelt.

Den im § 1 definierten Begriffen des Kollektivs, der zufallsartigen Zuordnung und der Wahrscheinlichkeit entsprechen in der Erfahrungswelt ganz bestimmte *beobachtbare Erscheinungen*, als deren Abstraktion oder Idealisierung jene Begriffe gelten wollen. Der Zusammenhang zwischen unseren Definitionen und der Wirklichkeit ist derselbe wie der zwischen geometrischen Begriffen wie Körper, Fläche, Linie usf. und den ihnen entsprechenden Gebilden des empirischen Raumes.

Als erstes Beispiel eines „empirischen" Kollektivs betrachten wir den folgenden Fall. Es sei ein Körper, der mehr oder weniger genau die Gestalt eines kleinen Würfels besitzt, an seinen sechs ebenen Seitenflächen mit den Zahlen 1 bis 6 beschrieben. Der Körper wird in einen Becher gelegt und aus diesem auf den Tisch geworfen; sobald er zur Ruhe gelangt, erscheint eine der sechs Zahlen auf der Oberseite. Wir nennen jeden derartigen Wurf ein Element und die dabei sichtbar werdende Zahl das Merkmal dieses Elementes. Der Merkmalraum ist also hier eindimensional und die Merkmalmenge besteht aus den sechs Punkten mit den Koordinaten 1, 2, ..., 6. Zwei Erfahrungstatsachen sind durch unzählige Beobachtungen an längeren Serien von Würfen festgestellt:

Die Erfahrung lehrt erstens, daß, sobald nur die Zahl der Würfe hinreichend groß ist, *die relative Häufigkeit jedes der sechs Merkmale annähernd konstant bleibt.* Man macht die Beobachtung gewöhnlich an einem sog. „richtigen" Würfel, d.h. bei einem, der möglichst genau, nach Gestalt und Massenverteilung, die Würfelsymmetrie besitzt, und bei dem sich daher aus Symmetriegründen jede der sechs Konstanten gleich, also vom Betrage $\frac{1}{6}$, herausstellen muß. Aber auch mit Würfeln, die dieser Bedingung nicht entsprechen, sind Versuche angestellt worden, die unsere Behauptung bestätigen[272]). Wie groß die annähernd konstant bleibenden relativen Häufigkeiten sind, ist für uns hier ganz gleichgültig; es genügt, daß man in dem Verlauf der Häufigkeitszahlen bei wachsender Zahl der Würfe immer ein Verhalten erkennt, das in der Annahme der *Existenz eines Grenzwertes* für eine ins Unendliche ausgedehnte Wurfreihe einen angemessenen Ausdruck findet.

Die zweite Erfahrung, die wir heranziehen, um auch die zweite an ein Kollektiv gestellte Forderung zu begründen, besteht darin, daß die annähernde Konstanz der relativen Häufigkeiten bei genügend großer Beobachtungsreihe *fortbesteht*, und zwar mit unveränderten Werten der Konstanten, sobald *nicht alle Würfe*, sondern z.B. nur jeder dritte, oder alle vom 101. an betrachtet werden, oder jene, die etwa durch einen zweiten Würfel „ausgelost" werden. Aber nicht nur dies, man weiß auch, daß das Häufigkeits*verhältnis* zweier Merkmale bei einer solchen Auswahl unverändert bleibt, wenn man alle Würfe, die andere als diese beiden Merkmale aufweisen, von vornherein aus der Betrachtung ausschließt. Mit anderen Worten heißt das: die Chancen zweier Spieler, die etwa auf die Zahlen 1 und 6 setzen, ändern sich nicht, wenn sie, ohne die Wurfergebnisse vorher zu kennen, aus der Gesamtheit aller Würfe irgendeine – genügend große – Gruppe von Würfen herausgreifen. In einer besondern Form (der Nichtbeachtung der bis zu einem gewissen Zeitpunkt vergangenen Spiele) liegt ja diese Erkenntnis *jeder* praktischen Anwendung des Wahrscheinlichkeitsbegriffes zugrunde. Diesem allgemeinen Erfahrungsergebnis der *Unabhängigkeit der Chancen von einer „zulässigen" Auswahl* aus der Gesamtheit der Spiele haben wir in unserer Forderung II Ausdruck gegeben.

Unsere Definition der Wahrscheinlichkeit hat nichts gemein mit der von LAPLACE herrührenden, heute allgemein verwendeten, die von der Betrachtung sog. gleichmöglicher Fälle ausgeht. Nach LAPLACE ist die Wahrscheinlichkeit

[272]) Z.B. die Versuche von R. WOLF, vgl. E. CZUBER, Wahrscheinlichkeitsrechnung, 1. Bd. 3. Aufl., Leipzig 1914, S. 167.

der Quotient zweier endlicher Zahlen, der „dem Ereignis günstigen Fälle" durch alle „gleichmöglichen" Fälle. Bei einem *richtigen* Würfel bilden die sechs Seiten ebensoviel gleichmögliche Fälle, und die Wahrscheinlichkeit, die Zahl sechs zu werfen, wird daher 1:6, die Wahrscheinlichkeit, eine gerade Zahl zu werfen, gleich 3:6. Der Fall eines *falschen* Würfels ist dieser Definition überhaupt nicht zugänglich, ebensowenig wie irgendeine Aufgabe der Statistik[273]). Im Rahmen unserer Entwicklungen erscheint die Zurückführung auf gleichmögliche Fälle, soweit sie überhaupt durchführbar und sachgemäß ist, als ein ganz spezielles Beispiel einer *Berechnung* von Wahrscheinlichkeiten im Sinne der in § 1 formulierten allgemeinen Aufgabe (vgl. § 4, Satz 17).

Die Feststellung, ob ein Würfel „richtig" ist, bzw. wie groß die Wahrscheinlichkeiten $W_1, W_2, \ldots, W_6$ seiner einzelnen Seitenflächen sind, ist nach unserer Auffassung so wenig eine Aufgabe der Wahrscheinlichkeitsrechnung wie die Messung der Geschwindigkeit eines bewegten Körpers eine Aufgabe der theoretischen Mechanik. Derartige Feststellungen sind Sache des Versuches und können mit größerer oder geringerer, jedenfalls begrenzter, Genauigkeit erfolgen. Eine Aufgabe der Wahrscheinlichkeitsrechnung liegt erst dann vor, wenn *gewisse Wahrscheinlichkeiten gegeben* oder als gegeben vorausgesetzt sind und *andere berechnet* werden sollen. So kann man beispielsweise in unserm Würfelproblem, sobald für die W_1 bis W_6 bestimmte Zahlen (mit der Summe 1) angenommen wurden, nach der Wahrscheinlichkeit dafür fragen, zweimal hintereinander die Zahl 6 zu treffen. Die theoretische Mechanik beantwortet eben auch nicht die Frage, wie sich ein bestimmter Körper zu einer bestimmten Zeit bewegt (obwohl man von der astronomischen Mechanik aus zu diesem Fehlschluß verleitet werden könnte), sondern sie lehrt, aus gegebenen Anfangsgeschwindigkeiten usw. den Zustand zu einer bestimmten Zeit zu berechnen. Ebenso hängt etwa die Wahrscheinlichkeit dafür, daß die von einem festen Punkt in einem Kreis vom Radius a gezogene Sehne länger als $a\sqrt{3}$ ausfällt (BERTRANDsches Problem), von den Annahmen ab, die über die Wahrscheinlichkeit des Sehnenziehens gemacht werden[274]). Hier liegt, wenn verschiedene Resultate auftreten, so wenig ein *Paradoxon* vor, wie in der Geometrie, die für den Flächeninhalt eines rechtwinkligen Grundstückes verschiedene Werte liefert, sobald man die Seitenlängen verschieden annimmt. Diese Unbestimmtheit ist nicht nur einer besondern Klasse von Problemen eigentümlich (wie man oft meint, nur den Fällen *stetiger* Wahrscheinlichkeit), sondern ausnahmslos bei *allen* Aufgaben der Wahrscheinlichkeitsrechnung nachweisbar. Nur die historische Entwicklung der Wahrscheinlichkeitsrechnung aus der Theorie der Glück-

[273]) Vgl. hierzu L. v. BORTKIEWICZ, Der mittlere Fehler des zum Quadrat erhobenen Divergenzkoeffizienten. Jahresber. d. deutsch. Math. Vereinigung, **27** (1918), S. 71–126. S. 109 ff.

[274]) Vgl. z. B. E. CZUBER, loc. cit.[272]), S. 116.

spiele, wo man durch Heranziehung des *Symmetrieprinzipes* die Unbestimmtheit scheinbar beheben kann, hat diesen Sachverhalt verdunkelt[275]).

Bei jeder Anwendung der Wahrscheinlichkeitsrechnung auf ein konkretes Problem ist – wie in jeder naturwissenschaftlichen Theorie – ein zweimaliger Übergang zwischen Theorie und Wirklichkeit zu vollziehen. Man muß erstens die *Ausgangswerte* der Rechnung, in unserm Fall die Verteilungen der gegebenen Kollektivs, feststellen und zweitens aus den Rechnungs*ergebnissen* Schlüsse auf den Verlauf der äußeren Erscheinungen ziehen. Beide Aufgaben liegen außerhalb des eigentlichen Gedankenkreises der Wahrscheinlichkeitsrechnung. Wir können aber je nach der Art des Überganges drei hauptsächliche Anwendungsgebiete unterscheiden, die wir nach ihrem vorwiegenden Inhalt als die *Theorie der Glückspiele*, die *statistischen* und die *physikalischen Problemgruppen* bezeichnen.

Am einfachsten liegen die Verhältnisse bei dem an letzter Stelle genannten, jüngsten Anwendungsgebiet, dem in der *theoretischen Physik*. Hier gehören die Ausgangswerte der Wahrscheinlichkeitsberechnung, z.B. die Annahme der Gleichmöglichkeit jeder Geschwindigkeitsgröße für alle Moleküle eines im ganzen ruhenden Gases, zu den hypothetisch eingeführten Teilen des physikalischen Bildes und die Berechtigung der Einführung wird an den Ergebnissen der Theorie geprüft. Aber nicht die unmittelbaren Resultate der Wahrscheinlichkeitsberechnung erfahren eine Kontrolle durch die Beobachtung – es wird z.B. nicht geprüft, ob wirklich einmal die MAXWELLsche Geschwindigkeitsverteilung eintritt – sondern nur Folgerungen, die erst durch bestimmte Hypothesen mit den ermittelten Verteilungen verknüpft sind. Es grenzt hier gewissermaßen an keiner der beiden Seiten die Wahrscheinlichkeitsuntersuchung *unmittelbar* an die Wirklichkeit: Hypothesen von physikalischer Natur liegen dazwischen. – Gewisse physikalische Erscheinungen, wie die der BROWNschen Bewegung, gehören jedoch nicht hierher, sondern in den Ideenkreis der Statistik, wie übrigens eine immer wachsende Zahl physikalischer Theorien allmählich in den Bereich der eigentlichen statistischen Untersuchungen hinübergreift.

Als *statistische Probleme* der Wahrscheinlichkeitsrechnung in engerem Sinne erfassen wir alle jene Aufgaben zusammen, bei denen die Ausgangswerte der Rechnung durch tatsächliche Abzählung gewonnen (oder mindestens kontrolliert) werden. Ein geläufiges Beispiel für die hier auftretenden Kollektivs ist folgendes: Elemente sind alle Männer eines bestimmten, zeitlich und räumlich

[275]) Bei stetigen (sog. geometrischen) Verteilungen hängt es auch noch von der Wahl des Koordinatensystems ab, was man als „Gleichverteilung" *bezeichnen will*. Man kann z.B., wie G. PÓLYA, Sitzungsb. der Wiener Akademie Abt. IIa, **126**, 1917, S. 319–328 für die Verteilung der Geraden im Raum es tut, die Anwendung dieser Bezeichnung an die Erfüllung gewisser plausibler Forderungen knüpfen: mit der Frage, welche Verteilung in einem konkreten Fall wirklich vorliegt, haben derlei Untersuchungen nichts zu tun.

abgegrenzten Gebietes, die ein gewisses Alter besitzen; das Merkmal eines Elementes ist 0 oder 1, je nachdem der Betreffende das nächste Lebensjahr noch erlebt oder nicht. Die Größe W_1 (nämlich W_A für eine auf den Punkt 1 sich reduzierende Punktmenge A) heißt die „Sterbenswahrscheinlichkeit" für das ins Auge gefaßte Alter. Als abgeleitetes Kollektiv kann etwa dieselbe Elementenfolge mit den Merkmalen 0, 1 für die Alternative: Erleben oder nicht Erleben eines bestimmten höheren Alters, angeführt werden. Natürlich kann W_1 nicht als Grenzwert, sondern nur als Bruch mit endlichem, wenn auch sehr großem, Zähler und Nenner festgestellt werden und ebenso wird das Resultat der Rechnung, das einen Grenzwert liefert, näherungsweise auf eine endliche Gesamtheit angewendet. Sehr deutlich tritt in dem tatsächlichen Verfahren des Versicherungswesens die Rolle unserer zweiten Forderung von § 1 zutage: Denn man ermittelt W_1 durch Beobachtung an einer großen Gruppe erledigter Versicherungsfälle (die Eine Teilfolge von Elementen) und sieht das Ergebnis auch als gültig an für die Gesamtheit der noch unerledigten (andere Teilfolge von Elementen). Daß jedesmal nur mit endlichen Folgen operiert werden kann, bedingt eine Ungenauigkeit, die gleichzustellen ist etwa den Verhältnissen in der praktischen Geometrie, wo man z.B. die Basislinie einer Aufnahme nur mit beschränkter Genauigkeit messen und das errechnete Resultat nur mit einer bestimmten Genauigkeitsgrenze auf die Wirklichkeit übertragen kann. Eine weitere Analogie liegt auch darin, daß die Theorie in beiden Fällen zu Sätzen führt, die über die Zulässigkeit und Genauigkeit der Übertragung Aufschluß geben.

Die meisten Schwierigkeiten hat man in dem ältesten und ursprünglichsten Anwendungsgebiet der Wahrscheinlichkeitsrechnung, in der *Theorie der Glückspiele*, gefunden. Man hat hier gemeint, für die „Gleichmöglichkeit" der sechs Seiten eines Würfels apriorische Erkenntnisquellen heranziehen zu müssen und darnach auch versucht, diese Anschauungsweise auf alle anderen Gebiete der Wahrscheinlichkeitsrechnung auszudehnen. Allein es ist klar, daß die Gleichheit der sechs Wahrscheinlichkeiten W_1 bis W_6 nichts anderes als eine Forderung ist, durch die ein „richtiger" Würfel definiert wird. Ob die Forderung in einem bestimmten Fall erfüllt ist, also von der Richtigkeit eines Würfels, kann man sich nicht anders überzeugen, als indem man eine große Zahl N von Würfen ausführt und die Quotienten $N_A:N$ untersucht. Denn selbst wenn die völlige Homogenität des Materials gesichert erscheint, bliebe es immer ungewiß, welchen Einfluß die kleinsten Abweichungen von der Gestaltssymmetrie, die sich eben der Kleinheit wegen der unmittelbaren Beobachtung entziehen, bei fortgesetzter Steigerung von N auf das Ergebnis der Würfe ausüben. Der einzige Unterschied gegenüber der Problemgruppe der Statistik besteht darin, daß es sich dort um physische Objekte handelt, die von vornherein vollständig gegeben sind, während man die Objekte der Glückspiele künstlich herstellt und dabei so einzurichten sucht, daß die in der Rechnung angenommenen Verteilungen möglichst genau realisiert werden. Haben wir oben die statistische Problemgruppe mit der Geodäsie verglichen, so müssen wir jetzt an die geometrische Untersuchung abstrakt definierter Körper denken; für die Erforschung der Eigenschaften einer Kugel oder eines Ikosaëders ist es eben völlig gleichgültig, ob bzw. mit welcher Annäherung man derartige Gebilde materiell ausführen kann.

Eine besondere Klasse *mathematischer Fragen*, die in neuerer Zeit unter Verwendung der Ausdrucksweise der Wahrscheinlichkeitsrechnung zur Sprache gebracht wurden, müssen wir aus unseren Betrachtungen ausschließen. Es handelt sich da um Elementfolgen, die der Forderung I, aber nicht der Forderung II genügen, also Grenzwerte der relativen Häufigkeiten aufweisen, ohne daß die Zuordnung zwischen Elementen und Merkmalen zufallsartig oder regellos genannt werden kann. Hierher gehört z.B. die sog. Wahrscheinlichkeit für das Auftreten einer Null an der fünften Dezimalstelle der gemeinen Logarithmen aller ganzen Zahlen. Solange man etwa nur die Zahlen 1–10000 betrachtet, bietet die Anordnung der Ziffern an der 5. Stelle tatsächlich das ungefähre Bild eines empirischen Kollektivs und man kann auch die Sätze der Wahrscheinlichkeitsrechnung näherungsweise darauf anwenden. Faßt man aber die ganze unendliche Folge der Logarithmen ins Auge, so tritt eine leicht einzusehende systematische Anordnung asymptotisch ein, die der Forderung II unmittelbar widerspricht. Etwas Ähnliches liegt vor bei den von BOREL u.a. untersuchten Fragen (z.B. über das Auftreten einzelner Ziffern in den unendlichen Dezimalbrüchen der irrationalen Zahlen), wo das Erfülltsein oder Nicht-Erfülltsein der Forderung II ohne Bedeutung ist[276]). Die erste Folge der unbeschränkten Einbeziehung solcher Fälle in den Aufgabenkreis der Wahrscheinlichkeitsrechnung wäre es, daß das Multiplikationsgesetz der Wahrscheinlichkeiten (für das Auftreten von zwei aufeinanderfolgenden Nullen usw.) nicht mehr allgemeine Geltung hätte. Da man seit jeher gewöhnt ist, mit dem Begriff der Wahrscheinlichkeit die Vorstellung der *Zufälligkeit* (und damit der Geltung des Multiplikationssatzes in dem angedeuteten Sinn) zu verbinden, so könnte man hier höchstens von „*uneigentlichen Wahrscheinlichkeiten*" sprechen. Besser wäre es freilich, den schon ohnehin durch mancherlei Vieldeutigkeiten belasteten Gebrauch des Ausdruckes „Wahrscheinlichkeit" nicht noch weiter auszudehnen[277]).

[276]) BOREL, Rendic. d. Circ. Mat. di Palermo **27** (1909), S. 247. Es handelt sich hierbei durchwegs um Aufgaben, die in unserer Ausdrucksweise (§ 4) als „Mischungen" zu bezeichnen sind, d.h. im wesentlichen um die Auswertung eines bestimmten Integrales (Ermittlung des Inhaltes einer Punktmenge). Unsere Forderung II spielt bei derartigen Aufgaben keine Rolle. Speziell die Frage nach der Wahrscheinlichkeit dafür, daß in einem Dezimalbruch alle Ziffern gleich oft auftreten (vgl. auch RADEMACHER, diese Zeitschr. Bd. **2**, S. 306 und Bd. **3**, S. 317 sowie G. FABER, Mathem. Annalen **69** (1910) S. 372–443) läßt sich vollständig im Rahmen unserer Mischungsaufgaben formulieren.

[277]) Bei F. HAUSDORFF, Grundzüge der Mengenlehre, Leipzig 1914, S. 417 erscheint das Wort „Wahrscheinlichkeit" schlechthin als Bezeichnung für den Quotienten des Maßes einer Punktmenge durch das Maß einer Menge, in der sie enthalten ist.

Text 8.4. Andrej Kolmogoroff, Grundbegriffe der Wahrscheinlichkeitsrechnung*)

Erstes Kapitel. Die elementare Wahrscheinlichkeitsrechnung. ...

Die Axiomatisierung der Wahrscheinlichkeitsrechnung kann auf verschiedene Weisen geschehen, und zwar beziehen sich diese verschiedenen Möglichkeiten sowohl auf die Wahl der Axiome als auch auf die der Grundbegriffe und Grundrelationen. Wenn man allerdings das Ziel der möglichen Einfachheit des Axiomensystems und des weiteren Aufbaus der darauf folgenden Theorie im Auge hat, so scheint es am zweckmäßigsten, die Begriffe eines zufälligen Ereignisses und seiner Wahrscheinlichkeit zu axiomatisieren. Es gibt auch andere Begründungssysteme der Wahrscheinlichkeitsrechnung, nämlich solche, bei denen der Wahrscheinlichkeitsbegriff nicht zu den Grundbegriffen zählt, sondern durch andere Begriffe ausgedrückt wird[278]). Dabei wird jedoch ein anderes Ziel angestrebt, nämlich der größtmögliche Anschluß der mathematischen Theorie an die empirische Entstehung des Wahrscheinlichkeitsbegriffes.

§ 1. Axiome[279]).

Es sei E eine Menge von Elementen $\xi, \eta, \zeta, \ldots$, welche man *elementare Ereignisse* nennt, und $\mathfrak{F}$ eine Menge von Teilmengen aus E; die Elemente der Menge $\mathfrak{F}$ werden weiter *zufällige Ereignisse* genannt.

I. $\mathfrak{F}$ *ist ein Mengenkörper*[280]).

II. $\mathfrak{F}$ *enthält die Menge* E.

*) ANDREJ KOLMOGOROFF, Grundbegriffe der Wahrscheinlichkeitsrechnung (= Ergebnisse der Mathematik und ihrer Grenzgebiete, Band 2), Berlin 1933, speziell S. 2f., 5–30. Abdruck mit Genehmigung des Springer-Verlages, Heidelberg.

[278]) Vgl. z.B. MISES, R. v. :Wahrscheinlichkeitsrechnung. Leipzig u. Wien: Fr. Deuticke 1931.

– Grundlagen der Wahrscheinlichkeitsrechnung. Math. Z. Bd. 5 (1919) S. 52–99.

BERNSTEIN, S.: Versuch einer axiomatischen Begründung der Wahrscheinlichkeitsrechnung (russisch). Mitt. math. Ges. Charkow 1917 S. 209–274.

[279]) Ein Leser, der den folgenden Axiomen sofort einen konkreten Sinn geben will, soll sogleich den § 2 lesen.

[280]) Vgl. HAUSDORFF: Mengenlehre 1927 S. 78. Ein Mengensystem heißt ein Körper, wenn Summe, Durchschnitt und Differenz von zwei Mengen des Systems wieder dem

III. *Jeder Menge A aus $\mathfrak{F}$ ist eine nichtnegative reelle Zahl* $\mathsf{P}(A)$ *zugeordnet. Diese Zahl* $\mathsf{P}(A)$ *nennt man die Wahrscheinlichkeit des Ereignisses A.*

IV. $\mathsf{P}(E) = 1$.

V. *Wenn A und B disjunkt sind, so gilt*

$$\mathsf{P}(A + B) = \mathsf{P}(A) + \mathsf{P}(B).$$

Ein Mengensystem $\mathfrak{F}$ mit einer bestimmten Zuordnung der Zahlen $\mathsf{P}(A)$, welche den Axiomen I–V genügt, nennt man ein *Wahrscheinlichkeitsfeld.*

Unser Axiomensystem I–V ist *widerspruchsfrei.* Das zeigt folgendes Beispiel: E besteht aus einem einzigen Elemente ξ, $\mathfrak{F}$ aus E und der Nullmenge 0, wobei $\mathsf{P}(E) = 1$, $\mathsf{P}(0) = 0$ gesetzt ist.

Unser Axiomensystem ist aber *unvollständig*: in verschiedenen Problemen der Wahrscheinlichkeitsrechnung betrachtet man verschiedene Wahrscheinlichkeitsfelder.

Konstruktion von Wahrscheinlichkeitsfeldern. Einfachste Wahrscheinlichkeitsfelder konstruiert man folgendermaßen: Man nimmt eine beliebige endliche Menge $E = \{\xi_1, \xi_2, \ldots, \xi_k\}$ und eine beliebige Menge $\{p_1, p_2, \ldots, p_k\}$ von nichtnegativen Zahlen mit der Summe $p_1 + p_2 + \ldots + p_k = 1$, als $\mathfrak{F}$ nimmt man die Gesamtheit aller Untermengen von E und setzt $\mathsf{P}\{\xi_{i_1}, \xi_{i_2}, \ldots, \xi_{i_\lambda}\} = p_{i_1} + p_{i_2} + \ldots + p_{i_\lambda}$. Man sagt in diesem Falle, daß $p_1, p_2, \ldots, p_k$ die Wahrscheinlichkeiten der elementaren Fälle $\xi_1, \xi_2, \ldots, \xi_k$ oder die elementaren Wahrscheinlichkeiten sind. So erhält man alle möglichen *endlichen* Wahrscheinlichkeitsfelder mit der Gesamtheit aller Untermengen von E als $\mathfrak{F}$ (man nennt dabei ein Wahrscheinlichkeitsfeld endlich, wenn die Menge E endlich ist). Für weitere Beispiele vgl. zweites Kapitel, § 3. …

§ 3. Terminologische Vorbemerkungen.

Wir haben die eigentlichen Objekte unserer weiteren Betrachtungen – die zufälligen Ereignisse – als Mengen definiert. Mehrere mengentheoretische Begriffe bezeichnet man aber in der Wahrscheinlichkeitsrechnung mit anderen Namen. Wir wollen hier ein kurzes Verzeichnis solcher Begriffe geben.

System angehören. Jeder nicht leere Mengenkörper enthält die Nullmenge 0. Wir bezeichnen mit Hausdorff den Durchschnitt von A und B mit AB, die Vereinigungsmenge von A und B im Falle $AB = 0$ mit $A + B$, allgemein aber mit $A \dotplus B$, und die Differenz von A und B mit $A - B$. Das Komplement $E - A$ der Menge A wird durch $\bar{A}$ bezeichnet. Die elementaren Rechengesetze für Mengen und ihre Durchschnitte, Summen und Differenzen werden weiter als bekannt vorausgesetzt. Mengen aus $\mathfrak{F}$ werden weiter mit großen lateinischen Buchstaben bezeichnet.

Mengentheoretisch.	*Im Falle der zufälligen Ereignisse.*
1. A und B sind disjunkt, d.h. $AB = 0$.	1. Die Ereignisse A und B sind unvereinbar.
2. $AB \ldots N = 0$.	2. Die Ereignisse $A, B, \ldots, N$ sind unvereinbar.
3. $AB \ldots N = X$.	3. Das Ereignis X besteht in der gleichzeitigen Realisation aller Ereignisse $A, B, \ldots, N$.
4. $A \dotplus B \dotplus \ldots \dotplus N = X$.	4. Das Ereignis X besteht in der Erscheinung mindestens eines unter den Ereignissen $A, B, \ldots, N$.
5. Die Komplementärmenge $\bar{A}$.	5. Das entgegengesetzte Ereignis $\bar{A}$ besteht in der Nichterscheinung des Ereignisses A.
6. $A = 0$.	6. A ist unmöglich.
7. $A = E$.	7. A muß notwendig vorkommen.
8. Ein System $\mathfrak{A}$ der Mengen $A_1, A_2, \ldots, A_n$ bildet eine *Zerlegung* der Menge E, wenn $A_1 + A_2 + \ldots + A_n = E$ ist (das setzt bereits voraus, daß die Mengen A_i paarweise disjunkt sind).	8. Ein *Versuch* $\mathfrak{A}$ besteht darin, daß man feststellt, welches unter den Ereignissen $A_1, A_2, \ldots, A_n$ vorkommt. $A_1, A_2, \ldots, A_n$ sind die möglichen Ausgänge des Versuches $\mathfrak{A}$.
9. B ist eine Untermenge von A: $B \subset A$.	9. Aus der Realisation des Ereignisses B folgt notwendig dieselbe von A.

§ 4. Unmittelbare Folgerungen aus den Axiomen, bedingte Wahrscheinlichkeiten, der Satz von BAYES.

Aus $A + \bar{A} = E$ und den Axiomen IV und V folgt

$$\mathsf{P}(A) + \mathsf{P}(\bar{A}) = 1, \tag{1}$$

$$\mathsf{P}(\bar{A}) = 1 - \mathsf{P}(A). \tag{2}$$

Da $\bar{E} = 0$ ist, erhält man insbesondere

$$\mathsf{P}(0) = 0. \tag{3}$$

Wenn $A, B, \ldots, N$ unvereinbar sind, so folgt aus dem Axiom IV die Formel

$$\mathsf{P}(A + B + \ldots + N) = \mathsf{P}(A) + \mathsf{P}(B) + \ldots + \mathsf{P}(N) \tag{4}$$

(*der Additionssatz*).

Wenn $\mathsf{P}(A) > 0$ ist, so nennt man den Quotienten

$$\mathsf{P}_A(B) = \frac{\mathsf{P}(AB)}{\mathsf{P}(A)} \tag{5}$$

die *bedingte Wahrscheinlichkeit* des Ereignisses B unter der Bedingung A. Aus (5) folgt unmittelbar

$$\mathsf{P}(AB) = \mathsf{P}(A)\,\mathsf{P}_A(B). \tag{6}$$

Ein Induktionsschluß ergibt sodann die allgemeine Formel

$$\mathsf{P}(A_1A_2\ldots A_n) = \mathsf{P}(A_1)\,\mathsf{P}_{A_1}(A_2)\,\mathsf{P}_{A_1A_2}(A_3)\ldots\mathsf{P}_{A_1A_2\ldots A_{n-1}}(A_n) \tag{7}$$

(*der Multiplikationssatz*).

Man beweist auch leicht folgende Formeln:

$$\mathsf{P}_A(B) \geqq 0, \tag{8}$$

$$\mathsf{P}_A(E) = 1, \tag{9}$$

$$\mathsf{P}_A(B + C) = \mathsf{P}_A(B) + \mathsf{P}_A(C). \tag{10}$$

Vergleicht man diese Formeln (8) bis (10) mit den Axiomen III bis V, so ergibt sich, daß *das Mengensystem* $\mathfrak{F}$ *mit der Mengenfunktion* $\mathsf{P}_A(B)$ (bei einer festen Menge A) *ein Wahrscheinlichkeitsfeld bildet*. Folglich *gelten alle für die Wahrscheinlichkeiten* $\mathsf{P}(B)$ *bewiesenen allgemeinen Sätze auch für die bedingten Wahrscheinlichkeiten* $\mathsf{P}_A(B)$ (mit einem festen Ereignisse A). Man bemerkt noch leicht, daß

$$\mathsf{P}_A(A) = 1 \tag{11}$$

ist.

Aus (6) und der symmetrischen Formel

$$\mathsf{P}(AB) = \mathsf{P}(B)\,\mathsf{P}_B(A)$$

ergibt sich die wichtige Formel

$$\mathsf{P}_B(A) = \frac{\mathsf{P}(A)\mathsf{P}_A(B)}{\mathsf{P}(B)}, \tag{12}$$

welche eigentlich den Satz von Bayes enthält.

Satz über die vollständige Wahrscheinlichkeit. *Es sei* $A_1 + A_2 + \ldots + A_n = E$ (das setzt voraus, daß die Ereignisse $A_1, A_2, \ldots, A_n$ unvereinbar sind) *und* X *beliebig. Dann ist*

$$\mathsf{P}(X) = \mathsf{P}(A_1)\,\mathsf{P}_{A_1}(X) + \mathsf{P}(A_2)\,\mathsf{P}_{A_2}(X) + \cdots + \mathsf{P}(A_n)\,\mathsf{P}_{A_n}(X). \tag{13}$$

Beweis.

$$X = A_1X + A_2X + \cdots + A_nX,$$

nach (4) hat man somit

$$\mathsf{P}(X) = \mathsf{P}(A_1X) + \mathsf{P}(A_2X) + \cdots + \mathsf{P}(A_nX),$$

nach (6) gilt aber dabei

$$\mathsf{P}(A_i X) = \mathsf{P}(A_i)\,\mathsf{P}_{A_i}(X).$$

Satz von BAYES. *Es sei $A_1 + A_2 + \cdots + A_n = E$ und X beliebig, dann gilt*

$$\left.\begin{aligned} \mathsf{P}_X(A_i) &= \frac{\mathsf{P}(A_i)\,\mathsf{P}_{A_i}(X)}{\mathsf{P}(A_1)\,\mathsf{P}_{A_1}(X) + \mathsf{P}(A_2)\,\mathsf{P}_{A_2}(X) + \cdots + \mathsf{P}(A_n)\,\mathsf{P}_{A_n}(X)}, \\ & \qquad i = 1, 2, 3, \ldots, k. \end{aligned}\right\} \tag{14}$$

Man nennt dabei öfters $A_1, A_2, \ldots, A_n$ „Hypothesen" und sagt, daß die Formel (14) die Wahrscheinlichkeit $\mathsf{P}_X(A_i)$ der Hypothese A_i nach dem Auftreten des Ereignisses X angibt. [$\mathsf{P}(A_i)$ wird dabei als die Wahrscheinlichkeit a priori von A_i bezeichnet.]

Beweis. Nach der Formel (12) hat man

$$\mathsf{P}_X(A_i) = \frac{\mathsf{P}(A_i)\,\mathsf{P}_{A_i}(X)}{\mathsf{P}(X)}.$$

Um die Formel (14) zu gewinnen, bleibt nur die Wahrscheinlichkeit $\mathsf{P}(X)$ durch ihren Ausdruck (13) nach dem Satze über die vollständige Wahrscheinlichkeit zu ersetzen.

§ 5. Unabhängigkeit.

Der Begriff der gegenseitigen *Unabhängigkeit* zweier oder mehrerer Versuche nimmt eine in gewissem Sinne zentrale Stellung in der Wahrscheinlichkeitsrechnung ein. In der Tat haben wir schon gesehen, daß die Wahrscheinlichkeitsrechnung vom mathematischen Standpunkte aus als eine spezielle Anwendung der allgemeinen Theorie der additiven Mengenfunktionen betrachtet werden kann. Man kann sich natürlich fragen, wie ist es dann möglich, daß die Wahrscheinlichkeitsrechnung sich in eine große, ihre eigenen Methoden besitzende selbständige Wissenschaft entwickelt hat?

Diese Frage zu beantworten, heißt die Spezialisierung anzugeben, die die allgemeinen Fragestellungen über additive Mengenfunktionen in der Wahrscheinlichkeitsrechnung erfahren.

Der Umstand, daß unsere additive Mengenfunktion $\mathsf{P}(A)$ nicht negativ ist und der Bedingung $\mathsf{P}(E) = 1$ genügt, bedingt natürlich noch keine tiefliegenden eigentümlichen Probleme. Zufällige Größen (vgl. drittes Kap.) sind vom mathematischen Standpunkte aus nichts anderes als in bezug auf $\mathsf{P}(A)$ meßbare Funktionen, während ihre mathematischen Erwartungen abstrakte LEBESGUEsche Integrale sind. (Diese Analogie wurde zum erstenmal in den Arbeiten von

M. Fréchet völlig erklärt[281].) Die Einführung der genannten Begriffe könnte also auch noch keine Basis für die Entwicklung einer großen originellen Theorie liefern.

Geschichtlich ist die Unabhängigkeit von Versuchen und zufälligen Größen derjenige mathematische Begriff, welcher der Wahrscheinlichkeitsrechnung ihr eigenartiges Gepräge gibt. Die klassischen Arbeiten von Laplace, Poisson, Tchebycheff, Markoff, Liapounoff, v. Mises und Bernstein sind in der Tat im wesentlichen der Untersuchung von Reihen unabhängiger Größen gewidmet. Wenn man in den neueren Untersuchungen (Markoff, Bernstein usw.) öfters die Forderung der vollständigen Unabhängigkeit ablehnt, so sieht man sich immer gezwungen, um hinreichend inhaltsreiche Resultate zu erhalten, abgeschwächte analoge Forderungen einzuführen. (Vgl. in diesem Kap. § 6 – Markoffsche Ketten.)

Man kommt also dazu, im Begriffe der Unabhängigkeit wenigstens den ersten Keim der eigenartigen Problematik der Wahrscheinlichkeitsrechnung zu erblicken – ein Umstand, welcher in diesem Buche nur wenig hervortreten wird, da wir hier hauptsächlich nur mit den logischen Vorbereitungen zu den eigentlichen wahrscheinlichkeitstheoretischen Untersuchungen zu tun haben werden.

Es ist dementsprechend eine der wichtigsten Aufgaben der Philosophie der Naturwissenschaften, nachdem sie die vielumstrittene Frage über das Wesen des Wahrscheinlichkeitsbegriffes selbst erklärt hat, die Voraussetzungen zu präzisieren, bei denen man irgendwelche gegebene reelle Erscheinungen für gegenseitig unabhängig halten kann. Diese Frage fällt allerdings aus dem Rahmen unseres Buches.

Es seien n Versuche $\mathfrak{A}^{(1)}, \mathfrak{A}^{(2)}, \ldots, \mathfrak{A}^{(n)}$, d.h. n Zerlegungen

$$E = A_1^{(i)} + A_2^{(i)} + \cdots + A_{r_i}^{(i)} \qquad i = 1, 2, \ldots, n$$

der Grundmenge E gegeben. Im allgemeinen kann man $r = r_1 r_2 \ldots r_n$ Wahrscheinlichkeiten

$$p_{q_1 q_2 \ldots q_n} = \mathsf{P}(A_{q_1}^{(1)} A_{q_2}^{(2)} \ldots A_{q_n}^{(n)}) \geqq 0$$

beliebig unter der einzigen Bedingung

$$\sum_{q_1, q_2, \ldots, q_n} p_{q_1 q_2 \ldots q_n} = 1 \tag{1}$$

wählen[282]).

[281]) Vgl. Fréchet, M.: Sur la convergence en probabilité. Metron. **8** (1930) S. 1–48. – Recherches théoriques modernes, fasc. 3 du tome I du Traité des probabilités par E. Borel et divers auteurs. Paris: Gauthier-Villars (in Vorbereitung). (S): erschienen 1938.

[282]) Man konstruiert ein Wahrscheinlichkeitsfeld mit beliebigen, nur den erwähnten Bedingungen unterworfenen Wahrscheinlichkeiten $p_{q_1 q_2 \ldots q_n}$ folgendermaßen: die Menge E bestehe aus r Elementen $\xi_{q_1 q_2 \ldots q_n}$, die entsprechenden elementaren Wahrscheinlichkeiten seien $p_{q_1 q_2 \ldots q_n}$, endlich sei $A_q^{(i)}$ die Menge aller $\xi_{q_1 q_2 \ldots q_n}$ mit $q_i = q$.

Definition I. Man nennt n Versuche $\mathfrak{A}^{(1)}, \mathfrak{A}^{(2)}, \ldots, \mathfrak{A}^{(n)}$ gegenseitig unabhängig, wenn bei beliebigen $q_1, q_2, \ldots, q_n$ die Gleichung

$$\mathsf{P}(A_{q_1}^{(1)} A_{q_2}^{(2)} \ldots A_{q_n}^{(n)}) = \mathsf{P}(A_{q_1}^{(1)})\, \mathsf{P}(A_{q_2}^{(2)}) \ldots \mathsf{P}(A_{q_n}^{(n)}) \tag{2}$$

gilt.

Man hat unter den r Gleichungen (2) nur $r - r_1 - r_2 - \cdots - r_n + n - 1$ unabhängige[283]).

Satz I. *Wenn n Versuche $\mathfrak{A}^{(1)}, \mathfrak{A}^{(2)}, \ldots, \mathfrak{A}^{(n)}$ gegenseitig unabhängig sind, so sind auch irgendwelche $m\,(m < n)$ Versuche $\mathfrak{A}^{(i_1)}, \mathfrak{A}^{(i_2)}, \ldots, \mathfrak{A}^{(i_m)}$ unter ihnen unabhängig*[284]).

Es gelten folglich im Falle der Unabhängigkeit die Gleichungen

$$\mathsf{P}(A_{q_1}^{(i_1)} A_{q_2}^{(i_2)} \ldots A_{q_m}^{(i_m)}) = \mathsf{P}(A_{q_1}^{(i_1)})\, \mathsf{P}(A_{q_2}^{(i_2)}) \ldots \mathsf{P}(A_{q_m}^{(i_m)}) \tag{3}$$

(i_k sollen dabei alle verschieden sein).

Definition II. n Ereignisse $A_1, A_2, \ldots, A_n$ sind gegenseitig unabhängig, wenn die Zerlegungen (Versuche)

$$E = A_k + \bar{A}_k \qquad k = 1, 2, \ldots, n$$

unabhängig sind.

In diesem Falle ist $r_1 = r_2 = \cdots = r_n = 2$, $r = 2^n$; es gibt folglich unter den 2^n Gleichungen (2) nur $2^n - n - 1$ unabhängige. Die folgenden $2^n - n - 1$ Gleichungen sind auch für die Unabhängigkeit der Ereignisse $A_1, A_2, \ldots, A_n$ notwendig und hinreichend[285]):

$$\mathsf{P}(A_{i_1} A_{i_2} \ldots A_{i_m}) = \mathsf{P}(A_{i_1})\, \mathsf{P}(A_{i_2}) \ldots \mathsf{P}(A_{i_m}), \tag{4}$$
$$m = 1, 2, \ldots, n,$$
$$1 \leqq i_1 < i_2 < \cdots < i_m \leqq n.$$

283) In der Tat kann man im Unabhängigkeitsfalle nur $r_1 + r_2 + \cdots + r_n$ Wahrscheinlichkeiten $p_q^{(i)} = \mathsf{P}(A_q^{(i)})$ beliebig wählen, und zwar unter der Geltung von n Bedingungen

$$\sum_q p_q^{(i)} = 1\,.$$

Man hat also im allgemeinen Falle $r - 1$ Freiheitsgrade und im Falle der Unabhängigkeit nur $r_1 + r_2 + \cdots + r_n - n$.

284) Zum Beweise genügt es, zu zeigen, daß aus der gegenseitigen Unabhängigkeit von n Zerlegungen die gegenseitige Unabhängigkeit von $n - 1$ ersten unter ihnen folgt. Es sei also angenommen, daß die Gleichungen (2) erfüllt sind. Dann ist

$$\mathsf{P}(A_{q_1}^{(1)} A_{q_2}^{(2)} \ldots A_{q_{n-1}}^{(n-1)}) = \sum_{q_n} \mathsf{P}(A_{q_1}^{(1)} A_{q_2}^{(2)} \ldots A_{q_n}^{(n)})$$
$$= \mathsf{P}(A_{q_1}^{(1)})\, \mathsf{P}(A_{q_2}^{(2)}) \ldots \mathsf{P}(A_{q_{n-1}}^{(n-1)}) \sum_{q_n} \mathsf{P}(A_{q_n}^{(n)}) = \mathsf{P}(A_{q_1}^{(1)})\, \mathsf{P}(A_{q_2}^{(2)}) \ldots \mathsf{P}(A_{q_{n-1}}^{(n-1)}),$$

w. z. b. w.

285) Vgl. BERNSTEIN, S.: Wahrscheinlichkeitsrechnung (russisch). Moskau 1927, S. 47–57. Der Leser kann das übrigens selbst mühelos nachprüfen (Induktionsschluß).

Diese Gleichungen sind alle gegenseitig unabhängig. Im Falle $n = 2$ erhält man nach (4) nur eine ($2^2 - 2 - 1 = 1$) Bedingung für die Unabhängigkeit von zwei Ereignissen A_1 und A_2:

$$\mathsf{P}(A_1 A_2) = \mathsf{P}(A_1)\,\mathsf{P}(A_2). \tag{5}$$

Das System der Gleichungen (2) besteht in diesem Falle außer (5) noch aus drei Gleichungen:

$$\mathsf{P}(A_1 \bar{A}_2) = \mathsf{P}(A_1)\,\mathsf{P}(\bar{A}_2),$$

$$\mathsf{P}(\bar{A}_1 A_2) = \mathsf{P}(\bar{A}_1)\,\mathsf{P}(A_2),$$

$$\mathsf{P}(\bar{A}_1 \bar{A}_2) = \mathsf{P}(\bar{A}_1)\,\mathsf{P}(\bar{A}_2),$$

welche in ersichtlicher Weise aus (5) folgen[286]).

Man braucht dabei kaum zu bemerken, daß aus der *paarweisen* Unabhängigkeit der Ereignisse $A_1, A_2, \ldots, A_n$, d.h. aus der Relation

$$\mathsf{P}(A_i A_j) = \mathsf{P}(A_i)\,\mathsf{P}(A_j) \qquad i \neq j$$

im Falle $k > 2$ noch keineswegs die Unabhängigkeit dieser Ereignisse folgt[287]) [dafür ist das Bestehen aller Gleichungen (4) notwendig].

Wir haben bei der Einführung des Unabhängigkeitsbegriffes die bedingten Wahrscheinlichkeiten nicht gebraucht. Unser Ziel war dabei, das Wesen dieses Begriffes rein mathematisch möglichst klar darzustellen. Seine Anwendungen beruhen aber meistens auf Eigenschaften gewisser bedingter Wahrscheinlichkeiten. Nehmen wir an, daß alle Wahrscheinlichkeiten $\mathsf{P}(A_q^{(i)})$ positiv sind, so folgt aus den Gleichungen (3), daß

$$\mathsf{P}_{A_{q_1}^{(i_1)} A_{q_2}^{(i_2)} \ldots A_{q_{m-1}}^{(i_{m-1})}}(A_{q_m}^{(i_m)}) = \mathsf{P}(A_{q_m}^{(i_m)}) \tag{6}$$

ist[288]). Aus dem Bestehen der Formeln (6) folgen umgekehrt nach dem Multiplikationssatz [Formel (7) aus § 4] die Formeln (2). Wir haben also den

[286]) $\mathsf{P}(A_1 \bar{A}_2) = \mathsf{P}(A_1) - \mathsf{P}(A_1 A_2) = \mathsf{P}(A_1) - \mathsf{P}(A_1)\,\mathsf{P}(A_2) = \mathsf{P}(A_1)\{1 - \mathsf{P}(A_2)\} = \mathsf{P}(A_1)\,\mathsf{P}(\bar{A}_2)$ usw.

[287]) Das zeigt auch das folgende einfache Beispiel (S. Bernstein): Die Menge E besteht aus vier Elementen $\xi_1, \xi_2, \xi_3, \xi_4$, die entsprechenden elementaren Wahrscheinlichkeiten p_1, p_2, p_3, p_4 werden alle gleich $\frac{1}{4}$ gesetzt und $A = \{\xi_1, \xi_2\}$, $B = \{\xi_1, \xi_3\}$, $C = \{\xi_1, \xi_4\}$. Man berechnet leicht, daß dann $\mathsf{P}(A) = \mathsf{P}(B) = \mathsf{P}(C) = \frac{1}{2}$, $\mathsf{P}(AB) = \mathsf{P}(BC) = \mathsf{P}(AC) = \frac{1}{4} = \left(\frac{1}{2}\right)^2$, $\mathsf{P}(ABC) = \frac{1}{4} \neq \left(\frac{1}{2}\right)^3$ ist.

[288]) Zum Beweise erinnere man sich an die Definition der bedingten Wahrscheinlichkeit [Formel (5) aus § 4] und ersetze die Wahrscheinlichkeiten der Durchschnitte durch Produkte der Wahrscheinlichkeiten nach der Formel (3).

Satz II. *Im Falle positiver Wahrscheinlichkeiten* $\mathsf{P}(A_q^{(i)})$ *ist folgende Bedingung für die Unabhängigkeit der Versuche* $\mathfrak{A}^{(1)}, \mathfrak{A}^{(2)}, \ldots, \mathfrak{A}^{(n)}$ *notwendig und hinreichend: Die bedingte Wahrscheinlichkeit eines Ausganges* $A_q^{(i)}$ *des Versuches* $\mathfrak{A}^{(i)}$ *unter der Hypothese, daß einige andere Versuche* $\mathfrak{A}^{(i_1)}, \mathfrak{A}^{(i_2)}, \ldots, \mathfrak{A}^{(i_k)}$ *bestimmte Ausgänge* $A_{q_1}^{(i_1)}, A_{q_2}^{(i_2)}, A_{q_3}^{(i_3)}, \ldots, A_{q_k}^{(i_k)}$ *hatten, ist der absoluten Wahrscheinlichkeit* $\mathsf{P}(A_q^{(i)})$ *gleich.*

Auf Grund der Formeln (4) beweist man ganz analog auch den folgenden Satz:

Satz III. *Wenn alle Wahrscheinlichkeiten* $\mathsf{P}(A_k)$ *positiv sind, so ist das Bestehen der Gleichungen*

$$\mathsf{P}_{A_{i_1}A_{i_2}\ldots A_{i_k}}(A_i) = \mathsf{P}(A_i) \tag{7}$$

bei beliebigen paarweise verschiedenen $i_1, i_2, \ldots, i_k, i$ *für die gegenseitige Unabhängigkeit der Ereignisse* $A_1, A_2, \ldots, A_n$ *notwendig und hinreichend.*

Im Falle $n = 2$ *reduzieren sich die Bedingungen* (7) *auf zwei Gleichungen*

$$\left.\begin{aligned} \mathsf{P}_{A_1}(A_2) &= \mathsf{P}(A_2), \\ \mathsf{P}_{A_2}(A_1) &= \mathsf{P}(A_1). \end{aligned}\right\} \tag{8}$$

Man ersieht sogleich, daß schon die Gleichung (8) allein eine notwendige und hinreichende Bedingung für die Unabhängigkeit von A_1 und A_2 darstellt, wenn nur $\mathsf{P}(A_1) > 0$ ist.

§ 6. Bedingte Wahrscheinlichkeiten als zufällige Größen, MARKOFFsche Ketten.

Es sei $\mathfrak{A}$ eine Zerlegung der Grundmenge E:

$$E = A_1 + A_2 + \cdots + A_r$$

und x eine reelle Funktion des Elementarereignisses ξ, welche auf jeder Menge A_q einer entsprechenden Konstante a_q gleich ist. Man sagt in diesem Falle, daß x eine *zufällige Größe* ist, und nennt die Summe

$$E(x) = \sum_q a_q \mathsf{P}(A_q)$$

die *mathematische Erwartung* der Größe x. Die Theorie der zufälligen Größen und ihrer Erwartungen wird in dem dritten und vierten Kapitel entwickelt, und zwar ohne Beschränkung auf zufällige Größen, welche nur endlich viele verschiedene Werte annehmen können.

Die zufällige Größe, welche auf jeder Menge A_{q_i} den Wert $\mathsf{P}_{A_{q_i}}(B)$ hat, nennen wir *die bedingte Wahrscheinlichkeit von B nach dem Versuch* $\mathfrak{A}$ und bezeichnen sie mit $\mathsf{P}_{\mathfrak{A}}(B)$. Zwei Versuche $\mathfrak{A}^{(1)}$ und $\mathfrak{A}^{(2)}$ sind also dann und nur dann unabhängig, wenn

$$\mathsf{P}_{\mathfrak{A}^{(1)}}(A_q^{(2)}) = \mathsf{P}(A_q^{(2)}) \qquad q = 1, 2, \ldots, r_2$$

ist.

Sind irgendwelche Zerlegungen (Versuche) $\mathfrak{A}^{(1)}, \mathfrak{A}^{(2)}, \ldots, \mathfrak{A}^{(n)}$ gegeben, so bezeichnen wir mit

$$\mathfrak{A}^{(1)}\mathfrak{A}^{(2)} \ldots \mathfrak{A}^{(n)}$$

die Zerlegung der Menge E in die Produkte $\mathfrak{A}_{q_1}^{(1)}\mathfrak{A}_{q_2}^{(2)} \ldots \mathfrak{A}_{q_n}^{(n)}$. Die Versuche $\mathfrak{A}^{(1)}, \mathfrak{A}^{(2)}, \ldots, \mathfrak{A}^{(n)}$ sind dann und nur dann gegenseitig unabhängig, wenn

$$\mathsf{P}_{\mathfrak{A}^{(1)}\mathfrak{A}^{(2)}\ldots\mathfrak{A}^{(k-1)}}(A_q^{(k)}) = \mathsf{P}(A_q^{(k)})$$

bei jeder Wahl von k und q ist[289]).

Definition. Eine Folge

$$\mathfrak{A}^{(1)}, \mathfrak{A}^{(2)}, \ldots, \mathfrak{A}^{(n)}, \ldots$$

von Versuchen bildet eine MARKOFFsche Kette, wenn bei jedem n und q

$$\mathsf{P}_{\mathfrak{A}^{(1)}\mathfrak{A}^{(2)}\ldots\mathfrak{A}^{(n-1)}}(A_q^{(n)}) = \mathsf{P}_{\mathfrak{A}^{(n-1)}}(A_q^{(n)})$$

ist.

Die MARKOFFschen Ketten bilden also eine natürliche Verallgemeinerung der Folgen von gegenseitig unabhängigen Versuchen. Bezeichnet man

$$p_{q_m q_n}(m, n) = \mathsf{P}_{\mathfrak{A}_{q_m}^{(m)}}(A_{q_n}^{(n)}), \qquad m < n$$

so lautet die Grundformel der Theorie von MARKOFFschen Ketten

$$p_{q_k q_n}(k, n) = \sum_{q_m} p_{q_k q_m}(k, m)\, p_{q_m q_n}(m, n). \qquad k < m < n \tag{1}$$

Bezeichnet man die Matrix $\|p_{q_m q_n}(m, n)\|$ mit $p(m, n)$, so läßt sich (1) in der folgenden Form darstellen:

$$p(k, n) = p(k, m)\, p(m, n). \qquad k < m < n)^{290}. \tag{2}$$

Zweites Kapitel.
Unendliche Wahrscheinlichkeitsfelder.

§ 1. Das Stetigkeitsaxiom.

Wir bezeichnen wie üblich mit $\mathfrak{D}_m A_m$ den Durchschnitt der Mengen A_m (in einer endlichen oder unendlichen Anzahl) und mit $\mathfrak{S}_m A_m$ ihre Vereinigungsmenge.

[289]) Die Notwendigkeit dieser Bedingungen folgt aus dem Satz II, § 5, daß sie auch hinreichend sind, schließt man unmittelbar aus dem Multiplikationssatz [Formel (7) des § 4].

[290]) Über die weitere Entwicklung der Theorie der MARKOFFschen Ketten vgl. R. v. MISES: Wahrscheinlichkeitsrechnung 1931 § 16 und B. HOSTINSKY: Méthodes générales du calcul des probabilités. Mém. Sci. math. Bd. **52**. Paris 1931.

Nur im Falle disjunkter Mengen A_m schreibt man $\sum_m A_m$ statt $\mathfrak{S}_m A_m$. Es ist also

$$\mathfrak{S}_m A_m = A_1 \dotplus A_2 \dotplus \cdots,$$

$$\sum_m A_m = A_1 + A_2 + \cdots,$$

$$\mathfrak{D}_m A_m = A_1 A_2 \cdots.$$

Bei allen weiteren Betrachtungen setzen wir voraus, daß außer I–V noch das folgende Axiom erfüllt ist:

VI. *Für eine abnehmende Folge*

$$A_1 \supset A_2 \supset \cdots \supset A_n \supset \cdots \tag{1}$$

von Ereignissen aus $\mathfrak{F}$ *mit*

$$\mathfrak{D}_n A_n = 0 \tag{2}$$

gilt die Gleichung

$$\lim \mathsf{P}(A_n) = 0. \quad n \to \infty \tag{3}$$

In der ganzen weiteren Darstellung nennen wir *Wahrscheinlichkeitsfeld* nur ein Wahrscheinlichkeitsfeld im Sinne des ersten Kapitels, welches außerdem dem Axiom VI genügt. Wahrscheinlichkeitsfelder im Sinne des ersten Kapitels könnte man *Wahrscheinlichkeitsfelder im erweiterten Sinne* nennen.

Wenn das Mengensystem $\mathfrak{F}$ endlich ist, folgt VI aus den Axiomen I–V. In der Tat gibt es in diesem Falle nur endlich viele verschiedene Mengen in der Folge (1); es sei A_k die kleinste unter ihnen, dann fallen alle Mengen A_{k+p} mit A_k zusammen, und es gilt folglich

$$A_k = A_{k+p} = \mathfrak{D}_n A_n = 0,$$

$$\lim \mathsf{P}(A_n) = \mathsf{P}(0) = 0.$$

Alle Beispiele von *endlichen* Wahrscheinlichkeitsfeldern aus dem ersten Kapitel genügen folglich auch dem Axiom VI. Das Axiomensystem I–VI ist somit *widerspruchsfrei* und *unvollständig*.

Für die unendlichen Wahrscheinlichkeitsfelder ist dagegen das Stetigkeitsaxiom VI von den Axiomen I–V unabhängig. Da das neue Axiom nur für die unendlichen Wahrscheinlichkeitsfelder wesentlich ist, wäre es kaum möglich, seine empirische Bedeutung zu erklären, etwa so, wie es für die Axiome I–V im § 2 des ersten Kapitels skizziert wurde. Bei einer Beschreibung irgendwelcher wirklich beobachtbarer zufälliger Prozesse kann man nur endliche Wahrscheinlichkeitsfelder erhalten. Unendliche Wahrscheinlichkeitsfelder erscheinen nur als idealisierte Schemata reeller zufälliger Prozesse. *Wir beschränken uns dabei willkürlich auf solche Schemata, welche dem Stetigkeitsaxiom* VI *genügen.* Diese Beschränkung erwies sich bis jetzt bei den verschiedensten Untersuchungen als zweckmäßig.

Der erweiterte Additionssatz. *Wenn $A_1, A_2, \ldots, A_n, \ldots$ und A zu $\mathfrak{F}$ gehören, so folgt aus*

$$A = \sum_n A_n \tag{4}$$

die Gleichung

$$\mathsf{P}(A) = \sum_n \mathsf{P}(A_n). \tag{5}$$

Beweis. Es sei

$$R_n = \sum_{m>n} A_m$$

gesetzt. Dann gilt offenbar

$$\mathfrak{D}_n (R_n) = 0,$$

und folglich nach dem Axiom VI

$$\lim \mathsf{P}(R_n) = 0. \quad n \to \infty \tag{6}$$

Nach dem Additionssatz ist andererseits

$$\mathsf{P}(A) = \mathsf{P}(A_1) + \mathsf{P}(A_2) + \cdots + \mathsf{P}(A_n) + \mathsf{P}(R_n). \tag{7}$$

Aus (6) und (7) folgt unmittelbar (5).

Wir haben also bewiesen, daß *die Wahrscheinlichkeit* $\mathsf{P}(A)$ *eine auf* $\mathfrak{F}$ *vollständig additive Mengenfunktion ist.* Umgekehrt gelten für jede auf einem Mengenkörper $\mathfrak{F}$ definierte vollständig additive Mengenfunktion $\mathsf{P}(A)$ die Axiome V und VI[291]. Man kann folglich den Begriff des Wahrscheinlichkeitsfeldes folgendermaßen definieren: *Es seien E eine beliebige Menge, $\mathfrak{F}$ ein Körper der Untermengen von E, welcher E enthält, und* $\mathsf{P}(A)$ *eine nichtnegative auf $\mathfrak{F}$ definierte vollständig additive Mengenfunktion; der Mengenkörper $\mathfrak{F}$ zusammen mit der Mengenfunktion* $\mathsf{P}(A)$ *bildet dann ein Wahrscheinlichkeitsfeld.*

Ein Überdeckungssatz. *Wenn $A, A_1, A_2, \ldots, A_n, \ldots$ zu $\mathfrak{F}$ gehören und*

$$A \subset \mathfrak{S}_n A_n \tag{8}$$

ist, so gilt

$$\mathsf{P}(A) \leqq \sum_n \mathsf{P}(A_n). \tag{9}$$

Beweis.

$$A = A\, \mathfrak{S}_n (A_n) = AA_1 + A(A_2 - A_2A_1) + A(A_3 - A_3A_2 - A_3A_1) + \cdots,$$

$$\mathsf{P}(A) = \mathsf{P}(AA_1) + \mathsf{P}\{A(A_2 - A_2A_1)\} + \cdots \leqq \mathsf{P}(A_1) + \mathsf{P}(A_2) + \cdots.$$

[291]) Vgl. z. B. O. Nikodym: Sur une généralisation des intégrales de M. J. Radon, Fundam. Math. Bd. **15** (1930) S. 136.

§ 2. BORELsche Wahrscheinlichkeitsfelder.

Ein Mengenkörper $\mathfrak{F}$ ist ein BOREL*scher Körper*, wenn alle abzählbaren Summen $\sum_n A_n$ der Mengen A_n aus $\mathfrak{F}$ zu $\mathfrak{F}$ gehören. Man nennt BORELsche Körper auch vollständig additive Mengensysteme. Aus der Formel

$$\mathfrak{S}_n A_n = A_1 + (A_2 - A_2A_1) + (A_3 - A_3A_2 - A_3A_1) + \cdots \tag{1}$$

schließt man, daß ein BORELscher Körper auch alle Vereinigungsmengen $\mathfrak{S}_n A_n$ abzählbar vieler zu ihm gehörender Mengen A_n enthält. Aus der Formel

$$\mathfrak{D}_n A_n = E - \mathfrak{S}_n \bar{A}_n \tag{2}$$

folgt dasselbe für Durchschnittsmengen.

Ein Wahrscheinlichkeitsfeld ist ein BOREL*sches Wahrscheinlichkeitsfeld, wenn der entsprechende Mengenkörper $\mathfrak{F}$ ein* BOREL*scher ist.* Nur in BORELschen Wahrscheinlichkeitsfeldern erhält die Wahrscheinlichkeitsrechnung eine vollständige Handlungsfreiheit, die mit keiner Gefahr verbunden ist, zu Ereignissen zu gelangen, welche keine Wahrscheinlichkeit besitzen.

Wir wollen jetzt zeigen, *daß man sich auf die Betrachtung der* BOREL*schen Wahrscheinlichkeitsfelder beschränken kann.* Dies ergibt sich aus dem Erweiterungssatze, zu dem wir gleich übergehen.

Es sei ein Wahrscheinlichkeitsfeld $(\mathfrak{F}, \mathsf{P})$ gegeben. Bekanntlich[292]) existiert ein kleinster BORELscher Körper $B\mathfrak{F}$ über $\mathfrak{F}$. Sodann gilt der

Erweiterungssatz. *Man kann immer die auf $\mathfrak{F}$ definierte nichtnegative, vollständig additive Mengenfunktion $\mathsf{P}(A)$ auf alle Mengen von $B\mathfrak{F}$ mit der Erhaltung der beiden Eigenschaften* (nichtnegativ und vollständig additiv zu sein) *erweitern, und zwar auf eine einzige Weise.*

Der erweiterte Körper $B\mathfrak{F}$ bildet also mit der erweiterten Mengenfunktion $\mathsf{P}(A)$ auch ein Wahrscheinlichkeitsfeld $(B\mathfrak{F}, \mathsf{P})$; dieses Wahrscheinlichkeitsfeld $(B\mathfrak{F}, \mathsf{P})$ nennen wir *die* BOREL*sche Erweiterung des Feldes* $(\mathfrak{F}, \mathsf{P})$.

Der Beweis dieses Erweiterungssatzes, welcher der Theorie der additiven Mengenfunktionen angehört und in verschiedenen anderen Fassungen im wesentlichen bekannt sein dürfte, verläuft folgendermaßen:

Es sei A eine beliebige Untermenge von E, wir definieren $\mathsf{P}^*(A)$ als untere Grenze der Summen

$$\sum_n \mathsf{P}(A_n)$$

für alle Überdeckungen

$$A \subset \mathfrak{S}_n A_n$$

292) Vgl. HAUSDORFF: Mengenlehre 1927 S. 79.

der Menge A mit endlich oder abzählbar vielen Mengen A_n aus $\mathfrak{F}$. Man beweist leicht, daß $\mathsf{P}^*(A)$ ein äußeres Maß im Sinne von CARATHÉODORY ist[293]). Für die Mengen A aus $\mathfrak{F}$ fällt $\mathsf{P}^*(A)$ nach dem Überdeckungssatz (§ 1) mit $\mathsf{P}(A)$ zusammen. Man beweist weiter, daß alle Mengen von $\mathfrak{F}$ im CARATHÉODORYschen Sinne meßbar sind. Da alle meßbaren Mengen einen BORELschen Körper bilden, so sind also alle Mengen von $B\mathfrak{F}$ meßbar. Die Mengenfunktion $\mathsf{P}^*(A)$ ist also auf $B\mathfrak{F}$ vollständig additiv, und wir können auf $B\mathfrak{F}$

$$\mathsf{P}(A) = \mathsf{P}^*(A)$$

setzen. Die Existenz der Erweiterung ist somit bewiesen. Die Eindeutigkeit der Erweiterung folgt unmittelbar aus der Minimaleigenschaft des Körpers $B\mathfrak{F}$.

Bemerkung. Wenn man die Mengen (Ereignisse) A aus $\mathfrak{F}$ als reelle und (vielleicht nur annäherungsweise) beobachtbare Ereignisse deuten kann, so folgt daraus natürlich noch nicht, daß die Mengen des erweiterten Körpers $B\mathfrak{F}$ eine solche Deutung als reelle beobachtbare Ereignisse vernünftigerweise gestatten. Es kann also vorkommen, daß das Wahrscheinlichkeitsfeld $(\mathfrak{F}, \mathsf{P})$ als ein (vielleicht idealisiertes) Bild reeller zufälliger Erscheinungen betrachtet werden kann, während das erweiterte Wahrscheinlichkeitsfeld $(B\mathfrak{F}, \mathsf{P})$ eine rein mathematische Konstruktion bleibt.

Mengen aus $B\mathfrak{F}$ betrachten wir also im allgemeinen nur als „ideelle Ereignisse", welchen in der Erfahrungswelt nichts entspricht. Wenn aber eine Deduktion, die die Wahrscheinlichkeiten solcher ideellen Ereignisse gebraucht, zur Bestimmung der Wahrscheinlichkeit eines reellen Ereignisses aus $\mathfrak{F}$ führt, wird diese Bestimmung offensichtlich automatisch auch vom empirischen Standpunkte aus einwandfrei sein.

§ 3. Beispiele unendlicher Wahrscheinlichkeitsfelder.

I. Schon im ersten Kapitel, § 1 haben wir verschiedene endliche Wahrscheinlichkeitsfelder konstruiert. Es sei jetzt die Menge

$$E = \{\xi_1, \xi_2, \ldots, \xi_n, \ldots\}$$

abzählbar und $\mathfrak{F}$ mit der Gesamtheit der Untermengen der Menge E identisch.

Alle möglichen Wahrscheinlichkeitsfelder mit einer solchen Menge $\mathfrak{F}$ erhält man folgendermaßen: Man wählt eine Folge von nichtnegativen Zahlen p_n mit

$$p_1 + p_2 + \cdots + p_n + \cdots = 1$$

und setzt für jede Menge A

$$\mathsf{P}(A) = \sum_n{}' p_n,$$

293) CARATHÉODORY: Vorlesungen über reelle Funktionen 1918 S. 237–258.

wobei die Summation Σ' sich auf alle Indizes n erstreckt, für welche ξ_n zu A gehört. Diese Wahrscheinlichkeitsfelder sind offensichtlich BORELsche.

II. Wir nehmen jetzt an, daß E die reelle Zahlengerade ist. Zuerst sei dabei $\mathfrak{F}$ aus allen endlichen Summen von halb offenen Intervallen $[a; b) = \{a \leqq \xi < b\}$ gebildet (dabei betrachten wir neben den eigentlichen Intervallen mit endlichen a und b auch die uneigentlichen $[-\infty; a)$, $[a; +\infty)$ und $[-\infty; +\infty)$). Man überzeugt sich leicht, daß $\mathfrak{F}$ ein Körper ist. Nach dem Erweiterungssatz kann man aber jedes Wahrscheinlichkeitsfeld auf $\mathfrak{F}$ in ein solches auf $B\mathfrak{F}$ erweitern. Das Mengensystem $B\mathfrak{F}$ ist in unserem Falle nichts anderes als das System aller BORELschen Punktmengen der Zahlengeraden E. Wir können also direkt zum folgenden Falle übergehen.

III. Es wird jetzt angenommen, daß E die reelle Zahlengerade ist und $\mathfrak{F}$ aus allen BORELschen Punktmengen dieser Gerade besteht. Um ein Wahrscheinlichkeitsfeld mit diesem Körper $\mathfrak{F}$ zu konstruieren, genügt es, eine beliebige nichtnegative vollständig additive Mengenfunktion $\mathsf{P}(A)$ auf $\mathfrak{F}$ zu definieren, welche die Bedingung $\mathsf{P}(E) = 1$ befriedigt. Eine solche Funktion ist bekanntlich[294]) durch ihre Werte

$$\mathsf{P}[-\infty; x) = F(x) \tag{1}$$

für die speziellen Intervalle $[-\infty; x)$ eindeutig bestimmt. Die Funktion $F(x)$ nennt man *Verteilungsfunktion* von ξ. Es ist weiter bewiesen (drittes Kap., § 2), daß $F(x)$ nicht abnehmend und nach links stetig ist und die Limeswerte

$$\lim_{x \to -\infty} F(x) = F(-\infty) = 0, \qquad \lim_{x \to +\infty} F(x) = F(+\infty) = 1 \tag{2}$$

besitzt. Ist umgekehrt eine diesen Bedingungen genügende Funktion $F(x)$ gegeben, so bestimmt sie immer eine nichtnegative vollständig additive Mengenfunktion $\mathsf{P}(A)$ mit $\mathsf{P}(E) = 1$[295]).

IV. Es sei jetzt der n-dimensionale euklidische Koordinatenraum R^n, d.h. die Menge aller geordneten n-Tupeln $\xi = \{x_1, x_2, \ldots, x_n\}$ reeller Zahlen, als die Grundmenge E gewählt. $\mathfrak{F}$ bestehe dabei aus allen BORELschen Punktmengen[296]) von R^n. (Auf die Betrachtung verschiedener engerer Mengensysteme, z.B. des Systems aller n-dimensionalen Intervalle, können wir aus Gründen, die den in II angegebenen analog sind, verzichten.)

Als Wahrscheinlichkeitsfunktion $\mathsf{P}(A)$ kann man hier wie immer eine beliebige nichtnegative und vollständig additive Mengenfunktion wählen, welche auf $\mathfrak{F}$ definiert ist und der Bedingung $\mathsf{P}(E) = 1$ genügt. Eine solche Mengenfunktion wird eindeutig bestimmt, wenn man ihre Werte

$$\mathsf{P}(L_{a_1 a_2 \ldots a_n}) = F(a_1, a_2, \ldots, a_n) \tag{3}$$

[294]) Vgl. z.B. LEBESGUE: Leçons sur l'intégration 1928 S. 152–156.

[295]) Vgl. die vorige Fußnote.

[296]) Für die Definition der BORELschen Mengen des R^n vgl. HAUSDORFF: Mengenlehre 1927 S. 177–181.

für die speziellen Mengen $L_{a_1 a_2 \ldots a_n}$ angibt, wobei $L_{a_1 a_2 \ldots a_n}$ die Menge aller ξ mit $x_i < a_i$, $i = 1, 2, \ldots, n$, bezeichnet. Als Funktion $F(a_1, a_2, \ldots, a_n)$ kann man dabei eine beliebige in jeder Veränderlichen nicht abnehmende und nach links stetige Funktion wählen, welche den folgenden Bedingungen genügt:

$$\left.\begin{aligned} &\lim_{a_i \to -\infty} F(a_1, a_2, \ldots, a_n) = F(a_1, \ldots, a_{i-1}, -\infty, a_{i+1}, \ldots, a_n) = 0, \\ &\qquad\qquad\qquad\qquad i = 1, 2, \ldots, n \\ &\lim_{\substack{a_1 \to +\infty \\ a_2 \to +\infty, \ldots, a_n \to +\infty}} F(a_1, a_2, \ldots, a_n) = F(+\infty, +\infty, \ldots, +\infty) = 1. \end{aligned}\right\} \quad (4)$$

Man nennt $F(a_1, a_2, \ldots, a_n)$ die *Verteilungsfunktion* der Größen $x_1, x_2, \ldots, x_n$.

Die Betrachtung der Wahrscheinlichkeitsfelder des oben definierten Typus genügt vollständig für alle klassischen Probleme der Wahrscheinlichkeitsrechnung[297]).

Insbesondere definiert man eine Wahrscheinlichkeitsfunktion in R^n, wenn man eine beliebige im R^n definierte nichtnegative Punktfunktion $f(x_1, x_2, \ldots, x_n)$ mit

$$\int_{-\infty}^{+\infty} \int_{-\infty}^{+\infty} \cdots \int_{-\infty}^{+\infty} f(x_1, x_2, \ldots, x_n)\, dx_1\, dx_2 \ldots dx_n = 1$$

nimmt und

$$\mathsf{P}(A) = \int\int \cdots \int_A f(x_1, x_2, \ldots, x_n)\, dx_1\, dx_2 \ldots dx_n \qquad (5)$$

setzt. Dann ist $f(x_1, x_2, \ldots, x_n)$ *die Wahrscheinlichkeitsdichte* im Punkte $(x_1, x_2, \ldots, x_n)$ (vgl. drittes Kap., § 2).

Einen anderen Typus der Wahrscheinlichkeitsfunktionen in R^n erhält man folgendermaßen: Es sei $\{\xi_i\}$ eine Folge von Punkten aus R^n und $\{p_i\}$ eine Folge von nichtnegativen reellen Zahlen mit $\Sigma\, p_i = 1$; dann setzt man wie im Beispiele I

$$\mathsf{P}(A) = \Sigma'\, p_i,$$

wobei die Summation Σ' sich auf alle Indizes i erstreckt, für welche ξ zu A gehört. Zwei hier erwähnte Typen der Wahrscheinlichkeitsfunktionen in R^n erschöpfen nicht alle Möglichkeiten, obwohl man sich mit ihnen in den Anwendungen der Wahrscheinlichkeitsrechnung gewöhnlich begnügt.

Man kann sich jedoch außer diesem klassischen Gebiet auch für Anwendungen interessante Probleme vorstellen, in welchen Elementarereignisse mit Hilfe unendlich vieler Koordinaten definiert sind. Entsprechende Wahrscheinlichkeitsfelder wollen wir erst nach Einführung einiger hierzu notwendigen Hilfsbegriffe näher untersuchen (vgl. drittes Kap., § 3).

[297]) Vgl. z. B. Mises, R. v.: Wahrscheinlichkeitsrechnung. Leipzig u. Wien: Fr. Deuticke 1931, S. 13–19. Hier fordert man die Existenz der Wahrscheinlichkeiten $\mathsf{P}(A)$ für „alle praktisch vorkommenden" Mengen des n-dimensionalen Raumes.

Drittes Kapitel.
Zufällige Größen.

§ 1. Wahrscheinlichkeitsfunktionen.

Es sei eine Abbildung der Menge E in eine Menge E' von irgendwelchen Elementen, d.h. eine auf E definierte eindeutige Funktion $u(\xi)$, deren Werte zur Menge E' gehören, gegeben. Jeder Untermenge A' von E' ordnen wir dann als ihr *Urbild* in E die Menge $u^{-1}(A')$ aller Elemente von E zu, welche auf ein Element von A' abgebildet sind. Es sei weiter $\mathfrak{F}^{(u)}$ das System aller Untermengen A' von E', deren Urbilder zum Mengenkörper $\mathfrak{F}$ gehören. $\mathfrak{F}^{(u)}$ ist dann auch ein Körper; ist dabei $\mathfrak{F}$ ein BORELscher Körper, so gilt dasselbe auch von $\mathfrak{F}^{(u)}$. Wir setzen jetzt

$$\mathsf{P}^{(u)}(A') = \mathsf{P}\{u^{-1}(A')\}. \tag{1}$$

Diese auf $\mathfrak{F}^{(u)}$ definierte Mengenfunktion $\mathsf{P}^{(u)}$ genügt in bezug auf den Mengenkörper $\mathfrak{F}^{(u)}$ allen unseren Axiomen I–VI, ist folglich eine Wahrscheinlichkeitsfunktion auf $\mathfrak{F}^{(u)}$. Bevor wir zum Beweise aller soeben angegebenen Tatsachen übergehen, wollen wir schon jetzt die folgende Definition aussprechen:

Definition. Es sei eine eindeutige Funktion $u(\xi)$ des zufälligen Ereignisses ξ gegeben. Dann heißt die durch (1) definierte Mengenfunktion $\mathsf{P}^{(u)}(A')$ *die Wahrscheinlichkeitsfunktion* von u.

Bemerkung 1. Man nennt bei der Untersuchung des Wahrscheinlichkeitsfeldes $(\mathfrak{F}, \mathsf{P})$ die Funktion $\mathsf{P}(A)$ schlechthin die Wahrscheinlichkeitsfunktion und $\mathsf{P}^{(u)}(A')$ die Wahrscheinlichkeitsfunktion von u. Im Falle $u(\xi) = \xi$ fällt $\mathsf{P}^{(u)}(A')$ mit $\mathsf{P}(A)$ zusammen.

Bemerkung 2. Das Ereignis $u^{-1}(A')$ besteht darin, daß $u(\xi)$ zur Menge A' gehört. Folglich ist $\mathsf{P}^{(u)}(A')$ die Wahrscheinlichkeit dafür, daß $u(\xi) \subset A'$ gilt.

Es bleibt uns die obenerwähnten Eigenschaften von $\mathfrak{F}^{(u)}$ und $\mathsf{P}^{(u)}$ zu beweisen. Sie folgen aber aus einer einzigen fundamentalen Tatsache, und zwar aus der folgenden:

Hilfssatz. Vereinigungsmengen, Durchschnitte und Differenzen beliebiger Urbildmengen $u^{-1}(A')$ sind Urbilder der entsprechenden Vereinigungsmengen, Durchschnitte und Differenzen originaler Mengen A'.

Der Beweis dieses Hilfssatzes darf dem Leser überlassen werden.

Es seien jetzt A' und B' zwei Mengen aus $\mathfrak{F}^{(u)}$, ihre Urbilder A und B gehören dann zu $\mathfrak{F}$; da $\mathfrak{F}$ ein Körper ist, gehören auch die Mengen AB, $A + B$ und $A - B$ zu $\mathfrak{F}$, diese Mengen sind aber die Urbilder der Mengen $A'B'$, $A' + B'$ und $A' - B'$, folglich gehören letztere Mengen zu $\mathfrak{F}^{(u)}$. Wir haben also bewiesen, daß $\mathfrak{F}^{(u)}$ ein Körper ist. Ebenso beweist man, daß, wenn $\mathfrak{F}$ ein BORELscher Körper ist, dasselbe auch von $\mathfrak{F}^{(u)}$ gilt.

Es ist ferner klar, daß

$$\mathsf{P}^{(u)}(E') = \mathsf{P}\{u^{-1}(E')\} = \mathsf{P}(E) = 1$$

ist. Daß $\mathsf{P}^{(u)}$ immer nichtnegativ ist, ist selbstverständlich. Es bleibt folglich zu beweisen, daß $\mathsf{P}^{(u)}$ vollständig additiv ist (vgl. das Ende des § 1, zweites Kap.). Es seien also die Mengen A'_n, folglich auch ihre Urbilder $u^{-1}(A'_n)$ disjunkt; daraus folgt aber, daß

$$\mathsf{P}^{(u)}\left(\sum_n A'_n\right) = \mathsf{P}\left\{u^{-1}\left(\sum_n A'_n\right)\right\} = \mathsf{P}\left\{\sum_n u^{-1}(A'_n)\right\}$$
$$= \sum_n \mathsf{P}\{u^{-1}(A'_n)\} = \sum_n \mathsf{P}^{(u)}(A'_n)$$

ist, womit die vollständige Additivität von $\mathsf{P}^{(u)}$ bewiesen ist.

Zum Schluß wollen wir noch folgendes bemerken. Es sei $u_1(\xi)$ eine Funktion, welche E in E' abbildet, und $u_2(\xi')$ eine andere Funktion, welche E' in E'' abbildet. Dann bildet die zusammengesetzte Funktion $u_2u_1(\xi)$ die Menge E in E'' ab. Wir betrachten jetzt die Wahrscheinlichkeitsfunktionen $\mathsf{P}^{(u_1)}(A')$ und $\mathsf{P}^{(u)}(A'')$ der Funktionen $u_1(\xi)$ und $u(\xi) = u_2u_1(\xi)$. Diese zwei Wahrscheinlichkeitsfunktionen sind, wie man leicht berechnet, durch die folgende Relation verbunden:

$$\mathsf{P}^{(u)}(A'') = \mathsf{P}^{(u_1)}\{u_2^{-1}(A'')\}. \tag{2}$$

§ 2. Definition der zufälligen Größen, Verteilungsfunktionen.

Definition. Eine auf der Grundmenge E definierte eindeutige reelle Funktion $x(\xi)$ nennt man eine *zufällige Größe*, wenn bei jeder Wahl einer reellen Zahl a die Menge $\{x < a\}$ aller ξ, für welche die Ungleichung $x < a$ gilt, zum Mengensystem $\mathfrak{F}$ gehört.

Die Funktion $x(\xi)$ bildet die Grundmenge E in die Menge R^1 aller reellen Zahlen ab. Diese Funktion bestimmt nach § 1 einen Körper $\mathfrak{F}^{(x)}$ von Untermengen der Menge R^1. Unsere Definition einer zufälligen Größe kann jetzt so formuliert werden: Eine reelle Funktion $x(\xi)$ ist dann und nur dann eine zufällige Größe, wenn $\mathfrak{F}^{(x)}$ jedes Intervall von der Form $(-\infty; a)$ enthält.

Da $\mathfrak{F}^{(x)}$ ein Körper ist, so enthält er mit den Intervallen $(-\infty; a)$ auch alle möglichen endlichen Summen von halboffenen Intervallen $[a; b)$. Wenn unser Wahrscheinlichkeitsfeld ein BORELsches ist, so sind $\mathfrak{F}$ und $\mathfrak{F}^{(x)}$ BORELsche Körper, *folglich enthält in diesem Falle* $\mathfrak{F}^{(x)}$ *alle* BOREL*schen Mengen von* R^1.

Die Wahrscheinlichkeitsfunktion einer zufälligen Größe bezeichnen wir weiter mit $\mathsf{P}^{(x)}(A')$. Sie ist für alle Mengen des Körpers $\mathfrak{F}^{(x)}$ definiert. Im wichtigsten Falle des BORELschen Wahrscheinlichkeitsfeldes ist also $\mathsf{P}^{(x)}$ insbesondere für alle BORELschen Mengen des R^1 definiert.

Definition. Die Funktion

$$F^{(x)}(a) = \mathsf{P}^{(x)}(-\infty; a) = \mathsf{P}\{x < a\},$$

wobei $-\infty$ und $+\infty$ als Werte von a zugelassen sind, heißt *die Verteilungsfunktion der zufälligen Größe x*.

Es folgt unmittelbar aus unserer Definition, daß

$$F^{(x)}(-\infty) = 0, \quad F^{(x)}(+\infty) = 1 \tag{1}$$

ist. Die Wahrscheinlichkeit der Erfüllung beider Ungleichungen $a \leqq x < b$ ist offenbar durch die Formel

$$\mathsf{P}\{x \subset [a; b)\} = F^{(x)}(b) - F^{(x)}(a) \tag{2}$$

gegeben. Es folgt daraus, daß für $a < b$

$$F^{(x)}(a) \leqq F^{(x)}(b)$$

ist, d.h. daß $F^{(x)}(a)$ *eine nichtabnehmende Funktion ist.*

Es sei ferner $a_1 < a_2 < \cdots < a_n < \cdots < b$; dann ist

$$\mathfrak{D}_n \{x \subset [a_n; b)\} = 0,$$

folglich konvergiert wegen des Stetigkeitsaxioms

$$F^{(x)}(b) - F^{(x)}(a_n) = \mathsf{P}\{x \subset [a_n; b)\}$$

mit $n \to +\infty$ gegen Null. Man sieht also, daß $F^{(x)}(a)$ *linksseitig stetig ist.*

Es lassen sich analog die Formeln

$$\lim F^{(x)}(a) = F^{(x)}(-\infty) = 0, \quad a \to -\infty, \tag{3}$$

$$\lim F^{(x)}(a) = F^{(x)}(+\infty) = 1, \quad a \to +\infty, \tag{4}$$

beweisen.

Ist das Wahrscheinlichkeitsfeld $(\mathfrak{F}, \mathsf{P})$ ein BORELsches, so sind die Werte der Wahrscheinlichkeitsfunktion $\mathsf{P}^{(x)}(A)$ für alle BORELschen Mengen A des R^1 durch die Kenntnis der Verteilungsfunktion $F^{(x)}(a)$ eindeutig bestimmt (vgl. zweites Kap., § 3, III). Da man sich meistens nur für solche Werte von $\mathsf{P}^{(x)}(A)$ interessiert, spielen die Verteilungsfunktionen in der ganzen weiteren Darstellung eine wesentliche Rolle.

Wenn die Verteilungsfunktion $F^{(x)}(a)$ differentiierbar ist, so nennt man ihre Ableitung

$$f^{(x)}(a) = \frac{d}{da} F^{(x)}(a)$$

nach a *die Wahrscheinlichkeitsdichte* von x im Punkte a. Ist dabei für jedes a $F^{(x)}(a) = \int\limits_{-\infty}^{a} f^{(x)}(a)\, da$, so läßt sich die Wahrscheinlichkeitsfunktion $\mathsf{P}^{(x)}(A)$ für eine BORELsche Menge A folgendermaßen durch $f(a)$ ausdrücken:

$$\mathsf{P}^{(x)}(A) = \int\limits_{A} f^{(x)}(a)\, da. \tag{5}$$

In diesem Falle sagt man, daß *die Verteilung von x stetig ist.* Im allgemeinen Falle schreibt man analog

$$\mathsf{P}^{(x)}(A) = \int_A dF^{(x)}(a). \tag{6}$$

Alle angeführten Begriffsbildungen lassen sich auch auf den Fall der bedingten Wahrscheinlichkeiten verallgemeinern. Die Mengenfunktion

$$\mathsf{P}_B^{(x)}(A) = \mathsf{P}_B(x \subset A)$$

ist die bedingte Wahrscheinlichkeitsfunktion von x bei der Hypothese B, die nichtabnehmende Funktion

$$F_B^{(x)}(a) = \mathsf{P}_B(x < a)$$

ist die entsprechende Verteilungsfunktion, und endlich [im Falle der Differentiierbarkeit von $F_B^{(x)}(a)$] ist

$$f_B^{(x)}(a) = \frac{d}{da} F_B^{(x)}(a)$$

die bedingte Wahrscheinlichkeitsdichte von x im Punkte a bei der Hypothese B.

§ 3. Mehrdimensionale Verteilungsfunktionen.

Es seien jetzt n zufällige Größen $x_1, x_2, \ldots, x_n$ gegeben. Der Punkt $x = (x_1, x_2, \ldots, x_n)$ des n-dimensionalen Raumes R^n ist eine Funktion des elementaren Ereignisses ξ. Man erhält folglich nach den allgemeinen Regeln des § 1 einen Mengenkörper $\mathfrak{F}^{(x_1, x_2, \ldots, x_n)}$ von Untermengen des Raumes R^n und eine auf $\mathfrak{F}'$ definierte Wahrscheinlichkeitsfunktion $\mathsf{P}^{(x_1, x_2, \ldots, x_n)}(A')$. Diese Wahrscheinlichkeitsfunktion $\mathsf{P}^{(x_1, x_2, \ldots, x_n)}$ nennt man die n-dimensionale *Wahrscheinlichkeitsfunktion der zufälligen Größen* $x_1, x_2, \ldots, x_n$.

Der Körper $\mathfrak{F}'$ enthält, wie es direkt aus der Definition einer zufälligen Größe folgt, bei jeder Wahl von i und a_i $(i = 1, 2, \ldots, n)$ die Menge aller Punkte des R^n, für welche $x_i < a_i$ ist. Folglich enthält $\mathfrak{F}'$ auch den Durchschnitt der genannten Mengen, d.h. die Menge $L_{a_1 a_2 \ldots a_n}$ aller Punkte des R^n, für welche alle Ungleichungen $x_i < a_i$, $i = 1, 2, \ldots, n$, gelten[298]). Bezeichnet man als ein n-dimensionales halboffenes Intervall

$$[a_1, a_2, \ldots, a_n; \quad b_1, b_2, \ldots, b_n)$$

die Menge aller Punkte des R^n, für welche alle Ungleichungen $a_i \leqq x_i < b_i$ erfüllt sind, so sieht man sofort ein, daß jedes solches Intervall auch zum Körper $\mathfrak{F}'$ gehört, denn es ist

$$[a_1, a_2, \ldots, a_n; \quad b_1, b_2, \ldots, b_n)$$
$$= L_{b_1 b_2 \ldots b_n} - L_{a_1 b_2 \ldots b_n} - L_{b_1 a_2 b_3 \ldots b_n} - \cdots - L_{b_1 b_2 \ldots b_{n-1} a_n}.$$

[298]) a_i können dabei auch unendliche Werte $\pm \infty$ annehmen.

Die BORELsche Erweiterung des Systems aller n-dimensionalen halboffenen Intervalle besteht aber aus allen BORELschen Mengen des R^n. Es folgt daraus, daß *der Körper* $\mathfrak{F}'$ *im Falle eines* BORELschen *Wahrscheinlichkeitsfeldes alle* BORELschen *Mengen des Raumes* R^n *enthält.*

Satz. *Im Falle eines* BORELschen *Wahrscheinlichkeitsfeldes ist jede* BORELsche *Funktion* $x = f(x_1, x_2, \ldots, x_n)$ *endlich vieler zufälliger Größen* $x_1, x_2, \ldots, x_n$ *wieder eine zufällige Größe.*

Zum Beweis genügt es, zu bemerken, daß die Menge aller Punkte $(x_1, x_2, \ldots, x_n)$ des R^n, für welche $x = f(x_1, x_2, \ldots, x_n) < a$ gilt, eine BORELsche ist. Insbesondere sind also endliche Summen und Produkte zufälliger Größen wieder zufällige Größen.

Definition. Die Funktion

$$F^{(x_1, x_2, \ldots, x_n)}(a_1, a_2, \ldots, a_n) = \mathsf{P}^{(x_1, x_2, \ldots, x_n)}(L_{a_1 a_2 \ldots a_n})$$

nennen wir *die* n-dimensionale *Verteilungsfunktion* der zufälligen Größen $x_1, x_2, \ldots, x_n$.

Man beweist wie im eindimensionalen Falle, daß $F^{(x_1, x_2, \ldots, x_n)}(a_1, a_2, \ldots, a_n)$ in jeder Variablen nicht abnehmend und nach links stetig ist. Analog zu den Gleichungen (3) bis (4) des § 2 hat man hier

$$\lim_{a_i \to -\infty} F(a_1, a_2, \ldots, a_n) = F(a_1, \ldots, a_{i-1}, -\infty, a_{i+1}, \ldots, a_n) = 0, \tag{7}$$

$$\lim_{\substack{a_1 \to +\infty, \\ a_2 \to +\infty, \ldots, a_n \to +\infty}} F(a_1, a_2, \ldots, a_n) = F(+\infty, +\infty, \ldots, +\infty) = 1. \tag{8}$$

Die Verteilungsfunktion $F^{(x_1, x_2, \ldots, x_n)}$ gibt uns direkt nur die Werte von $\mathsf{P}^{(x_1, x_2, \ldots, x_n)}$ für die speziellen Mengen $L_{a_1 a_2 \ldots a_n}$. Wenn aber unser Wahrscheinlichkeitsfeld ein BORELsches ist, so ist $\mathsf{P}^{(x_1, x_2, \ldots, x_n)}$ *durch die Kenntnis der Verteilungsfunktion* $F^{(x_1, x_2, \ldots, x_n)}$ *für alle* BORELschen *Mengen von* R^n *eindeutig bestimmt*[299]).

Wenn die Ableitung

$$f(a_1, a_2, \ldots, a_n) = \frac{\partial^n}{\partial a_1 \, \partial a_2 \ldots \partial a_n} F^{(x_1, x_2, \ldots, x_n)}(a_1, a_2, \ldots, a_n)$$

existiert, so nennt man diese Ableitung f die *n-dimensionale Wahrscheinlichkeitsdichte* der zufälligen Größen $x_1, x_2, \ldots, x_n$ im Punkte $a_1, a_2, \ldots, a_n$. Ist dabei für jeden Punkt $(a_1, a_2, \ldots, a_n)$

$$F^{(x_1, x_2, \ldots, x_n)}(a_1, a_2, \ldots, a_n) = \int_{-\infty}^{a_1} \int_{-\infty}^{a_2} \ldots \int_{-\infty}^{a_n} f(a_1, a_2, \ldots, a_n) \, da_1 \, da_2 \ldots da_n,$$

299) Vgl. zweites Kapitel, § 3, IV.

so nennt man die Verteilung von $(x_1, x_2, \ldots, x_n)$ *stetig*. Für jede Borelsche Menge $A \subset R^n$ gilt dann die Gleichung

$$\mathsf{P}^{(x_1, x_2, \ldots, x_n)}(A) = \int\int \ldots \int_A f(a_1, a_2, \ldots, a_n)\, da_1\, da_2 \ldots da_n. \tag{9}$$

Zum Schluß dieses Paragraphen machen wir noch eine Bemerkung über Relationen zwischen verschiedenen Wahrscheinlichkeits- und Verteilungsfunktionen. Es sei zuerst eine Permutation

$$S = \begin{pmatrix} 1, & 2, & \ldots, & n \\ i_1, & i_2, & \ldots, & i_n \end{pmatrix}$$

gegeben, und r_S bezeichne die Transformation

$$x'_k = x_{i_k} \qquad k = 1, 2, \ldots, n$$

des Raumes R^n in sich selbst. Dann gilt offenbar

$$\mathsf{P}^{(x_{i_1}, x_{i_2}, \ldots, x_{i_n})}(A) = \mathsf{P}^{(x_1, x_2, \ldots, x_n)}\{r_S^{-1}(A)\}. \tag{10}$$

Es sei jetzt $x' = p_k(x)$ „die Projektion" des Raumes R^n in den Raum R^k $(k < n)$, bei welcher der Punkt $(x_1, x_2, \ldots, x_n)$ in den Punkt $(x_1, x_2, \ldots, x_k)$ abgebildet wird. Dann gilt, infolge der Formel (2) des § 1

$$\mathsf{P}^{(x_1, x_2, \ldots, x_k)}(A) = \mathsf{P}^{(x_1, x_2, \ldots, x_n)}\{p_k^{-1}(A)\}. \tag{11}$$

Für die entsprechenden Verteilungsfunktionen folgen aus (10) und (11) die Gleichungen

$$F^{(x_{i_1}, x_{i_2}, \ldots, x_{i_n})}(a_{i_1}, a_{i_2}, \ldots, a_{i_n}) = F^{(x_1, x_2, \ldots, x_n)}(a_1, a_2, \ldots, a_n), \tag{12}$$

$$F^{(x_1, x_2, \ldots, x_k)}(a_1, a_2, \ldots, a_k) = F^{(x_1, x_2, \ldots, x_n)}(a_1, \ldots, a_k, +\infty, \ldots, +\infty). \tag{13}$$

§ 4. Wahrscheinlichkeiten in unendlichdimensionalen Räumen.

Wir haben in § 3 des zweiten Kapitels gesehen, wie man verschiedene in der Wahrscheinlichkeitsrechnung übliche Wahrscheinlichkeitsfelder konstruiert. Man kann sich jedoch auch für Anwendungen interessante Probleme vorstellen, in welchen Elementarereignisse mit Hilfe unendlich vieler Koordinaten definiert sind. Es sei also eine Menge M – beliebiger Mächtigkeit $\mathfrak{m}$ – der Indizes μ gewählt. Die Gesamtheit aller Systeme

$$\xi = \{x_\mu\}$$

reeller Zahlen x_μ, wobei μ die ganze Menge M durchläuft, wird als der Raum R^M bezeichnet (um ein Element ξ des Raumes R^M zu bestimmen, soll man also jedem Elemente μ der Menge M eine bestimmte reelle Zahl x_μ zuordnen oder, was dasselbe ist, eine auf M definierte eindeutige reelle Funktion x_μ des Elementes μ angeben)[300]).

Wenn die Menge M aus den n ersten natürlichen Zahlen $1, 2, \ldots, n$ besteht, so ist R^M der gewöhnliche n-dimensionale Raum R^n. Wählt man als Menge M die Menge aller reellen Zahlen R^1, so besteht der entsprechende Raum $R^M = R^{R^1}$ aus allen reellen Funktionen

$$\xi(\mu) = x_\mu$$

des reellen Argumentes μ.

Die Menge R^M (mit einer beliebigen Menge M) nehmen wir jetzt zur Grundmenge E. Es sei $\xi = \{x_\mu\}$ ein Element von E; wir bezeichnen dann mit $p_{\mu_1\mu_2\ldots\mu_n}(\xi)$ den Punkt $(x_{\mu_1}, x_{\mu_2}, \ldots, x_{\mu_n})$ des n-dimensionalen Raumes R^n. Eine Untermenge A von E nennen wir *eine Zylindermenge*, wenn sie in der Form

$$A = \overset{-1}{p}_{\mu_1\mu_2\ldots\mu_n}(A')$$

darstellbar ist, wobei A' eine Untermenge von R^n ist. Die Klasse aller Zylindermengen fällt also mit der Klasse von allen solchen Mengen, welche durch eine Relation von der Form

$$f(x_{\mu_1}, x_{\mu_2}, \ldots, x_{\mu_n}) = 0 \tag{1}$$

definiert werden können, zusammen. Um eine beliebige Zylindermenge $p_{\mu_1\mu_2\ldots\mu_n}(A')$ durch eine solche Relation zu bestimmen, genügt es, als f eine Funktion zu nehmen, welche auf A' gleich Null und außerhalb A' gleich Eins ist.

Eine Zylindermenge ist *eine* BOREL*sche Zylindermenge*, wenn die entsprechende Menge A' eine BORELsche ist. *Alle* BOREL*schen Zylindermengen des Raumes R^M bilden einen Körper, welcher weiter mit $\mathfrak{F}^M$ bezeichnet wird*[301]).

[300]) Vgl. HAUSDORFF: Mengenlehre 1927 S. 23.

[301]) Aus den oben angeführten Betrachtungen folgt, daß BORELsche Zylindermengen diejenigen Mengen sind, welche durch BORELsche Relationen (1) definiert werden können. Es seien jetzt A und B zwei BORELsche Zylindermengen, welche durch die Relationen

$$f(x_{\mu_1}, x_{\mu_2}, \ldots, x_{\mu_n}) = 0, \quad g(x_{\lambda_1}, x_{\lambda_2}, \ldots, x_{\lambda_m}) = 0$$

definiert sind. Dann kann man die Mengen $A + B$, AB und $A - B$ bzw. durch die folgenden Relationen definieren:

$$f \cdot g = 0,$$
$$f^2 + g^2 = 0,$$
$$f^2 + \omega(g) = 0,$$

wobei $\omega(x) = 0$ für $x \neq 0$ und $\omega(0) = 1$ gesetzt ist. Wenn f und g BORELsche Funktionen sind, so gilt dasselbe für die Funktionen $f \cdot g$, $f^2 + g^2$ und $f^2 + \omega(g)$, folglich sind $A - B$, AB und $A - B$ BORELsche Zylindermengen. Somit ist die Körpereigenschaft des Mengensystems $\mathfrak{F}^M$ bewiesen.

Die BORELsche Erweiterung des Mengenkörpers $\mathfrak{F}^M$ bezeichnen wir wie immer mit $B\mathfrak{F}^M$. Die Mengen des Mengensystems $B\mathfrak{F}^M$ nennen wir die *BORELschen Mengen* des Raumes R^M.

Es wird weiter eine Methode angegeben, Wahrscheinlichkeitsfunktionen auf $\mathfrak{F}^M$ und folglich nach dem Erweiterungssatz auch auf $B\mathfrak{F}^M$ zu konstruieren und zu behandeln. Die so erhaltenen Wahrscheinlichkeitsfelder reichen im Falle einer abzählbaren Menge M für alle Zwecke hin. Man beherrscht also alle Fragen über das Verhalten einer abzählbaren Folge von zufälligen Größen. Wenn aber M unabzählbar ist, so bleiben manche einfache und interessante Untermengen von R^M noch außerhalb des Mengensystems $B\mathfrak{F}^M$. Z. B. die Menge aller Elemente ξ, für welche x_μ bei jeder Wahl des Indizes μ kleiner als eine feste Konstante bleibt, gehört im Falle einer unabzählbaren Menge M nicht zum Mengensystem $B\mathfrak{F}^M$.

Es ist folglich immer erstrebenswert, jedes Problem, wenn möglich, in einer solchen Form zu bringen, bei welcher der Raum aller elementaren Ereignisse ξ nur abzählbar viele Koordinaten hat.

Es sei eine Wahrscheinlichkeitsfunktion $\mathsf{P}(A)$ auf $\mathfrak{F}^M$ definiert. Jede Koordinate x_μ des elementaren Ereignisses ξ kann dann als eine zufällige Größe betrachtet werden. Folglich besitzt jede endliche Gruppe $(x_{\mu_1}, x_{\mu_2}, \ldots, x_{\mu_n})$ von diesen Koordinaten eine n-dimensionale Wahrscheinlichkeitsfunktion $\mathsf{P}_{\mu_1\mu_2\ldots\mu_n}(A)$ und eine entsprechende Verteilungsfunktion $F_{\mu_1\mu_2\ldots\mu_n}(a_1, a_2, \ldots, a_n)$. Man hat offensichtlich für jede BORELsche Zylindermenge

$$A = p^{-1}_{\mu_1\mu_2\ldots\mu_n}(A')$$

die Gleichung

$$\mathsf{P}(A) = \mathsf{P}_{\mu_1\mu_2\ldots\mu_n}(A'),$$

wobei A' eine BORELsche Menge des R^n ist. Die Wahrscheinlichkeitsfunktion P ist also auf dem Körper $\mathfrak{F}^M$ aller Zylindermengen durch die Kenntnis der Werte aller endlichdimensionalen Wahrscheinlichkeitsfunktionen $\mathsf{P}_{\mu_1\mu_2\ldots\mu_n}$ für alle BORELschen Mengen der entsprechenden Räume R^n eindeutig bestimmt. Für BORELsche Mengen sind aber die Werte der Wahrscheinlichkeitsfunktionen $\mathsf{P}_{\mu_1\mu_2\ldots\mu_n}$ eindeutig durch die entsprechenden Verteilungsfunktionen $F_{\mu_1\mu_2\ldots\mu_n}$ bestimmt. Wir haben also den folgenden Satz bewiesen:

Die Gesamtheit aller endlichdimensionalen Verteilungsfunktionen $F_{\mu_1\mu_2\ldots\mu_n}$ definiert eindeutig die Wahrscheinlichkeitsfunktion $\mathsf{P}(A)$ für alle Mengen von $\mathfrak{F}^M$. Ist $\mathsf{P}(A)$ auf $\mathfrak{F}^M$ definiert, so ist sie (nach dem Erweiterungssatz) *auch auf $B\mathfrak{F}^M$ eindeutig durch die Kenntnisse der Verteilungsfunktionen $F_{\mu_1\mu_2\ldots\mu_n}$ bestimmt.*

Es liegt jetzt nahe, sich die Frage zu stellen, unter welchen Bedingungen ein a priori gegebenes System von Verteilungsfunktionen $F_{\mu_1\mu_2\ldots\mu_n}$ ein Wahrscheinlichkeitsfeld auf $\mathfrak{F}^M$ (und folglich auch auf $B\mathfrak{F}^M$) bestimmt.

Zuerst bemerken wir, daß jede Verteilungsfunktion $F_{\mu_1\mu_2\ldots\mu_n}$ den im zweiten Kapitel, § 3, III angegebenen Bedingungen genügen muß, was allerdings im Begriffe der Verteilungsfunktion enthalten ist. Außerdem gelten wegen der Formeln (13) und (14) des § 2 noch die folgenden Relationen:

$$F_{\mu_{i_1}\mu_{i_2}\ldots\mu_{i_n}}(a_{i_1}, a_{i_2}, \ldots, a_{i_n}) = F_{\mu_1\mu_2\ldots\mu_n}(a_1, a_2, \ldots, a_n), \tag{2}$$

$$F_{\mu_1\mu_2\ldots\mu_k}(a_1, a_2, \ldots, a_k) = F_{\mu_1\mu_2\ldots\mu_n}(a_1, a_2, \ldots, a_k, +\infty, \ldots, +\infty), \tag{3}$$

wobei $k < n$ und $\begin{pmatrix} 1, & 2, & \ldots, & n \\ i_1, & i_2, & \ldots, & i_n \end{pmatrix}$ eine beliebige Substitution ist. Diese notwendigen Bedingungen sind aber auch hinreichend, wie es sich aus dem folgenden Satze ergibt:

Hauptsatz. *Jedes System von Verteilungsfunktionen* $F_{\mu_1\mu_2\ldots\mu_n}$, *welche den Bedingungen* (2) *und* (3) *genügen, bestimmt eine Wahrscheinlichkeitsfunktion* $\mathsf{P}(A)$ *auf* $\mathfrak{F}^M$, *welche allen Axiomen I–VI genügt. Diese Wahrscheinlichkeitsfunktion* $\mathsf{P}(A)$ *kann* (nach dem Erweiterungssatz) *auch auf* $B\mathfrak{F}^M$ *erweitert werden.*

B e w e i s d e s H a u p t s a t z e s. Es seien also die Verteilungsfunktionen $F_{\mu_1\mu_2\ldots\mu_n}$ gegeben, welche den allgemeinen Bedingungen vom zweiten Kapitel, § 3, III und den Bedingungen (2) und (3) genügen. Jede Verteilungsfunktion $F_{\mu_1\mu_2\ldots\mu_n}$ definiert eindeutig die entsprechende Wahrscheinlichkeitsfunktion $\mathsf{P}_{\mu_1\mu_2\ldots\mu_n}$ für alle BORELschen Mengen des R^n (vgl. § 3). Weiter betrachten wir nur BORELsche Mengen des R^n und BORELsche Zylindermengen in E.

Für jede Zylindermenge

$$A = p^{-1}_{\mu_1\mu_2\ldots\mu_n}(A')$$

setzen wir

$$\mathsf{P}(A) = \mathsf{P}_{\mu_1\mu_2\ldots\mu_n}(A'). \tag{4}$$

Da dieselbe Zylindermenge A durch verschiedene Mengen A' definiert werden kann, muß man zuerst beweisen, daß die Formel (4) immer denselben Wert für $\mathsf{P}(A)$ ergibt.

Es sei $(x_{\mu_1}, x_{\mu_2}, \ldots, x_{\mu_n})$ ein endliches System der zufälligen Größen x_μ. Ausgehend von der Wahrscheinlichkeitsfunktion $\mathsf{P}_{\mu_1\mu_2\ldots\mu_n}$ dieser zufälligen Größen können wir nach den Regeln des § 2 die Wahrscheinlichkeitsfunktion $\mathsf{P}_{\mu_{i_1}\mu_{i_2}\ldots\mu_{i_k}}$ jedes Teilsystems $(x_{\mu_{i_1}}, x_{\mu_{i_2}}, \ldots, x_{\mu_{i_k}})$ bestimmen. Die Gleichungen (2) und (3) haben zur Folge, daß diese nach dem § 2 definierte Wahrscheinlichkeitsfunktion mit der a priori gegebenen Funktion $\mathsf{P}_{\mu_{i_1}\mu_{i_2}\ldots\mu_{i_k}}$ zusammenfällt. Wir setzen jetzt voraus, daß eine Zylindermenge A durch

$$A = p^{-1}_{\mu_{i_1}\mu_{i_2}\ldots\mu_{i_k}}(A')$$

und gleichzeitig durch

$$A = p^{-1}_{\mu_{j_1}\mu_{j_2}\dots\mu_{j_m}}(A'')$$

definiert ist, wobei alle zufälligen Größen x_{μ_i} und x_{μ_j} zum System $(x_{\mu_1}, x_{\mu_2}, \dots, x_{\mu_n})$ gehören, was offenbar keine wesentliche Einschränkung ist. Die Bedingungen

$$(x_{\mu_{i_1}}, x_{\mu_{i_2}}, \dots, x_{\mu_{i_k}}) \subset A'$$

und

$$(x_{\mu_{j_1}}, x_{\mu_{j_2}}, \dots, x_{\mu_{j_m}}) \subset A''$$

sind gleichbedeutend. Es gilt folglich

$$\mathsf{P}_{\mu_{i_1}\mu_{i_2}\dots\mu_{i_k}}(A') = \mathsf{P}_{\mu_1\mu_2\dots\mu_n}\{(x_{\mu_{i_1}}, x_{\mu_{i_2}}, \dots, x_{\mu_{i_k}}) \subset A'\}$$

$$= \mathsf{P}_{\mu_1\mu_2\dots\mu_n}\{(x_{\mu_{j_1}}, x_{\mu_{j_2}}, \dots, x_{\mu_{j_m}}) \subset A''\} = \mathsf{P}_{\mu_{j_1}\mu_{j_2}\dots\mu_{j_m}}(A''),$$

was unsere Behauptung bezüglich der Eindeutigkeit der Definition von $\mathsf{P}(A)$ beweist.

Wir wollen jetzt beweisen, daß das Wahrscheinlichkeitsfeld $(\mathfrak{F}^M, \mathsf{P})$ allen Axiomen I–VI genügt. Das Axiom I behauptet nur, daß $\mathfrak{F}^M$ ein Körper sein soll, diese Tatsache wurde schon oben bewiesen. Es gilt weiter bei einem beliebigen μ

$$E = p_\mu^{-1}(R^1),$$

$$\mathsf{P}(E) = \mathsf{P}_\mu(R^1) = 1,$$

was die Gültigkeit der Axiome II und IV beweist. Es folgt endlich unmittelbar aus der Definition von $\mathsf{P}(A)$, daß $\mathsf{P}(A)$ nicht negativ ist (Axiom III).

Nur wenig komplizierter ist der Beweis der Gültigkeit des Axioms V. Zu diesem Zwecke betrachten wir zwei Zylindermengen

$$A = p^{-1}_{\mu_{i_1}\mu_{i_2}\dots\mu_{i_k}}(A')$$

und

$$B = p^{-1}_{\mu_{j_1}\mu_{j_2}\dots\mu_{j_m}}(B').$$

Dabei setzen wir voraus, daß alle Größen x_{μ_i} und x_{μ_j} zu einem umfassenden endlichen System $(x_{\mu_1}, x_{\mu_2}, \dots, x_{\mu_n})$ gehören. Wenn die Mengen A und B disjunkt sind, so sind die Relationen

$$(x_{\mu_{i_1}}, x_{\mu_{i_2}}, \dots, x_{\mu_{i_k}}) \subset A'$$

und

$$(x_{\mu_{j_1}}, x_{\mu_{j_2}}, \dots, x_{\mu_{j_m}}) \subset B'$$

unvereinbar. Es gilt folglich

$$\begin{aligned}\mathsf{P}(A+B) &= \mathsf{P}_{\mu_1\mu_2\ldots\mu_n}\{(x_{\mu_{i_1}}, x_{\mu_{i_2}}, \ldots, x_{\mu_{i_k}}) \subset A' \\ &\quad \textit{oder } (x_{\mu_{j_1}}, x_{\mu_{j_2}}, \ldots, x_{\mu_{j_m}}) \subset B'\} \\ &= \mathsf{P}_{\mu_1\mu_2\ldots\mu_n}\{(x_{\mu_{i_1}}, x_{\mu_{i_2}}, \ldots, x_{\mu_{i_k}}) \subset A'\} \\ &\quad + \mathsf{P}_{\mu_1\mu_2\ldots\mu_n}\{(x_{\mu_{j_1}}, x_{\mu_{j_2}}, \ldots, x_{\mu_{j_m}}) \subset B'\} = \mathsf{P}(A) + \mathsf{P}(B).\end{aligned}$$

Damit ist unser Beweis zu Ende geführt.

Es bleibt das Axiom VI. Es sei also

$$A_1 \supset A_2 \supset \cdots \supset A_n \supset \cdots$$

eine abnehmende Folge von Zylindermengen mit

$$\lim \mathsf{P}(A_n) = L > 0;$$

wir wollen beweisen, daß der Durchschnitt aller Mengen A_n nicht leer ist. Man kann, ohne die Fragestellung wesentlich einzuschränken, voraussetzen, daß in der Definition der ersten n Zylindermengen A_k nur die n ersten Koordinaten x_{μ_k} einer Folge

$$x_{\mu_1}, x_{\mu_2}, \ldots, x_{\mu_n}, \ldots$$

vorkommen, d.h. daß

$$A_n = \overset{-1}{p}_{\mu_1\mu_2\ldots\mu_n}(B_n)$$

ist. Wir setzen zur Abkürzung

$$\mathsf{P}_{\mu_1\mu_2\ldots\mu_n}(B) = \mathsf{P}_n(B);$$

dann ist offenbar

$$\mathsf{P}_n(B_n) = \mathsf{P}(A_n) \geqq L > 0.$$

Man kann in jeder Menge B_n eine abgeschlossene beschränkte Menge U_n finden mit

$$\mathsf{P}_n(B_n - U_n) \leqq \frac{\varepsilon}{2^n}.$$

Aus dieser Ungleichung folgt für die Menge

$$V_n = \overset{-1}{p}_{\mu_1\mu_2\ldots\mu_n}(U_n)$$

die Ungleichung

$$\mathsf{P}(A_n - V_n) \leqq \frac{\varepsilon}{2^n}. \tag{4}$$

Es sei weiter

$$W_n = V_1 V_2 \ldots V_n;$$

aus (4) folgt

$$\mathsf{P}(A_n - W_n) \leqq \varepsilon$$

und, da $W_n \subset V_n \subset A_n$ ist,

$$\mathsf{P}(W_n) \geqq \mathsf{P}(A_n) - \varepsilon \geqq L - \varepsilon .$$

Ist ε klein genug, so ist also $\mathsf{P}(W_n) > 0$ und W_n nicht leer. Wir wählen jetzt in jeder Menge W_n einen Punkt $\xi^{(n)}$ mit den Koordinaten $x_\mu^{(n)}$. Jeder Punkt $\xi^{(n+p)}$ $p = 0, 1, 2, \ldots$, gehört zur Menge V_n, es gilt folglich

$$(x_{\mu_1}^{(n+p)}, x_{\mu_2}^{(n+p)}, \ldots, x_{\mu_n}^{(n+p)}) = \overset{-1}{p}_{\mu_1\mu_2\ldots\mu_n}(\xi^{(n+p)}) \subset U_n .$$

Da die Mengen U_n beschränkt sind, kann man (Diagonalverfahren!) aus der Folge $\{\xi^{(n)}\}$ eine Teilfolge

$$\xi^{(n_1)}, \xi^{(n_2)}, \ldots, \xi^{(n_i)}, \ldots$$

wählen, für welche die entsprechenden Koordinaten $x_{\mu_k}^{(n_i)}$ bei jedem k gegen den bestimmten Limes x_k konvergieren. Es sei endlich ξ ein Punkt von E mit den Koordinaten

$$x_{\mu_k} = x_k ,$$

$$x_\mu = 0, \quad \mu \neq \mu_k. \quad k = 1, 2, 3, \ldots$$

Der Punkt $(x_1, x_2, \ldots, x_k)$ gehört als Limes der Folge $(x_1^{(n_i)}, x_2^{(n_i)}, \ldots, x_k^{(n_i)})$, $i = 1, 2, 3, \ldots$, zur Menge U_k. Folglich gehört ξ zur

$$A_k \subset V_k = \overset{-1}{p}_{\mu_1\mu_2\ldots\mu_k}(U_k)$$

bei jedem k, also auch zur Durchschnittsmenge

$$A = \mathfrak{D}_k A_k .$$

Kapitel 9. Mathematische Methoden der Wahrscheinlichkeitstheorie: Erzeugende und charakteristische Funktionen

Dieses Kapitel stellt eine Ergänzung zu bereits in früheren Kapiteln angesprochenem Material dar. So wurden kombinatorische Methoden, denen JAKOB BERNOULLI das gesamte zweite Buch seiner ›Ars conjectandi‹ gewidmet hat, schon im Briefwechsel zwischen PASCAL und FERMAT (Text 1.7.) benutzt und von PASCAL in seinem ›Traité du triangle arithmétique‹ (Kapitel 1) dargestellt. Die Verwendung von — in einigen Fällen sogar erst für die Lösung spezieller Probleme der Wahrscheinlichkeitsrechnung entwickelten — Methoden der Analysis wird vor allem aus den Texten der Kapitel 4 (Texte 4.2. bis 4.4., 4.7.2., 4.8.) und 6 (Texte 6.5.2., 6.6.2., 6.7.) deutlich. Dies gilt auch für das in Kapitel 11 enthaltene Spieldauerproblem, zu dessen Lösung DE MOIVRE die Theorie der rekurrenten Reihen begründete (Text 11.2.). Die Bestimmung von $\binom{n}{k}$ und $\Sigma \binom{n}{k}$ bei großem n führte auf die Untersuchung der Gammafunktion; aber allein die hierher gehörigen Pionierarbeiten von DE MOIVRE und STIRLING würden bereits den Rahmen dieses Bandes sprengen.

Historisch wie fachlich gesehen hatte die Theorie der erzeugenden Funktionen und der daraus entwickelten charakteristischen Funktionen die größte fachspezifisch methodische Bedeutung. So beanspruchte die Theorie der erzeugenden Funktionen in LAPLACE' ›Théorie analytique‹ nicht nur das erste der beiden Bücher, aus denen das Werk besteht, und damit mehr als ein Drittel des Gesamtumfangs, sondern bedeutete zugleich die Rechtfertigung für den Titel, der ja eine mit den Methoden der Analysis arbeitende und in diesem Sinne analytische Wahrscheinlichkeitstheorie ankündigte.

Die Idee einer abzählungserzeugenden bzw. wahrscheinlichkeitserzeugenden Funktion taucht bereits bei DE MOIVRE auf, der sie zur Lösung des Problems benutzt, die Wahrscheinlichkeit für das Auftreten einer bestimmten Augensumme beim Wurf von k allgemeinen, d.h. n-flächigen „Würfeln" zu bestimmen (Text 9.1.).

Diese Idee DE MOIVRES wurde von THOMAS SIMPSON übernommen, der sich ihrer vor allem in seinen Beiträgen zur Fehlerrechnung bediente (Text 6.1.). Obwohl auch SIMPSON durch einen Grenzübergang die Anwendung der de Moivreschen Idee vom diskreten auf den stetigen Fall übertragen hatte, kam LAGRANGE in seiner Arbeit von 1774 (vgl. Fußnote S. 215) einen Schritt weiter, weil er die wahrscheinlichkeitserzeugenden Funktionen analog zum diskreten Fall in einer Weise einführte, die allgemein die Anwendung auf stetige Wahrscheinlichkeitsverteilungen zuließ.

Die Entstehung der Theorie der erzeugenden Funktionen sowie auch den Begriff selbst verdankt man zu einem großen Teil LAPLACE. Als Wurzeln für diese von ihm in einer Arbeit von 1782 erstmals vorgestellte Theorie gab LAPLACE[302]) die Theorie der rekurrenten Reihen (siehe Kapitel 11, speziell Text 11.2.) und die Theorie der daraus erwachsenen, von ihm so genannten rekurro-rekurrenten Reihen an, mit denen sich auch LAGRANGE beschäftigt hatte[303]).

LAPLACE' Arbeit von 1782 war die Grundlage für den ersten Teil der Theorie der erzeugenden Funktionen, wie sie in der ›Théorie analytique‹ dargestellt ist. Aus ihr stammt der erste Text (Text 9.2.1.), der die erzeugenden Funktionen für eine Variable behandelt. Der zweite Text (Text 9.2.2.), in dem LAPLACE mit Hilfe der erzeugenden Funktionen u. a. die sogenannte Euler-MacLaurinsche Summenformel, wie er sie in der Ableitung des zentralen Grenzwertsatzes (Text 4.4.) verwendete, und die Taylor-Entwicklung erhielt, ist ein Beispiel für sein formales Denken. Analog zu dem Vorgehen von LAGRANGE entwickelte LAPLACE hier einen Operatorenkalkül vor allem für den Differentialoperator.

Der folgende Text aus der ›Théorie analytique‹[304]) macht deutlich, wie LAPLACE durch den Übergang zu komplexen Zahlen intuitiv benutzte, was heute als charakteristische Funktion einer Zufallsvariablen bezeichnet wird; dabei gab er für den Fall einer diskreten Zufallsvariablen auch die zugehörige Umkehrformel an:

„Die Kenntnis der erzeugenden Funktionen von Differentialgleichungen liefert den Ausdruck der Integrale für diese Gleichungen mit Hilfe bestimmter Integrale. Vergegenwärtigen wir uns zu diesem Zweck die Gleichung:

$$u = y_0 + y_1 t + y_2 t^2 + \cdots + y_x t^x + y_{x+1} t^{x+1} + \cdots + y_\infty t^\infty .$$

Substituieren wir in ihr $c^{x\omega\sqrt{-1}}$ anstelle von t^x, wobei c immer die Zahl bedeutet, deren hyperbolischer Logarithmus der Einheit gleich ist[305]), und bezeichnen wir mit U, was vorher u war. Multipliziert man die Gleichung mit $c^{-x\omega\sqrt{-1}}$ und integriert, so erhält

[302]) PIERRE SIMON LAPLACE, Mémoire sur les suites, *in*: Mémoires de l'Académie royale des sciences de Paris 1779 (1782), S. 207–309; und *in*: Oeuvres de Laplace Bd. X, S. 1–89.

[303]) JOSEPH LOUIS LAGRANGE, Recherches sur les suites récurrentes, *in*: Nouveaux mémoires de l'Académie Royale des sciences et belles-lettres de Berlin für 1775, und *in*: Oeuvres de Lagrange Bd. IV, S. 151–251.

[304]) Oeuvres de Laplace Bd. VII, S. 83f. (S)

[305]) Das heißt, c ist gleich der Basis e der natürlichen Logarithmen.

man

$$\int U\,d\omega\, c^{-x\omega\sqrt{-1}} = \int d\omega \left\{ \begin{matrix} y_0 c^{-x\omega\sqrt{-1}} + y_1 c^{-(x-1)\omega\sqrt{-1}} \\ + \cdots + y_x + y_{x+1} c^{\omega\sqrt{-1}} + \ldots \end{matrix} \right\}.$$

Wenn man an die Stelle von $c^{\pm r\omega\sqrt{-1}}$ seinen Wert $\cos r\omega \pm \sqrt{-1} \sin r\omega$ setzt, und wenn man von $w = -\pi$ bis $w = \pi$ integriert, wobei 2π der Umfang ⟨des Einheitskreises⟩ ist, reduziert sich die rechte Seite auf $2\pi y_x$; man erhält deshalb

$$y_x = \frac{1}{2\pi} \int U\,d\omega \left(\cos x\omega - \sqrt{-1} \sin x\omega\right).“$$

Allerdings beweisen die unmittelbar nachfolgenden Zeilen, wie unwohl sich Laplace im Komplexen fühlte. Obwohl er an verschiedenen Stellen seiner ›Théorie analytique‹ solche Funktionen verwendetete, die rückblickend als charakteristische Funktionen erscheinen, bevorzugte er den ihm sicherer erscheinenden Boden der reellen Analysis. Vielleicht erklärt dies auch seine Vorliebe für Sprungfunktionen, deren bewußte und systematische Verwendung für die Auswertung von Vielfachintegralen von Dirichlet propagiert wurde[306]).

Insgesamt kann aber weder bei Laplace noch bei der ihm unmittelbar nachfolgenden Generation von Mathematikern, wie Poisson oder Cauchy, von einer vollständigen Einsicht in den Zusammenhang zwischen Wahrscheinlichkeit und Fourier-Analyse gesprochen werden. So fehlte z.B. das Bewußtsein dafür, daß die Laplace-Transformierte der Verteilungsfunktion einer Summe von unabhängigen Zufallsvariablen, also deren charakteristische Funktion, gerade dem Produkt der charakteristischen Funktionen der Summanden gleich und damit erheblich einfacher zu berechnen ist als die durch Faltung zu ermittelnde Verteilungsfunktion der Summe. Fortschritte in Richtung auf eine Theorie der wahrscheinlichkeitserzeugenden und charakteristischen Funktionen wurden erst wieder um 1900 gemacht. Um diese Zeit hatte man eine von Gauss vor 1813 abgefaßte Notiz gefunden, die eine Umkehrformel für die charakteristische Funktion einer stetig verteilten Zufallsvariablen enthielt[307]):

„**Schönes Theorem der Wahrscheinlichkeitsrechnung.** Wenn [man setzt]:

$$\int e^{itu} \varphi t\, dt = \psi u \cdot \sqrt{2\pi},$$

das Integral von $t = -\infty$ bis $t = +\infty$ ausgedehnt, so ist

$$\int e^{-itu} \psi u\, du = \varphi t \cdot \sqrt{2\pi},$$

das Integral ebenso genommen.

306) Gustav Peter Lejeune Dirichlet, Über eine neue Methode zur Bestimmung vielfacher Integrale, *in*: Abhandlungen der Königlich Preussischen Akademie der Wissenschaften von 1839, S. 61–79, und *in*: Werke Bd. I, S. 391–410; außerdem in zwei vorangehenden Publikationen von 1839, siehe Werke Bd. I, S. 375–390.

307) Siehe Carl Friedrich Gauss, Werke Bd. VIII, S. 88.

Die Begründung dieses Satzes ist in der Formel enthalten:

$$\Sigma\varphi\left(t+\frac{2\pi k}{\omega}\right)=\frac{\omega}{2\pi}\Sigma\, e^{-ikt\omega}\int\varphi\theta\cdot d\theta\cdot e^{ik\theta\omega},$$

wo das Integralzeichen die Ausdehnung $\theta = -\infty$ bis $\theta = +\infty$ voraussetzt, und das Σ-Zeichen sich auf alle ganzen positiven und negativen Werthe von k bezieht, indem man darin nur ω unendlich abnehmen zu lassen braucht.“

HAUSDORFF griff diese GAUSS-Notiz auf, um auf das “multiplicative” Verhalten der von ihm noch nicht so genannten charakteristischen Funktion im Fall unabhängiger Zufallsvariablen zu verweisen (Text 9.3.).

Der Begriff „charakteristische Funktion“ taucht in der zweiten Auflage von POINCARÉS ›Calcul des probabilités‹ auf, in der auch der Multiplikationssatz wiederholt wird[308]). PAUL LÉVY hat dann die zentrale Bedeutung der charakteristischen Funktionen für die mathematische Wahrscheinlichkeitstheorie in seinem ›Calcul des probabilités‹ von 1925 herausgestellt. Aus diesem Werk ist als Abschluß der Konvergenzsatz für charakteristische Funktionen ausgewählt (Text 9.4.). Schon vorher hatten KAMEDA und VON MISES äquivalente Sätze über charakteristische Funktionen, die KAMEDA[309]) als „erzeugende Funktionen“ und VON MISES[310]) als „komplexe Adjunkte“ einer Verteilung bezeichnet hatte, gefunden oder vermutet.

[308]) JULES HENRI POINCARÉ, Calcul des probabilités, 2. Auflage, Paris 1912, S. 206–209; dieser Abschnitt findet sich nicht in der 1. Auflage von 1896.

[309]) TOYOJIRO KAMEDA, Theorie der erzeugenden Funktion und ihre Anwendung auf die Wahrscheinlichkeitsrechnung, *in*: Tôkyô Sûgaku-Buturigakkwai Kizi **8**^{2} (1915), S. 262–295 und S. 336–360 *und* Theory of generating functions and its application to the theory of probability, *in*: Journal of the faculty of science Imperial University of Tokyo, Section I, **1** (1925), S. 1–62.

[310]) RICHARD VON MISES, Fundamentalsätze der Wahrscheinlichkeitsrechnung, *in*: Mathematische Zeitschrift **4** (1919), S. 1–97, speziell. S. 26.

Text 9.1. Abraham de Moivre, The doctrine of chances *)

Lemma. *To find how many Chances there are upon any number of Dice, each of them of the same number of Faces, to throw any given number of points.*

Solution. Let $p + 1$ be the number of points given, n the number of Dice, f the number of Faces in each Die: make $p - f = q$, $q - f = r$, $r - f = s$, $s - f = t$, etc. and the number of Chances required will be

$$+\frac{p}{1}\cdot\frac{p-1}{2}\cdot\frac{p-2}{3}, \text{ etc.}$$

$$-\frac{q}{1}\cdot\frac{q-1}{2}\cdot\frac{q-2}{3}, \text{ etc.}\cdot\frac{n}{1}$$

$$+\frac{r}{1}\cdot\frac{r-1}{2}\cdot\frac{r-2}{3}, \text{ etc.}\cdot\frac{n}{1}\cdot\frac{n-1}{2}$$

$$-\frac{s}{1}\cdot\frac{s-1}{2}\cdot\frac{s-2}{3}, \text{ etc.}\cdot\frac{n}{1}\cdot\frac{n-1}{2}\cdot\frac{n-2}{3}$$

$$+ \text{ etc.}$$

Which Series's ought to be continued till some of the Factors in each product become either $= 0$, or negative.

N.B. So many Factors are to be taken in each of the products $\frac{p}{1}\cdot\frac{p-1}{2}\cdot\frac{p-2}{3}$, etc. $\frac{q}{1}\cdot\frac{q-1}{2}\cdot\frac{q-2}{3}$, etc. as there are Units in $n - 1$. ...

Demonstration. 1°. Let us imagine a Die so constituted as that there shall be upon it one single Face marked 1, then as many Faces marked 11 as there are Units in r, and as many Faces marked 111 as there are Units in rr, and so on; that the geometric Progression $1 + r + rr + r^3 + r^4 + r^5 + r^6 + r^7 + r^8$, etc. continued to so many Terms as there are different Denominations in the Die, may represent all the Chances of one Die: this being supposed, it is very plain that in order to have all the Chances of two such Dice, this Progression ought to be raised to its Square, and that to have all the Chances of three Dice, the same Progression ought to be raised to its Cube; and universally, that if the

*) Abraham de Moivre, The doctrine of chances, 3. Auflage, London 1756, Problem III. Lemma zum 3. Beispiel, S. 39f. u. 41f. (= Problem III. der 2. Auflage von 1738, S. 35f., 37f. und Problem V. der 1. Auflage, S. 17, in der der Beweis fehlt).

number of Dice be expressed by n, that Progression ought accordingly to be raised to the Power n. Now suppose the number of Faces in each Die to be f, then the Sum of that Progression will be $\frac{1-r^f}{1-r}$; and consequently every Chance that can happen upon n Dice, will be expressed by some Term of the Series that results from the Fraction $\frac{1-r^f}{1-r}$ raised to the power n. But as the least number of Points, that can be thrown with n Dice, is n Units, and the next greater $n+1$, and the next $n+2$, etc. it is plain that the first Term of the Series will represent the number of Chances for throwing n Points, and that the second Term of the Series will represent the number of Chances for throwing $n+1$ Points, and so on. And that therefore if the number of Points to be thrown be expressed by $p+1$, it will be but assigning that Term in the Series of which the distance from the first shall be expressed by $p+1-n$.

But the Series which would result from the raising of the Fraction $\frac{1-r^f}{1-r}$ to the Power n, is the Product of two other Series, whereof one is $1 + nr + \frac{n}{1} \cdot \frac{n+1}{2} rr + \frac{n}{1} \cdot \frac{n+1}{2} \cdot \frac{n+2}{3} r^3$, etc. the other is $1 - nr^f + \frac{n}{1} \cdot \frac{n-1}{2} r^{2f} - \frac{n}{1} \cdot \frac{n-1}{2} \cdot \frac{n-2}{3} r^{3f}$ + etc. Wherefore, if these two Series be multiplied together, all the Terms of the product will severally answer the several numbers of Chances that are upon n Dice.

And therefore if the number of Points to be thrown be expressed by $p+1$, it is but collecting all the Terms which are affected by the Power r^{p+1-n}, and the Sum of those Terms will answer the Question proposed. ...

Text 9.2.1. Pierre Simon Laplace, Théorie analytique des probabilités *)

Über erzeugende Funktionen für eine Variable

2. Sei y_x eine beliebige Funktion von x; wenn man die unendliche Reihe

$$y_0 + y_1 t + y_2 t^2 + y_3 t^3 + \cdots + y_x t^x + y_{x+1} t^{x+1} \cdots + y_\infty t^\infty$$

bildet, kann man sich immer eine Funktion von t vorstellen, die, entwickelt nach Potenzen von t, diese Reihe ergibt. Diese Funktion ist das, was ich als *erzeugende Funktion* von y_x bezeichne.

Die erzeugende Funktion einer beliebigen Variablen y_x ist also i. allg. eine Funktion von t, die, entwickelt nach Potenzen von t, diese Variable als Koeffizienten von t^x aufweist; umgekehrt ist die entsprechende Variable einer erzeugenden Funktion der Koeffizient von t^x in der Entwicklung dieser Funktion nach Potenzen von t, so daß der Exponent der Potenz von t den Platz anzeigt, den die Variable y_x in der Reihe einnimmt, die man sich bezüglich der negativen Potenzen von t unbeschränkt weit nach links verlängert vorstellen kann.

Aus diesen Definitionen folgt, daß, wenn u die erzeugende Funktion von y_x ist, $\frac{u}{t^r}$ die von y_{x+r} ist; denn offenbar ist der Koeffizient von t^x in $\frac{u}{t^r}$ gleich dem von t^{x+r} in u; folglich ist er gleich y_{x+r}.

Der Koeffizient von t^x in $u\left(\frac{1}{t} - 1\right)$ ist also gleich $y_{x+1} - y_x$ oder gleich der Differenz zweier aufeinanderfolgender Größen y_{x+1} und y_x; diese Differenz bezeichne ich mit Δy_x, wobei Δ das Symbol für endliche[311]) Differenzen ist. Man erhält also die erzeugende Funktion der endlichen Differenz einer variablen Größe, indem man die erzeugende Funktion der Größe selbst mit $\frac{1}{t} - 1$ multipliziert. Die erzeugende Funktion der endlichen Differenz von Δy_x, wobei man diese Differenz mit $\Delta^2 y_x$ symbolisiert, ist daher $u\left(\frac{1}{t} - 1\right)^2$; die der

*) Pierre Simon Laplace, Théorie analytique des probabilités, Paris 1812, 3. Auflage Paris 1820 (= Oeuvres complètes de Laplace Bd. VII, Paris 1886, S. 7–11), (aus dem ersten Buch, Kapitel I ›Über erzeugende Funktionen für eine Variable‹). (S)

[311]) (S): Gemeint ist: im Unterschied zu den damals noch so bezeichneten unendlich kleinen Differenzen, den Differentialen.

endlichen Differenz von $\Delta^2 y_x$ oder von $\Delta^3 y_x$ ist $u\left(\frac{1}{t}-1\right)^3$, woraus man allgemein folgern kann, daß die erzeugende Funktion der endlichen Differenz $\Delta^i y_x$ gleich $u\left(\frac{1}{t}-1\right)^i$ ist.

Entsprechend ist der Koeffizient von t^x in der Entwicklung von

$$u\left(a+\frac{b}{t}+\frac{c}{t^2}+\frac{e}{t^3}+\cdots+\frac{q}{t^n}\right)$$

gleich

$$ay_x+by_{x+1}+cy_{x+2}+ey_{x+3}+\cdots+qy_{x+n}.$$

Bezeichnet man also diese Größe mit ∇y_x, so wird ihre erzeugende Funktion

$$u\left(a+\frac{b}{t}+\frac{c}{t^2}+\cdots+\frac{q}{t^n}\right)$$

sein.

Bezeichnet man das, was sich aus ∇y_x ergibt, wenn man in ihm y_x durch ∇y_x ersetzt, mit $\nabla^2 y_x$ und entsprechend mit $\nabla^3 y_x$ das, was sich aus $\nabla^2 y_x$ ergibt, wenn man in ihm ∇y_x durch $\nabla^2 y_x$ ersetzt u.s.f., werden die entsprechenden erzeugenden Funktionen

$$u\left(a+\frac{b}{t}+\frac{c}{t^2}+\cdots+\frac{q}{t^n}\right)^2,$$

$$u\left(a+\frac{b}{t}+\frac{c}{t^2}+\cdots+\frac{q}{t^n}\right)^3,$$

....

sein, und allgemein wird die erzeugende Funktion von $\nabla^i y_x$

$$u\left(a+\frac{b}{t}+\frac{c}{t^2}+\cdots+\frac{q}{t^n}\right)^i$$

sein. Daraus schließt man leicht allgemein, daß die erzeugende Funktion von $\Delta^i \nabla^s y_{x+r}$

$$\frac{u}{t^r}\left(a+\frac{b}{t}+\frac{c}{t^2}+\cdots+\frac{q}{t^n}\right)^s\left(\frac{1}{t}-1\right)^i$$

ist.

Man kann diese Ergebnisse weiter verallgemeinern unter der Voraussetzung, daß ∇y_x eine beliebige lineare, endliche oder unendliche Funktion von y_x, y_{x+1}, $y_{x+2}, \ldots$ darstellt, daß $\nabla^2 y_x$ ist, was sich aus ∇y_x ergibt, wenn man dabei y_x durch ∇y_x ersetzt, daß $\nabla^3 y_x$ das ist, was sich aus $\nabla^2 y_x$ ergibt, wenn man dabei ∇y_x durch $\nabla^2 y_x$ ersetzt, u.s.f.. Wenn u die erzeugende Funktion von y_x ist, wird $u \cdot s^i$ die erzeugende Funktion von $\nabla^i y_x$ sein, wobei s das ist, was aus ∇y_x wird, wenn man dabei y_x durch die Einheit, y_{x+1} durch $\frac{1}{t}$, y_{x+2} durch $\frac{1}{t^2}$, ... ersetzt. Dies gilt auch noch, wenn i negativ oder selbst ein echter Bruch ist, indem man jedesmal dieses Ergebnis passend modifiziert.

Ich stelle das Summenzeichen mit Σ dar und bezeichne die erzeugende Funktion von $\Sigma^i y_x$ [312]) mit z, wobei u die erzeugende Funktion von y_x ist; nach dem vorhergehenden wird $z\left(\frac{1}{t} - 1\right)^i$ die erzeugende Funktion von y_x sein. Aber diese Funktion muß, wenn man nur auf die positiven Potenzen von t achtet, sich auf u zurückführen ⟨lassen⟩, das nur positive Potenzen von t aufweist, wenn man bei der Vielfachsumme $\Sigma^i y_x$ nur auf die positiven Werte von x achtet; man erhält dann also

$$z\left(\frac{1}{t} - 1\right)^i = u + \frac{A}{t} + \frac{B}{t^2} + \frac{C}{t^3} + \cdots + \frac{F}{t^i},$$

woraus man ableitet

$$z = \frac{ut^i + At^{i-1} + Bt^{i-2} + Ct^{i-3} + \cdots + F}{(1-t)^i},$$

wobei $A, B, C, \ldots, F$ willkürliche Konstanten sind, die den i bei den i aufeinanderfolgenden Summenbildungen von $\Sigma^i y_x$ eingeführten willkürlich gewählten Konstanten entsprechen.

Sieht man von diesen Konstanten ab, so ist die erzeugende Funktion von $\Sigma^i y_x$ gleich $u\left(\frac{1}{t} - 1\right)^{-i}$; somit erhält man diese erzeugende Funktion, indem man i durch $-i$ in der erzeugenden Funktion von $\Delta^i y_x$ ersetzt. $\Delta^{-i} y_x$ ist dann also gleich $\Sigma^i y_x$, d.h., daß sich die negativen Differenzen in Summen verwandeln. Aber wenn man die willkürlich gewählten Konstanten berücksichtigt, muß man u beim Übergang von den positiven Potenzen von $\frac{1}{t} - 1$ zu seinen negativen Potenzen die Reihe $\frac{A}{t} + \frac{B}{t^2} + \frac{C}{t^3} + \ldots$ hinzufügen, die so weit fortgesetzt wird, bis die Anzahl ihrer Glieder gleich dem Exponenten dieser Potenzen ist. Ähnliche Überlegungen lassen sich für die erzeugende Funktion von $\nabla^i y_x$ anstellen.

Nach dem vorhergehenden ist ersichtlich, wie die erzeugenden Funktionen aus dem Bildungsgesetz der entsprechenden Variablen entstehen. Sehen wir

[312]) (S): Analog zu den höheren Differenzen $\Delta^i y_x$ bildet LAPLACE die höheren Summen $\Sigma^i y_x$, indem er, beginnend mit $i = 2$, die y_x in $\Sigma^{i-1} y_x$ jeweils durch Σy_x ersetzt, wobei bis y_x summiert wird.

jetzt, wie die Variablen sich aus ihren erzeugenden Funktionen ableiten; wenn s eine beliebige Funktion von $\frac{1}{t}$ ist und man s^i nach Potenzen von $\frac{1}{t}$ entwickelt, wobei man ein beliebiges Glied dieser Entwicklung mit $\frac{k}{t^n}$ bezeichnet, ist der Koeffizient von t^x in $\frac{ku}{t^n}$ gleich $k \cdot y_{x+n}$. Man wird also den Koeffizienten von t^x in us^i, den wir vorher mit $\nabla^i y_x$ bezeichnet haben, erhalten, indem man 1. y_x in s anstelle von $\frac{1}{t}$ setzt, 2. dann s^i nach Potenzen von y_x entwickelt und jeweils den Exponenten der Potenz von y_x auf den Index x überträgt, d.h. y_{x+1} anstelle von $(y_x)^1$, y_{x+2} anstelle von $(y_x)^2$ usw. schreibt, sowie die von y_x unabhängigen Glieder, die als mit dem Faktor $(y_x)^0$ behaftet aufgefaßt werden können, mit y_x multipliziert. Wenn sich also das Symbol ∇ in Δ umwandelt, ist s nach dem vorhergehenden gleich $\frac{1}{t} - 1$; man erhält dann also

$$\Delta^i y_x = y_{x+i} - i y_{x+i-1} + \frac{i(i-1)}{1 \cdot 2} y_{x+1-2} - \dots .$$

Wenn man s^i, statt es nach Potenzen von $\frac{1}{t}$ zu entwickeln, nach Potenzen von $\frac{1}{t} - 1$ entwickelt und dabei ein beliebiges Glied dieser Entwicklung mit $k \cdot \left(\frac{1}{t}\right) - 1^n$ symbolisiert, wird der Koeffizient von t^x in $ku\left(\frac{1}{t} - 1\right)^n$ gleich $k\Delta^n y_x$ sein; man wird also $\nabla^i y_x$ erhalten, indem man 1. Δy_x in s anstelle von $\frac{1}{t} - 1$ oder, was auf dasselbe hinausläuft, $1 + \Delta y_x$ anstelle von $\frac{1}{t}$ setzt, 2. dann s^i nach Potenzen von Δy_x entwickelt und dabei die Exponenten der Potenzen von Δy_x auf das Symbol Δ anwendet, d.h. Δy_x anstelle von $(\Delta y_x)^1$, $\Delta^2 y_x$ anstelle von $(\Delta y_x)^2$ usw. schreibt, sowie die von Δy_x unabhängigen Glieder mit $(\Delta y_x)^0$ oder, was dasselbe ist, mit y_x multipliziert.

Wenn man allgemein s als eine Funktion von r betrachtet, wobei r eine Funktion von $\frac{1}{t}$ ist, so daß der Koeffizient von t^x in ur gleich $\Box y_x$ wird, wird man $\nabla^i y_x$ erhalten, wenn man $\Box y_x$ in s anstelle von r setzt, dann s^i nach Potenzen von $\Box y_x$ entwickelt und dabei die Exponenten von $\Box y_x$ auf das Symbol $\Box$ anwendet, d.h. $\Box y_x$ anstelle von $(\Box y_x)^1$, $\Box^2 y_x$ anstelle von $(\Box y_x)^2$ usw. schreibt, sowie die von $\Box y_x$ unabhängigen Glieder mit y_x multipliziert.

Die Entwicklung von $\nabla^i y_x$ in eine nach den aufeinanderfolgenden verschiedenen Formen $\square y_x$, $\square^2 y_x$, usw. geordnete Reihe reduziert sich daher auf die Bildung der erzeugenden Funktion von y_x, auf die Entwicklung dieser Funktion nach Potenzen einer gegebenen Funktion; schließlich werden, wenn man von der so entwickelten erzeugenden Funktion zu den entsprechenden variablen Koeffizienten zurückgeht, die Exponenten der Potenzen in der Entwicklung der erzeugenden Funktion zu den Indizes der Symbole für diese Koeffizienten. So erkennt man ⟨das Verhalten der⟩ Potenzen als analog zu ⟨dem der⟩ Differenzen oder jeder anderen Kombination aufeinanderfolgender variabler Koeffizienten. Der Übergang von diesen Koeffizienten zu ihren erzeugenden Funktionen und der umgekehrte Weg von diesen entwickelten Funktionen zu den Koeffizienten bildet das Wesen des *Kalküls der erzeugenden Funktionen*. Die folgenden Anwendungen werden seine Eigenart und seine Vorzüge deutlich werden lassen.

Text 9.2.2. Pierre Simon Laplace, Théorie analytique des probabilités*)

Sätze über die Reihenentwicklung von Funktionen und ihren Differenzen.

10. Wendet man die in Nr. 1 dargelegten allgemeinen Prinzipien auf spezielle Funktionen an, so erhält man eine Vielzahl von Sätzen über die Reihenentwicklung von Funktionen. Ich werde hier die bedeutendsten vorstellen.

Allgemein gilt

$$u\left(\frac{1}{t^i}-1\right)^n = u\left[\left(1+\frac{1}{t}-1\right)^i-1\right]^n.$$

Nun ist klar, daß der Koeffizient von t^x auf der linken Seite dieser Gleichung die n-te Differenz von y_x ist, wobei x um i variiert; denn dieser Koeffizient ist in $u\left(\frac{1}{t^i}-1\right)$ gleich $y_{x+i}-y_x$ oder $'\Delta y_x$, wenn man mit dem Symbol $'\Delta$ die endlichen Differenzen, bei denen x sich um die Größe i ändert, kennzeichnet. Daraus folgert man leicht, daß derselbe Koeffizient in der Entwicklung von $u\left(\frac{1}{t^i}-1\right)^n$ gleich $'\Delta^n y_x$ ist. Außerdem sind, wenn man $u\left[\left(1+\frac{1}{t}-1\right)^i-1\right]^n$ nach Potenzen von $\frac{1}{t}-1$ entwickelt, die Koeffizienten von t^x in den Entwicklungen von $u\left(\frac{1}{t}-1\right)$, $u\left(\frac{1}{t}-1\right)^2$, ... nach Nr. 2[313]) $\Delta y_x, \Delta^2 y_x, \ldots$, so daß dieser Koeffizient in $u\left[\left(1+\frac{1}{t}-1\right)^i-1\right]^n$ gleich $[(1+\Delta y_x)^i-1]^n$ ist, vorausgesetzt, daß man bei der Berechnung dieses Ausdrucks die Exponenten der Potenzen von Δy_x auf das Symbol Δ anwendet und in diesem Sinn $\Delta^r y_x$ anstelle irgendeiner Potenz $(\Delta y_x)^r$ schreibt. Man erhält also aufgrund dieser Bedingung

$$'\Delta^n y_x = [(1+\Delta y_x)^i-1]^n. \tag{1}$$

*) Pierre Simon Laplace, Théorie analytique des probabilités, Paris 1812, 3. Auflage 1820 (= Oeuvres complètes de Laplace Bd. VII, Paris 1886, S. 37–41) (aus dem ersten Buch, Kapitel I ›Über erzeugende Funktionen für eine Variable‹).
(S)

313) (S): Das ist Text 9.2.1.

Wenn man die endliche Summe, in der x jeweils um i variiert, mit $'\Sigma$ symbolisiert, wird $'\Sigma^n y_x$ nach Nr. 2[314]) der Koeffizient von t^x in der Entwicklung der Funktion $u\left(\frac{1}{t^i}-1\right)^{-n}$ sein, wenn man dabei von den durch die Summierung hereingekommenen willkürlichen Konstanten absieht. Nun gilt

$$u\left(\frac{1}{t^i}-1\right)^{-n} = u\left[\left(1+\frac{1}{t}-1\right)^i - 1\right]^{-n};$$

zudem ist der Koeffizient von t^x in $u\left(\frac{1}{t}-1\right)^{-r}$ gleich $\Sigma^r y_x$, wenn man dabei von den willkürlichen Konstanten absieht. Dieser Koeffizient ist in $u\left(\frac{1}{t}-1\right)^r$ gleich $\Delta^r y_x$; man erhält also

$$'\Sigma^n y_x = [(1+\Delta y_x)^i - 1]^{-n}, \tag{2}$$

vorausgesetzt, daß man bei der Entwicklung der rechten Seite dieser Gleichung die Exponenten der Potenzen von Δy_x auf das Symbol Δ anwendet und die negativen Differenzen in Summen umwandelt sowie $\Delta^0 y_x$ durch y_x ersetzt; da diese Entwicklung die Summe $\Sigma^n y_x$ enthält, die als n willkürliche Konstanten enthaltend aufgefaßt werden kann, ist die Gleichung (2) auch noch gültig, wenn man die willkürlichen Konstanten berücksichtigt.

Man kann feststellen, daß sich diese Gleichung aus Gleichung (1) ableitet, wenn man in dieser n negativ macht und die negativen Differenzen in Summen umwandelt, d.h., indem man auf der linken Seite $'\Sigma^n y_x$ anstelle von $'\Delta^{-n} y_x$ schreibt und allgemein bei der Entwicklung der rechten Seite $\Sigma^r y_x$ anstelle von $\Delta^{-r} y_x$.

Die Gleichungen (1) und (2) behalten ihre Gültigkeit, wenn x, statt wie in Δy_x um die Einheit zu variieren, sich um eine beliebige Größe ω ändert, vorausgesetzt, daß die Variation von x in $'\Delta y_x$ gleich $i\omega$ ist. Es ist in der Tat klar, daß, wenn man $x = \frac{x'}{\omega}$ in y_x setzt, x' um ω variiert, wenn x um die Einheit variiert; Δy_x verwandelt sich in $\Delta y_{x'}$, wobei die Variation von x' gleich ω ist, und $'\Delta y_x$ verwandelt sich in $'\Delta y_{x'}$, wobei die Variation von x' gleich $i\omega$ ist. Wenn man jetzt nach der Substitution dieser Größen in den Gleichungen (1) und (2) ω als unendlich klein und gleich dx' annimmt, verwandelt sich $\Delta y_{x'}$ in die unendlich kleine Differenz $dy_{x'}$. Wenn man zudem i unendlich groß und $i\,dx' = \alpha$ macht, wobei α eine endliche Größe ist, wird die Variation von x' in $'\Delta y_{x'}$ gleich α sein; man erhält also

$$'\Delta^n y_{x'} = [(1+dy_{x'})^i - 1]^n,$$

$$'\Sigma^n y_{x'} = \frac{1}{[(1+dy_{x'})^i - 1]^n}\,. \tag{q}$$

[214]) (S): Das ist Text 9.2.1.

Nun erhält man

$$\log(1+dy_{x'})^i = i\log(1+dy_{x'}) = i\,dy_{x'} = \alpha\frac{dy_{x'}}{dx'},$$

was

$$(1+dy_{x'})^i = c^{\alpha\frac{dy_{x'}}{dx'}}$$

ergibt, wobei c die Zahl ist, deren hyperbolischer Logarithmus gleich Eins ist[315]). Man erhält also

$$'\Delta^n y_{x'} = \left(c^{\alpha\frac{dy_{x'}}{dx'}} - 1\right)^n, \tag{3}$$

$$'\Sigma^n y_{x'} = \frac{1}{\left(c^{\alpha\frac{dy_{x'}}{dx'}} - 1\right)^n}, \tag{4}$$

indem man dafür Sorge trägt, daß die Exponenten der Potenzen von $dy_{x'}$ auf das Symbol d angewandt, die negativen Differentiale in Integrale und die Größe $d^0y_{x'}$ in $y_{x'}$ umgewandelt werden.

Man kann der Gleichung (3) folgende spezielle, uns später nützliche Form geben

$$'\Delta^n y_{x'} = \left(c^{\frac{\alpha}{2}\frac{dy_{x'+\frac{n\alpha}{2}}}{dx'}} - c^{-\frac{\alpha}{2}\frac{dy_{x'+\frac{n\alpha}{2}}}{dx'}}\right)^n.$$

Tatsächlich ergibt sie

$$'\Delta^n y_{x'} = c^{\frac{n\alpha}{2}\frac{dy_{x'}}{dx'}}\left(c^{\frac{\alpha}{2}\frac{dy_{x'}}{dx'}} - c^{-\frac{\alpha}{2}\frac{dy_{x'}}{dx'}}\right)^n.$$

Betrachten wir ein beliebiges Glied der Reihenentwicklung von

$$\left(c^{\frac{\alpha}{2}\frac{dy_{x'}}{dx'}} - c^{-\frac{\alpha}{2}\frac{dy_{x'}}{dx'}}\right)^n$$

wie $k\cdot\left(\frac{dy_{x'}}{dx'}\right)^r$. Indem man es mit $c^{\frac{n\alpha}{2}\frac{dy_{x'}}{dx'}}$ multipliziert und letztere Größe in eine Reihe entwickelt, erhält man

$$k\frac{d^r}{dx'^r}\left[y_{x'} + \frac{n\alpha}{2}\frac{dy_{x'}}{dx'} + \left(\frac{n\alpha}{2}\right)^2\frac{d^2y_{x'}}{1\cdot 2\cdot dx'^2} + \ldots\right].$$

Diese Größe ist gleich $k\frac{d^r y_{x'+\frac{n\alpha}{2}}}{dx'^r}$, woraus man leicht schließt

$$c^{\frac{n\alpha}{2}\frac{dy_{x'}}{dx'}}\left(c^{\frac{\alpha}{2}\frac{dy_{x'}}{dx'}} - c^{-\frac{\alpha}{2}\frac{dy_{x'}}{dx'}}\right)^n = \left(c^{\frac{\alpha}{2}\frac{dy_{x'+\frac{n\alpha}{2}}}{dx'}} - c^{-\frac{\alpha}{2}\frac{dy_{x'+\frac{n\alpha}{2}}}{dx'}}\right)^n = {}'\Delta^n y_{x'}.$$

315) (S): c ist also die heute mit e symbolisierte Basis der von LAPLACE durch log symbolisierten natürlichen Logarithmen.

Wenn man auch noch in den Gleichungen (1) und (2) i unendlich klein und gleich dx annimmt, so erhält man

$$'\Delta^n y_x = d^n y_x, \quad '\Sigma^n y_x = \frac{1}{dx^n}\int^n y_x\, dx^n;$$

man erhält weiterhin

$$(1 + \Delta y_x)^i = c^{dx \log(1+\Delta y_x)} = 1 + dx \log(1 + \Delta y_x);$$

die Gleichungen (1) und (2) werden also zu

$$\frac{d^n y_x}{dx^n} = [\log(1 + \Delta y_x)]^n, \tag{5}$$

$$\int^n y_x\, dx^n = \frac{1}{[\log(1 + \Delta y_x)]^n}. \tag{6}$$

Hier kann man eine einzigartige Analogie zwischen den positiven Potenzen und den Differentialen sowie zwischen den negativen Potenzen und den Integralen feststellen. Die Gleichung

$$'\Delta y_x = c^{\alpha \frac{dy_x}{dx}} - 1 \tag{o}$$

ist die Übertragung des bekannten TAYLORschen Satzes, wenn man bei der Reihenentwicklung der rechten Seite nach Potenzen von $\frac{dy_x}{dx}$ die Exponenten dieser Potenzen auf das Symbol d anwendet. Potenziert man beide Seiten dieser Gleichung mit n und wendet die Exponenten der Potenzen von $'\Delta y_x$ und dy_x auf die Symbole $'\Delta$ und d an, so erhält man Gleichung (3), aus der Gleichung (4) hervorgeht, wenn man die negativen Differenzen in Summen verwandelt.

Die vorhergehende Gleichung ergibt

$$c^{\alpha \frac{dy_x}{dx}} = 1 + '\Delta y_x.$$

Logarithmiert man beide Gleichungsseiten, so erhält man

$$\alpha \frac{dy_x}{dx} = \log(1 + '\Delta y_x). \tag{r}$$

Nimmt man dann $\alpha = 1$ an, was $'\Delta y_x$ in Δy_x umwandelt, und potenziert die beiden Gleichungsseiten mit n, so erhält man Gleichung (5), vorausgesetzt, man wendet die Exponenten der Potenzen auf die Symbole an. Man erhält Gleichung (6), wenn man n negativ macht und die negativen Potenzen in Summen umwandelt.

Text 9.3. Felix Hausdorff, Beiträge zur Wahrscheinlichkeitsrechnung*)

3. Ueber die Entwicklung von Fehlerfunctionen.

Die Rolle, die das GAUSS'sche Exponentialgesetz als Approximation und Anfangsglied der Reihenentwicklung von Fehlerfunctionen spielt, geht aus den zahlreichen bisherigen Darstellungen nicht in voller Klarheit hervor. Die Untersuchungen über das BERNOULLI'sche Theorem, die Entwicklungen von LAPLACE, BESSEL, BRUNS u. v. A. lassen wohl keinen Zweifel über das *Was*, aber das *Warum* bleibt undurchsichtig; die geheimnissvolle Entstehung des GAUSS'schen Gesetzes aus dem Zusammenwirken zahlreicher Einzelfehler zu einem Gesammtfehler behält, so zu sagen, den Character eines überraschenden fait accompli. Nun ist es ja im allerstrengsten Sinne nicht zulässig, nach dem Warum einer bewiesenen mathematischen Wahrheit zu fragen, denn der Grund liegt eben im Beweise; aber nicht ohne Berechtigung spricht man vom Nerv des Beweises, von Einfachheit oder Complication, und will damit sagen, dass ein Beweis mehr oder weniger von den inneren Structurverhältnissen der Sache zum Vorschein bringen kann. In diesem Sinne glaube ich, dass die folgende kurze Darstellung und insbesondere der neueingeführte Begriff der *kanonischen Parameter* einen schärferen Einblick in die Stellung der GAUSS'schen Fehlerfunctionen unter ihresgleichen gestattet.

Eine Grösse x (die wir der Einfachheit wegen als Beobachtungsfehler denken, obwohl sie auch alles andere, z.B. den Gewinn in einem Zufallsspiele bedeuten kann) möge eine discrete oder continuirliche Reihe von Werthen mit gewissen Wahrscheinlichkeiten anzunehmen fähig sein. Es seien also entweder $x_1 x_2 x_3 \ldots$ die verschiedenen Werthe, die x mit den Wahrscheinlichkeiten $p_1 p_2 p_3 \ldots$ erlangen kann, oder es sei $\varphi(x)$ die *Fehlerfunction* des continuirlich veränderlichen Fehlers x, d.h. $\int_a^b \varphi(x)\,dx$ die Wahrscheinlichkeit, dass x im Intervalle (a, b) liege. Das praktische Bedürfniss kann sich auf diese beiden Fälle beschränken, obwohl theoretisch noch sehr viele andere möglich sind (z.B. könnte x eine Fehlerfunction besitzen und *daneben* noch *einzelner* Werthe mit nicht verschwindender Wahrscheinlichkeit fähig sein, oder die Werthmenge (x_i) könnte, vom Standpunkt der Mengenlehre, allgemeineren Character tragen); es wird auch

*) FELIX HAUSDORFF, Beiträge zur Wahrscheinlichkeitsrechnung, *in*: Berichte über die Verhandlungen der Königlich Sächsischen Gesellschaft der Wissenschaften zu Leipzig, Mathematisch-Physikalische Classe **53** (1901), S. 152–178, speziell S. 166–169. Abdruck mit Genehmigung der Sächsischen Akademie der Wissenschaften zu Leipzig.

bezüglich der Fehlerfunction von vornherein Einschränkungen zulassen, etwa ausser der Integrabilität noch die Stetigkeit, wenigstens abtheilungsweise, und vor allem die Existenz der im Folgenden auftretenden bestimmten Integrale D. Uebrigens soll das Ensemble der Werthe p_i, x_i oder die Fehlerfunction $\varphi(x)$, um für beide Fälle einen Gattungsbegriff zu haben, auch als *Fehlergesetz* oder *Beobachtungsmodus* bezeichnet werden.

Das Zeichen D soll den mit Rücksicht auf die Wahrscheinlichkeit der einzelnen Werthe gebildeten Durchschnittswerth (Mittelwerth, valeur moyenne oder valeur probable) irgendwelcher Function von x bedeuten, ist also durch

$$Df(x) = \sum_i p_i f(x_i) \text{ oder } Df(x) = \int_{-\infty}^{+\infty} \varphi(x) f(x)\, dx \qquad (1)$$

definirt, woraus, da x irgend einen der möglichen Werthe annehmen *muss*, $D1 = 1$ folgt. Kommen verschiedene Grössen $x, y, \ldots$ mit eigenen Fehlergesetzen, oder kommen „abhängige" (§ 1, p. 163) Grössenverbindungen mit gemeinsamem Fehlergesetz in Betracht, so soll die Operation der Durchschnittsbildung immer durch dasselbe Zeichen D angedeutet werden. Man habe etwa neben x noch eine Grösse y, die die Werthe $y_1 y_2 y_3 \ldots$ mit den Wahrscheinlichkeiten $q_1 q_2 q_3 \ldots$ annehmen kann; während w_{ik} die Wahrscheinlichkeit bezeichne, dass sowohl x den Wert x_i, als auch y den Werth y_k annehme. Dann ist, beide Grössen zusammen betrachtet,

$$Df(x, y) = \sum_{ik} w_{ik} f(x_i, y_k),$$

$$Df(x) = \sum_{ik} w_{ik} f(x_i) = \sum_i p_i f(x_i),$$

$$Dg(y) = \sum_{ik} w_{ik} g(y_k) = \sum_k q_k g(y_k),$$

sodass es für eine Function der einen Grösse allein keinen Unterschied macht, ob man auch noch die andere hinzudenkt oder von ihr absieht. Scharf zu unterscheiden ist zwischen dem *Product aus den Durchschnittswerthen* und dem *Durchschnittswerth aus dem Product*; beide

$$Df(x) \cdot Dg(y) = \sum_{ik} p_i q_k f(x_i)\, g(y_k),$$

$$Df(x)\, g(y) = \sum_{ik} w_{ik} f(x_i)\, g(y_k)$$

sind jedoch in dem wichtigen Fall identisch, dass beide Fehler von einander *unabhängig* sind, also $w_{ik} = p_i q_k$ ist. Das Gesagte überträgt sich ohne Aenderung auf den Fall stetig veränderlicher Fehler und auf Verbindungen von mehr als zwei abhängigen oder unabhängigen Fehlern.

Es möge nun eine beliebige Anzahl *unabhängiger* Grössen als Einzel- oder Partialfehler, ihre Summe als Gesammt- oder Totalfehler bezeichnet werden.

Die Aufgabe, *die Fehlerfunction des Totalfehlers aus denen der Partialfehler zu ermitteln*, führt bekanntlich auf Relationen aus der Theorie der FOURIER'schen Integrale; eine im GAUSS'schen Nachlass (VIII, p. 88) gefundene Umkehrbeziehung zwischen zwei Functionen[316]) kann als die Grundlage alles Weiteren angesehen werden. Es sei nämlich

$$\int_{-\infty}^{+\infty} \varphi(x)\, e^{ixu}\, dx = \sqrt{2\pi}\, \psi(u),$$

so ist umgekehrt

$$\int_{-\infty}^{+\infty} \psi(u)\, e^{-ixu}\, du = \sqrt{2\pi}\, \varphi(x).$$

Wir wollen dies Formelpaar, die FOURIER-GAUSS'sche Umkehrrelation, einfach an die Spitze stellen, ohne auf ihren Beweis und Gültigkeitsbereich einzugehen. Da $\psi(u)$ möglicherweise keine reelle Function ist (ausser wenn die Fehlerfunction $\varphi(x)$ *gerade* ist), so wollen wir statt dessen die Function

$$\Phi(u) = \sqrt{2\pi}\, \psi(-iu) = \int_{-\infty}^{+\infty} \varphi(x)\, e^{xu}\, dx = De^{xu} \tag{2}$$

verwenden, aus der $\varphi(x)$ durch die Operation

$$2\pi\varphi(x) = \int_{-\infty}^{+\infty} \Phi(iu)\, e^{-ixu}\, du = \int_{-\infty}^{+\infty} \Phi(-iu)\, e^{ixu}\, du \tag{3}$$

wiedergewonnen wird.

Nach dem, was oben über den Durchschnittswerth eines Products von Functionen *unabhängiger* Grössen gesagt wurde, verhalten sich bei der Addition von Partialfehlern die entsprechenden Functionen $\Phi(u)$ *multiplicativ*, denn für unabhängige x, y ist

$$De^{(x+y)u} = De^{xu} \cdot De^{yu}. \tag{4}$$

Hierin liegt die Lösung der oben gestellten Aufgabe. Man bilde für jeden Partialfehler die Function $\Phi(u) = De^{xu}$, das Product aller dieser Functionen ist die entsprechende Function des Totalfehlers, aus der durch (3) die Fehlerfunction des Totalfehlers hervorgeht.

[316]) (S): Siehe Einführung zu diesem Kapitel, S. 419f.

Text 9.4. Paul Lévy, Calcul des probabilités*)

28. Grenzwert einer Wahrscheinlichkeitsverteilung

Eines der Hauptziele der Wahrscheinlichkeitstheorie ist es, zu beweisen, daß unter gewissen, sehr wenig einschränkenden Bedingungen ein Fehler, ⟨aufgefaßt⟩ als Summe einer großen Anzahl von ⟨voneinander⟩ unabhängigen Teilfehlern einer Verteilung genügt, die gegen die GAUSSsche[317]) konvergiert. Es handelt sich zunächst darum, zu klären, unter welchen Bedingungen man sagen kann, daß eine Wahrscheinlichkeitsverteilung gegen einen Grenzwert strebt. Genau diesem Problem ist dieses Kapitel gewidmet. Es handelt sich daher ferner um allgemeine, auf Wahrscheinlichkeitsverteilungen bezügliche Begriffe, die unabhängig vom Prinzip der zusammengesetzten Wahrscheinlichkeiten[318]) sind.

Bezeichnen wir mit L eine von einem Parameter λ abhängige Wahrscheinlichkeitsverteilung, die wir als durch ihre Verteilungsfunktion[319]) $F(x)$ bestimmt voraussetzen, und mit $\mathscr{L}$ eine feste Verteilung, die durch ihre Verteilungsfunktion $G(x)$ bestimmt ist. Wenn der Parameter λ gegen einen Grenzwert strebt, werden wir sagen, daß *die Verteilung L gegen den Grenzwert $\mathscr{L}$ konvergiert, wenn $F(x)$ bis auf etwaige Unstetigkeitspunkte von $G(x)$ gegen $G(x)$ konvergiert.*

Einige Bemerkungen sind erforderlich, um den Sinn dieser Definition gut zu verstehen und um zu sehen, wie gut sie der intuitiven Bedeutung der verwendeten Begriffe entspricht.

Setzen wir zunächst die Funktion $G(x)$ als stetig voraus. Die Definition besagt dann, daß $F(x)$ gegen $G(x)$ konvergiert. Wir zeigen, daß *diese Konvergenz notwendig gleichmäßig ist*, d.h., daß man, wenn ε eine beliebig kleine positive Zahl ist, irgendwann erhalten wird

$$|F(x) - G(x)| \leqq \varepsilon. \tag{59}$$

*) PAUL LÉVY, Calcul des probabilités, Paris 1925, S. 192–200 (aus Teil II, Kapitel IV).

(S). Übersetzung mit Genehmigung von Editions Bordas-Dunod-Gauthier-Villars, Paris.

[317]) (S): Gemeint ist die Normalverteilung.

[318]) (S): LÉVY hatte dieses von ihm so genannte Prinzip auf S. 7–14 seines ›Calcul des probabilités‹ eingeführt. Es handelt sich dabei um den später von KOLMOGOROW so genannten Multiplikationssatz (siehe §§ 4 und 5 des ersten Kapitels von Text 8.4.) für voneinander unabhängige und abhängige Ereignisse, wobei allerdings LÉVY noch den traditionellen Standpunkt vertrat, wonach die Unabhängigkeit zweier Ereignisse A und B die Gültigkeit von $p(AB) = p(A)\,p(B)$ nach sich zieht.

[319]) (S): LÉVY benutzt dafür den Ausdruck *fonction des probabilités totales*, deren Eigenschaften er auf S. 136f. seines ›Calcul‹ eingeführt hatte.

Teilen wir zu diesem Zweck die x-Achse durch die Teilungspunkte $\xi_1, \xi_2, \ldots, \xi_n$ in $n + 1$ Intervalle, denen jeweils bezüglich der Verteilung $\mathcal{L}$ eine Wahrscheinlichkeit von höchstens $\frac{\varepsilon}{2}$ entspricht. Da diese Punkte von endlicher Anzahl sind, wird man irgendwann erhalten

$$|F(\xi_i) - G(\xi_i)| \leqq \frac{\varepsilon}{2} \quad (i = 1, 2, \ldots, n).$$

Dann wird die Ungleichung (59) bestätigt sein. Wenn x etwa dem Intervall (ξ_i, ξ_{i+1}) angehört, ergibt sich dies offenbar aus den Formeln

$$G(\xi_i) \leqq G(x) \leqq G(\xi_{i+1}) \leqq G(\xi_i) + \frac{\varepsilon}{2},$$

$$G(\xi_i) - \frac{\varepsilon}{2} \leqq F(\xi_i) \leqq F(x) \leqq F(\xi_{i+1}) \leqq G(\xi_{i+1}) + \frac{\varepsilon}{2} \leqq G(\xi_i) + \varepsilon.$$

Für die Differenz der Extremwerte von $F(x)$ und $G(x)$ ergeben sich die Höchstwerte $-\varepsilon$ und $+\varepsilon$, und dieses Ergebnis ist, da es unabhängig vom Index i ist und auch in den Intervallen $(-\infty, \xi_1)$ und $(\xi_n, +\infty)$ gilt, unabhängig von x, w.z.b.w.

Nun unterscheidet sich die Wahrscheinlichkeit $F(x_1) - F(x_0)$ bezüglich der Verteilung L und eines beliebigen Intervalls (x_0, x_1) höchstens um 2ε von der Wahrscheinlichkeit bezüglich desselben Intervalls und der Verteilung $\mathcal{L}$. Wenn ε genügend klein ist, können die beiden Verteilungen nicht unterschieden werden, da die Wahrscheinlichkeit immer nur bis auf eine beschränkte Genauigkeit bekannt ist. Es ist unter diesen Umständen sehr natürlich, davon zu sprechen, daß die Verteilung L gegen die Verteilung $\mathcal{L}$ konvergiert[320]).

Man beachte, daß eine unstetige Verteilung gegen eine stetige Verteilung konvergieren kann; es ist dafür nur notwendig, daß die Werte[321]) der α_i in den Unstetigkeitspunkten gegen Null streben. Beispiele dieser Art werden in der Folge eine wichtige Rolle spielen.

Nehmen wir jetzt an, daß die Verteilung L eine endliche Anzahl möglicher Werte x_i zuläßt, die stetig mit λ variieren, wobei ihre Wahrscheinlichkeiten α_i

[320]) Um diesen Schluß zu verstehen, darf man nicht außer acht lassen, daß gerade die endliche Wahrscheinlichkeit einem Begriff entspricht, der gleichzeitig einen intuitiven und einen empirischen Sinn hat. Im Gegensatz dazu ist die Wahrscheinlichkeitsdichte (*fonction des probabilités élémentaires*) $f(x)$ etwas rein Theoretisches wie alles, was $F(x)$ als mit mathematischer Genauigkeit bekannt voraussetzt; sie kann durch keine Erfahrung bestimmt werden; vielmehr wird man eine Wahrscheinlichkeitsverteilung als gut bekannt ansehen, wenn man $F(x)$, ohne etwas über $f(x)$ zu wissen, bis auf einen Fehler kleiner als ε kennt.

[321]) (S): Die α_i hat LÉVY als die in den Unstetigkeitspunkten x_i konzentrierten Wahrscheinlichkeitsmassen eingeführt (S. 142).

konstant bleiben. Die dieser Verteilung entsprechenden Massen verschieben sich stetig, und der Wert von $F(x)$ wird sich genau dann, wenn eine Masse α_i den Punkt x durchläuft, schlagartig um α_i vergrößern oder vermindern. Es ist dennoch in diesem Fall natürlich, zu sagen, daß sich die Verteilung L stetig ändert und gegen einen Grenzwert konvergiert, wenn λ gegen einen Grenzwert strebt. Das will nur besagen, daß sich $y = F(x)$ für konstantes x nur wenig ändert; an Punkten, für die das nicht zutrifft, genügt es, x um sehr wenig zu verändern, um denselben Wert von y zu erhalten.

Allgemeiner wird sich die durch die Funktion $F(x)$ bestimmte Verteilung wenig von der durch die Funktion $G(x)$ bestimmten unterscheiden, wenn man von einem beliebigen Punkt der Kurve $y = F(x)$ zu einem passenden Punkt der Kurve $y = G(x)$ gelangen kann, indem man x oder y oder beide Koordinaten sehr wenig verändert; mit anderen Worten wird sich die Verteilung L sehr wenig von der Verteilung $\mathscr{L}$ unterscheiden, wenn sich jeder Punkt der Kurve $y = F(x)$ in einer Umgebung der Kurve $y = G(x)$ befindet. Beim Grenzübergang sagt man, sobald die Kurven durch senkrechte Striche an den Unstetigkeitspunkten stetig gemacht worden sind, daß die Verteilung L gegen die Verteilung $\mathscr{L}$ konvergiert, wenn die erste Kurve gegen die zweite strebt.

Da die betrachteten Funktionen zunehmen oder zumindest nicht abnehmen, ändert man ganz offensichtlich nicht die Größenordnung des Abstands eines Punktes auf einer dieser Kurven, wenn man diesen z.B. in Richtung der Parallelen zur zweiten Winkelhalbierenden[322]) mißt. Man zeigt darüber hinaus mühelos, daß, wenn der auf diese Art in Richtung der Geraden $x + y = c$ gemessene Abstand zwischen den beiden betrachteten Kurven für jedes c gegen Null strebt, er gleichmäßig gegen Null strebt; sein Maximum strebt gegen Null.

Für einen Punkt, in dessen Umgebung die Funktion $G(x)$ stetig ist, hat die vorhergehende Eigenschaft notwendig zur Folge, daß die Differenz $F(x) - G(x)$, die den Abstand zwischen den beiden Kurven gemessen in Richtung der Senkrechten darstellt, gegen Null strebt. Wenn aber $G(x)$ in einem Punkt x_i plötzlich von einem Wert y_i' auf einen Wert y_i'' springt, kann man aus der Tatsache, daß die Kurve $y = F(x)$ gegen die Kurve $y = G(x)$ konvergiert, lediglich folgern, daß $F(x_i)$ von einem bestimmten Moment an zwischen $y_i' - \varepsilon$ und $y_i'' + \varepsilon$, wie klein auch ε sei, eingeschlossen ist[323]). Der Punkt $x_i, F(x_i)$ liegt also entweder auf dem zur Kurve $G(x)$ gehörigen senkrechten Abschnitt

$$x = x_i, \quad y_i' < y < y_i''$$

[322]) (S): Mit der zweiten Winkelhalbierenden ist die Gerade $x = -y$, mit der ersten die Gerade $x = y$ gemeint, wie der folgende Text zeigt.

[323]) Wenn zudem auch die Funktion $F(x)$ unstetig im Punkt x_i ist, indem sie von einem Wert η_i' auf einen Wert η_i'' springt, gilt diese Aussage gleichzeitig für η_i' und η_i'' sowie natürlich für jeden dazwischenliegenden Wert.

oder in der Umgebung eines seiner Endpunkte. Wenn man aber, wie wir es bis jetzt gemacht haben, mit $G(x_i)$ nicht die Ordinate irgendeines Punktes dieses Abschnitts, sondern die Ordinate $\frac{y_i' + y_i''}{2}$ seines Mittelpunktes bezeichnet, kann man nicht behaupten, daß $F(x_i) - G(x_i)$ gegen Null strebt. Daraus erwächst notwendig eine Einschränkung bezüglich der Unstetigkeitspunkte von $G(x)$ in der ursprünglichen Definition des Grenzwerts. Mit dieser Einschränkung ist diese Definition gleichbedeutend mit der folgenden: Man sagt, daß *die Verteilung L gegen die Verteilung $\mathscr{L}$ konvergiert, wenn die Kurve $y = F(x)$ gegen die Kurve $y = G(x)$ strebt, wobei die beiden Kurven durch senkrechte Striche, die den Unstetigkeitspunkten von $F(x)$ und $G(x)$ entsprechen, stetig gemacht wurden.*

29. Grenzwert der charakteristischen Funktion

Bezeichnen wir mit $\varphi(t)$ bzw. $\omega(t)$ die charakteristischen Funktionen der Verteilungen L und $\mathscr{L}$. Wir werden zeigen, daß, *wenn die Verteilung L gegen die Verteilung $\mathscr{L}$ konvergiert, die Funktion $\varphi(t)$ gegen $\omega(t)$ konvergiert, und zwar gleichmäßig in jedem endlichen Intervall $(-T, +T)$.*

Es handelt sich darum, zu zeigen, daß, wenn $|t| < T$ ist, die Differenz

$$\varphi(t) - \omega(t) = \int_{-\infty}^{+\infty} e^{itx}\, d[F(x) - G(x)] \tag{60}$$

von einem bestimmten Moment an kleiner als eine beliebig kleine positive Zahl ε ist.

Zeigen wir zunächst, daß man, wenn man nur über ein endliches Intervall $(-X, +X)$ integriert, einen Fehler begeht, der von einem bestimmten Moment an sicherlich kleiner als $\frac{\varepsilon}{2}$ ist, wenn X genügend groß ist. Das ergibt sich mühelos aus dem Umstand, daß die beiden Integrale $\varphi(t)$ und $\omega(t)$ durch die beiden Integrale

$$\int_{-\infty}^{+\infty} dF(x) \quad \text{bzw.} \quad \int_{-\infty}^{+\infty} dG(x) \tag{61}$$

majorisiert werden.

Man kann zunächst X hinreichend groß dafür wählen, daß der Fehler

$$G(-X) + 1 - G(X),$$

den man bei der Integration des zweiten Integrals von $-X$ bis $+X$ begangen hat, kleiner als $\frac{\varepsilon}{6}$ ist. Wenn X und $-X$ Punkte sind, in denen die Funktion $G(x)$ stetig ist – man kann sie immer so wählen, daß diese Bedingung erfüllt ist – konvergiert der beim ersten Integral begangene Fehler

$$F(-X) + 1 - F(X)$$

gegen den vorhergehenden und ist demzufolge von einem bestimmten Moment an kleiner als $\frac{\varepsilon}{3}$. Der bei der Summe der beiden Integrale (61) begangene Fehler ist also kleiner als $\frac{\varepsilon}{2}$, und dies gilt auch in noch höherem Maße für den bei der Integration (60) begangenen Fehler, wenn man nur von $-X$ bis $+X$ integriert.

Es bleibt also zu zeigen, daß der Ausdruck

$$\int_{-X}^{+X} e^{itx}\, d[F(x) - G(x)] \tag{62}$$

von einem bestimmten Moment an kleiner als $\frac{\varepsilon}{2}$ wird, wenn die Verteilung L gegen die Verteilung $\mathscr{L}$ strebt. Nach der Definition des Stieltjes-Integrals ist dieser Ausdruck der Grenzwert der Summe

$$\Sigma\, e^{it\xi_h}\, D[F(x_h) - G(x_h)], \tag{63}$$

wobei diese Summe über eine große Anzahl sehr kleiner Intervalle erstreckt wird, deren Vereinigung das Intervall $(-X, +X)$ ergibt, D die Schwankung zwischen Anfangs- und Endpunkt des h-ten Teilintervalls und ξ_h einen beliebigen Wert aus diesem Intervall bezeichnet. Wenn alle Teilintervalle kleiner als eine Zahl η sind, ist der in jedem Summanden bei e^{itx} durch die Ersetzung von x durch ξ_h begangene Fehler höchstens gleich $|t|\ \eta$ – die Ableitung dieser Funktion hat den Maximalbetrag $|t|$ – und demzufolge höchstens gleich $T\eta$. Der durch die Ersetzung des Integrals (62) durch die Summe (63) begangene Fehler ist also kleiner als

$$T\eta\ \Sigma\, D[F(x_h) + G(x_h)]$$

und *erst recht* als $2T\eta$ und somit als $\frac{\varepsilon}{4}$, wenn $\eta = \frac{\varepsilon}{8T}$ ist.

Wenn die Teilintervalle so gewählt werden, daß ihre Länge kleiner als dieser Wert η und zudem die Funktion $G(x)$ in den Teilungspunkten x_h stetig ist, strebt jeder der Werte $F(x_h)$ gegen $G(x_h)$, wenn die Verteilung L gegen die Verteilung $\mathscr{L}$ strebt, und der Ausdruck (63), Summe einer endlichen Anzahl von gegen Null strebenden Gliedern, ist von einem bestimmten Moment an kleiner als $\frac{\varepsilon}{4}$.

Also ist der Ausdruck (62) kleiner als $\frac{\varepsilon}{2}$, w.z.b.w.

30. Umkehrung des vorhergehenden Satzes

Umgekehrt genügt für die Konvergenz der Verteilung L gegen die Verteilung $\mathscr{L}$, daß $\varphi(t)$ gleichmäßig in jedem endlichen Intervall gegen $\omega(t)$ konvergiert.

Wir setzen zunächst zum Beweis dieser Umkehrung voraus, daß die Verteilung L absolut stetig ist und ihre Dichte $f(x)$ eine bestimmte Zahl μ nicht überschreitet[324]).

Man erhält also

$$|F(x_1) - F(x_0)| \leqq \mu\, |x_1 - x_0|. \tag{64}$$

Wir können das angekündigte Ergebnis nur beweisen, indem wir die Formeln der Nr. 15, die den Übergang von $\varphi(t)$ zu $F(x)$ gestatten, wieder aufgreifen und verdeutlichen. Wir haben gesehen, daß das Integral

$$J_C = \int_{-C}^{+C} \varphi(t) \frac{1 - e^{iXt}}{t}\, dt, \tag{22}$$

das als Funktion von $F(x)$ durch die Formel

$$J_C = \int_{-\infty}^{+\infty} \frac{2 \sin Cx}{x} [F(x + X) - F(x)]\, dx \tag{21}$$

ausgedrückt wird, für C gegen Unendlich gegen den Grenzwert $2\pi[F(X) - F(0)]$ konvergiert. Wir werden zeigen, daß diese Konvergenz gleichmäßig ist für alle Funktionen $F(x)$, die die Ungleichung (64) erfüllen, und demzufolge gleichmäßig bezüglich des Parameters λ, von dem die Verteilung L abhängt. Der angekündigte Satz wird daraus folgen, denn aus der Annahme bezüglich $\varphi(t)$ folgt, daß J_C gegen das bezüglich der Verteilung $\mathscr{L}$ analoge Integral konvergiert, und es genügt zu beweisen, daß dieses Ergebnis seine Gültigkeit bis zum Grenzwert für C gleich Unendlich behält. Daher konvergiert $F(X) - F(0)$ gegen $G(X) - G(0)$, so daß die Verteilung L gegen die Verteilung $\mathscr{L}$ konvergiert.

Unterscheidet man die beiden Glieder von J_C, von denen das eine einem beliebigen Wert X und das andere dem Wert Null entspricht, so handelt es sich also darum zu zeigen, daß die Konvergenz des DIRICHLETschen Integrals

$$\int_{-\infty}^{+\infty} \frac{2 \sin Cx}{x} F(x + X)\, dx$$

[324]) Man kann zudem, ohne irgendetwas an der folgenden Begründung zu ändern, nur voraussetzen, daß die der Veränderung der Verteilung L entsprechenden verschiedenen Funktionen $F(x)$ eine Familie von in gleicher Weise stetigen Funktionen bilden, d.h., daß man bei gegebenem ε einen Modul η der gleichmäßigen Stetigkeit finden kann, der unabhängig von dem Parameter λ allein eine Funktion von ε ist, so daß aus $|x_1 - x_0| < \eta$ folgt $|F(x_1) - F(x_0)| < \varepsilon$.

gegen seinen Grenzwert $2\pi F(X)$ gleichmäßig bezüglich λ ist, d.h., daß für ein genügend großes C die Differenz

$$\int_{-\infty}^{+\infty} \frac{2 \sin Cx}{x} [F(x + X) - F(X)]\, dx$$

oder, wenn man x gegen $\frac{x}{C}$ vertauscht,

$$\int_{-\infty}^{+\infty} \frac{2 \sin x}{x} \left[F\left(X + \frac{x}{C}\right) - F(X)\right] dx \tag{65}$$

für jeden Wert von λ dem Betrag nach kleiner ist als eine beliebig kleine positive Zahl ε.

Zu diesem Zweck muß man die in Nr. 14 dargelegte Theorie des DIRICHLETschen Integrals wieder aufnehmen und verdeutlichen. Diese Theorie beruht auf der Feststellung, daß man, wenn $H(x)$ eine fallende oder zumindest nicht steigende positive Funktion ist, erhält

$$\left|\int_{n\pi}^{\infty} H(x) \frac{\sin x}{x}\, dx\right| \leqq \int_{n\pi}^{(n+1)\pi} H(x) \frac{|\sin x|}{x}\, dx < \frac{2H(n\pi)}{n\pi}.$$

Schreibt man

$$F\left(X + \frac{x}{C}\right) - F(X) = [1 - F(X)] - \left[1 - F\left(X + \frac{x}{C}\right)\right],$$

so erscheint der dem Intervall $(n\pi, \infty)$ entsprechende Teil des Integrals (65) als eine Differenz von zwei Gliedern, auf die man diese Feststellung anwenden kann. Sie ist in diesem Fall dem Betrag nach kleiner als

$$\frac{4}{n\pi}\left[1 - F(X) + 1 - F\left(X + \frac{n\pi}{C}\right)\right] \leqq \frac{8}{n\pi}$$

und demzufolge als $\frac{\varepsilon}{4}$, wenn $n \geqq \frac{32}{\pi\varepsilon}$ ist. Dasselbe gilt für das Integral bezüglich des Intervalls $(-\infty, -n\pi)$. Es bleibt also zu zeigen, daß für ein so gewähltes n das Integral

$$\int_{-n\pi}^{n\pi} \frac{2 \sin x}{x} \left[F\left(X + \frac{x}{C}\right) - F(X)\right] dx$$

für genügend großes C dem Betrag nach kleiner als $\frac{\varepsilon}{2}$ ist. Dies gilt offenbar, denn es ist nach Formel (64) dem Betrag nach höchstens gleich

$$\int_{-n\pi}^{n\pi} \frac{2\mu}{C} |\sin x| \, dx = \frac{8\mu n}{C}.$$

Der Ausdruck (65) ist also für genügend großes C bestimmt kleiner als ε[325]), w.z.b.w.[326]).

[325]) Setzt man $\frac{32}{\pi\varepsilon}$ als ganzzahlig voraus und nimmt $n = \frac{32}{\pi\varepsilon}$, so genügt es, daß $C > \frac{512\mu}{\pi\varepsilon^2}$ ist. Überdies haben wir nicht versucht, sehr scharf abzuschätzen; dieser Wert ist sicherlich viel größer als notwendig.

[326]) (S): In der nachfolgenden Nr. 31 bietet LÉVY einen weiteren Beweis für den Umkehrsatz von Nr. 30, der die Gültigkeit der Bedingung (64) nicht voraussetzt, sondern sie über die Einführung einer Hilfsverteilung erzwingt.

Kapitel 10. Die Entstehung der Theorie Markowscher Ketten und Prozesse

Die große Bedeutung der Markowschen Ketten und Markowschen Prozesse für heutige Anwendungen der Wahrscheinlichkeitsrechnung motiviert einmal das Interesse an den historischen Wurzeln dieses Zweiges der Wahrscheinlichkeitstheorie und läßt gleichzeitig vermuten, daß Bedürfnisse möglicher Anwender den Begriff einer Kette von Zufallsvariablen bilden halfen. Diese Vermutung bestätigt sich nicht bei Durchsicht der einschlägigen Veröffentlichungen von Markow aus den Jahren 1906 bis 1912; vielmehr zeigt sich, daß Markow, mutmaßlich herausgefordert durch den Erfolg von Ljapunow bei der Suche nach möglichst allgemeinen Bedingungen für die Gültigkeit des zentralen Grenzwertsatzes für Summen unabhängiger Zufallsvariablen (siehe Kapitel 4) nicht nur die von Tschebyschew eingeführte Momentenmethode weiter ausbaute, sondern versuchte, auch den Bereich voneinander abhängiger Zufallsvariablen einzubeziehen. Bei der systematischen Untersuchung von Folgen voneinander abhängiger Zufallsgrößen stieß er auf eine besondere Klasse, die er selbst als „verkettete Größen" bezeichnete und die später nach ihm als Markow-Ketten bezeichnet wurden. Als solche verkettete Größen sind Folgen (x_n) von Zufallsvariablen anzusehen, für die gilt: Falls x_n eingetreten ist, so ist das zukünftige Eintreten von x_{n+1} nur von der „Bedingung" x_n, nicht aber von den früher eingetretenen x_1 bis x_{n-1} abhängig.

Solche Ketten betrachtete Markow erstmalig in einer Arbeit von 1906, in der es ihm darum ging, die Gültigkeit des Gesetzes der großen Zahlen auch für den Fall voneinander abhängiger Zufallsgrößen zu beweisen; dabei betrachtete er als Beispiel solcher abhängiger Zufallsgrößen auch eine homogene Kette, deren Glieder jeweils nur endlich viele Zustände annehmen können[327]).

Nachdem er in einer Arbeit die Gültigkeit des zentralen Grenzwertsatzes für Summen von Zufallsvariablen bewiesen hatte, die Glieder einer homogenen Kette mit den beiden möglichen Zuständen 0 und 1 sind[328]), erweiterte Markow dieses Ergebnis auf Summen von Zufallsvariablen, die Glieder beliebiger homogener Ketten mit endlich vielen Zuständen sind, wobei er zunächst den Fall, in dem die Glieder der Kette jeweils drei Zustände annehmen können, unter-

327) Andrej Andrejewitsch Markow, Die Erweiterung des Gesetzes der großen Zahlen auf Größen, die voneinander abhängig sind (russisch), *in*: Abhandlungen der physik.-math. Gesellschaft der Universität Kasan **15**^{2} (1906), S. 135–156.

328) Andrej Andrejewitsch Markow, Untersuchung eines merkwürdigen Falles der abhängigen Versuche (russisch), *in*: Mitteilungen der Petersburger Akademie der Wissenschaften **1**^{6} (1907), S. 61–80.

suchte (Text 10.1.). Die am Ende dieser Veröffentlichung von 1908 behauptete Möglichkeit, dieses Ergebnis auch auf „komplizierte Ketten" ausdehnen zu können, „in denen jede Zahl (jedes Glied) unmittelbar nicht nur mit einer, sondern mit mehreren ihr vorausgehenden Zahlen (Gliedern) verknüpft ist", bewies MARKOW 1911 für die später so genannten MARKOW-BRUNS-Ketten[329]).

MARKOW selbst hat nur ein Beispiel für die von ihm eingeführten Ketten angegeben; es handelt sich um die beiden möglichen Zustände „Konsonant" und „Vokal" bei der Buchstabenfolge etwa in Romanen; als „Zufallsvariable" x_n ist also der n-te Buchstabe des vorliegenden Textes, bei MARKOW PUSCHKINS ›Eugen Onegin‹[330]), anzusehen, wobei die Übergangswahrscheinlichkeiten der für Ketten typischen Bedingung deshalb genügen, weil jede Sprache schon verhältnismäßig kurze Folgen, die nur aus Vokalen oder nur aus Konsonanten bestehen, ausschließt.

Erst langsam wurde man in der Folgezeit gewahr, daß eine Reihe von Problemen, etwa der Vererbungslehre oder der Diffusion in der Physik der Gase, mit dem von MARKOW angebotenen Begriff der Kette und den dafür entwickelten Methoden lösbar erschien. So hat sich S. N. BERNSTEIN, der zum Ausbau der Theorie der MARKOWschen Ketten beigetragen hat, mit Fragen der Vererbungslehre, die die Verwendung des Kettenbegriffes nahelegen, auseinandergesetzt.[331])

Der Grundgedanke MARKOWS bei der Schöpfung des Begriffs der Kette, nämlich die Unabhängigkeit des zukünftigen Eintretens eines Zustandes von dem bereits erfolgten Eintritt eines Zustandes bei früheren Versuchen und die alleinige Abhängigkeit vom gegenwärtigen Zustand, erwies sich als verallgemeinerungsfähig auf stochastische Prozesse (vgl. die Einführungen Kapitel 7 zu Text 7.5.4. und Kapitel 8 zu Text 8.4.). Stochastische Prozesse spielten bereits bei den 1900 einsetzenden Bemühungen von BACHELIER, die Börsenschwankungen mathematisch zu fassen, eine Rolle[332]).

329) ANDREJ ANDREJEWITSCH MARKOW, Über verbundene Größen, die keine eigentlichen Ketten bilden (russisch), *in*: Mitteilungen der Petersburger Akademie der Wissenschaften **5**[6] (1911), S. 113–126 und in deutscher Übersetzung als Anhang III *in*: A. A. MARKOFF, Wahrscheinlichkeitsrechnung (übersetzt von HEINRICH LIEBMANN), Leipzig-Berlin 1912, S. 299–311.

330) ANDREJ ANDREJEWITSCH MARKOW, Versuche einer statistischen Untersuchung über den Text des Romans ›Eugen Onegin‹ zur Beleuchtung des Zusammenhangs der Kettenversuche (russisch), *in*: Mitteilungen der Petersburger Akademie der Wissenschaften **7**[6] (1913), S. 153–162.

331) SERGEJ NATANOWITSCH BERNSTEIN, Démonstration mathématique de la loi d'hérédité de Mendel, *in*: Comptes Rendus Acad. Sci. Paris **177** (1923), S. 528–531, und weitere Arbeiten.

332) LOUIS BACHELIER, Théorie de la spéculation, *in*: Annales de l'École normale superieure **17**[3] (1900), S. 21–86.

BACHELIER löste sich bewußt von der damals das Wahrscheinlichkeitsdenken beherrschenden Vorstellung, daß Wahrscheinlichkeiten – entsprechend etwa der Wahrscheinlichkeit für das Eintreten eines Ereignisses bei einem zu verschiedenen diskreten Zeitpunkten durchgeführten Versuch – nur auf abzählbare Folgen von Zufallsvariablen bezogen werden können. Er führte Wahrscheinlichkeiten ein, die von der Zeit als stetigem Parameter abhängig sind. Diese mathematisch noch nicht ausgereiften Überlegungen BACHELIERS erhielten mit der mathematischen Theorie der BROWNschen Bewegung von WIENER (vgl. Fußnote S. [305]) eine strenge Fassung. Die Verbindung des MARKOWschen Prinzips mit den stochastischen Prozessen und damit die Einführung der MARKOWschen Prozesse leistete KOLMOGOROW 1931 (Text 10.2.). Die Markowschen Prozesse sind danach spezielle stochastische Prozesse „ohne Nachwirkung". Diese Markowsche Eigenschaft wird in der Arbeit von KOLMOGOROW durch die heute als Chapman-Kolmogorowsche Gleichung bezeichnete Beziehung gesichert. Im Vordergrund der Arbeiten der durch physikalische Fragestellungen interessant gewordenen Markow-Prozesse standen in den dreißiger Jahren die Übergangswahrscheinlichkeiten bzw. -funktionen, für deren Untersuchung KOLMOGOROW in diesem Text ein allgemeines Programm entwarf, indem er die Differentialgleichungen für die Übergangsdichten angab.

Text 10.1. Andrej Andrejewitsch Markow, Ausdehnung der Sätze über die Grenzwerte in der Wahrscheinlichkeitsrechnung auf eine Summe verketteter Größen *)

In dem Aufsatz „Ausdehnung des Gesetzes der großen Zahlen", mitgeteilt im 15. Band der 2. Serie der Abhandlungen der phys.-math. Gesellschaft an der Kasaner Universität wies ich nach, daß das bekannte Gesetz der großen Zahlen, wie es von Tschebyscheff für unabhängige Größen aufgestellt ist, auch auf viele Fälle abhängiger Größen erweitert werden kann.

Von diesen Fällen verdienen nach meiner Meinung die Fälle verketteter Größen besondere Aufmerksamkeit, so daß, wenn der Wert von einer von ihnen bekannt ist, die darauffolgenden von den ihr vorausgehenden unabhängig sind.

Bei der Betrachtung von einem dieser Fälle, man kann wohl sagen, dem einfachsten, in dem Aufsatz „Untersuchung eines wichtigen Falles abhängiger Proben"[333]) wies ich für ihn den Lehrsatz vom Grenzwert der mathematischen Hoffnung nach, aus dem ein bestimmter Ausdruck für den Grenzwert der Wahrscheinlichkeit in Gestalt des bekannten Laplaceschen Integrals hervorgeht.

Dies Ergebnis führt auf den Gedanken, daß die Sätze über die Grenzwerte der mathematischen Hoffnung und der Wahrscheinlichkeit auch für andere Fälle verketteter Größen gelten müssen.

Mein Beweis war auf eine Besonderheit des gegebenen Falles begründet: auf die Symmetrie der gesuchten Ausdrücke in p und q; es genügt aber, kleine Änderungen vorzunehmen, um ihn von der angegebenen Besonderheit des einfachen Falles frei zu machen, und es wird die Möglichkeit klar, ähnliche Schlüsse und entsprechende Ausführungen auf andere Fälle zu übertragen.

Wir verweilen nicht bei dem erörterten Fall, sondern wir betrachten einen anderen, allgemeineren Fall und erläutern an ihm einen Beweis, der allgemeinen Charakter hat.

*) Andrej Andrejewitsch Markow, Ausdehnung der Sätze über die Grenzwerte in der Wahrscheinlichkeitsrechnung auf eine Summe verketteter Größen (russisch), *in*: Abhandlungen der Kaiserlichen Russischen Akademie der Wissenschaften, physikalisch-mathematische Klasse **22**[8], Nr. 9, (1908); deutsche Übersetzung von Heinrich Liebmann *in*: Markoff, Wahrscheinlichkeitsrechnung, Leipzig-Berlin 1912, S. 272–298, speziell S. 272–276 u. S. 290–298. Abdruck mit Genehmigung der BSB B. G. Teubner Verlagsgesellschaft, Leipzig.

[333]) Acta mathematica T. 33.

§ 1.

Es seien

$$x_1, x_2, \ldots, x_k, x_{k+1}, \ldots$$

eine Reihe verketteter Größen.

Ferner seien für jede dieser Größen möglich nur die drei Werte

$$-1, 0, +1$$

und dementsprechend bedeutet das Zahlensystem

$$\begin{array}{l} p\ ,q\ ,r \\ p'\ ,q'\ ,r' \\ p'',q'',r'' \end{array}$$

in der ersten Zeile die Wahrscheinlichkeiten der Gleichungen

$$x_{k+1} = -1, \quad x_{k+1} = 0, \quad x_{k+1} = +1,$$

wenn $x_k = -1$ ist, in der zweiten Zeile die Wahrscheinlichkeit derselben Gleichungen für $x_k = 0$ und endlich in der dritten Zeile ihre Wahrscheinlichkeiten für $x_k = +1$.

Diese Wahrscheinlichkeiten können natürlich keine negativen Zahlen sein und müssen den Bedingungen genügen

$$\begin{aligned} p + q + r &= 1, \\ p' + q' + r' &= 1, \\ p'' + q'' + r'' &= 1. \end{aligned} \tag{1}$$

Außerdem setzen wir voraus, daß keine von ihnen gleich Eins ist; diese Voraussetzung zu machen, ist besonders wichtig für

$$p, q', r'',$$

damit die Reihe

$$x_1, x_2, x_3, \ldots$$

sich nicht als einfache Wiederholung einer Zahl erweist.

Endlich müssen wir noch drei Zahlen einführen

$$P, Q, R,$$

die die Wahrscheinlichkeiten sind dafür, daß x_1 den Wert hat

$$-1, 0, +1.$$

Unter diesen Bedingungen beschäftigen wir uns mit der Betrachtung der Wahrscheinlichkeit verschiedener Annahmen über die Größe der Summe

$$x_1 + x_2 + \cdots + x_n$$

für einen beliebig gegebenen Wert n und beginnen mit kleinen Werten von n, gehen sodann über zu großen und unbegrenzt wachsenden.

Für $n = 1$ reduziert sich unsere Summe auf die Zahl x_1 und kann dementsprechend die drei Werte haben

$$-1, 0, +1,$$

deren Wahrscheinlichkeiten zufolge der Bedingung sind

$$P, Q, R.$$

Für $n = 2$ haben wir die Summe zweier Zahlen

$$x_1 + x_2,$$

für welche man die Werte nehmen kann

$$-2, -1, 0, +1, +2$$

und die Wahrscheinlichkeiten dieser Werte sind, wie man leicht sieht entsprechend gleich

$$Pp, Pq + Qp', Pr + Qq' + Rp'', Qr' + Rq'', Rr''.$$

Für die Summe

$$x_1 + x_2 + x_3$$

sind schon sieben Werte möglich

$$-3, -2, -1, 0, +1, +2, +3$$

und ihre Wahrscheinlichkeiten werden der Reihe nach sein

$$Ppp, P(pq + qp') + Qp'p, P(pr + qq' + rp'') + Q(p'q + q'p') + Rp''p,$$
$$P(qr' + rq'') + Q(p'r + q'q' + r'p'') + R(p''q + q''p'),$$
$$Prr'' + Q(q'r' + r'q'') + R(p''r + q''q' + r''p''),$$
$$Qr'r'' + R(q''r' + r''q''), Rr''r''.$$

Fährt man ferner fort, ähnlich wie in dem erwähnten Aufsatz „Untersuchung eines wichtigen Falles ...“, bei beständiger Zunahme der Zahl n von Eins an, so hat man die Wahrscheinlichkeit der Gleichung

$$x_1 + x_2 + \dots + x_n = m$$

für beliebig gegebene Werte n und m in Gestalt einer Summe darzustellen

$$\overset{-}{P}_{m,n} + P_{m,n} + \overset{+}{P}_{m,n}$$

wobei wir mit den drei Symbolen die Wahrscheinlichkeit derselben Gleichung bezeichnen, mit der Nebenbedingung, die nach der Folge der Wahrscheinlichkeiten ausgedrückt wird durch die Gleichungen

$$x_n = -1, \quad x_n = 0, \quad x_n = +1.$$

Bei diesen Bezeichnungen kann man leicht die folgenden Gleichungen aufstellen:

$$\begin{aligned} \overset{-}{P}_{m,n+1} &= p\,\overset{-}{P}_{m+1,n} + p'\,P_{m+1,n} + p''\overset{+}{P}_{m+1,n} \\ P_{m,n+1} &= q\,\overset{-}{P}_{m,n} + q'\,P_{m,n} + q''\,\overset{+}{P}_{m,n} \\ \overset{+}{P}_{m,n+1} &= r\,\overset{-}{P}_{m-1,n} + r'P_{m-1,n} + r''\overset{+}{P}_{m-1,n} \end{aligned} \tag{2}$$

für

$$n = 1, 2, 3, \ldots.$$

Dieser Gleichungen kann man sich bedienen, um der Reihe nach die Wahrscheinlichkeiten

$$\overset{-}{P}_{m,n}, P_{m,n}, \overset{+}{P}_{m,n}$$

für

$$n = 2, 3, 4, \ldots$$

zu berechnen; man muß nur die Ausgangsgleichungen beachten

$$\overset{-}{P}_{-1,1} = P, P_{0,1} = Q, \overset{+}{P}_{1,1} = R \tag{3}$$

und beachten, daß alle übrigen Ausdrücke

$$\overset{-}{P}_{m,1}, P_{m,1}, \overset{+}{P}_{m,1}$$

gleich Null werden müssen, als Wahrscheinlichkeiten von unmöglichen Annahmen.

Wir finden auf diese Weise

$$\begin{aligned} &\overset{-}{P}_{-2,2} = pP, && \overset{-}{P}_{-1,2} = p'Q, && \overset{-}{P}_{0,2} = p''R \\ &P_{-1,2} = qP, && P_{0,2} = q'Q, && P_{1,2} = q''R, \\ &\overset{+}{P}_{0,2} = rP, && \overset{+}{P}_{1,2} = r'Q, && \overset{+}{P}_{2,2} = r''R, \end{aligned}$$

die übrigen Ausdrücke aber

$$\overset{-}{P}_{m,2}, P_{m,2}, \overset{+}{P}_{m,2}$$

gleich Null; ferner erhalten wir

$$\overset{-}{P}_{-3,3} = ppP, \quad \overset{-}{P}_{-2,3} = pp'Q + p'qP, \quad P_{-2,3} = qpP, \quad \overset{+}{P}_{-2,3} = 0,$$

$$\overset{-}{P}_{-2,3} + P_{-2,3} + \overset{+}{P}_{-2,3} = (pq + qp')\,P + Qp'p$$

usw.

Lassen wir in unseren Betrachtungen den Fall bei Seite, daß die Determinante

$$\begin{vmatrix} p, p', p'' \\ q, q', q'' \\ r, r', r'' \end{vmatrix}$$

gleich Null ist, so können wir noch drei Zahlen einführen

$$\overset{-}{P}_{0,0}, P_{0,0}, \overset{+}{P}_{0,0},$$

die wir aus den Gleichungen bestimmen:

$$P = p\overset{-}{P}_{0,0} + p'P_{0,0} + p''\overset{+}{P}_{0,0}$$

$$Q = q\overset{-}{P}_{0,0} + q'P_{0,0} + q''\overset{+}{P}_{0,0}$$

$$R = r\overset{-}{P}_{0,0} + r'P_{0,0} + r''\overset{+}{P}_{0,0},$$

Kraft deren wir haben

$$\overset{-}{P}_{0,0} + P_{0,0} + \overset{+}{P}_{0,0} = 1.$$

Wenn wir zugleich den Symbolen

$$\overset{-}{P}_{m,0}, P_{m,0}, \overset{+}{P}_{m,0}$$

für von Null verschiedenes m den Wert Null erteilen, so können wir die von uns gefundenen Gleichungen auf den Fall $n = 0$ ausdehnen. ...

§ 6.

Bei der Betrachtung des einen Falles verketteter Größen bemerkte ich, daß dieser Fall keine charakteristischen Besonderheiten aufweist, sondern sich von andern nur durch die einfachen Voraussetzungen unterscheidet, wir können also in kurzen Worten auch auf den allgemeinen Fall verketteter Größen unsere Ausführungen übertragen, der in meinem oben erwähnten Aufsatz „Ausdehnung des Gesetzes der großen Zahlen ...“ aufgestellt ist.

Wir behalten die Bezeichnungen dieses Aufsatzes bei und nehmen an, daß die verschiedenen möglichen Werte der Zahlenkette

$$x_1, x_2, \ldots, x_k, x_{k+1}, \ldots$$

sind

$$\alpha, \beta, \gamma, \ldots \tag{24}$$

und daß das System

$$\begin{matrix} p_{\alpha,\alpha}, p_{\alpha,\beta}, p_{\alpha,\gamma}, \dots \\ p_{\beta,\alpha}, p_{\beta,\beta}, p_{\beta,\gamma}, \dots \\ p_{\gamma,\alpha}, p_{\gamma,\beta}, p_{\gamma,\gamma}, \dots \\ \dots\dots\dots\dots\dots\dots \end{matrix} \tag{25}$$

die Wahrscheinlichkeiten darstellt, daß bei gegebenem Wert von x_k die Größe x_{k+1} einen bestimmten Wert hat, wobei der erste Index von p auf die gegebene Größe x_k deutet, der zweite aber den erwähnten Wert von x_{k+1} bedeutet.

Durch die Zahlen (24) und (25) werden unsere endgültigen Schlußfolgerungen bestimmt, um aber eine ganz bestimmte Aufgabe zu stellen, müssen wir noch die Zahlen einführen

$$p'_\alpha, p'_\beta, p'_\gamma, \dots,$$

die, ähnlich den Zahlen P, Q, R des einfachen Falles, der Reihe nach die Wahrscheinlichkeiten der Gleichungen

$$x_1 = \alpha, \quad x_1 = \beta, \quad x_1 = \gamma, \dots,$$

bedeuten, wenn alle Größen unserer Kette

$$x_1, x_2, \dots, x_n, \dots$$

unbestimmt bleiben.

Wir gehen jetzt zur Bestimmung der Größe der Wahrscheinlichkeiten der verschiedenen Annahmen über die Größe der Summe über

$$x_1 + x_2 + \dots + x_n,$$

und bezeichnen die Wahrscheinlichkeit der Gleichung

$$x_1 + x_2 + \dots + x_n = m$$

mit dem Symbol $P_{m,n}$ und führen die Funktion Φ_n der willkürlichen Zahl t ein, bestimmt durch die Summe

$$\Phi_n = \sum P_{m,n} t^m. \tag{26}$$

Wir verfahren genau wie im einfachen Fall und zerlegen $P_{m,n}$ in die Summanden

$$P_{m,n} = \overset{\alpha}{P}_{m,n} + \overset{\beta}{P}_{m,n} + \overset{\gamma}{P}_{m,n} + \dots \tag{27}$$

und führen die Reihe von Funktionen ein

$$\overset{\alpha}{\Phi}_n = \sum \overset{\alpha}{P}_{m,n} t^m, \quad \overset{\beta}{\Phi}_n = \sum \overset{\beta}{P}_{m,n} t^m, \dots \tag{28}$$

indem wir unter den Symbolen

$$\overset{\alpha}{P}_{m,n}, \overset{\beta}{P}_{m,n}, \overset{\gamma}{P}_{m,n}, \dots$$

die Wahrscheinlichkeiten verstehen, daß eben dieselbe Gleichung erfüllt ist

$$x_1 + x_2 + \ldots + x_n = m$$

mit der Nebenbedingung, die je nachdem ausgedrückt wird durch eine der Gleichungen

$$x_n = \alpha, x_n = \beta, x_n = \gamma, \ldots.$$

Bei diesen Bezeichnungen kann man leicht entsprechend den Bedingungen der Frage, die Gleichungen aufstellen

$$\begin{aligned}
\overset{\alpha}{P}_{m,n} &= \overset{\alpha}{P}_{m-\alpha,n-1} p_{\alpha,\alpha} + \overset{\beta}{P}_{m-\alpha,n-1} p_{\beta,\alpha} + \ldots \\
\overset{\beta}{P}_{m,n} &= \overset{\alpha}{P}_{m-\beta,n-1} p_{\alpha,\beta} + \overset{\beta}{P}_{m-\beta,n-1} p_{\beta,\beta} + \ldots \\
&\ldots\ldots\ldots\ldots\ldots\ldots\ldots\ldots\ldots\ldots
\end{aligned}$$

und von ihnen übergehen zu den Gleichungen

$$\begin{aligned}
\overset{\alpha}{\Phi}_n t^{-\alpha} &= p_{\alpha,\alpha} \overset{\alpha}{\Phi}_{n-1} + p_{\beta,\alpha} \overset{\beta}{\Phi}_{n-1} + p_{\gamma,\alpha} \overset{\gamma}{\Phi}_{n-1} + \ldots \\
\overset{\beta}{\Phi}_n t^{-\beta} &= p_{\alpha,\beta} \overset{\alpha}{\Phi}_{n-1} + p_{\beta,\beta} \overset{\beta}{\Phi}_{n-1} + p_{\gamma,\beta} \overset{\gamma}{\Phi}_{n-1} + \ldots \qquad (29) \\
\overset{\gamma}{\Phi}_n t^{-\gamma} &= p_{\alpha,\gamma} \overset{\alpha}{\Phi}_{n-1} + p_{\beta,\gamma} \overset{\beta}{\Phi}_{n-1} + p_{\gamma,\gamma} \overset{\gamma}{\Phi}_{n-1} + \ldots \\
&\ldots\ldots\ldots\ldots\ldots\ldots\ldots\ldots\ldots\ldots
\end{aligned}$$

Aus den Gleichungen (29) folgt aber für alle Funktionen

$$\overset{\alpha}{\Phi}_n, \overset{\beta}{\Phi}_n, \overset{\gamma}{\Phi}_n, \ldots$$

und für

$$\Phi_n = \overset{\alpha}{\Phi}_n + \overset{\beta}{\Phi}_n + \overset{\gamma}{\Phi}_n + \ldots$$

ein und dieselbe gleichartige Differenzengleichung, die wir sehr einfach in symbolischer Form darstellen können

$$\begin{vmatrix}
p_{\alpha,\alpha} - t^{-\alpha}\Phi, & p_{\beta,\alpha}, & p_{\gamma,\alpha}, & \ldots \\
p_{\alpha,\beta}, & p_{\beta,\beta} - t^{-\beta}\Phi, & p_{\gamma,\beta}, & \ldots \\
p_{\alpha,\gamma}, & p_{\beta,\gamma}, & p_{\gamma,\gamma} - t^{-\gamma}\Phi, & \ldots \\
\ldots & \ldots & \ldots & \ldots
\end{vmatrix} \Phi^n = 0, \qquad (30)$$

wo nach Ausführung der angedeuteten Rechnungen an Stelle von

$$\Phi^n, \Phi^{n+1}, \Phi^{n+2}, \ldots$$

zu setzen ist

$$\Phi_n, \Phi_{n+1}, \Phi_{n+2}, \ldots.$$

Durch diese Gleichung kann man alle Funktionen

$$\Phi_0, \Phi_1, \Phi_2, \ldots, \Phi_n, \ldots$$

als Koeffizienten in der Entwicklung einer gewissen rationalen Funktion

$$\frac{f(t, z)}{F(t, z)}$$

einer neuen Hilfsveränderlichen z nach wachsenden Potenzen von z bestimmen, deren Nenner bestimmt ist durch die Formel

$$F(t, z) = \begin{vmatrix} p_{\alpha,\alpha}z - t^{-\alpha}, & p_{\beta,\alpha}z, & p_{\gamma,\alpha}z, & \ldots \\ p_{\alpha,\beta}z, & p_{\beta,\beta}z - t^{-\beta}, & p_{\gamma,\beta}z, & \ldots \\ p_{\alpha,\gamma}z, & p_{\beta,\gamma}z, & p_{\gamma,\gamma}z - t^{-\gamma}, & \ldots \\ \ldots & \ldots & \ldots & \ldots \end{vmatrix} \tag{31}$$

Bevor wir zu weiterer Ausführung übergehen, ist unbedingt hervorzuheben, daß wir nur solche Ketten betrachten

$$x_1, x_2, \ldots, x_n, \ldots,$$

bei denen das Auftreten einer der Zahlen

$$\alpha, \beta, \gamma, \ldots$$

nicht das Auftreten der andern schließlich unmöglich macht. Diese wichtige Bedingung kann man auch mit Hilfe einer Determinante so ausdrücken: die Determinante

$$\begin{vmatrix} u, & p_{\beta,\alpha}, & p_{\gamma,\alpha}, & \ldots \\ p_{\alpha,\beta}, & v, & p_{\gamma,\beta}, & \ldots \\ p_{\alpha,\gamma}, & p_{\beta,\gamma}, & w, & \ldots \\ \ldots & \ldots & \ldots & \ldots \end{vmatrix}$$

mit den willkürlichen Elementen

$$u, v, w, \ldots$$

ist kein Produkt mehrerer Determinanten derselben Art.

Diese Bedingung ist aber für unsere Zwecke nicht ausreichend und wir müssen voraussetzen[334]), daß die von uns angegebene Determinante nicht in bestimmter Art auf das Produkt verschiedener Determinanten zurückkommt auch für

$$u = p_{\alpha,\alpha}, \quad v = p_{\beta,\beta}, \quad w = p_{\gamma,\gamma}, \ldots.$$

Wie in dem speziellen Fall, so beziehen sich auch in dem allgemeinen unsere Ausführungen auf die mathematische Hoffnung der Potenz

$$(x_1 + x_2 + \ldots + x_n - na)^i,$$

[334]) Man kann unsere Betrachtungen auch auf viele der von uns ausgeschlossenen Fälle ausdehnen.

wo wir die Zahl a durch die Bedingung bestimmen, daß für $i = 1$ diese mathematische Hoffnung nicht mit n unbegrenzt wachsen kann.

Nachdem wir wie früher festgestellt haben, daß man die gesuchte mathematische Hoffnung ausdrücken kann durch den Koeffizienten von z^n bei der Entwicklung des Wertes der Ableitung

$$\frac{d^i}{du^i}\left\{\frac{f(e^u, ze^{-au})}{F(e^u, ze^{-au})}\right\}$$

nach wachsenden Potenzen von z für $u = 0$, bemerken wir, daß man zur Übertragung der Schlüsse beim speziellen Fall auf den allgemeinen Fall die Entwicklung der Funktion $F(1, z)$ in einfache Faktoren

$$F(1, z) = \pm(1 - z)(1 - y_1 z)(1 - y_2 z)\ldots$$

betrachten muß, und nachweisen, daß bei dieser Entwicklung der Faktor $1 - z$ nur einmal auftritt und daß die Moduln der Zahlen

$$y_1, y_2, \ldots$$

kleiner als Eins sind.

Mit andern Worten, wir müssen uns dann überzeugen, daß Eins eine einfache Wurzel ist von

$$\begin{vmatrix} p_{\alpha,\alpha} - y, & p_{\beta,\alpha}, & p_{\gamma,\alpha}, & \ldots \\ p_{\alpha,\beta}, & p_{\beta,\beta} - y, & p_{\gamma,\beta}, & \ldots \\ p_{\alpha,\gamma}, & p_{\beta,\gamma}, & p_{\gamma,\gamma} - y, & \ldots \\ \ldots & \ldots & \ldots & \ldots \end{vmatrix} = 0 \tag{32}$$

und daß die Moduln der übrigen Wurzeln

$$y_1, y_2, \ldots$$

derselben Gleichung kleiner als Eins sind.

Zum Nachweis, daß die Einheit eine einfache und keine vielfache Wurzel der Gleichung (32) ist, kann der folgende Satz über die Determinante dienen:

Wenn alle Elemente der Determinante

$$\begin{vmatrix} u, & -b_1, & -c_1, & \ldots \\ -a_1, & v, & -c_2, & \ldots \\ -a_2, & -b_2, & w, & \ldots \\ \ldots & \ldots & \ldots & \ldots \end{vmatrix}$$

den Ungleichheiten genügen

$$a_k \geqq 0, \quad b_k \geqq 0, \quad c_k \geqq 0, \ldots \tag{*}$$

und den Ungleichheiten

$$u \geqq a_1 + a_2 + \ldots, v \geqq b_1 + b_2 + \ldots, w \geqq c_1 + c_2 + \ldots, \ldots; \tag{**}$$

so kann sie keine negative Zahl sein, und kann äußerstenfalls nur dann gleich Null sein, wenn alle Ungleichheiten (**) zu Gleichungen werden, oder wenn sie, derart, daß einige der Ungleichheiten (*) zu Gleichungen werden, zu einem Produkt einiger Determinanten von demselben Typus wird und unter den letzteren eine solche Determinante sich befindet, für welche alle Ungleichheiten, welche (**) entsprechen, zu Gleichungen werden[335]).

Wir überzeugen uns von der Wahrheit dieses für uns wichtigen Satzes, indem wir $u, v, w, \ldots$ als veränderliche Größen auffassen und beachten, daß die Ableitungen unserer Determinante nach $u, v, w, \ldots$ sich ausdrücken als ebensolche Determinanten von niedrigerer Ordnung; diese Betrachtung gibt uns die Möglichkeit, schrittweise den Satz von einer zweireihigen Determinante, für die er selbstverständlich ist, auf eine dreireihige Determinante auszudehnen, von einer dreireihigen Determinante auf eine vierreihige usw.

Aus dem hierdurch erwiesenen Satz folgt sogleich, daß unter den von uns festgesetzten Bedingungen die Ableitung der linken Seite der Gleichung (32) nach y nicht zu Null wird für $y = 1$, da diese Ableitung nach Multiplikation mit ± 1 in der Form einer Summe von Determinanten dargestellt werden kann

$$\begin{vmatrix} 1 - p_{\beta,\beta}, & -p_{\gamma,\beta}, & \ldots \\ -p_{\beta,\gamma}, & 1 - p_{\gamma,\gamma}, & \ldots \\ \ldots & \ldots & \ldots \end{vmatrix} + \begin{vmatrix} 1 - p_{\alpha,\alpha}, & -p_{\gamma,\alpha}, & \ldots \\ -p_{\alpha,\gamma}, & 1 - p_{\gamma,\gamma}, & \ldots \\ \ldots & \ldots & \ldots \end{vmatrix} + \ldots,$$

welche den Bedingungen des Satzes genügen und nicht alle zu dem äußersten Fall gehören.

Daher kann die Zahl Eins, die zufolge der Bedingungen

$$\begin{gathered} p_{\alpha,\alpha} + p_{\alpha,\beta} + p_{\alpha,\gamma} + \ldots = 1 \\ p_{\beta,\alpha} + p_{\beta,\beta} + p_{\beta,\gamma} + \ldots = 1 \\ \ldots\ldots\ldots\ldots\ldots\ldots\ldots\ldots \end{gathered}$$

die Gleichung (32) erfüllen muß, keine vielfache Wurzel dieser Gleichung sein.

Wir wenden uns zu den anderen Wurzeln der Gleichung (32) und nehmen an, daß y eine beliebige von ihnen ist.

Zu dieser Zahl y kann man ein System von Zahlen bilden

$$\alpha', \beta', \gamma', \ldots,$$

das nicht aus Nullen allein besteht und das den Gleichungen genügt

$$\begin{gathered} \alpha' y = p_{\alpha,\alpha}\alpha' + p_{\alpha,\beta}\beta' + p_{\alpha,\gamma}\gamma' + \ldots \\ \beta' y = p_{\beta,\alpha}\alpha' + p_{\beta,\beta}\beta' + p_{\beta,\gamma}\gamma' + \ldots \\ \gamma' y = p_{\gamma,\alpha}\alpha' + p_{\gamma,\beta}\beta' + p_{\gamma,\gamma}\gamma' + \ldots \\ \ldots\ldots\ldots\ldots\ldots\ldots\ldots\ldots\ldots \end{gathered}$$

[335]) Ein ähnlicher Satz findet sich auch in der Arbeit von HERMANN MINKOWSKI „Zur Theorie der Einheiten in den algebraischen Zahlkörpern“ (Nachr. der Königl. Ges. d. W. Göttingen 1900).

Die Zahlen $\alpha', \beta', \gamma', \ldots$ können nicht alle einen und denselben Wert haben, da bei der Annahme des Bestehens des vollständigen Gleichungssystems

$$\alpha' = \beta' = \gamma' = \ldots$$

aus den Gleichungen, denen diese Zahlen nach Voraussetzung genügen, sofort folgt

$$y = 1.$$

Indem wir das beachten, setzen wir zuerst voraus, daß die Zahlen $\alpha', \beta', \gamma', \ldots$ nicht denselben Modul haben. Bei dieser Voraussetzung wird angesichts der von uns gestellten Bedingungen sich unter den Gleichungen, welchen die Zahlen $\alpha', \beta', \gamma', \ldots$ unterworfen sind, auch mindestens eine befinden, in der auf der linken Seite als Faktor von y eine der Zahlen

$$\alpha', \beta', \gamma', \ldots$$

auftritt mit dem größten Modul, auf der rechten Seite aber mit einem von Null verschiedenen Koeffizienten auch eine solche von unseren Zahlen

$$\alpha', \beta', \gamma', \ldots$$

deren Modul nicht den genannten größten Wert erreicht. Hieraus folgt sogleich

$$\operatorname{mod} y < 1,$$

da die Summe der Koeffizienten bei

$$\alpha', \beta', \gamma', \ldots$$

auf der rechten Seite jeder der von uns aufgestellten Gleichungen gleich Eins ist.

Wir gehen jetzt zu der Voraussetzung über, daß alle Zahlen

$$\alpha', \beta', \gamma', \ldots$$

einen und denselben Modul haben.

Wir wissen nur, daß sie nicht alle einander gleich sind. Deswegen kann ihre Gesamtheit in bezug auf die erste α' in zwei Gruppen zerlegt werden: in die Gruppe der Zahlen, welche gleich α' sind und die Gruppe der Zahlen, welche nicht gleich α' sind, wobei die letzteren sich von α' durch die Größe des Argumentes unterscheiden.

Auf der andern Seite kann wegen der einen zugrunde liegenden Bedingung die Gesamtheit der Summen

$$\begin{gathered} p_{\alpha,\alpha}\alpha' + p_{\alpha,\beta}\beta' + p_{\alpha,\gamma}\gamma' + \ldots \\ p_{\beta,\alpha}\alpha' + p_{\beta,\beta}\beta' + p_{\beta,\gamma}\gamma' + \ldots \\ \ldots\ldots\ldots\ldots\ldots\ldots\ldots\ldots \end{gathered}$$

nicht in zwei solche Gruppen zerfallen, daß von allen Zahlen

$$\alpha', \beta', \gamma', \ldots$$

die Summe der ersten Gruppe mit von Null verschiedenen Koeffizienten nur Zahlen gleich α' enthält, die Summen der andern Gruppe nur solche, die von α' verschieden sind.

Deswegen enthält eine dieser Summen ganz bestimmt mit von Null verschiedenen Koeffizienten sowohl Zahlen, welche gleich α' sind, wie auch Zahlen, welche von α' verschieden sind, daher muß ihr Modul gleich dem Produkt des Moduls von y in den Modul von α', kleiner als der Modul von α' sein, da für Zahlen verschiedener Argumente der Modul ihrer Summe kleiner ist als die Summe ihrer Moduln und nicht gleich.

Hieraus folgt sofort die Ungleichheit

$$\operatorname{mod} y < 1,$$

die wir nachweisen mußten.

Nachdem auf diese Weise nachgewiesen ist, daß in der Zerlegung der Funktion $F(1, z)$ in einfache Faktoren

$$F(1, z) = \pm(1 - z)(1 - y_1 z)(1 - y_2 z) \dots$$

der Faktor $1 - z$ nur in der ersten Potenz auftritt und die Moduln der Koeffizienten

$$y_1, y_2, \dots$$

kleiner als Eins sind, können wir alle übrigen Schlüsse, die wir in dem Spezialfall zogen, unverändert auf den allgemeinen übertragen.

Wegen der vollständigen Identität wollen wir sie nicht wiederholen, sondern nur den endgültigen Schluß angeben.

Wenn wir bei den von uns aufgestellten Bedingungen und Bezeichnungen die Zahlen a und C bestimmen durch die Gleichungen

$$a = \frac{F'_{t=1}(t, 1)}{F'_{z=1}(1, z)}, \quad \frac{1}{2} C = \frac{F''_{u=0}(e^u, e^{-au})}{F'_{z=1}(1, z)}, \tag{33}$$

die weder zu unmöglichen noch zu unbestimmten Werten führen, so muß sein[336])

$$\lim_{n=\infty} \text{m. H.} \left(\frac{x_1 + x_2 + \dots + x_n - na}{\sqrt{n}} \right)^i = \frac{1}{\sqrt{\pi}} C^{\frac{i}{2}} \int_{-\infty}^{+\infty} t^i e^{-t^2} \, dt$$

für eine beliebige ganze positive Zahl i, und folglich muß bei unbegrenztem Anwachsen der Zahl n die Wahrscheinlichkeit, daß die Ungleichheiten erfüllt sind

$$t_1 \sqrt{Cn} < x_1 + x_2 + \dots + x_n - na < t_2 \sqrt{Cn},$$

336) (S): Das folgende „m. H.“ bedeutet mathematische Hoffnung im Sinne von Erwartungswert.

wobei t_1 und t_2 beliebig gegebene Zahlen sind, außerdem $t_2 > t_1$, sich dem Grenzwert nähern

$$\frac{1}{\sqrt{\pi}} \int_{t_1}^{t_2} e^{-t^2}\, dt.$$

Hinsichtlich der Zahlen a und C ist auch zu bemerken, daß sie entsprechend gleich sind den Grenzwerten

$$\text{m. H.}\ \frac{x_1 + x_2 + \ldots + x_n}{n} \text{ und } 2 \cdot \text{m. H.} \left(\frac{x_1 + x_2 + \ldots + x_n - na}{\sqrt{n}}\right)^2,$$

wenn n unbegrenzt wächst.

Diese Bemerkung erlaubt, unsere Schlüsse auch auf solche Fälle auszudehnen, wo die Zahlenreihe

$$\alpha, \beta, \gamma, \ldots$$

nicht durch eine endliche Anzahl von Gliedern erschöpft ist.

Man kann unsere Ausführungen auch erweitern auf komplizierte Ketten, in denen jede Zahl unmittelbar nicht nur mit einer, sondern mit mehreren ihr vorausgehenden Zahlen verknüpft ist.

Text 10.2. Andrej Kolmogoroff, Über die analytischen Methoden in der Wahrscheinlichkeitsrechnung *)

Zusammenfassung.

Ein physikalischer Prozeß (die Änderung eines physikalischen Systems) heißt stochastisch-definit, wenn aus der Kenntnis des Zustandes X_0 des Systems in einem gewissen Zeitmoment t_0 die Kenntnis der Verteilungsfunktion der Wahrscheinlichkeiten für die möglichen Zustände X des Systems in einem Zeitmoment $t > t_0$ folgt.

Der Verfasser betrachtet systematisch die einfachsten Fälle der stochastisch-definiten Prozesse und in erster Linie solche, die nach der Zeit stetig sind (darin besteht die wesentliche Neuheit der Methode: Bis jetzt betrachtete man gewöhnlich einen stochastischen Prozeß als eine Reihe von diskreten „Ereignissen").

Wenn die Menge $\mathfrak{A}$ der möglichen verschiedenen Zustände des Systems endlich ist, so läßt sich der stochastisch-definite Prozeß durch gewöhnliche lineare Differentialgleichungen charakterisieren (Kap. II). Wenn der Zustand des Systems durch einen oder mehrere stetige Parameter definiert ist, so wird der analytische Apparat durch parabolische partielle Differentialgleichungen gegeben (Kap. IV). Man kommt dabei zu verschiedenen Verteilungsfunktionen, unter denen die Laplacesche Normalverteilung als natürlicher einfachster Fall erscheint.

Einleitung.

I.

Wenn man Natur- und Sozialereignisse mathematisch behandeln will, muß man zuerst diese Ereignisse *schematisieren*; man kann nämlich die mathematische Analysis zur Betrachtung eines Änderungsprozesses eines Systems nur dann anwenden, wenn man voraussetzt, daß jeder mögliche Zustand dieses Systems sich mit Hilfe eines bestimmten mathematischen Apparats vollständig beschreiben läßt, z. B. durch die Werte einer bestimmten Anzahl von Parametern; ein solches mathematisch-definierbares System ist überhaupt nicht die

*) Andrej Kolmogoroff, Über die analytischen Methoden in der Wahrscheinlichkeitsrechnung, *in*: Mathematische Annalen **104** (1931), S. 415–458, speziell S. 415–438. Abdruck mit Genehmigung des Autors.

Wirklichkeit selbst, sondern nur *ein Schema*, welches zur Beschreibung der Wirklichkeit dienen kann.

Die klassische Mechanik gebraucht nur solche Schemata, in welchen der Zustand y des Systems in einem Zeitmoment t durch den Zustand x in einem beliebigen vorigen Moment t_0 eindeutig definiert ist; der mathematische Ausdruck dieser Tatsache ist durch die Formel

$$y = f(x, t_0, t)$$

gegeben. Wenn eine solche eindeutige Funktion f existiert, wie es immer in der klassischen Mechanik vorausgesetzt wird, so sagen wir, daß unser Schema *ein Schema eines wohldeterminierten Prozesses* ist. Man könnte überdies noch solche Prozesse als wohldeterminierte hinzulassen, in welchen der Zustand y durch den Zustand x in einem einzigen Zeitmoment t nicht vollständig definiert ist, sondern von der Art der Änderung des Zustandes x vor dem Augenblick t wesentlich abhängt. Aber man zieht gewöhnlich vor, diese Abhängigkeit von der Vorgeschichte des Systems dadurch zu vermeiden, daß man den Begriff des Zustandes des Systems im Zeitmoment t erweitert und dementsprechend neue Parameter einführt[337]).

Außerhalb des Gebietes der klassischen Mechanik betrachtet man oft neben den Schemata der wohldeterminierten Prozesse solche Schemata, in welchen der Zustand x des Systems in einem Zeitmoment t_0 nur eine gewisse Wahrscheinlichkeit für den jeweils möglichen Zustand y in einem folgenden Moment $t > t_0$ definiert. Wenn bei beliebig gegebenen t_0, $t > t_0$ und x eine bestimmte Wahrscheinlichkeitsverteilungsfunktion für die Zustände y existiert, so sagen wir, daß unser Schema *ein Schema eines stochastisch-definiten Prozesses ist.* Im allgemeinen Falle wird diese Verteilungsfunktion in der Form

$$P(t_0, x, t, \mathfrak{E})$$

gegeben, wobei $\mathfrak{E}$ eine Menge von Zuständen y ist und P die Wahrscheinlichkeit bezeichnet, einen Zustand y aus dieser Menge im Moment t zu erhalten. Dabei erhebt sich eine Schwierigkeit, welche darin besteht, daß es allgemein unmöglich ist, diese Wahrscheinlichkeit für alle Mengen $\mathfrak{E}$ zu definieren. Eine strenge Definition des stochastisch-definiten Prozesses, welche diese Schwierigkeit vermeidet, ist im § 1 gegeben.

Man könnte auch hier, wie im Falle der wohldeterminierten Prozesse noch solche Schemata betrachten, in welchen die Wahrscheinlichkeit P von der ganzen Vorgeschichte des Systems und nicht nur von dem Zustande x wesentlich abhängt. Man kann aber diesen Einfluß der Vorgeschichte mit Hilfe derselben Methoden vermeiden wie im Falle der wohldeterminierten Schemata.

[337]) Ein wohlbekanntes Beispiel für diese Methode wird dadurch gegeben, daß man in der Beschreibung des Zustandes eines mechanischen Systems nicht nur die Koordinaten seiner Punkte, sondern auch die Komponenten ihrer Geschwindigkeiten einführt.

Es sei noch bemerkt, daß die Möglichkeit bei der Behandlung irgendeines reellen Prozesses die Schemata der wohldeterminierten oder nur stochastisch-definiten Prozesse anzuwenden, in keinem Zusammenhang mit der Frage steht, ob dieser wirkliche Prozeß selbst determiniert oder zufällig sei.

II.

Man untersucht gewöhnlich in der Wahrscheinlichkeitstheorie nur solche Schemata, in welchen die Änderungen des Systems nur in den Zeitmomenten einer diskreten Folge $t_1, t_2, \ldots, t_n, \ldots$ stattfinden. BACHELIER[338]) war unseres Wissens der erste, welcher systematisch Schemata untersuchte, in denen die Wahrscheinlichkeiten $P(t_0, x, t, \mathfrak{E})$ mit der Zeit t sich stetig ändern. Auf die Fälle, welche von BACHELIER untersucht wurden, werden wir im § 16 und in der Schlußbemerkung zurückkommen. Es sei hier nur noch erwähnt, daß die BACHELIERschen Betrachtungen jeder mathematischen Strenge gänzlich entbehren.

In der vorliegenden Arbeit betrachten wir vom zweiten Kapitel an hauptsächlich die oben erwähnten nach der Zeit stetigen Schemata. Mathematisch hat man dabei den großen Vorteil, daß man für P Differentialgleichungen nach der Zeit einführen kann und dann die einfachen analytischen Formeln erhält, welche in der gewöhnlichen Theorie nur als asymptotische Formeln auftreten. Was die Anwendungen betrifft, so kann man erstens die neuen Schemata unmittelbar auf die realen Prozesse anwenden, zweitens aus den Lösungen der Differentialgleichungen der nach der Zeit stetigen Prozesse neue asymptotische Formeln für diskrete Schemata ableiten, wie es im § 12 gezeigt wird.

III.

Wir gehen nicht von einem vollständigen Axiomensystem der Wahrscheinlichkeitstheorie aus, geben aber schon jetzt die Voraussetzungen an, welche weiter gebraucht werden. Über die Menge $\mathfrak{A}$ von möglichen Zuständen x machen wir keine speziellen Voraussetzungen: mathematisch kann man $\mathfrak{A}$ als eine beliebige Menge von beliebigen Elementen betrachten. Alle Voraussetzungen über das Mengensystem $\mathfrak{F}$ und die Funktion $P(t_0, x, t, \mathfrak{E})$ sind in § 1 gegeben. Weiter entwickelt sich die ganze Theorie als eine rein mathematische. …

338) I. Théorie de la spéculation. Ann. de l'École norm. 17 (1900), p. 21.
II. Les probabilités à plusieurs variables, ibid. 27 (1910), p. 339.
III. Calcul des probabilités 1912.

Erstes Kapitel.

Allgemeine Betrachtungen.

§ 1.

Allgemeines Schema des stochastisch-definiten Prozesses.

Es sei $\mathfrak{S}$ ein System, welches sich in den Zuständen $x, y, z, \ldots$ befinden kann, und $\mathfrak{F}$ ein System der Mengen $\mathfrak{E}$ der Zustände $x, y, z, \ldots$: wir sagen, daß *der Prozeß der Veränderung des Systems $\mathfrak{S}$ stochastisch-definit in bezug auf $\mathfrak{F}$ ist,* wenn bei beliebiger Wahl des Zustandes x, der Menge $\mathfrak{E}$ und der Zeitmomente t_1 und t_2 ($t_1 < t_2$) die Wahrscheinlichkeit $P(t_1, x, t_2, \mathfrak{E})$, daß – unter der Hypothese des Zustandes x in dem Zeitmoment t_1 – einer der Zustände aus $\mathfrak{E}$ im Zeitmoment t_2 stattfindet, bestimmt ist. Wenn die Wahrscheinlichkeit $P(t_1, x, t_2, \mathfrak{E})$ nur für $t_2 > t_1 \geqq t_0$ bestimmt ist, so sagen wir, daß der Prozeß der Veränderung für $t \geqq t_0$ stochastisch-definit ist.

Was das System $\mathfrak{F}$ betrifft, so setzen wir voraus, daß es erstens additiv ist (d.h. alle Differenzen sowie die endlichen und abzählbaren Summen seiner Elemente enthält), zweitens die leere Menge, die Menge $\mathfrak{A}$ aller möglichen Zustände $x, y, z, \ldots$ und alle aus je einem Element bestehenden Mengen $\mathfrak{E}$ enthält. Wenn die Menge $\mathfrak{A}$ endlich oder abzählbar ist, so besteht offensichtlich $\mathfrak{F}$ aus allen Untermengen von $\mathfrak{A}$. Aber in dem wichtigsten Fall einer nicht abzählbaren Menge $\mathfrak{A}$ ist die Voraussetzung, daß $\mathfrak{F}$ alle Untermengen von $\mathfrak{A}$ umfaßt, in keinem bis jetzt bekannten wohldefinierten Schema erfüllt.

Wir setzen natürlich voraus, daß

$$P(t_1, x, t_2, \mathfrak{A}) = 1 \tag{1}$$

und für die leere Menge $\mathfrak{N}$

$$P(t_1, x, t_2, \mathfrak{N}) = 0$$

ist. Ferner wird vorausgesetzt, daß $P(t_1, x, t_2, \mathfrak{E})$ als Funktion der Menge $\mathfrak{E}$ additiv ist, d.h. für jede Zerlegung der Menge $\mathfrak{E}$ in endlich oder abzählbar viele disjunkte Summanden $\mathfrak{E}_n$

$$\sum_n P(t_1, x, t_2, \mathfrak{E}_n) = P(t_1, x, t_2, \mathfrak{E}) \tag{2}$$

gilt. Um weitere wichtigere Voraussetzungen über $P(t_1, x, t_2, \mathfrak{E})$ zu formulieren, bedürfen wir des Begriffs der Meßbarkeit der Funktion $f(x)$ in bezug auf das System $\mathfrak{F}$ und der Definition des abstrakten Stieltjesschen Integrals. Wir wollen diese Begriffe in einer Form darstellen, welche unseren Zwecken angepaßt ist[339]).

[339]) Über diese Begriffe sowie über die additiven Mengensysteme usw. siehe z. B.: M. Fréchet, Sur l'intégrale d'une fonctionnelle étendue à un ensemble abstrait, Bull. de la Soc. Math. de France **43** (1915), p. 248.

Man nennt die Funktion $f(x)$ *meßbar, in bezug auf das System* $\mathfrak{F}$, wenn bei jeder Wahl der reellen Zahlen a und b die Menge $\mathfrak{E}$ $(a < f(x) < b)$ derjenigen x, für welche $f(x)$ der eingeklammerten Ungleichung genügt, zum System $\mathfrak{F}$ gehört. Man zeigt leicht, daß, wenn das System $\mathfrak{F}$ additiv und $f(x)$ in bezug auf $\mathfrak{F}$ meßbar ist, auch die Menge $\mathfrak{E}$ derjenigen x, für welche $f(x)$ einer im BORELschen Sinne meßbaren Menge gehört, im System $\mathfrak{F}$ vorkommt.

Es sei nun $f(x)$ in bezug auf das System $\mathfrak{F}$ meßbar und beschränkt und $\varphi(\mathfrak{E})$ eine auf $\mathfrak{F}$ definierte, nicht-negative und additive Mengenfunktion; bekanntlich konvergiert sodann die Summe

$$\sum_m \frac{m}{n} \varphi\left(\frac{m}{n} \leqq f(x) < \frac{m+1}{n}\right)$$

mit $n \to \infty$ gegen einen festen Limes. Dieser Limes soll *das Integral*

$$\int_{\mathfrak{A}_x} f(x)\, \varphi(d\mathfrak{A})$$

genannt werden. Letztere Bezeichnung weicht von der allgemein gebräuchlichen nur dadurch ab, daß die Integrationsvariable speziell bezeichnet ist und das Differentialzeichen eingeklammert ist.

Es wird im folgenden vorausgesetzt, daß $P(t_1, x, t_2, \mathfrak{E})$ als Funktion des Zustandes x in bezug auf das System $\mathfrak{F}$ meßbar ist. $P(t_1, x, t_2, \mathfrak{E})$ soll endlich für beliebige t_1, t_2, t_3 $(t_1 < t_2 < t_3)$ *der fundamentalen Gleichung*

$$\boxed{P(t_1, x, t_3, \mathfrak{E}) = \int_{\mathfrak{A}_y} P(t_2, y, t_3, \mathfrak{E})\, P(t_1, x, t_2, d\mathfrak{A})} \qquad (3)$$

genügen. Wenn die Menge $\mathfrak{A}$ aus endlich oder abzählbar vielen Elementen $x_1, x_2, \ldots, x_n, \ldots$ besteht, so ist

$$\int_{\mathfrak{A}_y} P(t_2, y, t_3, \mathfrak{E})\, P(t_1, x, t_2, d\mathfrak{A}) = \sum_n P(t_2, x_n, t_3, \mathfrak{E})\, P(t_1, x, t_2, x_n),$$

und rechts steht die volle Wahrscheinlichkeit $P(t_1, x, t_3, \mathfrak{E})$; damit ist in diesem Falle die Formel (3) bewiesen. Wenn aber $\mathfrak{A}$ unabzählbar ist, nehmen wir die Relation (3) als ein neues Axiom an.

Die bis jetzt ausgesprochenen Forderungen charakterisieren vollständig den Begriff des stochastisch-definiten Prozesses: die Elemente $x, y, z, \ldots$ einer beliebigen Menge $\mathfrak{A}$ können als Merkmale der Zustände eines Systems, und eine beliebige Funktion $P(t_1, x, t_2, \mathfrak{E})$, die den erwähnten Forderungen genügt, als die entsprechende Wahrscheinlichkeitsverteilungsfunktion betrachtet werden.

Wir nennen die nicht-negative Funktion $F(\mathfrak{E})$, welche über das System $\mathfrak{F}$ definiert und additiv ist, und überdies der Gleichung

$$F(\mathfrak{A}) = 1 \qquad (4)$$

genügt, *die normale Verteilungsfunktion.* Alle Forderungen bezüglich $P(t_1, x, t_2, \mathfrak{E})$ können wir jetzt folgendermaßen aussprechen: *$P(t_1, x, t_2, \mathfrak{E})$ ist als Funktion von $\mathfrak{E}$ eine normale Verteilungsfunktion, als Funktion von x in bezug auf das System $\mathfrak{F}$ meßbar und genügt endlich der Integralgleichung* (3).

Es sei nun für ein Zeitmoment $t = t_0$ eine normale Verteilungsfunktion $Q(t_0, \mathfrak{E})$ für die Wahrscheinlichkeit, daß das System $\mathfrak{S}$ sich im Moment t_0 im Zustande aus $\mathfrak{E}$ befindet. Um die Verteilungsfunktion $Q(t, \mathfrak{E})$ für die Zeitmomente $t > t_0$ zu definieren, bedienen wir uns *der zweiten Fundamentalgleichung*

$$Q(t, \mathfrak{E}) = \int\limits_{\mathfrak{A}_x} P(t_0, x, t, \mathfrak{E})\, Q(t_0, d\mathfrak{A}). \tag{5}$$

Man hat offenbar

$$Q(t, \mathfrak{A}) = \int\limits_{\mathfrak{A}} Q(t_0, d\mathfrak{A}) = Q(t_0, \mathfrak{A}) = 1, \tag{6}$$

$$\int\limits_{\mathfrak{A}_x} P(t_1, x, t_2, \mathfrak{E})\, Q(t_1, d\mathfrak{A}) \tag{7}$$

$$= \int\limits_{\mathfrak{A}_x} P(t_1, x, t_2, \mathfrak{E}) \int\limits_{\mathfrak{A}'_y} P(t_0, y, t_1, d\mathfrak{A})\, Q(t_0, d\mathfrak{A}')$$

$$= \int\limits_{\mathfrak{A}'_y} \int\limits_{\mathfrak{A}_x} P(t_1, x, t_2, \mathfrak{E})\, P(t_0, y, t_1, d\mathfrak{A})\, Q(t_0, d\mathfrak{A}')$$

$$= \int\limits_{\mathfrak{A}'_y} P(t_0, y, t_2, \mathfrak{E})\, Q(t_0, d\mathfrak{A}') = Q(t_2, \mathfrak{E}).$$

Wir betrachten die Formel (5) als Definition von $Q(t, \mathfrak{E})$ und nicht als eine neue Forderung bezüglich des Systems $\mathfrak{S}$; es sei jedoch bemerkt, daß (5) die Relation (3) als Spezialfall enthält.

§ 2.
Der Operator $F_1(x, \mathfrak{E}) * F_2(x, \mathfrak{E})$.

Es seien $F_1(x, \mathfrak{E})$ und $F_2(x, \mathfrak{E})$ zwei normale Verteilungsfunktionen, welche als Funktionen von x in bezug auf das System $\mathfrak{F}$ meßbar sind. Wir setzen dann

$$F(x, \mathfrak{E}) = F_1(x, \mathfrak{E}) * F_2(x, \mathfrak{E}) = F_1 * F_2(x, \mathfrak{E}) = \int\limits_{\mathfrak{A}_y} F_2(y, \mathfrak{E})\, F_1(x, d\mathfrak{A}); \tag{8}$$

wie leicht ersichtlich, genügt $F(x, \mathfrak{E})$ denselben Bedingungen über Meßbarkeit und Additivität wie $F_1(x, \mathfrak{E})$ und $F_2(x, \mathfrak{E})$; die Gleichung (4) ist ebenfalls erfüllt:

$$F(x, \mathfrak{A}) = \int\limits_{\mathfrak{A}'_y} F_2(y, \mathfrak{A})\, F_1(x, d\mathfrak{A}') = \int\limits_{\mathfrak{A}'_y} F_1(x, d\mathfrak{A}') = 1;$$

folglich ist auch $F(x, \mathfrak{E})$ eine normale Verteilungsfunktion.

Ferner genügt der Operator $F_1 * F_2$ *dem assoziativen Gesetze*

$$F_1 * (F_2 * F_3) = (F_1 * F_2) * F_2, \tag{9}$$

wie man aus der folgenden leichten Rechnung schließt:

$$F_1 * (F_2 * F_3)(x, \mathfrak{E}) = \int_{\mathfrak{A}_y} \int_{\mathfrak{A}'_z} F_3(z, \mathfrak{E}) F_2(y, d\mathfrak{A}') F_1(x, d\mathfrak{A})$$

$$= \int_{\mathfrak{A}'_z} F_3(z, \mathfrak{E}) \int_{\mathfrak{A}_y} F_2(y, d\mathfrak{A}') F_1(x, d\mathfrak{A}) = (F_1 * F_2) * F_3(x, \mathfrak{E}).$$

Dagegen gilt das Kommutativgesetz für unseren Operator im allgemeinen nicht.

Wir wollen jetzt eine solche *Einheitsfunktion* $\mu(x, \mathfrak{E})$ definieren, welche für eine beliebige $F(x, \mathfrak{E})$ der Gleichung

$$\mu * F(x, \mathfrak{E}) = F * \mu(x, \mathfrak{E}) = F(x, \mathfrak{E}) \tag{10}$$

genügt.

Es ist zu diesem Zweck hinreichend, $\mu(x, \mathfrak{E}) = 1$, wenn $\mathfrak{E}$ den Zustand x enthält, und $\mu(x, \mathfrak{E}) = 0$ im entgegengesetzten Fall zu setzen; es ist dann in der Tat

$$\mu * F(x, \mathfrak{E}) = \int_{\mathfrak{A}_y} F(y, \mathfrak{E}) \mu(x, d\mathfrak{A}) = F(x, \mathfrak{E}),$$

$$F * \mu(x, \mathfrak{E}) = \int_{\mathfrak{A}_y} \mu(y, \mathfrak{E}) F(x, d\mathfrak{A}) = \int_{\mathfrak{E}} F(x, d\mathfrak{E}) = F(x, \mathfrak{E}).$$

Die Wahrscheinlichkeit $P(t_1, x, t_2, \mathfrak{E})$ war bis jetzt nur für $t_2 > t_1$ definiert; wir setzen nun für jedes t

$$P(t, x, t, \mathfrak{E}) = \mu(x, \mathfrak{E}). \tag{11}$$

Diese neue Definition widerspricht wegen (10) der fundamentalen Gleichung (3) nicht, da man dieselbe in der Form

$$P(t_1, x, t_2, \mathfrak{E}) * P(t_2, x, t_3, \mathfrak{E}) = P(t_1, x, t_3, \mathfrak{E}) \tag{12}$$

schreiben kann.

§ 3.

Klassifikation der Spezialfälle.

Wenn die Änderungen des Zustandes des Systems $\mathfrak{S}$ nur in den Zeitmomenten einer diskreten Folge

$$t_0 < t_1 < \ldots < t_n < \ldots \to +\infty$$

stattfinden, so ist offenbar

$$P(t', x, t'', \mathfrak{E}) = P(t_m, x, t_n, \mathfrak{E}) \tag{13}$$

für alle Zeitmomente t' und t'', welche die Ungleichungen

$$t_m \leqq t' < t_{m+1}, t_n \leqq t'' < t_{n+1}$$

erfüllen. Setzt man

$$P(t_m, x, t_n, \mathfrak{E}) = P_{mn}(x, \mathfrak{E}), \tag{14}$$

$$P_{n-1,n}(x, \mathfrak{E}) = P_n(x, \mathfrak{E}), \tag{15}$$

so ist

$$P_{mn}(x, \mathfrak{E}) = P_{m+1} * P_{m+2} * \dots * P_n(x, \mathfrak{E}). \tag{16}$$

Folglich ist in diesem Falle der Prozeß der Veränderung des Systems $\mathfrak{S}$ durch die elementaren Verteilungsfunktionen $P_n(x, \mathfrak{E})$ vollständig definiert.

Es seien $P_1(x, \mathfrak{E}), P_2(x, \mathfrak{E}), \dots, P_n(x, \mathfrak{E}), \dots$ willkürliche normale Verteilungsfunktionen, welche als Funktionen von x meßbar sind, und $t_0 < t_1 < \dots$ $\dots < t_n < \dots$ eine Folge der Zeitmomente; wenn man $P_{mn}(x, \mathfrak{E})$ und $P(t', x, t'', \mathfrak{E})$ durch (16), (14) und (13) definiert, so erhält man die ebenfalls normalen Verteilungsfunktionen, welche den Gleichungen

$$P_{mn}(x, \mathfrak{E}) * P_{np}(x, \mathfrak{E}) = P_{mp}(x, \mathfrak{E}), \quad m < n < p, \tag{17}$$

und folglich auch der Gleichung

$$P(t', x, t'', \mathfrak{E}) * P(t'', x, t''', \mathfrak{E}) = P(t', x, t''', \mathfrak{E}), \quad t' < t'' < t''',$$

genügen; die letzte Gleichung ist aber nichts anderes als die Fundamentalgleichung (12) oder (3). So sieht man, daß willkürliche normale Verteilungsfunktionen $P_n(x, \mathfrak{E})$, wenn sie nur als Funktionen von x meßbar sind, einen stochastisch-definiten Prozeß charakterisieren.

Nur die oben definierten *Schemata mit diskreter Zeit* betrachtet man gewöhnlich in der Wahrscheinlichkeitstheorie. Wenn alle Verteilungsfunktionen $P_n(x, \mathfrak{E})$ identisch sind:

$$P_n(x, \mathfrak{E}) = P(x, \mathfrak{E}), \tag{18}$$

so haben wir *ein homogenes Schema mit diskreter Zeit*; in diesem Falle erhält man wegen (16)

$$\begin{aligned} P_{n,n+p}(x, \mathfrak{E}) &= \underbrace{P(x, \mathfrak{E}) * P(x, \mathfrak{E}) * \dots * P(x, \mathfrak{E})}_{p\text{-mal}} \\ &= [P(x, \mathfrak{E})]^p_* = P^p(x, \mathfrak{E}). \end{aligned} \tag{19}$$

Schon 1900 hat L. BACHELIER die nach der Zeit kontinuierlichen stochastischen Prozesse betrachtet[340]), und es bestehen alle Gründe dafür, daß *die Sche-*

[340]) Siehe [338]) I

mata mit kontinuierlicher Zeit eine zentrale Stellung in der Wahrscheinlichkeitstheorie erhalten sollen. Die wichtigsten sind hier die *nach der Zeit homogenen Schemata*, in welchen $P(t_1, x, t_2, \mathfrak{E})$ nur von der Differenz $t_2 - t_1$ abhängt:

$$P(t, x, t + \tau, \mathfrak{E}) = P(\tau, x, \mathfrak{E}). \tag{20}$$

Die Fundamentalgleichung schreibt man in diesem Falle so:

$$P(\tau_1, x, \mathfrak{E}) * P(\tau_2, x, \mathfrak{E}) = P(\tau_1 + \tau_2, x, \mathfrak{E}). \tag{21}$$

Eine andere Reihe von Spezialfällen erhalten wir mit der Spezialisierung der Menge $\mathfrak{A}$ der elementaren Zustände x. Man unterscheidet hier die Fälle der endlichen oder abzählbaren Mengen $\mathfrak{A}$; im kontinuierlichen Falle wird nach der Zahl der den Zustand des Systems charakterisierenden Parameter unterschieden usw. Auf diesen Unterscheidungen beruht die Einteilung des weiteren Stoffes.

§ 4.

Das Ergodenprinzip.

Ohne Spezialisierung der Menge $\mathfrak{A}$ aller möglichen Zustände x können wir nur wenige allgemeine Sätze beweisen, nämlich die Sätze über das Ergodenprinzip. Man sagt, daß ein stochastisch-definiter Prozeß *dem Ergodenprinzip* gehorcht, wenn für beliebige $t^{(0)}$, x, y und $\mathfrak{E}$

$$\lim\, [P(t^{(0)}, x, t, \mathfrak{E}) - P(t^{(0)}, y, t, \mathfrak{E})] = 0, \qquad t \to \infty, \tag{22a}$$

gilt. Für das Schema mit diskreter Zeit ist (22a) mit

$$\lim\, [P_{mn}(x, \mathfrak{E}) - P_{mn}(y, \mathfrak{E})] = 0, \qquad n \to \infty, \tag{22b}$$

offensichtlich äquivalent; in diesem Falle gilt der folgende

Satz I. *Wenn für beliebige x, y und $\mathfrak{E}$*

$$P_n(x, \mathfrak{E}) \geqq \lambda_n P_n(y, \mathfrak{E}), \qquad \lambda_n \geqq 0, \tag{23}$$

ist und die Reihe

$$\sum_{n=1}^{\infty} \lambda_n$$

divergiert, so ist das Ergodenprinzip (22b) *erfüllt und die Konvergenz von* (22b) *gleichmäßig in x, y, $\mathfrak{E}$.*

Beweis. Es sei

$$\sup\, [P_{kn}(x, \mathfrak{E})] = M_{kn}(\mathfrak{E}),$$
$$\inf\, [P_{kn}(x, \mathfrak{E})] = m_{kn}(\mathfrak{E}).$$

Man hat offenbar für $i < k$

$$P_{in}(x, \mathfrak{E}) = \int_{\mathfrak{A}_y} P_{kn}(y, \mathfrak{E})\, P_{ik}(x, d\mathfrak{A}) \leqq M_{kn}(\mathfrak{E}) \int_{\mathfrak{A}_y} P_{ik}(x, d\mathfrak{A}) = M_{kn}(\mathfrak{E}) \tag{25}$$

und in analoger Weise

$$P_{in}(x, \mathfrak{E}) \geqq m_{kn}(\mathfrak{E}). \tag{26}$$

Für beliebige x und y hat man wegen (23)

$$P_k(x, \mathfrak{E}) - \lambda_k P_k(y, \mathfrak{E}) \geqq 0,$$

$$P_{k-1,n}(x, \mathfrak{E}) = \int_{\mathfrak{A}_z} P_{kn}(z, \mathfrak{E})\, P_k(x, d\mathfrak{A})$$

$$= \int_{\mathfrak{A}_z} P_{kn}(z, \mathfrak{E})\, [P_k(x, d\mathfrak{A}) - \lambda_k P_k(y, d\mathfrak{A})] + \lambda_k \int_{\mathfrak{A}_z} P_{kn}(z, \mathfrak{E})\, P_k(y, d\mathfrak{A})$$

$$\geqq m_{kn}(\mathfrak{E}) \int_{\mathfrak{A}_z} [P_k(x, d\mathfrak{A}) - \lambda_k P_k(y, d\mathfrak{A})] + \lambda_k P_{k-1,n}(y, \mathfrak{E})$$

$$= m_{kn}(\mathfrak{E})\, (1 - \lambda_k) + \lambda_k P_{k-1,n}(y, \mathfrak{E}),$$

$$P_{k-1,n}(y, \mathfrak{E}) - P_{k-1,n}(x, \mathfrak{E}) \leqq (1 - \lambda_k)\, [P_{k-1,n}(y, \mathfrak{E}) - m_{kn}(\mathfrak{E})]$$

und wegen (25)

$$P_{k-1,n}(y, \mathfrak{E}) - P_{k-1,n}(x, \mathfrak{E}) \leqq (1 - \lambda_k)\, [M_{kn}(\mathfrak{E}) - m_{kn}(\mathfrak{E})]. \tag{27}$$

Da (27) für beliebige x und y gilt, ist auch

$$M_{k-1,n}(\mathfrak{E}) - m_{k-1,n}(\mathfrak{E}) \leqq (1 - \lambda_k)\, [M_{kn}(\mathfrak{E}) - m_{kn}(\mathfrak{E})]. \tag{28}$$

Setzt man in (28) $k = m + 1, m + 2, \ldots, n$, so erhält man nach Multiplikation der so gewonnenen Ungleichungen

$$M_{mn}(\mathfrak{E}) - m_{mn}(\mathfrak{E}) \leqq \prod_{k=m+1}^{k=n} (1 - \lambda_k). \tag{29}$$

Die rechte Seite von (29) konvergiert mit $n \to \infty$ gegen Null, und damit ist unser Satz bewiesen.

In dem homogenen Falle mit diskreter Zeit gilt folgender

Satz II. *Wenn für beliebige x, y und $\mathfrak{E}$*

$$P(x, \mathfrak{E}) \geqq \lambda P(y, \mathfrak{E}), \quad \lambda > 0, \tag{30}$$

ist, konvergiert $P^n(x, \mathfrak{E})$ gleichmäßig gegen eine feste Verteilungsfunktion $Q(\mathfrak{E})$.

Beweis. Im gegenwärtigen Falle ist

$$M_{n,n+p}(\mathfrak{E}) = \sup\, [P^p(x, \mathfrak{E})] = M_p(\mathfrak{E}),$$

$$m_{n,n+p}(\mathfrak{E}) = \inf\, [P^p(x, \mathfrak{E})] = m_p(\mathfrak{E}),$$

und wegen (29)

$$M_p(\mathfrak{E}) - m_p(\mathfrak{E}) \leqq (1 - \lambda)^p. \tag{31}$$

Da wegen (25) und (26) für $q > p$ die Formeln

$$P^q(x, \mathfrak{E}) = P_{0q}(x, \mathfrak{E}) \leqq M_{q-p,q}(\mathfrak{E}) = M_p(\mathfrak{E}), \tag{32}$$

$$P^q(x, \mathfrak{E}) \geqq m_p(\mathfrak{E}) \tag{33}$$

gelten, so ist

$$M_p(\mathfrak{E}) \geqq M_q(\mathfrak{E}) \geqq m_q(\mathfrak{E}) \geqq m_p(\mathfrak{E}). \tag{34}$$

Aus (31) und (34) folgt unmittelbar unser Satz.

Wichtige Spezialfälle des Satzes II wurden von HOSTINSKY und HADAMARD bewiesen[341]). Die Verteilungsfunktion $Q(\mathfrak{E})$ genügt, wie in den erwähnten Spezialfällen HADAMARD gezeigt hat, der Integralgleichung

$$Q(\mathfrak{E}) = \int_{\mathfrak{A}_x} P(x, \mathfrak{E})\, Q(d\mathfrak{A}). \tag{35}$$

In dem Falle des allgemeinsten stochastisch-definiten Schemas gilt

Satz III. *Wenn für eine Folge*

$$t_0 < t_1 < \ldots < t_n < \ldots \to +\infty$$

und beliebige x, y *und* $\mathfrak{E}$

$$P(t_{n-1}, x, t_n, \mathfrak{E}) \geqq \lambda_n P(t_{n-1}, y, t_n, \mathfrak{E}), \qquad \lambda_n \geqq 0, \tag{36}$$

ist, und die Reihe

$$\sum_{n=1}^{\infty} \lambda_n$$

divergiert, so ist das Ergodenprinzip (22a) *erfüllt und die Konvergenz von* (22a) *gleichmäßig in* x, y, $\mathfrak{E}$.

Beweis. Es sei bei festem $t^{(0)}$

$$\sup\,[P(t^{(0)}, x, t, \mathfrak{E})] = M(t, \mathfrak{E}),$$

$$\inf\,[P(t^{(0)}, x, t, \mathfrak{E})] = m(t, \mathfrak{E}).$$

Wenn

$$t^{(0)} \leqq t_m \leqq t_n \leqq t < t_{n+1}$$

ist, erhält man wie beim Beweis des Satzes I als Analogon zu (29) die Formel

$$M(t, \mathfrak{E}) - m(t, \mathfrak{E}) \leqq \prod_{k=m+1}^{k=n} (1 - \lambda_n). \tag{37}$$

Da n mit t unendlich groß wird, konvergiert die Differenz $M(t, \mathfrak{E}) - m(t, \mathfrak{E})$ mit t gegen Null, womit unser Satz bewiesen ist.

Im Falle des nach der Zeit homogenen Schemas gilt endlich der dem Satz II analoge

341) Comptes rendus **186** (1928), S. 59, 189, 275.

Satz IV. *Wenn es ein solches σ gibt, daß für beliebige x, y, $\mathfrak{E}$*

$$P(\sigma, x, \mathfrak{E}) \geqq \lambda P(\sigma, y, \mathfrak{E}), \qquad \lambda > 0, \tag{37}$$

ist, konvergiert $P(\tau, x, \mathfrak{E})$ mit $\tau \to +\infty$ gleichmäßig gegen eine feste Verteilungsfunktion $Q(\mathfrak{E})$.

Zweites Kapitel.

Endliche Systeme von Zuständen.

§ 5.

Einleitende Betrachtungen.

Wir setzen jetzt voraus, daß die Menge $\mathfrak{A}$ aus endlich vielen Elementen

$$x_1, x_2, \ldots, x_n$$

besteht. In diesem Falle setzt man

$$P(t_1, x_i, t_2, x_j) = P_{ij}(t_1, t_2). \tag{38}$$

Da offenbar für eine beliebige Menge $\mathfrak{E}$

$$P(t_1, x_i, t_2, \mathfrak{E}) = \sum_{x_k \subset \mathfrak{E}} P_{ik}(t_1, t_2) \tag{39}$$

ist, braucht man nur die Wahrscheinlichkeiten $P_{ij}(t_1, t_2)$ zu betrachten. Die Fundamentalgleichung (3) erhält sodann die Gestalt

$$\sum_j P_{ij}(t_1, t_2)\, P_{jk}(t_2, t_3) = P_{ik}(t_1, t_3), \tag{40}$$

während die Gleichung (1) die Form

$$\sum_j P_{ij}(t_1, t_2) = 1 \tag{41}$$

bekommt. Beliebige nicht-negative Funktionen $P_{ij}(t_1, t_2)$, welche (40) und (41) genügen, definieren einen stochastisch-definiten Prozeß der Veränderung des Systems $\mathfrak{S}$.

Man definiert jetzt den Operator $*$ folgendermaßen:

$$F_{ik} = F_{ik}^{(1)} * F_{ik}^{(2)} = \sum_j F_{ij}^{(1)} F_{jk}^{(2)}, \tag{42}$$

wodurch die Fundamentalgleichung (40) sich in

$$P_{ik}(t_1, t_2) * P_{ik}(t_2, t_3) = P_{ik}(t_1, t_3) \tag{43}$$

verwandelt.

Im Falle des Schemas mit diskreter Zeit setzt man

$$P_{pq}(x_i, x_j) = P_{ij}^{(pq)}, \; P_p(x_i, x_j) = P_{ij}^{(p)}.$$

Die Wahrscheinlichkeiten $P_{ij}^{(p)}$ genügen dabei der Gleichung

$$\sum_j P_{ij}^{(p)} = 1, \qquad (44)$$

umgekehrt, wenn willkürliche nicht-negative Größen $P_{ij}^{(p)}$ die letzte Gleichung erfüllen, können diese Größen als die entsprechenden Wahrscheinlichkeitswerte in einem stochastisch-definiten Prozesse betrachtet werden. Die Wahrscheinlichkeiten $P_{ij}^{(pq)}$ berechnet man dabei nach der Formel

$$P_{ij}^{(pq)} = P_{ij}^{(p+1)} * P_{ij}^{(p+2)} * \ldots * P_{ij}^{(q)}. \qquad (45)$$

Im Falle des homogenen Schemas mit diskreter Zeit hat man

$$P_{ij}^{(p)} = P_{ij}, \quad P_{ij}^{(pq)} = [P_{ij}]_*^{q-p} = P_{ij}^{q-p}.$$

Wenn alle Größen P_{ij} positiv sind, so sind offensichtlich die Bedingungen des Satzes II des § 5 erfüllt, und P_{ij}^q konvergiert folglich mit $q \to \infty$ gegen einen festen Limes Q_j. Die Integralgleichung (35) verwandelt sich in unserem Falle in das System von Gleichungen

$$Q_i = \sum_j Q_j P_{ji} \quad (i = 1, 2, \ldots, n). \qquad (46)$$

Diese Resultate wurden von HOSTINSKY und HADAMARD erhalten[342]).

§ 6.

Differentialgleichungen des kontinuierlichen stochastischen Prozesses.

Es ist wegen (11)

$$\left.\begin{aligned} P_{ii}(t, t) &= 1, \\ P_{ij}(t, t) &= 0, \quad i \neq j. \end{aligned}\right\} \qquad (47)$$

Wenn die Änderungen unseres Systems $\mathfrak{S}$ in jedem Zeitmoment t möglich sind, ist es natürlich vorauszusetzen, daß

$$\left.\begin{aligned} \lim\,[P_{ii}(t, t + \Delta)] &= 1, \\ \lim\,[P_{ij}(t, t + \Delta)] &= 0, \quad \Delta \to 0, i \neq j, \end{aligned}\right\} \qquad (47a)$$

ist, d.h. daß für kleine Zeitintervalle die Wahrscheinlichkeit der Änderung des Zustandes des Systems klein ist. Diese Voraussetzung ist in der Hypothese der Stetigkeit der Funktionen $P_{ij}(t_1, t_2)$ nach t_1 und t_2 enthalten.

Man nehme jetzt an, daß die Funktionen $P_{ij}(s, t)$ stetig und für $t \neq s$ nach t und s differenzierbar sind. Für $t = s$ fordern wir die Differenzierbarkeit nicht.

342) Siehe 342), S. 469.

Es wäre a priori unvorsichtig, in diesen singulären Stellen die Existenz der Ableitung vorauszusetzen[343]).

Es ist für $t > s$

$$\frac{\partial P_{ik}(s, t)}{\partial t} = \lim \frac{P_{ik}(s, t + \Delta) - P_{ik}(s, t)}{\Delta} \tag{48}$$

$$= \lim \frac{1}{\Delta} \left[\sum_j P_{ij}(s, t)\, P_{jk}(t, t + \Delta) - P_{ik}(s, t) \right]$$

$$= \lim \left[\sum_{j \neq k} P_{ij}(s, t) \frac{P_{jk}(t, t + \Delta)}{\Delta} + P_{ik}(s, t) \frac{P_{kk}(t, t + \Delta) - 1}{\Delta} \right], \quad \Delta \to 0.$$

Wenn die Determinante

$$\Xi = |P_{ij}(s, t)|$$

von Null verschieden ist, so kann man die Gleichungen

$$\sum_{j \neq k} P_{ij}(s, t) \frac{P_{jk}(t, t + \Delta)}{\Delta} + P_{ik}(s, t) \frac{P_{kk}(t, t + \Delta) - 1}{\Delta} = \alpha_{ik} \quad (i = 1, 2, \ldots, n)$$

lösen:

$$\left. \begin{aligned} \frac{P_{kk}(t, t + \Delta) - 1}{\Delta} &= \frac{\Delta_{kk}}{\Xi}, \\ \frac{P_{jk}(t, t + \Delta)}{\Delta} &= \frac{\Delta_{jk}}{\Xi}, \quad j \neq k. \end{aligned} \right\} \tag{49}$$

Da wegen (48) α_{ik} mit $\Delta \to 0$ gegen $\frac{\partial P_{ik}(s, t)}{\partial t}$ konvergieren, so konvergieren die Größen (49) ebenfalls gegen bestimmte Limites:

$$\lim \frac{P_{kk}(t, t + \Delta) - 1}{\Delta} = A_{kk}(t), \tag{50a}$$

$$\lim \frac{P_{jk}(t, t + \Delta)}{\Delta} = A_{jk}(t), \quad j \neq k\,^{344}). \tag{50b}$$

Daß die Determinante Ξ für ein passendes $s < t$ wirklich von Null verschieden sein kann, sieht man aus der Relation

$$\lim \Xi = 1, \quad s \to t, \tag{51}$$

welche vermöge der Stetigkeit von Ξ und der Formeln (47) erfüllt ist.

[343]) Vgl. mit den im Kap. IV betrachteten Funktionen $F(s, x, t, y)$, welche für $t = s$ notwendig Unstetigkeitspunkte besitzen.

[344]) Man könnte auch umgekehrt (47a) und (50) a priori voraussetzen und daraus die Stetigkeit und die Differenzierbarkeit von $P_{ij}(s, t)$ nach t beweisen.

Aus (48) und (50) folgt unmittelbar *das erste System der Differentialgleichungen* für die Funktionen $P_{ik}(s, t)$:

$$\boxed{\frac{\partial P_{ik}(s, t)}{\partial t} = \sum_j A_{jk}(t)\, P_{ij}(s, t) = P_{ik}(s, t) * A_{ik}(t)}\,. \tag{52}$$

Dabei ist wegen (47) und (50)

$$A_{jk}(t) = \left[\frac{\partial P_{jk}(t, u)}{\partial u}\right]_{u=t}, \tag{53}$$

$$A_{jk} \geqq 0, \quad j \neq k, \quad A_{kk} \leqq 0, \tag{54}$$

und wegen (41) und (50)

$$\sum_k A_{jk} = 0. \tag{55}$$

Die Gleichungen (52) wurden nur in der Hypothese $s < t$ festgesetzt, aber wegen (47) und (53) sieht man, daß sie auch für $t = s$ erfüllt sind.

Es ist ferner für $s < t$

$$\frac{\partial P_{ik}(s, t)}{\partial s} = \lim \frac{P_{ik}(s + \Delta, t) - P_{ik}(s, t)}{\Delta} \tag{56}$$

$$= \lim \frac{1}{\Delta}\left[P_{ik}(s + \Delta, t) - \sum_j P_{ij}(s, s + \Delta)\, P_{jk}(s + \Delta, t)\right]$$

$$= -\lim\left[\frac{P_{ii}(s, s + \Delta)}{\Delta} P_{ik}(s + \Delta, t) + \sum_{j \neq i} \frac{P_{ij}(s, s + \Delta)}{\Delta} P_{jk}(s + \Delta, t)\right], \Delta \to 0,$$

und wegen (50) erhält man *das zweite System der Differentialgleichungen*

$$\boxed{\frac{\partial P_{ik}(s, t)}{\partial s} = -\sum_j A_{ij}(s)\, P_{jk}(s, t) = -A_{ik}(s) * P_{ik}(s, t)}\,. \tag{57}$$

Wenn die Funktionen $A_{ij}(s)$ stetig sind, so gelten offensichtlich die Gleichungen (57) auch für $s = t$.

Es sei jetzt für ein Zeitmoment t_0 eine Verteilungsfunktion

$$Q(t_0, x_k) = Q_k(t_0), \qquad \sum_k Q_k(t_0) = 1$$

gegeben für die Wahrscheinlichkeit, daß das System $\mathfrak{S}$ sich im Moment t_0 im Zustande x_k befindet. Die Gleichung (5) verwandelt sich jetzt in die folgende:

$$Q_k(t) = \sum_i Q_i(t_0)\, P_{ik}(t_0, t).$$

Wegen (52) genügen die Funktionen $Q_k(t)$ den Differentialgleichungen

$$\frac{dQ_k(t)}{dt} = \sum_j A_{jk}(t)\, Q_j(t) \qquad (k = 1, 2, \ldots, n). \tag{58}$$

Wenn die Funktionen $A_{ik}(t)$ stetig sind, so bilden die Funktionen $P_{ik}(s, t)$ das einzige den Anfangsbedingungen (47) genügende Lösungssystem der Gleichungen (52); folglich *wird unser stochastischer Prozeß durch die $A_{ik}(t)$ vollständig definiert.* Die reelle Bedeutung der Funktionen $A_{ik}(t)$ kann man folgendermaßen erläutern: Für $i \neq k$ ist $A_{ik}(t)\, dt$ die Wahrscheinlichkeit des Überganges aus dem Zustande x_i in den Zustand x_k im Laufe der Zeit von t bis $t + dt$, während

$$A_{kk}(t) = - \sum_{j \neq k} A_{kj}(t)$$

ist. Man kann auch zeigen, daß, *falls irgendwelche stetigen Funktionen $A_{ik}(t)$ unter den Bedingungen* (54) *und* (55) *beliebig gegeben sind, die Lösungen $P_{ik}(s, t)$ der Differentialgleichungen* (52) mit den Anfangsbedingungen (47) nicht-negativ sind und die Bedingungen (40) und (41) erfüllen, d.h. *einen möglichen stochastischen Prozeß definieren.*

Es ist in der Tat wegen (52) und (55)

$$\frac{\partial}{\partial t} \sum_k P_{ik}(s, t) = \sum_j \left[\sum_k A_{jk}(t)\right] P_{ij}(s, t) = 0 \tag{59}$$

und, da vermöge (47)

$$\sum_k P_{ik}(t, t) = 1$$

ist, folgt aus (59) die Relation (41).

Man setzt ferner für $t_1 < t_2$

$$P'_{ik}(t_1, t) = P_{ik}(t_1, t), \text{ wenn } t_1 \leqq t \leqq t_2, \tag{60}$$

$$P'_{ik}(t_1, t) = \sum_j P_{ij}(t_1, t_2)\, P_{jk}(t_2, t), \text{ wenn } t_2 < t. \tag{61}$$

Die Funktionen $P'_{ik}(t_1, t)$ sind stetig und genügen den Differentialgleichungen (52); folglich gilt die Gleichung (60) für beliebige t, und nicht nur für $t \leqq t_2$; sodann fällt die Formel (61), wenn man $t = t_3$ setzt, mit (40) zusammen.

Es bleibt zu beweisen, daß die Lösungen $P_{ik}(t_1, t)$ nicht-negativ sind. Für diesen Zweck setzt man

$$\psi(t) = \mathrm{Min}\, [P_{ik}(t, s)].$$

Offensichtlich hat man für passend gewählte i und k

$$D^+\psi(t) = \frac{\partial P_{ik}(s, t)}{\partial t}, \qquad P_{ik}(s, t) = \psi(t),$$

und, wenn $\psi(t) \leqq 0$ ist, so folgt vermöge (54)

$$A_{kk}(t)\, P_{ik}(s, t) \geqq 0,$$

$$A_{jk}(t)\, P_{ij}(s, t) \geqq A_{jk}(t)\, \psi(t), \quad j \neq k,$$

$$D^{+}\psi(t) = \frac{\partial P_{ik}(s, t)}{\partial t} = \sum_j A_{jk}(t)\, P_{ij}(s, t) \geqq \sum_{j \neq k} A_{jk}(t)\, \psi(t) = R(t)\, \psi(t).$$

Da $\psi(s) = 0$ ist, sieht man leicht, daß $\psi(t)$ größer als jede negative Lösung der Gleichung

$$\frac{dy}{dt} = R(t)\, y$$

ist und folglich selbst nicht negativ sein soll.

§ 7.
Beispiele.

In den nach der Zeit homogenen Schemata hängen die $A_{ik}(t)$ von der Zeit t nicht ab, der Prozeß ist in diesem Falle durch n^2 Konstanten A_{ik} vollständig bestimmt. Die Gleichungen (52) gehen dann in die folgende

$$\frac{dP_{ik}(t)}{dt} = \sum_j A_{jk} P_{ij}(t) \tag{62}$$

über; diese Gleichungen kann man ohne Schwierigkeit lösen. Wenn alle Größen A_{ik} von Null verschieden sind, so sind die Bedingungen des Satzes IV des § 5 erfüllt, und $P_{ik}(t)$ konvergiert folglich mit $t \to \infty$ gegen einen festen Limes Q_k. Die Größen Q_k genügen den Gleichungen

$$\sum_k Q_k = 1,$$

$$\sum_j A_{jk} Q_j = 0 \quad (k = 1, 2, \ldots, n).$$

Man nehme z.B. an, daß

$$n = 2,$$

$$A_{12} = A_{21} = A,$$

$$A_{11} = A_{22} = -A,$$

d.h. die Wahrscheinlichkeiten des Überganges aus dem Zustande x_1 in den Zustand x_2 und des umgekehrten Überganges gleich seien. Die Differentialgleichungen (62) geben für unseren Fall

$$P_{12}(t) = P_{21}(t) = \frac{1}{2}[1 - e^{-2At}],$$

$$P_{11}(t) = P_{22}(t) = \frac{1}{2}[1 + e^{-2At}].$$

Wir sehen, daß die $P_{ik}(t)$ mit $t \to \infty$ nach $Q_k = \frac{1}{2}$ konvergieren.

Folgendes Beispiel zeigt, daß die Konvergenz nach Q_k mit gedämpften Schwingungen begleitet sein kann:

$$n = 3,$$

$$A_{12} = A_{23} = A_{31} = A,$$

$$A_{21} = A_{32} = A_{13} = 0,$$

$$A_{11} = A_{22} = A_{33} = -A,$$

$$P_{11}(t) = P_{22}(t) = P_{33}(t) = \frac{2}{3} e^{-\frac{3}{2}At} \cos \alpha t + \frac{1}{3},$$

$$P_{12}(t) = P_{23}(t) = P_{31}(t) = e^{-\frac{3}{2}At} \left[\frac{1}{\sqrt{3}} \sin \alpha t - \frac{1}{3} \cos \alpha t\right] + \frac{1}{3},$$

$$P_{21}(t) = P_{32}(t) = P_{13}(t) = -e^{-\frac{3}{2}At} \left[\frac{1}{\sqrt{3}} \sin \alpha t + \frac{1}{3} \cos \alpha t\right] + \frac{1}{3},$$

$$\alpha = \frac{\sqrt{3}}{2} A.$$

Die analogen gedämpften Schwingungen wurden für die Schemata mit diskreter Zeit von ROMANOWSKY entdeckt.

Drittes Kapitel.

Abzählbare Systeme von Zuständen.

§ 8.

Einleitende Betrachtungen, diskrete Schemata.

Wenn die Menge $\mathfrak{A}$ aus abzählbar vielen Elementen

$$x_1, x_2, \ldots, x_n, \ldots$$

besteht, erhält man alle Bezeichnungen und Resultate von § 5 des vorigen Kapitels. Die Konvergenz der Reihen

$$\sum_k P_{ik}(t_1, t_2) = 1, \qquad \sum_k F_{ik} = 1$$

wird dabei vorausgesetzt, daraus folgt die Konvergenz von Reihen (40), (42), (46); dagegen verlangen wir nicht, daß die Reihe

$$\sum_i P_{ik}(t_1, t_2)$$

konvergent sei.

Wir geben jetzt nur einige Bemerkungen über die Schemata mit diskreter Zeit, und zwar über die homogenen. Die Bedingungen unserer Sätze über das Ergodenprinzip gelten für die Schemata mit abzählbar vielen Zuständen in den meisten Fällen nicht, aber das Prinzip selbst ist dessen ungeachtet öfters erfüllt. Zum Beispiel betrachten wir ein von Herrn S. BERNSTEIN neuerdings betrachtetes Spiel[345]), in welchem ein Spieler in jeder Partei einen Taler mit der Wahrscheinlichkeit A gewinnen und mit der Wahrscheinlichkeit B, $B > A$, $A + B \leqq 1$, verlieren kann, vorausgesetzt, daß sein Vermögen von Null verschieden ist; im letzteren Falle verliert er nichts.

Wenn x_n der Zustand ist, in welchem der Spieler $n - 1$ Taler besitzt, schreibt man die Bedingungen des Spiels folgendermaßen:

$$P_{n,n+1} = A, \quad P_{n+1,n} = B, \quad (n = 1, 2, 3, \ldots),$$
$$P_{11} = 1 - A,$$
$$P_{nn} = 1 - A - B \quad (n = 2, 3, 4, \ldots),$$
$$P_{ij} = 0, \text{ in allen anderen Fällen}.$$

Man zeigt leicht, daß

$$\lim P_{ij}^p = \left(1 - \frac{A}{B}\right)\left(\frac{A}{B}\right)^{j-1} = Q_j, \quad p \to \infty,$$
$$\sum_j Q_j = 1$$

gilt, woraus das Ergodenprinzip folgt.

Es sei bemerkt, daß aus der Existenz von Limites

$$\lim P_{ij}^p = \Lambda_j, \quad p \to \infty,$$

nur dann das Ergodenprinzip folgt, wenn die Summe

$$\sum_j \Lambda_j = \Lambda$$

gleich *Eins* ist. Man könnte zeigen, daß stets $\Lambda \leqq 1$ ist, und daß im Falle $\Lambda < 1$ das Ergodenprinzip nicht gelten kann.

Wenn alle Λ_j existieren und gleich Null sind, tritt die Frage hervor über die asymptotische Darstellung von P_{ij}^p für $p \to \infty$. Wenn eine solche Darstellung

[345]) Wahrscheinlichkeitstheorie, S. 141 (russ.).

unabhängig von i möglich ist:

$$P_{ij}^p = \lambda_j^p + o(\lambda_j^p),$$

so sagt man, daß *das lokale Ergodenprinzip* erfüllt ist. Das letztere Prinzip scheint im Falle der abzählbar vielen möglichen Zustände von großer Wichtigkeit zu sein.

Es seien jetzt die möglichen Zustände x mittels aller ganzen Zahlen $(-\infty < n < +\infty)$ numeriert. Alle Bezeichnungen und Formeln des § 5 bleiben dabei erhalten, nur erstrecken sich die Summationszeichen über alle ganzen Zahlen. Wir betrachten näher den Fall

$$P_{ij} = P_{j-i}.$$

Offenbar gilt in diesem Falle auch

$$P_{ij}^p = P_{j-i}^p,$$

$$P_k^{p+1} = \sum_i P_i^p P_{k-i},$$

$$P_k^{m+n} = \sum_i P_i^m P_{k-i}^n.$$

Wenn die Reihen

$$a = \sum_k k P_k,$$

$$b^2 = \sum_k k^2 P_k$$

absolut konvergieren, kann man *die* LAPLACE*sche asymptotische Formel* folgendermaßen schreiben:

$$P_k^p = \frac{1}{b\sqrt{2\pi p}} e^{-\frac{(k-pa)^2}{2pb^2}} + o\left(\frac{1}{\sqrt{p}}\right). \tag{63}$$

Was die Geltungsbedingungen dieser Formel betrifft, so wissen wir nur, daß sie im BERNOULLIschen Falle stattfindet, in dem

$$P_0 = 1 - A, \quad P_1 = A \tag{64}$$

ist und alle anderen P_k verschwinden. Der LIAPUNOFFsche Satz leistet für unser Problem nichts, wie man aus dem Beispiel

$$P_{+1} = P_{-1} = \frac{1}{2},$$

$$P_k = 0, \quad k \neq \pm 1,$$

schließt, in dem (63) nicht gilt. Für die Gültigkeit von (63) ist im allgemeinen notwendig, daß für jedes ganze m ein k existiert, für welches

$$k \not\equiv 0 \pmod{m}, \quad P_k \neq 0,$$

ist.

Es sei noch bemerkt, daß nur im Falle $a = 0$ die Formel (63) bei festem k wirklich eine asymptotische Darstellung von P_k^p gibt. In diesem Falle folgt aus (63) bei festem k

$$P_k^p = \frac{1}{\sqrt{2\pi n\, b}} + o\left(\frac{1}{\sqrt{n}}\right), \tag{65}$$

und bei festem i und j

$$P_{ij}^p = \frac{1}{\sqrt{2\pi n\, b}} + o\left(\frac{1}{\sqrt{n}}\right). \tag{66}$$

Wegen (66) ist in dem jetzt betrachteten Falle das lokale Ergodenprinzip erfüllt.

Eine ganz besondere Art von Annäherungsformeln für P_{ij}^p erhält man, wenn die Wahrscheinlichkeiten P_{ii} der Unveränderlichkeit des Zustandes des Systems in jedem einzigen Änderungsmoment nur sehr wenig von Eins verschieden sind. Zum Beispiel im BERNOULLIschen Falle (64) gilt für die kleinen Werte von A *die* POISSON*sche Annäherungsformel*

$$P_k^p \sim \frac{A^k p^k}{k!} e^{-Ap}. \tag{67}$$

Die allgemeine Methode zur Ableitung von solchen Formeln erhält man durch die Anwendung der Differentialgleichungen von nach der Zeit kontinuierlichen Prozessen, wie es für die Formel (67) in § 10 gezeigt wird.

§ 9.

Differentialgleichungen des nach der Zeit kontinuierlichen Prozesses.

Wie im § 6 setzen wir voraus, daß die Funktionen $P_{ij}(s, t)$ stetig und für $t \neq s$ nach t und s differenzierbar sind. Die Formeln (48) und (56) gelten in dem jetzt zu betrachtetenden Falle der abzählbar vielen möglichen Zustände wie früher, aber um die Vertauschbarkeit des Limeszeichens mit dem Summenzeichen in diesen Formeln zu beweisen und somit die Differentialgleichungen (52) und (57) festzustellen, muß man jetzt neue einschränkende Bedingungen einführen, und zwar die folgenden:

A. Existenz der Limites (50).
B. Gleichmäßigkeit der Konvergenz von (50b) nach j bei festem k.
C. Gleichmäßigkeit der Konvergenz der Reihe

$$\sum_{k \neq j} \frac{P_{jk}(t, t + \Delta)}{\Delta} = \frac{1 - P_{jj}(t, t + \Delta)}{\Delta} \tag{68}$$

nach Δ (daß diese Reihe konvergiert, folgt unmittelbar aus (41)).

Die Bedingung A war im § 6 für den Fall der endlich vielen Zustände bewiesen auf Grund der Differenzierbarkeit der Funktionen $P_{ij}(s, t)$ für $t \neq s$; im abzählbaren Falle dagegen scheint sie daraus nicht zu folgen. Zur Bedingung B sei bemerkt, daß die Gleichmäßigkeit der Konvergenz von (50b) nach k bei festem j aus der evidenten Ungleichung

$$P_{jk}(t, t + \Delta) \leqq 1 - P_{jj}(t, t + \Delta)$$

folgt. Dagegen wird die Gleichmäßigkeit von (50b) für beliebige j und k ebenso wie die Gleichmäßigkeit von (50a) nach k nicht verlangt; diese Forderungen wären für die Anwendungen unbequem.

Da die Faktoren $P_{ij}(s, t)$ in der Formel (48) eine absolut konvergente Reihe bilden, so kann man wegen der Bedingungen A und B in dieser Formel Limes- und Summenzeichen vertauschen und so die Differentialgleichung (52) erhalten. Dabei genügen die Größen $A_{jk}(t)$ offensichtlich den Formeln (53) und (54); die Formel (55) ist wegen der Bedingung C ebenfalls erfüllt. Aus der letzten Bedingung und der gleichmäßigen Beschränktheit der Faktoren $P_{jk}(s + \Delta, t)$ folgt auch die Vertauschbarkeit des Limes- und Summenzeichens in der Formel (56), welche für die Herleitung der Differentialgleichung (57) genügt.

§ 10.

Eindeutigkeit und Berechnung der Lösungen im nach der Zeit homogenen Falle.

In diesem Falle gehen die Gleichungen (52) in die folgenden

$$\frac{dP_{ik}(t)}{dt} = \sum_j A_{jk} P_{ij}(t) = P_{ik}(t) \star A_{ik} \tag{69}$$

über, wobei A_{jk} Konstanten sind. Wir beweisen im Falle der Konvergenz der Reihen

$$\left.\begin{aligned} &\sum_j |A_{jk}| = B_k^{(1)}, \\ &\sum_j B_j^{(1)} |A_{jk}| = B_k^{(2)}, \\ &\dots\dots\dots\dots\dots\dots \\ &\sum_j B_j^{(n)} |A_{jk}| = B_k^{(n+1)}, \\ &\dots\dots\dots\dots\dots\dots \end{aligned}\right\} \tag{70}$$

$$\sum_n \frac{B_k^{(n)}}{n!} x^n, \qquad k = 1, 2, 3, \dots, \qquad |x| \leqq \theta > 0, \tag{71}$$

und der Anfangsbedingungen

$$\left.\begin{aligned} P_{ii}(0) &= 1, \\ P_{ij}(0) &= 0, \quad i \neq j, \end{aligned}\right\} \tag{72}$$

daß die Gleichungen (69) ein einziges, den Bedingungen unseres Problems genügendes Lösungssystem $P_{ik}(t)$ besitzen.

Da stets $P_{ij}(t) \leqq 1$ ist, so erhält man in der Tat vermöge (69) und (70) die Ungleichung

$$\left|\frac{dP_{ik}(t)}{dt}\right| \leqq B_k^{(1)},$$

folglich kann man (69) gliedweise differenzieren:

$$\frac{d^2P_{ik}(t)}{dt^2} = \sum_j A_{jk} \frac{dP_{ij}(t)}{dt} = \frac{d}{dt} P_{ik}(t) * A_{ik}.$$

In analoger Weise erhält man die allgemeinen Relationen

$$\left|\frac{d^n}{dt^n} P_{ik}(t)\right| \leqq B_k^{(n)}, \tag{73}$$

$$\frac{d^{n+1}}{dt^{n+1}} P_{ik}(t) = \frac{d^n}{dt^n} P_{ik}(t) * A_{ik}. \tag{74}$$

Aus (73) und der Konvergenzbedingung für die Reihen (71) folgt, daß die $P_{ik}(t)$ analytisch sind. Ferner erhält man vermöge (69) und (74)

$$\frac{d^n}{dt^n} P_{ik}(t) = P_{ik}(t) * [A_{ik}]_*^n, \tag{75}$$

insbesondere hat man für $t = 0$ wegen (72)

$$\frac{d^n}{dt^n} P_{ik}(0) = [A_{ik}]_*^n, \tag{76}$$

woraus folgt, daß die analytischen Funktionen $P_{ik}(t)$ durch die Konstanten A_{ik} eindeutig bestimmt sind. Die Formeln (76) und (75) dienen auch zur Berechnung der Lösungen des Systems (69) durch die TAYLORschen Reihen.

Zum Beispiel, wenn

$$A_{i,i+1} = A,$$

$$A_{ii} = -A,$$

$$A_{ij} = 0, \text{ in allen anderen Fällen},$$

ist, erhält man leicht

$$P_{mn}(t) = \frac{(At)^{n-m}}{(n-m)!} e^{-At}, \quad n \geqq m,$$

$$P_{mn}(t) = 0, \quad m > n,$$

oder die POISSONsche *Verteilungsformel*; diese stimmt für $k = n - m$, $p = t$ mit (67) überein.

Wenn das Ergodenprinzip erfüllt ist und $P_{ik}(t)$ gegen Q_k mit $t \to \infty$ konvergiert, genügen offensichtlich die Konstanten Q_k den Gleichungen

$$\left.\begin{aligned} \sum_k Q_k &= 1, \\ \sum_i A_{ik} Q_i &= 0 \quad (k = 1, 2, \ldots). \end{aligned}\right\} \tag{77}$$

Zum Beispiel, wenn

$$\begin{aligned} A_{i,i+1} &= A, \\ A_{i+1,i} &= B, \quad B > A, \\ A_{11} &= -A, \\ A_{ii} &= -(A + B), \quad i > 1, \\ A_{ij} &= 0, \text{ in allen anderen Fällen}, \end{aligned}$$

ist, erhält man leicht aus den Gleichungen (77)

$$Q_n = \left(1 - \frac{A}{B}\right)\left(\frac{A}{B}\right)^{n-1}.$$

Als zweites Beispiel setzen wir

$$\begin{aligned} A_{i,i+1} &= A, \\ A_{i+1,i} &= iB, \\ A_{ii} &= -A - (i - 1)B, \\ A_{ij} &= 0, \text{ in allen anderen Fällen}. \end{aligned}$$

Die Gleichungen (77) liefern uns in diesem Falle

$$Q_{n+1} = \frac{1}{n!}\left(\frac{A}{B}\right)^n e^{-\frac{A}{B}},$$

also wieder die POISSONsche Formel.

Kapitel 11. Berühmte Probleme der Wahrscheinlichkeitsrechnung

Anders als in den vorhergehenden Kapiteln läßt die Darstellung einer beschränkten Auswahl von bisher nicht erwähnten berühmten Problemen der Wahrscheinlichkeitsrechnung keine zusammenhängende historische Einordnung zu. Zunächst sei nochmals auf die Bedeutung konkreter Probleme für die Entstehung und den Fortbestand der Wahrscheinlichkeitsrechnung verwiesen (vgl. Kapitel 3), die sich hinsichtlich ihrer Methoden fast zu allen Zeiten in bereits bestehende mathematische Disziplinen einbetten ließ. Dies galt schon für die als Teilgebiet der Algebra verstandene Glücksspielrechnung eines Christiaan Huygens (Kapitel 1), und dies gilt für die maßtheoretisch begründete Wahrscheinlichkeitstheorie unseres Jahrhunderts (Kapitel 8). Der wesentliche Teil des Anspruchs der Wahrscheinlichkeitsrechnung, eine selbständige mathematische Disziplin zu bilden, beruht auf der Eigenart ihrer konkreten Probleme. Solche Probleme haben auch weitgehend den Inhalt der vorhergehenden Kapitel bestimmt; erinnert sei hier nur an das Teilungsproblem (Kapitel 1), die fünf wirkungsgeschichtlich besonders bedeutungsvollen Probleme, die Huygens am Ende seines Traktats von 1657 gestellt hatte (Text 1.3.2.) oder Belegungsprobleme, die in der statistischen Mechanik wie in der Quantenstatistik eine große Rolle spielten (Kapitel 7).

Die in diesem Kapitel vorgestellten Probleme sind alle klassisch und gliedern sich in drei Gruppen: Glücksspielprobleme, Probleme sogenannter geometrischer Wahrscheinlichkeiten und die wahrscheinlichkeitstheoretische Bewertung von Gerichtsurteilen.

Die erste Gruppe besteht aus zwei Problemen. Das ältere Problem hat als ein Paradoxon die Mathematiker bis in unser Jahrhundert beschäftigt und dabei die Diskussion über Grundbegriffe der Wahrscheinlichkeitstheorie wesentlich beeinflußt. Der Auszahlungsmodus ist dabei für einen Spieler, der beim Münzwurfexperiment auf das Ereignis Kopf setzt – unabhängig davon, bei welchem Wurf Kopf zum ersten Mal auftritt –, so gewählt, daß der Erwartungswert dieses Spielers unendlich wird. Konkret soll an diesen Spieler der Betrag 2^{n-1} ausgezahlt werden, wenn Kopf beim n-ten Wurf zum ersten Mal auftritt. Verändert man den Auszahlungsmodus, so daß der positive Betrag x^{n-1} anstelle von 2^{n-1} für diesen Fall ausgezahlt wird, so erhält man für $x < 2$ den endlichen Erwartungswert $\frac{1}{2-x}$, der für solche Werte von x, die sich von links an 2 annähern, immer größer wird, um für $x = 2$ über alle Grenzen zu wachsen. Diese Änderung des Auszahlungsmodus stellt einen der vielen Wege dar, das Paradoxon zu umgehen.

Ein anderer Weg berücksichtigt die jeweils nur endlichen Zahlungsmittel der beteiligten Spieler mit Hilfe der sogenannten „moralischen Erwartung", die um 1727 von NIKLAUS BERNOULLI und GABRIEL CRAMER als Begriff geprägt wurde. Die älteste Formulierung des Problems, in der aber die Möglichkeit, das Spiel bis ins Unendliche fortzusetzen, fehlt, stammt von CARDANO (Text 11.1.). Die heute übliche Fassung dieses Problems erwuchs aus Diskussionen zwischen NIKLAUS BERNOULLI, DE MONTMORT und GABRIEL CRAMER in den Jahren 1713 bis 1728. DANIEL BERNOULLI hat seine vor allem auch für die Wirtschaftswissenschaftler unseres Jahrhunderts interessante Diskussion des Problems in den ›Petersburger Commentarien für 1730/31‹, die 1738 erschienen, veröffentlicht. Von dieser Publikation hat das Problem seinen Namen, und dort wird es so formuliert[346]):

„Mein sehr verehrter Oheim, der berühmte NICOLAUS BERNOULLI, Professor beider Rechte an der Akademie zu Basel, legte einmal dem bekannten MONTMORT fünf Probleme vor, die man in dem Buche: *Analyse sur les jeux de hazard* de Mr. DE MOMTMORT, p. 402 findet. Das letzte dieser Probleme lautet folgendermaßen: *Peter wirft eine Münze in die Höhe und zwar so lange, bis sie nach dem Niederfallen die Kopfseite zeigt; geschieht dies nach dem ersten Wurf, so soll er dem Paul 1 Dukaten geben; wenn aber erst nach dem zweiten: 2, nach dem dritten: 4, nach dem vierten: 8, und so fort in der Weise, daß nach jedem Wurfe die Anzahl der Dukaten verdoppelt wird. Man fragt: Welchen Wert hat die Gewinnhoffnung für Paul?* – Diese Aufgabe erwähnte mein oben genannter Oheim in einem an mich gerichteten Briefe und knüpfte daran den Wunsch, meine Ansicht darüber zu hören. Obschon nämlich die Rechnung zeige, daß die Hoffnung des Paul unendlich groß ist, so dürfte es, wie er bemerkt, doch wohl keinen halbwegs vernünftigen Menschen geben, der nicht jene Hoffnung gern für 20 Dukaten verkaufen würde. In der That, sobald wir diese Sache nach den gewöhnlichen Regeln angreifen, finden wir für die Gewinnhoffnung des Paul einen unendlich großen Wert, wiewohl niemand dieselbe auch nur für einen ziemlich geringen Preis erwerben wollen wird."

Das zweite Glücksspielproblem ist das Spieldauerproblem; es entstand aus einem Problem, das PASCAL zunächst FERMAT und später über CARCAVI 1656 HUYGENS vorgelegt und das HUYGENS als letztes der fünf zur Übung für seine Leser bestimmten Probleme 1657 veröffentlicht hatte (Text 1.8.2.). Die Mathematiker der Generation nach HUYGENS haben nicht nur ihre Fähigkeiten an diesen Problemen erprobt, sondern versucht, diese Probleme zu verallgemeinern. In diesem Sinn wurde das Spieldauerproblem zunächst von DE MONTMORT for-

[346]) zitiert nach DANIEL BERNOULLI, Versuch einer neuen Theorie der Wertbestimmung von Glücksfällen (Specimen theoriae novae de mensura sortis), (übersetzt von A. PRINGSHEIM), Leipzig 1896, S. 46.

muliert und für einen einfachen Spezialfall gelöst[347]). DE MOIVRE, befaßte sich dann, offenbar nach der Lektüre von DE MONTMORTS ›Essay‹ von 1708 selbständig mit dem Spieldauerproblem und erreichte, ausgehend von einfachen Spezialfällen, eine allgemeine trigonometrische Lösung des Problems, die weit über die von DE MONTMORT und NIKLAUS BERNOULLI bis 1719 erzielten Ergebnisse hinausging. Diese allgemeine Lösung stand DE MOIVRE wohl schon um 1718, dem Editionsjahr der ersten Auflage seiner ›Doctrine of chances‹, zur Verfügung. Eine vollständige Darstellung des von ihm Erreichten findet sich nach weiteren Publikationen[348]) in der zweiten und dritten Auflage (1738 bzw. 1756) der ›Doctrine of chances‹ (Text 11.2.). Für die allgemeine Lösung hatte DE MOIVRE neue mathematische Instrumente geschaffen, wovon die Theorie der von ihm so genannten rekurrenten Folgen das wichtigste ist. Rekurrente Folgen sind Folgen, deren Glieder einer homogenen Differenzengleichung mit konstanten Koeffizienten genügen. DE MOIVRE war in der Lage, über die Lösung der zugehörigen charakteristischen Gleichung das n-te Glied und die Summe der ersten n Glieder einer rekurrenten Folge zu bestimmen. Er erkannte, daß die im Spieldauerproblem auftretenden Wahrscheinlichkeiten dafür, daß das Gesamtspiel nach einer vorgegebenen Anzahl von Einzelspielen weitergehen oder beendet sein wird, Glieder bzw. Summen von Gliedern rekurrenter Folgen sind, deren Bildungsgesetz dem der Glieder der von ihm untersuchten trigonometrischen Reihen entspricht.

Beweise für die von DE MOIVRE erzielten Ergebnisse speziell für das Spieldauerproblem konnten später mit Hilfe der Theorie der erzeugenden Funktionen (siehe Kapitel 9) erbracht werden, was zu der nicht nachweisbaren Behauptung führte, DE MOIVRE hätte sich zur Lösung des Spieldauerproblems erzeugender Funktionen bedient.

Die zweite Gruppe von Problemen befaßt sich mit sogenannten geometrischen Wahrscheinlichkeiten. Geometrische Wahrscheinlichkeiten nahmen eine Sonderstellung ein, weil bei ihnen im Sinne des klassischen Verständnisses von Wahrscheinlichkeit als Verhältnis der günstigen zu den möglichen Fällen überabzählbar viele Fälle auftraten. Dieses Problem war mit der maßtheoretischen Begründung der Wahrscheinlichkeitstheorie erledigt. Das mutmaßlich älteste

347) Anonymus (= PIERRE RÉMOND DE MONTMORT), Essay d'analyse sur les jeux de hazard, Paris 1708, S. 184f.; das Problem wurde vor allem in dem in der 2. Auflage des ›Essay d'analyse‹ von 1713/4 enthaltenen Briefwechsel zwischen DE MONTMORT und NIKLAUS BERNOULLI weiter diskutiert, wobei NIKLAUS BERNOULLI in seinem Brief vom 26. 2. 1711 an MONTMORT eine Vorschrift angab, die zur allgemeinen Lösung führt.

348) ABRAHAM DE MOIVRE, De fractionibus algebraicis radicalitate immunibus ad fractiones simpliciores reducendis, deque summandis terminis quarundam serierum aequali intervallo a se distantibus, *in*: Philosophical Transactions of the Royal Society Nr. 373, 1722, S. 162–178, speziell S. 170–175, und: Miscellanea analytica de seriebus et quadraturis, London 1730, S. 76–83.

hierher gehörende Beispiel stammt noch aus der Glücksspielrechnung. Es wurde um 1665 von NEWTON nach der Lektüre von HUYGENS' Traktat von 1657 als Verallgemeinerung der dritten Proposition zur Ermittlung des Erwartungswertes (Text 1.8.1.) auf irrationale Zahlen gefunden[349]):

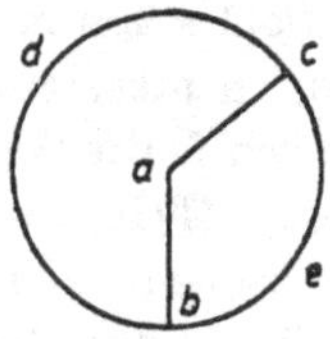

"If the Proportion of the chances for any stake bee irrationall the interest in the stake may bee found after the same manner. As if the Radij *ab, ac,* divide the horizontal circle *bcd* into two parts *abec* and *abdc* in such proportion as 2 to $\sqrt{5}$. And if a ball falling perpendicularly upon the center *a* doth tumble into the portion *abec* I winn (*a*): but if into the other portion, I win *b*. my hopes is worth $\frac{2a + b\sqrt{5}}{2 + \sqrt{5}}$."

BAYES' Gedankenexperiment zur Lösung des Problems, die unbekannte Wahrscheinlichkeit eines Ereignisses aus der beobachteten relativen Häufigkeit seines Eintretens zu schätzen (Text 4.3.), benutzt ebenfalls geometrische Wahrscheinlichkeiten.

Das bekannteste Problem dieser Gruppe ist das Buffonsche Nadelproblem, bei dem die Wahrscheinlichkeit p dafür gesucht wird, daß eine „zufällig" auf eine Ebene mit äquidistanten parallelen Geraden geworfene Nadel, deren Länge $2r$ kleiner ist als der Abstand a zweier benachbarter Geraden, eine der Geraden trifft (Text 11.3.). LAPLACE schlug später vor, das Ergebnis $p = \frac{4r}{a\pi}$ zu einer empirischen Bestimmung von π zu benutzen, indem man die Wahrscheinlichkeit p durch die beobachteten relativen Häufigkeiten ersetzt. LAPLACE hat sich dann auch mit dem schwierigeren und von BUFFON nicht richtig gelösten Fall auseinandergesetzt, daß es sich um zwei Scharen paralleler äquidistanter Geraden handelt, die aufeinander senkrecht stehen und so die Ebene in gleichgroße Rechtecke teilen[350]).

Zu den aufsehenerregenden Problemen mit geometrischen Wahrscheinlichkeiten zählt auch das Bertrandsche Paradoxon, das BERTRAND in seinem erstmals 1888 erschienenen ›Calcul des probabilités‹ vorstellte (Text 11.4.). Dieses Paradoxon problematisiert den Begriff des Zufallsexperiments, da die Frage nach der Wahrscheinlichkeit dafür, daß eine „zufällig" gezogene Kreissehne kleiner als die Seite des einbeschriebenen gleichseitigen Dreiecks ist, je nach der Interpretation des Begriffes „zufällig" zu verschiedenen Lösungen führt.

[349]) The mathematical papers of Isaac Newton (hrsg. v. D. T. WHITESIDE) Bd. I, Cambridge 1967, S. 60.

[350]) PIERRE SIMON LAPLACE, Théorie analytique des probabilités, *in*: Oeuvres de Laplace Bd. VII, S. 366–369.

Die lange umstrittene Frage nach legitimen Anwendungsbereichen in der Geschichte der Wahrscheinlichkeitsrechnung führt zur letzten hier behandelten Gruppe von berühmten Problemen, für die nur ein Beispiel gegeben werden soll. Es handelt sich dabei um den schon im 18. Jh. von CONDORCET und nach ihm von LAPLACE gemachten Versuch, durch die Anwendung der Wahrscheinlichkeitsrechnung auf die Bewertung von Gerichtsurteilen und Zeugenaussagen nicht zuletzt politischen Einfluß zu erlangen. Dieser Versuch wurde von POISSON im 19. Jh. wiederholt. Der Umstand, daß dessen Versuch aus persönlichen und fachlichen Beweggründen von einigen französischen Mathematikern als unseriös abgelehnt wurde, hat nicht nur dem Werk POISSONS, sondern dem gesamten Fach ungeheuer geschadet. Eine gewisse Rehabilitation erfuhren POISSON und seine Vorgänger durch die nach 1970 in einigen englischsprachigen Ländern einsetzende Diskussion über die Anzahl der Geschworenen in einer Jury; daran beteiligten sich auch Mathematiker, deren Überlegungen mit Einschränkungen, die z. B. die Unabhängigkeit der Geschworenen betreffen, an die von CONDORCET, LAPLACE und POISSON anschlossen. Rückblickend kann ein Teilstück der Arbeit von POISSON, in dem es ihm darum ging, die Stabilität des jährlich ermittelten Anteils der Verurteilten an den Angeklagten bei gleichbleibenden Verhältnissen nachzuweisen, als ein frühes Beispiel eines Signifikanztests angesehen werden (Text 11.5.); dabei bediente sich POISSON eines umfangreichen statistischen Materials. Dieser Text steht in enger Beziehung zu seiner Auffassung vom Gesetz der großen Zahlen (Kapitel 4); der für die darin enthaltenen Aussagen erforderliche mathematische Apparat wurde von POISSON in den vorhergehenden Abschnitten, auf die er verweist, bereitgestellt.

Text 11.1. Geronimo (Girolamo) Cardano, Practica arithmetice et mensurandi singularis*)

17. Ein Armer ging jeden Tag in das Haus eines Reichen, um für ein Goldstück in der Weise zu spielen, daß, wenn der Arme das Goldstück verlor, er vom Spiel abließ; wenn er gewann, ließ er sich auf je ein weiteres Spiel ein. Jener setzte dabei immer ⟨soviel⟩ ein, wie der Arme besaß, bei bis zu 4 Spielen, und darauf hörten sie auf. So setzte z.B. der Reiche im ersten Spiel ein Goldstück ein; wenn er gewann, wurde das Spiel an jenem Tag beendet; wenn er verlor, besaß der Arme 2 Goldstücke, weshalb der Reiche im zweiten Spiel 2 Goldstücke einsetzte; wenn er gewann, war das Spiel zu diesem Zeitpunkt beendet; wenn er verlor, besaß der Arme 4 Goldstücke, weshalb der Reiche auch selbst 4 Goldstücke einsetzte; entsprechend setzte er im vierten Spiel 8 ein. Deshalb verlor, wenn der Reiche gewann, der Arme die 7 schon gewonnenen und eines von seinen Goldstücken; wenn er gewonnen hätte, dann hätte er 16 Goldstücke davongetragen, nämlich 15 dazugewonnene. Es wird deshalb gefragt: Wenn auf diese Weise über mehrere Monate fortgespielt wird unter der Voraussetzung, daß Spielglück und Spielgeschick gleich verteilt sind, wer spielt unter günstigerer Bedingung und um wieviel Prozent? Die Antwort ist klar. Die Progression von 4 ist 10; deswegen bräuchte der Reiche nur 10 Goldstücke einzusetzen; er verliert aber schon 15. Also spielt der Reiche unter einer ungünstigeren Voraussetzung als der Arme, und weil 5 die Hälfte von 10 ist, ist folglich seine Voraussetzung um 50 Prozent schlechter. Bei einer Fortsetzung wird deshalb der Arme viel gewinnen, so daß er im Jahr 182 Goldstücke gewinnen wird, nämlich die Hälfte des Einsatzes. Dies ist bei weitem besser, wenn das Spielglück ungleich verteilt ist, weil bei gleichem proportionalen Zuwachs für einen größeren und einen kleineren ⟨Betrag⟩ der Zuwachs für den größeren größer ist als für den kleineren, und es so ohne Betrugsabsichten und bei gleichem Spielgeschick dem Armen praktisch unmöglich wäre, nicht zu gewinnen. In der Tat werden die Armen gelegentlich von Angst oder Freude behindert; die Reichen hingegen spielen nicht mit solcher Leidenschaft und damit sicherer.

*) Hieronymus Cardanus, Practica arithmetice et mensurandi singularis, Mailand 1539, Kap. LXI, 17, f. TIVr. (= f. 144 r.)
(S) mit Korrekturen von Menso Folkerts.

Text 11.2. Abraham de Moivre, The doctrine of chances *)

Problem LVIII.

Of the Duration of Play.

Two Gamesters A and B whose proportion of skill is as a to b, each having a certain number of Pieces, play together on condition that as often as A wins a Game, B shall give him one *Piece; and that as often as B wins a Game, A shall give him* one *Piece; and that they cease not to play till such time as either one or the other has got all the Pieces of his Adversary: now let us suppose two Spectators R and S concerning themselves about the ending of the Play, the first of them laying that the Play will be ended in a certain number of Games which he assigns, the other laying to the contrary. To find the Probability that S has of winning his wager.*

Solution. This Problem having some difficulty, and it having given me occasion to inquire into the nature of some Series naturally resulting from its Solution, whereby I have made some improvements in the Method of summing up Series, I think it necessary to begin with the simplest Cases of this Problem, in order to bring the Reader by degrees to a general Solution of it.

Case I. Let 2 be the number of Pieces, which each Gamester has; let also 2 be the number of Games about which the Wager is laid: now because 2 is the number of Games contended for, let $a + b$ be raised to its Square, *viz.* $aa + 2ab + bb$; then it is plain that the Term $2ab$ favours S, and that the other two are against him; and consequently that the Probability he has of winning is $\frac{2ab}{(a + b)^2}$.

Corollary. If a and b are equal, neither R or S have any Advantage or Disadvantage; but if a and b are unequal, R has the Advantage.

Case II. Let 2 be the number of Pieces of each Gamester, as before, but let 3 be the number of Games about which the Wager is laid: then $a + b$ being raised to its Cube, *viz.* $a^3 + 3aab + 3abb + b^3$, it will be seen that the two Terms a^3 and b^3 are contrary to S, they denoting the number of Chances for winning

*) Abraham de Moivre, The doctrine of chances, 3. Auflage, London 1756, Problem LVIII. S. 191–194 (= Problem LVII. der 2. Auflage von 1738 u. Problem XXXIII. der 1. Auflage von 1718), Problem LIX. S. 197 u. 199 (= Problem LVIII. der 2. Auflage u. Problem XXXIV. der 1. Auflage), Problem LXIX. S. 219f. (= Problem LXVIII. der 2. Auflage; fehlt in der 1. Auflage).

three times together; it will also be seen that the other two Terms $3aab$ and $3abb$ are partly for him, partly against him. Let therefore those two Terms be divided into their proper parts, *viz.* $3aab$ into $aab + aba + baa$, and $3abb$ into $abb + bab + bba$, and it will plainly be perceived that out of those six parts there are four which are favourable to S, *viz.* aba, baa, abb, bab or $2aab + 2abb$; from hence it follows that the Probability which S has of winning his Wager will be $\frac{2aab + 2abb}{(a+b)^3}$, or dividing both Numerator and Denominator by $a + b$, it will be found to be $\frac{2ab}{(a+b)^2}$, which is the same as in the preceding Case. The reason of which is, that the winning of a certain number of even Pieces in an odd number of Games is impossible, unless it was done in the even number of Games immediately preceding the odd number, no more than an odd number of Pieces can be won in an even number of Games, unless it was done in the odd number immediately preceding it; but still the Problem of winning an even number of Pieces in an odd number of Games is rightly proposed; for Instance, the Probability of winning either of one side or the other, 8 Pieces in 63 Games; for, provided it be done either before or at the Expiration of 62 Games, he who undertakes that it shall be done in 63 wins his Wager.

Case III. Let 2 be the number of Pieces of each Gamester, and 4 the number of Games upon which the Wager is laid: let therefore $a + b$ be raised to the fourth Power, which is $a^4 + 4a^3b + 6aabb + 4ab^3 + b^4$; which being done, it is plain that the Terms $a^4 + 4a^3b + 4ab^3 + b^4$ are wholly against S, and that the only Term $6aabb$ is partly for him, and partly against him, for which reason, let this Term be divided into its parts, *viz.* $aabb$, $abab$, $abba$, $baab$, $baba$, $bbaa$, and 4 of these parts, *viz.* $abab$, $abba$, $baab$, $baba$, or $4aabb$ will be found to favour S; from which it follows that his probability of winning will be $\frac{4aabb}{(a+b)^4}$.

Case IV. If 2 be the number of Pieces of each Gamester, and 5 the number of Games about which the Wager is laid, the Probability which S has of winning his wager will be the same as in the preceding Case, *viz.* $\frac{4aabb}{(a+b)^4}$.

Universally, Let 2 be the number of Pieces of each Gamester, and $2 + d$ the number of Games upon which the Wager is laid; and the Probability which S has of winning will be $\frac{(2ab)^{1+\frac{1}{2}d}}{(a+b)^{2+d}}$ if d be an even number; or $\frac{(2ab)^{\frac{1+d}{2}}}{(a+b)^{1+d}}$ if d be odd, writing $d - 1$ instead of d.

Case V. If 3 be the number of Pieces of each Gamester, and $3 + d$ the number of Games upon which the Wager is laid, then the Probability which S has of winning will be $\frac{(3ab)^{1+\frac{1}{2}d}}{(a+b)^{2+d}}$ if d be an even number, or $\frac{(3ab)^{\frac{1+d}{2}}}{(a+b)^{1+d}}$ if it be odd.

Case VI. If the number of Pieces of each Gamester be more than 3, the Expectation of S, or the Probability there is that the Play shall not be ended in a given number of Games, may be determined in the following manner.

A General Rule for determining what Probability there is that the Play shall not be determined in a given number of Games.

Let n be the number of Pieces of each Gamester. Let also $n+d$ be the number of Games given; raise $a+b$ to the Power n, then cut off the two extream Terms, and multiply the remainder by $aa+2ab+bb$: then cut off again the two Extreams, and multiply again the remainder by $aa+2ab+bb$, still rejecting the two Extreams; and so on, making as many Multiplications as there are Units in $\frac{1}{2}d$; make the last Product the Numerator of a Fraction whose Denominator let be $(a+b)^{n+d}$, and that Fraction will express the Probability required, or the Expectation of S upon a common Stake 1, supposed to be laid between R and S; still observing that if d be an odd number, you write $d-1$ in its room. ...

Problem LIX.

The same things being given as in the preceding Problem, to find the Expectation of R, or otherwise the Probability that the Play will be ended in a given number of Games.

Solution. *First,* It is plain that if the Expectation of S obtained by the preceding Problem be substrated from Unity, there will remain the Expectation of R.

Secondly, Since the Expectation of S decreases continually, as the number of Games increases, and that the Terms we rejected in the former Problem being divided by $aa+2ab+bb$ are the Decrement of his Expectation; it follows that if those rejected Terms be divided continually by $aa+2ab+bb$ or $(a+b)^2$, they will be the Increment of the Expectation of R. Wherefore the Expectation of R may be expressed by means of those rejected Terms. Thus in the second Example of the preceding Problem, the Expectation of R expressed by means of the rejected Terms will be found to be

$$\frac{a^5+b^5}{(a+b)^5}+\frac{5a^6b+5ab^6}{(a+b)^7}+\frac{20\,a^7bb+20aab^7}{(a+b)^9},$$

or

$$\frac{a^5 + b^5}{(a+b)^5} \cdot \left(1 + \frac{5ab}{(a+b)^2} + \frac{20aabb}{(a+b)^4}\right).$$

In like manner, if 6 were the number of the Pieces of each Gamester, and the number of Games were 14, it would be found that the Expectation of R would be

$$\frac{a^6 + b^6}{(a+b)^6} \cdot \left(1 + \frac{6ab}{(a+b)^2} + \frac{27aabb}{(a+b)^4} + \frac{110a^3b^3}{(a+b)^6} + \frac{429}{(a+b)^8}a^4b^4\right) \ldots.$$

Fourthly, The Coefficient of any Term of these Series may be found independently from any relation they may have to the preceding: in order to which, it is to be observed that each Term of these Series is proportional to the Probability of the Play's ending in a certain number of Games precisely: thus in the Series which expresses the Expectation of R, when each Gamester is supposed to have 6 Pieces; *viz.*

$$\frac{a^6 + b^6}{(a+b)^6} \cdot \left(1 + \frac{6ab}{(a+b)^2} + \frac{27aabb}{(a+b)^4} + \frac{110a^3b^3}{(a+b)^6} + \frac{429a^4b^4}{(a+b)^8}\right)$$

the last Term being multiplied by the common Multiplicator $\frac{a^6 + b^6}{(a+b)^6}$ set down before the Series, the Product $\frac{429a^4b^4 \cdot (a^6 + b^6)}{(a+b)^{14}}$ will denote the Probability of the Play's ending in 14 Games precisely. Wherefore if that Term were desired which expresses the Probability of the Play's ending in 20 Games precisely, or in any number of Games denoted by $n + d$, I say that the Coefficient of that Term will be

$$\frac{n}{1} \cdot \frac{n+d-1}{2} \cdot \frac{n+d-2}{3} \cdot \frac{n+d-3}{4} \cdot \frac{n+d-4}{5}, \text{ etc. continued}$$

to so many Terms as there are Units in $\frac{1}{2}d$.

$$-\frac{3n}{1} \cdot \frac{n+d-1}{2} \cdot \frac{n+d-2}{3} \cdot \frac{n+d-3}{4} \cdot \frac{n+d-4}{5}, \text{ etc. continued}$$

to so many Terms as there are Units in $\frac{1}{2}d - n$.

$$+\frac{5n}{1} \cdot \frac{n+d-1}{2} \cdot \frac{n+d-2}{3} \cdot \frac{n+d-3}{4} \cdot \frac{n+d-4}{5}, \text{ etc. continued}$$

to so many Terms as there are Units in $\frac{1}{2}d - 2n$.

$$-\frac{7n}{1} \cdot \frac{n+d-1}{2} \cdot \frac{n+d-2}{3} \cdot \frac{n+d-3}{4} \cdot \frac{n+d-4}{5}, \text{ etc. continued}$$

to so many Terms as there are Units in $\frac{1}{2}d - 3n$.

etc. ...

Problem LXIX.

The same things being given as in the preceding Problem, (except that now the ratio of a to b is supposed of inequality,) to solve the same by the Sines of Arcs.

Solution. Let n represent the number of Games given, p the number of Stakes to be won or lost on either side, let also A be the Semicircumference of a Circle whose Radius is equal to Unity: let C, D, E, F, etc. be the Sines of the Arcs $\frac{A}{p}, \frac{3A}{p}, \frac{5A}{p}, \frac{7A}{p}$, etc. till the Semi-circumference be exhausted; let also c, d, e, f, etc. be the respective versed Sines of those Arcs[351]); let $\frac{a^n + b^n}{(a+b)^n}$ be made $= L$, $\frac{(a-b)^2}{(a+b)^2} = t$, $\frac{ab}{(a+b)^2} = r$; let $c, 2r :: CC, m$[352]); $d, 2r :: DD, q$; $e, 2r :: EE, s$, etc. then the Probability of the Play not ending in n Games will be expressed by the following Series

$$\frac{C}{2rc+t} \cdot m^{\frac{1}{2}n} - \frac{D}{2rd+t} \cdot q^{\frac{1}{2}n} + \frac{E}{2re+t} \cdot s^{\frac{1}{2}n}, \text{ etc.}$$

the whole to be multiplied by $\frac{2L}{p \cdot r^{\frac{1}{2}p-1}}$.

As there are but few Tables of Sines, wherein the Logarithms of the versed Sines are to be found, it will be easy to remedy that inconveniency, by adding the Logarithm of 2 to the excess of twice the tabular Logarithm of the Sine of half the given Arc above 10; for that Sum will give the Logarithm of the versed Sine of the whole Arc. ...

351) (S): *versed Sine* entspricht dem Sinus versus $= 1 - \cos$.

352) (S): Das Symbol :: entspricht dem Gleichheitszeichen zwischen zwei Proportionen; z.B. ist $c, 2r :: CC, m$ gleichbedeutend mit $c : 2r = CC : m$.

Text 11.3. George-Louis Leclerc Buffon, Essai d'arithmétique morale*)

Angenommen, man wirft in einem Zimmer, dessen Fußboden schlicht aus parallelen Brettern besteht, einen Stab in die Luft und einer der Spieler wettet, daß der Stab keine der Parallelen des Fußbodens kreuzt, während der andere darauf setzt, daß der Stab irgendwelche dieser Parallelen kreuzt. Man fragt nach der Gewinnaussicht dieser beiden Spieler[353]) (*man kann dieses Spiel auf einem Schachbrett mit einer Nähnadel oder einer Stecknadel ohne Kopf spielen*).

Um sie zu finden, ziehe man zuerst zwischen zwei parallelen Fugen *AB* und *CD* des Fußbodens zwei andere Parallelen, die von den ⟨beiden⟩ ersten um die Hälfte der Stablänge *EF* entfernt sind; man sieht unmittelbar, daß der Stab, sowie sein Mittelpunkt zwischen die beiden nachträglich gezogenen Parallelen zu liegen kommt, niemals, in welcher Lage *EF*, *ef* er sich auch befinden mag, die ersten ⟨Parallelen⟩ kreuzen können wird. Da nun alles, was oberhalb von *ab* eintreten kann, ebenso unterhalb von *cd* eintritt, muß man nur das eine oder das andere bestimmen. Dazu bemerke ich, daß alle Lagen des Stabes durch einen Viertelkreis, dessen Durchmesser gleich der Länge des Stabes ist, dargestellt werden können. Bezeichnet man also den Abstand *CA* der Fugen des Parketts

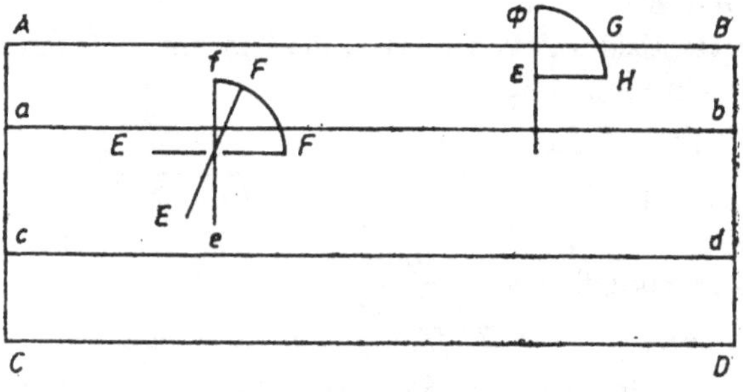

*) George-Louis Leclerc Buffon, Essai d'arithmétique morale, *in*: Supplément à l'Histoire naturelle, Bd. IV, Paris 1777, und *in*: Oeuvres complètes de Buffon, Bd. XIII, Paris 1827, S. 60–62.

(S)

[353]) (S): Dies ist das sogenannte Nadelproblem, über das Buffon schon 1733 vor der Pariser Académie des sciences vorgetragen hatte. Siehe dazu den (nicht von Buffon stammenden) Bericht in der Histoire de l'Académie Royale des sciences für 1733, Pariser Ausgabe S. 43–45, Amsterdamer Ausgabe S. 59–62, der die von Buffon vorgetragenen Lösungen des *jeu du franc carreau* und des Nadelproblems enthält, wobei die Lösung des Nadelproblems nur angedeutet ist.

mit $2a$, den Umfang des Viertelkreises, dessen Durchmesser der Länge des Stabes gleich ist, mit c, die Länge des Stabes mit $2b$ und die Länge AB der Fugen mit f, so erhält man $f \cdot (a - b) \cdot c$ als Ausdruck für die Wahrscheinlichkeit, keine Fuge des Parketts zu kreuzen oder, was dasselbe ist, als Ausdruck für alle Fälle, bei denen der Mittelpunkt des Stabes unterhalb der Linie ab und oberhalb der Linie cd zu liegen kommt[354]).

Wenn aber der Mittelpunkt des Stabes außerhalb des Bereichs $abcd$, der zwischen den beiden nachträglich gezogenen Parallelen enthalten ist, zu liegen kommt, kann ⟨der Stab⟩ seiner Lage entsprechend die Fuge kreuzen oder nicht, so daß, wenn die Mitte des Stabes etwa in ε liegt, der Bogen φG alle Lagen, in denen er die Fuge kreuzt, und der Bogen GH alle die, in denen er sie nicht kreuzt, kennzeichnet. Da dasselbe für alle Punkte der Geraden $\varepsilon\varphi$ gilt, bezeichne ich die kleinen Abschnitte dieser Geraden mit dx und die Kreisbögen φG mit y; man erhält $f(\int y\,dx)$ als Ausdruck aller Fälle[355]), in denen der Stab kreuzt, und $f(bc - \int y\,dx)$ für denjenigen der Fälle, in denen er nicht kreuzt. Ich addiere diesen letzten Ausdruck zu dem oben gefundenen $f \cdot (a - b) \cdot c$, um die Gesamtheit der Fälle, in denen der Stab nicht kreuzt, zu erhalten; daraus ersieht man, daß sich die Gewinnaussicht des ersten Spielers zu der des zweiten verhält wie[356])

$$(ac - \int y\,dx) : \int y\,dx.$$

[354]) (S): BUFFON hat sich offenbar das schon von JAKOB BERNOULLI benutzte und von DE MOIVRE verbindlich eingeführte klassische Wahrscheinlichkeitsmaß nicht zu eigen gemacht, sondern bedient sich noch nicht normierter Wahrscheinlichkeiten; denn die Wahrscheinlichkeit dafür, daß die Stabmitte in den Teil $abcd$ der Gesamtfläche $ABCD$ fällt, ist $\dfrac{a-b}{a}$. Der Ausdruck $f \cdot (a - b) \cdot c$, wobei $c = \dfrac{1}{2} b\pi$ ist, ist keine normierte Wahrscheinlichkeit und wurde von BUFFON in Hinblick auf den noch zu berechnenden Anteil der Fälle gebildet, in denen der Abstand der Stabmitte von den Fugen kleiner als b ist und diese dennoch nicht gekreuzt werden.

[355]) (S): Bezeichnet man den Abstand des Punktes ε von der Fuge AB mit x und den Bogen φG bzw. y mit $b\alpha$, so gilt $\cos\alpha = \cos\dfrac{y}{b} = \dfrac{x}{b}$ und $\int y\,dx = b \int \arccos\dfrac{x}{b}\,dx$, wobei zwischen 0 und b integriert werden muß. $\int\limits_0^b y\,dx$ ergibt dann tatsächlich, wie von BUFFON einige Zeilen weiter festgestellt, b^2. Das Integral symbolisiert BUFFON, vielleicht als Abkürzung für *somme*, mit s.

[356]) (S): Dieses Ergebnis bedeutet, daß die Wahrscheinlichkeit für einen Gewinn des zweiten Spielers bzw. dafür, daß der Stab eine Fuge kreuzt, gerade

$$\frac{\int\limits_0^b y\,dx}{ac} = \frac{b^2}{ac} = \frac{2b}{a\pi}$$

ist.

Wenn das Spiel nun gleiche Gewinnaussichten bieten soll, wird man

$$ac = 2 \int y\, dx \quad \text{oder} \quad a = \frac{\int y\, dx}{\frac{c}{2}}$$

erhalten, d.h. die Fläche eines Teils der Zykloide, deren Erzeugerkreis den Durchmesser $2b$, also die Stablänge, hat. Nun weiß man, daß diese Zykloidenfläche dem Quadrat des Radius gleich ist, also

$$a = \frac{b^2}{\frac{1}{2} c};$$

d.h., daß die Stablänge etwa $\frac{3}{4}$ des Abstands zwischen den Fugen des Parketts ausmachen muß.

Text 11.4. Joseph Louis François Bertrand, Calcul des probabilités *)

Man zieht eine Sehne in einem Kreis *zufällig*. Was ist die Wahrscheinlichkeit dafür, daß sie kleiner als die Seite des einbeschriebenen gleichseitigen Dreiecks ist?

Man kann behaupten: Wenn einer der Endpunkte der Sehne bekannt ist, ändert diese Kenntnis die Wahrscheinlichkeit nicht; die Symmetrie des Kreises erlaubt es nicht, dem irgendeinen für das Eintreten des in Frage stehenden Ereignisses günstigen oder ungünstigen Einfluß beizumessen.

Wenn einer der Endpunkte der Sehne bekannt ist, muß ihre Richtung zufällig bestimmt werden. Wenn man zwei Seiten des gleichseitigen Dreiecks zieht, die den gegebenen Endpunkt als Schnittpunkt haben, bilden sie miteinander und mit der Tangente drei Winkel von 60°. Die Sehne muß, um größer als die Seite des gleichseitigen Dreiecks zu sein, in jenem der drei Winkelräume liegen, der sich zwischen den beiden anderen befindet. Die Wahrscheinlichkeit dafür, daß der Zufall unter den drei Winkelräumen, die sie aufnehmen können, sie gerade in diesen lenkt, scheint definitionsgemäß gleich $\frac{1}{3}$ zu sein.

Man kann auch behaupten: Wenn man die Richtung der Sehne kennt, ändert diese Kenntnis die Wahrscheinlichkeit nicht. Die Symmetrie des Kreises erlaubt es nicht, dem irgendeinen für das Eintreten des in Frage stehenden Ereignisses günstigen oder ungünstigen Einfluß beizumessen.

Wenn die Richtung der Sehne gegeben ist, muß sie, um größer als die Seite des gleichseitigen Dreiecks zu sein, einen der beiden Radien, die den ⟨auf ihr⟩ senkrechten Durchmesser bilden, in der dem Kreismittelpunkt näher gelegenen Hälfte schneiden. Die Wahrscheinlichkeit dafür, daß dies zutrifft, scheint definitionsgemäß gleich $\frac{1}{2}$ zu sein.

Man kann darüber hinaus behaupten: Eine Sehne zufällig zu bestimmen bedeutet, ihren Mittelpunkt zufällig zu bestimmen. Dafür, daß die Sehne größer als die Seite des gleichseitigen Dreiecks ist, ist es notwendig und hinreichend, daß der Mittelpunkt sich in einem Abstand vom Kreismittelpunkt befindet, der kleiner als der halbe Radius ist, d.h. im Innern eines Kreises, dessen Fläche viermal so klein ist. Die Menge der Punkte, die im Innern einer viermal so

*) Joseph Louis François Bertrand, Calcul des probabilités, Paris 1888/89, S. 4f. (aus Kapitel I. ›Bestimmung der Chancen‹).
(S)

kleinen Oberfläche liegen, ist viermal so klein. Die Wahrscheinlichkeit dafür, daß die Sehne, deren Mittelpunkt zufällig bestimmt wurde, größer als die Seite des gleichseitigen Dreiecks ist, scheint definitionsgemäß gleich $\frac{1}{4}$ zu sein.

Welche unter diesen drei Antworten ist die richtige? Keine von den dreien ist falsch, keine ist ganz richtig; die Frage ist schlecht gestellt.

Text 11.5. Siméon-Denis Poisson, Lehrbuch der Wahrscheinlichkeitsrechnung und deren wichtigsten Anwendungen*)

§ 134. Die allgemeine Liste der Bürger, welche Geschworene werden können, enthalte eine beliebige Anzahl von Namen, jedes Geschworenengericht bestehe aus n Geschworenen, welche ganz zufällig aus dieser allgemeinen Liste genommen sind, die Geschworenengerichte von einem oder mehrern Jahren sollen eine sehr große Anzahl μ verurtheilt oder freigesprochen haben und a_i sei die Anzahl, welche von diesen Angeklagten durch diese Geschworenengerichte bei der Stimmenmehrheit von wenigstens $n - i$ Stimmen gegen i verurtheilt sind, was voraussetzt, dass $i = 0$, oder eine der kleineren Zahlen als $\frac{1}{2}n$ sei. Die Wahrscheinlichkeit einer Verurtheilung vor der Urtheilsfällung muss sich von einem Urtheile zum andern ändern; aber von welcher Beschaffenheit diese Veränderung auch sei, so ist das Mittel aus den unbekannten Werthen dieser Wahrscheinlichkeit, welche bei den μ ausgesprochenen Urtheilen stattfinden, doch höchst wahrscheinlich sehr nahe dem Verhältnisse $\frac{a_i}{\mu}$ gleich (§. 95). Die Werthe dieser mittleren Wahrscheinlichkeit und dieses Verhältnisses ändern sich ferner sehr wenig mit der als sehr groß vorausgesetzten Zahl μ, und wenn diese Zahl immer größer wird, so convergiren diese Werthe ohne Ende gegen einen bestimmten constanten Werth, welchen sie erreichen würden, wenn μ unendlich werden könnte, und die verschiedenen Ursachen einer bei der in Rede stehenden Stimmenmehrheit ausgesprochenen Verurtheilung keine Veränderung erfahren hätten. Dieser besondere Werth, welchen mir mit R_i bezeichnen wollen, ist die Summe der Wahrscheinlichkeiten, welche alle möglichen Ursachen dieser Verurtheilung oder des betrachteten Ereignisses seinem Stattfinden ertheilen, indem jede dieser Wahrscheinlichkeiten durch die resp. Wahrscheinlichkeiten dieser Ursachen multiplicirt wird (§. 104). Die Aufzählung und die Berechnung des Einflusses dieser Ursachen *a priori* würde unmöglich sein; allein wir brauchen auch diese Ursachen nicht zu kennen, sondern wir brauchen blos anzunehmen, dass sich weder ihre eigenen respectiven Wahrscheinlichkeiten, noch die Wahrscheinlichkeiten, welche sie den Verurtheilungen ertheilen, verändern, und die

*) Siméon-Denis Poisson, Lehrbuch der Wahrscheinlichkeitsrechnung und deren wichtigsten Anwendungen. (Deutsch bearbeitet und mit den nötigen Zusätzen versehen von Dr. C. H. Schnuse, nach dem französischen Original ›Recherches sur la probabilité des jugements en matière criminelle et en matière civile‹, Paris 1837), Braunschweig 1841, S. 327—335.

Beobachtung selbst lehrt uns, ob diese Voraussetzung der Wahrheit gemäß ist. Bezeichnet man in diesem Falle mit a'_i die Anzahl der Verurtheilungen bei der Stimmenmehrheit von wenigstens $n - i$ gegen i Stimmen, welche bei einer andern sehr großen Anzahl μ' von Angeklagten stattfinden, so ist die Differenz $\frac{a'_i}{\mu'} - \frac{a_i}{\mu}$ sehr wahrscheinlich ein sehr kleiner Bruch (§. 109), und wenn dieses nicht der Fall ist, so ist man zu der Annahme berechtigt, dass in dem Intervalle der beiden Urtheilsreihen irgend eine merkliche Veränderung in den Ursachen der Verurtheilungen stattgefunden hat. Der Calcul kann uns übrigens nur von dem Stattfinden dieser Veränderung benachrichtigen, ohne uns die Natur derselben kennen zu lehren.

Was wir in Beziehung auf die bei der Mehrheit von wenigstens $n - i$ Stimmen gegen i ausgesprochenen Urtheile gesagt haben, ist auch auf die gerade bei dieser Stimmenmehrheit ausgesprochenen Urtheile anwendbar. Wenn man die Anzahl dieser letzten Verurtheilungen bei μ Angeklagten mit b_i bezeichnet, so gibt es auch einen constanten Werth r_i, welchem sich das Verhältniss $\frac{b_i}{\mu}$ ohne Ende nähert, je größer μ wird und welchen es erreichen würde, wenn μ unendlich werden könnte, vorausgesetzt, dass die Ursachen der Verurtheilungen keine Veränderungen erfahren haben, und wenn b'_i diese Anzahl der Verurtheilungen für die Anzahl μ' der Angeklagten bezeichnet, so ist die Differenz $\frac{b'_i}{\mu'} - \frac{b_i}{\mu}$ sehr wahrscheinlich ein sehr kleiner Bruch. Es ist offenbar:

$$a_i = b_i + b_{i-1} + b_{i-2} + \ldots + b_0,$$

$$a'_i = b'_i + b'_{i-1} + b'_{i-2} + \ldots + b'_0$$

$$R_i = r_i + r_{i-1} + r_{i-2} + \ldots + r_0.$$

Alsdann wollen wir für α eine gegen $\sqrt{\mu}$ und gegen $\sqrt{\mu'}$ sehr kleine positive Größe nehmen und:

$$P = 1 - \frac{2}{\sqrt{\pi}} \int_{\alpha}^{\infty} e^{-x^2}\, dx$$

setzen.

Nach den Formeln in §. 112 ist diese Größe P die gemeinschaftliche Wahrscheinlichkeit gewisser Grenzen der beiden Unbekannten R_i und r_i und der Differenzen $\frac{a'_i}{\mu'} - \frac{a_i}{\mu}$ und $\frac{b'_i}{\mu'} - \frac{b_i}{\mu}$, nämlich:

$$\frac{a_i}{\mu} \mp \alpha \sqrt{\frac{2a_i(\mu - a_i)}{\mu^3}} \qquad (a)$$

für die erste Unbekannte,

$$\frac{b_i}{\mu} \mp \alpha \sqrt{\frac{2b_i(\mu - b_i)}{\mu^3}} \qquad (b)$$

für die zweite Unbekannte;

$$\mp \alpha \sqrt{\frac{2a_i(\mu - a_i)}{\mu^3} + \frac{2a_i'(\mu' - a_i')}{\mu'^3}} \qquad (c)$$

für die erste Differenz, und:

$$\mp \alpha \sqrt{\frac{2b_i(\mu - b_i)}{\mu^3} + \frac{2b_i'(\mu' - b_i')}{\mu'^3}} \qquad (d)$$

für die zweite Differenz.

Unter übrigens gleichen Umständen nehmen die Amplituden dieser Grenzen, wenn die Zahlen μ und μ' immer größer werden, fast im umgekehrten Verhältnisse der Quadratwurzeln dieser großen Zahlen ab, weil die Größen a_i und b_i fast wie die Zahl μ und die Größen a'_i und b'_i wie die Zahl μ' wachsen. Diese Grenzen sind auch um so enger, je kleiner die Größe α ist; aber ihre Wahrscheinlichkeit P nimmt mit α zu gleicher Zeit ab.

§. 135. Die Zahlendata, wovon wir Gebrauch machen wollen, sind aus den von der französischen Regierung publicirten *Comptes généraux de l'Administration de la justice criminelle* genommen.

Von 1825 bis 1830 incl. sind die Anzahlen der jährlich vor die Geschworenengerichte gelangten Criminalprocesse für ganz Frankreich resp.:

5121, 5301, 5287, 5721, 5506, 5068

und die Zahlen der in diesen Criminalprocessen angeklagten Personen resp.:

6652, 6988, 6929, 7396, 7373, 6962

gewesen, welches jährlich ungefähr 7 Angeklagte für 5 Criminalprocesse gibt. Die Anzahl der bei der Stimmenmehrheit von wenigstens 7 Stimmen gegen 5 Verurtheilten ist in denselben Jahren resp.:

4037, 4348, 4236, 4551, 4475, 4130

gewesen, und folglich werden die Verhältnisse dieser letzten Zahlen zu den vorhergehenden ausgedrückt durch:

0,6068, 0,6222, 0,6113, 0,6153, 0,6069, 0,5932,

woraus schon erhellet, dass sich diese Verhältnisse innerhalb der 6 Jahre, während welcher die Criminalgesetzgebung ungeändert geblieben ist, sehr wenig geändert haben.

Für μ wollen wir die Summe der während dieser 6 Jahre Angeklagten und für a_5 die der Verurtheilten nehmen, so haben wir:

$$\mu = 42300, \quad a_5 = 25777,$$

so dass sich die Grenzen (a) in:

$$0{,}6094 \mp \alpha(0{,}00335)$$

verwandeln, und wenn man z.B. $\alpha = 2$ setzt, so erhält man auch:

$$P = 0{,}9953$$

für die sich der Gewissheit sehr nähernde Wahrscheinlichkeit, dass die Unbekannte R_5 und der Bruch 0,6094 nur um 0,0067 von einander verschieden sind.

Wenn man die 6 erwähnten Jahre in zwei gleiche Perioden abtheilt, wovon die eine die drei ersten und die andere die drei letzten Jahre umfasst, so sind die Zahlen der Angeklagten resp.:

$$\mu = 20569, \quad \mu' = 21731,$$

und die der Verurtheilten:

$$a_5 = 12621, \quad a_5' = 13156,$$

woraus folgt:

$$\frac{a_5}{\mu} = 0{,}6136, \quad \frac{a_5'}{\mu'} = 0{,}6054, \quad \frac{a_5}{\mu} - \frac{a_5'}{\mu'} = 0{,}0082.$$

Nun sind aber die Grenzen (c) dieser Differenz:

$$\mp\alpha(0{,}00671),$$

und wenn man $\alpha = 1{,}2$ setzt; so verwandeln sie sich in $\mp 0{,}00805$, und man hat:

$$P = 0{,}9103, \quad 1 - P = 0{,}0897.$$

Man könnte also fast 10 gegen 1 wetten, dass die Differenz der beiden Verhältnisse $\frac{a_5}{\mu}$ und $\frac{a_5'}{\mu'}$ zwischen die Grenzen $\mp 0{,}00805$ fällt, und obgleich die beobachtete Differenz $\mp 0{,}0082$, abgesehen vom Zeichen, wenig davon verschieden ist; so ist doch dieser Unterschied und die Wahrscheinlichkeit P seines Nichtstattfindens nicht beträchtlich genug, um zu der Annahme berechtigt zu sein, dass irgend eine merkliche Veränderung in den Ursachen der in Rede stehenden Erscheinung stattgefunden habe. Während des Jahres 1831 ist die Anzahl der vor die Geschworenengerichte gestellten Individuen auf 7606 und die der Verurtheilten auf 4098 gestiegen. Das Gesetz forderte damals zur Verurtheilung eine Stimmenmehrheit von wenigstens 8 gegen 4 Stimmen, und bei dieser Stimmenmehrheit hatte man folglich:

$$\mu = 7606, \quad a_4 = 4098, \quad \frac{a_4}{\mu} = 0{,}5388.$$

Wenn außer der erforderlichen Stimmenmehrheit die übrigen Ursachen, welche auf die Urtheile der Geschworenen Einfluss haben, in diesem Jahre dieselben geblieben sind, wie in dem vorhergehenden, so erhält man den Werth des Verhältnisses $\frac{b_5}{\mu}$, wenn man von dem Werthe von $\frac{a_5}{\mu}$ den Werth von $\frac{a_4}{\mu}$, d.h. 0,5388 von dem weiter oben gefundenen Bruche 0,6094 abzieht, welches:

$$\frac{b_5}{\mu} = 0{,}0706$$

gibt. Zum Beweise der Richtigkeit dieses Resultates wollen wir bemerken, dass von 1825 bis 1830 das Gesetz die Intervention der den Assisenhof bildenden Richter vorschrieb, so oft die Entscheidung des Geschworenengerichtes bei der kleinsten Stimmenmehrheit von 7 Stimmen gegen 5 stattgefunden hatte. Nun findet man aber in den *Comptes généraux*, dass während der 5 letzten dieser 6 Jahre diese Intervention fast gleichviel Male, nämlich:

398, 373, 373, 395, 372mal,

oder im Ganzen 1911mal stattgefunden hat; aber die Zahl der Angeklagten, worauf sich diese Processe beziehen, ist nicht angegeben. Es ist also die Anzahl der während derselben Jahre stattgehabten Criminalprocesse und nicht die Anzahl der angeklagten Personen, womit man diese gegebene Zahl 1911 vergleichen muss. Innerhalb des Zeitraumes dieser 5 Jahre hat die Gesammtzahl der Criminalprocesse 26883 betragen und es ist folglich zu gleicher Zeit:

$$\mu = 26883, \quad b_5 = 1911$$

gewesen, woraus folgt:

$$\frac{b_5}{\mu} = 0{,}0711,$$

was von dem vorhergehenden Resultate sehr wenig verschieden ist.

Diese Uebereinstimmung zwischen den beiden Werthen von $\frac{b_5}{\mu}$ zeigt, dass die Wahrscheinlichkeiten u und k[357]), wovon dieses Verhältniss abhängt, in dem Jahre 1831 fast dieselben geblieben sind, als in den vorhergehenden Jahren. Man muss jedoch bemerken, dass sich die Berechnung des letzten Werthes auf die Voraussetzung gründet, dass die Anzahl der bei der Stimmenmehrheit von 7 gegen 5 Stimmen Verurtheilten zu der Gesammtzahl der Angeklagten sich wie die Anzahl der Entscheidungen, wobei diese Stimmenmehrheit stattfand, zu der Gesammtzahl der Processe verhält, welche Annahme sich in Ermangelung der nöthigen Data, welche man in den *Comptes généraux* nicht findet, nicht *a priori* rechtfertigen lässt.

357) (S): POISSON hat u und k in § 132 als die Wahrscheinlichkeit des Nichtirrens der Geschworenen bzw. der Schuld des Angeklagten vor der Urteilsfällung aufgefaßt.

In den Jahren 1832 und 1833 hat die Anzahl der Angeklagten nach Abzug der politischen Verbrechen resp. 7555 und 6964 betragen. Die zwischen ihnen stattfindende bedeutende Differenz rührt von einer neuen Einrichtung der Criminalgesetzgebung her, wornach im Jahre 1833 mehrere Arten von Verbrechen nicht vor die Assisenhöfe, sondern vor die Correctionspolizei gehörten. Die Anzahlen der, wie 1831, bei der Stimmenmehrheit von wenigstens 8 Stimmen gegen 4 Verurtheilten sind resp. gleich 4448 und 4105 gewesen, woraus sich für diese beiden Jahre:

$$\frac{a_4}{\mu} = 0{,}5887, \frac{a_4}{\mu} = 0{,}5895$$

ergibt. Diese Verhältnisse sind, wie man sieht, sehr wenig von einander verschieden; aber das Mittel aus denselben, nämlich 0,5888 übertrifft den Werth 0,5388 von $\frac{a_4}{\mu}$ für 1831 um 0,05, oder ungefähr um $\frac{1}{10}$ dieses Werthes, was nach den Grenzen (c) und ihrer Wahrscheinlichkeit P ganz unwahrscheinlich wäre, wenn in den Ursachen, welche auf die Stimmen der Geschworenen Einfluss haben können, keine Veränderungen stattgefunden hätten. Die Criminalgesetzgebung hat aber in der That eine solche Veränderung erfahren, weil seit 1832 die Geschworenengerichte auch *Milderungsgründe* berücksichtigen sollen, welche bei einem Verdammungsurtheile eine Verminderung der Strafe zur Folge haben, so dass auch die Verdammungsurtheile leichter und zahlreicher ausgesprochen werden.

§. 136. Die eben für ganz Frankreich berechneten verschiedenen Verhältnisse sind nicht für alle Theile dieses Landes dieselben; aber wenn man das Seinedepartement und einige andere Departements ausnimmt, so sind die Anzahlen der während einiger Jahre stattgehabten Criminalprocesse nicht groß genug, um daraus die constante Größe, gegen welche das Verhältniss der Zahl der Verurtheilten zu der der Angeklagten convergiren muss, für jeden Sprengel eines Assisenhofes mit einer genügenden Wahrscheinlichkeit ableiten zu können. Für den Pariser Assisenhof sind die Resultate folgende:

Von 1825 bis 1830 sind die Anzahlen der jährlich vor denselben gestellten Individuen resp.:

802, 824, 675, 868, 908, 804,

und die der Verurtheilten resp.:

567, 527, 436, 559, 604, 484

gewesen, und folglich ihre Verhältnisse:

0,7070, 0,6396, 0,6459, 0,6440, 0,6652, 0,6020.

Nimmt man für μ die Summe der 6 ersten und für a_5 die der 6 folgenden Zahlen, so hat man:

$$\mu = 4881, \quad a_5 = 3177, \quad \frac{a_5}{\mu} = 0{,}6509$$

Nach den Zahlen 42300 und 25779 der Angeklagten und Verurtheilten während derselben Jahre und für ganz Frankreich haben wir gefunden, dass dieses Verhältniss sehr wenig von dem Bruche 0,6094 verschieden sein muss, welcher um 0,0416 oder ungefähr um $\frac{1}{15}$ seines Werthes kleiner ist, als der vorhergehende. Nun machen aber die Grenzen (c) und ihre Wahrscheinlichkeit P eine solche Abweichung ganz unwahrscheinlich, wofern für das Seinedepartement nicht eine besondere Ursache stattgefunden hat, welche hier die Verurtheilungen leichter, als in dem übrigen Theile von Frankreich gemacht hat. Welches ist aber diese Ursache? Dieses kann uns die Rechnung nicht lehren. Jedoch wollen wir bemerken, dass in diesem Departement die Bevölkerung kaum $\frac{1}{36}$ der von ganz Frankreich beträgt und die Anzahl der Angeklagten größer ist, als $\frac{1}{9}$ der während desselben Zeitraumes für ganz Frankreich, so dass sie verhältnissmäßig 4 mal größer ist, welcher Umstand das Unterdrücken der Verbrechen nothwendiger macht und vielleicht bewirkt, dass die Geschworenen strenger sind.

Vermöge dieser Werthe von μ und a_5 verwandeln sich die Grenzen (a) in:

$$0{,}6509 \mp \alpha(0{,}00965),$$

und wenn man $\alpha = 2$ nimmt, so erhält man:

$$P = 0{,}99532, \quad 1 - P = 0{,}00468,$$

d.h. man kann mehr, als 200 gegen 1 wetten, dass die Unbekannte R_5 nur um 0,0193 größer oder kleiner ist, als 0,6509.

Da das letzte der weiter oben angeführten 6 Verhältnisse, nämlich 0,6020 merklich kleiner ist, als das Mittel aus den 5 übrigen, so ist zu untersuchen, ob diese Differenz ein hinreichendes Indicium für das Vorhandensein irgend einer besondern Ursache ist, in Folge welcher die Geschworenen im Jahre 1830 weniger streng gewesen sind, als in den vorhergehenden Jahren. Nimmt man aber für μ und a_5 die Summen der seit 1825 bis 1829 in dem Seinedepartement Angeklagten und Verurtheilten und für μ' und a_5' diese Zahlen für das Jahr 1830; so hat man:

$$\mu = 4077, \quad a_5 = 2693, \quad \mu' = 804, \quad a_5' = 484,$$

woraus folgt:

$$\frac{a_5}{\mu} = 0{,}6605, \quad \frac{a_5'}{\mu'} = 0{,}6019, \quad \frac{a_5}{\mu} - \frac{a_5'}{\mu'} = 0{,}0585,$$

und die Grenzen (c) werden zugleich:

$$\mp\alpha(0{,}02657),$$

so dass man, wenn man $\alpha = 2$ nimmt, mehr als 200 gegen 1 wetten kann, dass die Differenz der Verhältnisse $\frac{a_5}{\mu}$ und $\frac{a_5'}{\mu'}$ den Bruch 0,05314 nicht hat überschreiten können. Sie hat denselben aber ungefähr um $\frac{1}{10}$ seines Werthes überschritten, und man kann folglich annehmen, dass zu dieser Zeit in den Urtheilen der Geschworenen wirklich eine Anomalie stattgefunden hat und die Ursache dieser Anomalie, welche bewirkt hat, dass sie weniger streng gewesen sind, hat die Revolution von 1830 sein können. Diese Ursache, von welcher Beschaffenheit sie auch sein mag, scheint auf die Geschworenen von ganz Frankreich gewirkt zu haben; denn das Verhältniss der Anzahl der Verurtheilten zu der der Angeklagten ist im Jahre 1830 für ganz Frankreich fast auf 0,59 herabgesunken, während sein mittlerer Werth für die 5 vorhergehenden Jahre = 0,61 gewesen war.

Kurzbiographien

In die Kurzbiographien sind die Autoren der Texte und die in den Einführungen erwähnten Personen aufgenommen, die für die Entwicklung der Wahrscheinlichkeitstheorie wichtig sind.

Die biographischen Informationen betreffen bei den bekannteren Autoren i.allg. nur die wichtigsten Daten ihrer akademischen Laufbahn. Bei den übrigen Namen wurde versucht, zusätzlich Hinweise auf Schwerpunkte, wichtige Ergebnisse oder Beziehungen zur Entwicklung der Wahrscheinlichkeitstheorie und Statistik zu geben. Die Titel der einschlägigen Arbeiten finden sich in den Einführungen oder im Apparat zu den Texten; Angaben darüber fehlen hier daher. Die in Klammern eingeschlossenen Jahresangaben hinter erwähnten Leistungen verweisen auf das Editionsjahr entscheidender Arbeiten.

ABBE, ERNST (1840–1905)
Astronom und Physiker. Seit 1878 Professor für Astronomie an der Universität Jena und Direktor der Sternwarte; vor allem berühmt durch seine Arbeiten über optische Instrumente zusammen mit CARL ZEISS, dessen Partner er 1875 wurde.

ARBUTHNOT, JOHN (1667–1735)
Schottischer Mediziner, seit 1704 Fellow der Royal Society und seit 1709 Leibarzt von Königin ANNA. Bekannt als politischer Satiriker und Schöpfer der Figur des *John Bull.* Man verdankt ihm auch einen sehr frühen Test einer statistischen Hypothese (1710).

ARCHIMEDES (ca. –280 bis –212)
Astronom, Ingenieur und Mathematiker in Diensten des Tyrannen HIERON II. von Syrakus; vielleicht der originellste Mathematiker der Antike, aus dessen tradiertem Werk die Schriften über Inhaltsbestimmung und die Kreismessung herausragen. Bekannt als Verteidiger von Syrakus im Kampf gegen die Römer.

ARISTOTELES (–384 bis –322)
Wohl einflußreichster Philosoph der Antike, der vor allem in seinen Schriften zur Logik, Wissenschaftstheorie, Physik und Astronomie das naturwissenschaftliche Denken des Abendlandes bis ins 17. Jh. beeinflußte, ja teilweise bestimmte.

ARNAULD, ANTOINE (1612–1694)
Theologe, Logiker, Linguist und Mathematiker; einer der führenden Jansenisten in Port-Royal und Hauptautor der sogenannten ›Logik von Port-Royal‹ (1662).

Bachelier, Louis (1870–1946)
Mathematiker, lehrte in Besançon, Dijon und Rennes; zuletzt wieder als Professor in Besançon. Bekannt durch seine meist noch unstrengen Beiträge zur Wahrscheinlichkeitstheorie, insbesondere das erste Beispiel für einen stochastischen Prozeß.

Bayes, Thomas (1702–1761)
Theologe und presbyterianischer Geistlicher mit großem mathematischem Interesse; seit 1742 Fellow der Royal Society. Verteidiger des Newtonschen Infinitesimalkalküls gegen die Angriffe von Bischof Berkeley. Berühmt durch das nach ihm benannte Theorem im Rahmen seiner Bemühungen, die Wahrscheinlichkeit statistischer Hypothesen zu messen (1763).

Bernoulli, Daniel (1700–1782)
Mediziner, Mathematiker und Physiker; 1725–1733 Mitglied der Petersburger Akademie der Wissenschaften, dann Professor in Basel, seit 1750 für Physik. Wichtig seine Arbeiten zur Hydrodynamik und Gastheorie (1738) sowie seine Beiträge zur Wahrscheinlichkeitstheorie mit einem für die Werttheorien der Volkswirtschaftler bedeutend gewordenen Ansatz zur Lösung des St.-Petersburg-Problems.

Bernoulli, Jakob I (1655–1705)
Mathematiker und Astronom; neben seinem Bruder Johann I bedeutendster Mathematiker dieser Familie; seit 1687 Professor für Mathematik in Basel. Wesentliche Beiträge zum Ausbau des Leibnizschen Infinitesimalkalküls; Schöpfer einer Wahrscheinlichkeitsrechnung, mit deren Problemen er sich seit ca. 1685 beschäftigte.

Bernoulli, Johann I (1667–1748)
Wichtigster Vertreter der Analysis vor Euler; Hauptgegner der Newtonianer nach dem Tod von Leibniz (1716); seit 1695 Professor für Mathematik in Groningen, seit 1705 in Basel als Nachfolger seines Bruders Jakob I; Mitglied aller bedeutenden europäischen Akademien der Wissenschaften.

Bernoulli, Niklaus I (1687–1759)
Neffe von Jakob I und Johann I Bernoulli; Mathematiker und Jurist; Mitglied der Berliner Akademie der Wissenschaften seit 1713, der Royal Society seit 1714; Professuren für Mathematik, Logik und Recht in Padua (1716) und Basel (1722 u. 1731). Anwendung der Wahrscheinlichkeitsrechnung auf Rechtsprobleme (1709) und Diskussion vor allem von Glücksspielproblemen in seiner Korrespondenz mit Montmort (1712–1719).

Bernstein, Sergej Natanowitsch (1880–1968)
Nach dem Studium in Paris und Göttingen Professor für Mathematik in Charkow (seit 1917), Leningrad (seit 1933) und Moskau (seit 1943). Mitglied der

Akademie der Wissenschaften der UdSSR (1924, 1929) und der Pariser Académie des sciences (1928, 1955). Hauptarbeitsgebiete: partielle Differentialgleichungen, Approximationstheorie und Wahrscheinlichkeitstheorie.

BERTRAND, JOSEPH LOUIS FRANÇOIS (1822–1900)
Seit 1856 Professor für Analysis an der École polytechnique, seit 1862 Professor für allgemeine Physik und Mathematik am Collège de France. Mitglied der Académie des sciences seit 1856, seit 1874 als *secrétaire perpétuel*, und der Académie Française seit 1884. Bekannt vor allem als Autor weit verbreiteter Lehrbücher.

BESSEL, FRIEDRICH WILHELM (1784–1846)
Nach einem ungewöhnlichen Werdegang seit 1810 Professor für Astronomie und Direktor der Sternwarte in Königsberg; neben GAUSS bedeutendster deutscher theoretischer Astronom der 1. Hälfte des 19. Jh., darüber hinaus hervorragender Beobachter. Seit 1812 Mitglied der Akademie der Wissenschaften in Berlin.

BIENAYMÉ, IRÉNÉE JULES (1796–1878)
Seit 1820 in der Finanzverwaltung tätig, seit 1834 *inspecteur général des finances*, 1848 zwangspensioniert. Erst seit 1852 Mitglied der Académie des sciences aufgrund von Publikationen zur Fehlerrechnung, in denen er dann nach 1852 LAPLACE vor allem gegen die Angriffe von CAUCHY verteidigte und dabei zu Ansätzen vorstieß, die erst in der modernen mathematischen Statistik zum Tragen kamen.

BOHLMANN, GEORG (1869–1928)
Versicherungsmathematiker, der seit 1894 Privatdozent und seit 1901 Extraordinarius für Mathematik in Göttingen war; seit 1902 Tätigkeit für eine Berliner Versicherung. Autor des Artikels ›Lebensversicherungs-Mathematik‹ in der ›Encyklopädie der mathematischen Wissenschaften‹ (1901).

BOLTZMANN, LUDWIG (1844–1906)
Professor für theoretische Physik, Mathematik und Experimentalphysik an den Universitäten Graz (1869 u. 1876), Wien (1873, 1894 u. 1902), München (1890) und Leipzig (1900). Wichtigster Vertreter der kinetischen Gastheorie vor der Entstehung der statistischen Mechanik.

BOOLE, GEORGE (1815–1864)
Neben dem mit ihm befreundeten AUGUSTUS DE MORGAN wichtigster englischer Logiker der Mitte des 19. Jh. mit Beiträgen zur induktiven Logik. Seit 1849 Professor für Mathematik in Cork, Irland, seit 1857 Fellow der Royal Society.

BOREL, ÉMILE (1871–1956)
Nach Lehrtätigkeiten in Lille und an der École normale superieure seit 1909 Professor für Funktionentheorie an der Sorbonne; 1925 Marineminister, Plan

zur Gründung des Centre National de la Recherche Scientifique. Wesentliche Beiträge zur Maß- und Integrationstheorie und zur Wahrscheinlichkeitstheorie.

von Bortkiewicz, Ladislaus (1868–1931)
Studium der Rechte und Staatswissenschaften in seiner Heimatstadt St. Petersburg; nach Habilitation in Straßburg seit 1901 Professor für Staatswissenschaften in Berlin. Bemüht um die Mathematisierung der Statistik in Deutschland, u. a. Bedeutung der POISSON-Verteilung (1898).

Bošcović, Rudjer Josip (1711–1787)
Kroatischer Jesuit, der seit 1740 als Professor für Mathematik am Collegium Romanum in Rom lehrte und 1764 Professor für Mathematik in Pavia wurde. Mitglied der Académie des sciences in Paris (seit 1738) und der Royal Society (seit 1761). Vielseitiger Newtonianer mit einem besonderen Interesse an wissenschaftlichen Instrumenten; im Rahmen einer geodätischen Untersuchung Beiträge zur Fehlerrechnung (1755).

Bouguer, Pierre (1698–1758)
1713 im Alter von 15 Jahren bereits königlicher Professor für Hydrographie in Paris. Seit 1731 Mitglied der Académie des sciences, in deren Auftrag er an der Expedition nach Peru zur Meridianvermessung von 1735 bis 1744 teilnahm. Hauptarbeitsgebiete Schiffsbau, Navigation, Geodäsie und Photometrie, letztere wurde durch ihn ins Leben gerufen.

Broggi, Ugo (1880–?)
Nach dem Studium in Mailand, Göttingen und Berlin (1898–1902, 1905/06) Versicherungsmathematiker und Diplomat, Professor in Buenos Aires.

Brown, Robert (1773–1858)
Schottischer Botaniker; Mitglied zahlreicher wissenschaftlicher Akademien, darunter der von München, Fellow der Royal Society seit 1810 und der Linnean Society seit 1822. Bekannt durch die in einem Privatdruck von 1828 veröffentlichte, nach ihm benannte Bewegung, die er bei verschiedenen, in Wasser suspendierten Pollenarten beobachtet hatte.

Bruns, Ernst Heinrich (1848–1919)
Nach Tätigkeiten an den Sternwarten von Pulkowa und Dorpat seit 1876 Professor für Mathematik in Berlin, seit 1882 Professor für Astronomie und Direktor der Sternwarte in Leipzig. Arbeiten zur Wahrscheinlichkeitsrechnung und Statistik, speziell im Anschluß an Fechner zur Kollektivmaßlehre (1905).

Comte de Buffon, George-Louis Leclerc (1707–1788)
Französischer Naturforscher, der nach Arbeiten zur Mathematik, Botanik, Chemie und Biologie vor allem durch seine 36bändige ›Histoire naturelle‹ bekannt wurde; seit 1739 *intendant du Jardin du Roi* und Mitglied der Académie

des sciences. Später Mitglied der Académie Française und aller bedeutenden wissenschaftlichen Akademien Europas.

CARDANO, GIROLAMO (1501–1576)
Italienischer Arzt, der nach dem Studium in Pavia und Padua seit 1534 an einer Mailänder Schule Mathematik unterrichtete, 1543 Professor der Medizin in Pavia und 1562 in Bologna wurde und 1570 seiner Ämter enthoben wurde. Als Mathematiker bekannt durch die Veröffentlichung der Lösung der allgemeinen Gleichung 3. und 4. Grades (1545); Untersuchung des Teilungsproblems (1539) und der Glücksspielpraxis (1564?).

CARNAP, RUDOLF (1891–1970)
Nach dem Studium der Physik, Mathematik und Philosophie in Freiburg und Jena, u.a. bei GOTTLOB FREGE von 1910–1914, auf Einladung von MORITZ SCHLICK Privatdozent für Philosophie in Wien; führendes Mitglied des Wiener Kreises, 1931 Professor für Naturphilosophie in Prag, 1936–1952 Professor für Philosophie in Chicago, 1954–1961 in Los Angeles. Schwerpunkt seiner Untersuchungen seit 1941 Wahrscheinlichkeitstheorie und induktive Logik (1950).

CAUCHY, AUGUSTIN-LOUIS (1789–1857)
Nach Ausbildung an der École polytechnique und der École des ponts et chaussées Tätigkeit als Ingenieur, um seit 1813 an Institutionen wie der École polytechnique (seit 1816 als Professor für Mathematik), an der Faculté des sciences und am Collège de France tätig zu sein. 1830–1838 im selbstgewählten Exil in Turin und Prag, nahm er seine Arbeit an der Académie des sciences (Mitglied seit 1816) wieder auf und erhielt 1848 wieder einen Lehrstuhl an der Sorbonne. Produktivster Mathematiker des 19. Jh. vor allem in der Analysis Interessen; im Rahmen von Arbeiten zu Interpolationsproblemen auch an der Fehlerrechnung.

VAN CEULEN, LUDOLPH (1540–1610)
Gebürtiger Niedersachse, ließ sich nach vielen Jahren des Reisens in Holland nieder, wo er seit 1580 als Fechtmeister und Mathematiklehrer in Delft wirkte; seit 1600 Lehrer für Arithmetik, Vermessungswesen und Wehrbau an der von MORITZ VON NASSAU gegründeten Ingenieurschule in Leiden. Bekannt durch seine bis zu 32 Stellen genauen Dezimalbruchapproximationen von π (1615).

CLAUSIUS, RUDOLPH (1822–1888)
Nach dem Studium der Mathematik und Physik in Berlin und Halle lehrte er zunächst an der Artillerie- und Ingenieurschule in Berlin, wurde 1855 Professor für theoretische (mathematische) Physik am Polytechnikum (heute ETH) in Zürich, 1867 in Würzburg, 1869 in Bonn. Mitglied fast aller in- und ausländischen wissenschaftlichen Akademien. Hauptarbeitsgebiet Thermodynamik, hier Formulierung des zweiten Hauptsatzes; Einführung der mittleren freien Weglänge in die kinetische Gastheorie.

Marquis DE CONDORCET, MARIE-JEAN-ANTOINE-NICOLAS CARITAT (1743–1794)
Französischer Adliger, der aufgrund des Einflusses von D'ALEMBERT 1769 Mitglied der Académie des sciences in Paris und 1776 ihr *secrétaire perpétuel* wurde. Durch seine Verbindung zu dem Minister TURGOT politischer Einfluß; aktive Teilnahme an der Französischen Revolution auf der Seite der Girondisten. Idee einer „sozialen Mathematik", die auch seine Interessen an der Wahrscheinlichkeitstheorie bestimmte (1785).

COTES, ROGER (1682–1716)
Nach dem Studium in Cambridge 1699–1706 erster *Plumian professor* für Astronomie und Naturphilosophie in Cambridge und 1711 Fellow der Royal Society. Bekannt als Herausgeber der zweiten Auflage von NEWTONS ›Principia‹ (1713) und durch die von ihm gefundene Beziehung $i\varphi = \ln(\cos\varphi + i \sin\varphi)$.

COURNOT, ANTOINE-AUGUSTIN (1801–1877)
Nach dem Studium der Mathematik an der École normale superieure (1821/22) und an der Sorbonne (1822/23) zunächst Privatlehrer bis 1833, 1834 Professor für Mathematik in Lyon und 1835–1838 in Grenoble, 1838–1845 *inspecteur général de l'instruction publique*, schließlich Rektor in Dijon.

CZUBER, EMANUEL (1851–1925)
Nach dem Studium an der TH Prag dort seit 1876 Privatdozent für Mathematik, 1886 Professor für Mathematik in Brünn, seit 1891 an der TH Wien. Autor zahlreicher Lehrbücher zur Wahrscheinlichkeitstheorie und Statistik, des DMV-Berichts über ›Die Entwicklung der Wahrscheinlichkeitstheorie‹ (1899) und des Artikels ›Wahrscheinlichkeitsrechnung‹ in der ›Encyklopädie der mathematischen Wissenschaften‹ (1900).

DEDEKIND, JULIUS WILHELM RICHARD (1831–1916)
Gebürtiger Braunschweiger; studierte 1850–1854 in Göttingen, wurde dort 1854 Privatdozent für Mathematik, 1858 Professor für Mathematik am Polytechnikum (heute ETH) in Zürich, 1862 am Polytechnikum in Braunschweig. Mitglied zahlreicher Akademien. Bekannter als sein früheres Interesse für die Wahrscheinlichkeitstheorie sind seine Beiträge zur Zahlentheorie, zum Zahlbegriff und zur Verbandstheorie.

DESCARTES, RENÉ DU PERRON (1596–1650)
Nach dem Erwerb des Diploms für Recht an der Universität Poitiers von 1617 bis 1621 Freiwilliger in verschiedenen Armeen; Bildungsreisen durch Europa; seit 1628 in Holland; bis zu seiner Reise 1649 nach Stockholm mit Arbeiten an seinem umfassenden philosophischen System und der Ausarbeitung von Anwendungsgebieten, wie der Optik und der analytischen Geometrie, beschäftigt.

DIRICHLET, GUSTAV PETER LEJEUNE (1805–1859)
Gebürtiger Dürener; studierte 1822–1826 in Paris Mathematik, wurde 1827 Privatdozent für Mathematik in Breslau, 1831–1855 Professor für Mathematik

an der Universität Berlin und 1855 Nachfolger von GAUSS in Göttingen. Hauptinteresse zunächst Fourieranalysis; in diesem Rahmen Entwicklung der sogenannten Dirichletschen Sprungfunktion (1837).

EINSTEIN, ALBERT (1879–1955)
Nach dem Studium zunächst 1902 wissenschaftlicher Experte am Amt für geistiges Eigentum in Bern, 1909 Professor für Physik an der Universität Zürich, 1911 an der Universität Prag, 1912 an der ETH in Zürich; 1914–1933 hauptamtliches Mitglied der Akademie der Wissenschaften in Berlin, 1933–1955 ständiges Mitglied des Institute for Advanced Studies in Princeton. Zahlreiche Ehrungen, darunter 1921 Nobelpreis für Physik.

EULER, LEONHARD (1707–1783)
Nach dem Studium von Theologie und Mathematik (bei JOHANN I BERNOULLI) von 1727–1741 Professor der Physik, dann für Mathematik an der Akademie der Wissenschaften in St. Petersburg, 1744–1766 Direktor der mathematischen Klasse der Berliner Akademie der Wissenschaften, 1766–1783 wieder Professor für Mathematik an der Akademie der Wissenschaften in St. Petersburg. Bedeutendster und produktivster Vertreter der Analysis und der angewandten Mathematik des 18. Jh.

FECHNER, GUSTAV THEODOR (1801–1887)
Nach dem Medizinstudium in Leipzig dort 1834–1839 Professor für Physik; nach Krankheit Wandel seiner Interessen, Entstehung der Psychophysik (1860), in deren Rahmen er sich mit Fehlerrechnung und der sogenannten Kollektivmaßlehre beschäftigte, als deren Schöpfer er gilt.

FELLER, WILLIAM (1906–1970)
Der gebürtige Jugoslawe habilitierte sich nach dem Studium in Zagreb und Göttingen 1929 in Kiel für Mathematik. Professuren in Brown, Providence (1939–1945), Cornell (1945–1950) und Princeton (seit 1950). Schwerpunkt Wahrscheinlichkeitstheorie.

FERMAT, PIERRE DE (1601–1665)
Nach dem Studium des Rechts in Toulouse (?) und Orleans durch Kauf seit 1631 Parlamentsrat (*conseiller et commissaire aux requêtes au parlement*) in Toulouse mit anschließender mäßiger Karriere. Berühmt durch seine Beiträge zur Zahlentheorie, seine Tangenten- und Extremwertmethode, Inhaltsbestimmungen und als Mitschöpfer der analytischen Geometrie.

FISHER, RONALD AYLMER (1890–1962)
Gebürtiger Australier, arbeitete nach dem Studium der Mathematik und Physik in Cambridge (1909–1912) in verschiedenen Positionen bis zu seinem Eintritt in die Rothamsted Experimental Station (1919) als Statistiker, 1933–1943 als Nachfolger von KARL PEARSON *Galton professor of eugenics* in London,

1943–1959 Professor für Genetik in Cambridge. Begründer wichtiger Methoden der mathematischen Statistik (1925, 1935 und 1956).

FORESTANI, LORENZO (?–1623)
Aus Pescia stammendes Mitglied des Ordens der Minori Conventuali di S. Francesco und Autor einer ›Pratica d'arithmetica e geometria‹ (1603 u. 1682), in der auch das Teilungsproblem behandelt wird.

FOURIER, JEAN BAPTISTE JOSEPH (1768–1830)
Nach dem Studium und verschiedenen Lehrtätigkeiten in den Revolutionsjahren 1789–1798 Mitorganisator des Ägyptenfeldzugs von NAPOLEON 1798–1801, 1801–1815 Präfekt des Département Isère, 1815 Direktor des statistischen Büros für das Département Seine, seit 1816 Mitglied der Académie des sciences, seit 1822 deren *secrétaire perpétuel*, 1827 Mitglied der Académie Française. Im Rahmen seiner Untersuchung der Wärmeleitung Beschäftigung mit der abschnittsweisen Darstellung von Funktionen durch trigonometrische Funktionen (1822).

GALTON, FRANCIS (1822–1911)
Reicher Vetter von CHARLES DARWIN, machte sich vor allem auf seinen Expeditionen nach Südwestafrika (1850–1852) einen Namen als Entdeckungsreisender; seit 1860 Fellow der Royal Society. Als vielleicht letzter *gentleman scientist* hatte er nie eine akademische Position inne. Sein Hauptinteresse galt den Erscheinungen der Vererbung; diesem Zusammenhang entspringen auch seine Ideen für eine messende Statistik, insbesondere die Begriffe Regression und Korrelation.

GAUSS, CARL FRIEDRICH (1777–1855)
Nach dem Studium in Braunschweig und Göttingen (1792–1798) Forschungstätigkeit als vom Herzog von Braunschweig unterstützter Privatgelehrter vor allem in Zahlentheorie (1801) und Astronomie bis 1807; seit 1807 Professor für Astronomie und Direktor der Sternwarte in Göttingen; Mitglied zahlreicher in- und ausländischer Akademien. Arbeitsgebiete wie die Astronomie und Geodäsie führten zu seinem Interesse an der Fehlertheorie (1809, 1823 u. 1828).

GIBBS, JOSIAH WILLARD (1839–1903)
1858–1863 Studium der Ingenieurwissenschaften in Yale, 1866–1869 Studium der Mathematik und Physik in Paris, Berlin und Heidelberg, seit 1871 Professor für mathematische Physik in Yale. Schwerpunkt Thermodynamik, Schöpfer der statistischen Mechanik (1902).

GLIWENKO, WALERIJ IWANOWITSCH (1897–1940)
Schöpfer einer intuitionistischen Logik.

GOMPERTZ, BENJAMIN (1779–1865)
Als englischer Jude Autodidakt, da keine Möglichkeit zum Studium an einer englischen Universität; Tätigkeiten an der Börse und ab 1824 als Aktuar in

einer Versicherung; Fellow der Royal Society seit 1819 und der Astronomical Society seit 1820; später auch im Vorstand bei beiden Gesellschaften. Wichtigstes Arbeitsgebiet Versicherungsmathematik.

GRAUNT, JOHN (1620–1674)
Seit 1636 wie sein Vater als Tuchmacher in London tätig; dabei Ämter in der Innung und im Rat der Stadt; nach der Auswertung der Totenregister von London in Buchform (1662) Fellow der neugegründeten Royal Society.

GYLDÉN, JOHAN AUGUST HUGO (1841–1896)
Nach dem Studium in Helsingfors bis 1862 Tätigkeit als Astronom in Pulkowa, seit 1871 Direktor der Sternwarte in Stockholm, Professor für Astronomie in Stockholm seit 1888; 1881–1888 Mitglied der Staatskommission für Arbeiterversicherung. Hauptarbeitsgebiet Störungstheorie.

HALLEY, EDMOND (ca. 1656–1743)
Aus begüterter Londoner Familie stammend, Studium in Oxford seit 1673 mit speziellem Interesse für Astronomie; seit 1678 Fellow der Royal Society; vielseitig interessiert an Schiffsbau, Wehranlagen, Vermessungswesen, Archäologie, Tauchexperimenten, Sterblichkeits- und Rentenfragen (1693); seit 1720 als Nachfolger von FLAMSTEED *astronomer royal* in Greenwich; bekannt durch seine Feststellung des periodischen Umlaufs von Kometen auf elliptischen Bahnen.

HAUSDORFF, FELIX (1868–1942)
Nach dem Studium der Astronomie und Mathematik in Leipzig, Freiburg und Berlin 1896 Privatdozent, 1902 Professor in Leipzig, 1910 Professor für Mathematik in Bonn, 1913 in Greifswald und seit 1921 wieder in Bonn. Wichtige Beiträge zur Analysis, Algebra, aber vor allem zur Mengentheorie und Topologie (1914).

HEISENBERG, WERNER KARL (1901–1976)
Studium der Physik und Mathematik in München und Göttingen 1920–1923, 1926 Lektor in Kopenhagen, 1927 Professor für theoretische Physik in Leipzig, 1941 in Berlin und gleichzeitig Direktor des Kaiser-Wilhelm-Instituts für Physik, 1946 Direktor des Max-Planck-Instituts für Physik in Göttingen, seit 1958 in München; 1932 Nobelpreis für Physik.

HILBERT, DAVID (1862–1943)
Nach dem Studium in seiner Geburtsstadt Königsberg (1880–1884) und Reisen nach Leipzig und Paris 1886 Privatdozent, 1892 Professor für Mathematik in Königsberg, seit 1895 Professor in Göttingen. Arbeitsgebiete: Invariantentheorie, Zahlentheorie (1897), Grundlagen der Geometrie, Integralgleichungen, theoretische Physik, mathematische Logik.

Hoppe, Ernst Reinhold Eduard (1816–1900)
1838–1842 Studium in Kiel, Greifswald und Berlin, nach der Tätigkeit als Lehrer 1853 Habilitation in Mathematik bei Dirichlet in Berlin, seit 1870 mit Titel Professor für Mathematik in Berlin. Seit 1872 Herausgeber des von J. A. Grunert gegründeten ›Archivs der Mathematik und Physik‹.

Hume, David (1711–1776)
Schottischer Landedelmann, nach abgebrochenem Studium in Edinburgh (1723–1726) Aufenthalt in La Flèche 1734–1737, um dort als Autodidakt Philosophie zu studieren; dort auch Beginn seiner literarischen Produktion, die er nach seiner Rückkehr nach England fortsetzte.

Huygens, Christaan (1629–1695)
Nach einer Privaterziehung durch seinen Vater Constantijn, einen Diplomaten und Dichter, Studium des Rechts und der Mathematik in Leiden (1645–1647); 1650–1666, unterbrochen durch Bildungsreisen nach Paris und London, Privatgelehrter in Holland; nach der 1666 erfolgten Gründung der Académie des sciences in Paris als Primus inter pares Mitglied bis 1681; nach 1681 wieder als Privatgelehrter in Holland. Zu seinem ›Traktat über Glücksspiele‹ (1657) angeregt durch Informationen über den Briefwechsel zwischen Pascal und Fermat (1654) während seines ersten Aufenthalts in Paris (1655).

Huygens, Lodewijk (1631–1699)
Bruder von Christiaan H.; Bedeutung für die Mathematik beschränkt auf den Briefwechsel mit Christiaan (1669) über die menschliche Sterblichkeit im Anschluß an die Absterbeordnung von John Graunt.

Kameda, Toyojirô (1876–1944)
Schwerpunkt Wahrscheinlichkeitstheorie und in diesem Zusammenhang Fourier-Transformationen bzw. charakteristische Funktionen. Keine weiteren Angaben bekannt.

Kepler, Johannes (1571–1630)
Nach dem Studium an der Artistenfakultät (bei Michael Mästlin) und der Theologie in Tübingen (1587–1594) 1594 Anstellung in Graz als Landschaftsmathematiker, 1600/01 Zusammenarbeit mit Tycho Brahe in Prag, 1601 kaiserlicher Mathematicus, d.h. Astronom, 1612 Professor an der Landschaftsschule in Linz, 1624–1627 Reisen nach Wien und Ulm zur Drucklegung der Rudolphinischen Tafeln; 1628 Übersiedlung nach Sagan zu Wallenstein. Schöpfer der ›Neuen Astronomie‹ (1609).

Kolmogorow, Andrej Nikolajewitsch (1903–1987)
Studium der Mathematik in Moskau bis 1925; seit 1931 Professor für Mathematik in Moskau, seit 1939 Mitglied der Akademie der Wissenschaften der

UdSSR; zahlreiche Ehrungen, darunter Auszeichnung als Held der sozialistischen Arbeit (1963). Hauptarbeitsgebiete: Maß- und Integrationstheorie, Approximationstheorie, Wahrscheinlichkeitstheorie (1933), speziell Theorie der stochastischen Prozesse, Informatik.

KRAMP, CHRISTIAN (1760–1826)
Vor 1809 Professor für Chemie und Experimentalphysik in Köln, seit 1809 für Mathematik in Straßburg. Mitglied der Akademien der Wissenschaften in Berlin seit 1812 und in Paris seit 1817. Bekannt vor allem durch die ersten Tafeln für die Normalverteilung (1798).

KRÖNIG, AUGUST CARL (1822–1879)
Studierte zunächst ab 1839 in Bonn, dann in Berlin bis 1845; Mitglied der 1845 von GUSTAV MAGNUS gegründeten Berliner Physikalischen Gesellschaft; Herausgeber zweier Journale bis 1859; bis 1861 Lehrer an der Königlichen Berliner Realschule. Früher Vertreter einer kinetischen Gastheorie (1856).

LAEMMEL, RUDOLF (1879–1972)
Der gebürtige Wiener war nach dem Studium der Mathematik 1899–1904 in Zürich bis 1914 Direktor eines Reformgymnasiums und schied 1924 aus dem Lehrdienst aus; in seiner Dissertation bei BURKHARDT (1904) versuchte er eine Axiomatisierung der Wahrscheinlichkeitsrechnung.

LAGRANGE, JOSEPH LOUIS (1736–1813)
Der gebürtige Turiner wurde 1755 Professor für Mathematik an der dortigen Artillerieschule; 1766–1787 als Nachfolger von EULER Direktor der mathematischen Klasse der Akademie der Wissenschaften in Berlin; ab 1787 bis zu seinem Tod in verschiedenen Positionen in Paris an der Académie des sciences, der École normale, der École polytechnique (1794–1799) und am Bureau des Longitudes. Hauptvertreter eines rein formalen Ausbaus der Analysis; Pionier für die theoretische Mechanik und die Variationsrechnung.

LAMBERT, JOHANN HEINRICH (1728–1777)
Gebürtiger Elsässer, erwarb sich durch autodidaktisches Studium die Kenntnisse für verschiedene Positionen als Sekretär und Hauslehrer 1745–1756; zunächst 1759–1762 bei der Bayerischen Akademie der Wissenschaften, wurde er 1765 Mitglied der Berliner Akademie der Wissenschaften. Wesentliche Beiträge zur Perspektive (1759) und Photometrie (1760), in deren Rahmen er sich mit Fragen der Fehlerrechnung befaßte, die er 1765 weiter ausarbeitete.

Marquis DE LAPLACE, PIERRE SIMON (1749–1827)
Gefördert von D'ALEMBERT, nach einer ersten Lehrtätigkeit an einer Militärschule seit 1773 Mitglied der Académie des sciences; politisch anpassungsfähig, während der Revolutionsjahre beteiligt an der Gründung der École normale (1794), der École polytechnique (1795) und des Institut de France; für sehr kurze Zeit Innenminister (1799) unter NAPOLEON, später Kanzler des Senats, Mitglied des Bureau des Longitudes (1795), das für die Einführung des metri-

schen Systems verantwortlich war. Mitglied aller wichtigen europäischen Akademien der Wissenschaften und Träger höchster Auszeichnungen. Hauptarbeitsgebiete Himmelsmechanik (1799–1825) und Wahrscheinlichkeitstheorie (1812, 1814).

LEGENDRE, ADRIEN-MARIE (1752–1833)
Studium am Collège Mazarin; seit 1783 Mitglied der Académie des sciences in Paris, 1799–1815 *examinateur* an der École polytechnique; 1813 Nachfolger von LAPLACE am Bureau des Longitudes. Arbeitsgebiete: Zahlentheorie, elliptische Funktionen, Geodäsie; im Rahmen seiner astronomischen Interessen Entdeckung der Methode der kleinsten Quadrate (1805).

LEIBNIZ, GOTTFRIED WILHELM (1646–1716)
Studium des Rechts in Leipzig, Jena und Altdorf 1661–1667; danach in Diensten des Mainzer Kurfürsten, dabei in diplomatischer Mission 1672–1676 in Paris, seit 1676 Rat und Bibliothekar für das Welfenhaus in Hannover. Er war nicht nur Mitglied der Pariser Akademie und der Royal Society, sondern regte auch die Gründung weiterer Akademien an, wie der Berliner (1700), deren erster Präsident er war. Entwicklung des Infinitesimalkalküls sowie Arbeiten an Glücksspielproblemen in der Pariser Zeit.

LÉVY, PAUL PIERRE (1886–1971)
Nach dem Studium an der École polytechnique und der École nationale superieure des mines (1904–1910) 1910 Professor in St. Etienne, 1920–1958 *professeur d'analyse* an der École polytechnique und 1914–1951 an der École des mines, ab 1925 als Professor für rationale Mechanik. Mitglied der Académie des sciences seit 1964. Forschungsschwerpunkt Wahrscheinlichkeitstheorie.

LINDEBERG, JARL WALDEMAR (1876–1932)
Nach dem Studium der Mathematik (1893–97) mit abschließender Promotion (1901) seit 1919 Professor der Mathematik in Helsinki. Arbeiten zur Variationsrechnung und zur Wahrscheinlichkeitstheorie.

LJAPUNOW, ALEKSANDER MICHAILOWITSCH (1857–1918)
Nach dem Studium in St. Petersburg u. a. bei TSCHEBYSCHEW 1885 Dozent und 1892 Professor für Mathematik in Charkow; seit 1901 Mitglied der Akademie der Wissenschaften in St. Petersburg, an der er ab 1902 arbeitete. Begründer der strengen Theorie von durch endlich viele Parameter bestimmten mechanischen Systemen; besonders interessiert an Stabilitätsproblemen; kurzzeitig mit dem zentralen Grenzwertsatz beschäftigt (1900, 1901).

LOMNICKI, ANTON MARJAN (1881–1941)
Nach dem Studium im heimatlichen Lemberg (1899–1903) mit abschließender Promotion Gymnasiallehrer von 1903–1920; seit 1920 Professor der Mathematik an der TH Lemberg (heute Lwow, UdSSR). Schwerpunkt Wahrscheinlichkeitstheorie.

Loschmidt, Johann Joseph (1821–1895)
Gebürtiger Böhme, studierte zunächst Altphilologie und Philosophie in Prag (1839), ab 1841 Naturwissenschaften in Wien. 1843–1846 in einem chemischen Privatlabor tätig, 1846–1854 selbständiger Chemiker, ab 1856 Realschullehrer, ab 1868 Professor für physikalische Chemie in Wien, seit 1867 Mitglied der Akademie der Wissenschaften in Wien. Bekannteste Entdeckung die nach ihm benannte Anzahl der Moleküle pro Mol, die Loschmidtsche Zahl.

MacLaurin, Colin (1698–1746)
1709–1715 Studium in Glasgow mit Abschluß als M.A.; 1717 Professor der Mathematik am Marischal College, Aberdeen; 1722–1724 als Reisebegleiter und Hauslehrer in Frankreich; seit 1725 Professor der Mathematik in Edinburgh; seit 1719 Fellow der Royal Society. Bekannt durch seinen Versuch einer zusammenfassenden Darstellung der Newtonschen Infinitesimalmethoden (1742).

Makeham, William Matthew (1827–1891)
Englischer Versicherungsmathematiker. Keine weiteren biographischen Angaben bekannt.

Mariotte, Edme (?–1684)
Über die Entwicklung vor seiner kurz nach 1666 erfolgten Aufnahme in die Académie des sciences nichts bekannt; zunächst mit Pflanzenphysiologie beschäftigt, wandte er sich dann mehr physikalischen Fragen zu. Dabei entdeckte er nach Boyle das nach Boyle und ihm benannte Gasgesetz $pV = \text{const}$.

Markow, Andrej Andrejewitsch (1856–1922)
Nach dem Studium der Mathematik in St. Petersburg dort 1880 Dozent und seit 1886 Professor für Mathematik. Mitglied der Akademie der Wissenschaften seit 1886 (Vollmitglied seit 1896). Arbeitsgebiete: Zahlentheorie, Kettenbrüche, Theorie der Momente, Wahrscheinlichkeitstheorie, dort Einführung der nach ihm benannten Ketten.

Maxwell, James Clerk (1831–1879)
Der gebürtige Schotte studierte 1847–1850 in Edinburgh, 1850–1854 in Cambridge. 1856–1860 und 1860–1865 Professuren am Marischal College, Aberdeen, und am King's College, London; seit 1871 erster Professor für Experimentalphysik in Cambridge, dort Einrichtung des Cavendish Laboratoriums. Hauptarbeitsgebiete: Elektrodynamik, kinetische Gastheorie.

Mayer, Johann Tobias (1723–1762)
Als Autodidakt Kartograph und Astronom, ca. 1746–1751 Tätigkeit im Kartenverlag Homann in Nürnberg; seit 1751 Professor für Ökonomie mit Lehrtätigkeit in Mathematik in Göttingen und 1754 Direktor der dort neu errichteten Sternwarte. Bekannt vor allem durch seine Mondtafeln zur Bestimmung der geographischen Länge auf See.

Chevalier DE MÉRÉ, ANTOINE GOMBAUD (1610–1685)
Seit 1645 bekannte Erscheinung der Pariser Gesellschaft; Spieler, der für CHRISTIAAN HUYGENS als Erfinder des Teilungsproblems galt und PASCAL zwei im Briefwechsel zwischen PASCAL und FERMAT behandelte Probleme vorlegte.

METIUS, ADRIAEN ANTHONISZ (ca. 1543–1620)
Kartograph und Kriegsbauingenieur in Holland; zwischen 1582 und 1601 mehrmals Bürgermeister von Alkmaar. Schrieb über Sonnenuhren und astronomische Probleme.

VON MISES, RICHARD (1883–1953)
Nach dem Studium in Wien (1901–1905) mit Promotion in Ingenieurwissenschaften (1908) 1909–1918 Professor in Straßburg, 1919–1920 in Dresden, 1920–1933 Professor für angewandte Mathematik in Berlin, 1933–1939 in Istanbul; seit 1939 Professor für Aerodynamik und angewandte Mathematik an der Harvard Universität; zahlreiche Ehrungen und Mitgliedschaften wissenschaftlicher Akademien. Hauptarbeitsgebiete: Aerodynamik, Wahrscheinlichkeitstheorie und Statistik.

DE MOIVRE, ABRAHAM (1667–1754)
Flüchtete als Hugenotte aus Frankreich; seit 1687 in London als Privatlehrer für Mathematik tätig, seit 1705 naturalisierter Engländer; 1697 Fellow der Royal Society, 1735 Mitglied der Akademie der Wissenschaften in Berlin, 1754 der Académie des sciences in Paris. Wichtigster Vertreter der Wahrscheinlichkeitstheorie der Zeit nach JAKOB I BERNOULLI und vor LAPLACE.

DE MONTMORT, PIERRE RÉMOND (1678–1719)
Nach abgebrochenem Rechtsstudium bis 1700 Reisen nach England, Holland und Deutschland; 1700–1706 Kanoniker von Notre Dame in Paris; seit 1706 Gutsbesitzer und Privatgelehrter; 1713 Zusammenarbeit mit NIKLAUS I BERNOULLI, seit 1715 Fellow der Royal Society, seit 1716 Mitglied der Académie des sciences. Autor einer Glücksspielrechnung (1708, 1713).

MORAY, Sir ROBERT (ca. 1608–1673)
Der gebürtige Schotte spielte als Militär, Politiker und Diplomat Mitte des 17. Jh. eine wichtige Rolle in den Beziehungen zwischen England, Frankreich und Schottland; seine Freundschaft mit König KARL II. von England war mutmaßlich der Hintergrund für seine Wahl zum ersten Präsidenten der Royal Society (1662).

NEUMANN, CASPAR (1648–1715)
1667–1670 Studium der Theologie in Jena, 1673 Ordination und Reise in die Schweiz, nach Italien und Frankreich; seit 1678 Diakon und seit 1689 Pastor in Breslau, seit 1692 gleichzeitig Inspektor für sämtliche Breslauer Kirchen und Schulen und Professor für Theologie an den beiden Gymnasien der Stadt.

NEWTON, ISAAC (1643–1727)
Studium in Cambridge 1661–1665 bis zum Erhalt des B.A., in den Pestjahren 1665/66 private Studien in Lincolnshire, in denen er die Grundlagen zu seinen wichtigsten Entdeckungen legte, 1669–1696 (1701) *Lucasian professor* für Mathematik in Cambridge, seit 1696 Direktor der Münze in London; Fellow der Royal Society seit 1672, seit 1703 President der Royal Society; seit 1699 Mitglied der Académie des sciences in Paris.

NICOLE, PIERRE (1625–1695)
Von 1642 an Studium an der Artistenfakultät, dann der Theologie am Collège d'Harcourt; vor 1649 Eintritt in das Kloster Port-Royal, dort seit 1654 Zusammenarbeit mit ANTOINE ARNAULD; gemäßigter Vertreter des Jansenismus.

PACIOLI, LUCA (ca. 1445–1517)
Kontakte zu der Kaufmannsfamilie ROMPIANSI und seine Mathematikstudien bei DOMENICO BRAGADINO in Venedig schufen die Grundlage für seine arithmetischen Kenntnisse; vor 1477 Eintritt in den Franziskanerorden; nach Abschluß seines Theologiestudiums Lehrer der Mathematik in verschiedenen italienischen Städten, meist an Universitäten; in seiner großen ›Arithmetik‹ von 1494 behandelt er das Teilungsproblem.

PASCAL, BLAISE (1623–1662)
Als frühreifes Kind von seinem Vater erzogen, um 1639 Schüler von DESARGUES und dadurch interessiert an Fragen der projektiven Geometrie; während seines Aufenthaltes in Rouen 1640–1647 entwickelte er eine mechanische Rechenmaschine für Addition und Subtraktion; seit 1647 überwiegend in Paris mit Kontakten zu dem Kreis um den Herzog von ROANNEZ (1653), die zu seinen Arbeiten über Glücksspielprobleme führten; seit 1654 enger Anschluß an die Jansenisten; 1658/59 Beschäftigung mit Problemen der Infinitesimalmathematik.

PEARSON, KARL (1857–1936)
Nach Studium der Mathematik in Cambridge 1875–1879, der Physik, Biologie und Philosophie in Heidelberg und Berlin 1879/80 sowie des Rechts in London seit 1884 Professor für angewandte Mathematik und Mechanik und seit 1911 Professor für Eugenik am University College London. Seit 1896 Fellow der Royal Society. Seit 1890 intensiv mit Fragen der Statistik beschäftigt, wurde er zum Vater der mathematischen Statistik des 20. Jh.; 1901 Gründer der Zeitschrift ›Biometrika‹.

PEVERONE, FRANCESCO (1509–1559)
Aus Cuneo stammender italienischer Rechenbuchautor.

PLANCK, MAX KARL ERNST LUDWIG (1858–1947)
Studium der Mathematik und Physik in München und Berlin (1874–1879) mit Promotion in München; 1885–1888 Professor für theoretische Physik in Kiel,

1888–1926 in Berlin; seit 1894 Mitglied der Akademie der Wissenschaften in Berlin; 1918 Nobelpreis für Physik; 1930–1937 Präsident der Kaiser-Wilhelm-Gesellschaft. Hauptarbeitsgebiete: Thermodynamik, Strahlungstheorie, Quantenphysik.

POINCARÉ, JULES HENRI (1854–1912)
Studium an der École polytechnique und der École des mines mit Promotion in Mathematik (1873–1879); nach einer Dozentur in Caen seit 1881 Professor der Mathematik an der Sorbonne; zahlreiche Ehrungen und Mitgliedschaften, darunter seit 1887 der Académie des sciences und seit 1908 der Académie Française. In seiner Vielseitigkeit mit GAUSS vergleichbarer Mathematiker.

POISSON, SIMÉON-DENIS (1781–1840)
Studium an der École polytechnique (1798–1800), seit 1802 Professor der Mathematik an der École polytechnique und seit 1809 Professor für Mechanik an der Faculté des sciences; seit 1812 Mitglied des Institut de France; seit 1820 in verschiedenen Verwaltungsposten u. a. zur Kontrolle des französischen Erziehungssystems. Hauptinteressengebiet theoretische Mechanik, relativ spät auch mit Fragen der Wahrscheinlichkeitstheorie beschäftigt.

POPPER, Sir KARL RAIMUND (geb. 1902)
Der in Wien geborene britische Philosoph und Wissenschaftstheoretiker lehrte von 1937–1945 in Neuseeland und war 1949–1969 Professor für Logik und Wissenschaftstheorie in London. Begründer des kritischen Rationalismus (1935, 1969).

QUETELET, LAMBERT-ADOLPHE-JACQUES (1796–1874)
Nach der Promotion in Mathematik an der Universität Gent 1819 Professor für elementare Mathematik am Athenäum in Brüssel; seit 1820 Mitglied der Königlichen Akademie in Brüssel; seit 1828 Direktor der erst 1833 fertiggestellten Sternwarte in Brüssel. Seit 1825 mit Arbeiten zur Statistik, speziell zu einer Sozialstatistik, befaßt, die 1835 einen ersten Höhepunkt erreichten; in der Folge mit der Organisation internationaler Zusammenarbeit in Astronomie, Meteorologie, Geophysik und vor allem Statistik beschäftigt. Zahlreiche Ehrungen und Mitgliedschaften.

SCHNUSE, CHRISTIAN HEINRICH (1807–ca. 1878)
Studium am Collegium Carolinum in Braunschweig (1828–1831) und in Göttingen (1831–1834), 1835 Promotion in Mathematik in Marburg, Wintersemester 1835/36 Lehrbeauftragter für Mathematik am Collegium Carolinum, seitdem als freiberuflicher Übersetzer mathematischer Literatur und Rezensent in Braunschweig (bis 1848), Heidelberg (1848–1858) und München (ab 1858) tätig.

VAN SCHOOTEN, FRANS (ca. 1615–1660)
Nach dem Studium vor allem der Mathematik in Leiden (ab 1631) und der

Begegnung mit DESCARTES und dessen ›Géométrie‹ (1637) Studienreisen nach Frankreich (Paris), England und Irland; seit 1643 Lehrtätigkeit in Mathematik an der Universität Leiden mit Schülern wie JAN DE WITT, CHRISTIAAN HUYGENS oder JAN HUDDE; wichtig für die Verbreitung der Methoden der Buchstabenalgebra durch seine Editionen von VIÈTE (1646) und DESCARTES (1649, 1659/61).

SIMPSON, THOMAS (1710–1761)
Von Beruf Weber, unterrichtete 1733–1736 an einer Abendschule in Derby Mathematik, seit 1736 in London als Mathematiklehrer und Lehrbuchautor tätig; seit 1743 Mathematiklehrer an der Royal Military Academy, Woolwich; seit 1745 Fellow der Royal Society. Hauptinteressen Analysis und Wahrscheinlichkeitsrechnung im Anschluß an DE MOIVRE.

SMITH, ROBERT (1689–1768)
Studium in Cambridge (1708–1711), dort 1715 M.A.; seit 1716 *Plumian professor* für Astronomie und Naturphilosophie in Cambridge als Nachfolger seines Vetters COTES; seit 1718 Fellow der Royal Society; seit 1742 Master of Trinity College Cambridge und 1742/43 Vice-Chancellor von Cambridge; Schwerpunkt Physik und speziell Optik (1738).

SMOLUCHOWSKI, MARIAN, Ritter VON SMOLAN (1872–1917)
Der in Wien aufgewachsene Pole studierte 1890–1895 in Wien Physik mit Promotionsabschluß; 1895–97 Forschungsaufenthalte bei LIPPMANN in Paris, Lord KELVIN in Glasgow und WARBURG in Berlin; 1900–1913 Professor für theoretische Physik in Lemberg (heute Lwow), seit 1913 für Experimentalphysik in Krakau. Wichtige Arbeiten zur Wärmeleitung, BROWNschen Bewegung und allgemein zu Fluktuationserscheinungen.

STEINHAUS, HUGO DYONIZY (1887–1972)
Nach dem Studium in Lemberg und Göttingen mit Promotion bei HILBERT (1911) 1920–1945 Professor der Mathematik in Lemberg (heute Lwow, UdSSR), 1945–1960 in Wrocław (früher Breslau); nach 1916 Zusammenarbeit mit BANACH.

STIRLING, JAMES (1692–1770)
Schottischer Adliger; nach dem Studium in Glasgow und Oxford (1711–1716) ohne Abschluß 1717 erste Publikation; von ca. 1718 bis ca. 1724 Lehrtätigkeit in Venedig; um 1725 Mitglied des Lehrkörpers der privaten Londoner Little tower street academy mit Vorlesungen über Experimentalphysik; 1726–1754 Fellow der Royal Society; seit 1735 Manager der schottischen Bleiminengesellschaft in Leadhills. Als Mathematiker bedeutend für die Interpolationsrechnung (1730).

TARTAGLIA, NICCOLÒ (ca. 1499–1557)
Der aus ärmsten Verhältnissen stammende Italiener wirkte nach autodidaktischer Vorbereitung 1516–1518 als angestellter *maestro d'abaco* in Verona, spä-

ter mit eigener Schule; seit 1534 Mathematiklehrer in Venedig. Bekannt durch seine Nachentdeckung der Lösung der kubischen Gleichung im Rahmen der zeitgenössischen mathematischen Herausforderungen und seine Auseinandersetzungen mit Cardano und Ferrari (1547/48); wichtige Beiträge zur Praxis der Mathematik (1537, 1546, 1556–1560).

Tschebyschew, Pafnuty Lwowitsch (1821–1894)
Begründer der mathematischen Schule von St. Petersburg, wo er seit 1847 als Dozent und seit 1860 als ordentlicher Professor Mathematik unterrichtete; seit 1853 Mitglied der Akademie der Wissenschaften in St. Petersburg; Schwerpunkte neben Zahlentheorie und Mechanik (Theorie der Gelenkmechanismen) Wahrscheinlichkeitstheorie.

Viète, François (1540–1603)
Nach dem Studium des Rechts in Poitiers (1555–1560) seit 1564 als Rechtsberater und Erzieher mit einem Schwerpunkt in der Astronomie bei einer Hugenottenfamilie tätig; 1574 Rat am Parlament in Rennes, seit 1580 *maître des requêtes* beim französischen König, seit 1589 auch Dechiffrierer und seit 1594 Geheimer Rat des Königs. Als Amateur der führende Mathematiker seiner Zeit durch die Einführung der Buchstabenrechnung.

Wagner, Gabriel (1658–1708)
Schriftsteller, der auch unter dem Pseudonym Realis de Vienna veröffentlichte; gab um 1696 in Hamburg die nur kurzlebige polemische Wochenschrift ›Vernunftübungen‹ heraus.

Wiman, Anders (1865–1959)
Nach dem Studium der Mathematik in Lund mit abschließender Promotion (1893) seit 1901 Professor der Mathematik in Uppsala. Arbeitsgebiete: Algebra, Gruppen- und Funktionentheorie.

Witt, Jan de (1625–1672)
Nach dem Studium des Rechts und der Mathematik in Leiden und Angers (1641–1645) seit 1653 *Raadspensionaris* der Provinz Holland und damit der politische Führer der Vereinigten Niederlande bis zu seiner Ermordung; als Schüler van Schootens auch als Mathematiker hervorgetreten, Verfasser eines Gutachtens über die Vorteile des Erwerbs von Leibrenten (1671).

Zermelo, Ernst Friedrich Ferdinand (1871–1953)
Studium der Mathematik, Physik und Philosophie in Berlin, Halle und Freiburg mit abschließender Promotion in Berlin (1889–1894), 1899 Habilitation in Göttingen; 1905–1910 Professor in Göttingen, 1910–1916 in Zürich; 1926–1935 und ab 1946 Honorarprofessor in Freiburg. Interessen an Physik, angewandter Mathematik und Mengentheorie, in der man ihm den Wohlordnungssatz verdankt.

Namenverzeichnis

Die Seitenangaben des Namenverzeichnisses in Kursivdruck kennzeichnen Passagen, die von der betreffenden Person verfaßt wurden; Seitenangaben in Normaldruck verweisen auf Erwähnungen, auch in Fußnoten.